대기오염관리

김기현 · 강공언 · 김성렬 · 김용현 · 김조천 · 김종호 · 마창진
배민석 · 손윤석 · 송상근 · 이명화 · 이병규 · 이순환

향 문 사

내가 오늘 이 책을 읽을 수 있다는 것은 내 생애에 가장 기록될 날이다. 훗날 내가 이 책을 다시 손에 들었을 때 오늘과 그 날을 비교해 보고, 나의 지식이 넓어졌음을 감개 깊게 느낄 것이다.

년　　월　　일

성　명

머리말

날로 심각해지는 대기오염이 국가 차원에서 그리고 지구 규모의 차원에서 모두 시급한 문제로 대두하고 있다. 대기오염 문제는 에너지 소비의 규모 및 양상을 비롯한 각종 사회 · 경제적 현상과 밀접한 관련이 있다. 따라서 문제를 효과적으로 해결하기 위해서는 다양한 오염물질의 영향을 지구 규모의 대기환경부터 사람들이 실제로 거주하는 실내환경까지 다각도로 이해하려는 노력이 필요하다. 무엇보다 현재 진행 중인 대기오염의 규모를 정확하게 파악하기 위한 연구를 선행해야 하며, 궁극적으로는 대기오염 문제를 해소할 수 있는 오염물질 저감기술 또는 청정기술의 개발도 서둘러야 한다.

인류가 보다 보편적이고 건강한 삶을 영위하기 위해서는 대기환경에 대한 이해의 폭을 넓히고 이를 바탕으로 여러 가지 대응책을 도출하는 시도를 게을리할 수 없다. 이와 같은 상황에서 기존의 『신고 대기환경학』에 대한 수정 · 보완의 필요성이 제기됨에 따라 『대기오염관리』를 새롭게 출간하기에 이르렀다.

현재 각 대학교에서 대기오염을 중점적으로 연구하고 강의하는 교수들로 『대기오염관리』의 집필진을 구성하였다. 집필진은 『신고 대기환경학』의 내용을 보강하는 데에 더해 대기오염 분야에서 최근까지 밝혀진 여러 조사 및 연구 성과의 반영을 원칙으로 삼아 집필하였다. 따라서 환경 분야 또는 대기오염 분야를 공부하는 학생은 물론이고 관련업계의 종사자도 새로운 지침서 또는 자습서로 이 책을 충분히 활용할 수 있으리라 사부한다.

『대기오염관리』의 출간을 위해 지원을 아끼지 않은 많은 분들에게 깊은 감사의 말씀을 전하고자 한다. 특히 향문사 대표, 그리고 섬세하고 부드러운 교정으로 책의 완성도를 높여 준 편집진 일동에게 깊이 감사드린다.

저자대표 김기현

차례 ▌

제1장 대기오염의 기초 개념

제2장 입자상 오염물질

제3장 기체상 오염물질

제4장 대기오염물질 배출원 및 영향

제5장 대기오염과 기상

제6장 대기오염 모델링

제7장 광역대기오염

제8장 실내공기오염

제9장 자동차와 대기오염

제10장 대기오염물질 제어

제1장

대기오염의 기초 개념

1·1 대기의 조성과 특성

1·1·1 대기의 화학적 조성

대기는 물리적 및 화학적 성질에 따라 고도별로 대류권, 성층권, 중간권, 열권 등으로 구분할 수 있다(그림 1–1 참조). 지표면으로부터 고층 대기로 올라갈수록 온도나 밀도의 변화가 수반되듯이 공기의 조성도 점진적으로 변화하는 양상을 나타낸다. 따라서 높은 고도에서는 공기의 밀도가 낮음으로 인해 산소나 질소와 같은 기체상 물질의 농도가 낮아진다. 고도에 따라 공기의 질이 변화한다는 점과 연관하여 지구 표면의 모든 생물류가 호흡하는 공기, 즉 대류권에서 수 킬로미터 이내의 고도에 포함된 공기를 환경권대기(ambient air)라고 정의하며 다른 영역의 공기와 구별하고 있다. 실제로 지구 환경에서의 대기오염물질에 대한 농도 관측 또는 측정이 거의 대부분 환경권대기를 중심으로 이루어진다는 점을 감안할 때 이와 같은 개념은 대기오염 현상의 연구에 기초적이면서 중요한 의미를 내포하고 있다.

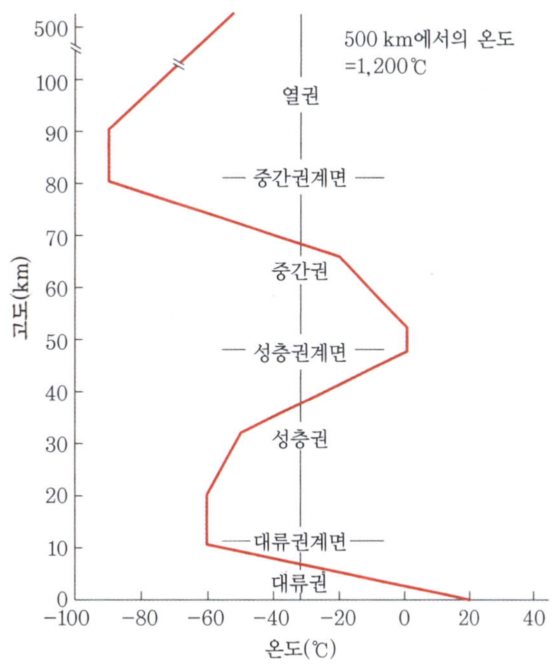

그림 1–1 고도에 따른 대기권의 구분

참고로 지상 환경권역에 존재하는 대기 중에서 오염원의 영향이 상당히 희석되거나 배제되어 공기질이 대단히 깨끗한 상태로 유지되는 경우를 별도로 구분하여 배경대기(background air)라고 정의하기도 한다. 인간 활동에 의한 대기오염의 증가 및 확산으로 배경대기라는 본뜻의 순수성이 점차 퇴색하고 있지만 인위적인 오염원으로부터 상당히 고립된 지역, 예를 들어 원해, 사막, 고산지대와 같은 곳에서는 아직도 배경대기에 근접한 공기를 경험할 수 있다.

환경권역의 대기는 여러 화학적 성분으로 구성되어 있다(표 1-1 참조). 공기를 구성하는 이들 성분은 절대적·상대적 함량에 따라 주성분(major component), 미량성분(minor component), 극미량성분(trace component) 등으로 분류할 수 있다. 지역에 따라 함량의 차이가 조금씩 있지만 공기의 주성분은 질소(약 78%)와 산소(약 21%)이다. 이 두 가지 주성분이 공기 조성의 약 99%를 차지하며 대기 중에서 다른 물질과 상호 반응하여 다양한 형태의 오염물질을 생성할 수 있다. 질소와 산소는 동에서 서로, 또는 극지에서 적도로 에너지의 지역적 이동을 유발하거나, 발생원으로부터 수용원으로 오염물질을 이동하는 데 중요한 역할을 한다. 또한 식물의 생장이나 광합성에 필수불가결한 질소의 순환 작용에도 기여한다.

나머지 약 1%를 구성하는 미량성분은 절대적으로 적은 함량임에도 불구하고 다양한 종류의 원소 또는 화합물로 구성되어 있다. 우선 양적으로 가장 많은 부분을 차지하는 미량성분으로는 이산화탄소, 수증기, 아르곤을 꼽을 수 있다. 특히 수증기와 이산화탄소의 함량은 지역에 따라 수 퍼센트 또는 수 ppm의 차이가 날 만큼 가변적이다. 이처럼 공기 중의 물은 함량의 가변성이 심하므로 공기의 조성을 나타낼 때 대체로 건조공기를 기준으로 한다. 비록 절대적인 농도는 주성분에 비해 대단히 미미하지만 미량성분 역시 온실효과(greenhouse effect)를 일으키는 주요 인자로 작용하기 때문에 기후변화에 중대한 역할을 한다(제7장 참조).

마지막으로 미량성분에 비해 훨씬 낮은 농도인 수 ppm 또는 수 ppb 이하로 발견되는 극미량성분도 함량의 규모에 상관없이 대기 중에 항상 존재한다. 극미량성분도 다른 성분과 마찬가지로 화학적 안정도나 대기 중 체류시간의 차이에 따라 함량의 변화가 심하게 나타나기

표 1-1 건조공기의 주요 성분과 농도

성 분	부피/부피 기준 무단위농도(ppm)	질량농도($\mu g/m^3$)
N_2(질소)	780,900(78.1%)	8.95×10^8
O_2(산소)	209,400(20.9%)	2.74×10^8
Ar(아르곤)	9,300(0.9%)	1.52×10^7
CO_2(이산화탄소)	315	5.67×10^5
Ne(네온)	18	1.49×10^4
He(헬륨)	5.2	8.5×10^2
CH_4(메탄)	1.5	9×10^2
Kr(크립톤)	1.0	3.43×10^3
N_2O(아산화질소)	0.5	9.0×10^2
H_2(수소)	0.5	4.13×10
Xe(제논)	0.08	4.29×10^2
O_3(오존)	0.01~0.2	

도 한다. 이러한 극미량성분으로는 일반적으로 잘 알려진 탄소(예 CO, CH_4), 황(예 SO_2, H_2S), 질소(예 NO, NO_2) 화합물과 같은 기체상 오염물질, 액체나 고체로 존재하는 입자상 오염물질, 그리고 입자상 오염물질과 결합한 중금속(예 Pb, Cd, Zn, Cu) 성분 등이 있다.

1·1·2 대기오염 및 대기오염물질의 정의

대기오염(air pollution)이라는 현상에 대한 정의는 국가나 (학술)단체 등에 따라 조금씩 차이가 있지만 대체로 사람이나 동식물 등에게 직접적 또는 잠재적으로 해를 가할 수 있는 가스, 증기, 매연, 먼지, 악취와 같은 오염물질이 일정한 농도 이상으로 존재하는 상황으로 규정한다. 이러한 정의는 주성분인 대기오염물질을 어떻게 분류하는지에 따라 다소 유동적이다.

앞에서 언급한 바와 같이 공기의 조성은 주성분, 미량성분, 극미량성분으로 구분한다. 이러한 기준에서 볼 때 대기오염을 야기하는 인자는 대부분 인위적인 오염원의 영향력이 배제된 공기, 즉 배경대기 중에 주로 극미량성분 또는 그에 가까울 만큼 낮은 농도로 존재하는 화합물이라고 할 수 있다. 물론 극미량성분이라고 해도 오염된 공기에서는 용어의 기본적인 정의와 달리 수백, 수천 ppm을 초과하는 높은 농도로 발견되기도 한다. 대기오염물질이 사람의 건강에 어떠한 피해를 끼치는가에 대한 사실적 판단에 앞서 대기오염물질과 자신의 건강 사이의 잠재적인 관계에 사람들은 많은 관심을 기울인다. 따라서 대기오염의 위해성 여부와 상관없이 이러한 모든 극미량성분을 '일반적 오염물질(contaminant)'이라고 총칭한다. 이에 대한 상대적 개념으로 '인위적 오염물질(pollutant)'이라는 용어를 사용하기도 한다. 그러나 인위적 오염물질은 인간의 활동으로 인해 직간접적으로 대기 중에 배출되는 모든 오염물질에 국한하며, 자연적인 발생원을 통해 대기로 진입하는 '자연적 오염물질'에 대한 대칭적인 개념이다.

실제로 이렇게 분류한 오염물질이 두 경로를 통해 모두 발생할 수 있기 때문에 이와 같은 용어의 구분이 비현실적인 면이 있다. 예를 들어 산업시설물에서 특정 성분을 포함한 먼지나 기체상 오염물질이 발생하듯이 화산이나 해양과 같은 일반적인 지구환경으로부터도 동일한 물질이 배출될 수 있다. 바람에 날려온 먼지도 앞에서 분류한 일반적 오염물질과 인위적 오염물질의 특성을 동시에 지닐 수 있다. 이러한 오염물질의 양면성을 감안하면 이와 같은 분류 방식을 적용하기 곤란한 경우가 드물지 않다.

1·1·3 대기오염물질의 분류

1 생성 단계에 따른 분류

① 1차 대기오염물질

대기오염물질은 발생 조건에 따라 크게 1차 대기오염물질과 2차 대기오염물질로 구분할 수 있다. 1차 오염물질은 생성원에 따라 다시 자연적인지 또는 인위적인지를 구분한다. 오염물질에 따라 생성원의 상대적인 기여도가 다양하게 나타나는데 이에 관한 논의는 제4장에서 보다 자세히 다루기로 한다.

자연적으로 발생하는 1차 대기오염물질은 다시 지표면에서의 지화학적인 작용으로 인해 발생하는 물질과 생물의 활동으로 인해 발생하는 물질로 나눌 수 있다. 전자의 예로는 지질작용에 의한 이산화탄소, 화산활동에 의한 황화합물(예 SO_2, H_2S, COS), 해수면으로부터 바람과 같은 물리적 작용에 의해 해염 입자의 형태로 분산되는 Na나 Cl 염, 쇄석의 형태로 대기 중에 유입되는 암석 입자, 유전 지역 등에서 배출되는 휘발성 유기화합물(VOCs) 등이 있다. 후자에는 탄소와 수소를 함유한 대부분의 화합물이 해당하며 CO_2, CO, CH_4, CH_3Cl, 테르펜(terpene) 등과 같이 육상식물의 생장 사이클과 밀접한 관계가 있는 화합물, 그리고 해수면에서 플랑크톤에 의해 대규모로 방출되는 DMS와 같은 화합물이 이러한 부류에 해당한다(Kettle & Andreae, 2000).

이러한 자연적 기원의 대기오염물질은 대부분 인간 활동에 의해서도 생성되고 배출된다. 그러나 인위적으로 발생한 오염물질이 자연적으로 생성된 오염물질보다 높은 산화도를 띠는 경우가 흔히 발견된다. 다양한 산화도를 보이는 황화합물을 예로 들어 설명하면 자연적으로, 즉 생물의 활동으로 생성된 황화합물은 H_2S나 DMS와 같은 저산화도의 화합물 형태로 배출되지만 인위적으로 발생한 화합물은 이미 높은 산화도를 띠고 화학적으로 안정한 SO_2의 형태로 배출된다.

② 2차 대기오염물질

2차 대기오염물질은 기체상 또는 입자상으로 배출된 1차 오염물질이 대기 중에서 다시 화학적 반응을 일으켜 생성된 물질이다. 높은 산화도를 띠는 기체상 물질이나 입자상 물질을 대부분 2차 오염물질로 분류할 수 있다. 예를 들어 자동차의 내연기관이나 토양미생물에 의해 배출된 NO는 초기에 NO_2의 형태로 산화하고 이어서 질산(HNO_3) 또는 질산염이온(NO_3^-)의 형태로 다시 산화한다. 이와 유사하게 SO_2의 형태로 대기 중에 배출된 황화합물은 황산(H_2SO_4)으로 산화하고 이후 다시 황산염 입자의 형태로 변형된다. 이러한 다단계의 산화반응, 그리고 이와 연관된 응결 및 응축 반응 등을 통해 기체상 오염물질이 입자상 오염물질로 변환하는 경우가 생긴다. 이렇게 생성된 입자상 오염물질이 또 다른 내부적인 화학반응을 통해 새로운 형태의 화합물로 변형되기도 한다. 예를 들어 황산염 또는 질산염으로 조성된 입자가 대기 중에서 알칼리성의 암모니아와 반응할 경우 황산 또는 질산 암모니아염과 같이 화학적으로 중성에 가까운 물질이 생성될 수 있다.

2 법제적 · 관리적 차원의 분류

앞에서 설명한 대기오염물질의 분류 방식이 학문적 또는 관념적 기준에 따른 것이라면, 여러 국가나 단체들은 보다 법제적 또는 관리적 차원에서 대기오염물질을 분류하려고 시도하고 있다. 이런 분류를 가장 우선적으로 시행한 미국의 경우를 보면 대기오염물질을 크게 기준성 오염물질과 비기준성 오염물질로 나누고 있다.

① 기준성 오염물질

기준성 오염물질이란 어떤 오염물질의 농도가 일정 기간 동안 특정한 수준 이하로 유지될 경우 인체에 해로운 영향을 미치지 않을 것으로 판단되는 오염물질을 의미한다. 즉 위해성의 유무를 가리는 기준이 설정된 오염물질을 기준성 오염물질이라고 한다. 미국 환경보호청(US Environmental Protection Agency, US EPA)이 설정한 기준성 오염물질에는 NO_2, SO_2, CO, O_3, PM_{10},

Pb 등이 있다. 이러한 기준은 우리나라를 포함한 많은 국가에서 거의 유사하게 시행하고 있다. 지난 100여 년 동안 많은 과학자들이 이들 물질이 인체나 동식물의 생태에 미치는 영향을 연구하였고 그 결과 기준성 오염물질의 특성은 비교적 소상히 알려져 있다.

② 비기준성 오염물질

비기준성 오염물질은 독성대기오염물질(toxic air pollutants)과 유해대기오염물질(hazardous air pollutants, HAPs)로 구분할 수 있다. 독성오염물질의 개념은 어떤 오염물질의 흡입이 인체에 부정적인 생리반응을 얼마만큼 유도하는가에 비중을 두고 있다. 반면에 유해오염물질이란 건강에 대해 외형적인 반응으로 나타나는 증상(예 자극성 염증, 질식)을 일으키는 물질로 정의할 수 있다. 비기준성 오염물질의 특성은 주로 보건환경 분야의 과학자들이 깊이 연구해 왔다. 대체로 환경권대기에서는 비기준성 오염물질이 기준성 오염물질에 비해 수천, 수만 배 낮은 농도로 발견된다. 예를 들어 환경권대기 중에서 CO와 같은 기준성 오염물질이 수 ppm의 농도로 발견되지만 비기준성 오염물질인 벤젠과 같은 화합물은 수 ppb로 검출된다.

1·1·4 대기의 물리 · 화학적 특성

1 이상기체법칙

공기는 모든 형태의 화합물로 구성되며 분자량을 계산하면 대략 29 g에 달한다. 공기도 기체이기 때문에 공기의 물리적 특성 또한 기체의 물리적 법칙을 따른다. 공기가 유체라는 점을 감안하면 물과 같이 외부의 힘으로부터 영향을 받는 사실 또한 간과할 수 없다. 그러나 공기는 물에 비해 탄성이 약하기 때문에 온도나 압력의 변화에 따라 부피와 밀도가 거의 자유롭게 변화한다. 0~50℃의 온도 범위에서 공기는 다음과 같은 이상기체법칙(ideal gas law)을 따른다.

$$PV = nRT \quad \cdots\cdots (1\cdot1)$$

여기서 P: 절대압력(atm), V: 부피(L), n: 관심 대상인 기체의 몰수(mol), R: 이상기체상수(0.082057 L·atm/mol·K), T: 절대온도(K)

공기를 단일 성분처럼 취급할 때와 마찬가지로 공기를 구성하는 개개의 성분 또한 동일한 물리적 특성을 나타낸다. 공기를 구성하는 개별 성분이 나머지 다른 성분의 조성에 상관없이 각각의 부분압을 유지한다는 사실은 공기의 특성을 잘 설명하고 있다.

2 공기와 압력

상대적으로 변화의 폭은 작지만 압력도 공기의 조성이나 특성을 설명하는 데 있어 중요한 요소이다. 온도와 마찬가지로 압력도 표준기압(standard atmospheric pressure, atm)의 개념을 사용한다. 해수면을 기준으로 1표준기압(1 atm = 14.7 psi)을 설정한다. 1 atm은 0℃

일 때 지표면상에서 수은(Hg)이 담긴 관을 세우면 수은주가 760 mm의 높이를 유지하는 압력과 동일하며 1 atm=760 mmHg로 표기하기도 한다. 그런데 기상관측 등에서는 통상적으로 1 cm^2에 가해지는 1,000 dyn(다인)의 힘을 의미하는 밀리바(millibar; 1 mb=1,000 dyn/cm^2) 또는 헥토파스칼(hectopascal; 1 hPa=10^2 Pa=10^{-3} bar=1 mb) 등을 압력 표기의 주 단위체계로 활용한다. 따라서 mb, hPa, mmHg, atm 등의 단위체계 간에 어떠한 관계가 성립하는지를 파악하는 일이 중요하다.

이질적인 단위체계 간의 관계를 정리하기 위해 수은주 1 mmHg의 압력이 몇 mb에 해당하는가를 먼저 계산해 보자. 이를 위해 압력의 개념을 단위식으로 표기해 보면 압력(P)은 단위면적(A)당 가해지는 힘(F)이므로 $P=F/A$로 나타낼 수 있다. 이때 힘은 질량과 가속도의 곱으로 표시할 수 있고($F=ma$), 다시 질량은 밀도와 부피의 곱으로 표시할 수 있다($m=\rho V$). 부피/면적(V/A)은 거리 또는 높이(h)와 같은 1차원 함수로 볼 수 있다. 따라서 F/A의 단위식으로 표기했던 압력을 다음과 같이 3개 인자인 가속도, 밀도, 높이의 곱으로 표시할 수 있다.

$$P=F/A=ma/A=(\rho V)a/A=a\rho h \quad \cdots\cdots (1\cdot2)$$

여기에서 대기 중의 가속도(a)는 중력가속도로 표기할 수 있다(g=980.665 cm/s^2). 수은의 밀도는 물의 밀도보다 13.59배 커서 13.59 g/cm^3에 해당한다. 따라서 1 mm 높이의 수은주 및 물 기둥에 미치는 압력은 각각 다음과 같이 계산할 수 있다.

$$\begin{aligned} P(1\ \mathrm{mmHg}) &= g\cdot\rho_{\mathrm{Hg}}\cdot h_{\mathrm{Hg}} \\ &= (980.665\ \mathrm{cm/s^2})\times(13.59\ \mathrm{g/cm^3})\times(0.1\ \mathrm{cm}) \\ &= 1.333\times10^3\ \mathrm{g/cm\cdot s^2} \\ P(1\ \mathrm{mmH_2O}) &= g\cdot\rho_{\mathrm{H_2O}}\cdot h_{\mathrm{H_2O}} \\ &= (980.665\ \mathrm{cm/s^2})\times(1.0\ \mathrm{g/cm^3})\times(0.1\ \mathrm{cm}) \\ &= 0.981\times10^2\ \mathrm{g/cm\cdot s^2} \end{aligned}$$

1 dyn=1 g·cm/s^2임을 감안하면 이 식에서 1 g/cm·s^2=1 g·cm/cm^2·s^2=1 dyn/cm^2의 관계가 성립한다. 앞에서 정의한 바와 같이 1 mb=1,000 dyn/cm^2에 해당하므로 1 mmHg= 1.333 mb가 된다. 이들의 관계를 최종적으로 정리하면 다음과 같다.

$$1\ \mathrm{mmHg}=1.333\ \mathrm{mb}=1\frac{1}{3}\ \mathrm{mb}=\frac{4}{3}\ \mathrm{mb}=13.6\ \mathrm{mmH_2O}$$

또한 1 mb=$\frac{3}{4}$ mmHg이므로 다음의 관계가 성립한다.

$$1\ \mathrm{atm}=760\ \mathrm{mmHg}=10{,}336\ \mathrm{mmH_2O}=1{,}013.25\ \mathrm{mb}=1{,}013.25\ \mathrm{hPa}=14.7\ \mathrm{psi}$$

3 공기와 습도

공기의 특성을 이해하는 데 있어 온도, 압력과 마찬가지로 습도의 개념도 중요하다. 온도가 상승하면 기체가 내부적으로 포함할 수 있는 수분의 양도 증가한다. 이때 공기 중에 실제로 포함된 수증기 또는 물의 양을 절대습도라고 하며 mg/m^3로 나타낼 수 있다. 이에 반해 특정 온도에서 실제로 측정한 공기 중의 수증기 양을, 같은 온도에서 최대로 존재할 수 있는 이론적인 수증기 양으로 나누어서 구한 백분율을 상대습도라고 한다. 만약 공기 중에서 실측한 수증기의 양이 이론적인 최대치와 일치하면 이를 상대습도 100% 또는 포화상태라고 한다. 이와 같이 수증기의 포화도는 온도의 영향을 받으며, 이미 포화한 공기가 식을 때에는 수증기가 물방울의 형태로 응결한다. 대기에서는 이러한 상변화가 안개와 같은 기상 현상으로 나타나기도 한다. 결국 기체 또는 수증기 상태의 물이 응결하기 위해서는 열에너지를 감소 또는 제거하는 과정이 필요하며, 이러한 현상은 실제로 지구적인 규모의 에너지 균형을 유지하는 데 매우 중요한 역할을 한다.

1·2 대기오염물질의 농도 표시

1·2·1 오염물질의 수치 규모

자연적인 대기환경계에 존재하는 오염물질은 미량 또는 극미량으로 발견된다. 그러나 이들 물질의 총 함량 분포를 지구적인 규모의 수지 균형 차원으로 확대해서 접근할 때에는 일반적으로 수천, 수백만 톤 또는 그 이상의 수치를 제시한다. 예를 들어 수은과 같은 오염물질은 배경대기 환경에서 약 2×10^{-9} g/m^3의 비교적 균일한 농도 분포를 유지한다고 알려져 있다. 그러나 지구상의 각종 자연적 또는 인위적 발생원으로부터 대기에 배출되는 수은의 총량은 연간 약 6×10^9 g의 규모에 달한다(Dastoor & Larocque, 2004). 이처럼 기술하고자 하는 관점에 따라 대기오염물질의 양을 극미량 또는 극대량으로 폭넓게 제시할 수 있다.

수치 규모의 가변성을 감안하여 표 1-2와 같이 수량의 크기를 함축하는 접두어를 질량(또

표 1-2 오염물질의 양을 표기하기 위한 단위 접두어

미량 또는 극미량 단위 (1 이하 크기)	10^{-1} d(deci-)	10^{-3} m(milli-)	10^{-6} μ (micro-)	10^{-9} n(nano-)	10^{-12} p(pico-)	10^{-15} f(femto-)
대량 또는 극대량 단위 (1 이상 크기)	10^{1} da(deca-)	10^{3} k(kilo-)	10^{6} M(mega-)	10^{9} G(giga-)	10^{12} T(tera-)	10^{15} P(peta-)

는 부피) 단위에 붙여 사용하면 편리하다. 표에서 제시한 방식에 따르면 앞에서 언급한 수은의 대기 중 농도를 2 ng/m^3, 그리고 지구적 규모의 배출량을 6 Gg/yr와 같이 간단하게 표기할 수 있다.

1·2·2 단위농도와 무단위농도

대기, 토양, 수질과 같은 여러 환경계에 존재하는 오염물질의 농도를 표기하는 가장 기본적인 방식은 앞서 수은의 농도를 표기했듯이 오염물질의 함량을, 오염물질을 포함하고 있는 매트릭스(matrix)의 부피로 나눈 ng/m^{3}나 μg/L와 같이 '질량 대 부피'의 비에 기초한 단위농도(unit-based concentration)로 표기하는 것이다. 그러나 현장 조건이나 실생활에서는 ppm, ppb, ppt와 같이 '부피 대 부피'의 분율 또는 '질량 대 질량'의 분율을 이용한 무단위농도(unitless-based concentration)의 개념이 환경오염물질의 농도를 나타내는 보다 더 중요한 수단으로 활용된다(표 1-3 참조). 두 가지의 이질적인 농도 표기 방식이 다 같이 중요하게 활용되고 있는 점을 고려하면 여러 농도 단위체계가 맺고 있는 상호간의 연계성을 바르게 파악하는 일이 환경학 또는 대기오염을 이해하는 데 중요한 과제라고 할 수 있다. 따라서 여기에서는 두 개념 사이의 관계를 보다 체계적인 방식으로 접근하여 설명하고자 한다.

표 1-3 질량/질량 또는 부피/부피 무단위농도의 실례

무단위농도	값
ppth(part-per-thousand)	10^{-3}
ppm(part-per-million)	10^{-6}
ppb(part-per-billion)	10^{-9}
ppt(part-per-trillion)	10^{-12}

1·2·3 단위농도의 무단위농도 전환

토양이나 수질에 함유된 오염물질의 무단위농도를 계산할 때 계산의 단순화를 위해 대개 '질량 대 질량'의 분율을 의미하는 무단위농도를 사용한다. 그러나 대기의 경우에는 오염물질을 함유한 매트릭스의 성격으로 인해 '부피 대 부피' 무단위농도의 사용을 원칙으로 한다. 따라서 단위농도를 무단위농도 또는 분율로 환산하는 일은 오염물질과 그 오염물질이 속해 있는 매트릭스 간의 조성 차에 따라 단순함과 복잡함이 엇갈린다.

토양의 경우 대체로 오염물질과 매트릭스 모두 질량 단위로 측정한다. 따라서 오염물질의 화학적인 조성에 상관없이 오염물질 1 μg이 토양 1 g으로부터 검출되었다면 단순히 1 μg÷1 g을 계산함으로써 1×10^{-6}, 즉 1 ppm이라는 무단위농도로 쉽게 환산할 수 있다. 이와 유사하게 수질에서도 오염물질을 함유한 매트릭스, 즉 물의 비중이 1에 근사함으로 인해 매트릭스의 부피를 오염물질의 단위와 동일한 질량으로 간단하게 환산할 수 있다.

수질이나 토양과 달리 대기 중에 포함된 오염물질의 경우 용질과 용매 간의 비중 차가 크기 때문에 단순 환산 방식의 적용이 불가능하다. 예를 들어 어떤 지역의 공기질을 조사하는

과정에서 1 m^3의 공기에서 SO_2가 1 μg 검출되었다고 가정하자. 1 $\mu g/m^3$인 SO_2의 농도를 무단위농도의 분율로 환산하려면 오염물질의 질량 단위를 매트릭스의 부피 단위와 일치시키기 위해 이상기체 방정식 등에 대입하여 환산하는 과정이 필요하다.

이렇게 복잡한 계산 과정을 거치지 않고 농도 변환을 쉽게 하기 위해 단순화하여 변형한 방식을 응용할 수도 있다. 즉 이들 간의 관계를 다음과 같이 정의한 후 환산 공식의 형태로 수식 간의 관계를 정의하고 이를 이용해서 농도 환산을 시도할 수 있다. 이때 오염물질은 이상기체법칙을 따르고 온도와 기압은 일정한 상태를 유지한다고 가정한다.

질량 대 부피 분율의 단위농도: $C_{m/v} = m_p / V_t$
부피 대 부피 분율의 무단위농도: $C_{v/v} = V_p / V_t$
질량 대 질량 분율의 무단위농도: $C_{m/m} = m_p / m_t$

여기서 m: 질량, V: 부피, p: 오염물질, t: 매트릭스

앞의 전제 조건을 이용하면 대기오염물질의 단위농도인 $C_{m/v}$를 $C_{v/v}$와 같은 무단위농도로 전환할 수 있다. 우선 $C_{v/v}$를 $C_{m/v}$의 함수로 전환하기 위해 우변의 분자 · 분모에 각각 m_p를 곱해 준다.

$$C_{v/v} = \frac{V_p \times m_p}{V_t \times m_p} = \frac{m_p}{V_t} \times \frac{V_p}{m_p} = \frac{V_p}{m_p} C_{m/v} \qquad (1\cdot3)$$

오염물질의 몰수와 분자량을 각각 n_p와 MW_p라고 하면 $n_p = m_p / MW_p$의 관계가 성립하므로 다음과 같이 나타낼 수 있다.

$$C_{v/v} = \frac{V_p}{n_p MW_p} C_{m/v} \qquad (1\cdot4)$$

그런데 V_p / n_p는 몰단위당 부피를 나타내고 오염물질도 이상기체법칙을 따르므로 일정한 온도와 기압에서는 항시 고정된 값을 유지한다. 예를 들어 표준상태(0℃, 1 atm)에서는 22.414 L/mol, 그리고 25℃, 1 atm에서는 24.454 L/mol의 값을 갖는다. 따라서 이를 이상기체의 단위부피인 $\overline{V}$라고 가정하면 식 1·4는 다음과 같이 최종적으로 요약할 수 있다.

$$C_{v/v} = \frac{\overline{V}}{MW_p} C_{m/v} \qquad (1\cdot5)$$

즉 질량/부피의 단위농도를 부피/부피 무단위농도로 환산하기 위해서는 환산계수인 $\overline{V} / MW_p$를 질량/부피 단위농도에 곱해 주면 된다.

대기 중에 존재하는 물질의 무단위농도는 엄밀하게 볼 때 오염물질과 그것을 포함하고 있는 공기의 몰농도 분율과 일치한다. 이러한 점을 감안하면 앞의 전개 과정을 다음과 같이 보

다 단순한 방식으로 설명할 수도 있다.

$$C_{v/v} = MF = \frac{M_p}{M_{\text{air}}} \quad \cdots\cdots (1\cdot6)$$

여기서 MF: 몰분율(mole fraction), M_p: 오염물질의 몰농도, M_{air}: 공기의 몰농도

식 1·6에서 오염물질과 공기를 각각 질량과 부피의 함수인 $C_{m/v}$ 항과 연결하기 위해 다음과 같은 식으로 전환할 수 있다.

$$C_{v/v} = \frac{m_p/MW_p}{V_{\text{air}}/\overline{V}} = \frac{\overline{V}}{MW_p}\frac{m_p}{V_{\text{air}}} = \frac{\overline{V}}{MW_p}C_{m/v} \quad \cdots\cdots (1\cdot7)$$

이와 같이 접근해도 동일한 환산계수 $\overline{V}/MW_p$를 유추할 수 있다. 다음의 예제에서 환산식을 적용해 보자.

[예제] 표준상태(0℃, 1기압)에서 1 m^{3}의 대기 시료를 채취하여 분석한 결과 3.2 mg의 SO_2가 검출되었다. 이 분석 결과를 부피/부피 분율의 무단위농도로 환산하시오.

[풀이] 식 1·3이나 식 1·5를 이용하면 다음과 같이 간단하게 환산할 수 있다.

$$C_{v/v} = \frac{22.414\ \text{L/mol}}{64\ \text{g/mol}} \times 3.2\ \text{mg/m}^3 \times \frac{1\ \text{m}^3}{1{,}000\ \text{L}} \times \frac{1\ \text{g}}{1{,}000\ \text{mg}} = 1.12 \times 10^{-6} = 1.12\ \text{ppm}$$

농도 단위 간 환산을 쉽게 이해할 수 있도록 표 1-4와 1-5에 각각 0℃, 1기압 및 25℃, 1기압의 조건일 때의 여러 단위 간 환산 관계를 제시하였다.

1·2·4 질량/질량 무단위농도와 부피/부피 무단위농도

앞서 대기오염물질의 단위농도를 무단위농도로 환산할 때에는 토양이나 수질과 달리 부피/부피의 분율로 나타내는 것이 일반적인 관례라고 규정하였다. 따라서 대기오염물질의 무단위농도를 질량/질량의 분율로 나타내는 방식이 이러한 관례를 벗어나는 일이기는 하지만 두 가지 방식의 분율 간에 어떠한 관계가 성립하는가를 이해함으로써 이들 간의 연계성을 파악할 필요도 있다. 이를 위해 일상적인 질량/부피 단위의 농도를 질량/질량의 분율로 바꾸고, 다시 이를 이용해서 두 가지 개념 간의 관계를 비교해 보고자 한다. 우선 수식 간의 전환은 앞에서 사용한 방식과 유사하게 접근한다.

$$C_{m/m} = \frac{m_p}{m_t} \quad \cdots\cdots (1\cdot8)$$

$C_{m/v}$ 항을 유도하기 위해 우변의 분자 · 분모에 V_t를 곱해 준다.

표 1-4 대기오염물질의 농도 전환을 위한 환산계수(0℃, 1기압 기준)

대기 오염 물질	분자량	다음의 수를 곱함					
		ppm → $\mu g/m^3$	$\mu g/m^3$ → ppm	$\mu g/m^3$ → $\mu mol/m^3$	$\mu mol/m^3$ → $\mu g/m^3$	ppm → $\mu mol/m^3$	$\mu mol/m^3$ → ppm
O_3	48.00	2,141	0.00047	0.02083	48.00		
SO_2	64.06	2,858	0.00035	0.01561	64.06		
NO	30.01	1,339	0.00075	0.03333	30.01		
NO_2	46.01	2,053	0.00049	0.02174	46.01		
CO	28.01	1,250	0.00080	0.03570	28.01		
CO_2	44.01	1,963	0.00051	0.02272	44.01	44.615	0.02241
N_2O	44.01	1,964	0.00051	0.02272	44.01		
NH_3	17.03	1,760	0.00132	0.05872	17.03		
$(CH_3)_2S$	62.14	2,772	0.00036	0.01609	62.14		
CS_2	76.14	3,397	0.00029	0.01313	76.14		
C_6H_6	78.11	3,485	0.00029	0.01280	78.11		
C_4H_6	54.09	2,413	0.00041	0.01849	54.09		
Hg	200.60	8,950	0.00011	0.00499	200.60		
Pb	207.20	9,244	0.00011	0.00483	207.20		

㈜ 적용 예: O_3 1 ppm = 2,141 $\mu g/m^3$, 1 ppb = 2,141 ng/m^3 = 2.141 $\mu g/m^3$

표 1-5 대기오염물질의 농도 전환을 위한 환산계수(25℃, 1기압 기준)

대기 오염 물질	분자량	다음의 수를 곱함					
		ppm → $\mu g/m^3$	$\mu g/m^3$ → ppm	$\mu g/m^3$ → $\mu mol/m^3$	$\mu mol/m^3$ → $\mu g/m^3$	ppm → $\mu mol/m^3$	$\mu mol/m^3$ → ppm
O_3	48.00	1,963	0.00051	0.02083	48.00		
SO_2	64.06	2,620	0.00038	0.01561	64.06		
NO	30.01	1,227	0.00081	0.03333	30.01		
NO_2	46.01	1,881	0.00053	0.02174	46.01		
CO	28.01	1,145	0.00087	0.03570	28.01		
CO_2	44.01	1,800	0.00056	0.02272	44.01	40.893	0.02445
N_2O	44.01	1,800	0.00056	0.02272	44.01		
NH_3	17.03	1,696	0.00144	0.05872	17.03		
$(CH_3)_2S$	62.14	2,541	0.00039	0.01609	62.14		
CS_2	76.14	3,114	0.00032	0.01313	76.14		
C_6H_6	78.11	3,194	0.00031	0.01280	78.11		
C_4H_6	54.09	2,212	0.00045	0.01849	54.09		
Hg	200.60	8,203	0.00012	0.00499	200.60		
Pb	207.20	8,473	0.00012	0.00483	207.20		

㈜ 적용 예: O_3 1 ppm = 1,963 $\mu g/m^3$, 1 ppb = 1,963 ng/m^3 = 1.963 $\mu g/m^3$

$$C_{m/m} = \frac{m_p \times V_t}{m_t \times V_t} = \frac{m_p}{V_t} \times \frac{V_t}{m_t} = \frac{V_t}{m_t} C_{m/v} \quad \cdots\cdots (1\cdot 9)$$

V_t/m_t는 공기 밀도의 역수와 같으므로 식 1·9는 다시 다음과 같이 정리할 수 있다.

$$C_{m/m} = \frac{C_{m/v}}{\rho_{\text{air}}} \quad \cdots\cdots (1\cdot 10)$$

대기오염물질의 경우 두 종류의 분율 간에 어떠한 관계가 성립하는지 알아보기 위해 식 1·5를 식 1·10으로 나누어 주면 다음과 같은 식이 성립한다.

$$\frac{C_{v/v}}{C_{m/m}} = \frac{\rho_{\text{air}} \overline{V}}{MW_p} \quad \cdots\cdots (1\cdot 11)$$

$\overline{V}$는 기체의 종류와 관계없는 몰당 단위부피이기 때문에 $\overline{V}$에 ρ_{air}를 곱한 값은 공기의 분자량과 동일하다. 따라서 $C_{v/v}$와 $C_{m/m}$ 간의 관계는 최종적으로 다음과 같이 정리할 수 있다.

$$\frac{C_{v/v}}{C_{m/m}} = \frac{MW_{\text{air}}}{MW_p} \quad \cdots\cdots (1\cdot 12)$$

식 1·12의 결과에 따르면 두 무단위 분율 간의 관계는 공기의 분자량에 대한 오염물질의 분자량 크기로 결정된다. 즉 오염물질의 분자량이 공기보다 무거울 경우 $C_{v/v}$가 $C_{m/m}$보다 작아서 두 분율의 비는 1보다 작다. 반대로 공기보다 가벼운 오염물질은 비율이 1보다 크다.

1·3 대기오염의 역사

대기 중으로 배출되는 오염물질의 양은 산업혁명을 기점으로 대규모화하기 시작하였다. 즉 산업혁명은 지역적 문제이던 대기오염 현상을 전 지구적 차원의 광역 문제로 격상하는 계기로 작용하였다. 따라서 대기오염의 역사를 산업혁명이 일어난 시점과 이후의 시기로 나누어 비교할 필요가 있다. 이러한 역사는 산업혁명이 시작되고 꽃을 피운 유럽과 미국 지역을 중심으로 전개되었다. 여기에서는 대기오염의 역사를 체계적으로 기술 · 분류한 부벨 등(Boubel *et al.*, 1994)의 관점에 기초하여 서술한다.

1·3·1 산업혁명 전후의 대기오염

산업혁명은 석탄을 비롯한 연료를 동력기관 내부에서 연소하여 수증기를 발생시키고 이를 다시 기기 작동의 동력원으로 활용한 시대의 도래를 의미한다. 이러한 시대의 서막은 18세기 초엽에 세이버리(T. Savery), 파팽(D. Papin), 뉴코먼(T. Newcomen)이 개발한 펌프형 엔진(pumping engine)의 활용이 확산하면서 본격적으로 열리기 시작하였다. 18세기 말에는 마침내 펌프형 엔진의 문제점을 개선한 제임스 와트(James Watt)의 왕복형 증기엔진(reciprocal steam engine)이 등장함으로써 산업혁명은 최고 정점에 도달하였다. 20세기에 접어들며 증기터빈으로 대체되기까지 와트의 왕복형 엔진은 기기 작동의 가장 핵심적인 요소로 활용되었다.

산업혁명이 본격화한 시점부터 산업 문명이 자리 잡기 시작한 20세기 초엽까지는 공장, 기관차, 어선과 같은 산업시설과 취사 및 난방 보일러를 작동하기 위해 석탄 및 석유를 연소하면서 배출한 가스, 매연, 먼지 등의 형태로 대기오염이 발생하였다. 당시 영국은 주로 보건 관련 정부 조직에서 대기오염물질에 대한 대책을 수립하거나 대응하는 상황이었다. 1848년에 이르러서야 대기오염에 관한 법률이 최초로 제정되었고 그 후 수차례 개정되었다. 이 시기에는 대기오염 문제에 대한 대책과 별도로 화학공장 등에서 배출되는 알칼리성 오염물질로 인한 문제도 심각하게 다루어졌다. 이러한 노력의 일환으로 1863년에는 알칼리성 오염물질에 관한 대책의 법제화도 이루어졌다.

산업혁명의 중심지인 영국에서 산업혁명이 확산한 기간 동안 대기오염 관련 규제를 병행했던 양상과 달리 미국에서는 대기오염에 대한 문제 인식이 비교적 완만한 속도로 확산하였다. 특히 초기에는 매연 배출시설과 같은 대기오염원 규제를 단순히 도시 행정적 차원의 문제로 처리하려는 경향을 보였다. 이에 따라 대기오염물질에 관한 규제가 지금처럼 주 또는 연방 차원에서 다루어지지는 않았다. 비록 1880년 매연에 대한 시 차원의 법령과 규제가 최초로 발동하였지만 이 조처는 난방이나 취사와 관련한 오염원을 도외시한 채 주로 산업시설물에 대한 규제로 일관하였다.

그러다 19세기 말에 이르러 비교적 큰 규모의 산업시설물이 자리 잡은 지역 대부분이 심각한 수준의 대기오염을 경험하기 시작하면서 대기오염을 억제하기 위한 공학적 노력이 여러 분야에서 시도되었다. 특히 기계적으로 석탄 연소를 촉진하는 급탄기(stoker), 가스 배출부에서 산성 물질을 제거하는 탈착기(scrubber), 집진시설 등의 개발, 그리고 공정설계 단계에서 물리·화학적 원리의 응용 도입 등은 대기오염물질에 대한 제어기술 개발의 촉진제로 작용하였다는 점에서 큰 의의를 찾을 수 있다.

1·3·2 1900~1950년대의 대기오염

대략 1900~1925년까지 이어지는 20세기 초엽에는 대기오염을 배출하는 시설이나 이를 제어하는 장비 또는 시설물의 개발이 거의 동시에 급속도로 이루어졌다. 그러나 아쉽게도 대기오염에 대한 법적 규제나 문제의 심각성에 대한 일반 대중의 인식에는 별다른 변화가 일어나지 않았다. 전반적으로 이 기간 동안에는 과거보다 더 왕성해진 산업 활동의 영향으로 도시나 공장의 규모가 빠른 속도로 확장하였고 이에 따른 대기오염의 피해도 날로 확산하였다.

이 시기의 대기오염과 관련한 한 가지 특징으로 전기모터가 증기엔진을 대체한 현상을 들 수 있다. 다시 말해서 매연과 먼지의 주배출원이 소규모 공장의 보일러로부터 대규모화한 발전시설의 보일러로 바뀌었다. 이 기간 동안 연료의 연소 방식에도 다양한 변화가 일어났다. 이를 요약하면 ①석탄을 이용하는 수동식 보일러, ②급탄기를 이용하는 기계식 연소 방식, ③분쇄탄, 유류 또는 가스를 이용한 연소 방식 등과 같이 발전 양상을 단계별로 구분지을 수 있다. 또한 이 기간 동안 대기오염을 제어하기 위한 기기나 시설의 개발 방향은 크게 세 가지로 압축 정리할 수 있다. 첫째, 대규모 가스 처리 시스템 건설을 가능하게 한 모터 구동형 팬이 개발 및 완성되었다. 둘째, 여러 유형의 공정에서 입자상 오염물질을 제어할 수 있는 전기집진기(electrostatic precipitator)가 발명되었다. 마지막으로 가스나 증기의 형태로 배출되는 오염물질의 조절이 가능한 장비 설계 분야와 관련한 화공학적 기술이 향상하였다.

1925~1950년의 기간에는 대기오염에 대한 개념과 정의가 보다 현실화되고 구체적인 해결책이 본격적으로 등장하기 시작하였다. 대기오염 역사의 큰 획을 그은 뮤즈계곡(Meuse Valley) 사건(벨기에, 1930년), 도노라(Donora) 사건(미국 펜실베이니아주, 1948년), 포자리카(Poza Rica) 사건(멕시코, 1950년)은 모두 이 시기에 집중적으로 일어났다. 이 시기를 비롯해 이후에 발생한 주요 대기오염 사건의 특징을 기간, 장소, 피해 규모 등의 관점에서 요약한 결과를 표 1-6에 제시하였다.

대기오염의 심각성에 대한 인식이 확산함에 따라 문제를 해결하기 위한 대응 방안을 여러 각도에서 모색하였다. 대기오염의 양상에 대한 대규모의 실태 파악 및 현장 측정 사업이 1929년 미국 유타주를 필두로 시도되었고, 곧이어 뉴욕시(1937년)와 영국 레스터시(1939년) 등에서도 잇따랐다. 캐나다 브리티시컬럼비아주에 위치한 트레일시에서는 직접적인 오염 배출원의 역할을 하는 제련소와 같은 시설물의 이전을 명하는 법령을 1941년 제정하였다. 이러한 노력이 보다 체계적으로 결집되어 1949년에는 미국 캘리포니아주의 파사디나시에서 전국 규모의 대기오염 관련 심포지엄을 최초로 개최하였다. 또한 1950년에는 대기오염 문제에 대한 기술적인 대응 방안을 마련하기 위해 미국 수도인 워싱턴에서 학술회의가 열렸다.

실질적인 의미로 볼 때 대기오염에 대한 연구는 미국 캘리포니아주에서 처음으로 시도되었다. 생화학무기나 핵무기에 대한 대책을 모색하기 위한 노력의 일환으로 대기오염 제어기술을 응용하는 방안을 강구하였고 이를 위한 재단도 창립하였다. 이 시기에는 또한 독성학 및 관련 분야에 대한 연구도 활발하였다. 따라서 1925~1950년의 기간은 연이어서 전개될 20세기의 후반부에 대기오염의 제어를 보다 체계적으로 수행할 수 있는 기반이 다져진 시기라고 볼 수 있다.

이 시기에 일어난 과학기술의 발전을 가장 잘 대표하는 사업으로 천연가스를 공급하는 파이프라인망의 구축을 들 수 있다. 파이프라인의 건설은 석탄과 석유가 맡아 온 역할의 일부를 빠른 속도로 대체하는 결과를 가져왔고 이는 다시 대기질 저하를 억제하는 계기로 작용하였다. 실제로 미국의 대도시인 피츠버그나 세인트루이스와 같은 곳에서 이전까지 증가 일로

표 1-6 주요 대기오염 사건의 특징과 피해

사건명	발생 시기	발생 지역 (국가)	배출원 및 주요 원인물질	피해 형태 또는 규모
뮤즈계곡 사건	1930년 12월	뮤즈계곡 (벨기에)	산업시설: SO_2, CO, PM, 황산 미스트, 불소화합물	60여 명 사망(평상시보다 사망자 수 10배 증가)
도노라 사건	1948년 10월	도노라 (미국)	산업시설: SO_2, 황산 미스트	18명 사망, 인구 14,000명 중 43% 피해
런던 사건	1952년 10월	런던 (영국)	가정 난방 및 산업시설: SO_2, 에어로졸	첫 3주 4,000명 사망, 그 후 2개월간 추가로 8,000명 사망
로스앤젤레스 사건	1954년 이후 (빈번히 발생)	로스앤젤레스 (미국)	자동차 배기가스의 광화학반응: NO_x, PAN, VOCs, SO_x, O_3	도시민에게 불쾌감 유발, 가축·과일·식물의 생장률 저하, 산업시설물 손상
포자리카 사건	1950년 11월	포자리카 (멕시코)	산업시설: H_2S 누출	총 인구 22,000명 중 320명 급성 중독, 22명 사망
요코하마 사건	1946년 겨울	도쿄, 요코하마 (일본)	원인 불분명(산업시설의 배출로 추정)	지역 주둔 미군 군속 및 가족의 천식 발병
보팔 사건	1984년 12월	보팔 (인도)	산업시설: 살충제(methyl-isocynate) 누출	시민 20,000명 이상 응급치료, 가축 집단 폐사
체르노빌 사건	1986년 4월	체르노빌 (우크라이나)	원자력발전소의 시설물 파괴: 방사능물질 누출	사건 당시 당국의 공식발표 204명 사망(잠재적 피해자 수만 명 추정), 40만 명 난민과 900만 명의 직간접 피해, 상당량의 곡물 및 축산물 폐기

에 있던 스모그의 출현 빈도가 눈에 띄게 감소하는 경향이 나타났다. 특히 증기열차에 대한 수요를 디젤열차가 대체함으로써 철도를 전동화할 필요성이 격감하였다. 내연기관을 장착한 자동차가 전동기차의 수요를 대체하기 시작하고 이는 곧 자동차의 전성시대를 예고하였다. 그러나 20세기의 2사분기에는 교통수단 등에서 일대 혁신이 일어났음에도 불구하고 대기질 관리를 위한 법제의 정비나 개정·제정 등은 상당히 소홀하게 다룬 측면을 간과할 수 없다. 1947년 미국 캘리포니아주에서 대기오염에 관한 법령을 일부 제정하였지만 이는 상당히 예외적인 경우이다.

1·3·3 현대의 대기오염

1950년을 기점으로 하여 1980년까지는 대기오염을 보다 현대적 관점에서 다루어 나간 시기라고 볼 수 있다. 1952년 영국 런던에서 발생한 대규모 대기오염 사건은 1956년 「대기청정법(Clean Air Act)」의 제정을 촉진하는 동인이자 동시에 대기질 관리의 중요성을 부각하는 계기로 작용하였다. 이러한 일련의 사태가 촉발한 가장 중요한 움직임으로 일반 가정의 난방 방식에서 일어난 변화를 들 수 있다. 과거 대부분의 가정에서는 각 방에 설치한 벽난로에 석탄을 때서 난방을 유지하였다. 그러나 중앙난방 또는 전기난방과 같은 새로운 방식이 출현하면서 벽난로와 같이 석탄을 태우는 시설물에 대한 자체적인 대체가 이루어졌다. 이에 따라, 당시 주로 활용하던 종이필터를 이용한 매연 측정 방식(흑색의 농담으로 매연 농도를 파악함)으로도 이 시기의 매연 농도가 눈에 띄게 감소한 사실을 확인할 수 있었다. 실제로 매연 농도가 1958년 175 $\mu g/m^3$에서 10년 후인 1968년에는 75 $\mu g/m^3$로 감소하였다.

일부 긍정적인 변화에도 불구하고 이 기간 동안 세계적인 대도시에서는 대기오염 수준이 심각하였다. 결국 대도시가 위치한 대부분의 국가에서 대기오염에 대한 규제 · 법령을 강화하였다. 이러한 사회적 분위기를 민감하게 반영한 결과 이 시기를 전후하여 대기오염과 관련한 대규모 연구소가 우후죽순처럼 난립하기도 하였다.

미국 로스앤젤레스시에서도 스모그의 빈도나 강도가 증가하는 양상이 꾸준히 나타났고 이러한 현상은 미국의 여타 대도시에서도 거의 예외가 없었다. 마침내 1955년에는 대기오염에 관한 규제 · 법령이 연방 차원에서 마련되었고, 이는 다시 대기오염 관련 연구 및 방제기술의 개발을 연방 차원으로 유도하는 전기로 작용하였다. 대기오염과 관련한 미국의 행정규제는 원래 보건부, 교육부, 복지부 산하의 대중건강서비스(Public Health Service, PHS) 조직에 예속되어 있었다. 그러나 1970년 이후 환경보호청이 설립되면서 전폭적인 권한 이양이 이루어졌다. 연방 차원의 법제는 1955~1980년 사이에 수차례 개정을 거치면서 초기의 골격에 상당한 보완이 이루어졌고 동시에 관리 영역 또한 대규모로 확장되었다.

1950~1980년의 약 30년에 이르는 기간 동안 유럽과 마찬가지로 미국에서도 대기오염과 관련한 연구의 활성화가 두드러졌다. 초기에는 오하이오주 신시내티시에 위치한 PHS 산하의 위생공학센터(Sanitary Engineering Center)에서 연방 차원의 연구 활동에 있어 중추적인 기능을 하였고, 후반부에는 노스캐롤라이나주의 트라이앵글연구단지(Research Triangle Park)에 위치한 국립환경연구센터(National Environmental Research Center)가 이러한 역할을 주로 맡았다.

1955년에는 뉴욕시에서 대기오염과 관련한 국제회의가 개최되었다. 워싱턴에서는 1958~1966년에 4년 간격으로 총 3회에 걸쳐 대기오염과 관련한 전국 규모의 학술대회가 열렸다. 1959년 런던에서는 국제청정공기학회(International Clean Air Conference)가 개최되기도 하였다.

1980년대를 전후로 하여 대기오염 현상을 바라보는 관점이 달라져 이들 문제에 대한 대응책을 종합적 또는 생태학적 차원에서 강구하기 시작하였다. 조직관리적인 차원에서는 대부분의 국가에서 대기오염을 비롯한 제반 환경문제를 다루기 위해 환경부 또는 환경성과 같은 정부 조직을 신설하였다. 미국에서도 이러한 업무를 실질적으로 수행하기 위해 환경보호청이라는 기관이 출범하였다. 이러한 추세가 확산하여 여타 국가에서도 유사한 조직을 만들고 이들 조직을 통해 환경문제를 총괄적으로 다루기 시작하였다. 이 기간의 또 다른 특징으로 대기오염에 대한 관리·규제가 오염원의 생성 단계(예 자동차, 발전소, 공장)에서부터 체계적으로 점검하는 방향으로 자리 잡기 시작하였다. 또한 온실가스, 오염물질의 장거리 이동, 산성비 등과 같은 여러 현실적인 주제에 대한 관심이 커지고 해결책을 진지하게 모색한 시기라고도 할 수 있다.

1990년대 이후에는 환경문제에 대한 지구적 차원의 대응책을 보다 빠른 속도로 도모하였다. 이 시기에 접어들면서 환경문제와 관련하여 미국에서 시도된 가장 거대한 변화로 「대기청정법」의 보완 개정을 들 수 있다(1990년 11월 15일). 이는 「대기청정법」이 제정된 1977년 이래로 첫 개정에 해당하며, 실상 의회에서는 이보다 앞서 법 개정을 권고한 바 있다.

한편 1990년대에는 특히 상호 양면적 관계에 있는 두 가지 현상, 즉 기후변화의 장기적인 추세와 성층권의 오존층 감소 현상이 많은 과학자들의 연구 대상으로 주목을 받았다. 그중 기후변화와 관련하여 가장 큰 관심의 대상으로 역시 온실가스의 축적에 따른 기온 상승, 동시에 그 반대급부, 즉 황산염과 같은 미립자의 축적과 이에 따른 기온 하강 현상을 들 수 있다. 일부 학자들은 두 가지 현상의 영향이 서로 상쇄될 것이라고 예측한 바 있고, 어떤 학자들은 온실효과가 반드시 유해하다고 단정지을 수 없다는 주장을 펼치기도 하였다.

기후변화와 마찬가지로 또 다른 지구적 차원의 환경문제인 성층권의 오존 감소 현상은, 여러 이견이 상존한 지구온난화와 달리 문제의 심각성에 대한 공감대가 훨씬 넓게 형성되어 있을 정도로 다급한 문제에 속하였다. 오존 문제의 심각성과 피해 양상은 1990년도 「대기청정법」의 개정을 돕기 위해 실시한 미국 상원 특별위원회의 조사 결과에도 잘 나타나 있다. 오존 현황을 조사한 보고서에서는 문제의 원인과 피해를 심각하게 진단하였다. 즉 성층권 오존의 파괴는 주로 염화불화탄소나 그와 유사한 잔류성 화합물의 방출로 인해 일어난다. 인류의 산업 활동 등에 의해 대기로 배출된 이들 화합물 상당량은 성층권까지 진입하여 오존 파괴를 촉진한다. 성층권 오존의 감소로 결국 더 많은 양의 자외선이 지표면까지 도달하고 이는 피부암과 같은 인류의 각종 질병을 야기하는 원인으로 작용한다. 과다한 자외선은 심지어 곡물이나 해양생물에까지 상당한 피해를 끼친다는 사실이 밝혀졌다.

앞으로도 인구 증가가 지속되는 한 대기오염 문제의 확대는 불가피하다. 환경오염 해소에 기여할 대체연료 개발에 힘쓰고 있지만 아직까지 인류는 화석연료나 핵연료에 절대량을 의존하고 있는 실정이다. 이들 연료를 보존할지 또는 사용할지의 선택은 숨가쁘게 달려온 인류 문명의 발전 역사를 가속할지 또는 늦출지의 결정으로까지 귀결된다. 따라서 현재 또는 당면한 미래를 문제 해결의 시한으로 보고 세계 각국의 정부 및 시민 모두가 현명한 선택을 위해 최선의 노력을 기울여야 한다.

1·4 대기질 기준과 현황

1·4·1 대기질 기준

오늘날 대부분의 산업국가에서는 적정 수준의 대기질을 유지하기 위해 주요 대기오염물질에 대한 기준농도를 정의하고 이를 일종의 지표로 활용하고 있다. 주로 환경보건학적인 측면을 감안하여 특정 오염물질의 농도가 특정 기간 내에 특정 수치 이하의 값을 유지하도록 규정하고 있다.

우리나라에서도 기준항목의 수나 규제치에 대한 조정이 지속적으로 이루어져 왔다. 기준항목의 설정은 1978년 아황산가스(SO_2)를 중심으로 최초로 이루어졌다. 1983년 8월에는 현재의 골격과 유사하게 대부분의 항목을 추가하였다. 1991년과 1995년에는 대기질 기준을 선진국 수준으로 향상하기 위해 보다 엄격한 조정이 이루어졌다. 이 시기에 조정된 대부분의 오염물질 농도는 현재에도 대기질 기준의 골격을 유지하고 있다. 환경부에서는 대부분의 오염물질에 대해 단기 · 중기 · 장기적 기준치를 제시하고 있으며 이는 측정 방식과 환경보건학적 측면을 동시에 감안하여 설정하였다. 표 1-7에서는 수차례 이루어진 개정 상황을 쉽게 비교할 수 있도록 우리나라의 대기환경기준을 정리하였다(국립환경과학원, 2022). 규제기준의 변화와 관련하여 주목할 부분은 1995년 개정 항목에서 미세먼지(PM_{10})가 추가되고 총탄화수소(THCs)가 제외된 점이다. 2012년 개정에서는 초미세먼지($PM_{2.5}$) 항목을 추가하여 미세먼지 규제기준을 강화하였다.

주요 산업국가 및 개발도상국에서는 대부분 대기질 기준을 설정하고 대기질을 관리하기 위한 노력을 기울이고 있다. 각국에서 설정한 기준항목의 종류나 개별 항목의 기준치는 대개 우리나라의 경우와 유사한 수준이다. 우리나라의 대기환경기준을 평가하기 위해서는 다른 나라의 규제기준과 비교해 볼 필요가 있다. 예를 들면 SO_2에 대한 기준치는 캐나다 0.07, 미국 0.075, 일본 0.10, 한국 0.15, 오스트레일리아 0.20 ppm/시간이다. 참고로 표 1-7의 마지막 열에 미국의 현행 대기질 기준(National Ambient Air Quality Standards, NAAQS)을 제시하였다. 우리나라와 미국의 기준을 비교했을 때 SO_2 항목을 제외하고 대체로 우리 기준이 더 엄격하게 설정되었음을 확인할 수 있다. 대기질을 향상하기 위해 국내외를 막론하고 향후 대기질 기준을 지속적으로 상향 조정할 것으로 보인다.

1·4·2 대기질 현황

일반적으로 대기질 현황을 파악하기 위해서 주요 기준항목의 공간적 또는 시간적 변화 양상에 대한 통계적인 비교분석 방식을 동원한다. 오염물질의 시공간적 변화 양상은 오염물질

표 1-7 대기환경기준의 체계 변경 및 강화 내역

기준항목		1978년	1983년	1991년	1993년[1]	2001년	2007년	2012년	2018년	미 국
아황산가스 (ppm)		0.05/연 0.15/일	0.05/연 0.15/일	0.05/연 0.15/일	0.03/연 0.14/일 0.25/시간	0.02/연 0.05/일 0.15/시간	0.02/연 0.05/일 0.15/시간	0.02/연 0.05/일 0.15/시간	0.02/연 0.05/일 0.15/시간	0.075/시간 0.5/3시간
일산화탄소 (ppm)		–	8/월 20/8시간	8/월 20/8시간	9/8시간 25/시간	9/8시간 25/시간	9/8시간 25/시간	9/8시간 25/시간	9/8시간 25/시간	35/시간
이산화질소 (ppm)		–	0.05/연 0.15/시간	0.05/연 0.15/일	0.05/연 0.08/일 0.15/시간	0.05/연 0.08/일 0.15/시간	0.03/연 0.06/일 0.1/시간	0.03/연 0.06/일 0.1/시간	0.03/연 0.06/일 0.1/시간	0.1/연 0.1/시간
먼지 ($\mu m/m^3$)	총먼지	–	150/년 300/일	150/년 300/일	150/년 300/일	–	–	–	–	–
	미세먼지 (PM_{10})	–	–	–	80/연 150/일	70/연 150/일	50/연 100/일	50/연 100/일	50/연 100/일	150/일
	초미세먼지 ($PM_{2.5}$)	–	–	–	–	–	–	25/년[3] 50/일	15/년[4] 35/일	15/연 35/일
오존 (ppm)		–	0.02/연 0.1/시간	0.02/연 0.1/시간	0.06/8시간 0.1/시간	0.06/8시간 0.1/시간	0.06/8시간 0.1/시간	0.06/8시간 0.1/시간	0.06/8시간 0.1/시간	0.070/8시간
납 ($\mu m/m^3$)		–	–	1.5/3개월	1.5/3개월	0.5/연	0.5/연	0.5/년	0.5/연	0.15/3개월
벤젠 ($\mu m/m^3$)		–	–	–	–	–	5/연[2]	5/연	5/연	–

주 1시간 평균치는 999 천분위수의 값이 그 기준을 초과해서는 안 되고, 8시간 및 24시간 평균치는 99 백분위수의 값이 그 기준을 초과해서는 안 됨

1) 1993년 아황산가스 기준 강화 및 1시간 기준 신설, PM_{10} 기준 신설(1995년 적용)

2) 2007년 벤젠 기준 신설(2010년 적용)

3) 2012년 $PM_{2.5}$ 기준 신설(2015년 적용)

4) 2018년 $PM_{2.5}$ 기준 강화(2018년 적용)

표 1-8 전국 대기환경측정망 설치 현황(2021년 기준)

측정망 유형	측정 항목	측정 목적	측정 주기	측정소 수		
				소계	환경부	지자체
도시대기측정망	SO_2, CO, NO_x, PM_{10}, $PM_{2.5}$, O_3, 풍향, 풍속, 온도, 습도	도시 지역의 평균 대기질 농도를 파악하여 환경기준 달성 여부 판정	1시간(연속)	504	–	504
국가배경농도측정망	SO_2, CO, NO_x, PM_{10}, $PM_{2.5}$, O_3, 풍향, 풍속, 온도, 습도	국가적인 배경농도를 파악하고 외국으로부터의 오염물질 유입 및 유출 상태 등 파악	1시간(연속)	11	11	–
교외대기측정망	SO_2, CO, NO_x, PM_{10}, $PM_{2.5}$, O_3, 풍향, 풍속, 온도, 습도	도시를 둘러싼 교외 지역의 배경농도 파악	1시간(연속)	27	27	–
선박	$PM_{2.5}$, 블랙카본, 풍향, 풍속, 온도, 습도	장거리 이동 미세먼지의 경로, 농도 등 확인	1시간(연속)	35	35	–
도로변대기측정망	SO_2, CO, NO_x, PM_{10}, $PM_{2.5}$, O_3, 풍향, 풍속, 온도, 습도 ※ 필요시 Pb, HC, 교통량 추가	자동차 통행량과 유동 인구가 많은 도로변 대기질 파악	1시간(연속)	56	–	56
항만	SO_2, CO, NO_x, PM_{10}, $PM_{2.5}$, O_3, 풍향, 풍속, 온도, 습도	항만 지역의 대기질 현황 및 변화에 대한 실태 조사	1시간(자동)	15	15	–
대기중금속측정망	Pb, Cd, Cr, Cu, Mn, Fe, Ni, As, Be, Al, Ca, Mg	도시 지역 또는 공단 인근 지역의 중금속에 의한 오염 실태 파악	5회/월 (매월 둘째주)	72	–	72
유해대기물질측정망	VOCs 16종, PAHs 16종	인체에 유해한 VOCs, PAHs 등의 오염 실태 파악	2회/월(수동)→VOCs는 순차적으로 자동 전환	52	52	–

측정망 유형	측정 항목	측정 목적	측정 주기	측정소 수		
				소계	환경부	지자체
산성강하물측정망	건성: $PM_{2.5}$, $PM_{2.5}$ 중 이온 성분 습성: pH, 이온 성분, 전기전도도, 강수(설)량 수은(총가스상 수은), 수은 습성침적량	대기 중 오염물질의 건성침적량 및 강우·강설 등에 의한 오염물질의 습성침적량 파악	건성: 6일 간격 습성: 강수 시 수은: 2시간(연속) 수은 습성침적량: 수동	42	42	–
광화학대기오염물질 측정망	VOCs 56종, NO_x, NO_y, PM_{10}, $PM_{2.5}$, O_3, CO, 풍향, 풍속, 온도, 습도, 일사량, 자외선량, 강수량, 기압, 카보닐 화합물	오존 생성에 기여하는 VOCs에 대한 감시 및 효과적인 관리 대책의 기초 자료 파악	1시간(연속)	18	18	–
지구대기측정망	CO_2, CFCs, N_2O, CH_4	지구온난화 물질의 대기 중 농도 파악	1시간(연속)	1	1	–
$PM_{2.5}$성분측정망	$PM_{2.5}$ 질량, 탄소 성분(OC, EC), 이온 성분, 중금속 성분	인체 위해도가 높은 미세먼지($PM_{2.5}$)의 농도 및 성분 파악을 통한 배출원 규명	1회/1일(농도) 1회/6일(성분)	42	42	–
대기오염집중측정망	SO_2, CO, NO_x, PM_{10}, $PM_{2.5}$, O_3, 풍향, 풍속, 온도, 습도, $PM_{2.5}$ 질량, 탄소 성분, 이온 성분, 중금속 성분	국가 배경지역과 주요 권역별 대기질 현황 및 유입·유출되는 오염물질 파악, 황사 등 장거리 이동 대기오염물질을 분석하고 고농도 오염 현상에 대한 원인 규명	연속	10	10	–

이 자체적으로 지닌 다양한 물리·화학적 특성 및 주변 환경요인과의 복합적인 관계에 의해 설정된다. 따라서 이와 관련한 연구 결과는 주요 오염물질의 환경학적 특성을 이해하는 데 중요한 단서로 활용할 수 있다. 여기에서는 환경부에서 발표한 국내 주요 도시의 대기질 자료를 활용하여 대기질 기준항목의 일반적인 변화 양상을 파악하고자 한다. 이를 위해 환경부 및 지방자치단체에서 운영하고 있는 지역대기측정망 중 서울, 부산, 대구, 인천, 광주, 대전, 울산 등 광역시 규모 이상의 7개 대도시에서 측정한 5개 기준성 오염물질(SO_2, O_3, NO_2, CO, PM_{10})의 연간 평균 농도를 취합하여 분석한 결과를 제시한다.

국내 대기질 관리를 목적으로 총 10가지 유형의 대기환경측정망을 운용하고 있다(표 1-8 참조). 2021년을 기준으로 규모가 가장 큰 도시대기측정망은 지자체가 관리하는 504개소가 있다(국립환경과학원, 2022). 이 가운데 7개 대도시에 위치한 측정소가 총 135개소(서울 25, 부산 28, 대구 18, 인천 24, 광주 11, 대전 11, 울산 18)이다. 그런데 실제 비교 기준으로 활용할 1998년의 경우 서울 27, 부산 9, 대구 6, 인천 8, 광주 4, 대전 3, 울산 7개소 등 총 64개소로 2021년에 비해 측정소 수가 절반 수준이다. 즉 7개 시의 대기오염 관측치는 연도별로 측정소의 개수가 지속적으로 변화하는 와중에 확보되었다. 이는 도시 규모의 팽창 또는 지자체의 필요 등에 따라 기존의 측정소를 폐쇄하거나 새로운 측정소를 설치하는 과정이 반복되었음을 의미한다.

현황 분석에 사용된 모든 데이터는 환경부 누리집(me.go.kr)에 게시된 「대기환경월보」 및 「대기환경연보」에서 확인할 수 있다. 1989년 이래 모든 시간 단위로 측정이 가능한 기준성 오염물질(SO_2, NO_2, O_3, CO, PM_{10})의 연도별 평균치를 제공하고 있으며, 1996년부터는 모든 항목에 대한 자료를 월별로 제공하고 있다. 이 중에서 총먼지(TSP)는 1998~2000년 자료만 있고, PM_{10}은 1995년부터 축적되었다.

1 대기오염물질의 공간적 분포 양상

표 1-9는 비교 대상인 7개 도시에서 수집한 주요 오염물질의 연평균 자료를 계산한 기본적인 통계량이다. 전체 비교가 이루어진 1989~2020년 총 32년간의 평균값이며 SO_2를 비롯한 기체상 성분은 모두 32개의 연평균으로부터 계산하였다. 이에 비해 PM_{10} 농도는 관측이 늦게 시작되어 자료 수가 제한적이다.

지역별로 제시된 표 1-9의 결과를 보면 몇 가지 경향을 확인할 수 있다. 항목별로 최고 농도를 기록한 지역은 서울, 부산, 대구, 인천 등으로 다양하지만 최저 농도를 기록한 지역으로는 광주가 가장 빈번하게 나타난다. 이 외에도 오염물질의 개별 항목에서 지역별 농도의 편차가 다름을 알 수 있다. 예를 들어 SO_2의 경우 최고 농도를 기록한 울산(14.2 ppb)과 최저를 기록한 광주(6.91 ppb) 간에는 2배 이상의 차이가 난다. NO_2의 결과에서도 이와 유사하게 최고치(서울), 최저치(광주)의 차이가 2배에 가깝다. 그러나 나머지 항목에서는 최고치, 최저치의 차이가 50% 내외로 크게 벌어지지 않음을 알 수 있다.

표 1-9 광역시의 기준성 대기오염물질의 연도별 농도 분포 자료를 이용한 기초 통계량(1989~2020년)

구 분	SO_2(ppb)							NO_2(ppb)							O_3(ppb)						
	서울	부산	대구	인천	광주	대전	울산	서울	부산	대구	인천	광주	대전	울산	서울	부산	대구	인천	광주	대전	울산
평균	12.2	13.4	13.8	13.5	6.91	9.41	14.2	32.6	22.8	23.5	27.2	18.9	20.4	22.3	17.6	23.4	20.2	19.8	21.4	19.8	21.3
표준편차	14.2	11.9	14.5	14.1	5.15	9.01	9.58	3.35	3.51	3.54	3.01	3.38	3.51	2.66	4.60	5.73	5.88	5.49	6.18	5.51	6.06
중앙값	5.50	7.00	6.00	7.00	4.00	5.00	9.00	32.5	22.5	24.0	27.5	19.0	20.0	22.0	17.0	24.0	20.5	20.0	22.0	20.0	21.0
최솟값	3.00	4.00	2.00	4.00	3.00	2.00	4.00	24.0	16.0	17.0	20.0	11.0	14.0	16.0	8.00	12.0	8.00	8.00	7.00	9.00	11.0
최댓값	56.0	47.0	48.0	65.0	21.0	35.0	35.0	38.0	31.0	30.0	34.0	26.0	34.0	29.0	25.0	32.0	29.0	29.0	30.0	29.0	32.0
자료 수	32	32	32	32	32	32	32	32	32	32	32	32	32	32	32	32	32	32	32	32	32

구 분	CO(ppb)							PM_{10}($\mu g/m^3$)						
	서울	부산	대구	인천	광주	대전	울산	서울	부산	대구	인천	광주	대전	울산
평균	978	747	822	1044	797	897	772	56.0	54.1	55.2	55.3	46.2	48.1	46.3
표준편차	675	429	458	788	439	501	385	12.2	11.6	13.8	9.59	6.89	8.10	8.83
중앙값	600	500	700	650	600	700	550	56.5	53.0	53.5	55.0	46.0	45.5	47.5
최솟값	500	400	400	500	400	400	400	35.0	30.0	34.0	34.0	30.0	33.0	29.0
최댓값	3200	1700	2100	3300	2000	2200	1700	78.0	76.0	87.0	76.0	58.0	69.0	69.0
자료 수	32	32	32	32	32	32	32	26	26	26	26	26	26	26

2 대기오염물질의 시간적 분포 양상

대기오염물질에 대한 시간적 분석은 두 가지 기준을 동시에 활용하였다. 그림 1-2와 같이 단순히 연도별 또는 전체적인 경향을 비교할 때는 1989~2020년 32년간 축적된 자료를 활용하였다. 그러나 그림 1-3처럼 이보다 세부적인 분석이 필요한 경우에는 2018~2021년 월별 자료에 대해서만 진행하였다. 미세먼지는 일부 예외적인 경우를 제외하고는 가급적 PM_{10}을 중심으로 하였다.

그림 1-2와 1-3에서는 연구 대상인 7개 지역의 대기질 변화를 평가하기 위해 두 가지 기준으로 시간적 경향성에 대한 비교를 시도하였다. 먼저 그림 1-2의 경우 최초의 연도별 측정이 이루어진 1989년부터 2020년까지 연도별 평균치를 이용하여 모든 대상 지역의 연 변화 추이를 비교하였다. 그 결과 오염물질별로 몇 가지 상반된 양상이 나타났다. 먼저 SO_2, CO와 같은 성분은 비교적 뚜렷하게 농도가 감소하는 경향이 확인된다. 그러나 O_3의 경우 비교

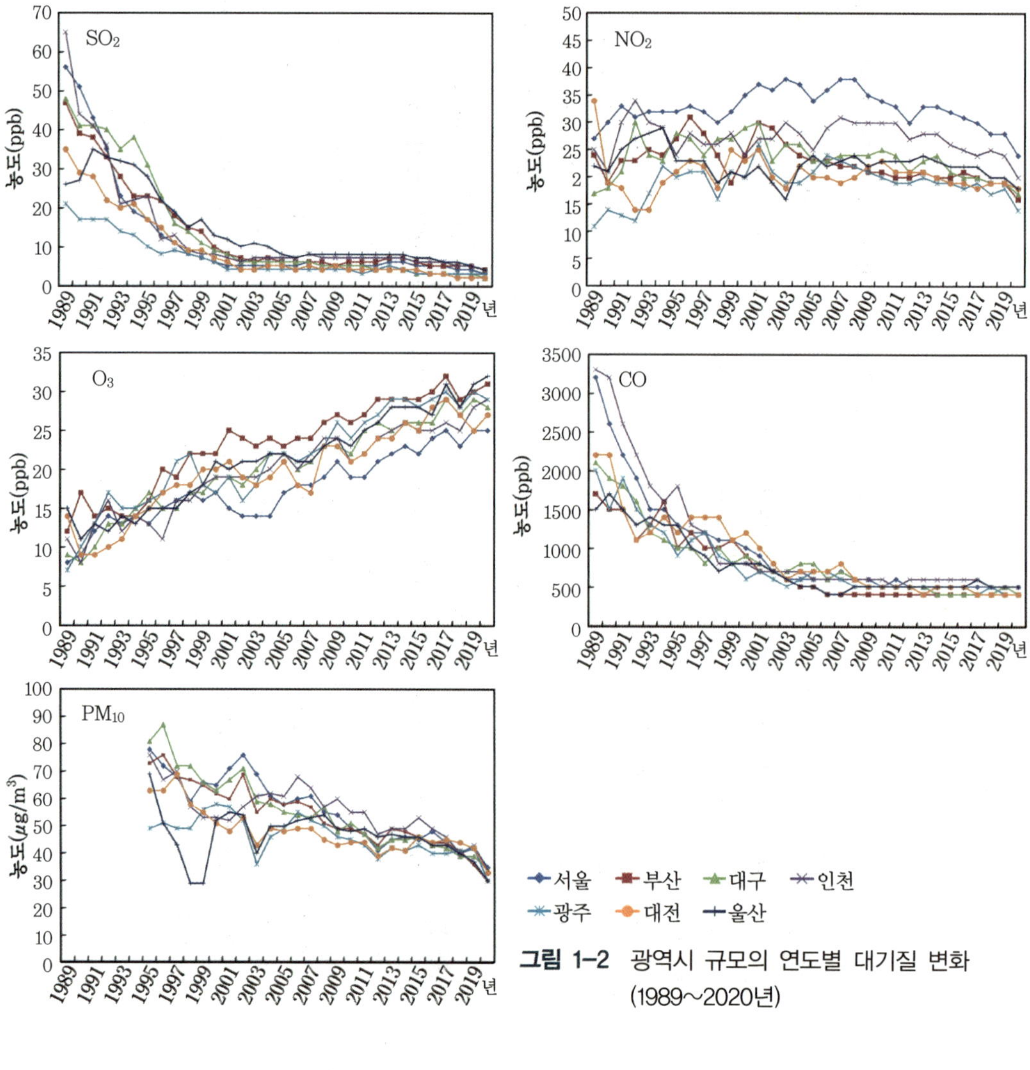

그림 1-2 광역시 규모의 연도별 대기질 변화 (1989~2020년)

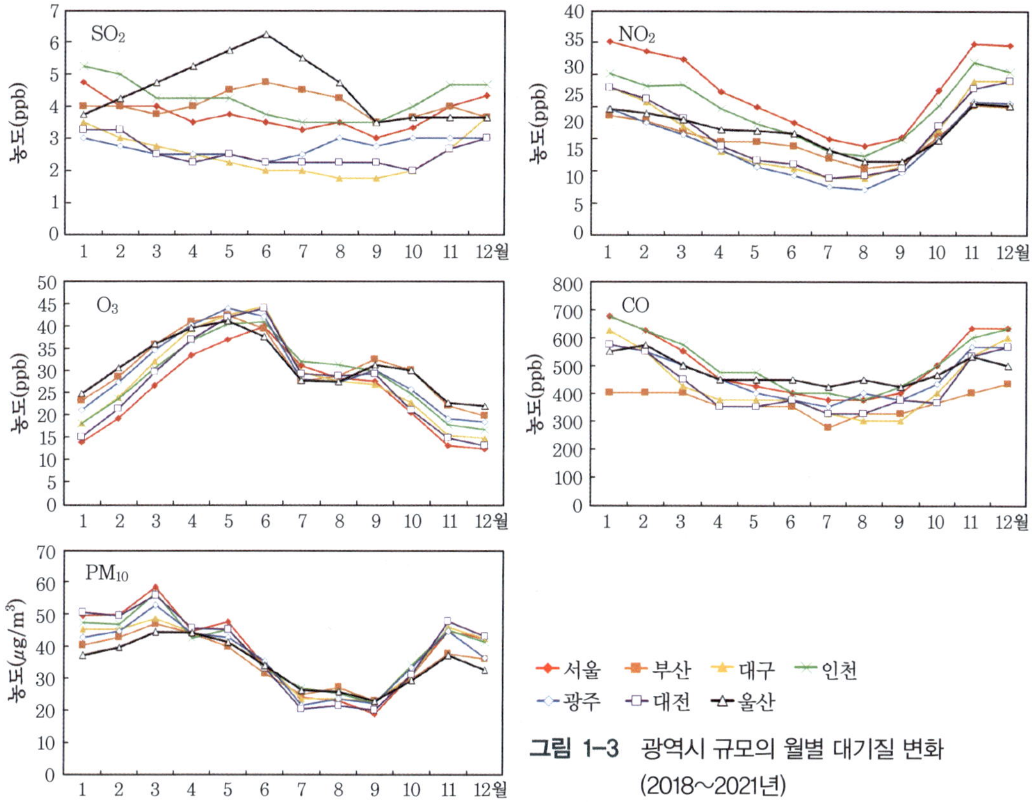

그림 1–3 광역시 규모의 월별 대기질 변화 (2018~2021년)

적 규칙적으로 농도가 증가하는 경향이 있고, 이산화질소는 농도 변화가 미미하다. 마지막으로 PM_{10}의 경우 상대적으로 농도가 감소하는 경향을 보인다.

이와 같은 장기적 추이에 바탕을 둔 대기오염물질의 농도 변화 경향에 대한 비교는 이들 오염물질을 긴 주기로 배출하는 배출원의 영향이 어떻게 변화하는지를 추정하는 데 의의가 있다(Kim & Kim, 2002). 특히 SO_2의 감소는 탈황 연료의 대체 사용 등을 통해 지속적으로 대기질을 개선해 온 결과를 보여 주는 대표적인 사례라고 할 수 있다. CO의 감소 역시 연료의 개선과 관련한 효과를 직간접적으로 반영한 결과로 볼 수 있다. 반면에 O_3나 NO_2의 경우 자동차 보급의 지속적 증가와 같이 배출원 관리가 쉽지 않은 영역에서는 오염물질 저감을 유도하는 일이 녹록하지 않음을 방증한다(Staehelin *et al.*, 2001).

그림 1–3에서는 오염물질의 월 변화를 비교함으로써 계절적 추이를 분석해 보았다. 계절적 양상은 배출원의 요인 외에도 기상학적 인자와 같은 주변 요소가 동시에 작용한 결과를 상당 수준 반영한다(Kim *et al.*, 2004). 월별 비교에서도 크게 두 가지 경향을 확인하였다. O_3의 경우 5월을 정점으로 최고 농도를 기록한 뒤 봄·여름철에도 고농도를 유지한다. 그러나 O_3를 제외한 나머지 성분에서는 정도의 차이가 있기는 하지만 모두 하저동고(夏低冬高)의 경향이 확인된다. CO와 같이 대기 체류시간이 긴 성분은 비교적 균질한 농도 분포를 유지하는 특성이 있어서 거의 모든 대상 지점에서 흡사하게 하저동고의 경향이 강하다. SO_2 역시

하저동고의 경향이 뚜렷하나 울산에서만 예외적으로 계절적인 차이가 비교적 작게 나타난다. PM_{10}의 경우 하저동고형을 띠지만 황사의 영향으로 기체상 오염물질과는 양상이 다르다. 즉 SO_2나 CO의 경우 최고 농도를 기록하는 시기가 겨울철인 데 비해 PM_{10}은 황사가 가장 심한 3~4월 정점에 이르는 경향이 뚜렷하다.

연습문제 ▌

1. 함량 차이를 기준으로 공기의 성분을 구분하시오.
2. 공기의 분자량을 계산하시오.
3. 대기오염물질을 기준성과 비기준성으로 분류하고 각각에 대해 설명하시오.
4. 겨울철 오후 어느 공단 지역에서 관측한 SO_2의 농도가 12 ppb로 확인되었다. 만약 이때 온도가 10℃였다면 그 농돗값을 $\mu g/m^3$ 단위로 환산하시오.
5. 4번 문제에서 다음의 추가적인 조건을 가정하자. 현장에서 10 L의 시료 채취 용기를 이용하여 현장의 공기를 채취한 후 실험실로 가져와 다시 분석하였다. 시료가 온전하게 이송되었고 실험실 내의 온도는 23℃이다. 이때 SO_2의 농돗값은 몇 $\mu g/m^3$인가? 이 SO_2의 농도를 다시 ppb 단위로 환산하시오.
6. 어떤 오염물질의 배출 규모는 해양환경과 내륙환경에서 현격한 차이를 보인다. 만약 이 오염물질의 배출률(emission rate)이 해양과 내륙에서 각각 5 $ng/m^2/hr$와 1 $ng/m^2/hr$이라면 이 오염물질의 연간 배출량을 Tg 단위로 계산하시오.
7. 역사적인 대기오염 사건들의 피해 원인과 규모 등에 대해 시대순으로 간략하게 서술하시오.
8. 국내 대기오염물질의 농도 변화를 보면 대체로 SO_2, CO 등이 유사하게 감소하는 경향이 나타난다. 이들 오염물질의 농도 분포에서 지역적으로 뚜렷한 차이가 있음에도 불구하고 유사한 양상으로 감소하는 이유를 설명하시오.

참고문헌 ▌

1. 국립환경과학원. 대기환경연보. nier.go.kr.
2. 국립환경과학원. 대기환경월보. nier.go.kr.
3. 김기현. 1998. 영국의 대기오염측정과 자료관리 현황. 한국대기보전학회 대기교수협의회 1998년 2월 모임 발표문.
4. 김기현 외. 2014. 신고 대기환경학. 향문사.
5. Boubel RW *et al.* 1994. Fundamentals of Air Pollution (3rd Ed). Academic Press.
6. Dastoor AP, Larocque Y. 2004. Global circulation of atmospheric mercury: a modelling study. Atmospheric Environment 38(1): 147–161.
7. Kettle AJ, Andreae MO. 2000. Flux of dimethylsulfide from the oceans: A comparison of updated data sets and flux models. Journal of Geophysical Research

105(D22): 26793–26808.

8. Kim KH *et al.* 2004. Studies of spatial and temporal distribution characteristics of TSP–bound trace metals in Seoul, Korea. Environmental Pollution 127(3): 323–333.
9. Kim KH, Kim MY. 2002. A decadal shift in total gaseous mercury concentration levels in Seoul, Korea: Changes between the late 1980s and the late 1990s. Atmospheric Environment 36(4): 663–675.
10. Staehelin J *et al.* 2001. Ozone trends: A review. Reviews of Geophysics 39(2): 231–290.

제2장

입자상 오염물질

2·1 미세입자의 이해

역사적으로 인류의 대기환경 문제 해결에 과학기술 발전이 크게 공헌해 오고 있다. 대표적인 성공 사례가 런던 석탄 스모그, 산성비, 오존홀, LA 광화학 스모그 등이다. 모두 빠른 시간 내에 과학적 진단과 이해를 거쳐 해답을 제시하고 적용함으로써 문제를 성공적으로 해결하였다. 그러나 지금 동북아시아에서 겪고 있는 초미세먼지 오염은 아직도 과학기술적으로 해결해야 할 점이 많다.

기체상 오염물질이 단일 성분의 물질인 데 반해 입자상 오염물질은 다양한 배출, 생성, 변환, 이동, 소멸 과정을 거쳐 대기 중에 존재하며 수많은 화학적 성분, 즉 위해성이 다른 물질로 구성되어 있다. 입자상 오염물질의 특성은 크게 화학적 특성(유기 성분, 무기 성분, 단일 원소) 및 물리적 특성(입자의 입경 크기)로 나뉜다. 입자는 입경이 나노미터(nm)에서부터 수십 마이크로미터(μm)까지 광범위하며, 모양도 구형에서 사슬 형태까지 다양해서 공기역학적으로 다르게 거동한다. 미세입자의 표면은 비균질(heterogeneous) 화학반응이 일어나는 매체 역할을 하여 빠르게 변환한다. 구성 성분에 따라서는 소수 성분과 친수 성분으로 나뉘며, 친수성 입자는 대기 상대습도에 따라 비선형적으로 크기(중량)가 변한다. 휘발성(volatile) 입자의 경우는 증기압에 따라 빠르게 증발한다. 무기 입자의 경우 과학적 이해의 정도가 매우 높은 반면에 수많은 성분의 구성체인 유기 입자에 대해서는 아직도 과학적으로 규명되지 않은 점이 많아 모델을 활용한 모사 결과와 실제 관측치 사이에 큰 차이가 나고 있다.

입자는 크기와 화학적 성질에 따라 광학적 성질(굴절률)이 달라져 체감적 대기오염도인 시정(visibility)을 악화하고, 태양광을 산란 · 흡수함으로써 대기복사에도 영향을 끼쳐 기후변화의 원인물질이 되기도 한다. 기후변화 연구에서도 온실가스(CO_2, O_3, N_2O 등)의 영향에 대해서는 많은 연구가 이루어졌으나 대기 입자(에어로졸, aerosol)의 영향에 대해서는 아직도 과학적 불확실성이 상대적으로 크다. 대기 입자가 인체 건강에 미치는 영향에 관한 연구는 오염물질 관리에 있어서 당위성을 설명하는 근본임에도 아직 진행 중이다. 여기에 더해 나노입자와 같은 새로운 오염 입자가 출현하고 있다. 대기 입자 오염은 직접적으로 주민 건강에 피해를 줄 뿐만 아니라 삶의 질, 투자 및 경제 활동 등에도 간접적인 영향을 미쳐 큰 사회적 손실을 가져온다.

국민 건강에 피해가 예상될 때에는 과학적 이해가 완성되기 전이라도 선제적으로 환경기준을 정해서 관리에 들어가는 것이 모든 나라가 취하는 정책의 정도이다. 이후 과학적 이해가 커지고 사회·경제적 여건이 변화하면 그에 맞춰 정책을 개선해 가고 있다. 우리가 지금 처해 있는 초미세먼지 오염 상황과 관련해서는 기초적 과학기술 연구 투자에 소홀한 때에 급자기 문제의 심각성이 대두되어 혼선과 불확실성이 상존하고 있다. 과학기술은 국민과 정책 수립자에게 빠르고 정확한 정보 및 해결책을 제공해야 할 사회적 책무가 있다. 초미세먼지와 같은 환경문제는 다학제적 접근과 방안이 필요하기에 과학기술계의 역량을 집결하여 근본적인 해결책을 제시해야 한다.

2·2 미세입자의 입경 분포

대기환경에서 입자(particulate matter, PM)는 대기 중에 떠 있는 액체상·입자상 물질을 말한다. 일반적으로 크기에 따라서 총먼지(total suspended particule, TSP), 지름이 10 μm보다 작은 미세먼지(PM_{10}), 지름이 2.5 μm보다 작은 초미세먼지($PM_{2.5}$), 지름이 1.0 μm보다 작은 극미세먼지($PM_{1.0}$)로 나누며, 지름이 0.01 μm보다 작은 입자를 나노입자라고 부른다.

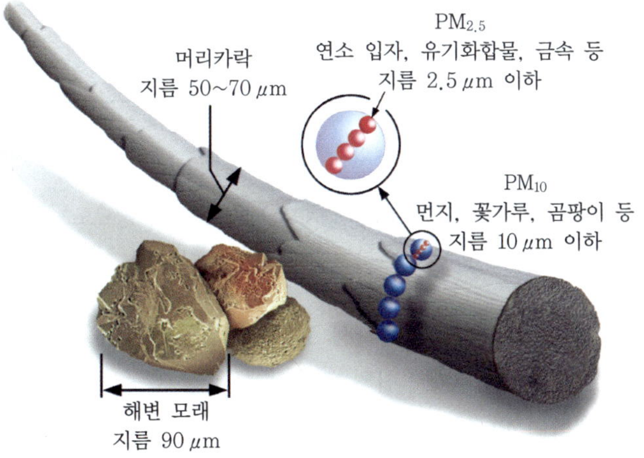

그림 2-1 미세먼지의 크기[US EPA, 2022]

대기 입자는 단일 물질이 아니라 발생 및 생성 과정에 따라 나노미터에서 수십 마이크로미터까지 크기 분포가 광범위하고 화학적 성분 구성이 다양하다(그림 2-2 참조). 그러므로 미세먼지 오염의 저감 및 관리는 각각의 발생, 생성, 변환, 이동, 소멸 과정과 인간 건강, 생태계, 기후변화, 가시거리 등에 미치는 영향에 대한 과학적 이해가 선행되어야 한다.

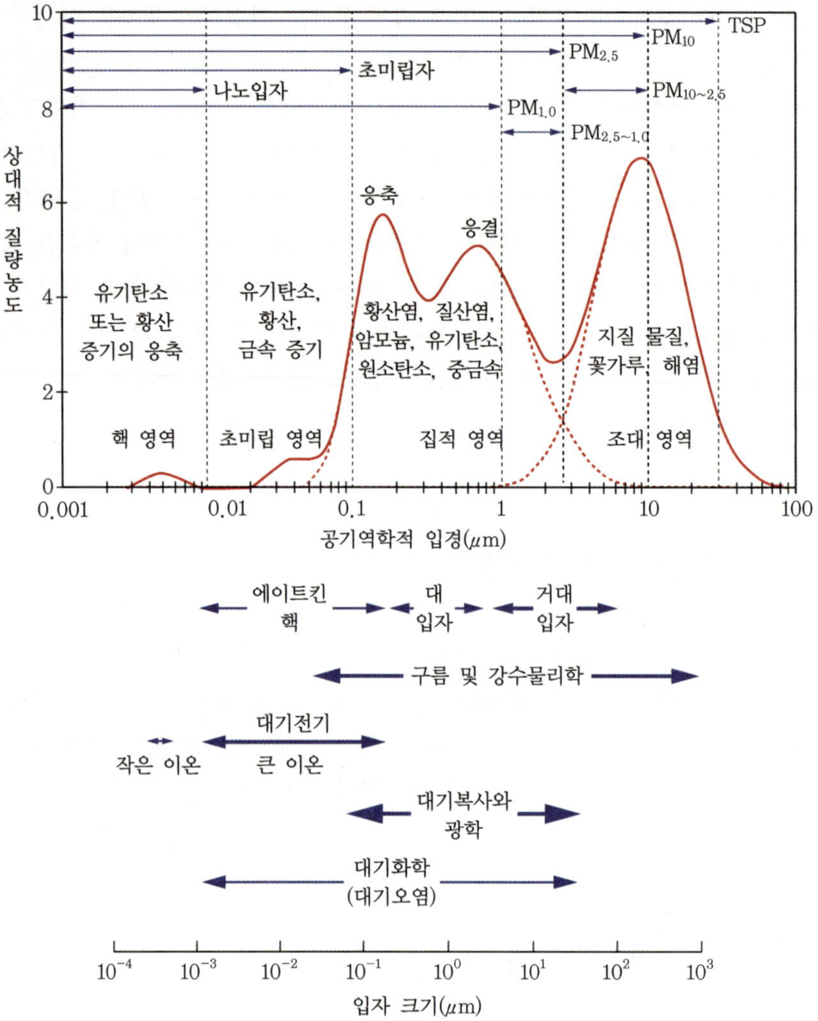

그림 2-2 대기 입자의 입경 분포와 중요도
[Cao *et al.*, 2013; Wallace & Hobbs, 2006]

미세먼지는 발생 및 생성 단계에 따라서 1차 배출 미세먼지와 2차 생성 미세먼지로 나뉜다(그림 2-3 참조). 1차 배출 미세먼지의 경우에는 공장 굴뚝, 자동차 배기구, 연소 등 발생원으로부터 직접 발생하여 나오는 입자를 말하며 대표적으로 디젤 자동차에서 배출되는 검댕(soot) 입자가 있다. 2차 생성 미세먼지는 발생원에서 나온 황산화물(SO_x), 질소산화물(NO_x) 등의 기체상 전구물질(precursor)이 대기 중의 수증기, 암모니아(NH_3), 오존, 휘발성 유기화합물(VOCs) 등과 반응하여 생성되는 작은 입자이다(그림 2-4 참조). 2차 생성 미세먼지가 중요한 이유는 우리나라의 경우 전체 $PM_{2.5}$ 중에서 화학반응에 의한 2차 생성 미세먼지가 약 2/3를 차지할 만큼 심각하기 때문이다.

$PM_{2.5}$는 대기 체류시간이 PM_{10}보다 길어 외부로부터의 영향이 상대적으로 클 수 있다. 따

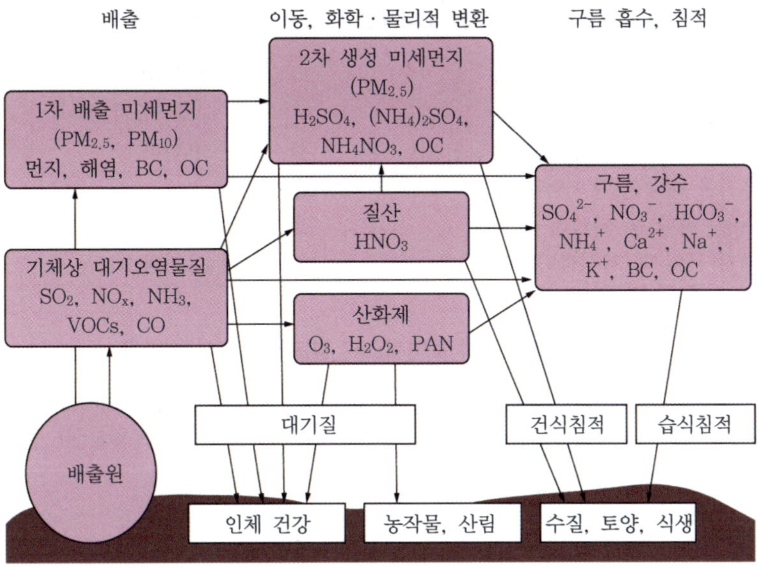

그림 2-3 대기 중 미세먼지의 배출–소멸 과정[EANET]

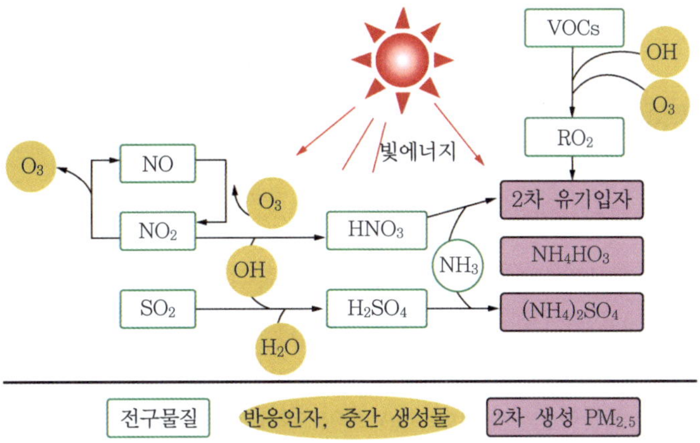

그림 2-4 대기 중 초미세먼지의 2차 생성 과정[환경부, 2016]

라서 $PM_{2.5}$ 농도를 결정하는 각 과정의 상대적인 중요도와 주요 대기오염물질을 이해하는 일이 중요하다. 특히 $PM_{2.5}$는 발생원에서 배출되는 양보다 대기에서 전구물질과의 화학반응에 의해 2차로 생성되는 양이 훨씬 많아 생성 기작을 이해해야만 효과적인 저감 대책을 수립할 수 있다. 대기 중 $PM_{2.5}$의 생성반응에서는 오존 등의 광화학 산화물질도 함께 생성되므로 오존을 비롯한 다른 대기오염물질의 저감을 위해서도 $PM_{2.5}$ 생성 기작의 이해가 필수적이다. $PM_{2.5}$ 중 2차 유기탄소(OC) 입자의 생성에는 기체 반응, 입자상 반응, 기체/입자 평형 등 복잡한 화학 현상이 관여하지만 이에 관한 상세한 과학적 이해가 아직도 부족한 실정이다.

대기 입자는 습성침적(wet deposition, 습식침착) 또는 건성침적(dry deposition, 건식침착)에 의해 대기로부터 소멸된다. 습성침적은 작은 입자들이 응축핵이 되거나 안개, 구름 입

표 2-1 1차 배출 초미세먼지 성분과 주요 배출원

주요 배출원	초미세먼지 성분 (1차 대기오염물질)
유기물(예 연료, 생체)의 불완전연소	원소탄소, 유기탄소
유기물 배출원(예 나무)	유기탄소
토양, 바다 등 자연적 배출원	흙먼지, 바다먼지 등
고기 구이 등 음식물 조리	원소탄소, 유기탄소

표 2-2 2차 생성 초미세먼지 성분과 주요 생성반응

주요 반응 및 반응물질 (1차 대기오염물질)	초미세먼지 성분 (2차 대기오염물질)
황산화물+산화제	황산염
질소산화물+산화제	질산염
질소산화물+휘발성 유기화합물+산화제	유기탄소
암모니아(기체)+산성 먼지(황산염, 질산염 먼지 등)	암모늄(먼지)

표 2-3 2차 생성 초미세먼지의 원인물질과 주요 배출원

원인물질	주요 배출원
황산화물	석탄 등 황이 포함된 연료
질소산화물	질소가 포함된 연료, 공기의 질소가 고온에서 분해
암모니아	가축 사육, 비료, 자동차 등
휘발성 유기화합물	용매 사용, 자동차 연료, 인쇄소, 고기 굽기 등

자 등과 반응하는 구름 내 작용(in-cloud processing), 또는 구름 아래에 존재하는 입자들이 강수 시 빗방울과 충돌하는 세정(washout)에 의해 지표면으로 제거되는 과정이다. 건성 침적에서는 대기 입자들이 공기역학적 이동, 대기경계층 이동, 수용체에 의한 포착으로 제거된다. 건성침적의 효율(건성침적속도)은 입자 크기에 따라 달라진다.

2·3 미세먼지의 성분

미세먼지의 구성 성분은 발생원 특성 및 기상 조건 등에 따라서 다양하게 나타난다(그림 2-5 참조). 일반적으로는 무기이온염(예 황산염, 질산염, 암모늄), 1차 탄소 입자(원소탄소, elemental carbon, EC) 및 유기탄소(organic carbon, OC), 광물(원소) 성분 등으로 이루어져 있다. 무기이온염이 가장 높으며 다음으로 탄소성 물질과 검댕, 광물 성분의 순서이다. 한편 백령도의 경우에는 지역적 발생의 기여도가 적은 관계로 탄소성 물질 및 검댕의 비율이

다른 지역에 비해서 상대적으로 낮게 나타난다.

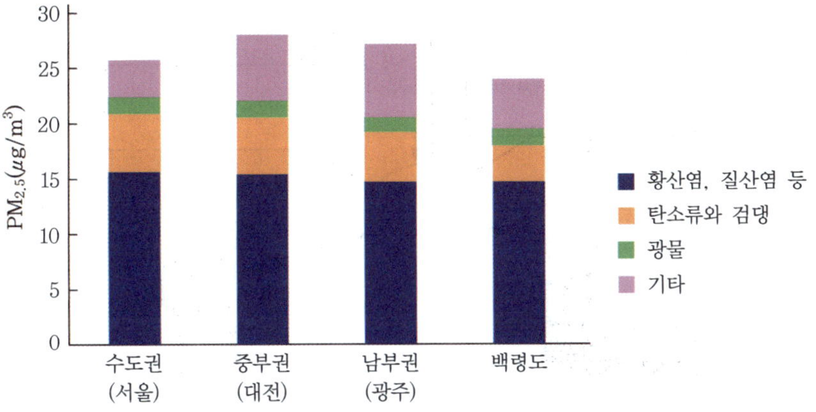

그림 2-5 지역별 초미세먼지의 성분 구성[환경부, 2016]

$PM_{2.5}$ 중 황산염은 대부분 중국으로부터 이동한 기체상 황산화물의 반응으로 생성된다. 반면에 질산염의 전구물질인 기체상 질소산화물의 대기 체류시간이 짧고 $PM_{2.5}$의 질산염도 황산염보다 체류시간이 짧아서 질산염 농도는 주로 국지적인 영향을 받는다. 서울에서 질소산화물의 주요 배출원은 자동차이며, 서울의 질산염 농도 상승은 국지적인 화석연료 사용(예 자동차, 발전소, 가정의 가스보일러)의 증가가 주원인이다.

원소탄소의 농도는 2000년대 초부터 줄어들고 있다. 이는 연료 전환 및 수도권 대기환경 개선 대책에 따라 경유 버스를 천연가스 버스로 교체하고 경유 자동차에 여러 저감장치를 부착했기 때문이다. 유기탄소 성분은 직접 배출되기도 하고(1차 대기오염물질) 대기에서 화학반응에 의해 생성되기도 하여(2차 대기오염물질) 성분을 분석해야만 특성을 이해할 수 있다. 2차 유기 성분인 유기분진은 연소와 관련한 1차 배출원이 직접적 원인이다. 하지만 이소프렌(isoprene)과 같은 1차 VOCs 또는 톨루엔(toluene) 등의 배출 성분이 대기 중 산화(oxidation) 과정을 거쳐 준휘발성 유기화합물(SVOCs)로 변이하고 대기 중 긴 체류시간에 따른 노화(aging) 단계를 거치면서 최종 산물인 분진 형태의 유기 성분이 생성된다(그림 2-6 참조). 따라서 이와 관련한 인위적 1차 발생 원인을 파악하여 감소 대책을 세우는 일이 최종 산물인 유기분진 저감에 매우 중요하다.

예를 들어 자연 발생하는 VOCs의 일종인 이소프렌은 대기 중 OH, O_3, NO_3 라디컬에 의해 산화되어 중간 단계인 카보닐(carbonyl), 유기질산염(organic nitrate), 하이드로과산화물(hydroperoxide), 에폭시디올(epoxydiol) 등 상대적으로 고분자 VOCs로 변형되며 최종적으로 테트롤(tetrol), 유기황산염(organosulfate), 올리고머(oligomer) 등 분진 형태의 최종 산물로 변형된다. 모노테르펜(monoterpene)은 대기 중 OH, O_3, NO_3 라디컬에 의해 산화되어 카보닐, 카복시산(carboxylic acid), 하이드로과산화물, 에폭시드(epoxide), 유기질산염 등의 중간 산물을 거쳐 카복시산(carboxylic acid), 락톤(lactone), 다관능카복시산, 유기황산염,

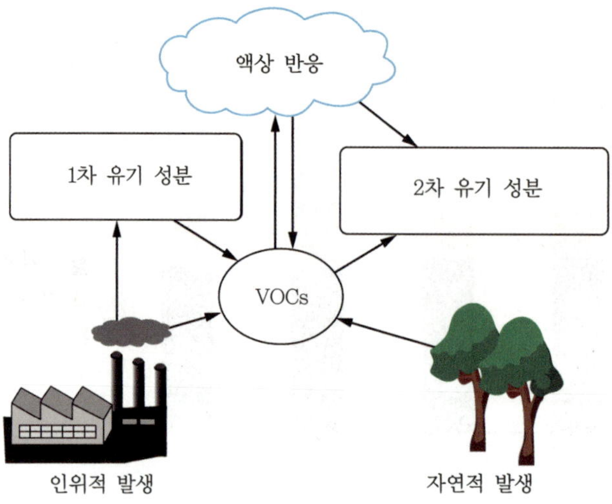

그림 2-6 대기 중 유기 성분의 변화[Guzman *et al.*, 2021]

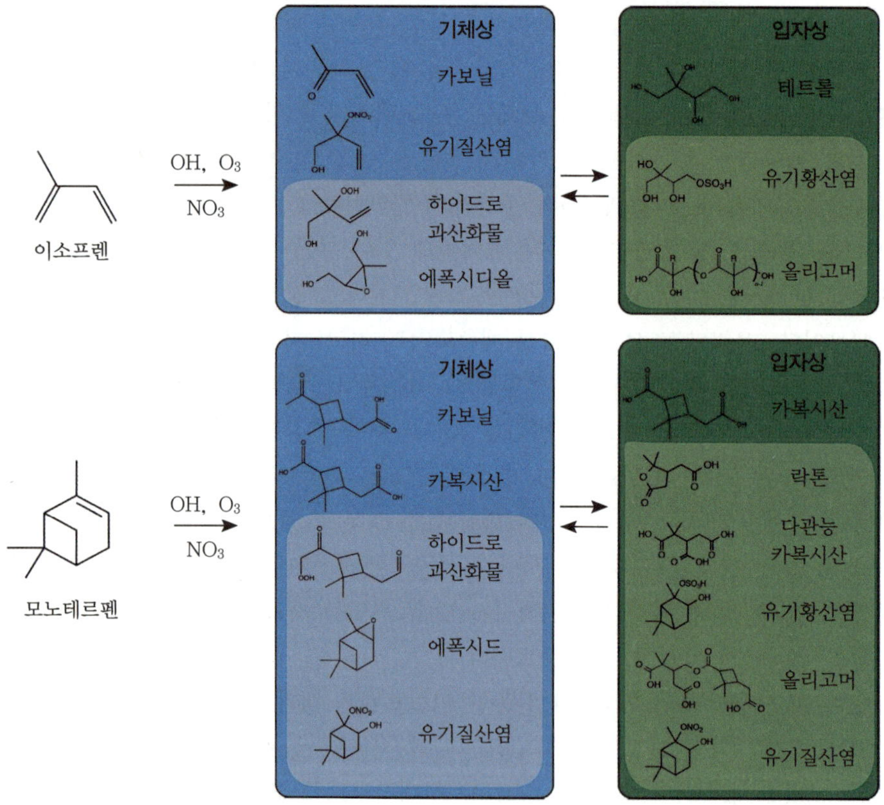

그림 2-7 유기 성분인 이소프렌과 모노테르펜의 산화반응[Glasius & Goldstein, 2016]

올리고머, 유기질산염 등의 2차 유기 성분으로 변형된다(그림 2-7 참조). 최종 생성된 2차 유기 성분의 전 세계 농도 분포를 살펴보면 자연 발생 VOCs에 의한 최종 분진 농도는 북·

남아메리카, 아프리카 등 전 지구적으로 넓게 분포하고 있지만, 산업 활동으로부터 발생하는 화학물질인 방향족탄화수소 등의 인위적 발생이 많은 지역, 즉 중국과 북아메리카 등에서는 2차 분진 농도가 높게 나타난다.

암모니아는 주로 농축산업 활동에서 많이 발생한다. 암모니아 가스는 대기 중 SO_2, NO_2와 반응하여 각각 황산암모늄[$(NH_4)_2SO_4$] 입자와 질산암모늄(NH_4NO_3) 입자를 생성한다. 이들 입자는 크기가 작은 $PM_{2.5}$ 입자이며, 광산란을 효과적으로 일으켜 시정장애의 원인이 된다. 또한 친수성 입자여서 대기 중 수분을 흡수하여 커지면 시정장애를 악화할 수 있다. 암모늄은 분자량이 황산염의 29%, 질산염의 19%에 불과하여 전체 $PM_{2.5}$ 농도에서 차지하는 비중이 적으나, 당량으로 비교했을 때에는 $PM_{2.5}$ 오염과 연무(haze)를 매우 효과적으로 만들어 내기 때문에 대기질 관리에서 중요하다. 최근 연구에 의하면 삼원촉매장치를 부착한 휘발유 차량 및 LPG 차량에서 다량의 암모니아가 배출된다. 다음의 화학식은 휘발유 차량 및 LPG 차량에 부착한 삼원촉매장치에서 암모니아가 발생하는 메커니즘이다.

$$CO + H_2O \rightarrow CO_2 + H_2 \quad \cdots\cdots (2\cdot1)$$

$$2NO + 2CO + 3H_2 \rightarrow 2NH_3 + 2CO_2 \quad \cdots\cdots (2\cdot2)$$

$$2NO + 5H_2 \rightarrow 2NH_3 + 2H_2O \quad \cdots\cdots (2\cdot3)$$

반응식과 같이 CO를 CO_2로 변환하는 과정에서 발생한 H_2가 NO와 결합하여 NH_3를 생성한다. 이렇게 배출된 NH_3는 대기 중에서 전구물질인 SO_2, NO_2와 반응하여 질산암모늄 및 황산암모늄으로 바뀐다.

2·4 고농도 미세먼지 발생 요인

우리나라 수도권에서는 고농도 미세먼지가 자주 발생하고 있다. 일 · 연평균 환경기준을 초과하지 않도록 평상시 지속적으로 관리해야 하지만 고농도 발생 요인에 대한 과학적 분석과 예측 능력의 확보도 필요하다. 모든 국민이 직접 체감하는 심각한 오염 현상이기 때문에 더욱 그러하다. 최근 발표된 자료에 따르면 수도권에서의 고농도 미세먼지 발생은 약한 풍속과 따뜻한 기온, 그리고 혼합고가 낮고 대기가 안정하고 습도가 높아 안개 형성에 매우 유리한 국지적 기상 조건과 관계가 깊다. 중국으로부터의 장거리 이동뿐만 아니라, 대기 중 이동 · 확산이 약화하여 미세먼지가 축적되고 안개와 미세먼지를 포함한 스모그가 발생하면 중국의 영향이 없더라도 미세먼지 농도가 150 $\mu m/m^3$까지 상승할 수 있다. 고농도 사례의 경우 대부분 연무나 박무와 같은 기상 현상을 동반하였으며, 일부의 경우에는 대기가 정체하고 확산이 잘 이루어지지 않아 발생하였다. 한 지역의 대기오염물질 농도는 오염물질의 배출 · 생성 · 소멸 등 환경조건과 확산 · 이동 · 축적 등 기상 조건에 의해 결정된다. 특히 환경조건이 매일매일 급격하게 변하지 않기 때문에 단기적 고농도 현상은 기상 조건에 크게 좌우된다. 우리나라에서 발생하는 고농도 현상은 다음 두 가지 경우로 구분할 수 있다.

2·4·1 장거리 이동 유입

우리나라는 인구밀도가 높고 1960년대 이후 급속한 산업화(GDP 중 제조업 31.1%)와 도시화(수도권에 인구 50% 집중)를 거치면서 단위면적당 대기오염물질 배출량이 많으며, 지리적으로는 편서풍대에 위치하여 상시적으로 풍상 지역 오염의 영향을 받고 있다.

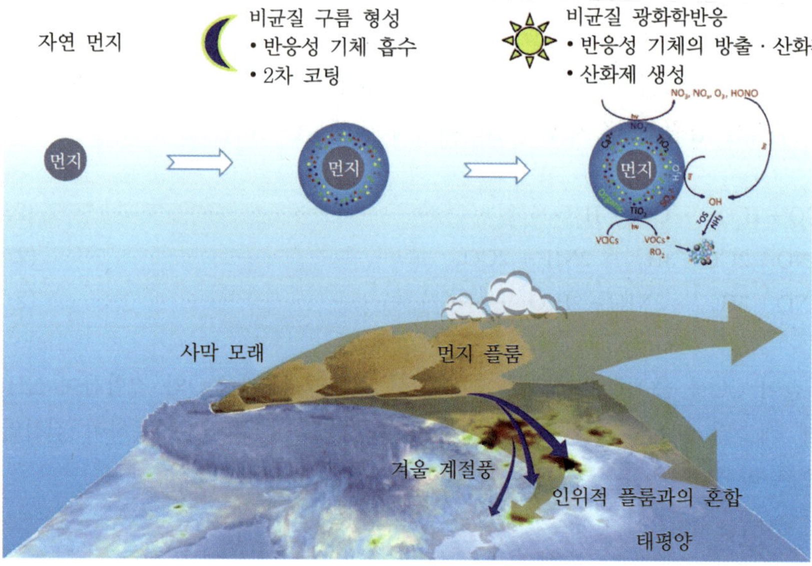

그림 2-8 미세먼지의 장거리 이동[Nie *et al.*, 2014]

그림 2-9는 천리안위성(COMS)이 찍은 한반도 주변 영상이다. 러시아 및 중국 대륙에서 밀려오는 연무 띠가 확연히 보인다. 중국발 미세먼지의 경우 풍상 지역인 중국에서 발생한 고농도 오염물질이 강한 북서풍 · 서풍을 타고 한반도로 이동해 온다. 베이징 · 톈진 · 허베이 지역으로부터 북서풍을 타고 올 때와 상하이 등 중국 남동부로부터 서풍 · 남서풍을 타고 올 때가 있다. 전자의 경우 황산염 같은 2차 생성 무기 입자의 농도가 증가하고, 후자의 경우에는 2차 생성 유기 입자의 농도가 증가한다.

장거리 이동의 경우 국외에서 배출된 대기오염물질이 유입되는 탓에 우리나라에서 법을 시행하고 투자하더라도 해당 국가의 오염물질 배출을 막을 수 없다. 장거리 이동을 줄이려면 대기오염물질이 발생한 나라에서 배출을 억제해야 하므로 국제적인 협조가 필요하다. 여러 나라가 공동으로 대처해야 하지만 일반적으로는 대기오염물질을 배출하는 나라와 영향을 받는 나라가 달라 국가 간의 이해관계가 상충한다. 따라서 국가 간 감정적 대응을 자제하고 적극적으로 협력하는 국제적인 노력이 절실하다.

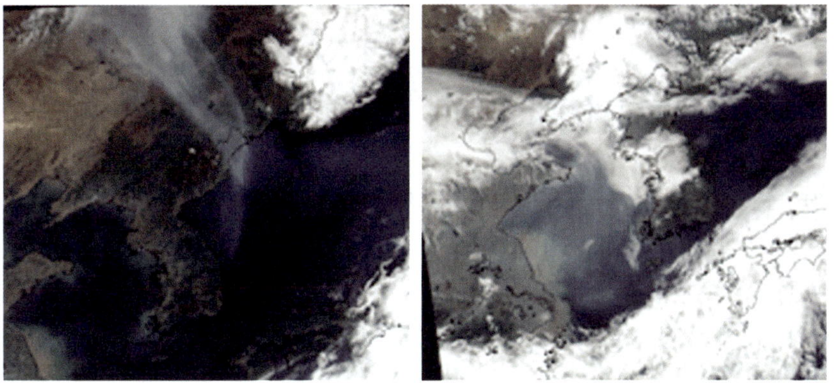

그림 2-9 천리안위성에서 관측한 한반도 주변의 미세먼지 이동[Song *et al.*, 2022]

2·4·2 국지오염 축적

국지적 기상 조건(정체성 고기압)으로 대기가 정체하면 국내에서 발생한 오염물질이 확산 · 이동하지 않고 축적되면서 2차 미세먼지의 생성을 촉진한다(그림 2-10 참조). 특히 겨울철에 대기 역전층이 발달하고 풍속이 낮을 경우 1차 오염물질이 축적되는 데 더해 2차 오염물질 생성이 촉진되어 지표면 부근의 $PM_{2.5}$ 농도가 크게 상승한다. 때로는 수도권에서 발생한 오염물질이 육풍 · 해풍을 타고 서해상으로 이동했다 재유입되기도 한다. 이때 서해상에 머물던 중국발 오염물질이 한데 섞여 유입되기도 한다. 국지오염 축적에서는 낮은 대기경계층, 낮은 풍속, 높은 습도로 인해 $PM_{2.5}$ 농도가 상승한다.

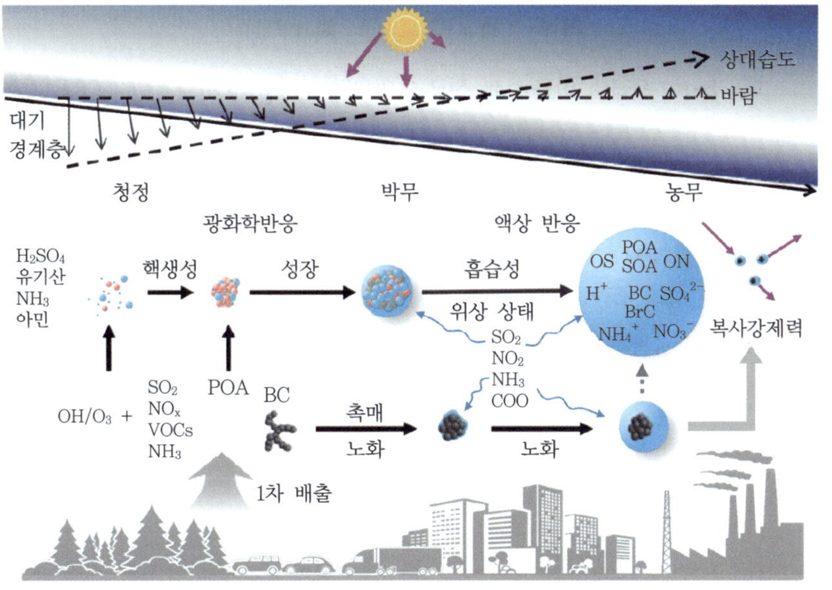

그림 2-10 기상 조건에 따른 2차 미세먼지의 생성[Peng *et al.*, 2021]

2·5 국내 초미세먼지 현황

우리나라의 $PM_{2.5}$ 농도는 세계적으로 높은 편이다. 우리나라의 경우 좁은 땅덩어리에 산업 시설이 밀집해 있고 에너지 사용량과 인구밀도가 높아 자체적으로 만들어 내는 $PM_{2.5}$의 양이 많다. 게다가 중국 등 세계적으로 $PM_{2.5}$ 농도가 높은 국가의 풍하 지역(편서풍 영향)에 위치하고 있어 외부에서 유입되는 $PM_{2.5}$가 많고 기후 및 기상 상황(정체)이 더해져 $PM_{2.5}$ 농도를 가중한다.

하지만 환경부(2023)는 2022년 한 해 동안 전국 $PM_{2.5}$ 농도가 나쁨 등급을 넘은 날이, 전국 단위의 관측을 시작한 2015년 이래로 가장 적은 17일이었다고 밝혔다(그림 2-11 참조). 참고로 $PM_{2.5}$ 농도($\mu g/m^3$)는 좋음(0~15), 보통(16~35), 나쁨(36~75), 매우나쁨(76 이상)의 네 등급으로 나눈다.

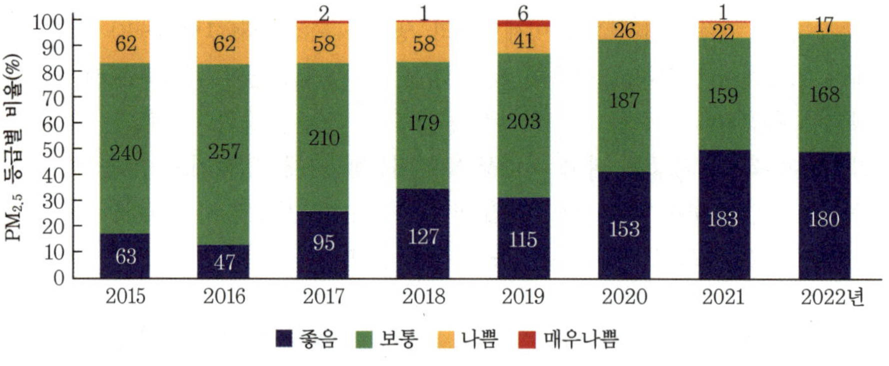

그림 2-11 등급별 비율로 본 전국 초미세먼지 농도 변화[환경부, 2023]

17개 시도별로는 나쁨 등급을 넘은 날이 6일에서 40일까지로 지역적 편차가 크지만 연중 나쁨 등급 이상 일수가 30일을 넘은 충청권과 수도권을 중심으로 2021년에 비해 큰 감소 폭을 보였다. 국내적으로 $PM_{2.5}$ 저감을 위해 산업 · 발전 · 수송 · 생활 등 분야별로 상시 대책을 이행하고 있으며, 월별 $PM_{2.5}$ 농도 변화를 고려하여 고농도 시기인 12월부터 이듬해 3월까지 시행한 미세먼지 계절관리제가 농도 감소에 기여한 것으로 판단된다.

2·6 입자의 농도 측정

대기 중 입자의 농도를 측정하는 방법으로는 미국 환경보호청(EPA)의 기준 측정법과 대체 측정법이 있다.

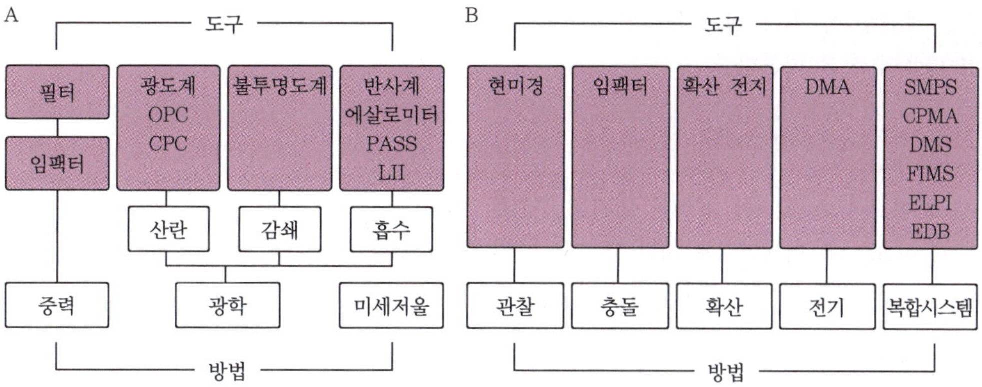

그림 2-12 입자 측정 도구와 방법[Amaral *et al.*, 2023]
A: 농도 측정 B: 입경 분포 측정

2·6·1 기준 측정법

기준 측정법(reference method)은 대기 중에서 24시간 동안 필터(여과지)에 포집된 샘플의 무게를 측정하여 농도를 산출해 내는 중량법이다. PM_{10} 기준이 정해지기 전에는 총먼지 대용량공기포집기(TSP high-volume air sampler)를 이용하여 1,132 L/min의 높은 유량으로 공기를 흡입하고 석영(quartz) 필터에 총먼지를 받은 뒤 무게를 재어서 대기 중 농도를 측정한다. 공기포집기는 펌프, 유량조절기, 백필터로 구성되어 있다. 수분의 영향을 제거하기 위해 채취 전과 후에 상대습도 60% 이하의 조건에서 필터를 말린 뒤 무게를 측정한다. 기존의 총먼지 공기포집기에 PM_{10} · $PM_{2.5}$ 흡입부(inlet)를 삽입하여 PM_{10} · $PM_{2.5}$ 입자를 분리할 수 있다. $PM_{2.5}$ 기준 측정을 위한 모든 상용화된 대용량공기포집기는 EPA 규격의 흡입부를 쓰고 있다. 이와 같은 대용량공기포집법이 미세먼지 중량농도를 측정하는 공인된 방법이다.

2·6·2 대체 측정법

다양한 원리를 이용하여 미세먼지의 질량농도를 실시간 혹은 준실시간으로 측정하는 방법들이 대체 측정법(equivalent method)으로 공인을 받았다. 대표적인 예로 베타선법, TEOM, 광산란법 등이 있다.

1 베타선법

베타선법(β-ray absorption)은 베타선 측정기(beta gauge)를 이용하는 실시간 자동측정법으로 환경부 측정망에서 쓰고 있는 방법이다. 베타선을 방출하는 베타선원으로부터 조사된 베타선이 필터 위에 채취된 먼지를 통과할 때 흡수되는 베타선의 상대적인 세기를 측정하여 포집된 미세먼지의 질량농도를 측정한다. 미세먼지 농도는 베타선을 방출한 광원으로부터 조사되는 베타선과, 필터 위에 채취된 먼지를 통과할 때 흡수 · 소멸되는 베타선의 차이로 계산하며 다음의 식을 따른다.

$$I = I_o \times \exp(-\mu X)$$

여기서 I: 필터에 채취된 먼지를 투과한 베타선 강도, I_o: 빈 필터를 투과한 베타선 강도, μ: 미세먼지에 의한 베타선 질량 흡수 · 소멸계수(성분 및 입경 분포 등이 일정할 경우 상수), X: 단위면적당 채취된 먼지 질량($\mu g/cm^3$)

물질 성분에 관계없이 베타선의 흡수율이 일정하기 때문에 베타선법은 포집된 먼지의 질량을 재기에 적합한 방법이다. 그러나 베타선 흡수량이 적기 때문에 1시간 이상 포집한 뒤 측정해야 하는 단점이 있다.

2 TEOM

TEOM(Tapered Element Oscillating Microbalance)은 미세먼지 농도를 실시간으로 측정할 수 있는 기기이다. PM_{10} 흡입부나 $PM_{2.5}$ 흡입부를 통과하여 들어온 먼지는 고유 진동수로 진동하는 미세저울(microbalance)에 놓여 있는 진동소자 위에 쌓인다. 쌓이는 먼지의 양이 늘어날수록 진동소자의 진동수가 감소한다. 이 진동수 변화는 질량에 비례하므로 유량을 알면 대기 중 농도로 환산할 수 있다. TEOM도 포집되는 미세먼지의 화학적 성분과 무관하게 질량농도를 측정할 수 있다. 또한 시간 분해능이 높아 실시간 측정이 가능한 장점도 있다. 단점은 고가이고 진동에 예민할 수 있어 설치 시 주의해야 하는 점이다. 보다 발전된 TEOM으로 FDMS(Filter Dynamics Measurement System)가 개발되어 휘발성 PM과 비휘발성 PM 농도를 동시에 측정할 수 있다.

3 광산란법

광산란법(light-scattering photometer)은 광학적 방법으로 입자 농도를 실시간 측정할 수 있는 방법이다. 광원으로 소형 레이저 다이오드를 사용하고, 집광기를 통해 균일한 에너지로 레이저 빔을 집중시키는 분광계(spectrometer)로 측정한다. 유입된 입자는 공기역학적으로 레이저 빔 안을 흐르게 되고, 각 입자에 의해 빛이 전방 산란되면 광원 건너편에 있는 검출기에서 세기를 측정한다. 전방 산란광의 세기가 입자의 크기에 비례하는 원리에 따라 30여 개 채널로 구분하여 입자의 입경 분포를 결정한다. 각 입경 분포의 값에 밀도를 곱하여 $PM_{1.0}$, $PM_{2.5}$, PM_{10} 질량농도를 구한다.

표 2–4 초미세먼지 농도의 측정 방법

측정 방법	수동/자동	측정 원리
대용량공기포집법 (중량법)	수동측정 (24시간 평균 측정)	필터에 먼지를 채취하여 중량법으로 질량농도 측정 (유량 1.13 m^3/min)
베타선법	연속자동측정 (실시간 측정)	필터에 먼지를 채취한 뒤 베타선을 투과시켜 필터 위에 채취된 먼지를 통과할 때 흡수·소멸되는 베타선의 차를 이용하여 질량농도를 연속적으로 측정
TEOM	연속자동측정 (실시간 측정)	진동소자 위에 먼지를 채취하며 진동수 변화를 감지하고 질량농도로 환산하여 연속적으로 측정
광산란법	연속자동측정 (실시간 측정)	입자상 물질에 빛을 조사하면 빛이 산란하는 원리를 이용하여 산란광의 양을 측정하고 그 값으로부터 먼지의 농도를 산출

2·7 입자의 성분 분석

2·7·1 입자 포집

$PM_{2.5}$의 화학적 조성을 파악하기 위한 전통적인 방법으로 흡입부에서 2.5 μm보다 작은 입자를 일정 시간 필터에 포집하여 추출한 뒤 각 성분에 맞는 다양한 분석 시스템을 사용하고 있다.

1) **이온 성분**: IC
2) **원소 성분**: ICP-MS, AAS, PIXE, XRF, LIBS
3) **탄소 성분**: TOA, aethalometer
4) **유기 성분**: EI, CI, ESI, APCI, LC, GC, GC-MS

필터 포집 방법은 시간 분해능이 낮고 시간과 비용이 많이 들며, 샘플링 과정에서 휘발성 입자의 증발이나 기체 성분의 응축 등으로 불확실성에 노출될 가능성이 높다. 벌크(bulk) 상태의 평균적인 화학적 조성만 얻을 수 있으므로 입자의 혼합 상태, 단일 입자의 조성 등의 특성은 파악할 수 없는 단점도 있다. 또한 각각의 분석 시스템에 맞는 추출·준비 과정이 필요하며 이 과정에서 불확실성이 더 커질 수 있다. 물론 필터 포집을 통해 입자의 질량농도 및 화학적 조성을 측정한 결과는 수십 년 동안 축적되어 왔고 과거 비교 자료로서 유용하므로 필터 포집을 활용한 입자 측정도 계속적으로 이루어져야 한다.

비실시간 에어로졸 측정 방법은 주로 필터에 샘플을 포집한 후 목적에 맞도록 개별적으로 물리적·화학적·광학적 특성을 분석하는 일을 말한다. 임팩터(impactor) 혹은 사이클론

(cyclone) 등으로 특정 크기의 입자를 거른 다음 분석 목적에 맞도록 테플론(Teflon), 제플러(Zefluor), 나일론, 석영 등의 필터를 이용하여 대기 중 농도에 따라서 12~24시간 정도 포집한 후 분석 목적에 맞춰 성분 분석을 수행한다.

2·7·2 이온 성분 분석

수용성 무기이온 성분의 경우에는 필터에 포집된 샘플을 3차 증류수로 추출한 다음 이온 크로마토그래피(ion chromatography, IC)를 이용하여 분석한다. 대기 중에서 주요 분석 대상인 성분은 황산염, 질산염, 염화물, 암모늄, 나트륨, 칼륨, 칼슘, 마그네슘 등이다.

2·7·3 원소 성분 분석

원소(중금속) 성분의 경우에는 산(acid) 추출을 이용한 분석 방법과 샘플의 전처리 과정 없이 분석이 가능한 분석 방법이 있다. 먼저 산 추출을 이용하는 경우에는 추출된 샘플을 유도결합플라스마 질량분석기(inductively coupled plasma mass spectrometer, ICP-MS), 원자흡수 분광기(atomic absorption spectrometer, AAS) 등을 이용하여 분석하며 각 분석의 농도 범위 및 목적에 따라서 적합한 분석 기기를 선택할 수 있다. 샘플의 전처리 과정을 거치지 않을 경우에는 양성자유도 X선 분석기(proton-induced X-ray emission, PIXE), X선 형광분석기(X-ray fluorescence spectroscopy, XRF), 레이저유도 분광플라스마 분석기(laser-induced breakdown spectroscopy, LIBS)를 이용하여 원소 성분을 분석할 수 있다.

2·7·4 유기탄소 · 원소탄소 분석

탄소와 수소의 공유결합 물질인 유기분진은 탄소, 수소, 산소, 질소로 이루어져 있으며, 이 중 보편적인 측정 · 분석 기술로 탄소의 무게만을 측정하여 총탄소(total carbon, TC)라고 명명하고 있다. 총탄소는 수천 종의 단일 유기화학종을 포함하며 크게 유기탄소(organic carbon, OC)와 원소탄소(elemental carbon, EC)로 구분한다. $PM_{2.5}$ 성분 중 이온 및 원소 성분보다 더 많은 종류의 물질의 합으로 되어 있는 성분이 유기탄소이다. 유기탄소는 다시 수용성 탄소(water-soluble organic carbon, WSOC)와 불용성 탄소로 나눌 수 있다.

유기탄소 · 원소탄소 성분은 열광학분석(thermal-optical analysis, TOA) 방법으로 측정한다. 포집한 샘플을 870℃ 이상으로 승온하여 필터에 포집된 물질을 이산화탄소로 전환한 후 이산화탄소에 해당하는 양만큼 유기탄소 · 원소탄소로 정량화한다. 그림 2-13과 같은 탄소분석기(OC-EC analyzer)의 경우 입자를 필터에 포집한 후 헬륨 등의 비산화 조건에서 가열하면 대부분의 유기탄소가 휘발한다. 휘발한 탄소 가스가 촉매변환시스템(MnO_2 산화제)을 거치며 이산화탄소 또는 메탄 가스로 변환하면 그 양을 측정하여 유기탄소(OC)의 질량농도를 산출한다. 이후 산소를 주입하여 원소탄소(EC)의 양을 정량적으로 산출한다. 유기탄소 중 고온에서 탄화(charring)가 발생하여 원소탄소가 포함되는 것을 방지하기 위해서 레이저를 이용하여 탄화된 양을 보정한 뒤 정확한 원소탄소의 양을 산출한다. 이러한 방법으로 필터에 포집된 샘플의 EC 또는 BC, OC, TC(=EC+OC) 질량농도를 측정할 수 있다.

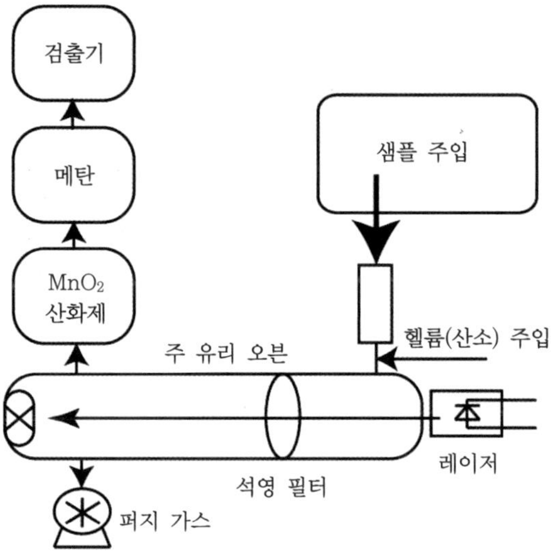

그림 2-13 탄소분석기를 이용한 OC · EC 분석 원리

2·7·5 유기 성분 분석

유기분진을 측정 및 분석할 수 있는 기술은 매우 다양하며 계속 발전하고 있다. 하지만 대기환경에 존재하는 모든 유기화학종에 대한 정량 및 정성 분석을 할 수 있는 단일 기술은 현재 없다. 수용성 유기 성분을 분석하는 전통적인 방법으로는 필터에 포집한 분진을 이용하는 전자이온화(electron ionization, EI), 화학이온화(chemical ionization, CI), 전자분무이온화(electrospray ionization, ESI), 그리고 대기압화학이온화(atmospheric pressure chemical ionization, APCI) 등과 연계한 액체크로마토그래피(liquid chromatography, LC), 가스크로마토그래피(gas chromatography, GC) 방법 등이 있다. GC에 질량분석법(mass spectrometry, MS)을 결합한 GC-MS도 활용되고 있다. 이들 방법은 필터 분석을 통해 정확한 화학구조를 밝힐 수 있는 장점이 있다. 그러나 필터 포집을 위한 긴 시간이 필요한 탓에 실제 대기 중에서 단시간 복잡하게 일어나는 2차 분진 생성 과정을 밝히기에는 한계가 있다.

2·7·6 블랙카본 분석

블랙카본(black carbon, BC)은 주로 탄화수소 계열의 연료가 불완전연소하면서 발생하며,

외형적으로는 구형으로 가정할 수 있는 기본 입자(primary particle)가 사슬 모양으로 결합한 집합체(aggregate)이다. BC 입자는 각종 물질, 특히 경유를 연소할 때 많이 발생한다. BC는 대기 중 농도가 낮고 크기도 작기 때문에 필터에 포집하여 광흡수계수를 측정하는 에살로미터(aethalometer)가 가장 오랫동안 사용되고 있다. 에살로미터는 1986년 상용화되어 극지방을 포함한 전 세계에서 널리 활용되고 있다.

에살로미터는 연속적인 필터 관측을 할 수 있다. 필터 위에 포집된 입자에 빛을 연속적으로 조사하여 370~950 nm 파장 영역에서 감쇄한 빛의 세기를 측정한 뒤 환산계수로 BC의 양을 산출한다. 다양한 파장별 광흡수량을 측정하고 그 기울기를 나타내는 옹스트롬 지수(Angstrom exponent)를 활용하여 블랙카본 입자의 발생원에 따른 특성 또한 파악할 수 있다. 짧은 파장(UV)에서는 생물성 연소(biomass burning)로 발생하는 BC 입자나 다환방향족탄화수소(PAHs) 물질의 광흡수량이 상대적으로 크고, 경유 입자의 경우 파장과 무관한 특성을 보인다. 이러한 파장별 흡수계수 정보는 탄소 입자의 생성원을 파악하는 데에 유용하게 적용할 수 있다.

2·7·7 입경별 계수기

SMPS(Scanning Mobility Particle Sizer)는 서브미크론(submicron) 크기의 에어로졸 입경 분포를 측정하는 장비이다. 입자가 지닌 전기적 특성을 이용하여 입자를 분류하고 계수하는 방식으로 측정하며 입자중화기(aerosol neutralizer), 전기입자분석기(differential mobility analyzer, DMA), 응축입자계수기(condensation particle counter, CPC) 등으로 이루어져 미세먼지 입경별 수농도 분포를 측정한다. DMA 및 CPC의 결합에 따라서 2~700 nm 사이의 입자 중 원하는 크기의 입자만 선택하여 측정할 수 있다.

DMA는 입자의 전기 이동도(electrical mobility)에 따라 10~500 nm 크기의 입자를 분리하는 장치이다. DMA에서 분리된 나노 크기의 단분산 입자는 일반적인 방법으로 계측이 불가능하기 때문에 CPC를 이용한다. CPC는 보통의 광학적 방법으로 측정이 불가능한 0.01~1 μm 크기의 미세한 입자를 열역학적 특성을 이용하여 광학적으로 측정할 수 있는 크기로 성장시킨 뒤 입자의 수농도를 측정하는 장비이다. 즉 CPC의 포화기(saturator)에서 기화하여 포화상태인 부탄올을 입자와 함께 내보내면 냉각된 응축기(condenser)를 통과할 때 입자가 응축핵이 되어 부탄올 증기가 입자 주위에 붙는 응축현상이 나타나므로 측정이 가능한 크기까지 입자를 키울 수 있다. 수 미크론(micron)의 액적으로 커진 입자가 광학검출기를 지날 때 각 입자에서 산란한 빛을 감지하여 계수한다.

2·7·8 공기역학적 입경 분포 측정

기하학적 · 광학적 · 전기적 · 운동학적 특성에 따라 입자의 크기를 다양하게 정의하여 사용하고 있다. 대기환경 분야에서는 입자의 운동학적 특성인 중력침강속도를 이용하여 입자의 크기를 정의하고 있다. 실제로 존재하는 입자는 대부분 구형이 아니므로 비구형 입자를 중력침강속도가 동일한 구로 환산하여 입자 크기를 정의하며 이를 공기역학적 입경(aerodynamic diameter)이라고 부른다. 입경 분포 분석에는 공기역학적 거동을 실시간으로 측정하는 APS(Aerodynamic Particle Sizer)라는 장비를 활용한다. APS는 제어된 유동장을 통과하는 입자를 가속시킨 뒤 분리된 2개의 레이저 빔을 통과하는 입자의 비행시간(time of flight, TOF)을 측정하여 관성력에 따라 입자를 분류하는 실시간 입자 측정 장비이다. 감지된 입자의 수는 시간 간격으로 나뉜 채널에 입력되어 실시간으로 입경 분포를 나타낸다.

연습문제 ▌

1. 미세입자의 정의 및 입경 분포에 대해 설명하시오.
2. 미세입자의 1 · 2차 발생 및 생성 과정을 설명하시오.
3. 미세입자의 화학적 성분에 대해 설명하시오.
4. 자동차 삼원촉매장치에서 암모니아가 배출되는 메커니즘을 화학식으로 나타내시오.
5. 한반도에서의 고농도 미세먼지 발생 요인 중 장거리 이동 유입에 대해 설명하시오.
6. 국지적 축적에 의한 한반도 고농도 미세먼지 발생 요인을 설명하시오.
7. 유기탄소 및 원소탄소 성분을 측정하는 열광학적 방법에 대해 설명하시오.
8. 입경별 계수기의 측정 시스템 장치에 대해 설명하시오.

참고문헌 ▌

1. 환경부. 2016. 미세먼지, 도대체 뭘까?
2. 환경부. 2023. 2022년 초미세먼지 나쁜 날, 관측 이래 가장 적어. 보도자료.
3. Alam MS *et al.* 2016. The characterisation of diesel exhaust particles – composition, size distribution and partitioning. Faraday Discussions 189: 69–84.
4. Alam MS *et al.* 2018. Mapping and quantifying isomer sets of hydrocarbons ($\geq C_{12}$) in diesel exhaust, lubricating oil and diesel fuel samples using GC×GC–ToF–MS. Atmospheric Measurement Techniques 11: 3047–3058.
5. Amaral SS *et al.* 2015. An Overview of Particulate Matter Measurement Instruments. Atmosphere 6: 1327–1345.
6. Apte JS *et al.* 2018. Ambient $PM_{2.5}$ Reduces Global and Regional Life Expectancy. Environment Science & Technology Letters 5: 546–551.
7. Bae MS *et al.* 2014. Long–range transport of biomass burning emissions based on organic molecular markers and carbonaceous thermal distribution. Science of The Total Environment 466–467: 56–66.

8. Bae MS *et al.* 2017. Relationship between reactive oxygen species and water-soluble organic compounds: Time-resolved benzene carboxylic acids measurement in the coastal area during the KORUS-AQ campaign. Environment Pollution 231: 1-12.
9. Cao J *et al.* 2013. Evolution of $PM_{2.5}$ Measurements and Standards in the U.S. and Future Perspectives for China. Aerosol and Air Quality Research 13: 1197-1211.
10. Crawford JH *et al.* 2021. The Korea-United States Air Quality (KORUS-AQ) field study. Elementa: Science of the Anthropocene 9(1): 00163.
11. Deng J *et al.* 2018. Source apportionment of $PM_{2.5}$ at the Lin'an regional background site in China with three receptor models. Atmospheric Research 202: 23-32.
12. EANET. eanet.asia.
13. Feng Y *et al.* 2019. Defending blue sky in China: Effectiveness of the "Air Pollution Prevention and Control Action Plan" on air quality improvements from 2013 to 2017. Journal of Environment Management 252: 109603.
14. Glasius M, Goldstein AH. 2016. Recent Discoveries and Future Challenges in Atmospheric Organic Chemistry. Environmental Science & Technology 50: 2754-2764.
15. Guzman MI, Eugene AJ. 2021. Aqueous Photochemistry of 2-Oxocarboxylic Acids: Evidence, Mechanisms, and Atmospheric Impact. Molecules 26(17): 5278.
16. Halliday HS *et al.* 2019. Using Short-Term CO/CO_2 Ratios to Assess Air Mass Differences Over the Korean Peninsula During KORUS-AQ. Journal of Geophysical Research: Atmospheres 124(20): 10951-10972.
17. Harrison RM *et al.* 2018. Diesel exhaust nanoparticles and their behaviour in the atmosphere. Proceedings of the Royal Society A 474: 20180492.
18. Kim L *et al.* 2019. Monitoring polycyclic aromatic hydrocarbon concentrations and distributions in rice paddy soils from Gyeonggi-do, Ulsan, and Pohang. Applied Biological Chemistry 62: 18.
19. Kim S *et al.* 2018. Source apportionment of $PM_{2.5}$ using positive matrix factorization (PMF) at a rural site in Korea. Journal of Environmental Management 214: 325-334.
20. Kumar S, Sunder Raman R. 2020. Source apportionment of fine particulate matter over a National Park in Central India. Science of The Total Environment 720: 137511.
21. Lee KY *et al.* 2018. Comparison of the physical and chemical characteristics of fine road dust at different urban sites. Journal of the Air Waste Management 68(8): 812-823.
22. Lee S *et al.* 2019. Analysis of long-range transboundary transport (LRTT) effect on Korean aerosol pollution during the KORUS-AQ campaign. Atmospheric

Environment 204: 53–67.

23. Liao HT, Wu CF. 2020. Trajectory–Assisted Source Apportionment of Winter–Time Aerosol Using Semi–continuous Measurements. Archives of Environmental Contamiation and Toxicology 78: 430–438.
24. Liu B *et al.* 2017. Characterization and source apportionment of $PM_{2.5}$ based on error estimation from EPA PMF 5.0 model at a medium city in China. Environmental Pollution 222: 10–22.
25. Nie W *et al.* 2014. Polluted dust promotes new particle formation and growth. Scientific Reports 4: 6634.
26. Oh SH *et al.* 2021. Assessment of long–range oriented source and oxidative potential on the South–west shoreline, Korea: Molecular marker receptor models during shipborne measurements. Environmental Pollution 281: 116979.
27. Park M *et al.* 2020. Simultaneous Measurements of Chemical Compositions of Fine Particles during Winter Haze Period in Urban Sites in China and Korea. Atmosphere 11(3): 292.
28. Park RJ *et al.* 2021. Multi–model intercomparisons of air quality simulations for the KORUS–AQ campaign. Elementa: Science of the Anthropocene 9(1): 00139.
29. Peng J *et al.* 2021. Explosive Secondary Aerosol Formation during Severe Haze in the North China Plain. Environmental Science & Technology 55(4): 2189–2207.
30. Peterson DA *et al.* 2019. Meteorology influencing springtime air quality, pollution transport, and visibility in Korea. Elementa: Science of the Anthropocene 7: 57.
31. Ryou HG, Heo J, Kim SY. 2018. Source apportionment of PM_{10} and $PM_{2.5}$ air pollution, and possible impacts of study characteristics in South Korea. Environmental Pollution 240: 963–972.
32. Saraga D *et al.* 2021. Multi–city comparative $PM_{2.5}$ source apportionment for fifteen sites in Europe: The ICARUS project. Science of The Total Environment 751: 141855.
33. Schreuder LT *et al.* 2018. Transport and deposition of the fire biomarker levoglucosan across the tropical North Atlantic Ocean. Geochimica et Cosmochimica Acta 227: 171–185.
34. Song M *et al.* 2021. Review: Analytical Procedure for Dithiothreitol–based Oxidative Potential of $PM_{2.5}$. Asian Journal of Atmospheric Environment 15(1): 25–37.
35. Song M *et al.* 2022. Long–range transport impacts from biomass burning and secondary pollutant sources based on receptor models during KORUS–AQ campaign. Atmospheric Environment 276: 119060.
36. Stone EA *et al.* 2009. A Comparison of Summertime Secondary Organic Aerosol Source Contributions at Contrasting Urban Locations. Environmental Science & Technology 43: 3448–3454.

37. US EPS. 2022. Particulate Matter (PM) Basics. eps.gov.

38. Von Schneidemesser E *et al.* 2015. Chemistry and the Linkages between Air Quality and Climate Change. Chemical Reviews 115(10): 3856–3897.

39. Vuong QT *et al.* 2020. Chlorinated and brominated polycyclic aromatic hydrocarbons in ambient air: seasonal variation, profiles, potential sources, and size distribution. Reviews in Environmental Science and Biotechnology 19: 259–273.

40. Wallace JM, Hobbs PV. 2006. Atmospheric Science (2nd ed). Academic Press.

41. Wang F *et al.* 2021. Review of online source apportionment research based on observation for ambient particulate matter. Science of The Total Environment 762: 144095.

42. Wang S, Li C, Zhou H. 2019. Impact of China's economic growth and energy consumption structure on atmospheric pollutants: Based on a panel threshold model. Journal of Cleaner Production 236: 117694.

43. Wang Y *et al.* 2016. Relative impact of emissions controls and meteorology on air pollution mitigation associated with the Asia–Pacific Economic Cooperation (APEC) conference in Beijing, China. Science of The Total Environment 571: 1467–1476.

44. Xu J *et al.* 2022. Photochemical impacts on the toxicity of $PM_{2.5}$. Critical Reviews in Environmental Science and Technology 52: 130–156.

45. Yu Y *et al.* 2020. High time–resolved $PM_{2.5}$ composition and sources at an urban site in Yangtze River Delta, China after the implementation of the APPCAP. Chemosphere 261: 127746.

46. Yue H *et al.* 2020. Stronger policy required to substantially reduce deaths from $PM_{2.5}$ pollution in China. Nature Communications 11: 1462.

47. Zhang M. 2018. Proceeding in hardship: the trilateralism–bilateralism nexus and the institutional evolution of China–Japan–South Korea trilateralism. Pacific Review 31: 57–75.

48. Zhang Y *et al.* 2018. Source apportionment of $PM_{2.5}$ pollution in the central six districts of Beijing, China. Journal of Cleaner Production 174: 661–669.

49. Zhang Z, Zhang J, Feng Y. 2021. Assessment of the Carbon Emission Reduction Effect of the Air Pollution Prevention and Control Action Plan in China. International Journal of Environmental Research and Public Health 18(24): 13307.

제3장

기체상 오염물질

인류는 불을 발견하면서 어둠을 밝히고 체온을 유지하고 짐승의 위협으로부터 벗어날 수 있었으며 음식물을 익혀 먹음으로써 뇌의 발달을 꾀할 수 있었다. 그러나 불의 이용, 즉 연소 과정에서 발생하는 여러 오염물질은 인류가 불을 사용하기 시작한 순간부터 피할 수 없는 골칫거리였다. 이렇듯 불의 사용은 인류 문명의 발달과 맞물려 있으며, 양의 차이가 있을 뿐 예나 지금이나 대기의 관점에서는 연소 과정에서 대기 중으로 배출되는 다양한 오염물질이 초미의 관심사이다. 대기오염물질은 성상에 따라 크게 입자상 오염물질과 기체상 오염물질로 나눈다. 이 중 입자상 물질은 제2장에서 다루었고, 이번 장에서는 기체상 오염물질에 대해서 집중적으로 다룬다.

현재 우리나라에서는 CO, NO_2, SO_2, O_3, 벤젠 등의 기체상(가스상) 오염물질을 대기오염물질로 지정하여 환경기준을 설정하고 있다. 그러나 대기 중에는 대기환경기준에 포함된 물질 외에도 수없이 많은 화학물질이 존재하므로 무수한 기체상 오염물질을 모두 분류하고 정리하기는 불가능하다. 기체상 오염물질은 생성 · 반응 · 소멸 과정이 대부분 물리 · 화학적 특성에 따라 크게 좌우되기 때문에 물리 · 화학적 특성을 결정짓는 화학 성분에 따라 분류하는 것이 일반적이다.

화학 성분을 중심으로 보면 기체상 오염물질의 종류는 탄소화합물(carbon compounds), 질소화합물(nitrogen compounds), 황화합물(sulfur compounds), 할로겐화합물(halogen compounds), 기타(광화학 오염물질인 O_3 등)로 분류할 수 있다. 이들 물질은 대부분 환원 상태이거나 낮은 수준의 산화 상태로 대기에 유입되고, 대기 중에서 산화 과정이 진행되면서 결국 소멸한다. 이때 대기 중으로 유입된 기체상 오염물질의 소멸에 결정적인 역할을 하는 주요 산화제 역시 극미량이지만 기체 상태로 존재한다는 점을 고려해야 한다. 따라서 이 장에서는 화학 성분으로 분류한 대기 중의 각종 기체상 오염물질과 이들의 소멸에 기여하는 주요 산화제에 대해 살펴보고자 한다.

3·1 탄소화합물

3·1·1 이산화탄소

이산화탄소(CO_2)는 무색 · 무취 · 무미의 기체로 인위적 또는 자연적으로 발생한다. 대기 중에서 CO_2가 차지하는 비율은 현재 약 0.04%이다. CO_2의 비율은 시대에 따라서 약간씩 변화해 왔으며 이는 생물 및 산업 활동에 의한 것으로 알려져 있다. 일반적으로 CO_2를 오염물질이라고 표현하지 않지만, 온실효과를 일으키는 온실가스로 작용하여 지구복사를 통해 우주로 나가야 하는 에너지의 일부를 다시 지구로 돌림으로써 지구 온도의 변화에 심각한 영향을 끼칠 수 있다. CO_2는 생물의 호흡작용이나 미생물의 분해작용에 의해서 자연적으로 발생하고, 인위적으로는 화석연료의 연소 및 산불 등에 의해서 배출된다.

CO_2는 화석연료와 같은 탄소를 포함한 물질이 완전산화할 때 생성되며, 산업혁명 이후 화석연료의 사용이 급증하여 대기 중으로 배출된 CO_2의 양도 증가하였다(표 3-1 참조). 대기 중으로 유입된 CO_2의 양은 연간 10 Pg C(1 Pg = 10^{15} g) 이상으로 다른 어떤 기체상 오염물질과 비교해도 상당히 많은 양이다. CO_2는 고층 대기에서의 광화학 분해반응을 제외하고는 대류권에서 극히 안정한 화합물이다. 게다가 인위적인 발생량이 자연적인 발생량에 비해 매우 적기 때문에 직접적이고 단기적인 환경오염은 초래하지 않는다고 알려져 있다. 그러나 배출이 장기적으로 진행될 경우 환경적인 피해를 초래할 것으로 예상된다.

2017년 기준으로 전 지구적으로 배출된 CO_2의 양은 362억 톤이며 지역별로 아시아가

표 3-1 CO_2의 전 지구적 연평균 배출량(단위: Gt C/yr)

구 분	1960년대	1970년대	1980년대	1990년대	2000년대	2010년대	2020년	2021년(추정)
화석 CO_2 배출량(E_{FOS})	3.0±0.2	4.7±0.2	5.5±0.3	6.3±0.3	7.7±0.4	9.5±0.5	9.3±0.5	9.9±0.5
토지이용변화 배출량(E_{LUC})	1.6±0.7	1.3±0.7	1.2±0.7	1.3±0.7	1.2±0.7	1.1±0.7	0.9±0.7	0.8±0.7
총배출량($E_{FOS}+E_{LUC}$)	4.6±0.7	5.9±0.7	6.7±0.8	7.7±0.8	9.0±0.8	10.6±0.8	10.2±0.8	10.7±0.9
대기 중 CO_2 증가율(G_{ATM})	1.7±0.07	2.8±0.07	3.4±0.02	3.1±0.02	4.0±0.02	5.1±0.02	5.0±0.2	5.3±0.1
해양 흡수(S_{OCEAN})	1.1±0.4	1.3±0.4	1.8±0.4	2.0±0.4	2.2±0.4	2.8±0.4	3.0±0.4	2.9±0.4
육지 흡수(S_{LAND})	1.2±0.5	2.0±0.5	1.8±0.5	2.3±0.4	2.6±0.5	3.1±0.6	2.9±1.0	3.3±1.0
수지 불균형(B_{IM})*	0.6	−0.2	−0.2	0.2	0.1	−0.3	−0.8	−0.7

주 * 수지 불균형(budget imbalance): $B_{IM} = (E_{FOS} + E_{LUC}) - (G_{ATM} + S_{OCEAN} + S_{LAND})$

[Friedlingstein *et al.*, 2022]

53%, 북아메리카가 18%, 유럽이 17%를 차지하고 나머지는 아프리카, 남아메리카, 오세아니아에서 배출된 것으로 나타났다(그림 3-1 참조). 아시아 지역의 배출량은 총 190억 톤이며 이 중 중국이 98억 톤, 인도가 25억 톤, 일본이 12억 톤, 한국이 6억 톤을 차지한다 (Ritchie, 2019).

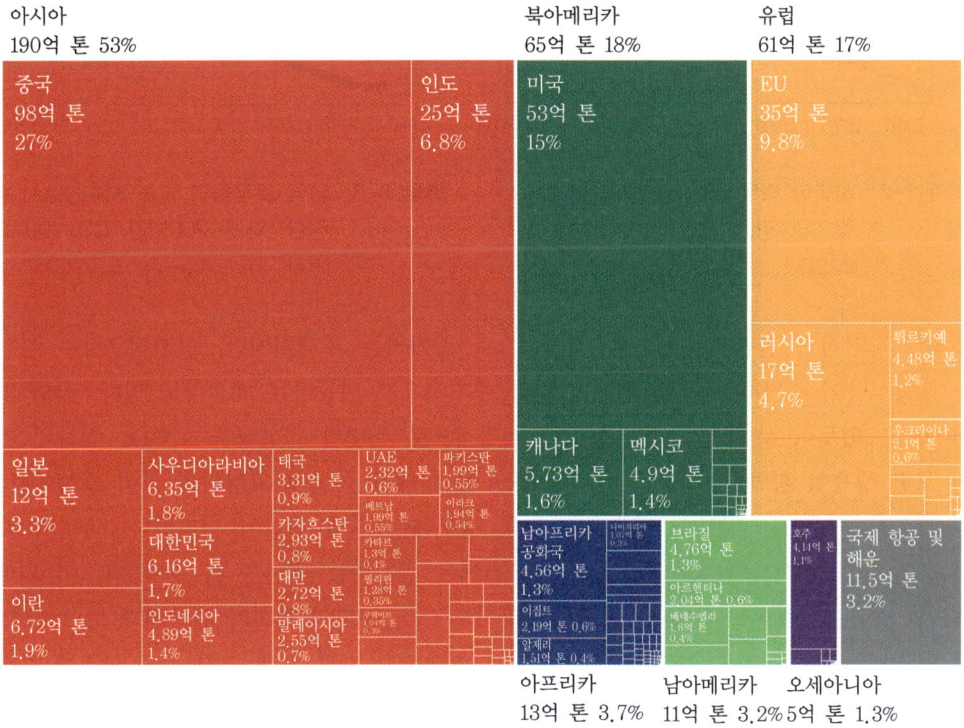

그림 3-1 대륙 및 국가별 CO_2 배출량 및 기여도[Ritchie, 2019]

대기 중 CO_2 농도는 1958년부터 미국 하와이의 마우나로아(Mauna Loa)에서 측정한 값을 전 지구의 배경농도(background concentration)로 사용하고 있다(그림 3-2 참조). 대기 중 CO_2 농도는 산업혁명 이전까지 약 280 ppm이었으며 이는 1만 년 동안 거의 변하지 않았다. 그러나 남극의 빙하 속에 갇힌 공기를 분석한 결과, 산업혁명 이후 CO_2의 농도가 꾸준히 증가하여 1980년 약 340 ppm에 이른 것으로 나타났다(그림 3-3 참조). 1980년대 이후로도 대기 중 CO_2 농도는 우려할 정도로 빠르게 증가하여 현재 약 420 ppm에 달하며 이는 산업 활동과 같은 인위적인 방출에 기인한 것으로 밝혀졌다. 한편 남반구에 비해 북반구의 CO_2 농도가 높다고 보고되었다. 이 또한 북반구에서의 산업 활동이 남반구보다 활발하여 배출량이 많기 때문이다. CO_2의 농도 상승에 대한 우려가 큰 까닭은 CO_2가 다른 온실가스에 비해 대기 중 농도가 높고 제거에 오랜 시간이 걸리므로 장기적으로 지구온난화를 일으키는 주원인으로 인식되기 때문이다.

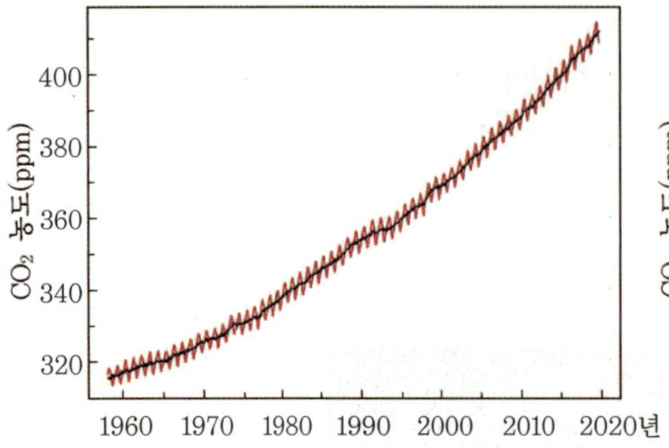

그림 3-2 하와이 마우나로아의 대기 중 CO_2 월·연 평균 농도의 변화[NOAA, 2021]

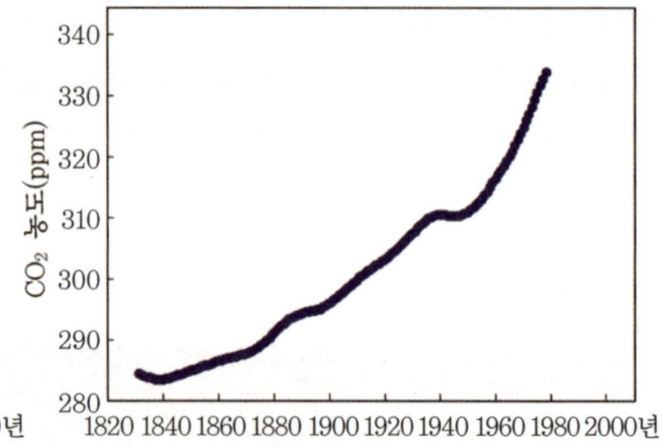

그림 3-3 남극 로우돔의 빙하 시추공에서 측정한 과거 200년간 CO_2 농도의 변화[Etheridge *et al.*, 2002]

CO_2는 장기적인 관점에서 볼 때 지속적으로 증가하는 추세이지만, 단기적으로는 봄철에 식물 광합성량이 증가하는 등의 요인에 따라 주기적으로 변동하는 계절성도 있다. 그림 3-2에서 볼 수 있듯이 북반구의 CO_2 농도는 계절적으로 뚜렷한 경향성을 보인다. 식물의 관점에서 보면 생육이 활발한 여름철에는 동화작용에 의해서 식물에 고정되는 양이 호흡이나 분해에 의해서 배출되는 양보다 많고 겨울철의 경우에는 반대 현상이 나타난다. 따라서 대기 중의 CO_2 농도가 여름철에는 감소하고 겨울철에는 증가하는 패턴을 볼 수 있다. 이 외에도 엘리뇨와 같은 기상 현상의 발생 빈도에 따라서도 CO_2 농도의 변화가 관측된다.

우리나라의 경우 안면도 기후변화감시소에서 현재까지 가장 오랜 기간 동안 CO_2를 측정하고 있다. 이곳에서 관측한 바에 따르면 CO_2 농도는 지속적으로 증가하여 2021년에 423 ppm을 기록하였고 연간 증가분은 2019년 이후 2.7 ppm을 유지하고 있다(국립기상과학원, 2022; 그림 3-4 참조).

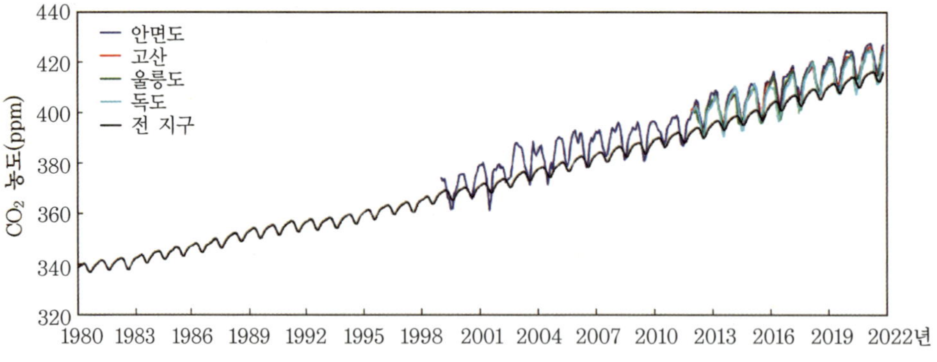

그림 3-4 안면도, 고산, 울릉도, 독도와 전 지구의 CO_2 배경농도 변화 [국립기상과학원, 2022]

3·1·2 일산화탄소

일산화탄소(CO)의 배출원도 인위적 및 자연적 배출원으로 나뉜다. 인위적 배출원으로는 폐기물 소각, 농업 소각, 제철소 및 수송 등을 들 수 있고 이들 모두 연소 과정에서 CO를 배출한다. 고정배출원의 연소 관리에 대한 기술이 발달한 선진국의 경우에는 이동배출원에서 배출되는 CO가 도시 대기오염의 주요 원인물질로 알려져 있다. 청정한 지역의 대기 중 CO 농도는 약 0.1 ppm이지만 도심 대기의 경우 자동차 내연기관 등의 배출로 인해 1~10 ppm을 유지한다고 보고된 바 있다. 위도에 따른 CO 농도를 비교해 보면 북반구 중위도 지역의 농도가 가장 높게 관측되었으며 이는 북반구 중위도 지역에서 인위적인 CO의 배출이 가장 많음을 입증하는 결과이다.

표 3-2 CO의 전 지구적 배출원 및 소멸원
(2000~2017년, 단위: 10^3 Tg CO/yr)

배출원	배출량	소멸원	소멸량
직접 배출량	1.4	OH 반응	2.6
인위적	0.7		
생물성 연소	0.5		
해양	0.02		
생물학적	0.2		
화학적 산화량	1.2		
CH_4의 산화	0.9		
NMVOCs의 산화	0.3		
계	2.6	계	2.6

[Zheng *et al.*, 2019]

CO는 일반적으로 탄소화합물 및 탄소를 연소하는 과정에서 불완전연소에 의해서, 또는 CO_2가 적열한 탄소와 접촉할 때 1차적으로 발생한다.

$$C + \frac{1}{2}O_2 \rightarrow CO \quad \cdots\cdots (3\cdot1)$$

$$CO_2 + C \rightarrow 2CO \quad \cdots\cdots (3\cdot2)$$

CO의 자연적 배출원으로 화산 폭발, 산불 및 해수 중 미생물의 작용 등을 들 수 있다. 그러나 이 외에도 대기 중에 존재하는 많은 양의 CO는 대기 중에서 일어나는 메탄과 탄화수소의 산화반응에 의해 2차적으로 생성된다(표 3-2 참조). 메탄이 CO로 산화하는 과정을 다음과 같은 반응식으로 나타낼 수 있다.

$$CH_4 + OH\cdot \rightarrow CH_3\cdot + H_2O \quad (3\cdot3)$$

$$CH_3\cdot + O_2 + M \rightarrow CH_3O_2\cdot + M \quad (3\cdot4)$$

$$CH_3O_2\cdot + HO_2\cdot \rightarrow CH_3OOH + O_2 \quad (3\cdot5)$$

$$CH_3OOH + h\nu(< 360\,nm) \rightarrow CH_3O\cdot + OH\cdot \quad (3\cdot6)$$

$$CH_3O\cdot + O_2 \rightarrow HCHO + HO_2\cdot \quad (3\cdot7)$$

$$HCHO + h\nu(360\,nm) \rightarrow CO + H_2 \quad (3\cdot8)$$

대기 중으로 배출된 CO는 주로 OH에 의해 다음 식과 같이 CO_2로 산화 및 전환되고, 일부는 토양과 성층권으로 유입되어 소멸한다.

$$CO + OH\cdot \rightarrow CO_2 + H\cdot \quad (3\cdot9)$$

전 세계에 위치한 지구대기감시(Global Atmosphere Watch, GAW) 관측소에서 측정하여 공유한 CO 농도를 이용하여 WDCGG(World Data Centre for Greenhouse Gases)에서 계산한 2019년 전 지구 평균은 93 ppb이다. 또한 MOPITT(Measurements of Pollution in the Troposphere)에서 관측한 CO의 지난 14년간 연 변화를 보면 대기 중 CO 농도는 지속적으로 감소하고 있다(그림 3-5 참조).

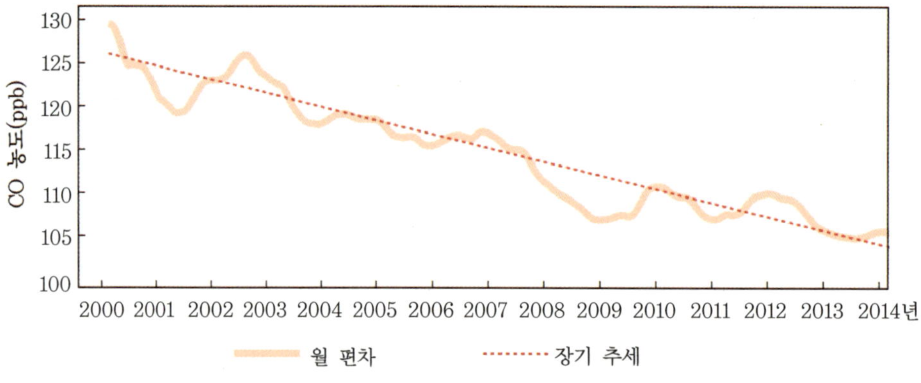

그림 3-5 MOPITT에서 관측한 CO 농도의 변화[NASA, 2015]

우리나라의 경우 대기 중 CO 농도는 안면도, 고산, 울릉도에서 측정하고 있다. 2021년 관측한 자료에서 안면도의 CO 연평균은 249.1 ppb로 최근 3년 평균인 270 ppb보다 약 22 ppb 낮다. 고산의 CO 연평균도 188.6 ppb로 최근 3년 평균인 201.3 ppb보다 약 13 ppb 낮다. 울릉도의 CO 연평균은 177.8 ppb로 최근 3년 평균인 174.2 ppb보다 약 4 ppb 높다. 각 감시소에서 측정한 CO의 장기간 변화 경향을 보면 그림 3-6과 같다. 관측 기간 전체에 걸쳐 CO 농도의 월평균과 월 최댓값은 안면도, 고산, 울릉도의 순서로 높게 나타났다. 장기간 관측한 안면도의 CO 연 변화를 보면 겨울철 월평균이 2011년 이후 점차 감소하고 월 최댓값도 감소하였으며 이는 2019년 이후 뚜렷하게 나타난다. 반면에 고산과 울릉도의 겨울철 월

평균은 안면도와 비교하여 뚜렷하지 않으나 2019년 이후 미약하게 감소하였다(국립기상과학원, 2022).

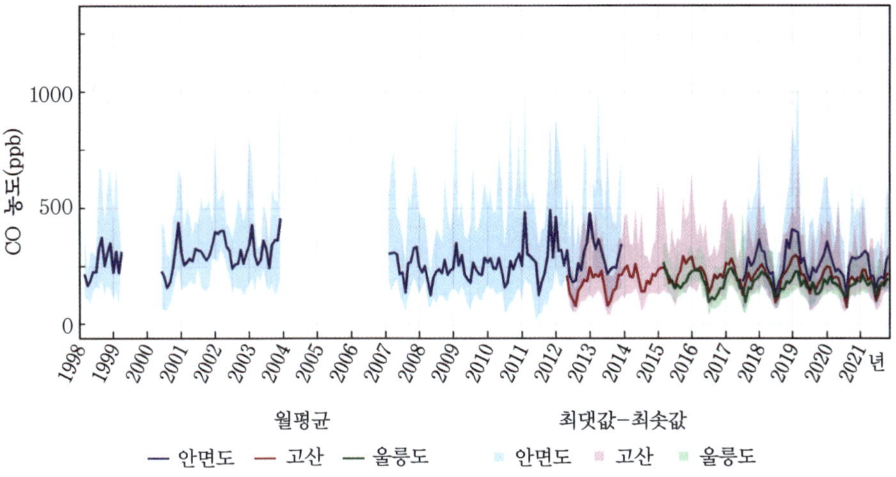

그림 3-6 안면도(1998~2021년), 고산(2012~2021년), 울릉도(2015~2021년)에서 관측한 CO 농도의 변화[국립기상과학원, 2022]

3·1·3 메탄

메탄(CH_4)은 대기 중에 존재하는 탄화수소 계열의 화합물 중에서 가장 고농도인 성분으로 전 지구적으로 1.7 ppm 정도를 유지하고 있다. 메탄은 CO_2와 유사하게 1700년대 0.7 ppm 수준이었지만 그 후 인간의 산업 활동이 증가함으로 인해 농도가 꾸준히 증가하였다(그림 3-7 참조).

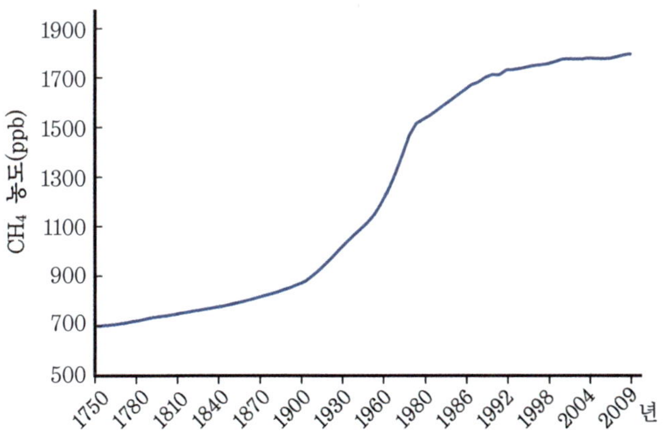

그림 3-7 대기 중 CH_4 농도의 변화
[European Environment Agency, 2015]

메탄은 대기 중에서 비교적 안정하기 때문에 단기적인 대기오염보다는 CO_2와 마찬가지로 지구온난화와 같은 장기적인 차원에서 지구 환경에 영향을 미친다. 메탄의 주요 배출원은 산불 및 들불, 가축류, 곡류 경작지이며 산업시설로는 채탄시설이 있다(표 3-3 참조). 또한 자연적으로는 유기물이 물속에서 부패·발효할 때 생기므로 늪지대의 바닥 등에서 발생한다. 대기 중의 메탄은 반응식 3·3과 같이 주로 OH에 의해 산화되어 제거되고 일부는 토양과 성층권에서 소멸하기도 한다.

표 3-3 메탄의 전 지구적 배출원 및 소멸원(2010~2017년, 단위: Tg/yr)

배출원	배출량	소멸원	소멸량
자연적 배출원		대류권 OH	468
습지	161	성층권 손실	33
산불 및 들불	14	토양 흡수	34
흰개미	12	대류권 Cl	5
물구덩이	2		
인위적 배출원			
가축	117		
기름	42		
천연가스	25		
석탄 채굴	31		
벼농사	38		
폐수	37		
매립지	30		
기타	25		
계	533	계	540

[Lu *et al.*, 2021]

3·1·4 비메탄계 탄화수소

비메탄계 탄화수소(non-methane hydrocarbon, NMHC)는 메탄을 제외한 모든 탄화수소를 총칭한다. 여기서 탄화수소(hydrocarbon, HC)란 수소와 탄소가 결합한 유기화합물(organic compounds)을 말한다. 대기 중으로 쉽게 증발하는 성질이 있는 NMHC의 경우 휘발성 유기화합물(volatile organic compounds, VOCs)로도 불린다. 분자 구조에 따라 사슬, 가지연쇄, 고리 모양의 화합물로 나누고, 불포화 결합 유무에 따라 포화 및 불포화 탄화수소로 나눈다. 포화 탄화수소와 사슬 모양의 불포화 탄화수소를 합쳐 지방족탄화수소라고 하며 벤젠(benzene)과 같이 공명 고리를 가지고 있는 방향족탄화수소와 구분한다.

NMHC는 메탄과 달리 광화학 스모그를 유발하는 물질이며 보건학적으로도 유해한 물질이 많다. NMHC는 도시 지역이나 산업 단지 인근에서 국지적 또는 지역적 규모로 광화학적 O_3

를 형성하는 데 기여한다. 더욱이 산성비의 원인물질인 황산과 질산의 형성에 결정적인 역할을 하는 H_2O_2를 비롯한 다양한 산화제의 형성이 NMHC가 산화할 때 촉진되므로 산성비를 유발하는 역할도 한다. 또 일부는 기체상에서 산화 과정을 거쳐 입자상 물질로 전환되면서 대기 중 입자상 물질의 농도를 높여 가시도를 떨어뜨리기도 한다. 게다가 질소산화물(NO_x)이 있을 경우 NMHC는 대류권 O_3와 성층권 H_2 형성에 기여한다. 또한 질소종과 반응하여 PAN을 생성할 수 있으며 이는 반응성 질소의 수명이 긴 저장고이다. NMHC의 산화는 CO, 궁극적으로 CO_2의 추가 공급원이다. 이와 같이 NMHC가 대기오염에 끼치는 영향이 다양하지만 종류가 매우 많고 농도가 높지 않아서 측정하기가 어렵다.

NMHC를 대기 중으로 방출하는 인위적 및 자연적 배출원은 다양하다. 인위적 배출원으로는 화학물질 제조, 차량 배기가스, 식품 가공, 쓰레기 처리, 생물성 연소 및 에너지 생산을 포함한 모든 인간 활동을 들 수 있다. 인위적 활동을 통해 전 세계적으로 배출되는 양은 대략 140 Tg/yr로 추정된다(Wuebbles, 2013). 전 지구적으로 볼 때 식물에서 나오는 자연적 발생량이 가장 많고, 주요 물질로는 이중결합이 있는 이소프린이나 테르펜 계통 화합물이 있다. 하지만 도시 지역의 경우 자연적인 발생보다 인위적인 발생이 중요하며, 자동차 등 내연기관으로부터 배출되는 알칸, 알켄, 방향족 화합물이 주를 이룬다(표 3-4 참조).

표 3-4 NMHC의 전 지구적 주요 배출원(단위: Tg/yr)

배출원	C_2H_4	C_3H_6	C_2H_6	C_3H_8
인위적	7.69	3.5	3.38	3.99
생물학적	16.6	6.07	0.14	0.02
해양	1.4	1.52	0.98	1.29
생물성 연소	4.3	2.48	2.26	1.25
계	30	13.6	6.76	6.55
대기 손실량			10~13	8.4

[Rudolph *et al.*, 2015]

3·2 질소화합물

3·2·1 질소산화물

질소산화물(nitrogen oxide)이란 질소와 산소가 결합한 화합물을 말하며 대기 중에 NO, NO_2, NO_3, N_2O, N_2O_3, N_2O_4, N_2O_5 등의 형태로 존재한다. 이 중에서 대기 중으로 배출되는 형태는 대부분 일산화질소(NO) 또는 이산화질소(NO_2)이고 이들 간에는 화학적인 상호 변환이 매우 빠르게 일어난다. 따라서 이 둘을 하나로 취급하여 일반적으로 NO_x($NO+NO_2$)라고 부른다. NO_x는 1940년대 미국 로스앤젤레스에서 광화학 스모그가 발생한 이후 주목받기 시작하여 현재까지도 대류권 내 중요한 오염물질로 인식되고 있다. NO_x는 화학적으로 반응성이 매우 커 대기 중에서 발생하는 여러 화학반응에 주요한 기여 인자로 작용한다. 질소산화물은 빗방울에 녹으면 HNO_2나 HNO_3로 바뀌어 산성비의 원인이 되고, 태양광을 받아 탄화수소와의 광화학반응이 일어나면 O_3, 알데히드와 같은 2차 오염물질을 형성하여 인체 및 동식물에 영향을 미친다.

질소산화물도 자연적 또는 인위적으로 발생하며 자연적 배출원으로는 토양 및 수중 미생물의 작용, 번개 등을 들 수 있다. 화전 활동에 의한 산불 및 들불에서는 온도가 상대적으로 낮아 식물에 미량으로 포함된 NH_3, HCN, CH_3CN 등의 성분이 산화하면서 질소산화물이 발생한다고 알려져 있다. 이 외에 대기 중 암모니아의 산화가 주된 자연적 배출원에 해당한다(표 3–5 참조). 특히 N_2O의 배출원으로 토양에 과잉 공급된 비료가 문제시되고 있다. N_2O의 경우 대류권에서는 온실가스로 알려져 있고 성층권에서는 오존층을 파괴하는 물질로 분류되며 이 과정에서 NO가 생성되기도 한다.

인위적 배출원으로는 자동차와 같은 이동배출원과 발전소, 산업시설, 소각로와 같은 고정배출원이 있으며, 연소 과정 중 고온에서는 90% 이상 NO의 형태로 발생한다.

$$NO_2 + O_2 \rightarrow 2NO \quad \cdots\cdots (3 \cdot 10)$$

이후 대기 중의 NO는 산소와 반응하여 NO_2로 전환된다.

$$2NO + O_2 \rightarrow 2NO_2 \quad \cdots\cdots (3 \cdot 11)$$

따라서 발생원 근처에서는 NO/NO_2의 비가 크지만 발생원으로부터 멀어질수록 점차 감소한다. 일부 지역에서는 많은 자동차와 집중된 산업시설의 화석연료 사용으로 대량 발생한 NO_x가 심각한 대기오염을 야기한다. 연소에 의해 형성된 질소산화물은 고온 질소산화물과 연료 질소산화물로 크게 나뉜다. 고온 질소산화물(thermal NO_x)은 연료가 고온 상태에서 연소될 때 공기 중의 질소가 산소와 결합하면서 형성되며 연소 과정에서 생성되는 NO_x의 대부분을 차지한다. 연료 질소산화물(fuel NO_x)은 연료에 화학적으로 결합해 있는 질소가 공기

표 3–5 NO_x의 열대 및 중위도 연간 배출량(단위: Tg/yr)

위 도	생물성 연소	화석연료	토양	N_2O 분해	비행기	번개	계
90° S~90° N	10.0	28.5	5.5	0.4	0.7	5.0	49.4
35° N~60° N	0.7	13.7	1.5	0	0.4	–	14.1
35° S~35° N	9.2	13.6	3.9	0.4	0.3	4.3	31.3
35° S~35° N	8.3	7.8	5.4	–	–	6.3	27.9
0° ~24° S	4.4	1.2	1.5	0	0.03	1.7	8.8

[Schumann & Huntrieser, 2007]

중의 산소와 결합하여 생성된다. 연료에 들어 있는 질소의 양은 석탄에 가장 많고 이어서 중유, 경유, 휘발유, 천연가스 순으로 많이 들어 있다. 질소산화물은 이 밖에도 화학공업이나 비료공업과 같은 산업 활동에 의해서도 발생한다.

그림 3-8은 2005년부터 전 세계 지역별 NO_x의 연간 배출량 변화를 나타낸다. 유럽은 10여 년 동안 NO_x의 배출량에 큰 변화가 없지만 중국과 인도는 각각 26%, 29.2% 증가하였다. 반면에 미국과 서유럽, 남아프리카는 NO_x의 배출량이 각각 29.4%, 8.8%, 8.2% 감소하였다.

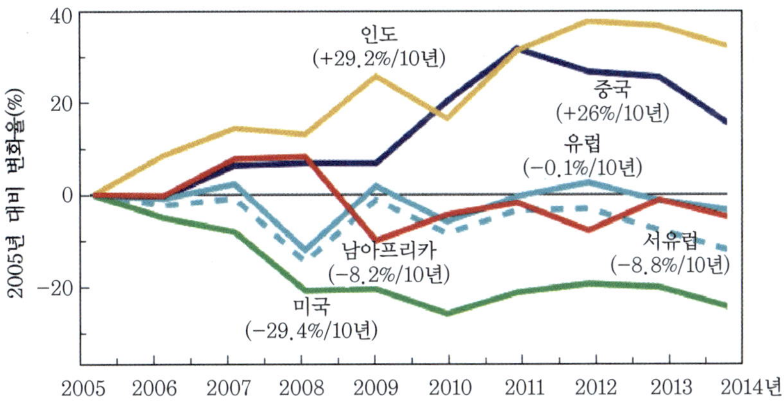

그림 3-8 2005~2014년 간 지역별 NO_x 배출량의 변화[Miyazaki *et al.*, 2017]

질소산화물의 대기 중 제거 기작은 직접 산화와 광화학반응에 의해 일어나거나 일부 건성 침적 등의 형태로 진행된다. 특히 NO_2는 광화학반응으로 생성된 OH와 반응하여 질산으로 전환된다.

$$NO_2 + OH + M \rightarrow HNO_3 + M \quad \cdots\cdots (3\cdot12)$$

여기서 M: N_2 또는 O_2와 같은 에너지 흡수체

해안 지역에서는 NO_2가 해염 입자와 반응하여 질산염($NaNO_3$)으로 전환됨으로써 제거되기도 한다.

3·2·2 반응성 질소화합물

반응성 질소화합물(NO_y)은 NO_x와, NO_x의 산화에 의해 생성된 NO_z(예 HNO_3, HNO_2, N_2O_5, HNO_4, PAN, 기타 유기질산염, 환원성 유기화합물) 모두를 총칭하며, N_2O와 NH_3는 제외한다. 이들 물질은 NO_x가 최종적으로 HNO_3로 산화되는 과정에서 발생하는 중간물질의 성격을 띤다(그림 3-9 참조).

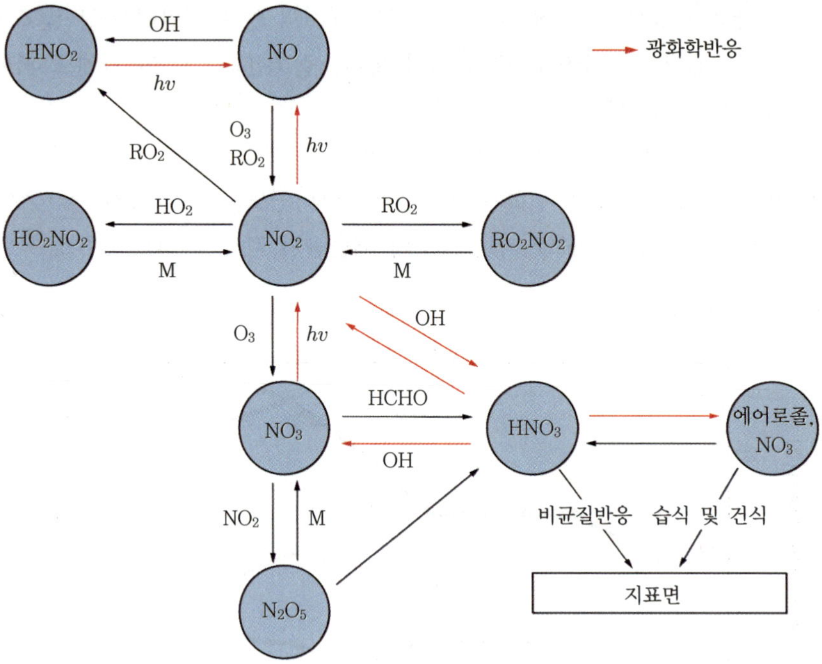

그림 3-9 반응성 질소화합물의 반응 경로[Warneck, 1999]

아질산(HNO_2)은 식 3·13과 같은 경로를 통해 생성된다. 그러나 낮 동안에는 햇빛으로 인해 빠르게 분해되기 때문에(식 3·14) HNO_2의 농도가 높지 않다. 해 뜰 무렵이나 해 질 무렵에는 햇빛이 강하지 않아서 OH가 어느 정도 있으면 농도가 증가한다. 야간에는 OH가 존재하지 않기 때문에 식 3·13 반응을 통해서는 HNO_2가 형성되지 않는다. 식 3·15, 3·16 반응을 통해 야간에도 일부 형성된다고 알려져 있다.

$$NO + OH \rightarrow HNO_2 \quad \cdots\cdots (3 \cdot 13)$$

$$HNO_2 \rightarrow NO + OH \quad \cdots\cdots (3 \cdot 14)$$

$$NO + NO_2 + H_2O \rightarrow 2HNO_2 \quad \cdots\cdots (3 \cdot 15)$$

$$2NO_2 + H_2O \rightarrow HNO_2 + HNO_3 \quad \cdots\cdots (3 \cdot 16)$$

질산(HNO_3)이 주로 생성되는 경로는 다음과 같이 OH에 의해 NO_2가 직접 산화되는 것이다.

$$NO_2 + OH \rightarrow HNO_3 \quad \cdots\cdots (3 \cdot 17)$$

야간에는 NO_2가 O_3와 반응하여 중간물질인 NO_3를 형성한 후 HCHO 등의 유기물을 산화하는 경로(식 3·18, 3·19)나 N_2O_5의 생성반응(식 3·20, 3·21)을 통해 HNO_3가 생성된다.

$$NO_2 + O_3 \rightarrow NO_3 + O_2 \quad \cdots\cdots (3 \cdot 18)$$

$$NO_3 + HCHO \rightarrow HNO_3 + HCO \quad \cdots\cdots (3 \cdot 19)$$

$$NO_3 + NO_2 + M \rightarrow N_2O_5 \qquad (3\cdot20)$$
$$N_2O_5 + H_2O \rightarrow 2HNO_3 \qquad (3\cdot21)$$

야간 HNO_2의 형성은 산화한 HCO가 산소와 반응하여 HO_2를 형성하고 이후 NO_2와 반응함으로써 이루어진다.

$$HCO + O_2 \rightarrow CO + HO_2 \qquad (3\cdot22)$$
$$HO_2 + NO_2 \rightarrow HNO_2 + O_2 \qquad (3\cdot23)$$

N_2O_5는 광분해를 통해 NO_2와 NO_3로 분해되며 이 반응은 매우 빠르기 때문에 야간에만 존재하는 화합물로 간주된다.

HNO_3는 햇빛이 강한 대류권 상층부를 제외하고는 매우 안정하여 다른 화학반응에 참가하지 않고 최종적으로 습성 또는 건성 침적을 통해 대기 중에서 제거된다. 결국 대기 중으로 유입된 NO_x는 HNO_3나 입자상인 NO_3^-의 형태로 전환된 뒤 지상으로 돌아간다.

NO_y는 대부분 다양한 유기질산염으로 구성되며 그중 가장 중요한 화합물이 질산과산화아세틸[peroxyacetyl nitrate, PAN, $CH_3C(O)O_2NO_2$]이다. PAN은 O_3와 함께 대표적인 광화학 오염물질이며 O_3와 마찬가지로 산화력이 크기 때문에 위해성이 높다. 그러나 O_3와 달리 자연적인 배출원이 거의 존재하지 않기 때문에 광화학오염의 지표로 사용되고 있다. PAN의 형성 과정을 보면 CH_3COCH_3나 CH_3CHO 등이 일단 $CH_3(CO)O_2$의 형태로 산화한 뒤 NO_2와 반응함으로써 형성된다(식 3·24). 또한 PAN은 일반적인 대기 온도에서도 쉽게 열분해되어 다시 NO_2를 방출하기 때문에 NO_2의 임시 저장소 역할을 한다.

$$CH_3(CO)O_2 + NO_2 \leftrightarrow CH_3C(O)O_2NO_2 \qquad (3\cdot24)$$

한편 질소산화물 중 N_2O는 대류권에서 화학적으로 매우 안정하므로 NO_y에는 포함되지 않지만 지구온난화를 유발하는 중요한 성분 중 하나로 간주된다. 그러나 성층권으로 유입된 N_2O는 광분해되거나 $O(^1D)$와 반응하여 NO를 생성한다. 따라서 N_2O는 성층권으로부터 유입되는 NO_x의 중요한 발생원이기도 하다.

3·2·3 환원성 질소화합물

가장 대표적인 환원성 질소화합물로 암모니아(NH_3)를 들 수 있다. NH_3도 NO_y에 포함되지 않지만 대기 중에서 OH와의 산화반응을 통해 NO_x를 생성하거나 NO_x를 제거하는 역할을 동시에 한다.

$$NH_3 + OH \rightarrow NH_2 + H_2O \qquad (3\cdot25)$$
$$NH_2 + NO \rightarrow N_2 + H_2O \qquad (3\cdot26)$$
$$NH_2 + NO_2 \rightarrow N_2O + H_2O \qquad (3\cdot27)$$

$$NH_2 + O_3 \rightarrow NO_x + H_2O \qquad (3\cdot28)$$

대기 중의 NH_3는 수분이 있는 상태에서 SO_2, NO_x와 같은 산성 산화물과 반응하거나 H_2SO_4 또는 HNO_3와 같은 산성 미스트(mist)와 반응하여 중화할 수 있는 염기성 기체로서 대기 중에서 대단히 중요한 역할을 한다. NH_3의 주요 배출원으로 자연적으로는 가축과 토양을 들 수 있고, 인위적으로는 폐기물 처리와 연소가 있다(표 3-6 참조). 일단 대기 중으로 배출된 NH_3는 산화 또는 중화 반응에 의해 대부분 입자상인 NH_4^+ 이온으로 전환된 후 빗물 또는 해수에 습성침적(흡수)되어 대기 중에서 소멸하거나 화학적으로 산화한다. $R-NH_2$ (amine), $R-NHNH_2$(hydrazine), $R-NHNO_2$(nitramine), R-NHNO(nitrosamine), R-CN (nitrile) 등의 유기질소 환원성 화합물은 낮은 농도임에도 불구하고 NO_y로 분류되며 주로 대기 중에서 OH에 의해 산화 · 제거된다.

표 3-6 NH_3의 전 지구적 배출량 추정치 비교(단위: Tg N/yr)

출 처	Dentener & Crutzen (1994)	Bouwman *et al.* (1997)	Van Aardenne *et al.* (2001)	Beusen *et al.* (2008)	PBL/JRC EDGAR 4.2 (2011)	PBL/JRC EDGAR 4.2 (2011)
기준 연도	1990년	1990년	2000년	2000년	2000년	2008년
가축	22.0	21.6	21.1	21.0	8.0	8.7
합성 질소 비료 사용	6.4	9.0	12.6	11.0	–	–
농업 토양과 농작물	–	3.6	–	–	21.6	24.7
소계	28.4	34.2	33.7	32.0	29.6	33.4
생물성 연소	2.0	5.9	5.4	–	4.4	5.5
산업 및 화석연료 연소	–	0.3	0.3	–	1.3	1.6
사람 및 반려동물	–	2.6	–	–	–	–
폐기물 퇴비화 및 처리	–	–	4.0	–	0.01	0.02
자연 식생적 토양	5.1	2.4	–	–	–	–
야생동물	2.5	0.1	–	–	–	–
해양과 화산	7.0	8.2	–	–	–	–
계	45.0	53.6	43.0	–	35.2	40.6

[Sutton *et al.*, 2013]

3·3 황화합물

대기오염은 인류가 불을 사용하면서 필연적으로 겪게 된 문제이지만 이에 대한 인식은 대기 중의 SO_2로 인한 피해로부터 시작되었다고 해도 과언이 아니다. 따라서 과거에는 SO_2의 농도, 반응 경로, 저감 대책이 대기오염 연구의 주된 관심 분야였다. 특히 산업혁명 이후 인간이 주에너지원으로 화석연료를 이용함에 따라 화석연료에 포함된 다량의 황화합물이 대기 중으로 배출되어 심각한 대기오염을 야기하였다.

2000년을 기준으로 볼 때 전 지구적으로 배출된 황화합물의 절반 정도가 인위적 기원, 즉 화석연료의 연소 과정에서 SO_2의 형태로 배출된다는 보고가 있다. 이에 반해 자연적인 기원으로는 주로 해양, 토양, 습지 등에서 생명 기원성 황화합물의 형태로 배출된다(표 3-7 참조). 이 중 DMS는 해양에서 배출되며 자연적으로 발생하는 황화합물 중 가장 많은 양을 차지한다. 또한 화산이나 산불에서도 SO_2가 자연적으로 배출된다. 참고로 황화합물 종류별 세부적인 배출량에 있어서 2002년 발표된 자료(Gruber, 2002; 표 3-7)와 2000년 발표된 자료(Watts, 2000; 표 3-8~3-11)의 값이 약간 다름을 볼 수 있으며, 이는 황화합물의 배출량 산정에 사용된 자료의 부정확성에 의한 것으로 추측한다.

표 3-7 황화합물 종류별 전 지구적 연간 배출량(단위: Tg S/yr)

배출원	H_2S	DMS	CS_2	COS	SO_2	황산염
해양	<0.5	19~51	0.3	0.3	–	34.4~320(해염)
연근해습지	1.0	0.6	0.06	0.1	–	–
토양	3.2~10.0	0.2~3.8	0.6~0.8	0.3~0.4	–	2~4(먼지)
생물성 연소	?	–	?	0.01	2.6	?
화산활동	0.5~1.5	–	–	–	7.4~9.3	2~4
계	4.7~13	19.2~54.4	0.1~1.3	0.1~1.3	10~13	4~8

㈜ 자연적 총배출량(해염 제외): 65±25, 인위적 총배출량: 93±15, 전 지구적 총배출량(해염 제외): 158±30[Gruber, 2002]

대기 중으로 배출되는 황화합물의 종류에는 H_2S, DMS, CS_2, OCS, SO_2 등이 있다. 이 중에서 OCS를 제외한 거의 모든 환원성 황화합물은 대기 중에서 1~2일 안에 산화한다. 산화반응의 결과 황산염(SO_4^{2-})의 형태로 전환되어 산성비 등 대기 중 산성도를 높이는 가장 주요한 원인이 된다. 또한 황산(H_2SO_4)은 일반적으로 입자상으로 존재하므로 대기 중 입자상 물질의 농도를 높여 가시도를 떨어뜨리는 역할을 한다. 이렇게 변화한 입자상 물질의 농도는 태양에너지와 지구복사에너지의 투과율에 영향을 미쳐 궁극적으로 지구 열수지의 불균형을 초래하고 전 지구적인 온도 변화를 일으킬 수 있다. 황화합물은 산화 상태가 높을수록 용해성이 증가하고 증기압이 낮아지기 때문에 환원성 황화합물은 기체 상태로 존재하는 반면에 거의 모든 SO_4^{2-}는 입자상이거나 물방울에만 존재한다. 따라서 대기 중 기체상 H_2SO_4의 농도는 거의 무시할 수준이다.

황화합물은 생명체에서 세포의 성장과 에너지 저장을 위한 몇 가지 필수 아미노산의 구성 원소로 이용되며 세포나 아미노산의 분해 시 대기 중으로 방출된다. 또한 어떤 미생물은 무산소 환경에서 황산염을 이용하여 유기물을 분해함으로써 필요한 에너지를 얻고 이 과정에서 H_2S와 같은 황화합물을 대기 중으로 배출한다.

$$2CH_2O + SO_4^{2-} \rightarrow \cdots \rightarrow 2HCO_3^- + H_2S \quad \cdots\cdots (3\cdot29)$$

이와 같은 기작에 의해서 생성된 H_2S 중 일부는 대기 중으로 방출되지 않고 다시 유기물과 결합하거나 철과 결합하여 FeS(pyrites) 등을 형성하고 석탄과 석유에 미량성분으로 남기도 한다.

3·3·1 이산화황

황산화물(sulfur oxide)은 황과 산소가 결합한 화합물을 말하며 SO, SO_2, SO_3와 같이 다양한 형태로 존재한다. 전 지구적인 관점에서 볼 때 대기 중에 배출된 황화합물 절반 이상이 인간 활동에 따른 인위적 배출원에서 기원한 이산화황(SO_2, 아황산가스)이다. 이는 대부분 화석연료 연소의 결과이며 일부는 제철과 제련 산업에서 발생한다. 석탄이나 석유와 같은 화석연료에는 일반적으로 수 퍼센트의 황이 함유되어 있다. 화석연료에 들어 있는 황화합물이 연소하면 대부분 SO_2가 된다(식 3·30). 그리고 SO_2 중 일부는 불꽃 중에서 산화하여 SO_3를 형성한다(식 3·31). 이러한 연소 과정에서 형성되는 SO_2와 SO_3의 비율은 95 : 5 정도로 알려져 있다.

$$S + O_2 \rightarrow \cdots \rightarrow SO_2 \quad \cdots\cdots (3\cdot30)$$

$$SO_2 + \frac{1}{2}O_2 \rightarrow \cdots \rightarrow SO_3 \quad \cdots\cdots (3\cdot31)$$

이와 같이 SO_2 배출은 대부분 인간 활동에 따른 결과이기 때문에 SO_2 배출량은 산업 발전과 함께 증가해 왔다(그림 3-10 참조). 특히 20세기 중반 이후 산업 활동이 활발했던 북반구 중위도 지역에서의 SO_2 배출량이 급격하게 증가하였고, 그 결과 이들 지역을 중심으로

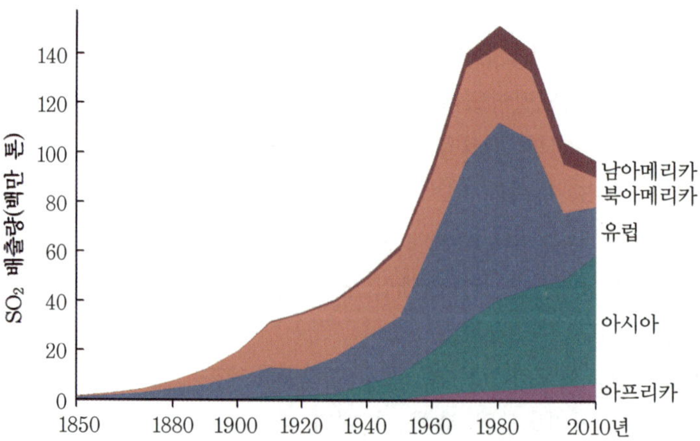

그림 3-10 인간 활동에 따른 대륙별 SO_2 배출량의 변화
[Our World in Data, 2013]

심각한 대기오염 현상이 발생하였다. 전 지구적으로 볼 때 1980년대까지는 SO_2 배출량이 가파르게 증가하다가 이후 감소하여 2010년 기준으로 연간 1억 톤 정도가 인위적으로 배출되었으며 이 중 절반 이상을 아시아 지역에서 배출하였다. 현재 선진국의 경우 황을 적게 함유한 연료를 사용하거나 황산화물에 대한 제어기술이 발달한 덕에 전반적인 SO_2의 대기오염 기여도는 상대적으로 낮게 나타난다. 이에 반해 개발도상국에서는 아직도 황 함유율이 높은 고체연료를 주로 사용하고 있어 SO_2로 인한 대기오염 문제가 심각하다. 한편 상대적으로 양은 적지만 화산활동, 산불 등과 같은 자연적인 배출원도 있다.

대기 중으로 배출된 SO_2는 수용성과 반응성이 크다. 따라서 입자상 물질의 표면이나 물방울에 흡착된 후 비균질반응에 의해 SO_4^{2-}로 대부분 산화 · 제거되고(식 3·32~3·34), 일부는 OH와의 기체상 균질반응에 의해 산화되기도 한다(식 3·35). 또 일부 SO_2는 건성침적에 의해 직접 지표면으로 제거된다.

$$SO_2(aq) + O_2 \rightarrow \cdots \rightarrow SO_4^{2-} \quad \cdots\cdots (3\cdot32)$$

$$SO_2(aq) + O_3 \rightarrow \cdots \rightarrow SO_4^{2-} \quad \cdots\cdots (3\cdot33)$$

$$SO_2(aq) + H_2O_2 \rightarrow \cdots \rightarrow SO_4^{2-} \quad \cdots\cdots (3\cdot34)$$

$$SO_2 + OH \rightarrow HOSO_3 \rightarrow SO_3 + HO_2 \quad \cdots\cdots (3\cdot35)$$

대기 중의 SO_2는 약 30%가 SO_4^{2-}로 전환되고 평균 체류시간이 1~4일로 짧기 때문에 온실가스와 같은 전 지구적 규모보다는 산성비를 비롯한 국지적 오염에 영향을 미친다. 대기 중의 SO_2 농도 분포를 보면 오염원에서 멀리 떨어진 청정 대기에서는 수십 ppt이지만 대도시 지역에서는 수십 ppb이고 공장 굴뚝이나 화산 연기 속에서는 ppm 단위로 나타나 오염원 분포에 따라 농도가 매우 다름을 알 수 있다.

3·3·2 황화수소

황화수소(H_2S)는 무산소 상태의 미생물이 호흡하는 과정과 화산활동에서 주로 발생한다. 그러나 도시와 인구 밀집 지역에서도 높은 농도로 관측된 결과로 보아 인위적 배출원도 중요한 요인으로 작용함을 알 수 있다. 대표적인 인위적 배출원으로는 환경기초시설(하폐수 처리장 및 쓰레기 매립장)을 들 수 있다. 자연적 배출원인 해양 퇴적층의 경우 대량의 H_2S를 배출하지만 대부분 대기로 유입되기 전에 해수 중에서 산화한다. 따라서 해양 퇴적층의 실제 기여도는 크지 않다. 일반적으로 배출원의 직접적인 영향을 받지 않을 경우 H_2S의 농도는 수십 ppt를 유지한다. 그러나 대도시나 화산 지역에서는 수십 ppb 수준의 농도를 보이기도 한다. 대기 중의 H_2S는 거의 대부분 OH에 의해 산화되어 SO_2를 생성한다.

$$H_2S + OH \xrightarrow{O_2,\ O_3} SO_2 \quad \cdots\cdots (3\cdot36)$$

표 3-8 H_2S의 전 지구적 배출원(단위: Tg S/yr)

배출원	배출량	소멸원	소멸량
원양 해양	1.50±0.60	OH와의 반응	8.50±2.80
연안 해양	0.30±0.10		
연안습지 및 만	0.50±0.35		
식물	0.37±0.07		
열대우림	0.42±0.12		
토양	0.002±0.002		
습지	0.20±0.21		
화산활동	1.05±0.94		
OCS, OH와의 반응	0.08±0.07		
인위적 배출원	3.30±0.33		
계	7.72±1.25	계	8.50±2.80

[Watts, 2000]

3·3·3 이황화탄소

이황화탄소(CS_2)를 배출하는 가장 주요한 자연적 배출원은 유기물의 분해이다. 토양, 습지, 해양도 주요 발생원으로 작용한다. 해양의 경우에는 CS_2 농도가 원양보다 연근해 지역에서 높다. 또한 많지는 않지만 식물의 광합성 과정에서도 배출될 수 있다. CS_2는 상대적으로 용해도가 크지 않아 생성 후 대기 중으로 쉽게 배출되며, 배출된 후에는 OCS와 SO_2로 빠르게 산화하고 일부는 토양에 의해서 제거된다. H_2S와 마찬가지로 CS_2도 인위적 배출원(연소 및 관련 공정)에서 배출되는 양이 상당 부분을 차지한다.

표 3-9 CS_2의 전 지구적 배출원 및 소멸원(단위: Tg S/yr)

배출원	배출량	소멸원	소멸량
원양 해양	0.11±0.04	OH와의 반응	0.57±0.25
연안 해양	0.07±0.04	유산소 토양	0.44±0.38
무산소 토양	0.07±0.06		
습지	0.02±0.02		
화산활동	0.05±0.04		
인위적 배출원	0.34±0.17		
계	0.66±0.19	계	1.01±0.45

[Watts, 2000]

3·3·4 중메틸황

중메틸황(dimethyl sulfide, DMS, CH_3SCH_3)은 자연적으로 배출되는 황화합물의 대부분을 차지하며 해양-대기 교환(sea-to-air exchange)에 의해 발생한다고 알려져 있다. 해양에서 배출되는 DMS의 양은 대기로 배출되는 전체 황화합물의 10~40%를 차지한다. DMS는 OH나 NO_3 라디칼 등과 반응하여 매우 빨리 산화하며, 중간산물로 SO_2나 메탄설폰산(methane sulfonic acid, MSA, CH_3SO_3H)과 같은 산화 황화합물을 형성하고 최종적으로는 SO_4^{2-}로 산화한다.

$$CH_3SCH_3 + OH \rightarrow \cdots \rightarrow SO_2 \text{ 또는 MSA } \rightarrow \cdots \rightarrow SO_4^{2-} \quad \cdots\cdots (3\cdot37)$$

전 지구적 관점에서 볼 때 해양의 식물플랑크톤에 의해 발생하는 양이 가장 중요하다. 그러나 호기성 유기 토양이나 일부 식물 등을 통해 육상에서도 일정 부분 발생한다. 인위적 배출원으로는 제지 · 펄프 공장 등이 있다. 따라서 전체적으로 보면 DMS의 경우 해양에서 배출되는 양이 대부분을 차지하지만 H_2S나 CS_2의 경우처럼 인위적으로 배출되는 양도 무시할 수 없다. DMS는 해양 대기에 100 ppt 정도 존재하며, 부영양화한 연안 지역의 대기에서는 수 ppb의 농도로 관측되기도 한다. 그러나 육상에서는 주로 20 ppt 이하의 낮은 농도로 관측된다.

DMS는 발생량이 매우 많기 때문에 대기 중으로 유입된 DMS의 산화에 따른 SO_4^{2-} 입자의 형성과 그로 인한 영향이 환경 및 기후학자의 중요한 연구 분야로 자리매김하고 있다. 앞에서 언급했듯이 해양에서 대기로 유입된 대량의 DMS가 산화할 때 SO_4^{2-}나 MSA가 생성된 뒤 입자상 물질로 전환된다. 이후 입자상 물질은 대기 중에서 응결핵으로 작용하여 구름의 형성을 촉진하고 구름의 증가는 지구의 복사에너지 수지에 영향을 미치므로 온난화를 비롯한 전 지구적 기상이변을 초래하는 요인으로 작용할 수 있다.

표 3-10 DMS의 전 지구적 배출원(단위: Tg S/yr)

배출원	배출량
해양	20.70±5.20
연안습지 및 만	0.07±0.06
식물	1.58±0.86
열대우림	1.60±0.50
토양	0.29±0.17
습지	0.12±0.07
인위적 배출원	0.13±0.04
계	24.49±5.30

[Watts, 2000]

3·3·5 카보닐황

카보닐황(carbonyl sulfide, OCS)은 화학적으로 매우 안정한 상태이기 때문에 대류권에서는 거의 화학반응을 하지 않고 성층권으로 서서히 유입된 뒤 광분해가 일어난다. 반응성이 작아 청정 대류권에서 농도가 가장 높은 황화합물이며 500 pptv 정도의 일정한 농도를 유지한다. OCS의 가장 중요한 발생원은 CS_2의 산화반응이고 해양에서도 일부 배출된다. 인위적 배출원보다 자연적 배출원이 중요하며 대부분은 바다에서 배출된다. 전 세계적으로 대기 중에 배출된 OCS의 총량은 연간 약 300만 톤으로 추정되며 이 중 2/3 이상이 자연에서 배출된다. OCS의 가장 중요한 제거 기작은 토양에 의한 흡수이고 식물의 기공을 통해서도 흡수 및 제거된다.

표 3-11 OCS의 전 지구적 배출원 및 소멸원(단위: Tg S/yr)

배출원	배출량	소멸원	소멸량
원양 해양	0.10±0.15	유산소 토양	0.92±0.78
연안 해양	0.20±0.10	식물	0.56±0.10
무산소 토양	0.02±0.01	OH와의 반응	0.13±0.10
습지	0.03±0.03	O와의 반응	0.02±0.01
화산활동	0.05±0.04	광분해	0.03±0.01
강수	0.13±0.08		
DMS 산화	0.17±0.04		
CS_2 산화	0.42±0.12		
생물성 연소	0.07±0.05		
인위적 배출원	0.12±0.06		
계	1.31±0.25	계	1.66±0.79

[Watts, 2000]

3·4 할로겐화합물

할로겐화합물은 플루오린(F, 불소), 염소(Cl), 브롬(Br), 아이오딘(I) 등 할로겐족 원소를 하나 이상 함유한 화학물질을 의미한다. 할로겐화합물에는 예전에 냉매, 발포제, 충진제, 세정제로 주로 사용하던 염화불화탄소(chlorofluorocarbons, CFCs), 소화기에 사용하는 할론(halon; $CBrF_3$, $CBrClF_2$, $C_2Br_2F_4$), 솔벤트, 드라이클리닝에 주로 사용하는 CH_2Cl_2, C_2Cl_4, C_2HCl_3, 그리고 주로 자연적으로 발생하는 CH_3Cl, $CHCl_3$, CH_3Br, CH_3I 등이 있다(표 3-12 참조). 메틸클로라이드(methyl chloride, CH_3Cl)는 할로겐화합물 중 농도가 가장 높으며, 해양이 중요한 배출원으로 알려져 있지만 육상에서도 일부 미생물의 활동이나 인위적인 생산에 의해 배출되기도 한다. CH_3Cl 다음으로 대기 중에서 농도가 높은 할로겐화합물은 CFCs 종류인 CCl_2F_2(CFC-12)와 CCl_3F(CFC-11)이다. 모두 인위적으로 생산하여 주로 냉매, 발포제, 충진제 등으로 사용한다.

CFCs는 화학적으로 매우 안정하고 연소성이 전혀 없고 독성이 없는 까닭에 오랜 기간 사용되었다. 그러나 이러한 화학적 안정성 때문에 대류권에서 효과적으로 제거되지 않아 CFCs의 농도가 꾸준히 증가하였다. 유일한 제거 기작은 성층권에서의 광분해인데 이 과정에서 성층권 내부의 오존층이 파괴되는 문제가 드러났다. 이에 따라 국제사회는 1987년 몬트리올의정서를 채택하여 CFCs에 대한 규제를 본격적으로 시작하였고 이후 농도 증가도 현격히 둔화하였다. 특히 1990년대 이후 CFC-11, CFC-12, CFC-113 등의 배출 감소가 뚜렷하다(그림

표 3-12 지상에서 측정한 할로겐화합물의 몰분율 및 증감

분자식	범용 또는 산업용 이름	연평균 몰분율(ppt)			증감 (2007~2008년)	
		2004년	2007년	2008년	ppt/yr	%/yr
CFCs						
CCl_2F_2	CFC-12	543.8	539.6	537.4	-2.2	-0.4
CCl_3F	CFC-11	251.8	245.4	243.4	-2.0	-0.8
CCl_2FCClF_2	CFC-113	79.1	77.2	76.5	-0.6	-0.8
$CClF_2CClF_2$	CFC-114	16.6	16.5	16.4	-0.04	-0.2
$CClF_2CF_3$	CFC-115	8.3	8.3	8.4	0.02	0.3
HCFCs						
$CHClF_2$	HCFC-22	163.4	183.6	192.1	8.6	4.6
CH_3CCl_2F	HCFC-141b	17.5	18.8	19.5	0.7	3.6
CH_3CClF_2	HCFC-142b	15.1	17.9	18.9	1.1	5.9
$CHClFCF_3$	HCFC-124	1.43	1.48	1.47	-0.01	-0.8
halons						
$CBrClF_2$	Halon-1211	4.37	4.34	4.30	-0.04	-0.9
$CBrF_3$	Halon-1301	3.07	3.17	3.21	0.04	1.3
$CBrF_2CBrF_2$	Halon-2402	0.48	0.48	0.47	-0.01	-1.2
chlorocarbons						
CH_3Cl	methyl chloride	533.7	541.7	545.0	3.3	0.6
CCl_4	carbon tetrachloride	92.7	89.8	88.7	-1.1	-1.3
CH_3CCl_3	methyl chloroform	21.8	12.7	10.7	-2.0	-17.6
bromocarbons						
CH_3Br	methyl bromide	8.2	7.7	7.5	-0.2	-2.7

[Montzka *et al.*, 2011]

3-11 참조).

CFCs를 대체하기 위해 수소불화탄소(hydrofluorocarbons, HFCs), 수소염화불화탄소(hydrochlorofluorocarbons, HCFCs)처럼 대류권에서 분해가 쉽고 분자 내 Cl의 수가 상대적으로 적은 화합물을 개발하여 사용하고 있다. 이들 화합물은 화학구조에 수소를 포함하고 있어 대기 중의 OH에 의해 쉽게 산화된다. 그러나 HFCs, HCFCs의 배출량 역시 지속적으로 증가하고 있는 실정이다.

3·5 기체 반응 기작

앞에서 많은 기체상 물질이 화학반응을 통해 생성 또는 소멸됨을 확인한바 화학반응의 속

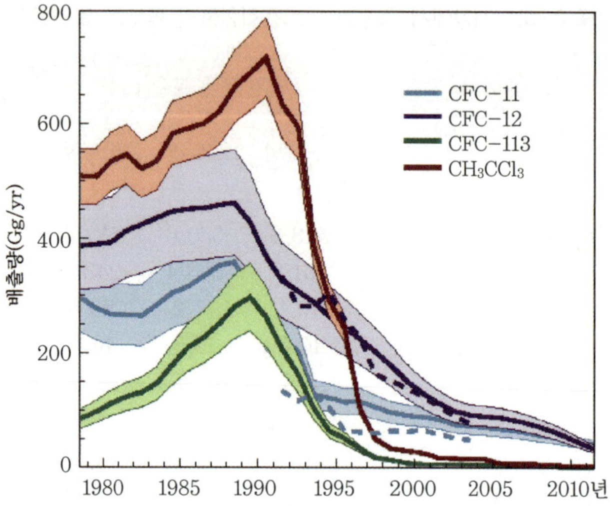

그림 3-11 할로겐화합물의 전 지구적 배출량 변화
[Rigby *et al.*, 2013]

도를 이해하는 일은 매우 중요하다. 대기 중에서 발생하는 화학반응은 반응에 관여하는 물질의 수에 따라 크게 1분자 반응, 2분자 반응, 3분자 반응으로 나눈다. 대기 중에서 4분자 이상의 반응이 일어날 확률은 매우 희박하기 때문에 4분자 이상의 반응은 무시할 수 있다.

1분자 반응: A → 생성물 　 예 $PAN \rightarrow CH_3C(O)O_2 + NO_2$

2분자 반응: A + B → 생성물 　 예 $O_3 + NO_2 \rightarrow NO_3 + O_2$

3분자 반응: A + B + C → 생성물 　 예 $O(^3P) + O_2 + M \rightarrow O_3 + M$

이때 반응에 실제 참여하는 물질뿐만 아니라 N_2와 같이 대기 중에서 화학적으로 안정한 기체가, 반응물로 작용하지는 않지만 화학반응 중에 발생하는 여분의 에너지를 흡수하여 생성물을 안정화하는 역할을 할 수 있다. 이와 같은 물질을 화학반응식에서 M으로 표시하고 반응 제3인자 또는 에너지 흡수체라고 부른다.

3·5·1 반응속도와 반응차수

반응속도(reaction rate)는 시간 변화에 따른 반응물이나 생성물의 농도 변화로 정의한다. 예를 들어 식 3·38의 반응속도는 식 3·39와 같이 정의한다.

$$NO + O_3 \rightarrow NO_2 + O_2 \quad \cdots\cdots (3\cdot38)$$

$$\text{반응속도} = -\frac{d[O_3]}{dt} = -\frac{d[NO]}{dt} = +\frac{d[NO_2]}{dt} = +\frac{d[O_2]}{dt} \quad \cdots\cdots (3\cdot39)$$

일반적 화학반응식인 식 3·40의 반응속도는 식 3·41과 같이 표시한다.

$$aA + bB \rightarrow cC + dD \quad \cdots\cdots (3·40)$$

$$\text{반응속도} = -\frac{1}{a}\frac{d[A]}{dt} = -\frac{1}{b}\frac{d[B]}{dt} = +\frac{1}{c}\frac{d[C]}{dt} = +\frac{1}{d}\frac{d[D]}{dt} \quad \cdots\cdots (3·41)$$

반응식 3·40이 더 이상 나뉠 수 없는 기본반응(elementary reaction)일 경우 다음과 같이 나타낼 수 있다.

$$\text{반응속도} = k[A]^a[B]^b \quad \cdots\cdots (3·42)$$

결국 반응속도는 반응물 농도의 함수이며, 반응속도식의 비례상수 k를 반응속도상수(reaction rate constant)라고 한다.

한 가지 기본반응이 아니고 여러 기본반응의 연속으로 이루어지는 전반응(overall reaction)일 경우에는 반응속도를 다음과 같이 나타낼 수 있다.

$$\text{반응속도} = k[A]^m[B]^n[C]^p[D]^q \quad \cdots\cdots (3·43)$$

농도의 지수인 m, n, p, q를 각 물질의 반응차수(reaction order)라고 하며 보통 0을 포함한 정수이며 소수일 수도 있다. 전반응일 경우 기본반응과 달리 반응계수인 a, b, c, d와 반응속도식의 m, n, p, q는 서로 같지 않을 수 있는 점에 주의해야 한다. 반응속도식에서 농도 지수, 즉 반응차수의 합으로 전체 반응차수를 결정한다. 식 3·38이 기본반응일 경우 반응속도를 다음의 식으로 표현하며 이때의 반응차수는 1+1=2차 반응이다.

$$\text{반응속도} = -\frac{d[NO]}{dt} = -\frac{d[O_3]}{dt} = k[NO][O_3] \quad \cdots\cdots (3·44)$$

일반적으로 대기 중에서 기체 반응의 농도 단위는 mol/cm^{3}을 사용하며, 반응차수에 따른 반응속도상수의 단위는 표 3-13과 같다.

표 3-13 반응차수별 반응속도상수 단위, 반감기, 평균수명

반응차수	반응물	반응속도상수 단위	반응물 A의 반감기	반응물 A의 평균수명
1차 반응	A	s^{-1}	$0.693/k_1$	$1/k_1$
2차 반응	A+B	$cm^3mol^{-1}s^{-1}$	$0.693/k_2[B]$	$1/k_2[B]$
3차 반응	A+B+C	$cm^6mol^{-2}s^{-1}$	$0.693/k_3[B][C]$	$1/k_3[B][C]$

3·5·2 반감기와 평균수명

반응속도상수는 반응이 얼마나 빨리 진행되는지를 나타내는 매우 중요한 지표이다. 그러나 반응속도는 반응속도상수뿐만 아니라 농도의 함수이기 때문에 물질의 농도에 따라 달라질 수

밖에 없다. 여기서 반응이 실제로 일어나기 전에 기체상 물질이 얼마나 오랫동안 대기 중에 남아 있는지를 나타내기 위해 반감기와 평균수명의 개념을 이용한다.

반감기(halftime, $t_{1/2}$)란 화학반응에서 한 반응물의 농도가 초기 농도의 반으로 줄어드는 데 걸리는 시간을 의미한다. 반면에 평균수명(lifetime, τ)은 농도가 초기 농도의 $1/e$(e = 2.718)이 되기까지 걸리는 시간으로 정의한다. 두 개념의 인자에는 반응속도상수와 다른 반응물의 농도만 변수로 포함되어 있기 때문에 반응물의 초기 농도로부터 영향을 받지 않는다(표 3-13 참조). 즉 표 3-14와 같이 산화제의 농도가 일정하다고 가정하면 각 기체의 평균수명은 기체의 초기 농도에 상관없이 항상 일정한 값으로 나타낼 수 있다. 따라서 반감기나 평균수명을 이용하여 대기 중에 존재하는 기체가 얼마나 빨리 화학적으로 반응하는지 판단할 수 있다.

표 3-14 주요 기체의 반응속도상수와 평균수명

기 체	산화제	반응속도상수 ($cm^3mol^{-1}s^{-1}$)	평균수명 (시간)
NH_3	OH	1.6×10^{-13}	360
NO	O_3	1.8×10^{-14}	0.03
NO_2	OH	1.6×10^{-11}	3.6
CO	OH	2.8×10^{-13}	200
CH_4	OH	8.0×10^{-15}	6.9×10^{5}
C_2H_4	OH	8.7×10^{-12}	6.4
H_2S	OH	5.3×10^{-12}	11
SO_2	OH	2.5×10^{-12}	22
α-pinene	O_3	1.4×10^{-16}	0.04

㈜ O_3 5×10^{11} mol/cm^3, OH 5×10^{5} mol/cm^3 농도를 가정함

3·6 광화학오염

앞서 설명한 몇 가지 반응에서 볼 수 있듯이 대기 중에서 일어나는 화학반응 자체가 대기 중 미량 물질의 중요한 발생원이 될 수 있다. 대기 중에 있는 일부 종류의 분자는 태양광을 흡수하여 여기상태(excited state)가 되거나 분해되며 이와 같은 반응을 광화학반응(photochemical reaction)이라고 한다. 광화학반응을 통해 새롭게 생성된 분자 또는 여기분자는 다시 복잡한 후속 반응을 유발하며 이 반응의 대부분은 일반적으로 분자끼리의 충돌로 일어나는 열반응이다. 특히 도시의 경우 대기 중 반응물질의 농도가 매우 높기 때문에 반응속도와 그에 따른 2차 오염물질의 발생량이 상대적으로 높다. 대기 중 화학반응을 통해 발생하는 대표적인 대기오염 현상으로는 산성비와 광화학오염이 있다. 산성비의 경우 기체상의

반응에 더해 입자상 또는 액상에서 발생하는 반응이 더 큰 역할을 한다. 이에 반해 광화학오염은 대도시 지역을 중심으로 자동차 배출가스 안에 존재하는 질소화합물 및 유기화합물에 태양광이 관여하여 발생하며, 2차 오염물질인 오존, PAN, 입자상 물질 등이 대량으로 형성되어 나타나는 도시 대기오염의 대표적인 현상 중 하나이다.

3·6·1 광화학적 정상상태

NO_x는 광화학오염의 주요 원인물질이다. 자동차 엔진과 같은 내연기관에서는 대부분 NO 형태로 배출한다. 배출된 NO는 대기 중에서 O_2 또는 O_3와 반응하여 산화할 수 있다. O_2와의 반응은 너무 느려 무시할 수준이며 실제 대부분은 O_3에 의해 NO_2로 전환된다.

$$NO + O_3 \rightarrow NO_2 + O_2 \quad \cdots\cdots (3\cdot45)$$

생성된 NO_2는 태양광에 의해 광분해되어 다시 NO와 $O(^3P)$를 생성하고, $O(^3P)$는 다시 O_2와 결합하여 O_3를 형성한다(그림 3–12 A 참조).

$$NO_2 + h\nu(< 310\,\text{nm}) \rightarrow O(^3P) + NO \quad \cdots\cdots (3\cdot46)$$

$$O(^3P) + O_2 + M \rightarrow O_3 + M \quad \cdots\cdots (3\cdot47)$$

일사량과 NO_x 농도가 일정하다면 이 반응은 계속적으로 순환하고 결국 각 화합물의 생성 속도와 파괴 속도가 서로 같은 정상상태에 도달한다. 즉 정상상태일 경우 NO_2의 생성 속도 ($k_{NO}[NO][O_3]$)는 NO_2의 제거 속도($J_{NO_2}[NO_2]$)와 동일하다.

$$k_{NO}[NO][O_3] = J_{NO_2}[NO_2] \quad \cdots\cdots (3\cdot48)$$

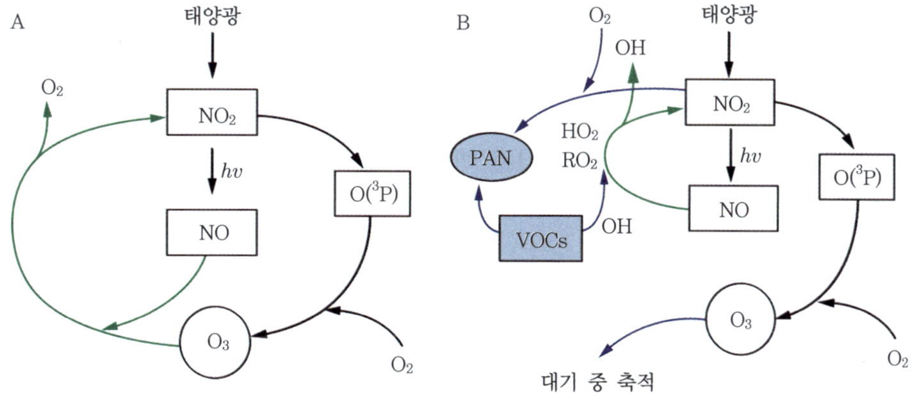

그림 3–12 O_3–NO–NO_2의 광화학적 순환[김득수 등, 2016]
A: 정상상태 B: 유기화합물에 의한 저해

이를 다시 정리하면 다음과 같다.

$$[O_3] = \frac{J_{NO_2}[NO_2]}{k_{NO}[NO]} \qquad (3 \cdot 49)$$

결국 정상상태에서 O_3의 농도는 NO_2와 NO 농도의 비, 그리고 태양의 광도에 의해 결정된다. 여기서 단순히 일사량이 많을 경우, 즉 J_{NO_2}가 클 경우 O_3의 농도가 높아짐을 알 수 있다. 이러한 기작은 햇빛이 강한 여름과 오후에 O_3의 농도가 최곳값을 나타내는 현상을 뒷받침한다.

3·6·2 유기화합물의 역할

광화학적 정상상태 조건이 성립하기 위해서는 초기에 NO_2가 일정량 있거나 또는 NO를 NO_2로 산화할 수 있는 O_3가 어느 정도 존재해야 한다. 그러나 여러 연구에 따르면 O_3와 NO_2의 농도가 거의 무시할 만한 수준일 때에도 자동차 배기가스에 태양광이 가해지면 상당량의 O_3와 NO_2가 발생하는 현상을 볼 수 있다. 이는 초기에 O_3가 없더라도 자동차 배기가스 내에 존재하는 어떤 물질로 인해 NO가 NO_2로 산화됨을 가리킨다. 이와 같은 현상이 일어나는 원인은 자동차 배기가스 내에 수백~수천 ppm의 탄화수소가 포함되어 있기 때문이다. 즉 배기가스 내 유기화합물이 OH 등의 산화제에 의해 산화되는 과정에서 HO_2, CH_3OO 등이 형성되고 이들 물질은 다음과 같이 NO를 NO_2로 산화하는 역할을 한다.

$$NO + HO_2 \rightarrow NO_2 + OH \qquad (3 \cdot 50)$$

$$NO + CH_3OO \rightarrow NO_2 + CH_3O \qquad (3 \cdot 51)$$

식 3·3~3·7에서와 같이 CH_4가 HCHO로 산화하는 과정에서 HO_2와 CH_3OO가 형성된다. 결국 이 과정에서 2개의 NO를 NO_2로 산화할 수 있다.

$$CH_4 + 2O_2 + 2NO \rightarrow H_2O + HCHO + 2NO_2 \qquad (3 \cdot 52)$$

HCHO가 광분해될 경우에도 다음과 같은 반응을 통해 추가적인 HO_2가 생성될 수 있고 HO_2는 다시 NO를 NO_2로 산화한다.

$$HCHO + h\nu \rightarrow HCO + H \qquad (3 \cdot 53)$$

$$HCO + O_2 \rightarrow HO_2 + CO \qquad (3 \cdot 54)$$

$$H + O_2 + M \rightarrow HO_2 + M \qquad (3 \cdot 55)$$

이러한 반응을 통해 생성된 NO_2 역시 광분해되면서 새로운 O_3를 형성한다(그림 3-12 B 참조). 앞서 예로 든 CH_4는 가장 단순하고 반응성이 낮은 탄화수소이며 실제로는 이보다 분자량이 크고 반응성이 높은 다양한 탄화수소가 단계적인 산화반응을 거쳐 HO_2와 RO_2 (alkylperoxy radical)를 생성한다. 이와 같은 산화제는 O_3를 소비하지 않으면서 NO를 NO_2로 산화하고 NO_2는 다시 광분해되어 새로운 O_3가 생성됨으로써 결국 대기 중 O_3의 농도가 올라간다.

3·6·3 광화학 스모그

광화학오염의 가장 일반적인 현상은 광화학 스모그(photochemical smog)이다. 광화학 스모그는 1940년대 중반 미국 로스앤젤레스에서 발생이 처음 확인되었으며 최근에는 자동차 운행이 늘어나면서 전 세계 거의 모든 대도시에서 관측되고 있다. 이로 인해 대기 중 O_3와 같은 강산화성 기체와 1차 및 2차 생성 입자상 물질의 농도가 증가하고 가시거리가 짧아지는 현상이 뚜렷이 확인된다.

대기 중 O_3의 배경농도는 0.01~0.04 ppm이며 지역별 오염도에 따라 일변화가 매우 다르다. 청정 지역에서는 O_3 농도의 일변화가 거의 없으며 이는 지표면에서 이루어지는 O_3의 광화학 생성이 청정 지역에서는 중요하지 않음을 시사한다. 그러나 도시와 같이 오염원이 많은 지역에서는 O_3의 일변화가 상당히 크다. 그림 3-13은 2015년 5월과 6월 서울 도심에서 측정한 NO, NO_2, O_3 농도를 보여 준다. 자동차 운행량이 많은 아침 출근 시간에 주로 배출된 NO는 서서히 산화하여 NO_2로 전환된다. 이와 동시에 탄화수소가 산화하면서 O_3가 증가하기 시작하여 일사량이 최대인 오후에 O_3도 최대 농도에 이르고 이후 다시 감소한다.

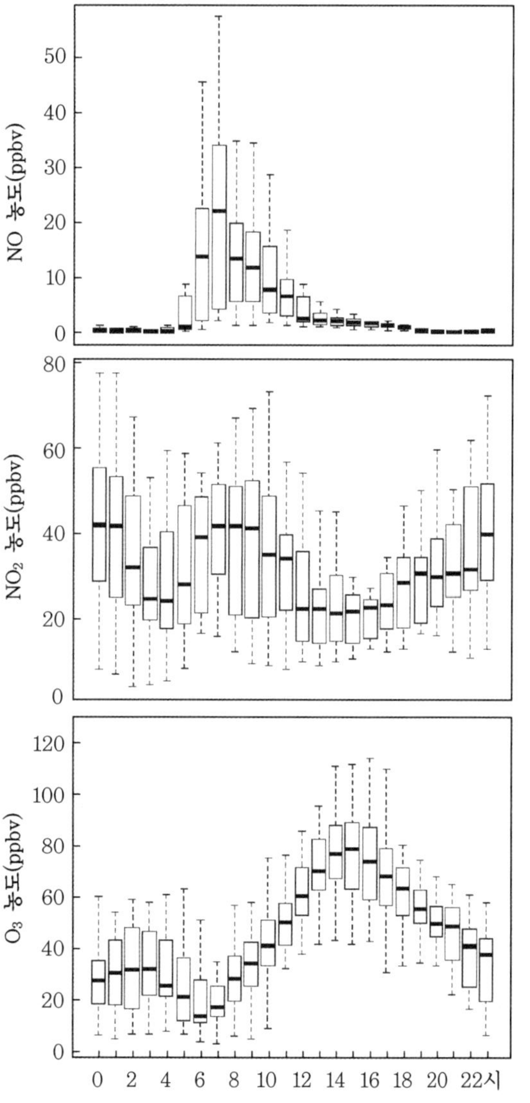

그림 3-13 서울의 대기 중 NO, NO_2, O_3 농도의 일변화[김득수 등, 2016]

계절적으로는 다른 계절보다 일사량이 많은 여름철 O_3의 농도가 상대적으로 높다. 앞서 살펴봤듯이 자동차 배기가스 내 NO가 반응성 탄화수소의 산화 과정에서 발생한 산화제에 의해 NO_2로 산화되면서 O_3가 형성된다. 이때 PAN, 알데히드류 화합물, 질소산화물, 2차 생성 입자상 물질의 농도도 O_3와 함께 현저히 상승한다.

일부 탄화수소의 경우 식물에서 배출되기도 한다. 도시에서 발생한 NO_x가 바람을 타고 표류하다가 자연에서 발생한 탄화수소와 반응을 일으켜 도심 외곽 지역에 스모그를 형성하는 경우도 있으며, 이러한 현상은 주로 대도시의 풍하측에서 발생한다.

3·7 대류권에서의 산화반응

대기 중 기체상 오염물질의 제거 기작은 대부분 화학반응이며, 특히 용해도가 낮거나 표면 침적이 크지 않은 화합물일 경우 화학반응이 가장 중요한 제거 기작으로 작용할 수 있다. 화학적 제거 기작은 산화반응이 거의 대부분을 차지하며 대기 중 산화반응에 기여하는 가장 대표적인 산화제로는 O_3, OH 등이 있다. OH는 O_3의 광분해로 만들어진 높은 에너지 준위의 산소 원자 $O(^1D)$가 물 분자와 반응하면서 만들어진다.

$$O_3 + h\nu \rightarrow O_2 + O(^1D) \quad \cdots\cdots (3\cdot56)$$

$$O(^1D) + H_2O \rightarrow 2OH \quad \cdots\cdots (3\cdot57)$$

OH는 대류권에 존재하는 가장 핵심적인 산화제로, 대류권에서 화학반응을 하는 물질 대부분이 OH와의 반응을 통해 대기로부터 제거된다. O_3의 경우 산화력은 OH만큼 크지 않으나 OH의 생성에 필수적이기 때문에 대기의 산화력을 결정하는 중요 요소이다. 표 3-15에서 알 수 있듯이 O_3 발생원의 대부분은 대류권의 화학반응으로 보고되었다.

한편 O_3의 생성 단계를 보면 주로 다음과 같은 HO_2와 NO의 반응으로 NO_2가 형성되는 단계를 거쳐 식 3·46과 3·47의 반응이 연쇄적으로 진행되며 O_3가 형성된다.

표 3-15 대류권 O_3의 전 지구적 발생원과 소멸원(단위: Tg/yr)

발생원	발생량	소멸원	소멸량
화학반응	4,960	화학 손실	4,360
HO_2 + NO	(66%)	$O(^1D) + H_2O$	(51%)
CH_3O_2 + NO	(25%)	$H_2O + O_3$	(27%)
RO_2 + NO	(9%)	$OH + O_3$	(15%)
성층권-대류권 교환	325	$HOBr + h\nu$	(4%)
		기타	(3%)
		건성침적	908
		습성침적	17
계	5,290	계	5,290

㈜ 축적: 351 Tg, 평균수명: 24.2일[Hu *et al.*, 2017]

$$HO_2 + NO \rightarrow NO_2 \quad \cdots\cdots (3\cdot58)$$

O_3의 형성에 지배적인 HO_2, CH_3O_2, RO_2의 농도는 대기 중으로 유입된 유기화합물의 양에 의해 결정된다. 즉 일반적으로 유기화합물의 양이 증가할수록 이들 물질의 농도가 함께 증가하고 이는 다시 대기 중 O_3의 농도를 높일 수 있다.

그림 3-14는 2001년부터 2019년까지 전국 16개 측정소에서 측정한 O_3의 연평균 농도를 나타낸다. 지역마다 증가 폭이 일정하지는 않지만 전체적으로 지난 20년간 O_3의 농도가 증가한 경향을 확인할 수 있다.

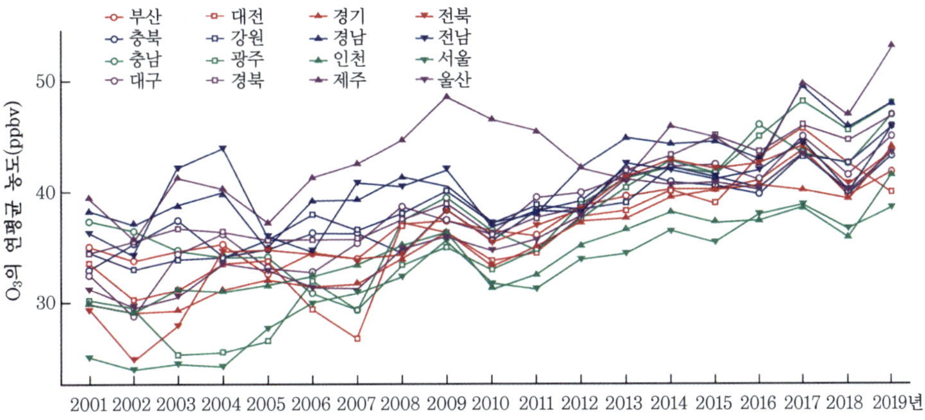

그림 3-14 전국 16개 측정소에서 관측한 O_3의 연평균 농도 변화[정몽주 등, 2022]

3·8 기체의 체류시간

앞서 언급했듯이 대기에서의 정상상태란 어떤 물질이 대기 중에서 생성되는 속도(또는 유입 속도)와 소멸하는 속도(또는 방출 속도)가 균형을 이루고 있어 외형적으로 농도의 변화가 없는 상태를 의미한다. 일반적으로 제거 기작이 없어 대기 중에 계속 축적되는 아르곤 등의 비활성 기체를 제외하고는 대기 중의 거의 모든 기체상 물질은 정상상태를 유지하고 있다. 즉 대부분의 기체상 물질은 유입량과 제거량이 서로 균형을 이루고 있다. 대기 중 정상상태에 있는 물질의 총량과 체류시간의 관계는 다음과 같이 정의할 수 있다.

$$\tau = \frac{Q}{S} = \frac{Q}{L} \quad \cdots\cdots (3\cdot59)$$

여기서 Q: 대기 중 한 물질의 총량(Mt), S: 대기로의 유입 속도(Mt/yr), L: 대기에서 제거 속도(Mt/yr), τ: 체류시간 또는 평균수명(년)

체류시간은 어떤 물질이 대기 중에서 제거되는 데 걸리는 평균 시간을 나타내는 중요한 지표이다. 앞에서 설명한 기체 반응에 따른 평균수명과 의미가 같다. 표 3-16은 대기 중에 존재하는 미량기체의 일반적인 농도와 체류시간이다. 여기서 체류시간은 광화학 반응속도상수, OH 농도, 습성침적, 건성침적 등 다양한 조건에 따라 달라진다. 그러나 대체로 CO_2, N_2O 등 반응성이 낮은 기체는 체류시간이 매우 길고, 반응성이 높은 기체는 체류시간이 짧아 대기 중에서 아주 빠르게 순환하고 있음을 알 수 있다.

표 3-16 대기 중 미량기체의 농도와 체류시간

기 체	농 도	체류시간	주요 배출원	주요 반응
CO_2	419 ppm≈ppmv	–	생물학적, 해양, 연소, 인위적	광합성
Ne	18.18 ppmv	–	화산	–
He	5.24 ppmv	–	방사성	–
CH_4	1.89 ppm	9년	생물학적, 인위적	OH
H_2	0.56 ppmv	~2년	생물학적, HCHO 광분해	토양 흡수
N_2O	0.33 ppmv	150년	생물학적, 인위적	성층권 안의 $O(^1D)$
CO	40~200 ppbv	~60년	광화학적, 연소, 인위적	OH
O_3	10~200 ppbv(대류권)	며칠~몇 달	광화학적	광분해
HCHO	0.1~10 ppbv	~1.5시간	광화학적	OH, 광분해
NO_x	10 pptv~1 ppmv	변하기 쉬움	토양, 인위적, 번개	OH
NH_3	10 pptv~1 ppbv	2~10일	생물학적	가스 입자 변환
SO_2	10 pptv~1 ppbv	며칠	광화학적, 화산, 인위적	OH, 수성 산화
$(CH_3)_2S$	수 pptv~수 ppbv	며칠	생물학적, 해양	OH

[John & Peter, 2006; NOAA, 2022a · 2022b]

연습문제 ▮

1. 전 지구적인 관점에서 보면 CO_2는 장기적인 측면에서 지속적으로 증가하고 있다. 그러나 단기적으로는 뚜렷한 계절적 변화를 나타내는 특성이 있다. 이와 같은 현상이 나타나는 원인을 설명하시오.
2. 반응성 질소화합물(NO_y)에 대해 설명하시오.
3. 대기 중에서 황산이 기체 상태의 H_2SO_4 대신에 대부분 입자상인 이온성 SO_4^{2-}의 형태로 존재하는 이유를 설명하시오.
4. 해양에서 발생하는 DMS(dimethyl sulfide)의 중요성에 대해 설명하시오.
5. PAN(peroxyacetyl nitrate)에 대해 설명하시오.
6. 광화학적 정상상태일 때 오존(O_3)의 농도에 관여하는 인자는 무엇인지 설명하시오.
7. 광화학 스모그를 하루 중 NO, NO_2, O_3 농도의 변화와 관련하여 설명하시오.
8. 화학반응식에서 M(반응 제3인자 또는 에너지 흡수체)은 무엇을 의미하는지 설명하시오.

참고문헌 ▌

1. 국가미세먼지정보센터. 2020. 2017년 국가 대기오염물질 배출량 산정 · 공표.
2. 국립기상과학원. 2022. 2021 지구대기감시 보고서.
3. 김기현 외. 2014. 신고 대기환경학. 향문사.
4. 김득수, 정진상, 안준영. 2016. 서울 도심대기의 NO, NO_2와 O_3 사이의 대기화학적 특성 연구. 한국대기환경학회지 32(4): 422–434.
5. 정몽주 외. 2022. 국내 오존 예측모형 개발을 위한 지표면 오존 농도의 시공간적 경향 탐색. 한국대기환경학회지 38(1): 100–125.
6. Beusen AHW *et al*. 2008. Bottom–up uncertainty estimates of global ammonia emissions from global agricultural production systems. Atmospheric Environment 42(24): 6067–6077.
7. Bouwman AF. 1997. A global high–resolution emission inventory for ammonia. Global Biogeochemical Cycles 11(4): 561–587.
8. Dentener FJ, Crutzen PJ. 1994. A three–dimensional model of the global ammonia cycle. Journal of Atmospheric Chemistry 19: 331–369.
9. Douglas I (Ed). 2003. Encyclopedia of Global Environmental Change, Vol 3. John Wiley & Sons.
10. EDGAR. 2011. EDGAR – Emissions Database for Global Atmospheric Research. edgar.jrc.ec.europa.eu, European Commission.
11. Etheridge DM *et al*. 2002. Ice Core, Firn Air and Archived Air Atmospheric Methane Concentration Data. IGBP PAGES/World Data Center for Paleoclimatology Data Contribution Series #2002–039. NOAA/NGDC Paleoclimatology Program, Boulder CO, USA.
12. European Environment Agency. 2015. Atmospheric concentration of CH_4. eea. europa.eu.
13. Friedlingstein P *et al*. 2022. Global Carbon Budget 2021. Earth System Science Data 14: 1917–2005.
14. Hu L *et al*. 2017. Global budget of tropospheric ozone: Evaluating recent model advances with satellite (OMI), aircraft (IAGOS), and ozonesonde observations. Atmospheric Environment 167: 323–334.
15. Klimont Z, Smith SJ, Cofala J. 2013. The last decade of global anthropogenic sulfur dioxide: 2000–2011 emissions. Environmental Research Letters 8(1): 014003.
16. Lu X *et al*. 2021. Global methane budget and trend, 2010–2017: complementarity of inverse analyses using in situ (GLOBALVIEWplus CH_4 ObsPack) and satellite (GOSAT) observations. Atmospheric Chemistry and Physics 21(6): 4637–4657.
17. Miyazaki K *et al*. 2017. Decadal changes in global surface NO_x emissions from multi–constituent satellite data assimilation. Atmospheric Chemistry and Physics 17(2): 807–837.

18. Montzka SA *et al.* 2011. Scientific Assessment of Ozone Depletion: 2010, Global Ozone Research and Monitoring Project-Report No. 52. World Meteorological Organization, Geneva, Switzerland.
19. NASA. 2015. Fourteen years of carbon monoxide from MOPITT. climate.nasa.gov.
20. NOAA. 2021. Carbon dioxide peaks near 420 parts per million at Mauna Loa observatory. research.noaa.gov, NOAA Research.
21. NOAA. 2022a. Trends in Atmospheric Carbon Dioxide. gml.noaa.gov, Global Monitoring Laboratory.
22. NOAA. 2022b. Trends in Atmospheric Methane. gml.noaa.gov, Global Monitoring Laboratory.
23. OECD. 2014. How Was Life?: Global Well-being since 1820.
24. Our World in Data. 2013. Global sulphur dioxide (SO_2) emissions by world region. ourworldindata.org.
25. Rigby M *et al.* 2013. Re-evaluation of the lifetimes of the major CFCs and CH_3CCl_3 using atmospheric trends. Atmospheric Chemistry and Physics 13(5): 2691-2702.
26. Ritchie H. 2019. Who emits the most CO_2 today? ourworldindata.org, Our World in Data.
27. Scheiner S (Ed). 2013. Encyclopedia of Biodiversity (2nd Ed). Academic Press.
28. Schumann U, Huntrieser H. 2007. The global lightning-induced nitrogen oxides source. Atmospheric Chemistry Physics 7(14): 3823-3907.
29. Smith SJ *et al.* 2011. Anthropogenic sulfur dioxide emissions: 1850-2005. Atmospheric Chemistry and Physics 11(3): 1101-1116.
30. Sutton MA *et al.* 2013. Towards a climate-dependent paradigm of ammonia emission and deposition. Philosophical Transactions of the Royal Society B: Biological Sciences 368: 20130166.
31. Van Aardenne JA *et al.* 2001. A $1° \times 1°$ resolution data set of historical anthropogenic trace gas emissions for the period 1890-1990. Global Biogeochemical Cycles 15(4): 909-928.
32. Wallace JM, Hobbs PV. 2006. Atmospheric Science: An Introductory Survey (2nd Ed). Elsevier Academic Press.
33. Warneck P. 1999. Chemistry of the Natural Atmosphere (2nd Ed). Academic Press.
34. Watts SF. 2000. The mass budgets of carbonyl sulfide, dimethyl sulfide, carbon disulfide, and hydrogen sulfide. Atmospheric Environment 34(5): 761-779.
35. Zheng B *et al.* 2019. Global atmospheric carbon monoxide budget 2000-2017 inferred from multi-species atmospheric inversions. Earth System Science Data 11(3): 1411-1436.

제4장

대기오염물질 배출원 및 영향

대기오염물질의 배출원은 백사장의 모래알만큼이나 무수하다고 할 수 있다. 사실 모래알 또는 먼지 자체는 바람에 날려 대기의 구성 성분이 될 때까지는 대기오염물질이라고 지칭할 수 없다. 배출원으로부터 발생한 물질이 대기에 유입되면 비로소 대기오염물질 여부를 가릴 수 있다. 대기오염의 배출원을 근원적으로 구분하면 인간 활동과 무관하게 대기오염이 야기되는 경우를 자연적 배출원(natural emission source), 인간 활동에 의해서 오염이 야기되는 경우를 인위적 배출원(anthropogenic emission source)이라고 한다. 그러나 자연적 요인과 인위적 요인이 상호 연계되어 일정한 선으로 구분하기 매우 어려운 경우도 있다. 이럴 때에는 인위적 행위와 자연적 사건이 충분히 오랜 기간을 두고 일어났을 때에만 자연적 배출이라고 할 수 있다. 물론 '오랜 기간'의 정의가 모호하므로 대기오염 문제는 정책을 결정하기 전에 충분히 논의하고 분석할 필요가 있다.

인위적 배출원은 공간적 배출 형태에 따라 다시 고정배출원과 이동배출원으로 분류할 수 있다. 산업시설과 같은 한곳에 고정된 오염원으로부터 대기오염이 발생하는 경우를 고정배출원, 자동차와 같이 이동하는 상태에서 대기오염이 발생하는 경우를 이동배출원이라고 한다.

대기오염은 인간과 동식물 및 물질에 다양한 방면으로 영향을 미친다. 인간에게는 건강에 영향을 끼쳐 병원 방문횟수 또는 입원율을 높이고 조기 사망에 이르게도 한다. 동식물, 특히 농작물에 있어서는 대사 및 생리적 장해를 일으켜 수확량 및 성장률의 감소, 괴사 등의 결과를 가져옴으로써 경제성을 떨어뜨린다. 또한 물질을 부식시키거나 수명을 단축시켜 경제적인 손실을 초래할 수도 있다.

4·1 배출원의 근원적 분류

4·1·1 자연적 배출원

자연적으로 발생하는 1차 오염물질은 다시 지표면에서 일어나는 지화학적 작용에 의한 오염물질과 생물의 활동에 의한 오염물질로 나눌 수 있다. 전자에는 화산활동, 지질작용, 해수면에서의 물리적 작용 등에 의해 배출되는 물질이 포함된다. 후자에는 탄소와 수소를 함유하는 대부분의 화합물, 예를 들어 CO_2, CO, CH_4, CH_3Cl, 테르펜 등과 같이 육상식물의 생장 사이클과 밀접한 관계가 있는 화합물이 이러한 부류에 포함된다.

화산 폭발 과정에서는 입자상 물질뿐만 아니라 SO, H_2S, CH_4, COS와 같은 기체상 물질도 함께 배출된다. 화산 폭발에 의한 대기오염물질 배출량은 방대하여 배출원으로부터 상당히 멀리 떨어진 곳에도 심각한 피해를 줄 수 있다. 화산 폭발로 분출된 입자상 및 기체상 대기오염물질은 오랜 기간 대기 중에 머문다. 실례로 2022년 1월 폭발한 남태평양 통가의 해저 화산은 당시 발생한 화산 구름이 58 km 상공에 달했으며 분출된 물질의 부피는 약 1.9 km^3, 무게는 29억 톤이었다. 충격파는 지구 전체에서 감지되었으며 20세기 발생한 어떤 화산 폭발보다도 에너지가 강력하여 지구 환경에 미칠 영향이 상당할 것으로 예측된다.

그림 4-1 2022년 1월 폭발한 통가의 해저 화산
[Tonga Geological Services, 2022]

산림과 평원에서 우연히 발생한 화재는 보통 자연적 배출원으로 분류한다. 때로는 산림 관리인이 산림토양에 쌓인 낙엽 등을 태우기 위해 의도적으로 불을 내는 등 인간 활동에 의해 점화되는 경우도 있지만 거대한 산림지대에서 번개로 인해 발생한 화재는 단순히 자연적인 현상으로 분류할 수 있다. 이러한 산불은 매연, 타지 않은 탄화수소, 일산화탄소, 질소산화물, 재(ash) 등 방대한 양의 대기오염물질을 대기 중으로 방출한다. 실제로 1997년 발생한 인도네시아의 대형 산불은 인류 역사상 가장 커다란 화재 사건의 하나로, 인접 국가에까지 막대한 피해를 준 자연적 참사로 기록되었다.

막대한 양의 입자상 물질을 동반하는 먼지 폭풍(dust storm)은 전 세계의 도처에서 흔히 일어나는, 자연 발생원에 의한 대기오염의 대표적 사례이다. 상대적으로 작은 규모의 먼지 폭풍이라고 하더라도 부유 입자상 물질(부유 분진)의 농도가 대기환경기준치의 10~20배를 초과하는 경우가 있다. 거대한 먼지 폭풍이 발생하면 가시도가 떨어져 종종 심각한 교통사고를 유발하거나 항공기 운행에 지장을 주기도 한다. 먼지 폭풍에 실려 사막에서 도시 지역까지 이동한 부유 분진은 가정, 산업, 자동차 등에 문제를 일으킨다. 자동차의 공기청정기에서 제거되는 물질은 주로 도로상의 먼지와 기타 유사한 성질의 자연적 대기오염물질로 볼 수 있다.

전 세계의 대양(ocean)도 주요한 자연적 배출원으로 볼 수 있다. 대양은 염 입자의 형태로 에어로졸을 대기 중에 연속적으로 배출하는 배출원 역할을 한다. 바위에 파도가 칠 때마다 바닷물 속 해염 입자가 대기와 접촉하고 결국 대기 중의 에어로졸로 부유한다. 해안가에 밀려온 조개껍데기조차도 파도와 밀물 · 썰물의 작용으로 마모되고 아주 잘게 부서지면 대기 중에 떠다닐 수 있다. 배출된 대기 중의 염 입자는 금속 재료나 도장된 재료의 부식에 영향을 미친다. 또한 유전 지역 등에서 배출되는 휘발성 유기화합물, 그 외에 해수면의 플랑크톤에 의해 대규모로 방출되는 DMS와 같은 화합물도 자연적인 대기오염물질에 속한다(Kim *et al.*, 1997).

자연적으로 발생하는 오염물질의 가장 주요한 배출 요인은 식물이다. 녹색 식물은 광합성 작용을 통해 이산화탄소를 산소로 전환하는 중요한 역할도 하지만 탄화수소(HC)의 주요한 배출원이기도 하다(Kim, 1997; Son *et al.*, 2015). 산림지대의 상공에서 흔히 보이는 푸른색 연무(blue haze)는 산림에서 배출한 VOCs가 주요 원인물질이며 대부분 대기 화학반응에서 비롯된다. 식물과 관련한 또 다른 대기오염물질은 꽃가루(pollen)이다. 식물의 꽃가루는 인간의 호흡기 질환과 알레르기 반응에 직접적인 영향을 미친다. 알칼리영양호와 염호(salt-water lake) 같은 또 다른 유형의 자연적 배출원도 있지만 환경에 미치는 영향은 국지적이다. 그 밖에 온천에서 나오는 유황가스도 자연적 대기오염물질에 속한다.

4·1·2 인위적 배출원

1 일반산업 배출원

오늘날 현대인은 일반 산업체가 제조한 생활필수품을 구매하여 사용한다. 이에 따라 오염 문제가 산업체에서 가정으로 이동하는 현상이 나타난다. 비누공장 한 곳이 각 가정의 취사도구에서 나오는 총 오염량보다 더 많은 양의 오염물질을 발생하지는 않을 것이다. 그러나 비누 소비자의 입장에서는 그러한 공장이 확실한 오염 배출원이며 오염물의 제어가 필수적인 곳이다.

원료로부터 제품을 제조하는 과정에서 상당한 양의 대기오염이 발생한다. 예를 들면 ①광석으로부터 철의 생산, ②나무로부터 목재의 생산, ③원유로부터 가솔린의 생산, ④채석장으로부터 석재의 생산 등이 있다. 이러한 제조 공정을 거쳐 제품이 생산되고 이 과정에서 우리가 오염물질이라고 부르는 여러 폐기물이 발생한다. 그러나 때때로 오염물질의 일부 또는 전체가 회수되거나 유용한 제품으로 전환되기도 한다. 산업오염은 제품을 또 다른 제품으로 전환하는 과정에서도 발생한다. 예를 들면 ①강철로부터 자동차 몸체의 생산, ②제재로부터 가구의 생산, ③용질과 용매로부터 도장 재료의 생산, ④바위와 기름으로부터 아스팔트 포장 등이 있다.

일반산업 배출원은 고정오염원이며 일정한 질과 양의 오염물질을 배출한다. 예를 들어 특정 제지공장은 항시 같은 장소에 위치하며, 공정을 바꾸지 않는 한 같은 종류와 같은 양의 오염물질을 배출할 것이다. 이러한 오염물질을 제어하기 위해 오염물질을 일정량 이상 배출하는 시설의 경우 대기오염물질 저감 설비를 의무적으로 설치하도록 하고 대기오염물질 배출량을 법적으로 규제하고 있다.

2 공익산업 배출원

현대사회에서 공익산업은 우리 생활과 밀접한 관련이 있어 공익산업에 의존하지 않고서는 생활하기 어렵다. 대표적으로 화력발전소에서 전기를 생산하여 각 가정에 공급함으로써 가정에서 가전제품을 사용할 수 있다. 실제로 공익산업은 어떤 에너지를 한 형태에서 다른 형태로 전환하고 운반하는 과정이라고 볼 수 있다.

하지만 일반적으로 공익산업도 대기오염의 주요인이라는 사실을 쉽게 망각하는 경향이 있다. 가령 200 MW급 화력발전소에서 석탄을 태우면 투입한 석탄 양의 4%가 석탄재로 남는다고 하자. 시간당 1,000톤 정도 태웠다면 시간당 40톤의 석탄재를 처분해야 한다. 일부 석탄재는 처리 시스템에 의해 버너로부터 제거되고 또 일부는 연도 가스와 함께 굴뚝으로 올라간다. 이때 50%의 석탄재가 굴뚝으로 들어가고 비산재(fly ash)의 집진 시스템이 99% 효율을 유지한다면 시간당 200 kg의 석탄재가 대기 중으로 방출된다.

전형적인 발전소의 경우 기체상 물질의 하루 배출량은 SO_x 341톤과 NO_x 185톤가량이다. 만약 발전소의 오염물질 배출이 과다하다고 판단될 경우 몇 가지 대책을 제안할 수 있다. 즉 ①석탄재가 적게 남거나 유황(S)을 적게 함유한 석탄을 사용한다. ②버너를 바꾸어 보다 많은 석탄재가 저장소(ash pit)로 들어가고 굴뚝으로는 적은 양이 가도록 한다. ③좀 더 효율이 높은 대기오염 제어장치를 장착한다. 어떠한 경우에도 운영비용이 증가하며 증가분은 소비자의 부담으로 전가된다.

또 다른 유형의 공익산업인 폐기물 처리 산업도 심각한 대기오염원으로 문제시되고 있다. 하수처리장은 용량 초과, 설계 부실, 운영 미숙 등이 원인으로 작용하면 혐오감을 주는 대기오염 문제를 야기할 수 있다. 쓰레기 하역장에서의 소각은 쓰레기를 처리하는 가장 경제적인 방법이지만 많은 시민들이 민원을 제기하는 대기오염 배출원이다. 다수의 환경단체에서는 오염 없는 환경을 만들기 위해 쓰레기 무단 소각을 지양하고 비용을 추가로 지불해서라도 적절한 폐기물 처리시설을 운영할 것을 강력히 주장해 오고 있다.

3 개별적 배출원

현대인은 일상생활을 위해 일반 또는 공익 산업에 의존하고 있다. 그러나 대기오염을 유발하는 개별적 배출원의 비중도 무시할 수 없음을 인식해야 한다. 예를 들면 자동차, 가정 난방, 취사용 가스레인지 또는 화로, 바비큐 그릴, 쓰레기 무단 소각 등에서 오염물질이 배출된다. 미국의 경우 개별적 배출원의 에너지 방출과 대기오염 배출량이 일반 및 공익 산업에서 나오는 총배출량보다 더 많다는 보고가 있다. 미국 내 주요 도시에서도 자동차에서 나오는 대기오염 배출량이 다른 어떤 배출원에서 나오는 배출량보다 많다고 추산한다. 이러한 개별적 대기오염원을 제어하기 위해서는 다음과 같은 형태의 조치를 고려할 수 있다.

1) 규제(예 가스레인지 · 화로는 환기를 통해 대기 혼합이 자유로울 때만 사용 가능함)
2) 생활 방식의 변경(예 대중교통 이용)
3) 오염물질 배출이 적은 배출원 선정(예 석유 · 석탄 난로를 천연가스 난로로 대체)
4) 오염 형태의 전환(예 낙엽을 소각하지 않고 도시 쓰레기 처리장으로 운반)

개별적 배출원에서 나오는 대기오염물질을 제어하기 위해 어떤 방법을 사용하더라도 개개인을 통제하거나 여론을 형성하기는 쉽지 않다. 어느 누구도 자신이 소유한 자동차가, 연기를 뿜어내는 공장만큼 심각한 대기오염을 야기한다고 생각하지는 않기 때문이다.

4·2 주요 대기오염물질 배출량

4·2·1 황산화물

2014년 기준으로 전 지구적 이산화황(SO_2)의 배출량은 105.4 Tg/yr이다. 이산화황은 1960~1975년에 정점을 찍고 1980년대부터 감소하기 시작하였다. 그러다 중국의 화석연료 사용이 늘면서 2007년까지 증가하다가 이후 적극적인 저감 정책을 펼친 덕에 다시 감소하는 추세에 있다. 황화합물의 중요한 자연적 배출원에는 화산과 식생이 있다. 그러나 자연적 배출원은 2%만 차지하고 나머지 98%는 인위적 배출원에서 발생한다.

2019년 기준으로 우리나라의 인위적 SO_2 배출량은 총 272,858,617톤이다. 이를 그림 4-2 A에서는 배출원별 비중으로, B에서는 지역별 비중으로 나타냈다. 배출원 가운데 생산

표 4-1 SO_2의 전 지구적 연간 총배출량

배출원	배출량(Tg/yr)	배출 비중(%)
에너지산업	45.3	43
생산공정	36.9	35
국제수송	16.9	16
화산 및 식생	2.1	2
기타	4.2	4
계	105.4	100

[Zhong *et al.*, 2020]

공정이 전체의 38.7%로 SO_2 배출량이 가장 많고, 지역별로는 충남 지역이 22.8%로 SO_2를 가장 많이 배출함을 알 수 있다.

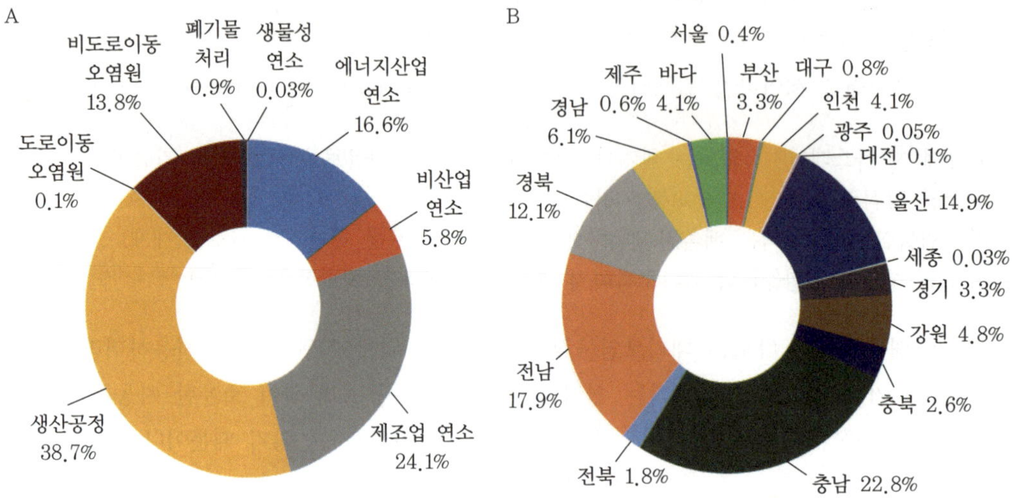

그림 4-2 SO_2의 배출원별(A), 지역별(B) 연간 배출 비중[환경부, 2022a]

4·2·2 질소산화물

두 가지의 주요한 질소산화물(NO_x)은 일산화질소(NO)와 이산화질소(NO_2)이다. NO_x 대부분이 NO의 형태로 직접 대기 중에 배출되지만, 모든 NO가 잠재적으로는 NO_2로 산화하므로 배출원 강도는 NO_2로 표시한다. 대기배출기준이나 대기환경기준에서도 NO_x를 단순히 NO_2로 나타내고 있다. 전 지구적인 NO_2의 배출원별 배출량은 표 4-2와 같다. 전 지구적으로 볼 때 산업 연소와 이동오염원 등의 인위적인 NO_2 배출이 전체 배출량의 약 60%를 차지하고 기타 배출원이 약 40%를 차지함을 알 수 있다.

표 4-2 NO_2의 전 지구적 연간 총배출량

배출원	배출량(Tg N/yr)	배출 비중(%)
인위적 배출	30	58.4
항공기	0.5	1.0
바이오연료 연소	0.7	1.4
생물성 연소	4.8	9.3
번개	5.8	11.3
토양 방출	7.4	14.4
비료	2.2	4.3
계	51.4	100

[Huang *et al.*, 2017; Vinken *et al.*, 2014]

2019년 기준으로 우리나라의 연간 NO_x 배출량은 총 1,086,861,873톤이다. 그림 4-3 A를 보면 NO_x의 인위적 배출원 가운데 도로이동오염원이 34.2%로 가장 큰 비중을 차지함을 알 수 있다. 이에 따라 자동차에 선택적 촉매환원기술을 도입하는 등 NO_x 배출을 개선하고 있다. 그림 4-3 B는 지역별 NO_x의 배출 비중으로 경기도 지역이 15.7%로 가장 높음을 알 수 있다. 이는 인구 집중에 따른 자동차 보유대수 증가와 유관하다.

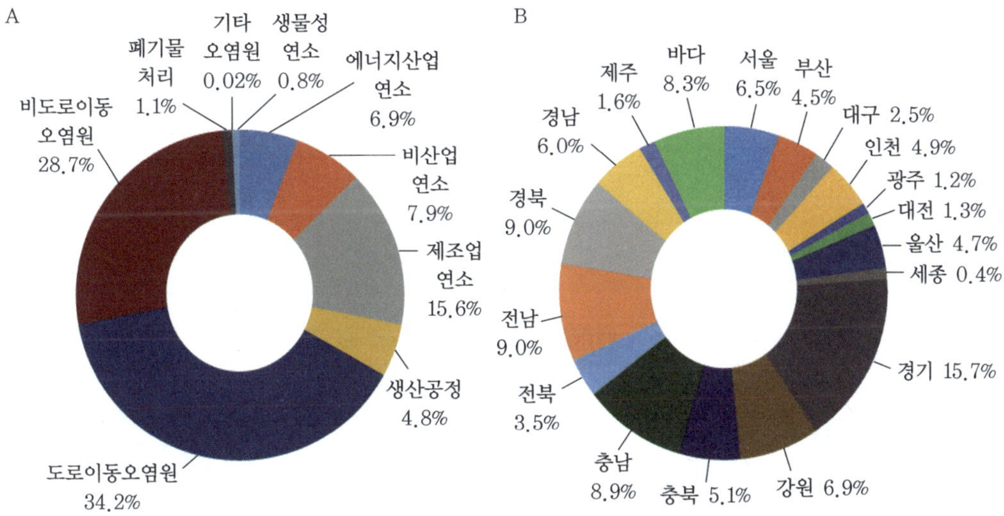

그림 4-3 NO_x의 배출원별(A), 지역별(B) 연간 배출 비중[환경부, 2022a]

4·2·3 암모니아

암모니아(NH_3)는 초미세먼지의 주요 전구물질로서 최근 부쩍 관심을 모으고 있다. NH_3와 NH_4를 합하여 NH_y로 나타내기도 한다. 대기 중 NH_3의 가장 주요한 배출원은 동물 배설물과 요산의 분해, 비료 사용을 들 수 있다. 이 배출량이 상당하므로 주요한 NH_3 배출 산업으로 목축(livestock)과 농업을 꼽는다. 표 4-3을 보면 NH_3의 전 지구적 총배출량 중에서 목축과 농업에 의한 배출량이 다른 배출원을 모두 합한 양보다 많음을 알 수 있다.

4·2·4 아산화질소

아산화질소(N_2O)는 해양이나 토양으로부터 자연적으로 배출되며 보통의 대기농도에서 독성은 없지만 기후변화에 영향을 주는 온실가스로 분류된다. 토양에서 N_2O가 배출되는 이유는 혐기성 미생물의 탈질화와 질산화 과정에서 질소산화물이 생성되기 때문이다. 전 지구적 N_2O의 연간 수지는 그림 4-4와 같으며 자연적 배출이 인위적 배출보다 다소 많음을 알 수 있다. 해양이나 열대우림 지역의 토양에서 대부분의 N_2O가 배출되며 인위적 배출로는 농업에서의 비료 사용이 절반 이상을 차지한다.

표 4-3 NH_3의 전 지구적 연간 총배출량

배출원	배출량(Tg N/yr)	배출 비중(%)
목축	8.7	13
농업	28.3	43
바이오매스 연소	5.5	8
산업 연소	1.6	2
사람 및 반려동물	3.3	5
폐기물 퇴비화 및 처리	4.4	7
식생	2.4	4
야생동물	2.5	4
해양	8.6	13
계	65.4	100

[Sutton *et al.*, 2013]

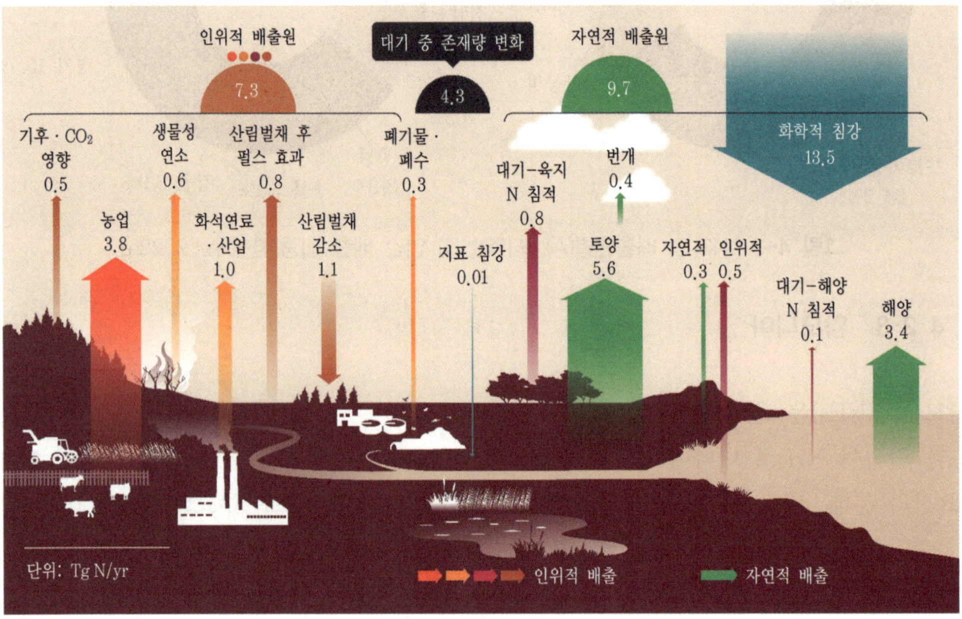

그림 4-4 N_2O의 전 지구적 연간 수지(2007~2016년)[Tian *et al.*, 2020]

4·2·5 휘발성 유기화합물

일반적인 의미의 휘발성 유기화합물(VOCs)은 알칸 · 알켄 · 방향족 같은 비메탄계 탄화수소(NMHC), 트리클로로에틸렌(trichloroethylene) 같은 할로겐화합물, 알코올 · 알데히드 · 케톤 같은 산소결합 탄화수소 화합물을 포괄적으로 포함한다. VOCs의 배출원은 나무와 같은 자연적 배출원, 자동차와 같은 인위적 배출원으로 구분할 수 있다. 자연적으로 배출된 VOCs는

대류권에서의 오존 형성, 지구온난화, 초미세먼지, 산 주위의 연무 현상, 산성 건성침전물의 생성 등에 직접 또는 간접적인 영향을 미친다고 알려져 있다. 특히 도심에서는 NO_x와의 광화학반응을 통해 오존과 초미세먼지 생성에 기여하는 부분이 상당하므로 관리가 필요하다(Son *et al.*, 2015).

전 지구적으로 볼 때 자연적으로 발생하는 생물학적 VOCs의 양은 1,150 Tg/yr(88.5%)으로 인위적 배출량인 150 Tg/yr(11.5%)보다 7배 이상 많은 것으로 추정된다. 미국의 경우 수목이 자연적 VOCs의 주요 배출원이며 이 중에서도 이소프렌과 모노테르펜(특히 α-pinene)이 가장 주요한 대기오염물질이다. 수목에서 나오는 VOCs 배출량은 30~60 Tg/yr, 인위적인 양은 18 Tg/yr 수준이다. 우리나라의 경우 산림이 전 국토의 약 65%를 차지하므로 자연적 배출량이 인위적 양을 상당히 초과할 것으로 추정된다(Kim, 1997; Son *et al.*, 2015). 우리나라에서 배출되는 인위적 VOCs의 양은 총 1,020,217톤이다. 그림 4-5 A에는 인위적 VOCs 배출량의 배출원별 비중을, B에는 지역별 배출 비중을 나타냈다. 배출원별로는 유기용제 사용이 54.9%로 가장 두드러지고 지역별로는 경기도, 전라남도의 배출량이 가장 많다.

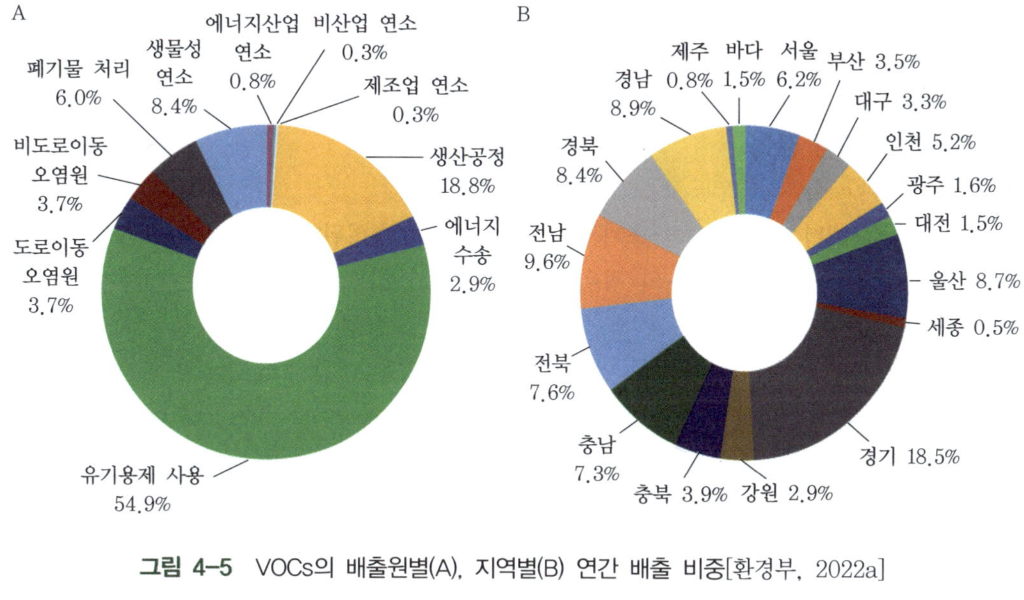

그림 4-5 VOCs의 배출원별(A), 지역별(B) 연간 배출 비중[환경부, 2022a]

4·2·6 일산화탄소

일산화탄소(CO)는 인체의 혈액 흐름에 장애를 초래할 수 있는 독성 물질에 해당한다. CO는 어떠한 형태의 화석연료를 태우든 불완전연소로 인해 미량이라도 발생한다. 전 지구적 관점에서 본 CO의 농도는 무시할 수 있는 수준이나 특정 도시나 지역의 CO 농도가 올라가면 건강에 치명적 영향을 줄 수도 있다. 2019년 우리나라의 CO 배출량은 총 757,848톤으로 추정된다. 그림 4-6에서 배출원별 및 지역별 CO 배출 비중을 보면 생물성 연소가 28.9%로 가장 큰 비중을 차지하며 그 다음으로 비도로이동오염원과 도로이동오염원이 각각 약 25%, 24%를 차지하고 있다. 지역별 배출량은 경기도에서 16.5%로 가장 크게 나타났다.

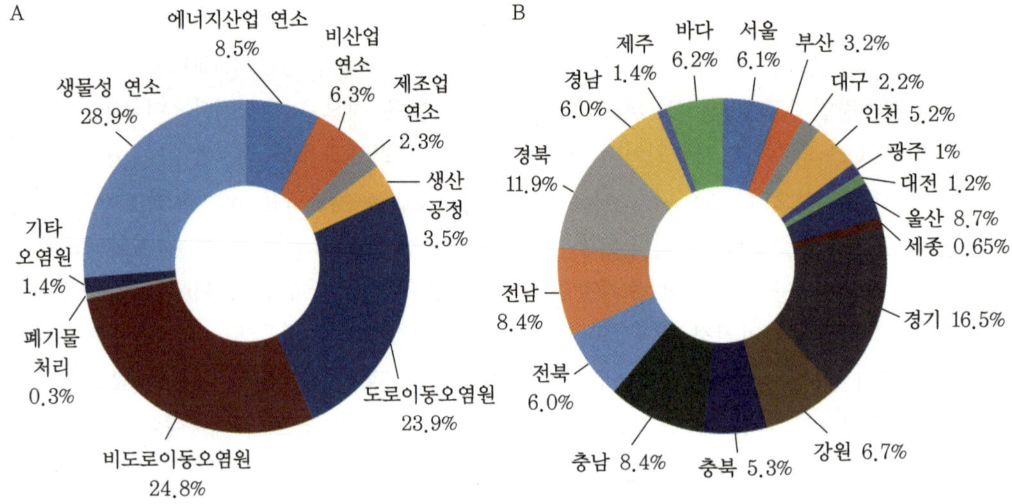

그림 4-6 CO의 배출원별(A), 지역별(B) 연간 배출 비중[환경부, 2022a]

4·2·7 입자상 물질

대기오염으로 매년 700만 명이 조기 사망하는 것으로 추정된다. 특히 PM_{10}과 $PM_{2.5}$는 폐 깊숙이 침투할 수 있으며, $PM_{2.5}$의 경우 혈류로 들어가 심혈관 및 호흡기는 물론이고 다른 장기에도 영향을 미칠 수 있다. 표 4-4에는 인위적으로 발생하는 입자상 물질의 전 지구적 배출량을 제시하였다. 전 세계의 총 입자상 물질 배출량은 연간 105 Mt으로 추정되며 대부분 생물성 연소로부터 발생하고 있다. 그 뒤를 이어 연소 과정이나 주거 생활에서 입자상 물질이 많이 배출된다.

표 4-4 입자상 물질의 전 지구적 연간 총배출량

배출원	배출량(Mt/yr)	배출 비율(%)
산업	7.1	6.8
교통	2.0	1.9
주거	22.1	21.0
연소	22.1	21.0
생물성 연소	50.5	48.1
기타	1.2	1.2
계	105	100

[EDGAR, 2012]

2019년 한 해 동안 우리나라의 PM_{10} 총배출량은 207,866톤으로 추정된다. 그림 4-7에서 배출원별 · 지역별 PM_{10} 배출 비중을 확인할 수 있다. 배출원별로는 비산먼지(50.5%)가 가장 많은 비중을 차지하고 그 다음으로 제조업 연소가 25.5%를 차지한다. 지역별로 보면 경상북도가 18.5%로 가장 많고 충청남도가 15.3%로 그 뒤를 이었다.

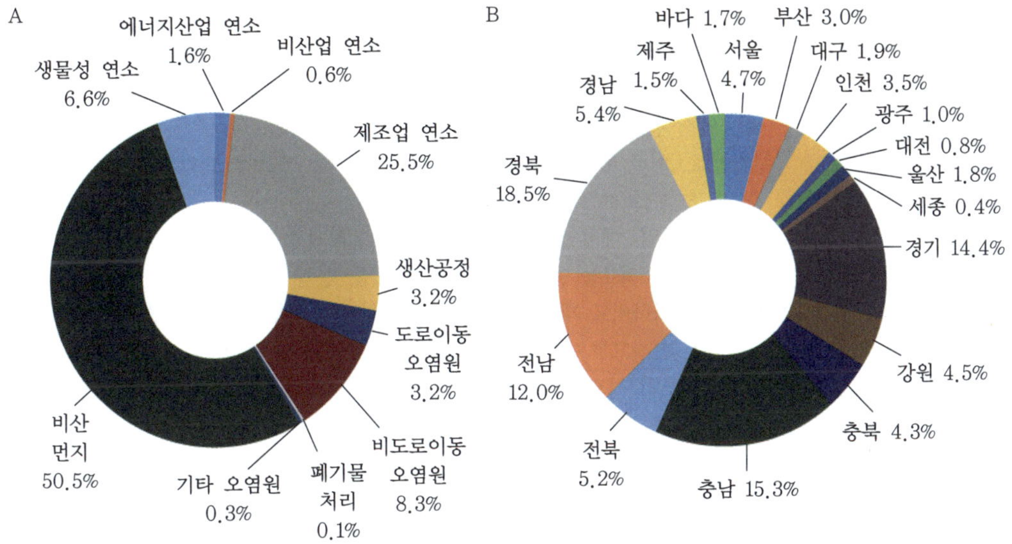

그림 4-7 PM_{10}의 배출원별(A), 지역별(B) 연간 총배출 비중[환경부, 2022a]

4·3 인위적 배출원의 공간적 분류

인위적 배출원은 공간적 배출 형태에 따라 고정배출원(stationary emission source, 고정

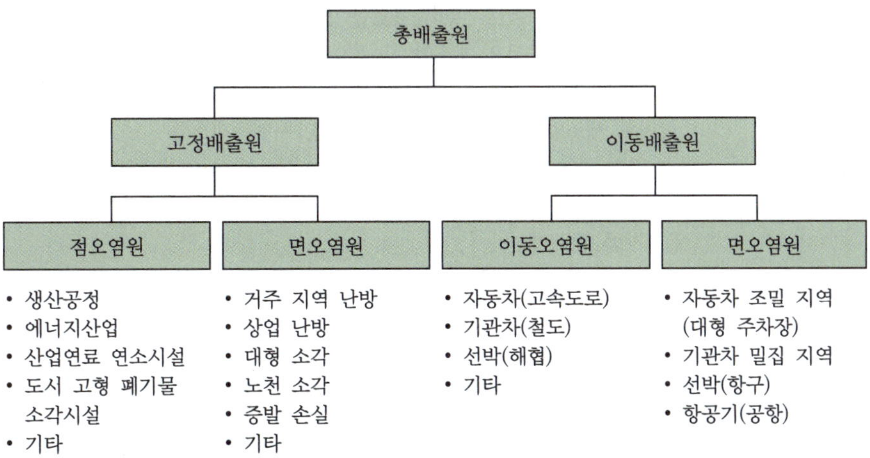

그림 4-8 대기오염물질 배출원의 분류와 대표적 오염원

오염원)과 이동배출원(mobile emission source, 이동오염원)으로 구분하며, 각 배출원은 다시 배출원의 밀집도와 규모에 따라 점오염원(point source), 면오염원(area source), 선오염원(line source) 등으로 분류할 수 있다(그림 4-8 참조).

표 4-5 주요 대기오염물질과 관련 산업 또는 업종

대기오염물질	관련 산업 또는 업종
질소산화물(NO_x)	시멘트 제조업, 화학비료 및 질소화합물 제조업, 폐수 · 폐기물 · 폐가스 소각시설, 연소 관련 업종
이산화황(SO_2)	무기안료 · 염료 제조업, 기초 유기화합물 및 가스 제조업, 화학비료 및 질소화합물 제조업, 코크스 제조업
일산화탄소(CO)	시멘트 제조업, 제철업, 코크스 제조업, 석유정제품 제조업
브롬(Br_2)	도료 제조업, 의료용 물질 및 의약품 제조업, 농약 제조업
암모니아(NH_3)	축산농업, 화학비료 제조업, 제강업, 제철업, 1차금속 제조업, 아스콘 제조업,
황화수소(H_2S)	축산농업, 합성고무 · 플라스틱제품 제조업, 석유정제품 제조업, 시멘트 제조업
황화메틸($(CH_3)_2S$)	단백질 및 배합사료 제조업, 당류, 조미료 및 식품첨가물 제조업, 수산물 처리 및 가공업
이황화메틸($(CH_3)_2S_2$)	폐수 · 폐기물 · 폐가스 소각시설, 생활폐기물 처리시설, 당류 제조업, 수산물 처리 및 가공업
메틸메르캅탄(CH_3SH)	합성고무 · 플라스틱제품 제조업, 생활폐기물 처리시설, 조미료 및 식품첨가물 제조업, 수산물 처리 · 가공업
염소(Cl_2)	제재 및 목재가공업, 도정 및 제분시설, 도장산업, 시멘트 제조업
벤젠(C_6H_6)	제강업, 제철업, 시멘트 제조업, 합성고무 · 플라스틱제품 제조업, 무기안료 · 염료 제조업
포름알데히드(HCHO)	무기안료 · 염료 제조업, 석유정제품 제조업, 펄프 · 종이 제조업 및 인쇄업, 시멘트 제조업
스틸렌($C_6H_5CHCH_2$)	펄프 · 종이 제조업 및 인쇄업, 무기안료 · 염료 제조업, 농약 제조업, 금속가공업
아크롤레인(CH_2CH)	기초 유기화합물 및 가스 제조업, 도장산업, 합성고무 · 플라스틱제품 제조업
페놀(C_6H_5OH)	섬유제품 제조업, 펄프 · 종이 제조업 및 인쇄업, 도장산업
카드뮴(Cd)	도료 제조업, 화학섬유 제조업, 금속가공업, 시멘트 제조업
납(Pb)	섬유제품 제조업, 기초 유기화합물 및 가스 제조업, 코크스 제조업, 도장산업
크롬(Cr)	화학비료 제조업, 무기안료 · 염료 제조업, 시멘트제조업
비소(AS)	연소 관련 업종, 폐수 · 폐기물 · 폐가스 소각시설, 농약제조업
수은(Hg)	통신장비 및 전기장비 제조업, 금속가공업, 합성고무 · 플라스틱제품 제조업, 석유정제품 제조업
다이옥신(dioxin)	시멘트 제조업, 1차금속 제조업, 제철업, 연소 관련 업종
다환방향족탄화수소(PAHs)	화력발전소, 소각장, 석유정제품 제조업, 기타 화학제품 및 탄화업
베릴륨(Be)	소각장, 절삭 공정
염화수소(HCl)	도장산업, 연소 관련 업종

[환경부, 2021]

4·3·1 고정배출원

산업체가 배출하는 대기오염물질의 종류는 다양하고 복잡하다. 표 4-5는 「대기환경보전법」 시행규칙에서 정한 주요 대기오염물질과 관련 업종이다. 이들 산업체와 같이 배출시설이 한 곳에 고정된 배출원을 고정배출원이라고 한다. 대기오염물질의 주요 고정배출원인 배출업소

표 4-6 우리나라의 대기오염 배출업소 현황(2020년 기준, 단위: 개소)

시도	계	1종	2종	3종	4종	5종
전국	67,049	1,651	1,787	2,302	22,386	38,923
서울	2,237	0	10	14	649	1,564
부산	2,581	37	72	138	1,019	1,315
대구	2,102	16	33	50	851	1,152
인천	4,444	66	54	100	1,549	2,675
대전	723	7	25	25	251	415
광주	953	10	17	33	368	525
울산	1,193	70	45	58	453	567
세종	372	9	14	10	104	235
경기	23,225	257	347	628	7,364	14,629
강원	1,511	32	29	51	526	873
충북	5,422	166	308	173	1,621	3,154
충남	4,178	94	90	181	1,476	2,337
전북	2,252	73	105	116	850	1,108
전남	4,440	557	228	156	1,323	2,176
경북	4,822	36	66	229	1,643	2,848
경남	6,231	220	342	336	2,212	3,121
제주	363	1	2	4	127	229

[국가통계포털]

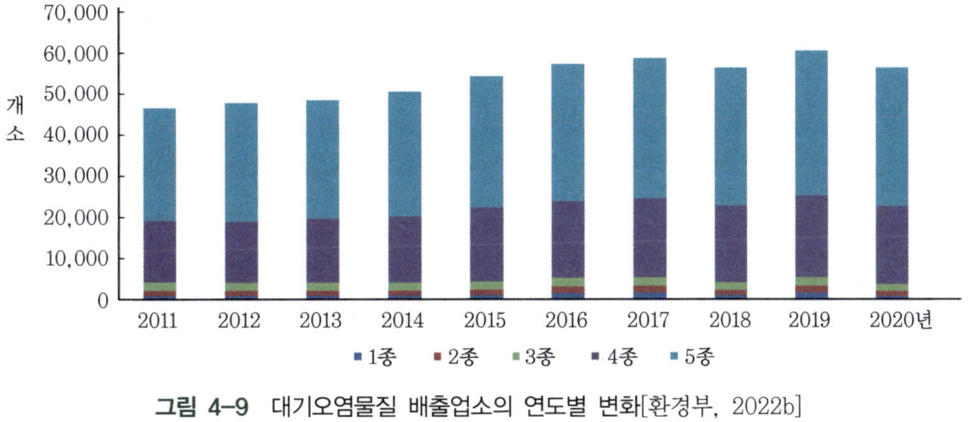

그림 4-9 대기오염물질 배출업소의 연도별 변화[환경부, 2022b]

는 오염물질 발생량을 기준으로 가장 많은 1종부터 가장 적은 5종까지로 구분한다(국가미세먼지정보센터, 2022). 2020년도 기준 우리나라의 배출업소 수는 67,049개소로 지역별 · 규모별 현황은 표 4-6과 같다. 2011~2020년 동안의 대기오염물질 배출업소의 연도별 추이는 그림 4-9와 같다.

1 금속제품 제조 · 가공 시설

금속가공 시설은 오랫동안 대기오염의 중요한 배출원으로 인식되어 왔다. 금속가공 배출물은 아주 미세한 크기(submicron)의 먼지(dust), 훈연(fume)으로 구성되며 매우 쉽게 눈에 띈다. 특히 코크스로(coke oven)에서 나오는 배출물은 가시적일 뿐만 아니라 악취 발생과 같은 여러 문제를 일으킨다. 제철 및 제강 시설, 철강 압연, 연신 및 강관 제조시설, 비철금속 제련 및 정련 시설 등 수십 종의 금속 관련 시설이 이 범주에 포함된다(국가미세먼지정보센터, 2022).

① 제철 및 제강 시설

철강산업은 처음부터 대기오염물질의 배출로 인한 많은 문제를 안은 채 시작되었다. 제강시설의 용광로에서 나오는 대기오염물질은 에어로졸 연기를 형성하는 금속산화물, 매연, 훈연, 먼지뿐만 아니라 유 · 무기 가스도 포함하고 있다. 만일 공정에 투입한 철광석에 상당한 양의 불화물(fluoride)이 포함되어 있다면 제련 시 발생하는 기체상 및 입자상 물질은 심각한 대기오염의 원인이 될 수 있다. 철 제조 공장의 용선로에서 배출되는 대기오염물질의 양은 상대적으로 적지만 지역에 따라 유의미한 양일 수도 있다.

② 비철금속 제련 · 정련 시설

비철금속인 구리 · 납 · 아연 제련소에서 배출되는 대기오염물질은 매우 유독하다고 알려져 있다. 이러한 오염물질은 금속황화합물광석(metallic sulfide ore)을 제련하는 과정에서 발생한다. 제련과정에서 금속훈연(metal fume)이 방출될 때 거대한 양의 유황이 아황산가스로 산화한다. 아연의 산화물 훈연은 크기가 0.03~0.3 μm이며 독성이 매우 강하다. 납과 납산화물 훈연은 더욱 더 유독하다고 알려져 있다. 이 밖의 다른 비철금속 제련 공장에서 배출되는 물질은 주로 금속훈연 또는 극히 작은 크기의 금속산화물 등이다. 알루미늄 환원 공장에서는 금속 제련 과정에서 불화물이 배출되기도 한다.

2 산업용 화학제품 제조 · 가공 시설

산업용 화학제품 시설에는 산(acid), 화학비료, 염료 및 안료, 석유화학제품, 수지 및 플라스틱물질, 화학섬유, 농약, 기타 유 · 무기화학제품 제조시설 등이 있다.

① 산 제조시설

염산, 황산, 인산, 불산, 질산, 초산 및 그와 연관된 화합물의 제조시설이 이 범주에 포함된다. 우리나라의 경우 용적 1 m^3 이상인 반응 · 흡수 · 응축 · 정제 · 농축 · 표백 시설 및 연료 사용량 시간당 30 kg 이상 또는 용적 1 m^3 이상인 용융 · 용해 · 소성 · 가열 · 건조 · 회수 · 연소 · 촉매재생·탈황 시설 등이 「대기환경보전법」의 규제를 받고 있다.

산은 많은 화학 공정과 제조 과정에서 기본적인 물질로 사용된다. 특히 황산은 현대사회에서 중요한 무기화학물질 중 하나이다. 황산 공장에서 배출되는 물질로 SO_2와 H_2SO_4를 포함하는 가스, SO_3와 10 μm 이하의 에어로졸 미스트(aerosol mist)를 포함한 가스 등을 들 수 있다. 기타 질산, 초산, 인산, 염산 등의 산을 제조하는 공정으로부터 여러 가지 유독가스뿐만 아니라 산 미스트(acid mist)와 같은 대기오염물질이 배출된다.

② 수지 및 플라스틱 제조시설

우리나라의 경우 용적 1 m^3 이상의 반응·흡수·응축·정제·농축·표백 시설 및 연료 사용량 시간당 30 kg 이상 또는 용적 1 m^3 이상인 연소·용융·용해·소성·가열·건조·회수 시설이 대기오염물질 배출시설에 해당한다. 또한 소련·분리·정련 시설은 용적이 3 m^3 이상이거나 동력이 7.5 kW 이상일 경우 대기오염 배출시설에 포함된다.

수지(resin)는 고형 또는 반고형으로 불용성이고 결정화 경향이 거의 없는 유기물질로 플라스틱의 기본 구성 물질이다. 수지 제조나 용융 과정에서 필수적으로 열이 가해지고 결과적으로 유독가스가 발생한다. 이 폐가스의 일부를 경제적 이유 때문에 회수하기도 하지만 대부분 대기 중으로 배출한다. 배터리 분리기를 제조할 때 수시로 다공성 종이를 코팅하는데 이러한 공정에서 구입한 수지의 약 85%가 대기 중으로 배출된다고 알려져 있다. 배출된 수지는 청연무의 형태로 공장의 굴뚝을 떠나고 2 km 이상 떨어진 지역에까지 악취를 풍긴다. 대개 수지 가스의 냄새는 매우 낮은 농도에서도 불쾌감을 주기 때문에 종종 민원의 대상이 된다.

③ 화학비료 제조시설

질소질, 인산질, 칼리질, 복합비료 제조를 위한 용융·용해 시설이 화학비료 제조시설의 범주에 들어간다. 우리나라의 경우 용적 1 m^3 이상의 반응·흡수·응축·정제·농축·표백 시설 및 연료 사용량 시간당 30 kg 이상 또는 용적 1 m^3 이상인 연소·용융·용해·소성·가열·건조·회수 시설인 경우 대기오염물질 배출시설에 포함된다. 혼합시설이거나 입자상 물질 계량시설은 용적 3 m^3 이상이거나 동력 7.5 kW 이상인 경우 포함된다. 미국의 경우 100개 이상의 공장에서 대략 1 Tg/yr의 인산질 비료를 제조하고 있다. 이 과정에서 대량의 입자상 및 기체상의 불화물이 생성되어 인근 주민의 건강을 위협하고 있다(국가미세먼지정보센터, 2022).

④ 석유화학제품 및 기타 유·무기화학제품 제조시설

석유화학제품 및 기타 유기화학제품 제조시설에서는 용적 1 m^3 이상인 반응·흡수·응축·정제·농축·표백 시설 및 연료 사용량 시간당 30 kg 이상 또는 용적 1 m^3 이상인 용융·용해·소성·가열·건조·회수·연소·촉매재생·황산화물제거 시설이 대기오염물질 배출시설에 해당한다. 이들 시설에서 배출되는 성분은 주로 에틸렌, 벤젠, 톨루엔, 자일렌 등의 VOCs이다. 기타 무기화학제품 제조시설에서는 표 4-7과 같은 유해한 부산물이 대기 중으로 배출된다.

표 4-7 무기화학제품과 관련한 대기오염물질

무기화학제품	주요 배출물질
황산	황산화물
질산	암모니아, 질소산화물
과산화수소	먼지, 포름알데히드, 자일렌
차아황산소다	황산화물, 먼지
인산	불화수소, 황화수소

[환경부, 2020]

3 기타 화학제품 제조 · 가공 시설

도료, 의약품, 비누 · 세정제, 계면활성제 및 화장품, 아교정착제, 기타 관련 화학제품 제조시설이 이 범주에 해당한다.

① 도료 제조시설

우리나라의 경우 연료 사용량이 시간당 30 kg 이상 또는 용적 1 m^3 이상인 도료 제조시설의 용융 · 용해 시설을 관련 대기오염의 주요 배출원으로 간주한다. 유성 및 수지 도료, 섬유소 유도체 도료, 옻칠, 페인트 관련 제품의 제조시설이 이 부류에 속한다.

바니시(varnish)의 제조 과정에서 발생하는 물질은 주로 아크롤레인(acrolein)과 같은 VOCs와 메틸메르캅탄(CH_3SH) 같은 환원성 유기황화합물이다. 이들 대기오염물질은 냄새 감지한계(odor threshold)가 매우 낮기 때문에 낮은 농도에서도 악취가 심한 점이 특징이다. 아크롤레인과 환원성 황화합물의 경우 냄새 감지한계가 각각 4,000 $\mu g/m^3$, 2 $\mu g/m^3$이다.

② 비누와 합성세제 제조시설

열매체 가열을 포함하는 가열시설 또는 혼합시설이 관련 대기오염의 주배출원이다. 비누는 지방(fat)이나 기름(oil)을 염기와 반응시켜 액체, 고체, 작은 알맹이, 분말 등의 형태로 제조한다. 비누 제조 · 건조와 관련한 처리 과정에서 분진도 발생할 수 있으나 화학물질, 그리스(grease), 지방과 기름에서 발생하는 악취물질이 주로 배출된다. 세제(detergent)의 경우 석유정제 공정에서 나오는 대기오염물질과 유사한 물질이 배출된다.

4 석유정제 및 석유 · 석탄 제품 제조시설

석유정제, 폐유 재생, 코크스, 연탄, 아스콘, 기타 석탄제품 제조시설이 이 범주에 속한다. 이러한 시설이 거대한 대기오염 배출원이라는 사실은 이미 잘 알려져 있다(국가미세먼지정보센터, 2022).

① 석유정제 시설

우리나라의 경우 연료 사용량 시간당 30 kg 이상인 열매체 가열을 포함하는 가열시설이 관련 대기오염의 배출시설에 해당한다. 석유제품은 원유를 가공하여 생산하며 정제하는 과정에서 다량의 VOCs, 환원성 유황가스가 발생한다. 이러한 대기오염물질은 악취가 매우 심하다. 관련한 시설에서 배출될 수 있는 물질은 다음과 같다.

1) 모든 시스템, 누출, 선적, 샘플링 과정에서 발생하는 VOCs
2) 보일러, 재생기 등에서 발생하는 SO_2
3) 재생기와 연소장치에서 발생하는 CO
4) 연소 및 재생장치에서 발생하는 NO_x
5) 공기와 증기의 수송, 응축과 배수장치 등에서 발생하는 악취
6) 보일러, 크래킹 장치(cracker), 재생장치와 연소기로 발생하는 분진

특히 석유정제 과정에서 나오는 VOCs는 광화학적으로 반응성이 강하여 광화학 산화제 발생의 주요 원인으로 작용하므로 철저히 관리해야 한다. 가을과 겨울의 미세먼지 계절관리제 및 봄과 여름철의 오존 경보제와도 연계할 필요가 있다.

② 석탄제품 제조시설

석탄을 연소하는 과정에서 SO_2, NO_x, VOCs, CO 등의 여러 대기오염물질이 발생하며, 이는 일반적으로 석탄 광산으로부터 멀리 떨어진 곳에서 문제가 된다. 석탄이 이동할 때마다 발생하는 석탄 분진 또한 매우 심각한 대기오염물질이다.

5 비금속 광물제품 제조 · 가공 시설

도기 · 자기 및 토기, 유리 및 유리제품, 규조토 및 점토 제품, 시멘트 · 석회 및 플라스터, 레미콘, 내화물, 석면 및 암면 제품, 비금속광물 제조시설 등이 이 범주에 속한다. 암면제품(stone product) 제조산업에서는 각 공정마다 상당한 양의 분진을 배출한다. 이 분진은 아주 미세한 광물성의 먼지로 구성되어 있기 때문에 인간의 폐에 나쁜 영향을 미칠 수 있다. 규조토 · 점토, 화장용 파우더(talcum powder), 시멘트, 분필 등의 제조 시 그라인딩(grinding), 건조, 채분리(sieving)의 공정을 거친다. 이들 과정 중에 분진이 발생하므로 적절한 분진 제어장치가 필요하다. 유리 및 유리제품의 제조 시에는 약 300 μm 크기의 입자가 포함된 상당량의 먼지가 배출된다. 또한 유리에 압력을 가하여 최종 제품을 만들 때 상대적으로 짧은 시간이지만 매연과 기체상의 오염물질이 매우 고농도로 배출될 수 있다.

6 목재 및 나무제품 제조 · 가공 시설

제재시설과 목재건구, 박판, 합판 및 유사나무판, 일반 목재가구 제조시설이 이 범주에 속한다. 제재, 섬유, 화학물질 등의 제조 목적으로 잘 관리한 산림에서 목재를 생산하며 목재자원을 수확하는 과정에서 상당한 양의 먼지와 분진이 발생한다. 산림으로부터 비포장도로를 통해 목재를 운반하는 과정에서도 방대한 양의 먼지가 발생한다. 아직도 목재 수확 후 이루어지고 있는 일시적 폐기물 소각은 심각한 매연뿐만 아니라 기체상 및 입자상 물질의 대기오염 문제를 야기한다. 자동대패기 · 밀링기 · 샌딩기(사포질용) · 그라인딩기 · 몰더기(molder) 등의 목재가공 연마시설, 제재시설, 도장시설, 건조시설, 압착 및 분쇄 시설 등의 공정에서 상당한 양의 목재섬유 분진과 상대적으로 적은 양의 기체상 오염물질이 대기 중으로 배출된다.

7 종이제품 제조 · 가공 시설

펄프, 압형펄프, 건축용지(화이버보드) 제조시설이 이 범주에 속한다. 펄프와 종이 제조는 수요가 많으므로 가장 기하급수적으로 성장하고 있는 산업이라고 할 수 있다. 이와 관련한 시설로는 분쇄 · 증해 · 표백 · 석회로 시설, 분리 · 증류 · 추출 · 여과 시설을 포함하는 정제시설, 회수시설, 분해 · 중합 · 축합 · 산화 · 환원 · 합성 시설을 포함하는 반응시설, 농축시설, 숙성시설을 들 수 있다. 가장 많이 사용하는 펄프 공정은 크래프트 공정(kraft process)이며, 특히 회수시설로부터 분진과 더불어 악취가 강한 환원성 황화합물, 기타 황산화물이 대기 중으로 배출될 수 있다(국가미세먼지정보센터, 2022).

4·3·2 이동배출원

이동배출원은 자동차와 같이 자체의 동력으로 한 지점에서 다른 지점으로 이동하면서 오염물을 배출하는 오염원을 말한다. 자동차 이외의 이동배출원으로는 비행기, 이륜차, 경운기, 기타 가솔린(휘발유) 사용 기구 등을 들 수 있다. 이들 중에서 대기오염물질 총량에 절대적 영향을 미치는 이동배출원은 자동차이다. 자동차는 다시 승용차, 버스, 트럭으로 구분하고 연료에 따라서는 휘발유차, 경유차, LPG차로 크게 분류한다. 휘발유는 대부분 일반 승용차에 사용하며, 경유는 운수사업용 대형차에 주로 사용하나 최근 소형차에도 사용하고 있다. LPG는 영업용 택시 및 버스에 주로 사용한다.

우리나라의 자동차 등록대수는 1970년대 13만 대에 불과했으나, 급속한 경제성장에 따라 비약적인 증가율을 보여 1997년 말 1천만 대를 넘어선 이래 2020년 말 기준으로 2,437만 대가 등록되었다. 지역별로 보면 서울을 비롯한 수도권에 등록된 자동차가 1,084만 대로 전체의 44%를 차지한다.

표 4-8 시도별 자동차 보유 현황(단위: 만 대)

연도	2001	2013	2014	2015	2016	2017	2018	2019	2020
전국	1,291	1,940	2,012	2,099	2,180	2,253	2,320	2,368	2,437
서울	255	297	301	306	308	312	313	312	316
부산	86	118	121	126	130	133	137	140	143
대구	72	104	107	111	113	116	118	119	122
인천	70	114	125	136	144	151	158	164	168
광주	36	57	59	61	63	65	66	68	69
대전	42	61	62	63	65	66	67	67	69
울산	32	49	51	53	54	55	56	57	58
세종	274	5	7	9	11	13	15	16	18
경기	45	453	470	492	516	539	562	577	600
강원	42	65	67	69	72	75	77	78	81
충북	53	67	70	73	76	79	82	84	87
충남	51	89	93	97	102	106	109	112	115
전북	50	78	81	84	87	89	92	93	95
전남	80	80	84	90	95	99	103	106	110
경북	86	121	126	131	135	139	142	145	148
경남	17	149	151	156	163	167	169	172	179
제주	29	33	38	44	47	50	55	60	62

[국토교통부, 2021]

연료별 자동차 등록대수는 휘발유차, 경유차, LPG차 순이다. 경유차의 경우 2006년 587만 대(36.9%)에서 2020년 999만 대(42.1%)로 증가하였으나 수입 경유차 배출가스 조작 사건, 미세먼지 저감을 위한 정부의 적극적인 경유차 감축 추진 등에 따라 경유차 증가율이 2016년부터 감소하였고 2019년에는 경유차 비중이 감소세에 접어들었다.

2017년 기준 전국 대기오염 배출량 중 CO의 29.0%, NO_x의 36.5%, $PM_{2.5}$의 9.5%가 자동차에서 배출되었다(표 4-10 참조). 특히 수도권은 자동차가 차지하는 오염물질 배출 비중이 전국 평균에 비해 훨씬 높다. 이러한 현상은 전 세계 대도시에서 유사하게 나타나고 있으며 대도시에서의 도로이동오염원 관리의 중요성을 시사한다.

표 4-9 연료별 자동차 등록대수(단위: 만 대)

연도	2009	2010	2011	2012	2013	2014	2015	2016	2017	2018	2019	2020
계	1,733	1,794	1,844	1,887	1,940	2,012	2,099	2,180	2,253	2,320	2,368	2,437
휘발유차	856 (49.4%)	891 (49.7%)	919 (49.8%)	928 (49.2%)	940 (48.5%)	958 (47.6%)	981 (46.7%)	1,009 (46.3%)	1,037 (46.0%)	1,063 (45.8%)	1,096 (46.3%)	1,141 (46.8%)
경유차	629 (36.3%)	648 (36.1%)	671 (36.4%)	700 (37.1%)	740 (38.1%)	794 (39.5%)	862 (41.1%)	917 (42.1%)	958 (42.5%)	993 (42.8%)	996 (42.1%)	999 (41.0%)
LPG차	239 (13.8%)	246 (13.7%)	245 (13.7%)	241 (12.8%)	239 (12.3%)	233 (11.6%)	226 (10.8%)	217 (9.9%)	210 (9.4%)	204 (8.8%)	200 (8.5%)	197 (8.1%)

[국토교통부, 2021]

표 4-10 자동차에서 배출되는 오염물질 현황(2017년 기준, 단위: 천 톤/년)

구 분		CO	NO_x	SO_x	$PM_{2.5}$	VOCs	NH_3
전국	배출량 합계	817.4	1,189.8	315.5	91.7	1,047.6	308.3
	도로이동오염원 배출량	237.2 (29.0%)	434 (36.5%)	0.3 (0.1%)	8.7 (9.5%)	45.9 (4.4%)	4.4 (1.4%)
수도권	배출량 합계	233	322.8	24.8	16.4	314.8	58.2
	도로이동오염원 배출량	101 (43.3%)	168 (52.0%)	0.12 (0.5%)	2.9 (17.7%)	21 (6.7%)	1.8 (3.1%)

[국립환경과학원, 2017]

4·4 대기오염물질의 배출규제

대기오염물질에 대한 규제기준에는 대기환경기준과 배출허용기준이 있다. 이 중 대기환경기준은 정부가 국민의 건강을 보호하고 쾌적한 환경을 조성하기 위해 설정하는 대기질에 관한 사항이다. 반면에 배출허용기준은 대기오염 배출시설에서 배출되는 대기오염물질의 허용기준에 관한 사항이다.

배출허용기준은 개별적인 대기오염 배출시설에 적용하는 규제기준으로, 오염물질 배출의 최대허용치 혹은 최대허용농도이다. 대기오염 방지라는 측면만 생각한다면 배출허용기준이 엄격할수록 바람직하지만 현실적으로는 현재의 오염물질 배출 수준 또는 처리기술과 경제적 · 사회적 여건을 고려하여 정할 수밖에 없다. 우리나라의 경우 황산화물 등 10종의 일반적인 대기오염물질과 벤젠 등 24종의 특정대기유해물질에 대해 배출허용기준을 설정하고 있다. 배출허용기준 적용 기간은 업계의 기술 및 대처 능력을 감안, 단계적으로 강화하기 위해 1991년에 예시제를 도입하였으며, 1999년 이후 3단계 강화 기준을 적용해 왔다. 2020년부터는 환경부의 「대기환경보전법」 시행규칙 개정에 따라 배출허용기준을 평균 30% 이상 강화하였다.

4·4·1 사업장의 배출규제

「환경정책기본법」에서 규정한 특별대책지역 안의 대기오염 방지를 위해 필요하다고 인정한 때에는 정부에서 해당 지역 안의 시설에 설치된 배출시설에 대해 보다 엄격한 배출허용기준을 정할 수 있다. 또한 해당 지역 안에 새로이 설치되는 배출시설에 대해서는 특별배출허용기준을 정할 수 있다. 배출허용기준은 가스상 · 입자상 물질로 구분하여 고시하고 있다.

대기오염 상태가 환경기준을 초과하여 주민의 건강 · 재산이나 동식물의 생육에 중대한 위해를 가져올 우려가 있다고 인정한 구역 또는 특별대책지역 중 사업장이 밀집되어 있는 구역의 경우 그 구역 안의 사업장에서 배출되는 오염물질을 총량으로 규제할 수 있으며 이러한 규제를 총량규제라고 한다. 또한 대기오염물질로 인한 대기환경상의 피해를 방지하기 위해 배출부과금 제도를 시행하고 있다. 따라서 대기오염물질을 배출하는 사업자에는 기본부과금을, 배출허용기준을 초과하여 배출하는 사업장에는 초과부과금을 부과한다. 이때 대기오염물질의 종류, 배출 기간, 배출량 등을 고려하여 부과금을 산정한다(국가미세먼지정보센터, 2022).

4·4·2 생활환경상의 배출규제

생활환경상의 배출규제로는 연료의 황 함유기준, 연료의 제조 및 사용 등의 규제, 비산먼지의 규제, VOCs의 규제 등에 관한 사항이 있다.

4·4·3 자동차 배출가스의 규제

자동차 배출가스의 규제에는 제작차 관리, 운행차 관리, 자동차 연료 관리, 배출가스 검사 장비 및 정보 관리 등에 관한 사항이 포함된다. 제작차 관리에 관해서는 제작차의 배출허용기준 설정, 제작차에 대한 인증, 제작차의 배출허용기준 검사, 인증의 취소 등을 규정하고 있다. 운행차 관리에 관해서는 운행차 배출허용기준의 설정, 운행차의 수시 점검, 운행차의 개선 명령, 운행차의 배출가스 결함 시정 등과 같은 사항을 규정하고 있다. 자동차의 연료 관리에는 휘발유와 경유의 연료 기준 설정 및 첨가제의 규제와 관한 사항 및 자동차 연료 · 첨가제의 검사에 관한 규정이 포함되어 있다.

4·5 대기오염물질의 배출량 산정

대기오염물질 배출량을 산정하는 방법은 고정배출원인지 이동배출원인지에 따라 달라진다. 고정배출원의 배출량 산정 시에는 배출계수와 연간 연료 사용량을 고려하고, 이동배출원의 배출량 산정 시에는 대상이 되는 대기오염물질 및 연료의 종류를 고려하여 계산한다. 우리나라의 경우 다음과 같은 방식을 도입하여 산정하고 있다(국가미세먼지정보센터, 2022).

4·5·1 고정배출원의 배출량

석탄, 유류, LPG, LNG를 연소하는 고정배출원의 오염물질 배출량은 다음과 같이 산정한다.

$$E_{i,j} = A_{\text{fuel}} \times EF_{i,j} \times (1 - CF)$$

여기서 $E_{i,j}$: 연소시설 j의 오염물질 i 배출량(kg/yr), A_{fuel}: 연료 사용량(석탄: ton/yr, 유류 · LPG: kL/yr, LNG: 천 m^2/yr), $EF_{i,j}$: 배출계수(석탄: ton/yr, 유류 · LPG: kg/kL, LNG: kg/천 m^2), CF: 방지 설비의 처리 효율

4·5·2 이동배출원의 배출량

도로이동오염원인 자동차의 오염물질 배출량은 다음과 같이 산정한다.

$$PM_{10},\ CO,\ VOCs,\ NO_x:\ E_{i,j} = VKT \times \frac{EF_i}{1000} \times DF \times \left(1 - \frac{R}{100}\right)$$

여기서 $E_{i,j}$: 자동차 j의 도로 주행 시 발생한 오염물질 i의 배출량(kg/yr), VKT: 주행거리(km/yr), EF_i: 차종별 · 연료별 · 연식별 · 차속별 배출계수(g/km), DF: 열화계수, R: 저감장치 부착 효율(%)

$$SO_2:\ E_{SO_x,j} = A_j \times SG_{\text{fuel}} \times \frac{S_{\text{fuel}}}{100} \times 2$$

여기서 $E_{SO_x,j}$: 휘발유 및 경유에 함유된 유황에 의한 황산화물 배출량(kg/yr), A_j: 차종

j의 연료 소비량(L/yr), SG_{fuel}: 연료별 비중(휘발유: 0.730, 경유: 0.825, LPG: 0.508; kg/L), S_{fuel}: 연료별 황 함량(%), 2: 황 함량을 황산화물로 변환하기 위한 계수

4·6 주요 대기오염물질과 건강

4·6·1 미세먼지

우리가 호흡으로 공기와 함께 들이마시는 미세먼지의 종류와 갯수는 노출되는 장소에 따라 다르다. 하지만 통상적으로 조금 오염된 도시에 살고 있다면 숨을 한 번 쉴 때마다 수억 개의 미세먼지를 들이마신다고 알려져 있다. 입자의 크기가 작을수록 폐의 깊은 곳까지 침투하여 건강상의 다양한 악영향을 끼칠 수 있다. 이러한 이유로 2013년 세계보건기구(World Health Organization, WHO)는 미세먼지를 발암물질로 지정하였다. 이에 따라 개인의 노출 저감이 강조되고 있고, 전 세계적으로 국가의 배출원 관리 정책이 크게 요구되고 있는 실정이다. 우리나라(2023년 기준)에서는 PM_{10} 연간 평균 50 μg/m^3 이하, 24시간 기준 100 μg/m^3 이하, 그리고 $PM_{2.5}$ 연간 평균 15 μg/m^3 이하, 24시간 기준 35 μg/m^3 이하로 환경기준을 설정하고 있다.

미세먼지는 대부분 호흡계통을 통해 인체로 들어온다. 인체의 호흡계통은 그림 4-10과 같은 호흡기관으로 이루어져 있다. 호흡계통에 침투한 입자상 물질은 호흡기에 직접적으로 영향을 끼치며, 그 정도는 입자상 물질의 침투 정도 및 독성에 따라 달라진다. 호흡기 내로 침투하는 범위는 일반적으로 입자상 물질의 크기에 좌우된다.

입자의 크기에 따라 폐의 각 부위에 도달하는 정도가 다르며 입자가 작을수록 더 깊이 유입될 수 있다. 1~10 μm 이상의 큰 먼지는 대부분 코나 기도의 점막과 섬모에 걸려 객담으

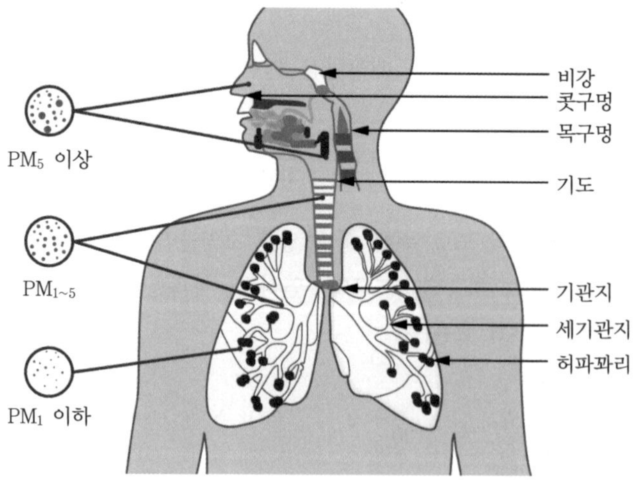

그림 4-10 인체 호흡계통별 침투 가능한 입자의 직경[Alen, 2023]

로 배출된다. 기관지를 통과할 수 있는 0.1~1 μm 크기의 먼지는 폐까지 침투할 수 있다. 이러한 경로로 폐 내에 먼지가 많이 침착되면 진폐증이나 규폐증이 발생할 수 있다. 0.1~1 μm 크기의 먼지가 인체에 가장 큰 피해를 주며 대기 중에 부유하면서 빛을 흡수 · 산란하여 가시도를 떨어뜨리고 시정을 악화하는 역할도 한다. 먼지의 입경이 0.01~0.1 μm이면 기체처럼 거동하고 폐 속의 허파꽈리를 거쳐 혈액으로 침투하며, 흡입량의 약 50%는 다시 대기 중으로 배출된다. 일반 도시의 대기 중에는 0.01~0.1 μm보다 0.1~1 μm 먼지의 질량이 훨씬 더 크기 때문에 실제로 인체에 미치는 영향이 후자가 상대적으로 더 크다고 할 수 있다. 미세먼지가 인체에 미치는 피해 영향은 표 4-11, 4-12와 같다.

표 4-11 입경별 미세먼지가 인체에 미치는 영향

입경(μm)	영 향
>5	콧속의 융모, 기도의 점막에 의해 제거됨
1~5	기관지나 세기관지의 벽에 있는 섬모에 의해 제거됨
0.1~1	폐 내 침착률이 가장 높아 진폐증 발생 위험이 높고 가시도는 감소함
0.01~0.1	폐를 거쳐 혈액으로 침투하거나 다시 대기 중으로 배출됨

표 4-12 $PM_{2.5}$가 인체에 미치는 영향

농도(μg/m³) (24시간 노출)	영 향
0.0~12.0	일상 노출 수준으로는 위험이 없는 것으로 간주함
12.0~35.4	일반 건강한 사람에게는 영향이 거의 없지만, 소수의 특이 민감집단에게는 경우에 따라 호흡기계 영향이 있을 수 있음
35.5~55.4	일반인과 민감집단(영유아, 노인, 환자 등)에서 호흡기계 염증 증세 발생 가능, 호흡기계 증세 악화 가능
55.5~150.4	일반 인구집단에서 호흡기계, 순환기계 증세 악화 증대
150.5~250.4	일반 인구집단에서 호흡기계, 순환기계 증세 악화 심각
250.5 이상	일반 인구집단에서 호흡기계, 심혈관계에 매우 강한 염증반응과 건강상 부작용 발생. 반드시 노출을 피해야 함

[AirNow, 2022]

폐 속에 침투한 미세먼지는 다음과 같은 독성효과를 나타낼 수 있다.

1) 불활성 입자는 호흡기 내에 체류하여 인체의 자정 과정을 방해하거나 또는 다른 해로운 입자의 제거를 방해하거나 둔화한다.
2) 일부 입자는 해로운 유기물질이나 무기물질을 흡착하거나 흡수한 뒤 폐에 침투한다. 이 경우 입자가 전달자 역할을 하며 부착된 유기물질 · 무기물질이 폐의 예민한 부분까지 이동하여 그곳에서 머무른다.

4·6·2 중금속

무기물질의 일종인 중금속은, 화석연료를 이용하는 발전소, 금속 제련 및 제철소, 자동차 같은 고온 연소 관련 배출원에서 포집한 부유 미세먼지에서 발견된다. 이러한 중금속은 일반적인 방지시설로는 제거하기 어려운 형태의 작은 입자에 흡수 및 흡착되며, 흡입 과정에서 호흡기를 통해 인체 내로 전달된다. 미세먼지 중 중금속 성분은 지역, 환경(기온) 및 지역적 배출원 종류에 따라 다르게 나타난다. 공기 중에서 발견되는 밀도 6 g/m^3 이상의 비활성 중금속은 약 53종이고 이 중 독성이 있는 종류는 수은(Hg), 납(Pb), 카드뮴(Cd), 구리(Cu), 크롬(Cr), 망간(Mn), 아연(Zn), 알루미늄(Al) 등이다. 주요 중금속의 배출원과 인체 건강에 미치는 영향은 표 4-13에 정리하였다.

표 4-13 주요 중금속의 발생원 및 인체에 미치는 영향

중금속	발생원	영 향
비소	금속 제련, 농약 사용	기관지염, 피부 독성
카드뮴	용접, 전기도금	신장 질환, 폐 질환(고농도일 경우 폐기종)
크롬	채광	신경계 손상
구리	채광, 농약 제조, 화학산업	빈혈, 신장 손상, 위염
수은	배터리, 농약, 제지산업	떨림, 구내염, 신경계 손상, 유산(임산부)
망간	용접, 연료 첨가제, 망간철	중추신경계 손상
납	페인트, 자동차 배기가스, 석탄 연소	어린이 인지기능 저하, 발달 저하, 유아 뇌 손상, 신경계 손상
아연	정유, 제련	신경계 손상

[Herrera-Estrella & Guevara-Garcia, 2009; Singh *et al.*, 2011]

1 카드뮴

카드뮴은 폐, 신장, 심혈관계, 골격계 등에 대해서 독성을 나타내며 또한 발암성이 있다. 최근에는 남성과 여성의 생식 능력에도 장애를 초래할 수 있다는 결과가 보고되었으며 흡연에 의한 남성 생식 능력 저하의 한 원인으로 지목되고 있다. 카드뮴은 도금, 카드뮴 합금 생산, 전지 제조, 아연과 납의 추출 과정에서 직업적으로 노출되며 비직업적으로는 오염된 음식물(주로 곡류, 채소류, 해산물)의 섭취가 가장 큰 노출원이다. 비경구적으로는 흡연을 통한 카드뮴의 흡입이 주요 노출 경로이나 최근에는 실외 공기에서도 검출되고 있다. 급성중독의 경우 호흡기에서 폐기종, 폐수종, 기관지염, 심장에서 고혈압, 동맥경화, 순환부전, 위장장애 현상이 발생하며 만성중독 시에는 신장 장애와 이타이이타이병으로 불리는 골연화증이 발병한다.

2 수은

수은은 대기 중에서 증기 상태로 존재하므로 흡입하면 중추신경계 마비, 임신 불능을 유발한다. 만성중독은 오랜 기간에 걸쳐 수은 증기를 마신 경우 나타나며 전형적인 증상은 구내염, 다발성 신경염, 단백뇨, 설사, 피부염 등이다. 유기수은의 급성중독 시에는 수은이 직접 피부에 부착하여 피부염을 일으키고 침입 경로에 따라 호흡기 또는 소화기 장애가 발생할 수 있으며 기본적인 증상은 구심성시야협착, 난청, 언어 장애, 보행 장애, 운동 실조, 지각 장애 등이다. 일본의 미나마타시에서 집단적으로 발생한 미나마타병은 유기수은에 의한 환경오염이 원인이다.

3 납

납은 음식을 통해 인체에 들어오는 양이 많지만 곧 배설된다. 그러나 호흡을 통해서 들어온 납은 입자가 매우 작기 때문에 허파꽈리를 거쳐 혈액에 농축된다. 인체에 축적되면 적혈구 형성을 방해하고 심하면 납중독을 일으켜 복통, 빈혈, 구토, 신경염(만성중독)을 일으키고 뇌세포에 손상을 준다.

만성 납중독은 다음의 세 단계로 진행된다. 첫 단계는 고도 노출자에게 흔히 나타나는 소화기관 장애로 복통을 비롯한 여러 가지 증세가 직간접적으로 나타난다. 두 번째 단계는 납중독마비(lead palsy)라는 신경 및 근육 장애로 이어진다. 이로 인해 권태감, 피로감, 손목 근육의 이상, 근육대사의 이상 등이 나타나서 근육의 발육 부진과 경련 증세가 생긴다. 세 번째 단계는 납중독의 가장 심각한 증상인 중추신경 장애이다. 이로 인해 정신착란, 경련, 의식상실, 사망 등에 이를 수 있으며, 사망에 이르지 않더라도 신장 및 혈관 계통에 이상이 생기고 영구적인 지능 저하를 불러올 수 있다. 우리나라 「대기환경보전법」에서는 대기 중 납의 환경기준을 연간 0.5 μm/m^3 이하로 정하고 있다.

4·6·3 휘발성 유기화합물

VOCs는 광화학 오존 형성에 영향을 미칠 뿐만 아니라 인체에도 매우 유해할 수 있다. 일부 VOCs는 냄새를 유발하고 인체의 감각 능력에만 영향을 주거나 일시적인 최면 효과를 일으키기도 한다. 그러나 특정 물질은 발암성과 생체 독성을 나타내는 것으로 알려져 있다(표 4-14 참조). 이 중에서 특히 관심을 끄는 물질은 인체에 해를 끼치는 발암물질(벤젠)이다.

VOCs에 의한 독성은 VOCs의 구조, 노출 농도 및 기간, 다른 VOCs와의 복합 노출, 개인의 감수성, 표적 장기의 분포 등에 따라 다르게 나타난다. 코를 통해 체내에 흡입된 VOCs의 일부는 아무런 영향 없이 호흡기를 통해 다시 체외로 배출되기도 하지만 대부분은 혈류와 함께 체내의 각 조직으로 분산한다. 임신부의 경우에는 태반을 통해 태아에게, 그리고 수유부에서는 젖을 통해 영아에게도 전달된다(Kim *et al.*, 2007). 체내 조직 중에서 혈류량이 많은 심장, 간, 근골격계 조직에 상대적으로 많이 분포하며, 특히 지방조직과의 친화성이 크기 때문에 지방질이 차지하는 비율이 45~75%에 이르는 신경조직에 잘 침적된다.

대표적 방향족 VOCs인 벤젠과 톨루엔이 건강에 미치는 영향은 표 4-15, 4-16과 같이 비

표 4-14 VOCs의 종류별 인체에 미치는 영향

VOCs	영 향
벤젠	발암성(백혈병), 범혈구 감소증, 재생불량성빈혈
톨루엔	두통, 현기증
자일렌	안구 · 호흡기계 염증
아민류	발암성(방광암)
할로겐화합물	간독성, 신경독성, 심장독성(부정맥, 돌연사)
염화비닐	발암성(간 맥관육종), 간독성
포름알데히드	알레르기성 피부염, 폐 기능 저하, 동물에서의 발암성
이황화탄소	뇌병증, 시력 장애, 청력 손상, 생식 기능 장애
노르말헥산	말초신경 장애

[US EPA, 2016; Evuti, 2013]

표 4-15 벤젠 흡입이 인체에 미치는 영향

구 분	영 향	흡입 노출
비발암성1)	림프구 수 감소	0.03 mg/m^3(노출 참고치)
발암성2)	백혈병	0.0273 mg/kg-day(노출 기울기)

㈜ 1) US EPA의 RfC(reference concentration) 적용
2) US EPA의 SF(slope factor) 적용[US DHHS, 2015]

표 4-16 톨루엔 흡입이 인체에 미치는 영향

구 분	영 향	흡입 노출
비발암성1)	신경계 이상	5 mg/m^3, 46 NOAEL2)
발암성	해당 사항 없음	–

㈜ 1) US EPA의 RfC(reference concentration) 적용
2) NOAEL(no-observed-adverse-effect level): 최대무독성용량[US DHHS, 2015]

발암성과 발암성으로 구분하여 볼 수 있다. 벤젠은 생체 내 흡입된 후 대사 과정 중에 생성된 물질이 DNA와 반응하면서 부가체(adduct)를 형성하여 특이 독성을 띠는 것으로 알려져 있으며 만성중독에서 많이 볼 수 있다. 벤젠에 의한 만성 독성에 따른 주요한 중독 증상으로 골수장애가 알려져 있으며 심할 경우 재생불량성빈혈(백혈병)로 이어질 수 있다. 반면에 톨루엔의 경우 벤젠과 달리 골수장애는 없는 것으로 밝혀졌다. 톨루엔에 만성으로 노출되면 미만성뇌증이 발생하여 뇌파에 이상 소견이 발견되는 비가역적 신경장애가 올 수 있다.

이 외에도 포름알데히드를 흡입하거나 피부 점막에 접촉한 경우 알데히드류의 공통적 특징인 피부, 눈 그리고 호흡기계에 강한 자극 효과, 또는 알레르기성 피부염이나 직업적 천식이 야기된다. 고농도 포름알데히드에 급성 폭로 시에는 폐부종을 일으켜 생명을 위협할 수도 있다.

4·6·4 질소산화물

주요 질소산화물인 NO와 NO_2 가운데 사실상 NO는 물에 녹지 않으므로 피해가 없다. 그러나 NO가 공기 중에서 NO_2로 산화하여 물에 녹으면 HNO_3로 바뀌므로 흡입 시 호흡기 세포를 파괴하고 호흡기 질환에 대한 면역성을 떨어뜨릴 수 있다. HNO_3는 또한 체내에서 NO_2^-로 환원되기도 하므로 NO_2^-가 다시 산화할 때 체내의 산소를 흡수함으로써 산소결핍증(cyanosis)과 같은 증상을 유발한다. NO_2는 광화학반응의 주요 전구물질이며, 식물의 색깔을 변화시키고, 전화기 스프링의 재료인 니켈 황동(nickel brass) 합금에 피해를 주며, 감귤류의 낙엽과 식물의 백화현상(chlorosis)을 일으키기도 한다.

대기농도 수준의 NO는 자극이 없고 건강에 유해하지도 않다. 그러나 대기 중에서 NO가 산화한 NO_2는 NO보다 독성이 5배나 강하여 인체에 영향을 끼친다. 인간에 대한 NO_2의 영향은 대부분 호흡기관에 미치며, 대기 중에서 특정 농도 수준을 초과할 때만 작용한다. 인간이 NO_2에 노출되면 냄새 감지, 코의 자극, 호흡곤란, 급성 호흡곤란, 폐수종 발병 등이 나타나며 심하면 사망에 이른다. NO_2에 대한 인간의 체감 양상은 농도에 따라 구분할 수 있다. 즉 1~3 ppm 농도에서 냄새를 감지하고, 13 ppm 정도에서 눈의 고통과 코의 자극이 심하며, 100 ppm 이상은 치명적이어서 폐수종 및 사망에까지 이른다고 알려져 있다. 또한 세계보건기구의 2010년 자료를 보면 NO_2의 단기 노출이 어린이 건강에 미치는 영향을 중재연구, 관찰연구 등으로 소개한 바 있다. NO_2 노출에 따른 어린이의 건강에 관한 연구 결과는 표 4-17에 요약하였다.

표 4-17 어린이의 NO_2 노출 시 호흡기계 증세 유병률

노출 농도($\mu g/m^3$)	노출 시간	호흡기 증세 유병률
0~37.6		44%
37.6~75.2	1주일	59%
>75.2		71%
노출 농도($\mu g/m^3$)	**노출 시간**	**천식 발생 OR***
<18.8		0.95(0.31~2.95)
18.8~28.2	24시간	3.85(0.92~16.09)
>28.2		19.87(4.75~83.03)

㈜ * OR(odds ratio): NO_2 비노출 대비 노출자의 천식 발생 교차비
[WHO, 2010; Florey *et al.*, 1979; Infante-Rivard, 1993]

4·6·5 광화학 산화제

광화학 산화제(photochemical oxidant)의 특징을 보면 보편적으로 눈물이 나게 하고, 농도

가 1시간에 0.03~0.3 ppm일 때 운동선수의 경기력에 지장을 초래하며 순간농도가 10 ppm 이상일 시에는 사망한다(SO_2보다 유독함). 오존(O_3)은 식물의 잎을 산화하여 조직을 파괴하고 냄새가 나며 고무를 파손한다. PAN(peroxyacetyl nitrate)은 눈의 통증을 유발하고 식물에 피해를 주며, 포름알데히드(HCHO)도 눈의 통증을 유발한다. 한편 황산(H_2SO_4)은 가시도를 떨어뜨리고 강한 부식성을 띠며 호흡기 질환을 일으킨다. 광화학 산화제의 종류는 50종이 넘는 것으로 추정된다.

대기 중 산화물은 광화학반응에 의해 형성되며 NO_2와 탄화수소(HC)가 주된 원인물질이다. 대기 중의 NO_2가 햇빛을 받으면 NO와 O로 광분해되고 원자 상태의 O는 활성이 강하여 O_2 및 HC(특히 VOCs)와 결합하여 O_3, PAN 등 여러 가지 산화제를 형성한다. 대체로 O_3가 산화제의 약 90%를 차지한다. 산화물은 인체에 있어서 주로 호흡기계통에 직접적인 피해를 입히고 타 질환에 대한 면역성을 떨어뜨리며 눈을 따갑게 한다. O_3가 인체에 미치는 영향은 표 4-18과 같다.

표 4-18 O_3가 인체에 미치는 영향

노출 농도(ppm)	노출 시간	영 향
0~54	8시간	야외 활동 안전함
55~70		민감집단에서는 기침 발생, 건강집단에서는 야외 활동 안전함
71~85		천식 환자 또는 노인 사이에서 기침 또는 호흡기 증세 악화
86~105		민감집단에서 기침 또는 호흡기 증세 심화. 증세 개선을 위한 복약(기관지 확장제 등) 권장
106~200		모든 인구집단에서 호흡기 증세 악화. 증세 개선을 위한 복약(기관지 확장제 등) 권장

[AirNow, 2022]

4·6·6 황산화물

황산화물(SO_x)은 대기 중에서 황산 미스트를 형성하므로 가시도가 저하한다. 호흡계통에 있어서는 섬모 기능을 떨어뜨리고 점액(mucus)의 분비를 늘리고 기도를 수축시키며, 세균의 세포 내 침입을 방지할 능력을 약화하여 심할 경우 세포와 섬모가 사멸함으로써 인간과 동물의 호흡기 질환으로 이어진다. 황산화물은 주로 호흡기에 영향을 미친다. 인체에 미치는 SO_x의 농도별 영향은 표 4-19와 같으며, 일반적으로 사람보다 식물이 훨씬 더 민감하게 반응한다.

농도가 20 ppm 이하인 SO_x의 급성 자극은 주로 상부기도와 눈에 영향을 끼친다. 황산화물의 영향이 호흡기의 상부기도에서 나타나는 까닭은 물에 대한 SO_x의 용해도가 크기 때문이다. 대부분의 SO_x는 상부기도의 습한 점막 표면에서 쉽게 용해되므로 깊숙이 흡수되는 양

표 4-19 SO_x가 인체에 미치는 영향

노출 농도(ppm)	영 향
>0.1	천식 환자 등 민감집단에서 호흡기계 증세 발현
1~2	건강한 일반인(비천식)의 폐 기능 변화
3	냄새 감지
6~12	상기도 염증
20	만성 호흡기 증세 및 안구 자극 발현
50~100	0.5~1시간 이내 노출 방지해야 함
>100	사망에 이를 수 있음

[Jeebhay 2006]

은 거의 없다. SO_x의 농도가 높을 때에는 흡입된 SO_x의 95%가 코의 비공에서 흡수되지만 0.1 ppm 수준의 저농도에서는 흡수량이 50% 정도로 떨어진다. 이와 같은 저농도에서는 폐에 도달하는 절대량이 매우 적어서 폐에 미치는 직접적인 영향이 미미하다.

흡입한 입자상 물질의 표면에 SO_x가 흡착하거나 또는 흡입한 수분에 SO_x가 용해된 상태로 폐에 침투할 수 있으며 이 경우에는 하부기도에 자극을 준다. 대기 중의 SO_2는 다른 물질에 흡착하거나 황산염으로 전환되기도 한다. 황산염 에어로졸은 SO_2보다 3~4배나 더 강한 자극제로 작용한다. SO_2가 흡착된 입자나 황산염 에어로졸은 폐에 침투하여 침착한다.

4·6·7 일산화탄소

일산화탄소(CO)의 피해가 식물에게는 거의 없다. 하지만 식물과 미생물이 전혀 영향을 받지 않는 농도에서도 인간에게 극심한 피해를 주는 물질이다. CO는 혈액 중의 헤모글로빈(hemoglobin, Hb)과 강하게 결합하기 때문에(O_2의 210배) 다량 흡입하면 산소를 세포로 운반하는 과정을 방해하여 질식사를 초래할 수 있다. CO는 100 ppm 이하의 낮은 농도에서도 여러 가지 건강상의 문제를 일으킨다. CO는 헤모글로빈과 CO·Hb라는 화합물을 이루며 CO의 영향을 혈액 중 CO·Hb의 농도(%)로 나타낼 수 있다. CO·Hb가 2% 이하일 경우에는 인체에 큰 영향이 없지만 2~5%의 농도에서는 시간을 분간하는 능력, 시각이나 소리를 구별하는 감각이 둔해지고 운동 기능이 떨어진다. 혈액 중 CO·Hb의 농도가 건강에 미치는 영향을 보면 표 4-20과 같다.

정상적인 사람도 신진대사 과정에서 혈액 중 0.5% 정도의 CO·Hb 배경농도가 나타난다. 그보다 농도가 높다면 흡인한 공기 중의 CO에서 기인한다. 대기 중 100 ppm 이하의 CO 농도에 계속 노출된 사람의 혈액 중 CO·Hb의 평형 농도(%)는 다음과 같은 식으로 쉽게 추정할 수 있다.

$$\text{혈액 중 CO·Hb 농도(\%)} = 0.16 \times [\text{공기 중의 CO 농도(ppm)}] + 0.5$$

표 4-20 CO가 인체에 미치는 영향

노출 농도(ppm)	영 향
<2	영향이 거의 없음
10~20	건강한 사람이 피로감을 느낌. 심장질환자는 가슴 통증을 느낌
20~75	두통, 피로, 졸림 발생. 감기와 증세가 비슷하지만 노출이 없으면 사라짐
75~200	혼수상태, 시력 저하, 두뇌 기능 저하
>200	치명적 증세, 사망에 이를 수 있음

[EHS, 2007]

이 식에서 0.5는 정상적인 사람의 혈액에서 나타나는 CO·Hb의 배경농도(%)이다. 표 4-21은 이 식을 이용하여 구한 값이다. 혈액 중 CO·Hb의 농도가 대기 중 CO 농도와의 평형에 도달하는 데 걸리는 시간은 노출된 사람의 신체 활동량에 따라 달라진다. 심한 활동을 하는 사람일수록 평형에 빨리 도달한다.

표 4-21 혈액 중 CO·Hb와 공기 중 CO의 농도 평형

순환공기 중의 CO 농도(ppm)	혈액 중 CO·Hb의 평형 농도(%)	순환공기 중의 CO 농도(ppm)	혈액 중 CO·Hb의 평형 농도(%)
10	2.1	50	8.5
20	3.7	70	11.7
30	5.3	200	32.5

4·6·8 기타

[1] 다이옥신

다이옥신(dioxin)의 발생원은 폐기물 소각, 철 및 비철금속 생산, 전력 생산 및 운송 분야, 다양한 연소 공정, 화학물질 생산 등의 공정이며, 염소를 함유한 폐기물의 불완전연소 시 염화페놀류 및 염화벤젠류 등의 전구물질이 산소 원자를 사이에 두고 결합하면서 다이옥신이 생성된다. 210종의 다이옥신 이성체 중 독성이 가장 강한 물질은 2,3,7,8-사염화다이옥신이며 인공적으로 합성한 물질 중에서도 가장 독성이 강하다고 알려져 있다. 다이옥신은 동물실험 결과 면역 독성, 발암성, 심장 기능 장애, 축적성 및 난분해성 등이 있는 독성 물질로 알려져 있으며, 국제암연구소(International Agency for Research on Cancer, IARC)에서는 인간에게 암을 일으킨다는 증거가 충분한 1군 발암물질로 분류하고 있다.

[2] 다환방향족탄화수소

다환방향족탄화수소(polycyclic aromatic hydrocarbons, PAHs) 화합물은 물에 대한 용해도가 낮고 유기용매에 대한 용해도가 큰 물질이다. 증기압이 비교적 낮아 입자상 물질에

흡착하여 인체에 흡수되며, 1.0 μm 이하의 크기는 쉽게 인체에 흡입된다. PAHs는 폐, 위·장 기관 및 피부를 통해 흡수되며 폐에서의 흡수율은 PAHs의 형태, 흡수되는 입자의 크기 및 흡착제의 조성에 의존한다. 입자상 물질로 분류된 PAHs는 유리 탄화수소보다 매우 서서히 폐에서 제거된다.

안스라센, 플로로안센 및 페난스렌은 특수한 피부반응을 유발하고, 벤조피렌[benzo(α)pyrene]은 거의 모든 동물종에서 발암성을 나타내는 물질로 관심이 집중되고 있다. 나프탈렌의 치사 경구 투여량은 성인이 5,000~15,000 mg, 어린이는 2일간 2,000 mg이다. 피부 혹은 경구 노출 후 나타나는 전형적인 증상은 급성 용혈성 빈혈증이며, 태반을 통해 태아에도 영향을 줄 수 있다. 타르 및 파라핀은 피부암을 유발한다.

연습문제

1. 대기오염물질의 종류를 근원적·시각적 관점에서 분류하여 대표적인 물질을 세 가지 이상 나열하고, 각각의 특성을 간략하게 서술하시오.
2. 대기오염물질의 종류를 물리적 특성에 따라 분류하여 대표적인 물질을 나열하고, 각각의 특성을 간략하게 서술하시오.
3. 대기오염물질의 배출원을 근원적 관점에서 분류하고 관련한 배출원을 나열하시오.
4. 다음의 대기오염물질이 자연적 배출원에서 발생하는지 또는 인위적 배출원에서 발생하는지를 구분하고, 관련 산업이나 배출원을 나열하시오.

   VOCs, SO_2, H_2S, HF, CO, NO_x
5. 최근 SO_2, NO_x, VOCs 이외에 미세먼지 전구물질로 두각을 나타내는 물질 하나를 들고 가장 배출 비율이 높은 배출원을 세 가지 나열하시오.
6. 인위적 배출원을 공간적 배출 형태에 따라 분류하고, 관련이 있는 산업이나 배출원을 나열하시오.
7. 인위적 배출원을 밀집도와 규모에 따라 분류하고, 관련한 배출원을 나열하시오.
8. 우리나라의 경우 어떤 종류의 이동배출원 및 연료 사용이 대기질(대기오염물질 총량)에 가장 큰 영향을 미치는지 설명하시오.
9. 8번 문제와 관련하여 만일 이동배출원에 대한 적절한 제어 정책이 없을 경우 어떤 대기오염 문제가 우리 주위에서 가장 심각하게 나타날 수 있는지를 서술하시오.
10. 휘발성 유기화합물 중 벤젠과 포름알데히드의 인체 영향에 대해 기술하시오.
11. 질소산화물이 인체에 미치는 영향에 대해 서술하시오.
12. 광화학 산화제의 대표적인 물질을 한 가지 들고, 그 물질이 인체에 미치는 영향을 간단히 서술하시오.
13. 황산화물이 인체에 미치는 영향에 대해 서술하시오.
14. 초미세먼지가 농도별로 인체에 미치는 영향을 설명하시오.
15. 수은과 납 및 카드뮴이 인체에 미치는 영향을 설명하시오.

참고문헌

1. 국가미세먼지정보센터. 2022. 2019 국가 대기오염물질 배출량.
2. 국가미세먼지정보센터. 2022. 국가 대기오염물질 배출량 산정방법 편람(Ⅴ).
3. 국가법령정보센터. law.go.kr.
4. 국가통계포털. kosis.kr.
5. 국립환경연구원. 1995. 환경자료집 – 다환방향족탄화수소.
6. 국립환경연구원. 2004. 환경자료집(Ⅲ) – 환경이슈의 이해.
7. 김기현 외. 1997. 제주도 연안해역을 중심으로 한 DMS 농도의 관측. 한국대기보전학회 13(2): 161–170.
8. 김기현 외. 1998. 대기환경과 휘발성유기화합물질. 한국대기보전학회.
9. 김기현 외. 1999. 신제 대기오염개론. 향문사
10. 김기현 외. 2014. 신고 대기환경학. 향문사.
11. 대기환경연구회. 1995. 대기오염개론. 동화기술.
12. 서정민, 박출재. 1999. 대기오염개론. 21세기사.
13. 우완기, 손종렬. 2000. 대기오염개론. 신광문화사.
14. 전의찬, 김조천. 1997. VOC의 배출과 Emission Inventory. 국내 VOC관리의 현황과 문제점에 관한 Workshop. 경기대학교.
15. 정일록 외. 1996. 유해가스 배출량 산정에 관한 조사연구(Ⅱ). 국립환경연구원.
16. 조우. 1995. 도시녹지의 생태적 특성 분석과 자연성 증진을 위한 관리모형: 서울시를 중심으로. 서울시립대학교 대학원 박사학위논문. p.252.
17. 한국환경공단. 2020. 사업장 대기오염물질 총량관리제도 업무편람. 환경부.
18. 환경부. 2020. 업종별 발생 가능한 오염물질 종류.
19. 환경부. 2022a. 2021 환경백서.
20. 환경부. 2022b. 2021 환경통계연감.
21. AirNow. 2022. Air Quality Index (AQI) Basics. airnow.gov, North Carolina.
22. Alen Corperation. 2023. Everything You Need to Know About Airborne Particulate Matter. alen.com, Austin, Texas.
23. Boubel RW *et al.* 1994. Fundamentals of Air Pollution (3rd Ed). Academic Press.
24. Colls J. 1997. Air Pollution: An Introduction (1st Ed). E&FN SPON, New York.
25. EDGAR. 2012. edgar.jrc.ec.europa.eu, European Commission.
26. Environmental Health and Safety. 2007. Preventing Carbon Monoxide Poisoning. fau.edu/ehs, Florida Atlantic University, Boca Raton, Florida.
27. Evuti AM. 2013. A Synopsis on Biogenic and Anthropogenic Volatile Organic Compounds Emission: Hazards and Control. International Journal of Engineering Sciences 2(5): 145–153.
28. Florey C du V *et al.* 1979. The Relation Between Respiratory Illness in Primary Schoolchildren and the Use of Gas for Cooking: Ⅲ – Nitrogen Dioxide, Respira-

tory Illness and Lung Infection. International Journal of Epidemiology 8(4): 347-354.

29. Herrera-Estrella LR, Guevara-Garcia AA. 2009. Heavy Metal Adaptation. Encyclopedia of life sciences. Wiley Online Library.
30. Huang T *et al.* 2017. Spatial and Temporal Trends in Global Emissions of Nitrogen Oxides from 1960 to 2014. Environmetal Science & Technology 51(14): 7992-8000.
31. Infante-Rivard C. 1993. Childhood asthma and indoor environmental risk factors. American Journal of Epidemiology 137(8): 834-844.
32. Jeebhay M. 2006. Environmental and host factors associated with persistent lower respiratory tract symptoms or asthma following acute environmental exposure to sulphur dioxide. Environmental Science.
33. Kim JC, Allen ER, Johnson JD. 1995. Terpene emissions in a Southeastern pine forest. Technical Session of 88th National AWMA Annual Conference Proceeding (Paper # 95-WA74A.03), San Antonio, Texas.
34. Kim JC, Kim KH. 2002. Factors Affecting Ambient Monoterpene Levels in a Pine Forest. Journal of the Environmental Sciences 11(8): 811-818.
35. Kim JC. 1997. Biogenic Hydrocarbon Emissions in a Southeastern Pine Forest, U.S.A. Korean Society of Environmental Engineers 2(2): 95-106.
36. Kim SR, Halden RU, Buckley TJ. 2007. Volatile organic compounds in human milk: methods and measurements. Environmental Science and Technology 41(5): 1662-1667.
37. Legras B *et al.* 2022. The evolution and dynamics of the Hunga Tonga-Hunga Ha'apai sulfate aerosol plume in the stratosphere. Atmospheric Chemistry and Physics 22: 14957-14970.
38. Lim JH *et al.* 2008. Seasonal variations of monoterpene emissions from *Pinus densiflora* in East Asia. Chemosphere 73(4): 470-478.
39. Lim YJ *et al.* 2011. Seasonal variations of isoprene emissions from five oak tree species in East Asia. Atmospheric Environment 45(13): 2202-2210.
40. Rao MN, Rao HVN. 1996. Air Pollution (9th Ed). Tata McGraw-Hill Publishing Company, New Delhi.
41. Singh R *et al.* 2011. Heavy metals and living systems: An Overview. Indian Journal of Pharmacology 43(3): 246-253.
42. Sitaras IE, Siskos PA. 2008. The role of primary and secondary air pollutants in atmospheric pollution: Athens urban area as a case study. Environmental Chemistry Letters 6: 59-69.
43. Son YS *et al.* 2015. Seasonal variations and emission fluxes of monoterpene emitted from coniferous trees in East Asia: Focused on *Pinus rigida* and *Pinus koraiensis*. Journal of Atmospheric Chemistry 72: 27-41.

44. Sutton MA *et al.* 2013. Towards a climate-dependent paradigm of ammonia emission and deposition. Philosophical Transactions of the Royal Society B: Biological Sciences 368: 20130166.
45. Tian H *et al.* 2020. A comprehensive quantification of global nitrous oxide sources and sinks. Nature 586: 248–256.
46. US DHHS. 2015. Toxicological profile for benzene. atsdr.cdc.gov, Agency for Toxic Substances and Disease Registry.
47. US DHHS. 2015. Toxicological profile for toluene. atsdr.cdc.gov, Agency for Toxic Substances and Disease Registry.
48. US EPA. 2016. Hazard Summery: Benzene, Toluene, Xylene. epa.gov, Research Triangle Park, North Carolina.
49. Vinken GCM *et al.* 2014. Worldwide biogenic soil NO_x emissions inferred from OMI NO_2 observations. Atmospheric Chemistry and Physics 14(18): 10363–10381.
50. WHO. 1998. IPCS Environmental Health Criteria 202: Selected non-heterocyclic polycyclic aromatic hydrocarbons.
51. WHO. 2010. WHO Guidelines for Indoor Air Quality: Selected Pollutants.
52. WHO. 2021. Air Quality Guidelines.
53. Yan F *et al.* 2011. Global emission projections of particulate matter (PM): I. Exhaust emissions from on-road vehicles. Atmospheric Environment 45(28): 4830–4844.
54. Zhong Q *et al.* 2020. Global Sulfur Dioxide Emissions and the Driving Force. Environmetal Science & Technology 54(11): 6508–6517.

제5장

대기오염과 기상

5·1 대기오염과 기상 요소

일반적으로 대기의 운동은 수 초부터 길게는 수개월 또는 수년까지의 시간 규모와 수 센티미터부터 수천 킬로미터까지의 공간 규모로 일어난다. 또한 수평적으로는 지구 규모, 수직적으로는 지구 대기층의 높이에 이르기까지 다양한 규모로 대기운동 및 대기 현상이 일어난다. 이와 같은 시공간 규모에 따라 대기의 운동을 미세규모(microscale), 중간규모(mesoscale), 거대규모(macroscale)로 구분하며 연관된 대기 현상에 따라 국지(local), 지역(regional), 지구(global) 규모로도 구분할 수 있다. 이러한 구분이 필요한 이유는 현상을 이해하기 위한 물리 · 화학 법칙이 대상 규모에 따라 다르게 작용하기 때문이다. 따라서 같은 법칙일지라도 규모에 따라 중요시할 수도, 무시할 수도 있다.

시공간적으로 변하는 대기의 운동을 대기오염과 연관지을 때 규모에 따른 오염 현상에 대해 이해하고 접근해야 한다. 특히 대류권 내에서의 바람 형태와 지표 물리적 특성, 대기경계층 난류에 따른 층 내 바람의 변화, 지표면의 복사수지(radiation balance), 지표와 대기층의 물과 열 교환 등은, 대부분 지표면에 배출원을 둔 대기오염의 특성상 오염물질의 수송(transport), 확산(dispersion), 축적(accumulation)에 중요한 요소가 될 수 있다.

대기오염물질의 수송과 확산에 영향을 미치는 주요 기상 요소로는 바람(풍향, 풍속), 대기경계층 구조, 대기혼합고, 대기안정도 등을 들 수 있다. 이 중 풍향은 일반적으로 단기간 · 장기간에 걸쳐 일정한 경우가 거의 없을 정도로 변동이 심하다. 풍향은 또한 특정 시간 동안 지역의 오염원으로부터 배출된 오염물질의 수송과 그에 따른 지표 농도의 변화에 중대한 영향을 미칠 수 있다. 또 난류에 의해 짧은 시간(수 초 또는 수 분) 동안 발생하는 풍향 변화는 수 시간 동안의 평균값에 중첩되어 나타나기도 한다. 이때의 변동 폭은 바람에 휘날리는 깃발이나 풍향계를 통해 육안으로 확인할 수 있다. 이러한 아주 짧은 시간의 변동은 수평 성분뿐 아니라 수직 성분의 변화도 포함하며, 수직 성분의 변동은 오염물질의 난류확산에 영향을 줄 수 있다. 수평 및 수직 성분의 변동 폭은 단열감률과 환경기온감률 사이의 평형 상태인 대기안정도에 의해서 결정된다.

한편 풍속은 다음의 세 가지 측면에서 중요하다. 첫째, 오염원을 지나는 풍속의 세기에 비례해서 오염 농도가 줄어든다. 둘째, 풍속이 강할수록 기계적 난류가 크게 나타나서 기층 내 오염물질의 혼합(mixing)과 희석(dilution)이 증가한다. 셋째, 강한 풍속은 부력(buoyance)을 약화하여 오염물질을 배출된 고도에 머물게 함으로써 상대적으로 대기오염이 악화할 수 있다.

과거 많은 연구 결과에 따르면 대기오염물질의 고농도 현상은 주로 지역 고유의 지리·지형적 특성(예 해안, 분지, 산간)과 국지적 배출 및 기상 조건(예 약한 풍속, 해륙풍 순환)으로 인한 오염물질의 수송 및 축적에 의해서 나타난다고 알려져 있다(Ding *et al.*, 2004; Brulfert *et al.*, 2007; Song *et al.*, 2012). 예를 들어 국지 배출이 많은 도시 지역의 경우 강한 일사와 고온 조건이 형성되면 광화학반응이 활발해져 오존과 같은 2차 대기오염물질의 농도 상승이 뚜렷하며, 생성된 오염물질은 지역의 고유 기상 조건(예 바람, 대기안정도)에 따라 도시 내에 축적되거나 외부로의 이동 혹은 재순환 현상에 따라 주변 지역에도 영향을 미치므로 기상의 역할이 매우 중요하다(송상근·손장호, 2008; Kang *et al.*, 2012). 또한 지역의 대기환경을 결정함에 있어 오염물질의 국지적 배출을 제외하면 대부분 기온, 풍향, 풍속, 대기혼합고 등의 기상 조건이 대기오염물질의 시공간적 농도 분포에 크게 영향을 미칠 수 있다. 이 외에도 대기오염은 도시 내에서의 생성과 소멸에만 국한되지 않고 중간규모 이상의 대기운동과 관련한 장거리 수송(long-range transport)에 의해서도 나타난다(Ding *et al.*, 2004; Brulfert *et al.*, 2007). 제주도와 같이 인위적 오염물질의 배출이 매우 적은 청정(배경) 지역에서는 무엇보다 고유의 기상 조건이 대기오염 정도를 결정하는 주요 요인이 되고 있다(Song *et al.*, 2014).

5·2 대기의 구조

지구는 기체로 둘러싸여 있으며 이 기체는 거의 같은 깊이의 기층으로 되어 있어 기권으로 불린다. 기권을 구성하는 기체를 일괄하여 대기라고 한다. 대기는 여러 종류의 기체가 섞인 혼합물이다. 대기의 구성 성분은 대부분 질소(78%), 산소(21%), 아르곤(0.93%), 이산화탄소(0.039%)이고 그 밖에 메탄을 포함한 미량기체로 이루어져 있다. 지표 부근의 오염되지 않은 건조공기에서의 기체는 조성이 변하지 않는 영구기체(permanent gas)와 시공간에 따라 변하는 변량기체(variable gas)로 구분된다. 영구기체에는 질소, 산소, 아르곤, 네온 등이 있으며 변량기체에는 수증기, 이산화탄소, 메탄, 아산화질소, 오존, 미립자(먼지, 숯 등) 등이 있다. 특히 미량인 변량기체는 기상 현상과 지구복사수지 등에 영향을 미치므로 날씨와 기후에 매우 중요하다. 대기는 고도에 따른 중력의 차이와 구성 분자의 밀도에 따라 여러 층으로 나뉘며, 각각의 층에서도 고도에 따라 기온차가 심하게 나타난다. 또한 대기권은 미소한 전자량에 따라 전하를 띠는 전리층과 거의 없는 중성층으로 나누기도 한다.

5·2·1 대기의 연직구조

지구 대기권은 조성뿐만 아니라 온도 및 그 밖의 물리적 성질이 고도에 따라 다르다. 고도에 따른 온도 특성에 따라 지표면으로부터 대류권, 성층권, 중간권, 열권, 외기권의 5개 층으로 구분할 수 있다(그림 5-1 참조).

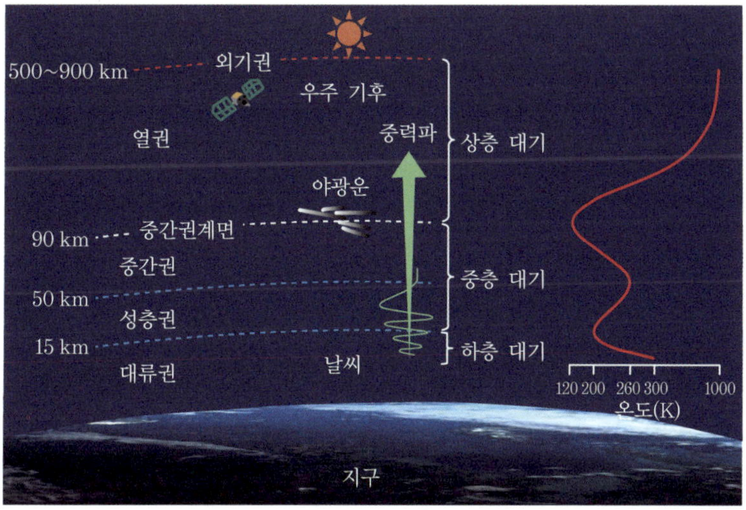

그림 5-1 대기의 연직구조[Yiğit & Medvedev, 2019]

대류권(troposphere)은 지표면에 가장 인접한 대기층이며, 지표면의 복사열에 의해 가열되므로 고도가 높아질수록 온도가 낮아지는 특성을 보인다. 즉 온도가 높은 공기가 하층에 있으므로 대기 상태가 불안정하여 구름의 형성과 난류 및 기상 현상이 나타난다. 또한 대류권에는 무거운 공기 분자가 모여 있으며 전체 대기 질량의 거의 80%가 분포한다. 대류권의 두께는 일반적으로 극지방에서는 지표면으로부터 7~8 km까지이고 적도 지방에서는 약 18 km까지이다. 대류권의 경계면, 즉 윗면을 대류권계면이라고 일컬으며 여름에 높아졌다가 겨울에는 낮아진다. 대류권의 하부 1~2 km에 대기경계층(또는 행성경계층)이 존재하며, 지구복사 및 지표 마찰 등 지표면으로부터의 직접적인 영향으로 기상 요소가 시공간적으로 변화하여 대류권 내 오염물질의 분포에 중요한 역할을 한다.

성층권(stratosphere)은 대류권계면 위에 있으며 지표면으로부터 50 km 정도까지의 영역이다. 고도가 높아짐에 따라 온도가 하강하는 대류권과 반대로 위로 갈수록 온도가 상승하여 고도 약 50 km에서 약 -3℃의 극대가 나타난다. 이는 오존이 밀집한 성층권의 중층에서 태양으로부터 도달한 자외선을 흡수하여 가열되기 때문이다. 성층권에서는 이처럼 고도가 높아질수록 온도가 상승하는 구조로 인해 열역학적으로 안정한 상태이므로 대류 및 기상 현상이 발생하지 않는다. 이렇듯 안정한 상태에서는 화산활동 및 핵실험 등으로 발생한 오염물질이나 입자가 유입된 후 오랫동안 층 내에 머물 수 있어 오염이 지속되기도 한다.

중간권(mesosphere)은 고도의 상승에 따라 온도가 감소하는 영역이다. 중간권에서는 대류권과 유사하게 대류 현상이 나타나지만 기상 현상이 나타나지는 않는다. 중간권은 지상으로부터 50~80 km까지의 영역이며 야간운이 발생하기도 한다.

열권(thermosphere)은 중간권 위에 위치하고 고도가 높아짐에 따라 온도가 상승하는 영역으로 고도 약 300 km에서 800~900℃에 달하기도 한다. 이는 대기의 분자운동에 의해 결정된 온도이므로 직접 관측한 온도와는 다르다. 열권에서는 분자의 운동속도가 커서 고온을 형성하더라도 공기 밀도(분자 수)가 매우 낮기 때문에 뜨겁게 느껴지지 않는다. 열권은 지상 80~90 km부터 500~1,000 km까지의 높이이며, 오로라 현상이 이 영역에서 일어난다.

마지막으로 외기권(exosphere)은 지구 대기가 우주 공간과 접하는 최외곽 영역으로 극히 희박하기는 하나 대기가 존재한다. 기체는 대부분 수소와 헬륨이며 우주 공간으로 빠져나가기도 한다. 1958년 인공위성에 의해 방사능이 강한 공간이 관측되었고 발견자의 이름을 따서 밴앨런대(Van Allen Belt)라고 부르고 있다. 밴앨런대는 상공 2,000~4,000 km와 13,000~20,000 km에 도넛 모양으로 분포한다.

온도 특성과는 별도로 대기 중 기체가 혼합되어 있는지 아닌지에 따라 균질권과 비균질권으로 구분한다. 균질권인 대류권, 성층권, 중간권과 열권의 극히 일부에서는 대기의 화학적 성분이 난류에 의해 혼합되어 있으므로 높이에 따른 조성 비율이 거의 일정하다. 이러한 상대적인 균질권 층은 지상에서부터 약 100 km의 고도까지 나타난다. 이보다 높은 고도는 열권의 대부분과 외기권을 포함한 비균질권에 해당하며, 비균질권에서의 화학적 성분은 고도에 따라 다양하게 나타난다. 중력에 의해 산소 및 질소와 같은 무거운 분자는 비균질권의 하층에 존재하고 수소 및 헬륨과 같은 가벼운 분자는 비균질권의 상층에 존재하면서 높이에 따라 계층화되어 있다.

한편 성층권 내 20~25 km 사이에 걸쳐 고농도의 오존이 밀집한 오존층이 있어 태양으로부터 오는 단파 자외선을 97~99% 흡수한다. 지구 대기의 오존 중 90% 이상이 오존층에 분포한다. 그러나 1970년대 들어서며 극지방 상공을 중심으로 오존층이 점차 감소하고 감소 범위가 확산하는 모습이 관측되었다. 이는 주로 인위적으로 배출하는 할로겐화합물(CFCs), 질소산화물 등이 성층권 내부로 유입되고 극지방 상공에서 극운(polar cloud)이 발생하는 등의 기상학적 요인이 복합적으로 작용한 결과로 추정된다.

이에 국제사회는 오존층 보호를 위해 1985년 비엔나협약을 체결한 데 이어 1987년 오존층 파괴물질의 생산과 사용을 규제하는 몬트리올의정서를 체결하였다. 선진국은 1996년부터 오존층 파괴물질의 생산 및 수입이 금지되었으며, 개발도상국은 1997년부터 단계적으로 감축하여 2010년에 사용을 완전 금지하였다. 우리나라 또한 1992년 2월 몬트리올의정서에 가입하였으며, 당시 개발도상국의 지위에 따른 의무 규정에 따라 오존층 파괴물질의 생산 및 소비를 규제하고 있다. 이러한 전 세계적인 노력으로 성층권의 오존 감소는 2010년 멈추었고 이후 점차 회복되고 있음이 확인되었다. 2021년 「네이처(Nature)」에 발표된 연구 결과에 따르면 2019년까지 CFCs의 대기 중 농도가 크게 감소하였으며(Montzka *et al.*, 2021), 이는 점진적으로 파괴되어 온 오존층이 이제 복구 궤도에 올라왔다는 점을 시사한다(그림 5-2 참조).

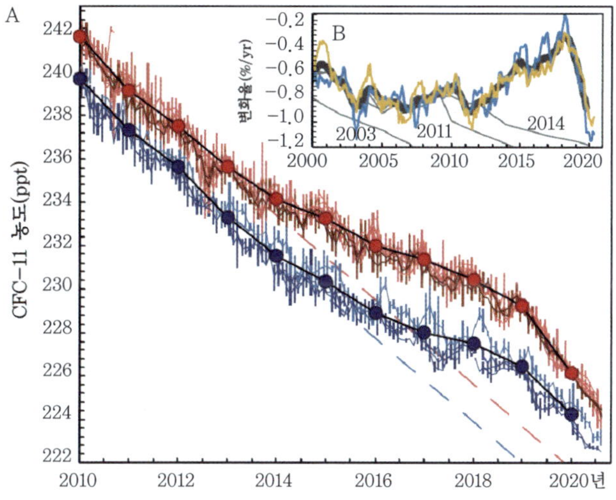

그림 5-2 대기 중 CFC-11의 몰분율(A) 및 지구 평균 변화율(B)
[Montzka *et al.*, 2021]

또한 지구 대기의 상공 60~1,000 km 사이에는 전리층(ionosphere)이 있다. 열권의 대부분과 중간권 및 외기권의 일부분을 포함하며, 태양복사에 의해 대기 분자들이 이온화하여 전하를 띠기 때문에 전리층이라고 부른다. 전리층은 대기전기학적으로 중요한 역할을 하며 지구 자기권의 안쪽 경계를 나타낸다. 지상으로부터 라디오파를 전파하면 전리층에서 반사되므로 이 원리를 원거리 무선통신에 응용하고 있다.

5·2·2 대기오염의 규모

대기오염은 국지적인 소규모부터 전 세계적 규모에 이르기까지 다양하게 존재하며 크게 다섯 가지, 즉 국지, 도시, 지역, 대륙, 지구 규모로 구분한다. 각각의 규모는 공간적으로 지구 표면의 약 5 km, 5~10 km, 50~500 km, 500~수천 km, 전 세계적 범위를 포함한다.

국지(local) 규모의 대기오염은 일반적으로 하나 또는 몇몇의 대형 배출 또는 다수의 작은 배출에 의해 발생한다. 배출원에서의 배출 높이가 낮을수록 잠재적인 영향이 크게 나타난다. 국지적 규모의 오염 중 일례로 자동차 배출가스로 인한 대기오염을 들 수 있으며, 자동차가 일산화탄소를 배출하는 탓에 도로와 그 인근에서는 일산화탄소의 농도가 높게 나타난다. 또한 폐수 안정화지(waste stabilization pond)에서 증발하는 휘발성 유기화합물(VOCs)과 같이 지상에서 배출되는 물질은 배출원 근처에서 농도가 가장 높으며, 농도 기울기에 따라 거리가 멀어질수록 감소한다. 대형 배출원인 발전소 또는 산업시설은 지상 위로 높게 배출하지만 불안정한 기상 조건에서는 고농도의 오염물질이 지표면에 도달할 수 있어 국지적인 대기오염 문제를 일으킬 수 있다. 1층 또는 2층 정도의 저층 건축물 상단에 위치한 작은 굴뚝이나 통풍구에서 많은 오염물질이 배출되며, 건물로 인해 지표 방향으로 난류가 발생하여 고농도의 오염물질을 지표면으로 수송할 수 있다. 이러한 방식은 또한 악취를 유발하는 화합물 및 혼합물을 포함한 다양한 오염물질을 배출할 수 있다. 그림 5-3은 국지 규모의 대기오염 현상에 대한 일례로 2019년 스페인 바르셀로나 지역을 대상으로 수행한 대기확산모델(CALIOPE-Urban multiscale air quality model)에서 나타난 이산화질소(NO_2) 농도의 공간 분포이다. 전반적으로 교통량이 많은 도시 내 주요 도로와 항구 주변에 고농도 NO_2가 분포하고 있어 이곳이 주요 NO_2 오염 지역임을 알 수 있다(Criado *et al.*, 2023).

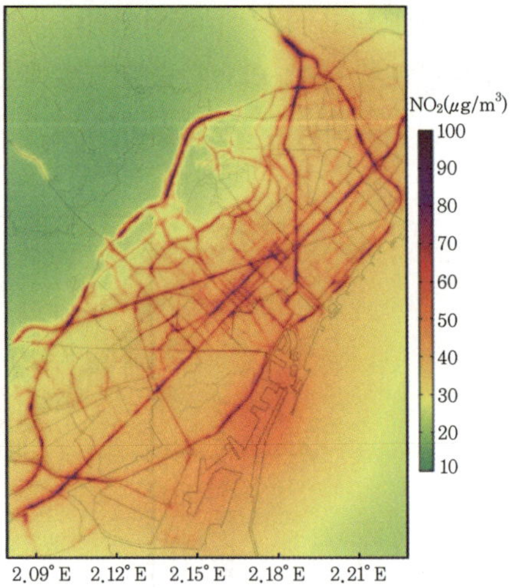

그림 5-3 대기확산모델을 이용한 2019년 바르셀로나 지역의 NO_2 농도 분포[Criado *et al.*, 2023]

도시(urban) 규모의 대기오염은 일반적으로 두 가지 유형으로 구분한다. 하나는 배출원으로부터 직접 배출된 1차 오염물질이며, 다른 하나는 1차 오염물질의 화학반응을 통해 형성된 2차 오염물질이다. 그림 5-4는 도시 및 농촌 지역에서 배출된 1차 오염물질과 2차 오염물질을 생성하는 반응 과정을 보여준다(Ehrnsperger & Klemm, 2021). 또한 도시 규모에서의 대기오염은 지역 규모의 대기오염에 도시 규모의 개별 원인이 더해져 발생할 수 있다. 예를 들어 일산화탄소 및 입자상 물질과 같이 상대적으로 반응성이 낮거나, 이산화황과 같이 반응

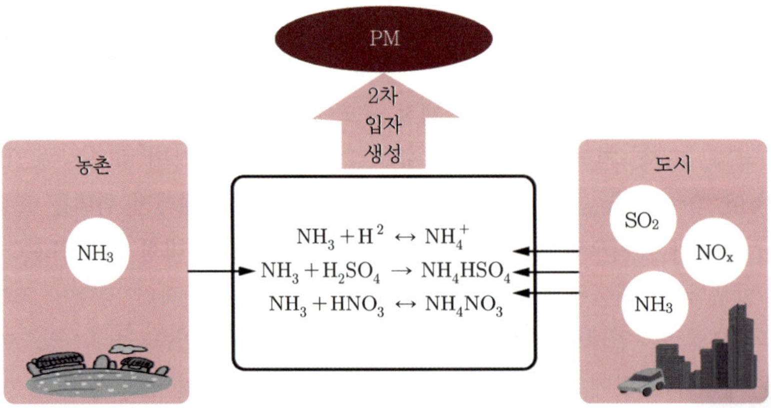

그림 5-4 도시 및 농촌 지역에서 배출된 1차 오염물질과 2차 오염물질의 생성반응 과정[Ehrnsperger & Klemm, 2021]

성이 상대적으로 느린 오염물질의 경우 도시 규모의 개별적 배출 원인이 지역 규모의 대기오염과 합쳐져 고농도를 유발할 수 있다. 일산화탄소의 주요 발생원은 자동차로부터 나오는 배기가스이며, 특히 공회전 차량에서 높게 나타난다. 또한 고밀도 도시 개발의 결과 대기오염물질을 포함한 공기의 흐름이 원활하지 못하여 오염물질의 농축이 발생하고 이로 인해 고농도 구역(hot spot)이 나타난다. 이 외에도 대류권 및 지표면에 존재하는 오존은 2차 오염물질로서 도시 규모의 대표적인 기체상 오염물질이다. 많은 대도시 지역에서는 질소산화물과 다양한 VOCs가 햇빛의 자외선에 의한 광화학반응을 거치면서 오존을 형성한다. 이러한 오존은 광화학 스모그를 유발하여 시정을 악화하고 인체 호흡기나 눈을 자극하는 등 유해한 기체로 작용한다.

지역(regional) 규모에서는 적어도 두 가지 유형이 대기오염에 영향을 준다. 첫째, 도시 지역에서 배출된 산화물의 혼합이다. 많은 주요 도시들이 서로 가까운 거리에 위치하며 계속 성장하고 있다. 또한 여러 대도시가 서로 연결되어 있어 이러한 도시 지역을 메갈로폴리스(megalopolis)라고 부른다. 메갈로폴리스 중 하나의 도시에서 직접적으로 배출된 1차 오염물질과 화학반응을 통해 생성된 2차 오염물질을 포함한 공기 덩어리가 다른 인접 도시로 수송되기도 한다. 둘째, 첫 번째 유형을 기반으로 추가된 유형이며, 상대적으로 느리게 반응하는 1차 오염물질이 긴 시간 동안 수송되면서 여러 화학적 반응과 변환을 거쳐 대기오염에 영향을 미친다. 시공간적 영역과 화학적 변환 간에 밀접한 관련성이 있어 서로 직접적인 영향을 미치며, 수송 시간이 길수록 모화합물(parent compound)뿐만 아니라 수많은 변환 물질이 지역 규모로까지 수송될 수 있다. 석유 및 석탄 등 화석연료의 연소로 배출된 황산화물, 발전소 및 산업 공장, 차량 내연기관에서의 고온 연소로 배출된 질소산화물로 인해 각각 형성된 황산염과 질산염은 대기의 가시성을 떨어뜨리고 연무(haze)와 같은 지역 규모의 대기오염을 초래한다(그림 5-5 참조).

그림 5-5 2008년 4월 서울에서 발생한 연무 현상
[Taylorandayumi, 2008]

대륙(continental) 규모의 대기오염은 대륙 표면에서 배출된 오염물질이 풍하 방향으로 대륙의 대기오염에 기여함을 말한다. 대기오염물질의 대륙 간 수송은 기상 조건에 크게 좌우되며, 특히 지표의 영향을 받지 않는 자유대기에서 이동하는 오염물질은 강한 바람과 적은 소멸 기작으로 인해 대기경계층에 존재하는 오염물질보다 장·단거리로 더 수송된다. 대기 중 에어로졸과 지표 오존의 수명은 일주일 내외로 아시아 지역에서 아메리카대륙까지 이동할 수 있는 충분한 시간이다. 수치 모델을 통해 대기오염의 화학 과정 및 이동 과정을 진단할 수 있으며, 오염물질의 대륙 간 수송 양상은 계절과 지역에 따라 상당히 다를 수 있다. 아시아에서 배출된 오염물질은 특히 대기경계층에서의 대류 또는 지형에 의한 상승 기작으로 인해 자유대기로 수송된다(Holloway *et al.*, 2003). 그림 5-6은 2010~2014년 동안 아시아, 태평양, 북아메리카를 대상으로 WRF-Chem 모델을 수행한 계절별 평균 에어로졸(PM_{10}) 공간 분포를 나타낸다. 계절별로 차이는 있지만 고농도 PM_{10}이 태평양을 횡단하는 아열대성 제트류를 타고 이동하는 대기 수송을 통해 풍하측에 위치한 미국 서부 해안까지 영향을 주는 것을 확인할 수 있다(Hu *et al.*, 2019). 또한 사계절 중 봄철에 태평양을 횡단하는 장거리 수송 패턴이 가장 뚜렷하고 다음은 겨울, 가을, 여름 순으로 나타난다.

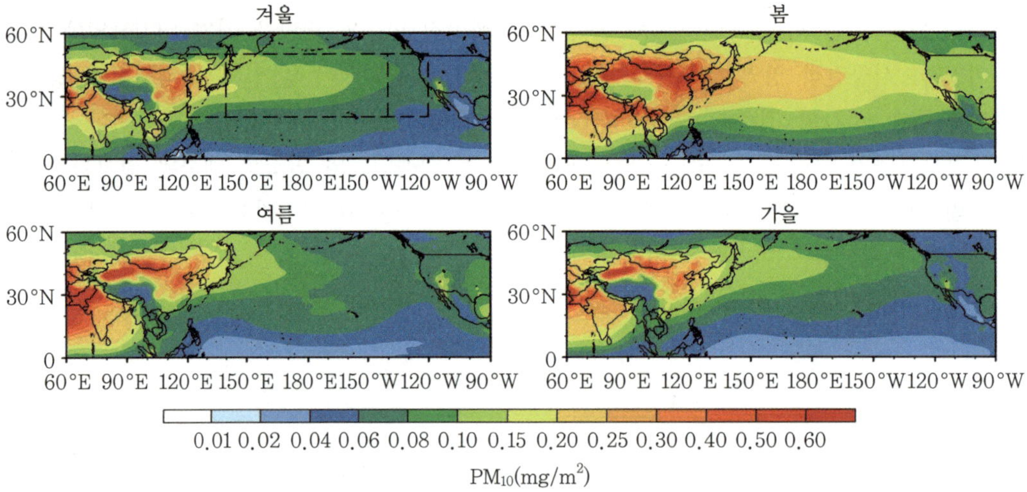

그림 5-6 2010~2014년 간 태평양 연안의 계절별 평균 PM_{10} 공간 분포[Hu *et al.*, 2019]

지구(global) 규모의 환경문제로는 대표적으로 기후변화, 오존홀, 산성비 등이 있으며 이는 인간 활동에 따른 인위적 배출로 인해 나타난 현상이다. 특히 지구의 평균기온이 지속적으로 상승하면서 전 지구적 기후 패턴이 급변하였다. IPCC에서 발표한 「6차 평가보고서」는 인간이 기후 시스템에 명백한 영향을 주고 있음을 밝힌 바 있다(IPCC, 2021). 현대 이전에도 기후변화는 있었으나 현대의 기후변화는 과거에 비해 급격하다는 점이 핵심이다. 즉 18세기 산업혁명 이후 인류는 막대한 양의 온실가스를 배출함으로써 급격한 지구온난화를 가져왔으며 온실가스 방출은 대개 화석연료 소비를 통한 에너지 생산에서 기인한다. 기후변화를 비롯한 지구 규모의 대기오염에 관해서는 제7장에서 자세히 다루기로 한다.

5·3 대기의 열역학

대기는 태양으로부터 에너지를 공급받아서 작동하는 거대한 열기관이라고 볼 수 있다. 지구상에서 발생하는 대기 대순환과 바람, 폭풍, 구름 등은 지구 대기가 태양에너지를 받아들인 결과로 일어나는 기상 현상이다. 기본적으로 태양으로부터 복사되는 에너지가 지구 대기에서는 열(heat)의 형태로 전달되기 때문에 대기의 흐름과 관련한 대기오염의 확산 현상 등을 이해하기 위해서는 지구 대기가 열적 변화에 어떻게 반응하는지를 알아야 한다.

대기의 열역학적 속성인 절대온도(T), 부피(V), 압력(p) 사이의 관계에는 그림 5-7과 같이 보일의 법칙(Boyle's Law), 샤를의 법칙(Charles's law), 아보가드로의 법칙(Avogadro's law)이 적용되며 다음 식과 같이 나타낼 수 있다. 이를 이상기체법칙 또는 이상기체 상태방정식(equation of state)이라고 한다.

$$pV = nR^*T \qquad (5\cdot1)$$

여기서 n: 기체 성분의 몰수, 즉 질량(M)을 평균 분자량(m)으로 나눈 값

이때 R^*은 보편기체상수(universal gas constant)로 모든 기체에 대해 일정한 값을 가지며, 기체마다 고유한 몰질량을 고려한 특정기체상수(specific gas constant)인 R_s에 그 기체의 분자량(m)을 곱한 값과 같다. 따라서 식 5·1은 $pV = MR_sT$로 다시 쓸 수 있으며 이 식을 기체의 밀도(ρ)에 관해 정리하면 다음과 같다.

$$p = \rho R_s T \text{ 또는 } p\alpha = R_s T \qquad (5\cdot2)$$

여기서 α: 기체 밀도(ρ)의 역수인 비체적(specific volume)

한편 보편기체상수 R^*는 8.314 J·mol^{-1}K^{-1}이며, 대류권에서 평균 분자량이 28.97 g·mol^{-1}인 건조공기의 특정기체상수 R_d는 0.287 J·mol^{-1}K^{-1}이다. 또한 평균 분자량이 18.02 g·mol^{-1}인 수증기에 대한 특정기체상수 R_w는 0.461 J·mol^{-1}K^{-1}이다.

수증기가 포함되어 있는 습윤한 공기의 상태방정식을 건조공기의 상태방정식과 유사한 형태로 표시하면 다음과 같다.

$$p\alpha = \frac{R^*}{m_d} \cdot T^* \qquad (5\cdot3)$$

여기서 m_d: 건조공기의 평균 분자량, T^*: 가온도

이때 가온도(virtual temperature) T^*는 다음과 같이 정의할 수 있다.

$$T^* \equiv \frac{T}{1-(e/p)(1-\epsilon)} \quad \cdots\cdots (5\cdot4)$$

여기서 e: 수증기의 압력, p: 습윤공기의 전체 압력(total pressure), ϵ: 수증기 분자량(m_w)에 대한 건조공기 분자량(m_d)의 비(0.622)

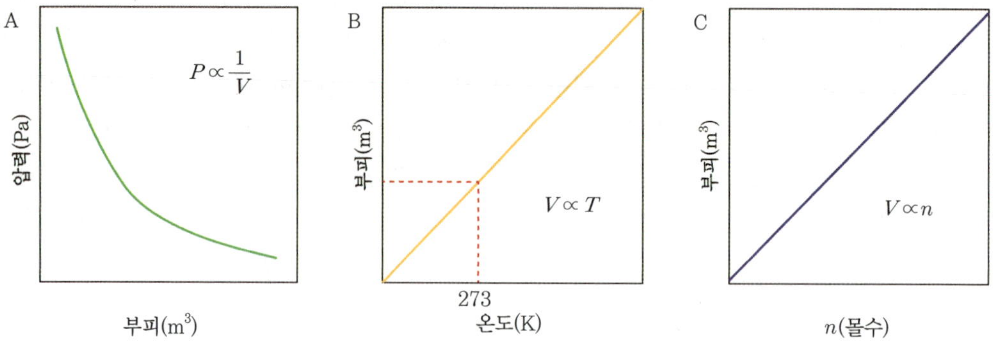

그림 5-7 기체의 절대온도(T), 부피(V), 압력(p) 사이의 관계
A: 보일의 법칙 B: 샤를의 법칙 C: 아보가드로의 법칙

5·3·1 열역학 제1법칙

열역학 제1법칙(the first law of thermodynamics)이란 어떤 계(system)의 내부에너지 증가(dU)는 계에 흡수된 열(dQ)과 계에 가해진 일(dW)의 합에 의해서 결정된다는 에너지 보존법칙(law of conservation of energy)이다. 따라서 이들 사이의 관계를 열역학 제1법칙에 따라 다음의 식으로 나타낼 수 있다.

$$dU = dW + dQ \quad \cdots\cdots (5\cdot5)$$

여기서 dQ는 계가 열을 흡수하면 양의 부호(+), 방출할 경우 음의 부호(−)로 나타낸다. 또한 dW는 팽창해서 부피가 증가할 경우에는 양의 부호, 수축해서 부피가 감소할 경우에는 음의 부호를 써서 표시한다. 다시 말해서 일은 계 전체의 움직임에 의해 운동에너지의 형태로 전달되는 에너지의 양으로 정의할 수 있고, 열은 그 외의 운동에너지로 전달되는 에너지의 양으로 정의할 수 있다.

대기 내에서 일정한 압력 p를 모든 방향에서 고르게 받는 공기 덩어리를 생각해 보자. 공기 덩어리는 외부로부터의 압력에 의해서 모든 방향으로 ds만큼 줄어들었다. 이때 공기 덩어리의 표면적을 A라고 하면 공기 덩어리의 줄어든 부피는 다음과 같다.

$$-dV = A\,ds \quad \cdots\cdots (5\cdot6)$$

따라서 주위 압력에 의해서 공기 덩어리에 가해진 일(dW)은 가해진 힘(F)과 그로 인해 움직인 거리(ds) 사이의 곱으로 표시할 수 있다. 식 5·6을 이용하면 결과는 다음과 같다.

$$dW = Fds = pAds = -pdV \quad \cdots\cdots (5\cdot7)$$

만일 공기 덩어리의 부피를 일정하게 유지한다면($dV=0$) 식 5·5와 5·7에서 dQ는 내부에너지의 변화량인 dU가 된다. 따라서 외부에서 가해진 열 dQ에 의해서 공기 덩어리의 온도가 dT만큼 상승했다면 이때 내부에너지의 변화인 dU는 일정 부피에서 공기 덩어리의 단위질량을 1℃ 상승시키는 데 필요한 열인 정적비열(specific heat at constant volume, C_v)과 공기 덩어리의 질량(M)을 이용해서 다음과 같이 표시할 수 있다.

$$dU = MC_v dT \quad \cdots\cdots (5\cdot8)$$

식 5·7과 5·8을 열역학 제1법칙을 기술하는 식 5·5에 적용하여 단위질량에 관한 식으로 다시 쓰면 다음 식과 같다.

$$dQ = C_v dT + pd\alpha \quad \cdots\cdots (5\cdot9)$$

여기서 dQ: 단위질량에 대한 열의 변화, α: 밀도의 역수인 비체적

이 식은 계에 흡수된 열로 인해 계의 온도가 상승하고 부피가 증가함을 나타내고 있다. 실제 대기에서의 부피 변화는 측정이 어려우므로 압력 변화와 관련시킨다. 이상기체 상태방정식인 식 5·2를 온도(T)에 대한 미분 형태로 나타내면 다음과 같다.

$$pd\alpha + \alpha dp = RdT \quad \cdots\cdots (5\cdot10)$$

식 5·9에 식 5·10을 대입하여 정리하면 $dQ = (C_v + R)dT - \alpha dp$가 된다. 이때 $C_p - C_v = R$인 관계를 이용하면 열역학 제1법칙을 다음의 식으로 정리할 수 있다.

$$dQ = C_p dT - \alpha dp \quad \cdots\cdots (5\cdot11)$$

이 식에서 C_p는 정압비열(specific heat at constant pressure)이며 건조공기의 정압비열은 1.005 $J \cdot g^{-1}K^{-1}$에 해당한다. 또한 건조공기의 정적비열(C_v)은 0.718 $J \cdot g^{-1}K^{-1}$이며, 건조공기의 정적비열과 정압비열 관계($C_p - C_v = R$)에 따라 기체상수는 0.287 $J \cdot g^{-1}K^{-1}$이다.

5·3·2 단열과정

단열과정(adiabatic process, 단열변화)은 하나의 계가 외부와의 열 및 물질 교환이 차단된 조건에서 변화하는 과정을 이른다. 따라서 단열변화에서는 $dQ=0$이 된다. 결국 단열과정

에 있는 공기 덩어리의 내부에너지 변화(dU)는 계에 작용하는 일로 결정된다($dU = dW$). 일은 주로 공기 덩어리가 상승 또는 하강하면서 일어나는 기체의 팽창과 압축으로 나타난다. 실제 대기 중에서 공기 덩어리의 상승 · 하강 운동은 단열적이다.

대기 중에서 기압은 일반적으로 고도에 따라 급격히 변화한다. 따라서 압력 변화에 의해서만 결정되는 단열과정 중의 온도 변화는 상승 또는 하강하는 공기 덩어리에서 나타난다. 그리하여 단열적으로 상승하는 공기($dW > 0$)는 상승에 따른 주위 압력의 감소로 팽창하는 일을 하므로 내부에너지가 소모되어 냉각된다. 역으로 단열적으로 하강하는 공기 덩어리는 주위 압력의 증가에 따라 온도가 올라간다.

단열상승에 따른 공기 덩어리의 (환경)기온감률(temperature lapse rate)은 일정하며 이를 건조단열감률이라고 한다. 즉 건조공기의 경우 100 m 상승할 때마다 온도는 0.98℃씩 낮아진다. 그러나 대류권 내 실제 대기의 기온감률은 평균 6.5℃/km로 건조단열감률과 차이가 있다. 이러한 차이는 대기 내 복사에너지의 출입과 수증기 잠열의 영향으로 나타나며, 대기 안정도와 함께 5·5·5절에서 상세히 다룬다.

이와 같이 공기 덩어리의 온도는 외부와의 열 교환 없이도 상승과 하강에 따라 변화할 수 있다. 일정한 높이에서 주어진 온도를 가진 공기 덩어리의 수직 변위에 따른 온도 변화는 식 5·11의 열역학 제1법칙을 이용하면 예측할 수 있다. 우선 단열변화하는 공기 덩어리를 가정하면 $dQ = 0$이므로 식 5·11은 다음과 같이 된다.

$$C_p dT - \alpha dp = 0 \qquad (5\cdot12)$$

이때 이상기체 상태방정식인 식 5·2를 이용하여 식 5·12를 다시 정리하면 다음과 같다.

$$\frac{C_p}{R_s} \cdot \frac{dT}{T} - \frac{dp}{p} = 0 \qquad (5\cdot13)$$

식 5·13을 기준이 되는 높이(그때의 압력 P_0, 온도 T_0)부터 변위된 높이(그때의 압력 P, 온도 T)까지 적분하면 다음과 같다.

$$\frac{C_p}{R_s} \int_{T_0}^{T} \frac{dT}{T} = \int_{P_0}^{P} \frac{dp}{p} \qquad (5\cdot14)$$

또는

$$\frac{C_p}{R_s} \ln\left(\frac{T}{T_0}\right) = \ln\left(\frac{P}{P_0}\right) \qquad (5\cdot15)$$

이 식 양변의 자연대수를 없애고 정리하면 다음과 같으며 이를 푸아송 방정식(Poisson's equation)이라고 한다.

$$T_0 = T\left(\frac{P_0}{P}\right)^{R_s/C_p} \quad \cdots\cdots (5\cdot16)$$

이상과 같이 단열과정을 겪는 공기 덩어리는 기층 내 상하로 이동함에 따라 온도가 변화한다. 따라서 변위와 무관하게 보존될 수 있는 양을 도입하여 각 공기 덩어리의 물리적 상태를 비교하기 위한 기준으로 삼으면 편리하다. 이러한 기준량을 온위(potential temperature, θ)라고 하며 다음과 같이 정의한다.

$$\theta \equiv T\left(\frac{P_0}{P}\right)^{R_s/C_p} \quad \cdots\cdots (5\cdot17)$$

이때 표준기압 P_0는 기준면에서의 압력으로 1,000 hPa을 가정하며, 공기의 온위가 같으면 공기의 밀도도 같다. 밀도는 온위와 반비례하므로 온위가 높을수록 공기의 밀도는 작아진다. 따라서 온위의 수직 분포로부터 대기의 안정 상태를 판단할 수 있다.

5·3·3 온위와 건조단열감률

1 온위

앞에서 언급한 바와 같이 온위는 어떤 고도에 있는 건조한 공기 덩어리가 단열적으로 표준기압 1,000 hPa이 될 때까지 상승 또는 하강했을 때의 온도를 말하며, 앞선 푸아송 방정식(식 5·16)을 통해 건조공기의 단열과정과 관련한 온도를 표현할 때 사용한다. 온위는 식 5·17과 함께 다음과 같이 정의할 수 있다(Bolton, 1980).

$$\theta = T\left(\frac{P_0}{P}\right)^{R/C_p} = T\left(\frac{p_0}{p}\right)^{0.286} \quad \cdots\cdots (5\cdot18)$$

여기서 P_0: 표준기압(1,000 hPa), P: 공기의 기압, T: 공기의 온도, R: 기체상수, C_p: 정압비열

건조공기에 비해 대기의 수증기 함량이 훨씬 적기 때문에 불포화공기에서의 온위를 계산하는 데 식 5·18을 이용한다(그림 5-8 참조).

그림 5-9는 단열선도상에서의 여러 온위를 설명한다. 온위의 종류에는 습구온위(potential wet-bulb temperature, θ_w)와 상당온위(equivalent potential temperature, θ_e)가 있다. 습구온위는 주어진 습구온도의 공기를 포화단열적으로 기압 1,000 hPa 고도까지 옮겼을 때의 온도를 말하며, 상당온위는 주어진 공기 중에 포함된 수증기가 단열과정을 통해 냉각되는 동안 공기 중에서 완전히 탈락된 후 건조단열적으로 1,000 hPa 고도까지 내려왔을 경우에 공기가 나타내는 온도를 의미한다(홍성길, 2013).

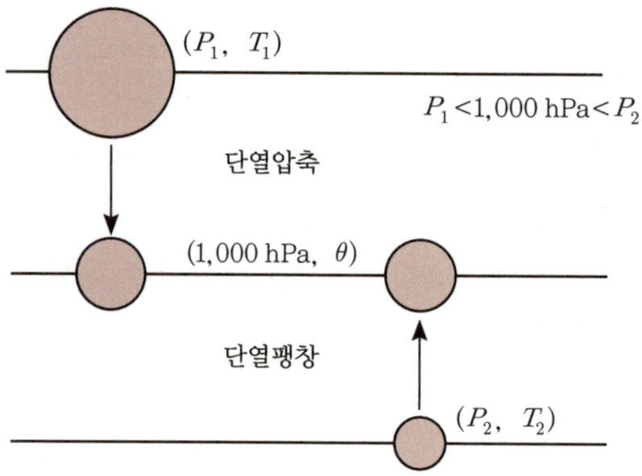

그림 5-8 온위 방정식을 설명하는 모식도

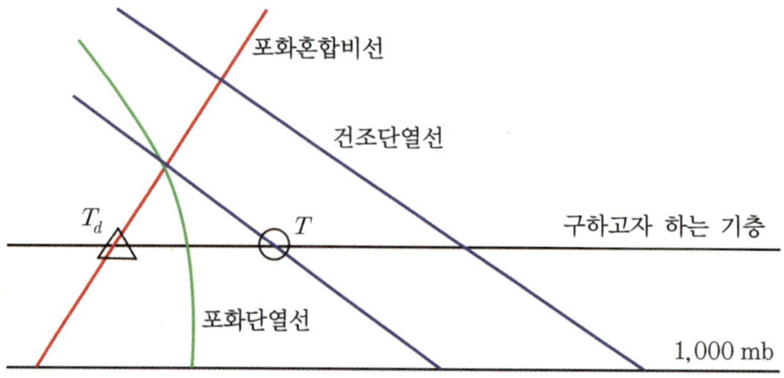

그림 5-9 단열선도상에서 온위를 구하는 방법

온위는 실제 온도보다 동적으로 더 중요한 양을 나타내며 대기의 안정도를 판단할 때 온위의 변화를 통해 해석하기도 한다. 고도에 따라 온위가 증가 또는 감소하면 정역학적으로 안정($\frac{\partial\theta}{\partial z} > 0$) 또는 불안정($\frac{\partial\theta}{\partial z} < 0$) 상태가 되고 고도에 따라 일정하면 중립이며 단열과정 동안에는 변하지 않아 보존적이다. 대기는 수직운동에 대해 불안정하여 대류가 발생할 가능성이 있고 대류는 대기를 빠르게 혼합하여 안정적으로 중화된 상태로 만들기 때문에 고도에 따

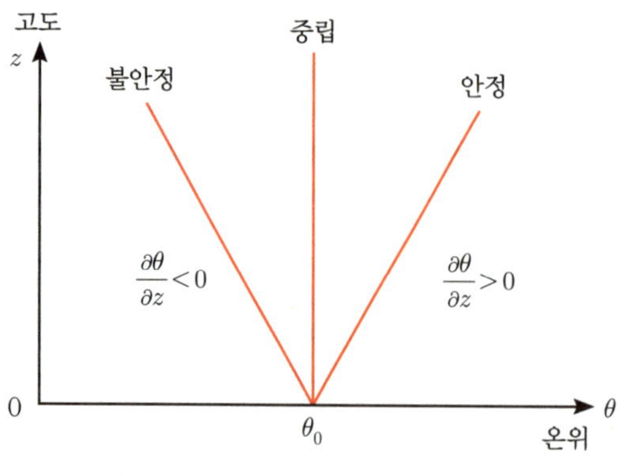

그림 5-10 온위와 유체정역학의 관계

른 온위의 감소는, 매우 강한 대류 현상이 일어나는 중이거나 일사량이 강한 기간을 제외하고는 흔하게 일어나지 않는다. 포화공기의 불안정성을 나타내는 상당온위가 고도에 따라 감소하는 상황이 훨씬 더 일반적이다(그림 5-10 참조).

단열 또는 등엔트로피(isoentropic) 공기 운동에서는 온위가 보존되기 때문에 일정한 온위의 단열 유동선 또는 표면이 각각 유선 또는 유동 표면으로 작용한다. 이러한 사실은 공기 움직임을 보다 시각화하고 특히 대규모 수직운동의 분석을 가능하게 하는 종관 분석의 한 형태인 등엔트로피 분석에 사용되기도 한다.

2 건조단열감률

단열과정에서 살펴보았듯이 건조단열감률(dry adiabatic lapse rate)은 불포화공기 덩어리가 수증기를 응결시키지 않으면서 단열적으로 상승할 경우 고도에 따른 온도 감소율을 나타낸다. 상대습도가 100%일 때 포화상태, 미만일 때는 불포화상태라고 하며, 공기 덩어리가 상승할 경우 주위의 기압이 낮아져 팽창하고 공기 덩어리가 하강할 때 반대로 기압이 높아져 수축한다. 공기 덩어리가 팽창하고 수축할 때 외부 공기와 서로 열교환이 일어나지 않으면 단열적으로 팽창·수축하였다고 한다. 일반적으로 건조단열감률은 공기 덩어리가 100 m 상승할 때 약 0.98℃ 하강한다고 알려져 있다. 그림 5-11은 이와 같은 건조공기의 단열 상승 및 하강에 따른 온도 변화를 나타낸다.

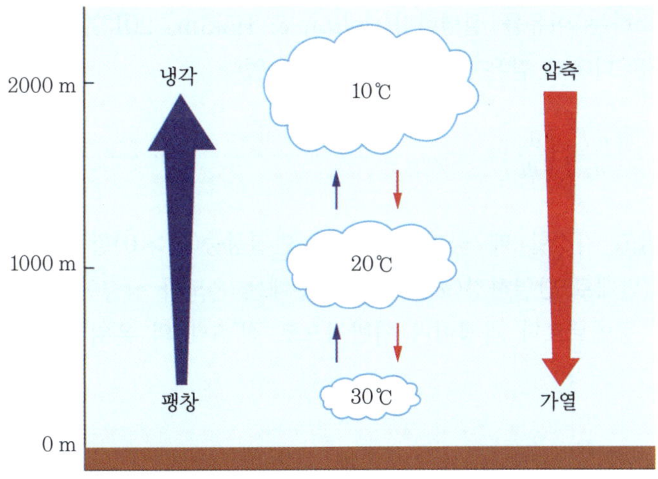

그림 5-11 건조공기의 단열 상승 및 하강에 따른 온도 변화
[Alison & David, 2019]

습한 공기는 상승하면서 냉각됨에 따라 상승 중에 포화상태에 이를 수 있으며, 이때는 포화과정으로 인한 온도 변화가 발생한다. 이는 수분이 기체에서 액체로 또는 액체에서 고체로 응결함에 따라 열이 방출되는 과정을 의미한다. 이때 수증기가 응결하면서 방출하는 열의 총량은 응결된 수증기의 질량과 응결잠열(latent heat of condensation; 580 cal/g)의 곱으로

결정한다. 응결열의 방출로 인해 상승하는 포화공기의 냉각률은 건조공기에 비해 낮다. 이때의 기온감률을 습윤단열감률(moist adiabatic lapse rate)이라고 한다. 습윤단열감률은 응결되는 수분의 양에 따라 변하며 수분의 양은 기온이 가장 높은 저위도 지역에서 가장 많다. 또한 습윤단열감률은 포화공기가 상승할 때의 온도 변화율을 나타내며, 습윤한 공기가 상승할 때에는 기온이 10℃일 때 100 m당 0.5℃씩 떨어진다. 한편 습윤단열감률은 고도에 따라 다르게 나타나기도 한다. 예를 들어 수분이 많은 지표면 근처의 약 4℃/km부터, 수분이 아주 적은 대기 상부의 약 9.8℃/km까지 변한다.

앞선 단열과정의 식 5·12로 다음과 같은 건조단열감률 식을 구할 수 있다.

$$\frac{dT}{dp}=\frac{\alpha}{c_{pd}} \qquad (5\cdot19)$$

이 식은 정역학 방정식($dp=-\rho g dz$)을 이용하여 다음과 같이 나타낼 수 있다.

$$\gamma_d=-\left(\frac{dT}{dz}\right)_d=\frac{g}{c_{pd}}=9.8\ \mathrm{K/km} \qquad (5\cdot20)$$

이때 d는 건조공기를 의미한다. 그림 5-11에서 볼 수 있듯이 불포화공기 덩어리가 1 km 상승할 때 온도는 약 10℃ 감소한다. 주변 대기의 기압이 낮아지면 공기 덩어리가 팽창하고 이로 인해 주위에서 일을 시작하면서 내부에너지가 감소하며, 이는 공기 덩어리가 단열상승할 때 온도가 감소하는 이유를 설명한다(Holton & Hakim, 2013). 이와 관련한 공기 덩어리의 온도 변화율은 다음과 같은 식으로 나타낼 수 있다.

$$\left(\frac{dT}{dt}\right)_d=\left(\frac{dT}{dz}\right)_d\left(\frac{dz}{dt}\right)=-\gamma_d\omega \qquad (5\cdot21)$$

연직속도를 ω라고 가정할 때 공기 덩어리가 단열상승($w>0$)할 경우 시간 경과에 따라 온도가 하강하며, 반대로 단열하강($w<0$)할 경우에는 온도가 상승한다.

건조단열감률은 등엔트로피 과정이며 일반적으로 식 5·18의 온위 방정식으로 이를 증명한다(기상청, 2016).

$$\ln\theta=\ln T+\frac{R_d}{C_p}\ln\left(\frac{p_0}{p}\right) \qquad (5\cdot22)$$

이 식을 미분하여 양변을 T로 나눈 다음 우변항을 정리하면 다음과 같다.

$$c_p d\ln\theta=\frac{1}{T}(c_p dT-\alpha\, dp)=\frac{dq}{T} \qquad (5\cdot23)$$

$d\theta$, dq의 관계를 최종적으로 다음과 같이 정의할 수 있고,

$$dq = c_p T d\ln\theta \quad \cdots\cdots (5\cdot24)$$

엔트로피 변화(ds)와 $d\theta$ 간의 관계에 대해 $ds = \frac{dq}{T}$라는 식을 식 5·24에 다시 적용하면 다음과 같이 나타낼 수 있다.

$$ds = c_p d\ln\theta \quad \cdots\cdots (5\cdot25)$$

이 식은 θ가 일정한 건조단열과정에서 엔트로피가 일정하거나 보존됨을 의미한다.

5·4 대기의 운동

대기는 본질적으로 유체이기 때문에 언제나 끊임없이 움직이고 있다. 이러한 움직임을 대기운동(air motion)이라고 하며 대기운동의 세기와 규모는 다양하다. 대기운동은 수평 방향의 운동과 수직 방향의 운동으로 구분한다. 수직운동은 기상 현상과 대기 내 오염물질의 이동과 확산에 중대한 영향을 끼치며, 수평운동은 일반적으로 우리가 일상에서 기상이나 날씨에 대해 말할 때 자주 등장하는 바람(wind)을 일으킨다. 이러한 공기의 흐름은 물리법칙을 따르며 물리법칙은 방정식의 형태로 표현할 수 있다.

5·4·1 바람에 관여하는 힘

지역 규모(수평적으로 수백~수천 킬로미터)의 바람은 대기에 작용하는 다양한 힘(force) 사이의 평형에 의해서 나타난다. 대기역학에서 물리적인 법칙은 뉴턴의 운동 제2법칙($F = ma$)을 따른다. 즉 질량이 m인 물체에 F의 힘이 작용하면 물체는 a의 가속도로 운동한다. 또한 이를 물체의 운동량의 시간 변화율로 표시하기도 하며, 결국 물체에 작용하는 모든 힘의 총합에 해당한다. 이때 나타나는 모든 힘을 벡터(vector)로 표현할 수 있다. 비록 뉴턴의 운동 제2법칙은 절대운동에 적용되지만 바람의 경우에는 지구 표면에 대해 상대적으로 고려하는 것이 적합하다. 지구에서 대기운동에 미칠 수 있는 여러 가지 힘과 이로부터 발생하는 바람의 종류를 살펴보면 다음과 같다.

1 기압경도력

기압경도력(pressure gradient force)은 두 지점 사이의 기압차에 의해 나타나는 힘을 말하며 바람을 일으키는 가장 근본적인 힘이다. 먼저 그림 5-12와 같이 각 변의 길이가 dx, dy, dz인 상자 모양의 공기 덩어리가 있다고 가정하고 x 방향으로 공기 상자의 한 면에 미치는 압력을 계산해 보자.

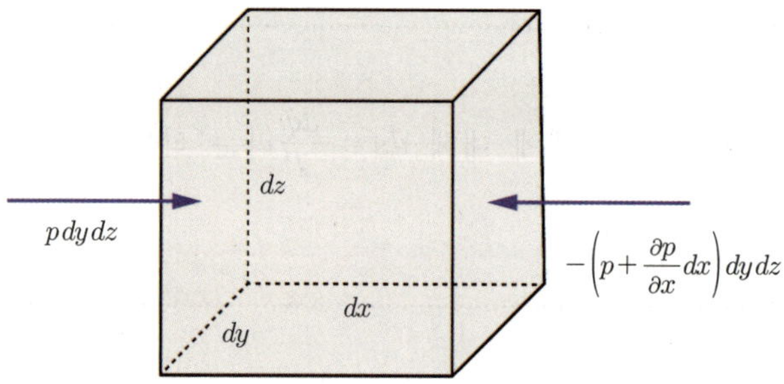

그림 5-12 공기 상자의 x 방향 면에 미치는 기압경도력

외부 공기가 공기 상자의 왼쪽 벽면에 미치는 힘은 $+p\,dy\,dz$이며 이때 양의 부호(+)는 힘이 왼쪽으로부터 작용함을 뜻한다. 같은 방법으로 오른쪽 벽면에 미치는 힘은 $-\left(p+\frac{\partial p}{\partial x}dx\right)dy\,dz$로 표시할 수 있다. 여기서 $\left(\frac{\partial p}{\partial x}\right)dx$는 x 방향으로 아주 작은 변위인 dx에 의해 나타나는 압력 변화이며 음의 부호(−)는 오른쪽으로부터 힘이 가해짐을 의미한다. 따라서 x 방향에서 나타나는 순기압력(net pressure force)은 두 힘의 합으로 다음과 같이 표시한다.

$$\text{순기압력} = -\frac{\partial p}{\partial x}dx\,dy\,dz \quad (5\cdot26)$$

주어진 공기 상자의 단위질량에 작용하는 순기압력은 식 5·26을 공기 상자의 전체 질량(M)으로 나눔으로써 다음과 같이 구한다.

$$\text{단위질량당 순기압력} = -\frac{1}{\rho}\frac{\partial p}{\partial x} \quad (5\cdot27)$$

이때 ρ는 공기 상자의 평균밀도로 $\frac{M}{dx\,dy\,dz}$과 같다. 기압력은 주어진 선상에서 기압차에 의해 발생한다.

유사한 방법으로 나머지 y와 z 방향에 대한 기압경도력을 구할 수 있으며 기본 형태는 식 5·27과 같다. 따라서 단위질량에 미치는 모든 방향에서의 기압경도력(F_{pgf})을 벡터식으로 표시하면 다음과 같다. 이때 기압경도력은 기압경도에 따라 작용하나 고기압에서 저기압으로 향하므로 음의 부호가 붙는다.

$$F_{pgf} = -\frac{1}{\rho}\nabla p \quad (5\cdot28)$$

이때 ∇는 다음과 같이 정의되는 벡터양이다.

$$\nabla = i\frac{\partial}{\partial x} + j\frac{\partial}{\partial y} + k\frac{\partial}{\partial z} \quad (5\cdot29)$$

기압경도력은 기압의 차이가 클수록 커지고 공기 밀도가 클수록 작아진다. 따라서 등압선의 간격이 좁고 기압차가 클수록 기압경도력은 커지고 공기의 운동도 빨라진다.

2 원심력과 전향력

원심력과 전향력은 지구의 자전으로 인해 대기의 흐름에 나타나는 겉보기힘(apparent force)이다. 회전하고 있는 계(rotating system)에서 정지하고 있는 한 물체에 작용하는 힘을 정의하는 경우에도 뉴턴의 운동 제2법칙을 적용할 수 있다. 이때 나타나는 겉보기힘을 원심력(centrifugal force)이라고 한다. 만일 회전계에서 물체가 운동하고 있으면 또 다른 겉보기힘이 나타나며 이를 전향력(Coriolis force)이라고 한다.

그림 5-13과 같이 질량이 m인 공이 중심축으로부터의 길이가 r인 줄 끝에 매달려서 원운동을 하고 있다고 가정해 보자. 이때 고정된 한 관측점에서 보면 공의 속도(velocity)가 일정한 것처럼 보인다. 그렇지만 줄의 장력이 공을 회전축으로 끌어당기면서 운동 방향이 시간에 따라서 계속 변하기 때문에 속도가 실제로 일정하지는 않다. 이 공에 미치는 가속도(a)를 계산하기 위해 원운동을 하는 공이 작은 변위각($\Delta\theta$)을 이동하는 데 소요된 시간(Δt) 동안 나타난 속도의 변화(Δv)를 고려해 보자. 원운동으로 인한 공의 가속도는 다음과 같이 표시할 수 있다.

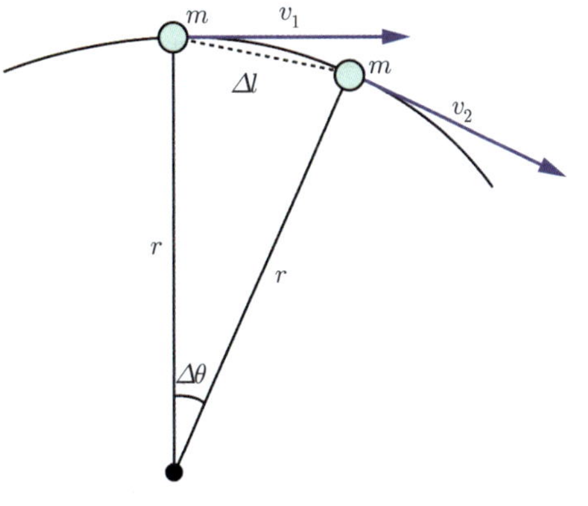

그림 5-13 줄에 매달린 공의 원운동

$$a = \frac{\Delta v}{\Delta t} \quad \cdots\cdots (5\cdot30)$$

고정된 한 관측점으로부터 보면 이 운동은 회전축을 향하는 방향으로 일정한 가속도를 갖는 가속도운동에 해당한다. 이때의 가속도를 구심가속도(centripetal acceleration)라고 하며, 회전축 방향으로 매달린 공을 잡아끄는 힘을 구심력(centripetal force)이라고 한다. 물체의 질량을 m, 속력을 v, 원운동의 곡률 반경을 r이라고 할 때 구심력 C의 크기는 $C = m\frac{v^2}{r}$으로 나타낼 수 있다.

한편 이러한 방법으로 원운동하고 있는 공을 함께 운동하고 있는 동일한 회전계에서 관측한다면 공은 원운동으로 인한 구심력이 작용하고 있지만 정지해 있는 것처럼 보인다. 그러므로 공의 정지성을 설명하기 위해서는 구심력과 같은 크기를 가지며 반대 방향(중심축으로부터 멀어지는 방향)으로 작용하는 가상의 겉보기힘이 필요하다. 이러한 힘이 원심력이다. 이와 같은 원리를 자전하고 있는 지구에 적용할 경우 지구 표면의 한 지점에서 단위질량을 갖는 물체가 받는 원심력은 $\Omega^2 R\cos\phi$가 된다. 여기서 R은 지구 평균반경이고 ϕ는 물체가 있는 지점의 위도를 나타낸다. 결과적으로 극지방($\phi = 90°$)에서 물체가 받는 원심력이 가장 작으며(0) 적도 지방($\phi = 0°$)에서는 가장 크게 나타난다.

지구가 자전하지 않는다면 바람은 기압경도력에 의해 고기압에서 저기압으로 평행하게 불지만, 지구는 자전하기 때문에 지구 표면의 수평 대기운동에서는 겉보기힘인 관성력이 작용한다. 회전하는 계에서 느껴지는 이러한 가상의 관성력을 전향력이라고 한다. 예를 들어 그림 5-14의 회전좌표계에서 Time 1일 때 북극에서 물체가 경도 0° 방향, 10 m/s 속도로 이동한다고 가정하자. 이 물체는 1시간 동안 36 km를 이동한다. 그러나 지구가 24시간마다 360°, 즉 시간당 15°를 회전하기 때문에 Time 1에서 1시간이 지난 Time 2에서는 15° W 방향에 도착함을 알 수 있다(Vallero, 2008). 동일한 회전좌표계상에서 우리가 이 물체를 관측한다면 물체의 이동 경로는 휘어져 나타나게 된다. 그러나 실제로 물체는 직선운동을 하는 상태이고 회전좌표계 위에 있는 우리는 회전을 감지하지 못하기 때문에 물체의 이동 경로가 휜 것처럼 보일 뿐이다. 이와 같이 회전좌표계에는 관성운동을 하고 있는 물체를 직선 경로로부터 편향(deflection)되게 하는 겉보기힘이 있음을 알 수 있다. 결과적으로 전향력의 영향으로 나타나는 물체의 이동 경로는 좌표계의 회전 방향과 반대 방향으로 휜 형태로 나타난다.

전향력의 크기(F)는 $2mv\Omega\sin\phi$로 나타낼 수 있으며, 여기서 Ω는 지구의 자전각속도인 7.27×10^{-5} rad/s, m은 물체의 질량, v는 움직이는 물체의 속도, ϕ는 물체가 있는 지점의 위도를 뜻한다. 전향력의 크기는 위도에 따라 변하여 극지방에서 가장 크고 적도 쪽으로 갈수록 작아지며 적도에서는 작용하지 않는다. 또한 전향되는 거리는 바람의 크기에도 의존하며 바람이 강할수록 같은 시간에 이동하는 거리가 커진다. 북반구에서 나타나는 전향력은 이동 방향에 대해 오른쪽 직각 방향으로 작용하며, 겉보기힘이기에 운동 방향에만 영향을 주고 속도에는 영향을 미치지 않는다.

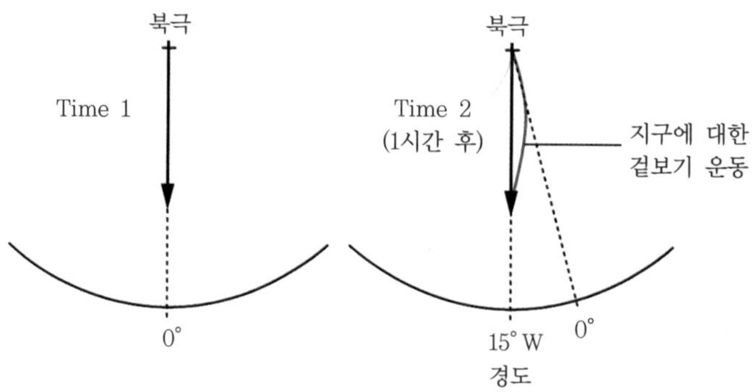

그림 5-14 전향력에 따른 운동 방향의 변화[Vallero, 2008]

3 마찰력

대기 중에 나타나는 마찰력(friction force, viscous force)은 지표면 효과로부터 기인한다. 마찰력은 접촉면의 거친 정도(roughness), 접촉하는 두 물체 간의 점성(viscosity)에 의해 결정된다. 마찰력은 지표면 부근에서 풍속에 비례하여 나타나며 바람의 진행 방향과 반대로 작용하여 풍속을 감소시킨다. 또한 지표면이 거칠수록 큰 값을 가진다. 따라서 지표면의 마찰 효과는 지표 부근에서 가장 크고 고도가 높아질수록 감소한다. 지표면으로부터 약 1 km 이상의 높이에서는 마찰력의 영향을 받지 않는다.

지표의 마찰 효과에 대한 기본적 이해를 돕기 위해서 평행한 두 판 사이에 놓여 있는 비압축성 유체를 생각해 보자. 그림 5−15와 같이 아래 판은 고정되어 있고 상판은 y 방향, u의 속도로 이동하고 있다. 이 경우 상판의 면에 접해 있는 유체 입자들은 판과 같은 속도로 이동할 것이다. 따라서 높이가 d인 곳에서 상판 면에 접한 채로 이동하는 유체의 속도 또한 u이다(Nadeem *et al.*, 2022). 이와 같은 흐름을 유지하기 위해 상판을 이동시키는 데 소모되는 힘(F)은 판의 면적(A)과 속도(u)에 비례하지만 두 판 사이의 거리(d)에 대해서는 반비례 관계가 성립한다. 즉 $F=\dfrac{\mu A u}{d}$이며 이때 비례상수인 μ를 동점성계수(dynamic viscosity coefficient)라고 한다. 이에 따라 지표 부근에서 부는 바람은 지표 효과(마찰력)로 인해 풍속이 약해지고 이로 인해 전향력도 감소한다. 결과적으로 마찰력은 바람에 작용하는 힘 간의 평형에도 영향을 미쳐 지표 부근에서의 풍향을 변화시킬 수 있다.

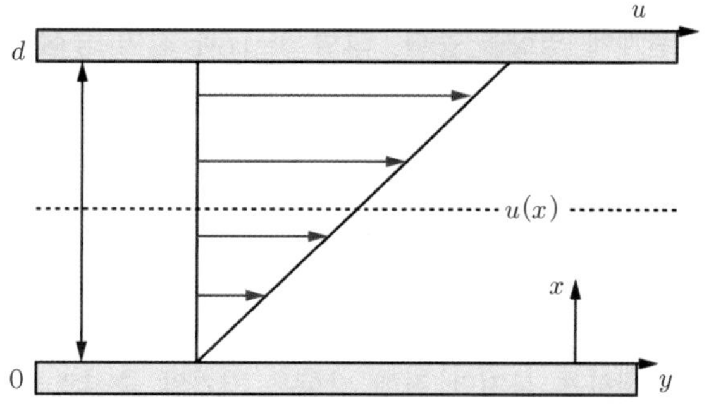

그림 5−15 y 방향으로의 점성류에 대한 높이에 따른 속도 변화 [Nadeem *et al.*, 2022]

5·4·2 지균풍과 경도풍

지표면과의 마찰 효과를 무시할 수 있는 층(1 km 이상)에서 부는 바람은 등압선의 모양에 따라 분류할 수 있다. 이때 상층에서 부는 바람은 일반적으로 마찰력의 영향을 받지 않기 때문에 지상에서 부는 바람보다 풍속이 더 빠르다. 등압선이 직선이며 기압경도력과 전향력이 평형을 이룰 때 생성되는 바람을 지균풍(geostrophic wind)이라고 한다.

그림 5−16과 같이 공기 덩어리에는 고기압에서 저기압으로 기압경도력이 작용하고 기압경도력과 같은 크기의 전향력이 반대 방향으로 작용한다. 기압경도력과 전향력이 평형을 이루는 지균평형(geostrophic balance)이 일어나면 두 힘에 수직인 바람이 등압선에 평행하게 분다. 대규모 기류운동에서는 대부분 이와 같은 지균평형을 이루기 때문에 지균풍이 실제 바람과 매우 근사하다. 또한 북반구에서 바람을 등지고 섰을 때 지균평형으로 인해 저기압은

왼쪽에 위치하고 고기압은 오른쪽에 위치한다. 남반구에서는 이와 반대로 나타난다.

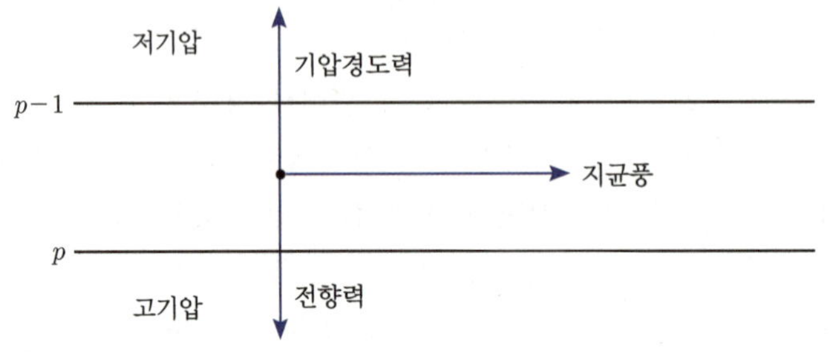

그림 5-16 등압면상에 나타나는 힘의 평형과 지균풍[Vallero, 2008]

지균풍속(v_g)은 자연좌표계의 경우 $fv_g = -\left(\frac{1}{\rho}\right)\left(\frac{\Delta p}{\Delta s}\right)$로 구할 수 있다. 여기서 f는 전향인자, Δs는 두 등압선 사이의 거리를 나타낸다. 따라서 지균풍은 두 지점 간의 기압차가 클수록, 등압선의 간격이 조밀할수록 더 강하며 저위도로 갈수록 풍속이 더 강하게 나타난다.

등압면이 직선이 아닌 곡선일 때에는 곡면 중심에서 바깥쪽으로 작용하는 원심력이 바람을 일으키는 힘의 평형관계에 영향을 준다. 그림 5-17과 같이 중심이 저기압이고 곡면을 이루는 등압선이 형성될 경우에는 중심을 향하는 기압경도력이 전향력보다 더 큰 힘을 가진다. 이때 평형을 이루도록 도와주는 힘이 원심력이다. 따라서 중심이 저기압인 등압선에서는 전향력과 원심력을 합한 힘이 기압경도력과 힘의 평형을 이룬다. 이때 바람은 반시계 방향으로 등압선에 평행하게 분다. 한편 중심이 고기압인 등압선 형태에서는 중심을 향하는 전향력이 더 큰 값을 가지므로 기압경도력과 원심력이 합해져서 전향력과 힘의 평형을 이룬다. 이때 바람은 역시 등압선과 평행하게 불지만 진행 방향은 저기압 중심의 경우와 반대인 시계 방향으로 분다.

이와 같이 기압경도력, 전향력, 원심력 사이의 평형으로 나타나는 바람을 경도풍(gradient wind)이라고 한다. 일정한 경도풍의 세기를 유지하기 위해서 고기압 중심의 경우보다는 저기

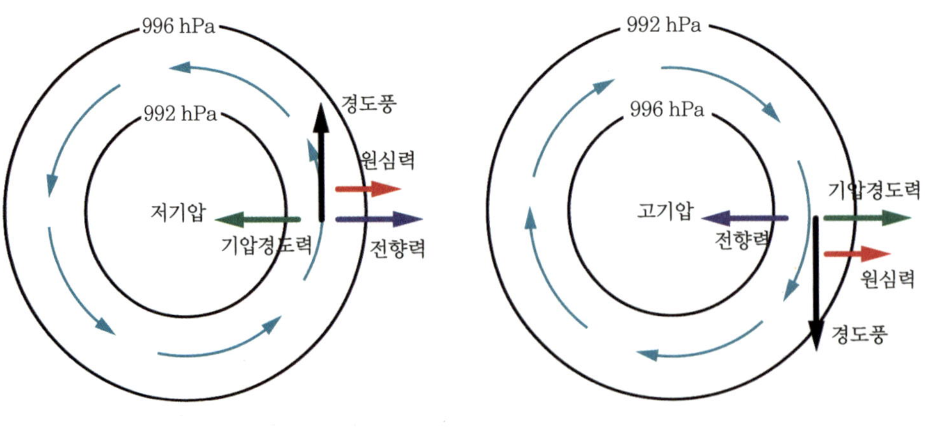

그림 5-17 등압선이 곡선일 경우 나타나는 힘의 평형과 경도풍

압 중심의 흐름에서 더 큰 기압경도력(보다 세밀한 등압선 간격)이 요구된다. 이러한 경도풍의 풍속은 다음 식을 통해 구할 수 있다.

$$-\frac{1}{\rho}\frac{\Delta P}{\Delta H}=2\rho\Omega V\sin\phi\pm\frac{V^2}{r} \qquad (5\cdot31)$$

5·4·3 지표 효과에 따른 바람

지균풍과 경도풍 발생의 경우와 달리 높이 1 km 이하의 지표면 부근에서 부는 바람은 지표와의 마찰에 의한 마찰력의 영향을 받는다. 이러한 현상은 결과적으로 풍속 감소를 초래하고 결국 전향력도 감소하게 된다. 마찰에 의한 바람의 변화를 살펴보기 위해서 상층에 나타나는 지균평형을 가정하고 지균풍이 점차 지표면과 가까워질 때의 변화를 고려해 보자. 지표에 가까워질수록 마찰력은 풍속을 점차 감소시키고 감소한 풍속은 전향력을 감소시킨다. 결과적으로 바람의 방향은 마찰력과 전향력의 합이 기압경도력과 균형을 이룰 때까지 저기압 쪽으로 향한다(Vallero, 2008).

그림 5-18은 등압선이 평행할 때 세 힘 사이의 평형을 나타내고 있다. 기압경도력은 고기압에서 저기압으로 작용하고, 전향력은 기압경도력에 반대 방향으로 작용하지만 마찰력의 영향을 받아 편향되는 경향을 보인다. 이러한 여러 힘의 평형을 통해 저기압 쪽으로 지균풍이 발생한다. 반면에 등압선이 원형일 때에는 기압경도력, 전향력, 원심력과 마찰력의 합이 평형을 이룬다. 이 경우 북반구의 고기압 중심에서는 바람이 시계 방향으로 불어 나가고(발산) 저기압 중심에서는 반시계 방향으로 불어 들어가는(수렴) 현상이 나타난다. 남반구의 경우에는 전향력이 반대로 작용하므로 반대 방향으로 바람이 분다.

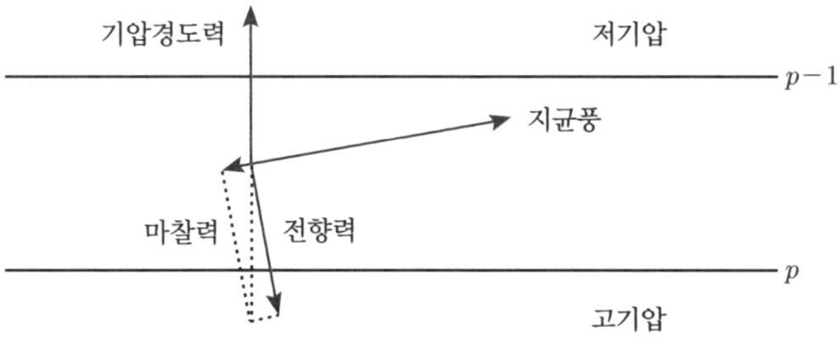

그림 5-18 지표 효과에 의해 나타나는 힘의 평형과 바람의 방향[Vallero, 2008]

마찰력이 커질수록 풍속이 점차 감소하고 저기압으로 향하는 풍향각(α)은 점점 커진다. 풍향각은 등압선이 풍향과 이루는 각을 뜻하며 위도가 높을수록 작아지고 마찰이 클수록 커진다. 따라서 마찰력이 큰 육상에서는 풍향각이 30~40°로 크고, 마찰력이 작은 해상에서는 15~30°로 비교적 작게 나타난다.

마찰력은 고도가 높아짐에 따라 감소하기 때문에 그림 5-19와 같이 지표에서는 풍속이 작고 풍향이 저기압 쪽으로 향하는 반면에 고도가 높아지면 풍속이 강해짐과 동시에 바람의 방향 또한 등압선에 평행한 지균풍에 가까워지는 변화를 보인다. 이렇게 바람의 방향이 전환되는 형태를 에크만 나선(Ekman spiral)이라고 한다.

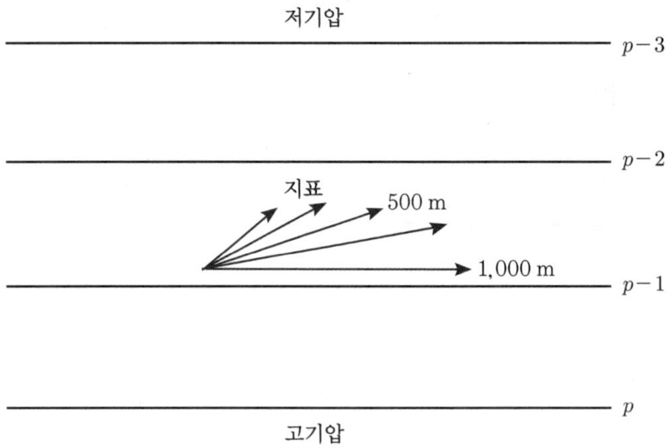

그림 5-19 지표 부근에서 높이에 따라 변화하는 풍속과 풍향[Vallero, 2008]

5·4·4 국지순환과 대기오염

국지순환이란 중간규모의 바람이 하루를 주기로 순환하고 작은 지형의 영향을 받아 변형되는 바람 시스템을 의미한다. 국지순환에는 국지풍(해륙풍, 산곡풍, 활강바람 등), 푄 현상, 열섬 현상 및 전원풍 등이 있다. 국지순환이 뚜렷이 나타나는 지역의 경우 바람이 불 때 대기오염물질의 지역적 수송을 동반하며 풍하측에서 고농도 현상이 발생하기도 한다(임윤규 등, 2003).

1 국지풍

국지풍(local wind)에는 여러 종류가 있지만 원인은 모두 지표면의 차등 가열로 인한 기온차이가 일으키는 기압차이다. 즉 국지풍은 국지적으로 형성된 기압경도에 의해 생성되는 중간규모의 바람을 의미한다. 국지풍은 주로 지형적 특성으로 인해 생기며 큰 규모의 흐름이 약해진 경우 더욱 우세하게 나타난다. 이러한 경우 대기 중 오염물질의 확산과 수송에 매우 중요한 역할을 하기도 한다.

해륙풍(sea-land breeze)은 해안에서 발생하는 국지풍의 일종이다. 해안에서는 육지와 해양 간의 비열 차이로 인해서 기압 분포의 일변화가 일어난다. 낮에는 태양복사에 의해 열용량이 작은 육지 표면이 바다 표면보다 더 빠르게 가열되면서 육지에서 상승기류가 발생한다(그림 5-20 A 참조). 상승기류로 인해 육지에 저기압이 형성되고 부족한 공기가 바다로부터 보충되는 해풍(sea breeze)이 나타난다. 해풍은 대규모 바람이 약하고 맑은 여름날에 주로 발생한다. 반면에 밤이 되면 복사냉각에 의해서 육지 표면이 바다 표면보다 차가워져 낮과 반대로 육지에서 바람이 불어 나가는 육풍(land breeze)이 발생한다(그림 5-20 B 참조). 낮 동안 바다와 육지의 기온차가 크기 때문에 일반적으로 해풍의 풍속이 육풍보다 세다. 해안 지역으로 불어 오는 해풍은 선박에서 발생한 대기오염물질을 이동 및 확산하는 데 주된 역할을 하며, 해풍의 영향이 상대적으로 적게 미치는 내륙에서의 대기오염 확산과는 다른 특성을 나타낸다(권용범 · 조인희, 2021).

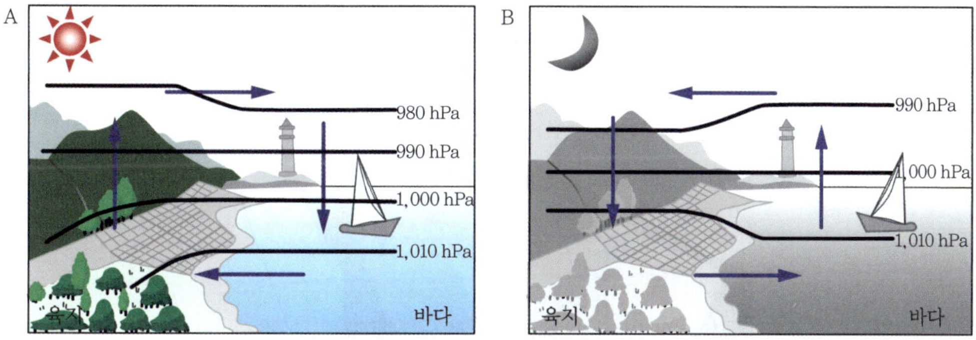

그림 5-20 바다와 육지 간 낮(A)과 밤(B)의 기압 및 풍계 변화

또 다른 국지풍인 산곡풍(mountain-valley breeze)의 경우에는 산에서 대규모 바람이 약한 날 주로 발생한다. 낮에는 산의 경사면이 태양복사에 의해 가열되어 경사면과 접한 공기가 주변 공기보다 더 가열된다(그림 5-21 A 참조). 이때 온도 차로 발생한 기압경도력으로 인해 골짜기에서 산정을 향해 부는 바람을 곡풍(valley breeze)이라고 한다. 밤에는 곡풍과 반대로 산 경사면이 빠르게 복사냉각되면서 공기의 흐름이 바뀌어 산정에서 골짜기로 부는 산풍(mountain breeze)이 발생한다(그림 5-21 B 참조). 곡풍이 불 때에는 가열된 공기가 위로 상승하여 적운이 발달하고, 대기 불안정 시에는 적란운이 발달하여 강한 비와 번개가 발생하며, 주로 여름 오후에 산에서 뇌우가 쏟아지기도 한다. 산풍은 산의 차가운 공기를 산 아래 지역으로 이송하는 역할을 하기도 하며, 사방이 산이나 구릉지로 둘러싸인 분지의 경우에는 역전층이 생기기 쉬워서 대기오염에 취약한 구조가 될 수 있다(김민경 등, 2015).

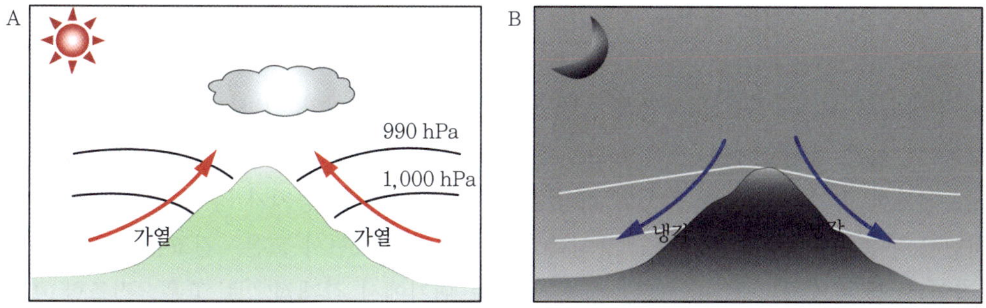

그림 5-21 산정과 골짜기의 열적 특성에 따른 낮(A)과 밤(B)의 풍계 변화

또한 산비탈이 냉각될 때 산비탈에 있는 공기는 같은 고도에 있는 다른 공기보다 온도가 더 낮다. 낮은 온도로 인해 밀도가 높아진 공기는 중력의 영향을 받아 경사면을 따라 폭포수처럼 하강하는데 이를 활강바람(폭포바람)이라고 한다(Stull, 2017; 그림 5-22 참조). 활강바람은 주로 겨울철 산악지대나 산비탈에 얼음이나 눈이 덮인 경우 발생한다. 활강바람을 타고 저지대에 도착한 차가운 공기는 협곡 등의 좁은 통로를 지나면서 강풍이나 돌풍을 동반하는 특성을 보인다. 또한 이러한 공기는 저지대에 고여 정체할 수 있으며 대기오염과 안개를 유발하기도 한다. 대표적인 활강바람으로는 알프스에서 지중해로 부는 미스트랄(mistral), 슬로베니아의 산악지대에서 아드리아해로 부는 보라(bora)가 있다.

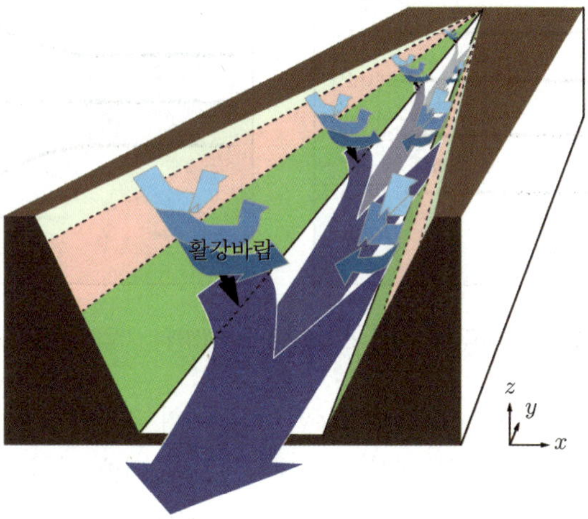

그림 5-22 활강바람의 구조[Stull, 2017]

2 푄 현상

푄(föhn, foehn)은 경사면에서 계곡이나 평지, 해안으로 불어 오는 활강바람의 한 종류이며, 산의 풍하측에 저기압이 있을 때 가장 잘 발달한다. 풍상측에서 상승한 공기는 큰 산맥을 넘으면서 응결고도까지 건조단열냉각을 하고 응결고도 이상에서는 습윤단열냉각을 하여 정상에 이른다(그림 5-23 참조). 이때 응결고도에서 구름을 형성하여 강수가 발생하기도 하며 이로 인해 수분을 빼앗긴 공기는 고온·건조한 상태로 반대편 경사면을 타고 내려와 풍하측으로 이동한다. 이러한 과정을 거쳐 산 뒤쪽으로 부는, 상대적으로 건조하고 뜨거워진 바람을 푄이라고 한다.

푄 현상에서 고온·건조한 바람의 발생 메커니즘은 네 가지가 있다(그림 5-24 참조). ①산정보다 더 높은 풍상측에서 잠재적으로 더 따뜻하고 건조한 공기가 풍하측으로 넘어오면서 고온·건조한 공기가 흐르는 등온위 하강 메커니즘, ②하층의 공기가 풍상측을 따라 강제 상승하면서 구름 및 강수를 형성하고 풍하측으로 따라 내려오면서 고온·건조한 공기를 형성하는 잠열과 강수 메커니즘, ③안정한 상태의 성층 대기에서 잠재적으로 고온·건조한 바람이 거친 산악 지형 위를 지나면서 기계적인 혼합에 의해 풍하측으로 내려가면서 뒤섞여 고온·

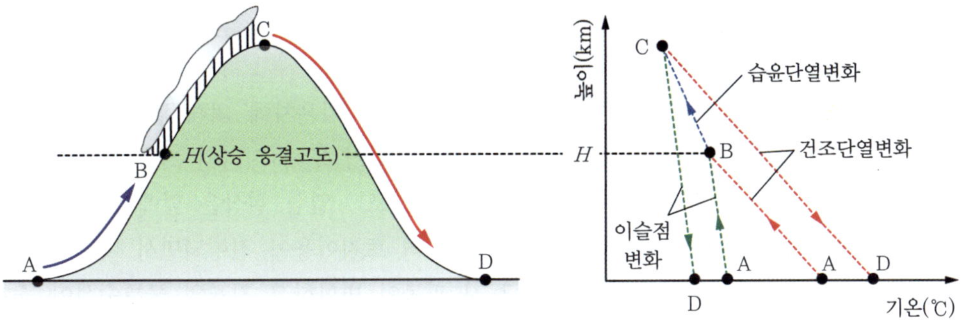

그림 5-23 푄 현상의 모식도

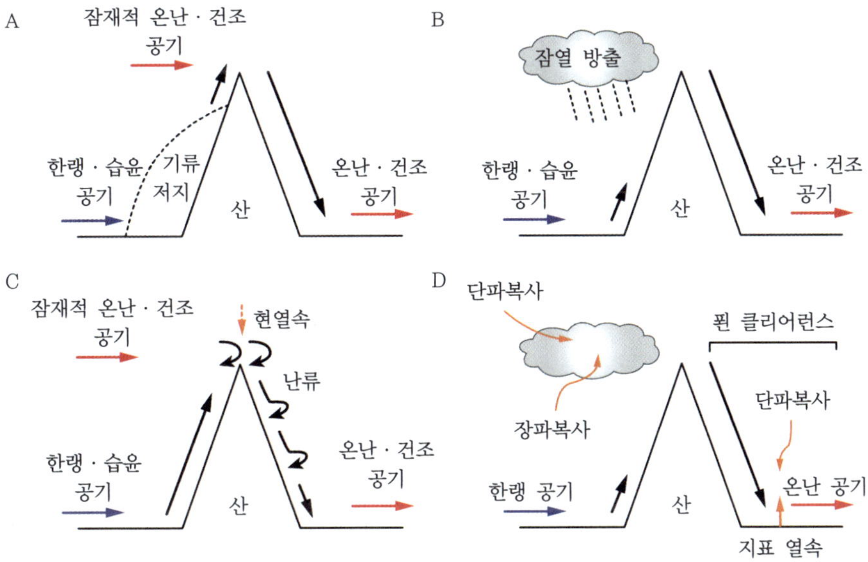

그림 5-24 푄 현상에서 고온 · 건조한 바람의 발생 메커니즘[Elvidge & Renfrew, 2016]
A: 등온위 하강 B: 잠열과 강수 C: 기계적 하강 D: 복사 가열

건조한 공기를 형성하는 기계적 혼합, ④건조하고 구름이 없는 풍하측의 복사 가열에 의해 고온 · 건조한 공기가 형성되는 구조로 바람이 없는 푄의 온난 현상과 유사한 푄 클리어런스(föhn clearance) 현상이 풍하측에 나타나는 복사 가열 메커니즘으로 분류할 수 있다(Elvidge & Renfrew, 2016).

대표적인 푄 현상으로 북아메리카의 로키산맥(Rocky Mountains)을 넘어 부는 치누크(chinook) 바람과, 우리나라에서는 태백산맥에서 부는 높새바람 등이 있다. 푄 현상은 농업, 생태계, 기후 시스템에 큰 영향을 끼치기도 한다. 특히 우리나라에서는 푄 현상으로 인해 봄이나 초여름에 태백산맥 서쪽의 평야지대에 가뭄이 발생할 수 있으며, 여름에 마른장마가 발생했다면 초가을에도 가뭄이 들 수 있다. 또한 겨울철 동해안에 폭설이 내리면 서해안에는 이상고온 현상이 나타나며, 푄 현상으로 인한 건조한 바람 때문에 산불이 크게 번질 위험성이 높아진다.

3 열섬 현상 및 전원풍

열섬(urban heat island) 현상은 도시와 교외 지역의 기온차에 의해 발생하는 국지적인 순환으로, 고온의 공기가 도심을 섬 모양으로 뒤덮고 있어 도시 지역의 기온이 주변의 교외 지역보다 높게 나타나는 현상을 말한다(그림 5-25 참조). 열섬 현상은 앞에서 보았던 국지 기상과 달리 주로 인간 활동에 의한 도시화와 고도의 토지이용이 진행되면서 나타나는 기후적 특성이다. 즉 도심의 토지 개발로 인해 토지 피복이 변화하고 지표의 불투수성이 증가함에 따라 낮 동안 기온이 높아지고 밤에는 열을 재방출하면서 열섬 현상이 발생한다. 도심의 인공열, 도심 상공의 대기오염물질, 건축물의 고층화 및 도로 포장 정도, 풍속, 운량 및 습도, 도시 면적 및 거주 인구를 비롯한 도시 규모 등이 도심의 기온 상승에 영향을 미친다. 그중에서도 도심의 고층 건물은 장·단파 복사의 변화를 가져와 빛 반사를 줄이고 열을 축적하여 열 흡수율을 높이며, 바람의 흐름을 막아 대류 현상에 따른 냉각화를 방해한다. 열섬 효과는 도심 야간의 기온이 25℃ 이상인 열대야 현상을 야기하기도 한다. 도심뿐만 아니라 공업지대에서도 인공열이 다량으로 방출되기 때문에 열섬 효과가 발생할 수 있다. 열섬 현상은 보통 낮보다 밤에, 여름보다 일교차가 큰 겨울에, 그리고 바람이 약할 때 크게 나타난다.

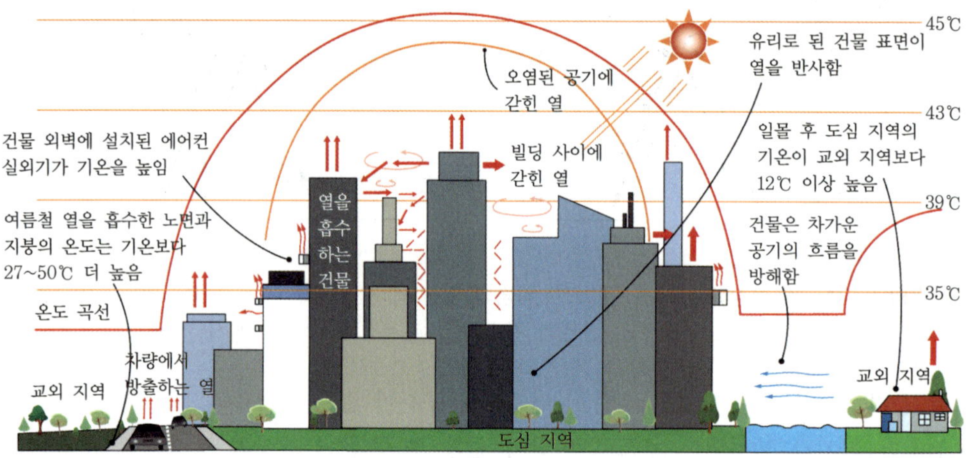

그림 5-25 열섬 현상의 개념도[Somvanshi, 2014]

도심의 열섬 현상은 도심과 교외 지역 간 복사평형의 차이를 유발한다. 그림 5-26과 같이 열섬 현상으로 인해 도시의 중심부는 주변부보다 기온이 높아져 상승 난기류가 생성된다. 상승한 공기는 차츰 냉각되어 주변부로 하강한 후 다시 도심으로 불어 온다. 이를 전원풍(country breeze)이라고 하며, 대부분 풍향의 변화가 없고 풍속만 주기적으로 변한다(Gunawardena *et al.*, 2017). 도심과 교외의 기온차와 유사하게 전원풍의 풍속 역시 밤에 강해진다. 전원풍으로 인해 도심 대기경계층과 교외 대기경계층의 차이에 따른 도시 열기둥이 발생하기도 한다.

열섬 현상에 의해 발생하는 도시 지역의 상승류는 오염물질을 상층으로 수송하고, 수렴역에서는 바람이 약해져 오염물질이 축적될 수 있다. 이에 따라 수직 확산에 따른 대기의 순환이 약해져서 대기오염물질이 정체한다. 또한 다량의 오염물질이 도심 상공에 머물면서 지표에 도달하는 태양복사열을 감소시켜 공기의 수평 확산을 방해한다. 그 결과 도심 대기의 오염도가 증가하고 바람이 없는 날 도심 상공에는 먼지지붕(dust dome)이 형성된다. 먼지지붕은 도심의 대기오염을 지속적으로 가중하는 문제를 일으킨다.

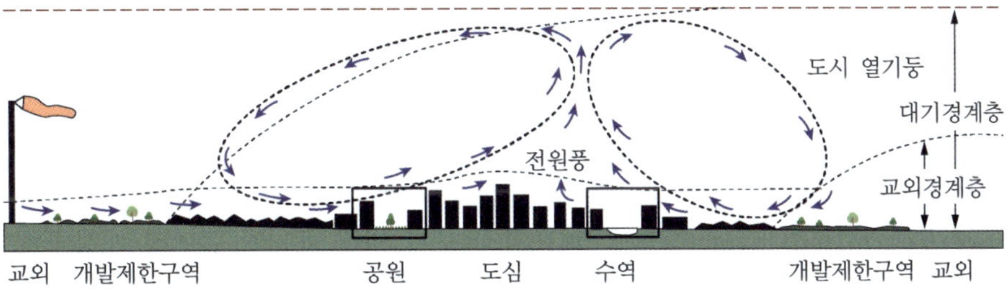

그림 5-26 열섬 현상에 의한 도심과 교외 간의 풍계 변화[Gunawardena *et al.*, 2017]

5·5 대기오염물질의 혼합과 확산

대기오염은 여러 오염물질 배출원으로부터 직접적인 영향을 받지만 기상 조건에 따른 오염물질의 혼합, 확산, 축적, 희석 등의 과정에 따라 대기오염의 정도가 달라진다. 예를 들어 바람은 대기오염물질의 확산과 수송에 중요한 역할을 한다. 바람의 방향은 배출원에서 이동하는 오염물질의 초기 수송 방향을 결정한다(Vallero, 2008). 바람의 세기가 강할수록 난류에 의한 대기의 수평 및 연직 운동이 활발해져 오염 농도가 낮아진다. 또한 기온의 연직 분포에 지배되는 대기안정도에 따라 대기 내의 오염물질이 섞이는 정도가 달라진다. 대기가 불안정할 경우 열대류(thermal convection)에 의한 대기의 연직운동이 활발해짐으로써 오염물질이 쉽게 섞여 지표 부근의 오염 농도가 낮아지고, 반대로 대기가 안정할 경우에는 오염물질의 상하 혼합이 억제되어 지표 부근의 오염 농도가 높아질 수 있다. 이와 같이 대기오염물질의 혼합과 확산에는 다양한 대기 조건이 연관되어 있다. 이 절에서는 대기경계층의 구조, 대기혼합고, 기온과 풍속의 연직 분포, 역전층, 대기안정도와 오염물질의 분산 및 도시 기후의 특성과 연관한 대기오염물질의 혼합과 확산에 관해 설명한다.

5·5·1 대기경계층의 구조

대기경계층(atmospheric boundary layer) 또는 행성경계층(planetary boundary layer)은 대기 하부 1~2 km의 대기층으로, 대기 흐름이 지표면과의 상호작용에 의한 영향을 직접적으로 받고 전체 대기 질량의 약 10%를 포함하는 영역이다. 그림 5-27과 같이 지표면과 직접적으로 상호작용하는 수~수십 미터까지를 접지경계층(surface boundary layer), 접지층 위의 층을 외부경계층(outer boundary layer) 또는 에크만층(Ekman layer)이라고 하며, 대기경계층보다 위의 층을 자유대기(free atmosphere)라고 한다. 대기경계층은 상부에 존재하는 역전층으로 인해 자유대기와 잘 구분되는 특징이 있다.

접지경계층은 열이나 운동량 플럭스가 고도와 관계없이 일정한 층으로, 유입량과 유출량이 같아 경계 조건의 변화에 의해서만 층의 구조가 변한다. 접지경계층 위의 외부경계층은 지표에서의 열이나 운동량 플럭스, 전향 등의 영향을 크게 받는 층이다. 이 층의 대기는 전향력, 기압경도력, 마찰력의 영향을 받아 에크만 나선을 형성한다.

대기경계층은 상태에 따라 크게 혼합층, 중립경계층, 잔류층, 안정경계층으로 분류되며, 지표면의 성질이 다른 장소에서 형성되는 내부경계층(internal boundary layer)이 있다. ①혼합층(convective mixed layer)은 높은 지표면 온도에 의해 대기가 불안정한 상태에서 강한 난류 혼합으로 인해, ②중립경계층(neutral boundary layer)은 두꺼운 구름층으로 인해 태양 및 적외복사가 차단된 경우나 지상에서 바람이 강하게 부는 경우에, ③잔류층(residual layer)은 낮 동안 형성된 혼합층의 일부가 파괴되지 않고 남아 있을 때, ④안정경계층(stable boundary layer)은 일몰 이후 지표면이 복사냉각에 의해 차가워지면서 지표 근처에서 형성된다. 이와 같이 대기경계층 내에서는 대기 흐름이 지표면과의 상호작용에 의한 영향을 직접 받기 때문에 시간에 따라 발달 형태가 달라진다. 또한 지표면과의 마찰과 전도 등에 의해 난류가 발생하여 연직 방향의 대기혼합이 잘 이루어지므로 대기경계층의 고도, 풍속, 기온, 습도, 난류확산계수 및 각종 대기오염물질 등의 일변화가 크게 나타난다.

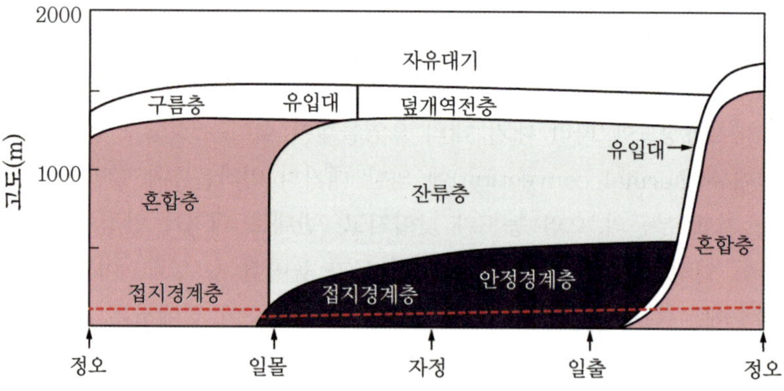

그림 5-27 대기경계층의 구조와 일변화[Averbuch *et al.*, 1988]

지표면의 영향을 크게 받는 대기경계층의 일변화를 그림 5-27과 같이 설명할 수 있다. 일출 이후 지표면이 가열되고 지표에서 발생한 난류 열플럭스에 의해 대기가 점차 데워져 난류가 강해지면서 일몰까지 계속해서 혼합층이 발달한다. 지표면의 가열이 거의 발생하지 않는 일몰 직전부터는 상대적으로 안정한 안정경계층이 발달한다. 상부는 가열된 상태이나 하부는 지표에 의해 안정해져 덮개역전층(capping inversion layer)이 형성되고, 혼합층의 상부는 난류가 매우 약해진 잔류층 상태로 남아 있다. 이후 지표가 냉각됨에 따라 안정경계층이 계속 발달하고 잔류층은 감소한다. 일출 이후 다시 발달한 혼합층이 안정경계층과 잔류층을 뒤섞어 처음 상태로 돌아간다. 태양복사가 강한 여름철에는 이 과정이 빠르게 반복되지만, 태양복사가 약하고 에너지 수송이 적은 겨울철이나 흐린 날에는 혼합층이 잔류층을 완전히 뒤섞지 못하여 대기가 성층을 이룬다. 이와 같은 과정은 실제 대기오염물질의 확산을 예측함에 있어서 매우 중요하다.

5·5·2 대기혼합고

대기혼합고(mixing height 또는 mixing depth, 혼합고)는 대기경계층 내에서 대류에 의해 공기가 연직적으로 혼합될 수 있는 최대 고도를 의미한다. 즉 대기경계층 내 혼합층의 높이를 말한다. 밤낮, 계절, 지표 및 지형적 특성의 영향을 받으며, 배출된 오염물질이 분산하는 부피를 결정하기 때문에 지표면 부근의 대기오염 농도에 영향을 주는 중요한 매개변수 중 하나이다.

맑은 날 일사에 의해 지표가 가열되면 지표 부근에 있는 공기도 점점 가열된다. 가열된 공기는 부력이 생기고 상부 공기와의 밀도 차이로 대류성 혼합이 활발하게 일어난다. 시간이 지남에 따라 일사가 강해지면 혼합층 내의 온도가 급격하게 상승하지만 대기혼합고는 그에 비례하여 발달하지 않는다. 하층으로부터의 열기둥이 혼합층 상부의 역전층으로 침입하여 유입(entrainment) 현상을 일으키면서 혼합층은 성장을 계속한다. 일출 후 혼합층은 시간이 경과함에 따라 점점 두꺼워지고 1400~1500 LST(지방표준시)에 최대가 된다. 이를 최대혼합고(maximum mixing depth, MMD)라고 한다. 이후 일사가 약해지면서 하층으로부터 열 보급이 계속되지 않아 혼합층의 성장이 멈춘다. 일몰 직후 지표면의 온도는 점차 하강하고 복사냉각에 의해 접지역전층이 형성되기 시작한다. 이후 지표면의 복사냉각은 계속되지만 냉각 속도는 점점 느려진다.

대기오염물질의 분산에 영향을 주는 대기혼합고를 산정하는 방법에는 직접적인 방법과 간접적인 방법이 있다. 직접적인 방법으로는 비행기, 존데(sonde) 혹은 기상탑에 측정 센서를 부착하여 고도별 관측을 실시하는 방법이 있으며, 일반적으로 난류가 현저하게 감소하는 위치까지를 혼합고로 정의한다. 존데는 헬륨가스 풍선, 낙하산, 기상관측 기구로 구성되어 있으며(그림 5-28 참조), 기상탑의 경우 해당 높이마다 온습도계, 2D · 3D 풍향풍속계(2D-UA, 3D-UA), 기압계, 순복사계, CO_2/H_2O 적외선 가스분석기, 광학우적계가 설치되어 있다(박소라 등, 2014; 그림 5-29 참조).

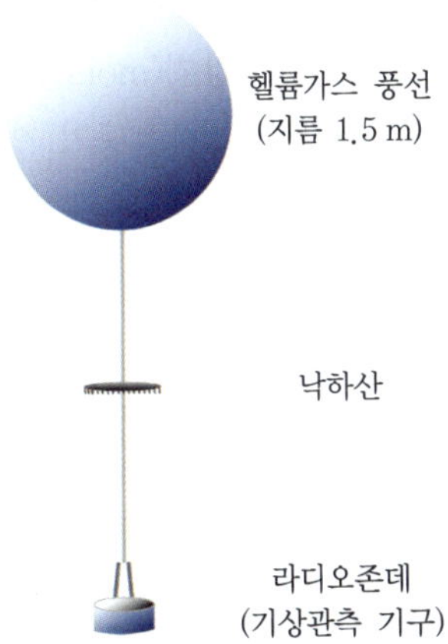

그림 5-28 존데의 구성

간접적으로 산정하는 방법에는 대표적으로 Doppler SoDAR(Sonic Detection And Ranging)를 이용한 방법이 있으며, 이것은 대기 난류에 의한 음파의 산란을 바탕으로 바람의 수직 구조에 관한 정보를 제공하는 기상 장비이다(AQSystem). 이 외의 간접적인 방법으로는 홀즈워스 방법, 수분점프 방법, 온위 방법 등이 있다.

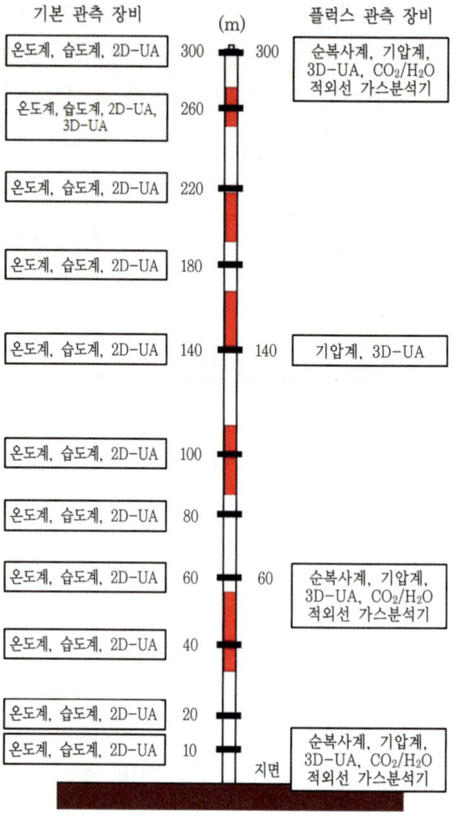

그림 5-29 보성 종합기상관측탑의 기본 관측 장비 및 플럭스 관측 장비 구성도[박소라 등, 2014]

홀즈워스 방법(Holzworth method)은 1972년 홀즈워스(G.C. Holzworth)가 제시하였고 미국 환경보호청(EPA)에서 대기질 평가에 필요한 혼합고 산정의 표준 방식으로 채택하였다. 홀즈워스 방법은 고층기상관측 자료와 매시간 지상기상관측 자료에 근거하여 오전 혼합고와 오후 혼합고를 산정하는 방법이다. 오전 혼합고는 아침 최저 지표 온도에 5℃를 더한 건조단열감률선과, 관측된 수직 온도 프로파일이 교차하는 지상 높이로 계산할 수 있다. 5℃를 더하는 이유는 주로 도심에서 관측하는 지상기상관측에 비해 고층기상관측은 교외에서 실시하기 때문에 야간 및 이른 아침의 도시 열섬을 고려하기 위함이다. 오후 혼합고는 오전 혼합고를 구하는 방법에서 아침 최저 지표 온도 대신 1200~1600 LST에 관측한 최대 지표 온도를 사용하여 건조단열감률선과, 관측된 수직 온도 프로파일이 교차하는 지상 높이로 계산할 수 있다. 최대 지표 온도를 사용할 때에는 도심과 교외의 기온 차이를 무시해도 되기 때문에 5℃를 더할 필요가 없다.

수분점프 방법(moisture jump method)에서는 혼합비를 이용하여 혼합고를 구할 수 있다. 혼합비는 습윤공기 안의 수증기량과 나머지 건조공기량의 비를 나타내는 무차원량이며 다음 식을 이용하여 구한다. 이 방법에서의 혼합고는 혼합비가 0.01 $g \cdot kg^{-1}m^{-1}$ 이상 감소한 고도까지이다.

$$\omega = \frac{0.622e}{p-e} \quad \cdots\cdots (5\cdot32)$$

여기서 p: 기압, e: 수증기압

온위 방법(potential temperature method)은 헤프터(J.L. Heffter)가 처음 언급하였으며

온위를 이용하여 혼합고를 구할 수 있다. 혼합층 내부에서는 고도에 따른 온위가 일정하며 그 높이가 혼합고이다(박종길 등, 2008). 온위는 다음 식으로 표시한다.

$$\theta = T\left(\frac{p_0}{p}\right)^{\frac{R}{C_p}} \qquad (5\cdot33)$$

여기서 T: 기온, p: 각 고도에서의 기압, p_0: 지표 기압, R: 기체상수, C_p: 정압비열

지표면 부근에서 배출된 대기오염물질은 혼합층의 대류 현상에 의해 분산된다. 같은 양의 대기오염물질이 배출되더라도 밤낮, 계절, 지표 및 지형의 영향을 받는 혼합층의 높이에 따라 농도가 달라진다. 혼합층의 고도와 대기오염물질 확산 사이의 관계는 그림 5-30과 같이 설명할 수 있다. 대기혼합고가 높으면 오염물질이 빠르게 상승하거나 분산하고, 오염물질을 희석하는 데 사용되는 대기의 부피가 늘어나 오염물질의 농도가 낮아진다. 반대로 대기혼합고가 낮으면 오염물질이 배출원 인근에 머무르며 지표 부근의 바람을 따라 분산한다. 또한 오염물질이 잘 희석되지 않아 축적되거나 수직 혼합이 줄어들면 지표 부근의 오염물질 농도가 증가한다.

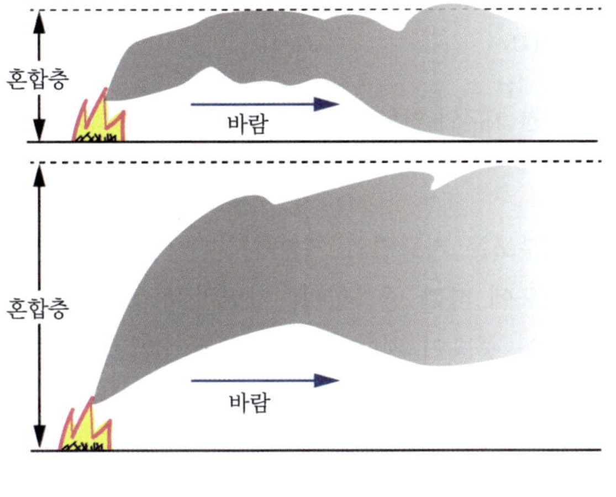

그림 5-30 혼합층 높이에 따른 오염물질의 분산[ksfire.org]

5·5·3 기온과 풍속의 연직 분포

대기오염물질은 배출되는 시점의 대기 상태와 조건으로부터 큰 영향을 받는다. 특히 대기의 안정도를 결정하는 기온의 연직 분포와 오염물질의 확산에 관여하는 풍속이 대단히 중요하다. 기온의 연직 분포를 보면 대류권과 중간권에서는 고도에 따라 기온이 하강하고, 성층권과 열권에서는 고도에 따라 기온이 상승한다(그림 5-31 참조). 권과 권 사이에는 계면이 존재하며 각 계면에서는 고도에 따라 기온이 일정하게 유지된다. 우리가 살고 있는 대류권은 잠열, 장파복사, 지각열에 의해서 지면에 가까운 곳부터 가열된다. 위도에 따라서 가열되는

정도와 그에 따른 수직 팽창의 정도가 달라진다. 이로 인해 열대지방의 대류권계면은 높은 고도에서 나타나고 중위도의 대류권계면과 극지방의 대류권계면 순으로 높이가 낮아진다 (Laing & Evans, 2011). 일반적으로 대류권 내에서는 고도가 100 m 상승할 때마다 기온이 0.65℃씩 감소한다.

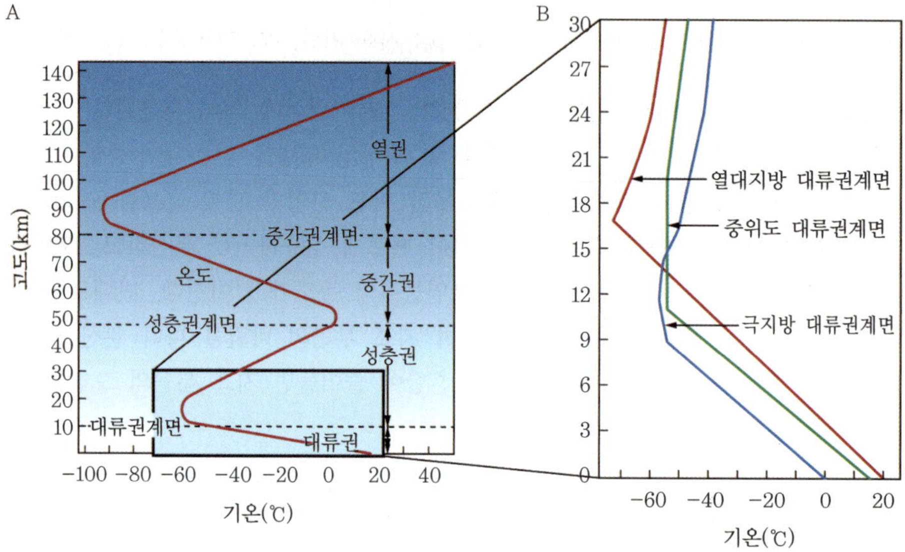

그림 5-31 대기권 기온의 연직 분포(A)와 위도에 따른 대류권계면의 높이(B) [Laing & Evans, 2011]

일반적으로 풍속의 연직 분포는 지표면의 거칠기, 지표와의 난류 교환 정도를 나타내는 마찰속도에 따라 달라지며 고도에 따라 증가한다. 지면이 거칠고 불규칙적이고 구조물이 많을수록 공기의 흐름이 지연되어 풍속이 저하한다. 그림 5-32는 지표면의 거칠기가 다른 지역에서의 고도별 풍속을 보여 준다. 건물이 많은 도시 지역의 경우 지표면의 거칠기가 크기 때

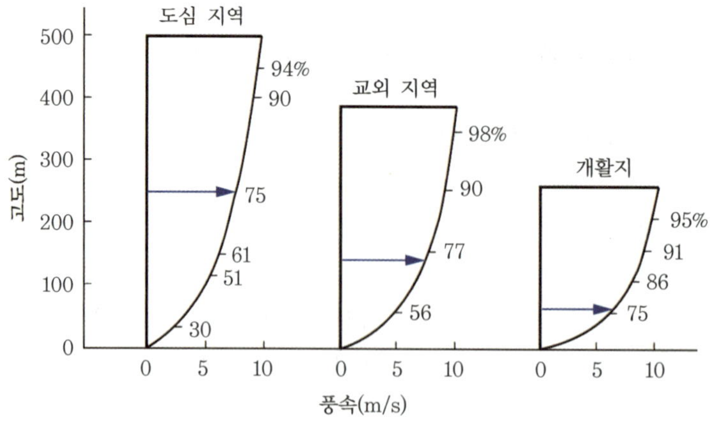

그림 5-32 지표 거칠기에 따른 풍속의 연직구조[Rooij]

문에 지면의 풍속이 느리게 나타난다. 건물이 없는 교외 지역과 개활지로 갈수록 지표면의 거칠기가 작아져 지면의 풍속이 도시 지역에 비해 점점 증가한다.

대류권의 연직 기온 분포에 따르면 환경기온감률에 따라 지면은 상공에 비해 온도가 높다. 따라서 그림 5-33에서 보듯이 따뜻한 공기는 위로 상승하기 때문에 대류가 발생한다. 하지만 국지적인 상황에 의해 고도가 상승함에 따라 기온이 상승할 경우 공기는 더 높이 대류하지 못하게 된다. 이는 오염물질이 공기의 대류를 따라 더 높이 확산할 수 없음을 의미한다.

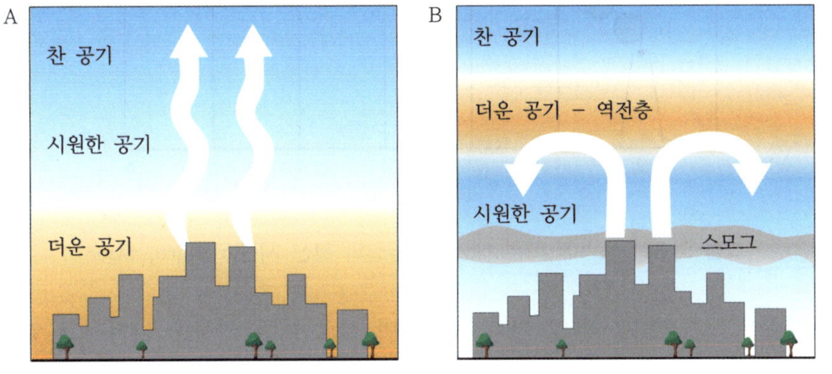

그림 5-33 일반적인 상태의 대류(A)와 역전층이 있을 때의 대류(B)[LotusArise]

풍속은 자연적 활동과 인위적 활동으로 형성된 대기오염물질의 분산에 영향을 미친다. 일반적으로 풍속이 강할수록 대기오염물질이 더 많이 분산되며 그에 따라 대기 중 오염물질의 농도가 낮아진다(그림 5-34 참조). 또한 배출원에서 수용체까지의 이동 시간과도 관련이 있어 풍속이 절반으로 줄어들면 이동 시간은 2배로 늘어난다(Vallero, 2008; 그림 5-35 참조).

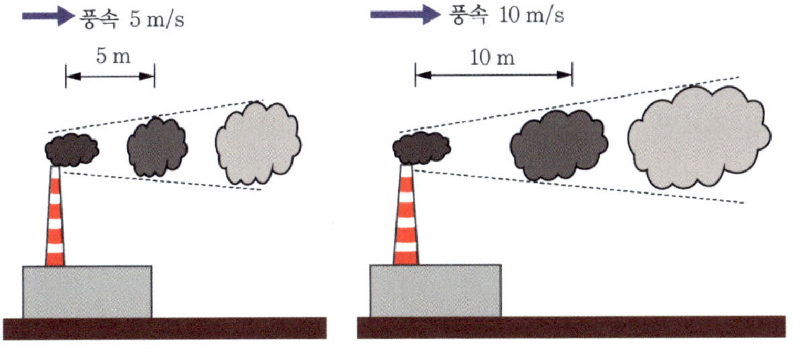

그림 5-34 풍속에 따른 대기오염물질의 확산 거리

5·5·4 역전층

일반적으로 대류권 내에서의 기온은 고도에 따라 하강한다. 그러나 일반적인 분포 형태와 달리 고도에 따라 기온이 상승하는 경우가 있다. 그림 5-36에서 A가 일반적인 기온 분포라

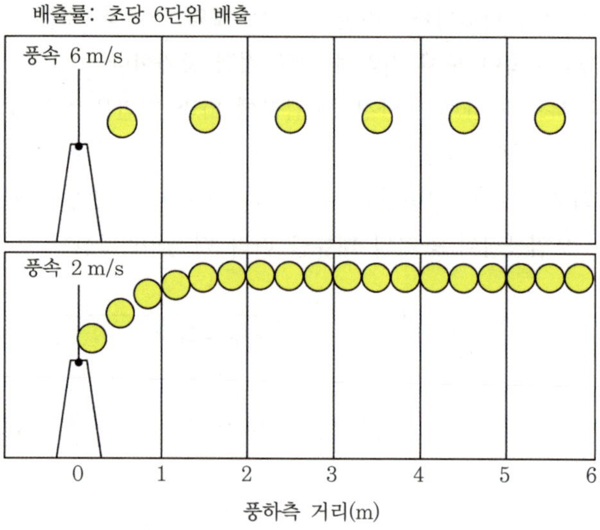

그림 5-35 풍속에 따른 대기오염물질의 확산 시간[Vallero, 2008]

면 B는 역전층이 형성되었을 때의 기온 분포이며 서로 다른 양상을 나타내고 있다. B와 같이 고도에 따라 기온이 상승하는 대기층을 기온역전층(temperature inversion layer, 역전층)이라고 한다.

역전층은 ①야간의 복사냉각에 의한 지표 온도의 강하로 지표면과 접해 있는 대기 하층이 냉각되는 경우, ②고기압권 내에서 기층의 침강으로 인해 단열압축된 기층의 상부 공기가 더 많이 단열승온되는 경우, ③하층의 찬 공기 위로 따뜻한 공기가 이류되는 경우 등 다양한 원인에 의해 형성된다. 위치에 따라 지표면에서 발생하는 접지역전(surface inversion)과 이보다 높은 고도에서 발생하는 공중역전(elevated inversion)으로 구분한다(그림 5-37 참조).

접지역전의 대표적인 예로 복사역전(radiative inversion)을 들 수 있다. 맑은 밤에 지표면에서 복사열이 발산하면서 지표 냉각이 시작되고 지표면에서의 기온이 높은 고도에서의 기온보다 낮아지면 지표면 부근의 기온이 가장 낮고 높이에 따라 온도가 상승하는 복사역전이

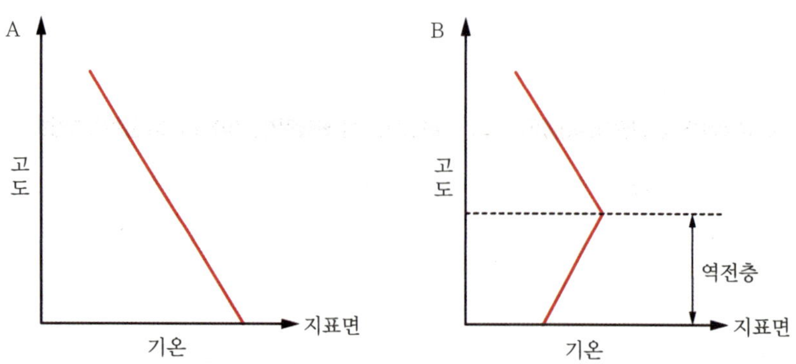

그림 5-36 일반적인 기온 분포(A)와 역전층이 형성되었을 때의 기온 분포(B)

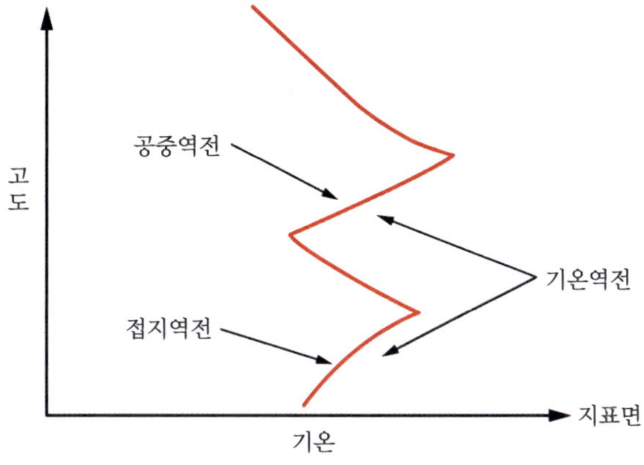

그림 5-37 발생 위치에 따른 역전층의 구분[Asthmawa]

발생한다. 이와 같은 현상은 주로 가을부터 봄철, 맑은 날 해가 진 이후부터 새벽 사이에 잘 생기며 지표에서부터 수백 미터 고도까지 발달한다. 이때 역전층의 두께는 밤의 길이, 지표의 성질, 운량, 풍속 지표와 기단의 온도 차에 따라 달라진다. 접지역전이 발생하면 오염물질은 그림 5-38 A와 같이 분포한다. 역전층 내 굴뚝으로부터 배출된 연기는 층 내에 갇혀서 장기간 머물며 지표 부근의 고농도를 유발하고, 역전층보다 높은 굴뚝에서 배출된 연기는 상승과 혼합 과정을 거치며 풍하측으로 이동한다.

침강역전(subsidence inversion)은 공중역전의 전형적인 예로, 맑은 날 고기압 중심부에서 공기층이 서서히 침강하면 하층부에서는 공기가 발산하고 단열압축에 의해 하강하는 공기가 가열되면서 넓은 범위에서 밤낮 구별 없이 발생하는 역전 현상이다. 그림 5-38 B와 같이 매우 안정한 역전층이 하층의 대기에 대하여 더 두꺼운 덮개 역할을 하여 오염물질의 연직 확산을 억제하고, 복사역전에 비해 더 오래 지표 부근의 고농도를 유발한다. 해가 뜬 후 태양복사에 의해 지표면이 가열되면 역전층은 점차 소멸하기 시작한다.

이와 같이 역전층 내에서 배출된 오염물질은 매우 안정한 대기 상태에서 연직운동과 난류

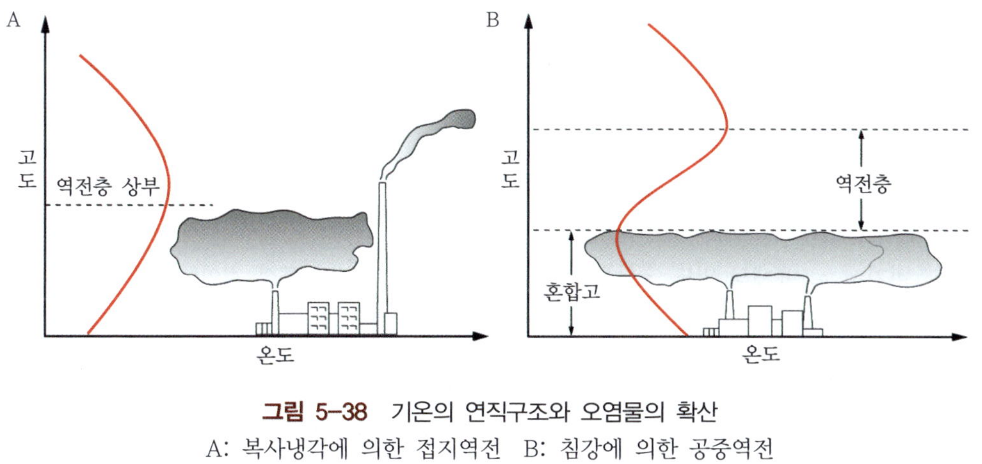

그림 5-38 기온의 연직구조와 오염물의 확산
A: 복사냉각에 의한 접지역전 B: 침강에 의한 공중역전

가 억제되어 혼합되지 않고 층 내에 장시간 머문다. 따라서 층 내에서 장시간 오염물질이 지속적으로 배출 및 축적될 경우 상대적으로 지표면에 가까운 위치에서 오염물질 농도가 높아져 피해가 크게 발생할 수 있다.

5·5·5 대기안정도

대기안정도(atmospheric stability)는 난류와 함께 대기경계층 또는 혼합층 내 오염물질의 확산 정도를 결정하는 대기의 중요한 특성이다. 대기의 수직운동은 오염된 공기를 상하로 뒤섞음으로써 혼합이 더 잘 일어나게 한다. 수직운동의 정도는 대기안정도에 의해서 결정된다. 수평적인 혼합 역시 대기의 중요한 확산 현상이지만 이는 주로 풍속과 대기의 난류(turbulence) 현상과 관련이 있다.

난류에는 하부 공기의 가열에 의한 열적 난류(thermal turbulence)와 상하층의 풍속 차이에 의한 기계적 난류(mechanical turbulence)가 있다. 실제 대기 중에 나타나는 난류는 두 가지가 함께 영향을 준 현상이며, 일반적으로 풍속이 강하면 난류도 상대적으로 강해진다. 따라서 대기의 안정도는 상하층 간의 온도 차이와 풍속 차이를 모두 고려하는 것이 바람직하며, 리처드슨수(Richardson number, R_i)를 사용하여 대기안정도를 나타낼 수 있다. 리처드슨수는 다음과 같이 정의한다.

$$R_i \equiv \frac{g}{T}\frac{(d\theta/dz)}{(du/dz)^2} \quad \cdots\cdots (5\cdot34)$$

여기서 $d\theta$: 두 층의 온위 차이, dz: 두 층 사이의 고도 차이, du: 두 층의 풍속 차이

리처드슨수가 0.25 미만이면 난류 혼합이 발생한다. 이와 같이 역학적 난류를 고려한 안정도를 동적 안정도(dynamic stability)라고 한다. 난류로 인한 대기의 혼합 과정은, 기체의 농도가 높은 곳에서 낮은 곳으로 혼합이 일어나는 분자확산(molecular diffusion)보다 매우 빠르게 일어난다.

레이놀즈수(Reynolds number, R_e)는 입자 운동에 대한 관성력과 점성력의 상대적 중요성을 설명하며 다음의 식으로 나타낸다.

$$R_e = \frac{\rho v l}{\mu} \quad \cdots\cdots (5\cdot35)$$

여기서 ρ: 유체의 밀도, v: 유체에 대한 입자의 속도, l: 특성 길이(예 입자의 길이), μ: 점도계수

움직이는 공기에 대한 평행하고 체계적인 입자의 움직임인 층류에서 난류로의 유동 변화는 R_e에 의해 주어진 상수에 따라 달라지며 이는 유체의 밀도에 정비례하고 점도에 반비례한

다. 난류의 연직운동은 대기 요소(오염물질, 열, 에너지 등)의 연직 수송을 위한 메커니즘을 제공하기 때문에 매우 중요하다(Dash *et al.*, 2002).

안정도의 개념을 쉽게 이해하기 위해서 둥근 바위를 굴리는 경우를 예로 살펴보자. 그림 5-39에서 바위 A는 경사면 위로 밀어 올리는 힘을 제거하면 다시 원위치로 재빠르게 되돌아온다. 한편 바위 B의 상태에서는 힘을 가해서 바위를 움직이면 경사면을 따라 바위가 굴러간다. 이후 힘을 제거해도 바위는 다시 원래의 위치로 되돌아오지 않고 원점으로부터 더 멀어진다. 이와 같은 개념을 대기안정도에 마찬가지로 적용해서 안정한 대기 상태와 불안정한 대기 상태를 다음과 같이 구분 짓는다. 안정한 대기 상태에서는 공기 덩어리에 상승이나 하강을 하도록 힘을 가한 후 곧바로 힘을 제거하면 재빠르게 원래의 높이로 되돌아온다. 결과적으로 대기의 상승과 하강 운동이 억제된다. 반면에 불안정한 대기 상태에서는 공기 덩어리에 약간의 힘을 들여 상승이나 하강하도록 한 후 힘을 제거해도 상승이나 하강 운동을 계속한다. 결국 원래의 위치로부터 더 멀어지고 대기의 수직운동이 활발히 일어난다.

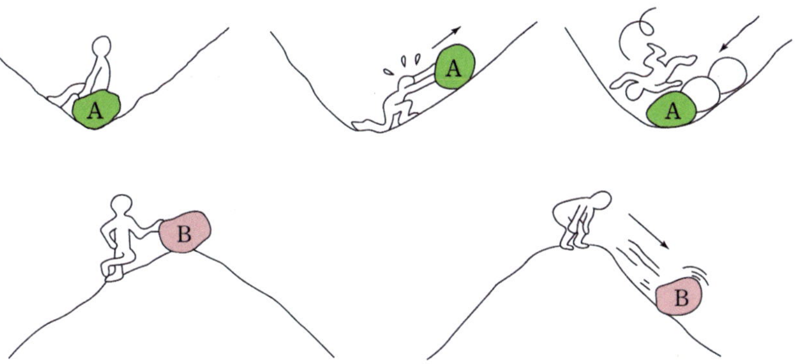

그림 5-39 안정(A)과 불안정(B) 상태의 개념[Ahrens, 2000]

대기안정도를 결정하는 중요 인자는 고도에 따라 변화하는 기온 분포이다. 대기는 고도에 따라 압력이 감소하므로 단열적으로 상승하는 공기 덩어리는 팽창하면서 온도가 낮아진다. 이러한 습윤단열감률과 건조단열감률에 의해 대기의 안정도가 결정된다. 만일 대기 중에서 단열적으로 상승하는 공기 덩어리가 있을 경우 공기 덩어리의 온도는 주위 기온과 비교하여 세 가지 가능성만 고려할 수 있다. 즉 주위 기온과 같은 경우, 혹은 그보다 낮거나 높은 경우이다. 이와 같은 주위와의 기온 비교가 바로 공기 덩어리의 안정도를 결정하는 방법으로 활용된다. 만일 상승하는 공기 덩어리의 온도가 항상 주위(environment)의 기온보다 높아서 계속 상승한다면 공기 덩어리는 불안정(unstable)하다. 또 공기 덩어리의 온도와 주위 공기의 온도가 같다면 공기 덩어리는 상승하거나 하강하지 않으며 이러한 상태를 중립(neutral)이라고 한다. 한편 상승하는 공기 덩어리의 온도가 주위의 기온보다 낮으면 공기 덩어리는 주위 기온과 같아지는(상승하기 전의) 고도까지 하강하며 이때를 안정(stable)하다고 한다. 따라서 대기의 안정 상태는 공기 덩어리의 수직 변위에 따라 정의할 수 있으며, 이와 같은 변위는 공기 덩어리와 주위 공기의 온도 차이로 결정된다.

결국 대기안정도는 단순하게 실제 대기의 기온감률과 건조 또는 습윤 단열감률을 비교하는 방식으로 결정할 수 있다(그림 5-40 참조). 대기안정도와 환경기온감률 사이의 관계를 보면 실제 대기의 기온감률이 건조단열감률(9.8℃/km)보다 크면 그 대기는 불안정하다. 이는 앞에서 설명한 상승하는 공기 덩어리를 생각하면 쉽게 입증되는 사실이다. 같은 원리로 실제 대기의 기온감률이 건조단열감률보다 작으면 대기는 안정하고, 같으면 중립이 된다. 대기의 안정 상태는 결국 대기의 연직 방향의 기온 변화를 측정함으로써 알 수 있으며 이와 같이 기온의 연직 분포로 결정되는 안정도를 정적 안정도(static stability)라고 한다.

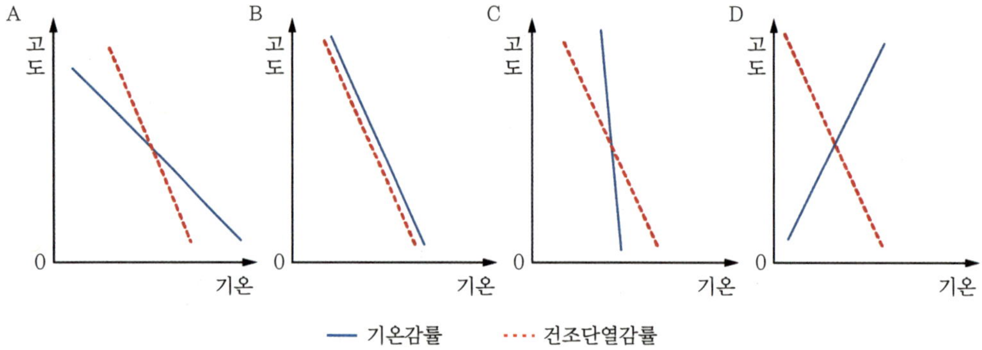

그림 5-40 대기안정도와 기온감률의 연관성
A: 불안정 B: 중립 C: 약한 안정 D: 강한 안정(역전층)

5·5·6 연기의 배출 형태

대기안정도와 오염물질의 분산은 매우 밀접하게 연관되어 있다. 주위 대기의 일반적 상태는 굴뚝으로부터 배출되는 연기(plume)의 형태에 따라서도 구분할 수 있다(Saxena & Naik, 2019; 그림 5-41 참조).

대기 상태가 중립일 경우 기온의 연직 분포가 건조단열과 등온 사이에 있으면 난류가 수평 및 수직 방향으로 분산하여 원뿔 모양의 연기를 형성하며 이를 원추형(coning)이라고 한다. 이러한 현상은 바람이 다소 강하거나 구름이 많이 낀 날에 자주 볼 수 있다.

환상형(looping)은 초단열감률과 태양열에 의해 대기 상태가 매우 불안정하고 난류가 심할 때 발생한다. 배출된 연기가 상하로 심하게 섞이면서 지표에서 멀어질수록 오염물질의 농도가 증가한다.

역전층과 같이 매우 안정한 층이 지표 부근에 머무를 경우 난류 또는 대류로 인한 오염물질의 수직적 혼합은 거의 일어나지 않는다. 이때 연기는 매우 좁은 폭으로 배출되어 서서히 층 내에서 풍하측으로 이동하며 이러한 형태를 부채형(fanning)이라고 한다. 연기 내 오염물질의 농도는 높지만 굴뚝 부근의 지표에서는 오히려 농도가 낮다.

상승형(lofting, 지붕형)의 배출 형태는 지표의 역전층으로 인해 하층이 안정하고 상층이 불안정할 경우에 발생한다. 이때 지표의 역전층보다 높은 위치에서 배출되는 연기는 하층으로 거의 유입되지 않고 상층으로만 계속 확산하므로 지표에 미치는 영향이 적다.

훈증형(fumigation)의 배출 형태는 상승형과 상반된 대기 조건에서 발생한다. 지표면 부근에서는 대류가 활발하여 불안정하지만, 상층은 매우 안정하여 하층에서 배출된 오염물질이 상층으로 유입되기 어렵다. 따라서 오염물질은 하층에서만 확산하면서 풍하측으로 이동하여 지표면에서 오염물질의 농도가 일시적으로 높아질 수 있다. 이러한 현상은 야간에 발생한 접지역전층이 일출 후 지표면의 가열에 의해 소멸하고 하층 대류가 활발해지면서 발생하며 주로 맑고 바람이 약한 날 오전에 나타난다.

이와 같이 대기오염물질의 분산은 기상 조건에 크게 의존하며, 연기의 특정 배출 형태는 배출 당시 주위의 대기 조건을 알려주는 지표가 된다.

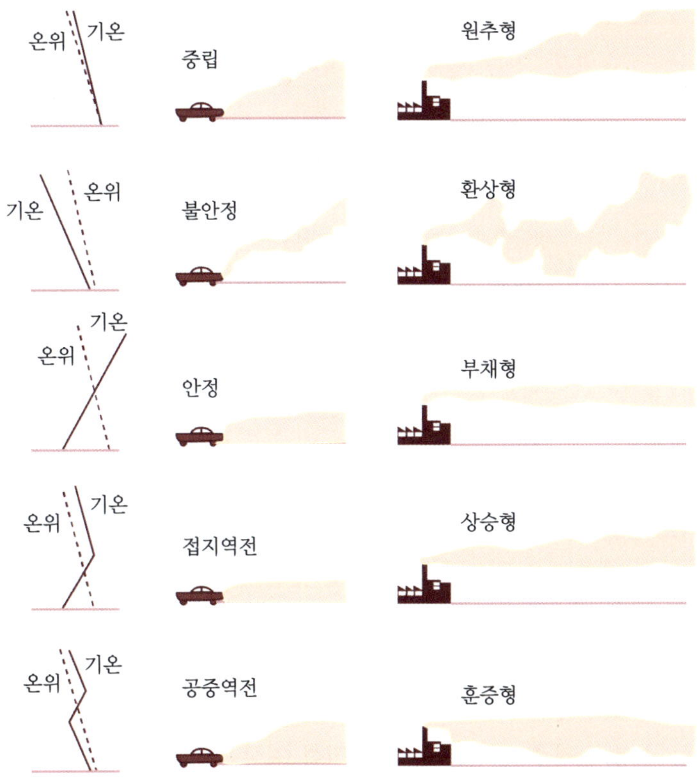

그림 5-41 대기 조건에 따른 연기의 배출 형태[Saxena & Naik, 2019]

5·5·7 도시 기후의 특성

도시 지역은 인구가 집중되고 산업 활동이 활발하여 연료 사용량이 많고 자동차로 인한 오염물질의 배출이 많은 관계로 교외 지역과 다른 고유의 기후가 형성된다. 일반적으로 도시 지역은 교외 지역에 비해 기온과 강수량이 높고 습도가 낮으며 풍속이 약하다. 또한 오염물질의 고농도 현상이 발생하는 날이 많아 시정이 나쁘고 서리, 눈, 결빙의 발생 일수가 적다(Koppe *et al.*, 2004; 표 5-1 참조). 이는 대부분 인공 구조물의 건설을 통한 자연 지형의 변화로 인해 나타난 특성이며 대기오염의 정도에 영향을 미친다.

표 5-1 도시와 교외 지역의 기상학적 변수 비교

기상학적 변수		도시	교외
복사	태양복사량	적다	많다
	일조시간	짧다	길다
기온	연평균	높다	낮다
	최저	높다	낮다
	최고	높다	낮다
상대습도		낮다	높다
안개		적다	많다
운량		많다	적다
강수량	연평균	많다	적다
	눈	적다	많다
바람	평균풍속	약하다	강하다
	정온	많다	적다
	돌풍	많다	적다
오염물질	입자상	많다	적다
	기체상	많다	적다

[Koppe *et al.*, 2004]

도시 지역의 아스팔트, 콘크리트, 철제 구조물은 교외 지역의 초목과 토양보다 단위면적당 더 많은 태양에너지를 흡수하여 빠르게 가열되며 열 저장 능력이 높다. 이러한 도시의 특성은 낮 동안 저장한 열을 재복사하여 도시의 기온을 올리는 역할을 한다(Vallero, 2008). 또한 도시의 대기는 가정 난방, 발전, 산업 및 운송을 위한 연료 연소에서 나오는 에너지가 더해져 더 더워진다. 이로 인해 도시 지역에서는 교외 지역에 비해 높은 기온 분포의 공기층을 형성하는 도시열섬 현상이 자주 발생한다. 도시열섬 현상은 도시의 규모에 따라 달라져 도시 규모가 클수록 도심 지역과 교외 지역 간의 기온 차이가 심하게 난다. 열섬은 도시의 먼지지붕을 만들고 오염물질을 누적한다(그림 5-42 참조). 먼지지붕은 종관적인 바람이 강하게 불면 파괴된다.

그림 5-43은 야간 시간대에 안정한 대기 상태의 교외 지역과 먼지지붕을 이룬 도시경계층 사이에서의 오염물질 거동을 보여 준다. 교외 지역의 배출원에서는 수직으로 분산하지 않는 부채형 거동을 보이며, 이 흐름이 도시경계층 내부로 들어가면 난류로 인해 훈증형으로 변한

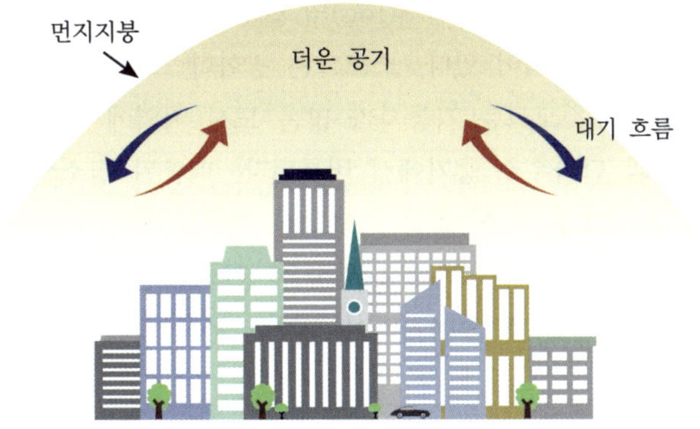

그림 5-42 도시 지역의 먼지지붕 현상[Tozam & Karaca, 2018]

다. 도시경계층 내 배출원의 오염물질은 잘 혼합되어 균등하게 분산하며 원추형의 거동을 보인다. 도시 지역 오른편의 풍하측에서는 교외 지역의 안정한 대기 위로 상승한 도시경계층 내에서만 오염물질이 분산한다. 이때 배출원의 오염물질은 상승형의 거동을 보인다(Oke *et al.*, 2017).

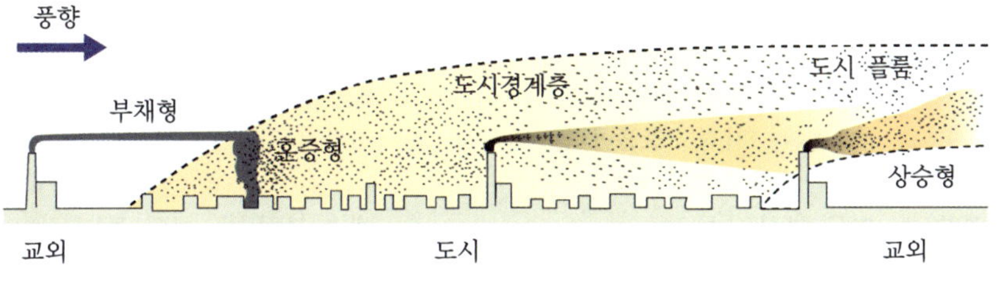

그림 5-43 교외 및 도시 지역에서 배출한 오염물질의 거동[Oke *et al.*, 2017]

도시 지역의 평균 상대습도와 풍속은 교외 지역에 비해 상대적으로 낮다. 교외 지역에서는 비가 그친 후에도 증발 또는 증산에 의해 수분이 토양이나 식생으로부터 대기권으로 들어가지만, 도시 지역은 지표 유출과 하수구를 통해 배수되고 교외 지역에 비해 식생이 적어 증발 또는 증산에 의한 수분 공급도 적다. 또한 도시 지역은 교외에 비해 기온이 더 높아서 공기 중의 수증기량이 같을지라도 상대습도는 더 낮다. 한편 풍속의 차이는 지표면 거칠기의 차이에서 비롯된다. 도시 지역은 교외 지역보다 정온 일수가 많으며 돌풍 발생률이 높다. 돌풍은 종관기상 조건과 관계없이 고층 빌딩 사이에서 발생한다.

도시 대기는 일산화탄소, 황산화물, 질소산화물, 탄화수소, VOCs, 산화제 및 입자상 물질과 같은 오염물질의 농도가 상당히 높다. 이러한 오염물질은 산업 공정, 연료 및 고형 폐기물 연소에 의해 대기 중으로 유입된다. 도시 대기 중 고농도의 입자상 물질은 빛을 산란하거나 흡수하여 햇빛의 대기 투과율을 떨어뜨리고 가시도를 낮추는 역할을 한다. 대기오염물질의 농도는 도시 안팎의 기온, 가시거리 및 강수량에 상당한 영향을 미친다.

인구와 교통량이 많은 대도시에서 흔히 나타나는 대기오염 현상의 대표적인 예로 스모그가 있다. 스모그(smog)는 연기(smoke)와 안개(fog)의 합성어로 질소산화물, 황산화물, 오존, 연기 및 기타 입자상 물질로 구성되어 있다. 스모그는 광화학 스모그와 황화 스모그로 나눌 수 있다(표 5-2 참조). 광화학 스모그는 자동차가 많은 도시 지역에서 많이 발생하며 자동차에서 배출되는 질소산화물과 탄화수소 증기에서 비롯된다. 배출된 질소산화물이 자외선과 반응하고 오존을 형성하여 스모그가 된다. 황화 스모그는 석탄을 사용하여 발생한 황산화물이 대기 중에 고농도로 있을 때 발생한다. 스모그 현상은 강한 역전층이 존재하거나 분지에 위치한 도시에서 발생할 경우 인명 피해를 야기하여 심각한 문제가 되기도 한다.

표 5-2 광화학 스모그와 황화 스모그의 특징

구 분	광화학 스모그 (LA형 스모그)	황화 스모그 (런던형 스모그)
기온	24~32℃	−1~4℃
습도	<70%	85%(+안개)
시정	<0.8~1.6 km	<30 m
발생 월	8~9월	12~1월
발생 시간	정오	새벽
주원료	휘발유	석탄, 석유제품
주성분	O_3, NO_3, CO, VOCs	입자상 물질(숯 등), CO, 황화합물
화학적 조건	산화	환원, 산성화
건강 영향	폐 질환, 기침, 호흡곤란, 일시적 눈 자극	기관지 자극, 기침
재료 영향	고무 부식	재료 부식(철, 아연 등)
식물 영향	O_3에 의한 피해	SO_2, 입자상 물질, 산성 안개에 의한 피해

연습문제 ▮

1. 대기오염에 영향을 줄 수 있는 기상 요소를 열거하고, 이들의 영향에 대해 서술하시오.
2. 대기오염 현상의 규모를 크게 다섯 가지로 구분하고, 각 규모의 범위를 서술하시오.
3. 대기오염에 영향을 주는 인자 중에서 대기안정도는 온위의 변화를 통해 설명할 수 있다. 온위의 정의를 서술하고, 대기안정도와의 관계에 대해 설명하시오.
4. 습윤단열감률이 건조단열감률보다 작은 이유를 설명하시오.
5. 대기운동에 영향을 주는 힘(force)에 대해 설명하시오.
6. 질량이 1 kg인 공을 0.5 m 줄에 매달았을 때 구심력이 5,000 N이라면 공이 움직이는 속도(v)는 얼마인지 계산하시오.
7. 열섬 현상에 대해 설명하고, 대기오염에 미치는 영향에 대해 서술하시오.
8. 대기혼합고와 역전층의 정의를 설명하고, 이들이 대기오염에 미치는 영향에 대해 서술하시오.
9. 기온과 풍속의 연직 분포가 대기오염물질의 확산에 어떤 영향을 미치는지 설명하시오.

10. 대기안정도에 따른, 굴뚝에서 배출되는 오염물질의 분산에 대해 서술하시오.
11. 도시와 교외 지역의 기상학적 변수를 비교하시오.

참고문헌 ▌

1. 권용범, 조인희. 2021. 지역 순환풍 발생 특성 이해를 통한 국내 주요항만 발생 대기오염물질의 항구도시 영향 범위 분석－여름철 해륙풍 모사를 중심으로. 해양환경안전학회지 27(6): 721－730.
2. 기상청. 2016. 초급 예보관 훈련용 교재－대기물리.
3. 김민경, 정우식, 이화운. 2015. 부산광역시 대기환경 파악에 활용가능한 도시대기환경지도 작성에 관한 연구. 한국환경과학회지 24(6): 807－817.
4. 박소라 등. 2014. 보성 종합기상관측탑 활용기술 개발: Ⅰ. 관측시스템. 국립기상연구소.
5. 박종길 등. 2008. 대기환경영향평가를 위한 대구광역시 상인동 달비골의 봄철 기상관측 사례분석. 한국환경과학회지 17(9): 1053－1068.
6. 송상근, 손장호. 2008. 부산시 해안 및 내륙지역에서 광화학 오염물질의 농도 차이에 영향을 주는 화학 및 기상 조건 분석. 한국환경과학회지 17(10): 1169－1182.
7. 임윤규, 김유근, 오인보. 2003. 공단지역의 국지순환이 대기오염물질의 수송과 고농도 발생에 미치는 영향. 한국대기환경학회 춘계 학술대회 논문집, 411－412.
8. 홍성길. 2013. 기상분석과 일기예보. 교학연구사.
9. Ahrens CD. 2000. Meteorology Today: An Introduction to Weather, Climate and the Environment (6th Ed). Brooks Cole.
10. Alison N, David D. 2019. Atmospheric Science (ATMO 200). University of Hawaii at Manoa.
11. AQSystem. aqs.se/product.
12. Asthma WA. Inversions and smoke trajectories explained. asthmawa.org.au.
13. Averbuch SD *et al.* 1988. Malignant pheochromocytoma: effective treatment with a combination of cyclophosphamide, vincristine, and dacarbazine. Annals of Internal Medicine 109(4): 267－273.
14. Bolton D. 1980. The Computation of Equivalent Potential Temperature. Monthly Weather Review 108(7): 1046－1053.
15. Brulfert G *et al.* 2007. A regional modelling study of the high ozone episode of June 2001 in southern Ontario. Atmospheric Environment 41(18): 3777－3788.
16. Criado A *et al.* 2023. Data fusion uncertainty-enabled methods to map street-scale hourly NO_2 in Barcelona: a case study with CALIOPE-Urban v1.0. Geoscientific Model Development 16(8): 2193－2213.
17. Dash P *et al.* 2002. Land surface temperature and emissivity estimation from passive sensor data: Theory and practice-current trends. International Journal of Remote Sensing 23(13): 2563－2594.

18. Ding A *et al.* 2004. Simulation of sea-land breezes and a discussion of their implications on the transport of air pollution during a multi-day ozone episode in the Pearl River Delta of China. Atmospheric Environment 38(39): 6737-6750.
19. Ehrnsperger L, Klemm O. 2021. Source Apportionment of Urban Ammonia and its Contribution to Secondary Particle Formation in a Mid-size European City. Aerosol and Air Quality Research 21(5): 200404.
20. Elvidge AD, Renfrew IA. 2016. The Causes of Foehn Warming in the Lee of Mountains. Bulletin of the American Meteorological Society 97(3): 455-466.
21. Gunawardena KR, Wells MJ, Kershaw T. 2017. Utilising green and bluespace to mitigate urban heat island intensity. Science of the Total Environment 584-585: 1040-1055.
22. Holloway T, Fiore A, Hastings MG. 2003. Intercontinental Transport of Air Pollution: Will Emerging Science Lead to a New Hemispheric Treaty? Environmental Science & Technology 37(20): 4535-4542.
23. Holton JR, Hakim GJ. 2013. An Introduction to Dynamic Meteorology. Academic Press.
24. Hu Z *et al.* 2019. Trans-Pacific transport and evolution of aerosols: spatiotemporal characteristics and source contributions. Atmospheric Chemistry and Physics 19(19): 12709-12730.
25. IPCC. 2021. Climate Change 2021: The Physical Science Basis. Contribution of Working Group I to the Sixth Assessment Report of the Intergovernmental Panel on Climate Change. Cambridge University Press, Cambridge, United Kingdom and New York, NY, USA.
26. Kang JE *et al.* 2012. The Influence of Meteorological Conditions and Complex Topography on Ozone Concentrations in a Valley Area near Coastal Metropolitan Cities. Terrestrial, Atmospheric and Oceanic Sciences 23(1): 25-38.
27. Kansas Flint Hills Smoke Management. Weather Conditions for Prescribed Burning. ksfire.org.
28. Koppe C *et al.* 2004. Heat-waves: risks and responses. WHO Regional Office for Europe.
29. Laing A, Evans JL. 2011. Introduction to Tropical Meteorology (2nd Ed). The COMET® Program.
30. LotusArise. 2020. Temperature Inversion: Types & Effects on Weather. lotusarise.com.
31. Montzka SA *et al.* 2021. A decline in global CFC-11 emissions during 2018-2019. Nature 590: 428-432.
32. Nadeem M *et al.* 2022. Study of Third-Grade Fluid under the Fuzzy Environment with Couette and Poiseuille Flows. Mathematical Problems in Engineering 2022: 1-19.

33. Oke TR *et al.* 2017. Urban Climates. Cambridge University Press.
34. Rooij DD. Location Factor for Wind and Solar. sinovoltaics.com.
35. Saxena P, Naik V (Ed). 2018. Air Pollution: Sources, Impacts and Controls. CAB International.
36. Somvanshi A. 2014. City trapped in a solar oven. downtoearth.org.in.
37. Song SK *et al.* 2012. Photochemical analyses of ozone and related compounds under various environmental conditions. Atmospheric Environment 47: 446–458.
38. Song SK *et al.* 2014. Analysis of meteorological characteristics related to changes in atmospheric environment on Jeju Island during 2010–2012. Journal of Environmental Science International 23(11): 1889–1907.
39. Stull R. 2017. Practical Meteorology: An Algebra-based Survey of Atmospheric Science (version 1.02b). University of British Columbia.
40. Taylorandayumi. 2008. Seoul tower smog and dusty view. commons.wikimedia.org.
41. Tozam İ, Karaca ÜB. 2018. Kentsel Isı Adası Etkisi ve Serin Çatılar. TC İstanbul Kültür Üniversitesi, İstanbul 9: 12–13.
42. Vallero DA. 2008. Fundamentals of Air Pollution (4th Ed). Academic Press.
43. Yiğit E, Medvedev AS. 2019. Obscure waves in planetary atmospheres: On Earth and on other planets, internal gravity waves shape the dynamics and thermodynamics of the atmosphere. Physics Today 72(6): 40–46.

제6장

대기오염 모델링

6·1 대기오염 모델링의 이해

대기오염물질은 다양한 경로로 대기 중에 배출된다. 에너지 발전과 생산 등 산업 전반의 활동, 자동차 배기가스 등의 인위적 과정과 화산, 산불과 같은 자연적 오염물질 발생 과정을 통해 다양한 배출원(source)에서 대기 중으로 배출된 오염물질은 수직 이동(대류), 수평 이동(이류), 확산 등 분산 과정을 거쳐 수용체(receptor)에 도달한다(그림 6-1 참조). 이러한 분산 과정에서 대기오염물질은 배출원에서 방출될 때의 오염물질(1차 오염물질) 그대로 존재하거나 광화학반응을 포함한 여러 화학반응을 통해 새로운 형태의 오염물질(2차 오염물질)로 변화하며, 침적 과정을 통해 수용체에서의 오염물질 농도가 변화한다.

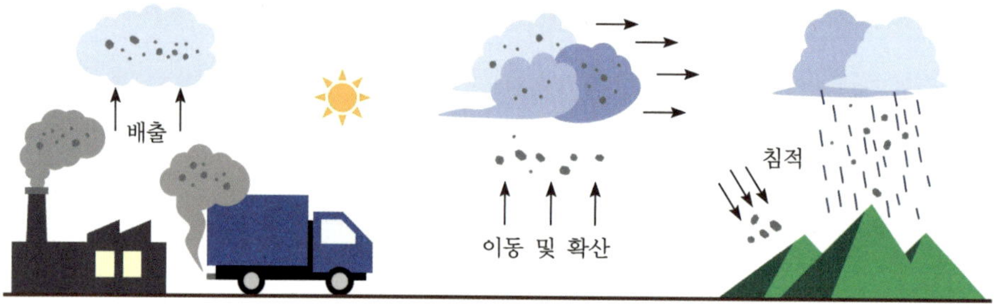

그림 6-1 대기오염물질의 배출-도달 과정

대기오염의 특징 중 먼저 대기오염물질의 종류가 다양하고 이들이 상호 반응하여 새로운 오염물질을 만든다는 점을 들 수 있다. 현재 심각한 문제를 야기하고 있는 대기오염물질에는 운송 수단에서 주로 배출되는 질소산화물과 산업 공정에서 배출되는 황산화물이 있다. 이 외에도 수은 및 유해대기오염물질(HAPs)과 같은 고분자 금속 성분의 오염물질 등 다양한 대기오염물질 배출 과정이 존재한다. 이들 오염물질은 대기 중에서 상호 반응하여 고분자 복합 오염물질로 변형되기도 한다.

두 번째는 배출원의 시공간 분포와 오염물질 체류시간의 차이 때문에 대기 중 오염물질의 분산 과정이 매우 다양한 시공간 규모에서 이루어진다는 점이다. 자동차 등 이동배출원이 밀집한 도시 지역에서 방출된 오염물질은 체류시간이 짧고 대기 중의 다른 오염물질과 빠르게 화학반응을 하는 경우 멀리까지 이동하지 못하기 때문에 영향력이 국지적인 장소에 머문다. 반면에 다른 오염물질과의 반응성이 적고 장기간 대기 중에 머무르는 오염물질의 경우 전 지구적 규모로 영향을 미칠 수 있다. 대표적인 사례로 2010년 아이슬란드의 에이야퍄들라이외퀴들(Eyjafjallajökull) 화산에서 분출된 화산재는 편서풍을 타고 유럽뿐 아니라 지구 전체로 퍼져 나가 전 세계의 항공 및 관광 산업에 막대한 손실을 가져왔다.

이와 같이 대기오염은 배출원, 대기 중 오염물질 및 이들의 분산 과정 등 다양한 요소에 의해 결정된다. 동일한 오염물질이 배출되더라도 수용체에 도달하는 오염 농도는 태양복사를 포함한 기상 환경, 지형, 오염물질의 반응성, 침적 가능성 등의 요소에 따라 상이하게 나타날 수 있다(Lee & Kimura, 2001; 이화운 등, 2010; Zhong *et al.*, 2016; Zhang *et al.*, 2020).

이처럼 복합적인 과정을 거쳐 수용체에 도달한 오염물질의 농도는 환경 보건 및 정책적 영향 평가 측면에서 정확히 해석해야 한다. 오염 배출량의 해석에 있어 실제 관측 기기를 이용하여 농도를 측정하는 방법이 가장 정확하다. 그러나 관심 지역 전체를 대상으로 농도를 측정하려면 많은 비용과 시간이 소요된다. 또한 광범위한 지역에서 배출된 오염물질의 분산을 제한된 몇몇 지점의 관측 자료를 바탕으로 해석하는 데에는 많은 어려움이 있으며, 미래의 개발 계획에 따라 새롭게 추가될 배출원의 대기환경 영향을 평가하는 일은 불가능하다.

따라서 수용체 주변의 대기오염 농도는 배출원에서 나오는 오염물질의 복잡한 분산 과정을 물리학적 방정식의 수치해석 방법에 근거하여 진단 및 예측하고 대기환경에 미치는 영향을 정량적으로 분석한다. 이를 대기오염 모델링 기법이라고 한다. 대기오염 모델링은 대기오염물질의 대기 중 농도 변화와 이들 물질의 이류 및 확산을 시간과 공간의 함수로 표현하는 대기 물리 · 화학 방정식으로 정의한다.

6·1·1 대기오염 모델의 분류

대기오염 진단 및 예측 모델은 오염물질의 이동 및 대기 중의 화학반응과 관련하여 대기오염 농도를 진단 · 예측하는 대기질 모델(air quality model)과 오염물질 이동의 기본이 되는 기상 요소를 진단 · 예측하는 기상 모델(meteorological model), 그리고 오염물질의 배출 정보를 산출 · 가공하는 배출량 모델(emission model)로 구성된다(그림 6-2 참조).

일반적으로 대기오염 모델링이라고 하면 주로 대기질 모델을 의미한다. 대기질 모델은 다시 오염물질의 이동 및 확산을 분석하는 분산 모델, 수용체 중심의 화학적인 분석 자료를 바탕으로 대기질을 분석하는 수용 모델, 그리고 배출 후 대기 중에서의 화학 변환 과정을 정밀하게 해석하는 화학반응 모델로 구분한다. 분산 모델은 다시 크게 물리 모델, 통계 모델, 그리고 수치 모델로 구분할 수 있다.

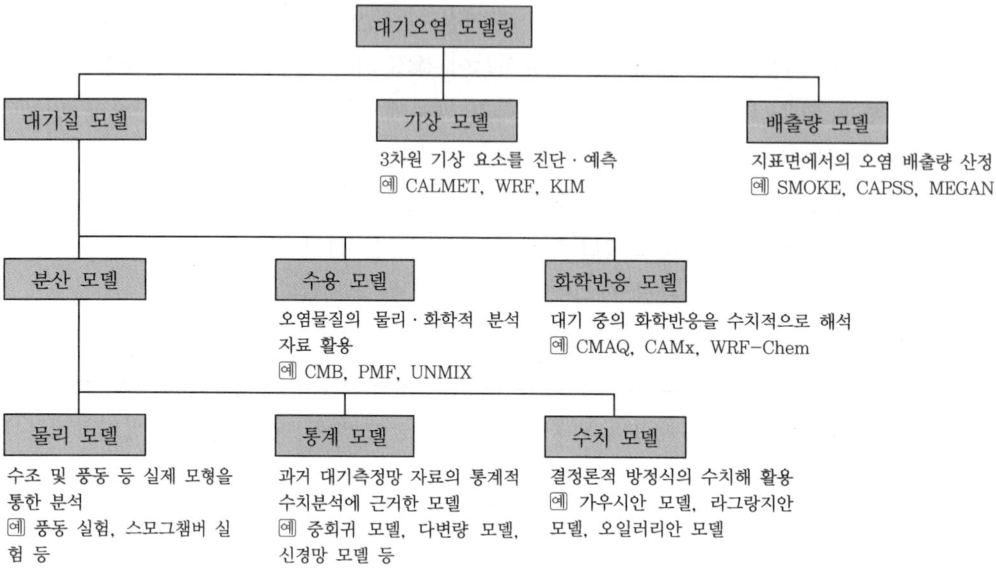

그림 6-2 대기오염 모델의 분류

물리 모델(physical model)은 실제 실험실 등에서 오염물질의 분산 과정을 재현하여 대기오염 농도를 설명한다. 주로 스모그 챔버와 풍동을 활용하여 실제 유체 흐름을 재현한다. 이 모델은 시공간 규모의 제약으로 인해 실제 대기환경을 재현하기보다는 상사 법칙을 활용한 축소 모형을 이용하는 경우가 많다. 따라서 실제 환경에 그대로 적용하기는 어렵지만 대기 확산 및 이동에 관한 이론적인 특성 분석에 많이 활용된다.

통계 모델(statistical model)은 과거 관측 자료에서 얻은 시계열적인 특성을 바탕으로 대기 확산 및 미래 농도를 예측하는 모델로 회귀 모델, 다변량 모델, 그리고 신경망 모델 등이 속한다.

수치 모델(numerical model)은 대기오염과 관련한 시공간 3차원 대기역학적 지배방정식(governing equation)을 수치해석(numerical analysis)으로 분석하여 대기 상태에 맞는 오염 농도의 수치해(numerical solution)를 산출하는 모델이다. 현재 수치 모델은 컴퓨터의 연산 능력과 수치해석 기술의 비약적인 발전으로 대기오염 모델링의 중심을 이루고 있다. 수치 모델은 어떤 분산 방법을 적용하는지에 따라 크게 가우시안 모델, 라그랑지안 모델, 오일러리안 모델 등으로 분류할 수 있다(표 6-1 참조).

수치 모델을 활용한 대기오염 모델링 분석에는 몇 가지 분명한 한계가 있다. 수치 모델의 경우 초기 입력 자료의 정확도가 매우 중요하다. 수치 모델의 해를 구하기 위해서는 자료의 초기 조건(initial condition)과 경계 조건(boundary condition)이 필요하다. 특히 대기오염의 경우 지상 배출원에서의 오염물질 배출 정보와 측면에서의 유입 및 유출과 관련한 농도 정보가 정확해야 한다. 그러나 실제 대기환경에서는 이에 관한 정확한 자료를 확보하기가 어렵다. 초기 및 경계 조건의 오차는 대기오염물질 농도의 진단 및 예측 오차로 직결된다. 또

표 6-1 수치 모델의 분류

기본 모델	대기오염 분산 모델
오일러리안 모델	상자 모델 분석 모델 수치 폐쇄 모델 대규모 와류 시뮬레이션 모델
라그랑지안 모델	입자 모델 퍼프 모델
가우시안 모델	가우시안 플룸 모델 세그먼트 플룸 또는 퍼프 모델

한 대기오염 모델링은 대기오염물질의 분산과 화학반응을 모두 고려해야 하기 때문에 복잡한 연산 과정이 필요하다. 따라서 연구 목적에 따라 적절한 모델을 선정하고, 모델에서 요구하는 입력 자료와 모델 오차에 대해 명확히 이해하고 있어야 한다.

한계가 있음에도 불구하고 역학적 방정식을 기반으로 한 수치 대기오염 모델링은 다른 방법에 비해 정확도가 높고 자료의 활용 가능성이 크기 때문에 현재 대기오염 연구에서 많이 적용하고 있다. 이 장에서는 현재 일반적으로 널리 사용되고 있는 수치 기반 대기오염 모델링 중 분산 과정 모델링 기법과 응용에 관해 설명한다.

6·1·2 대기오염 모델링의 구성 요소

대기오염물질은 배출원에서 방출되어 바람, 기온 등 기상 환경에 따라 이동하면서 변질된다. 이동 중에는 다양한 요인에 의해 지표면에 침적되어 농도가 변화한다. 따라서 대기오염 농도는 배출, 분산, 물리 · 화학적 변화, 침적의 총 네 가지 과정을 거치면서 시공간적으로 결정된다.

1 배출

대기 중으로 오염물질을 배출하는 배출원은 점 · 선 · 면 오염원으로 구분한다. 국가의 환경 관련 정부 조직에서 이와 관련한 정보를 주기적으로 조사하여 생산한다. 우리나라의 경우 환경부에서 직간접적 방법으로 조사하여 매년 다양한 배출원에서 나오는 각 성분별 오염물질의 질량을 추정하고 있다. 일반적으로 오염물질 배출량은 최종적으로 수용지의 대기오염 농도와 직접적으로 연결되기 때문에 배출량 자료의 정확도가 대기오염 모델링 결과에 중요하게 작용한다.

2 분산

배출원에서 방출된 오염물질은 분산 과정을 통해 주변 지역으로 이동한다. 오염물질의 분산은 크게 이류(advection)와 확산(diffusion)으로 구분할 수 있다. 대기오염물질이 바람을 타고 수평으로 이동하는 흐름을 이류, 수직으로 이동하는 흐름을 대류라고 한다. 또한 대기 중 브라운운동(Brownian motion) 등의 분자확산과 난류에 의해 대기오염물질의 농도가 변화하는 현상을 통칭하여 난류확산(turbulent diffusion)이라고 한다. 대기오염물질의 분산은 주로 와류(eddy)에 의한 난류확산에 의해 이루어진다. 이러한 분산 과정은 풍향, 풍속, 혼합고, 복사 등 다양한 기상장의 영향을 받기 때문에 기상 정보의 정확도가 매우 중요하다.

3 물리 · 화학적 변화

대기오염물질의 종류는 무수히 많으며, 대기 중에 다양하게 분포하고 시간에 따라 복잡한 물리 · 화학 반응이 일어나기 때문에 모든 반응을 고려하여 대기오염물질의 농도 변화를 진단 · 예측하는 일은 불가능하다. 따라서 실제 대기오염 모델링에서는 분석 대상을 잘 설명할 수 있는 소수의 물질과 화학반응만을 적용하여 대기오염물질의 반응 체제를 구축하고 있다. 대표적인 예로 광화학 메커니즘인 CB-Ⅴ(carbon bond 5)가 있다.

4 침적

배출원에서 출발한 대기오염물질은 분산 과정 및 물리 · 화학적 반응을 동반하면서 수용지에 도착한다. 또한 일부는 이동 중 침적 과정을 통해 대기에서 제거된다. 침적은 중력에 의한 침강이나 브라운운동을 통한 부착 등을 포함하는 건성침적과 강수 및 대기 중의 수분에 의해 제거되는 습성침적이 있다.

6·2 분산 모델

분산 모델(dispersion model)은 대기오염물질의 이동 및 확산 과정을 분석하고 이를 바탕으로 수용지의 대기오염 농도를 파악하는 모델이며 주로 역학적 수치 방정식을 이용한다. 특히 적용하는 방정식에 따라 다양하게 나뉘며, 대상 지역을 하나의 상자로 간주한 상자 모델, 오염물질의 분산을 정규분포로 가정한 가우시안 모델, 3차원 분산 방정식을 컴퓨터로 직접 풀어서 농도를 산출하는 오일러리안 모델과 라그랑지안 모델 등이 있다.

6·2·1 대기의 분산 과정

대기오염물질 분산의 가장 기초적인 이론은 픽(A. Fick)이 제시한 '단위시간에 단위면적을 이동하는 물질의 양은 그 면의 법선 방향의 농도의 차이(경사, gradient)에 비례한다'는 법칙이다. 이를 방정식 형태로 표현하면 다음과 같다.

$$F = -K\frac{\partial C}{\partial x} \qquad (6\cdot1)$$

여기서 F: 질량 플럭스(mass flux), K: 확산계수(diffusion coefficient), $\frac{\partial C}{\partial x}$: 공간적 농도 차이

이러한 픽의 법칙(Fick's law)을 바탕으로 시간에 따른 대기오염물질의 농도는 수직 이동, 수평 이동, 확산에 의해서 변화한다. 먼저 대기오염물질이 바람을 타고 수평 또는 수직으로 이동하는 이류의 경우 수직 이동보다는 수평 방향의 이동이 매우 크기 때문에 바람에 의한 수직 이동은 무시하는 경우가 많다. x 방향의 풍속이 U로 일정할 때 대기오염물질의 이동은 다음과 같다.

$$\frac{\partial C}{\partial t} + U\frac{\partial C}{\partial x} = K_x\frac{\partial^2 C}{\partial x^2} \qquad (6\cdot2)$$

여기서 C: 오염물질 농도, U: x 방향 풍속, K_x: x 방향 확산계수

또한 브라운운동 등 분자확산과 와류에 따른 x 방향의 난류확산은 다음과 같다.

$$\frac{\partial C}{\partial t} = \frac{\partial}{\partial x}\left(K_x\frac{\partial C}{\partial x}\right) = K_x\frac{\partial^2 C}{\partial x^2} \qquad (6\cdot3)$$

이를 y, z 방향으로 확장하면 시간에 따른 오염물질의 확산은 다음과 같이 표현할 수 있다.

$$\frac{\partial C}{\partial t} = K_x\frac{\partial^2 C}{\partial x^2} + K_y\frac{\partial^2 C}{\partial y^2} + K_z\frac{\partial^2 C}{\partial z^2} - \left(U\frac{\partial C}{\partial x} + V\frac{\partial C}{\partial y} + W\frac{\partial C}{\partial z}\right) \qquad (6\cdot4)$$

여기서 C: 오염물질 농도, U: x 방향 풍속, V: y 방향 풍속, W: z 방향 풍속, K_x: x 방향 확산계수, K_y: y 방향 확산계수, K_z: z 방향 확산계수

3차원 바람 및 난류에 의한 분산 방정식에 대기오염물질이 이동 및 확산하는 동안 화학반응에 의해 변화하는 농도(S_C)를 고려하여 최종적으로 다음과 같은 방정식을 구할 수 있다.

$$\frac{\partial C}{\partial t} = K_x\frac{\partial^2 C}{\partial x^2} + K_y\frac{\partial^2 C}{\partial y^2} + K_z\frac{\partial^2 C}{\partial z^2} - \left(U\frac{\partial C}{\partial x} + V\frac{\partial C}{\partial y} + W\frac{\partial C}{\partial z}\right) + S_C \qquad (6\cdot5)$$

6·2·2 상자 모델

상자 모델(box model)은 대기오염 농도의 국지적인 변화를 공간적인 차이보다는 가상의 상자 내 평균값으로 설명한다. 즉 질량보존법칙(law of conservation of mass)에 기반하여 공간적인 변동 없이 오로지 시간에 따라서만 변한다고 가정한 0차원 모델이다. 상자의 아래

는 지면을 경계로 하고 상한은 혼합고의 높이로 한다. 오염물질은 지표면으로부터 상자 전역에서 균일하게 배출된다고 가정한다. 측면에서 오염물질이 유입 · 유출되는 풍속은 일정하다. 또한 상자 내의 풍향과 풍속이 모두 균일하고 상자 내의 공기는 잘 혼합되어 오염물질 농도가 동일하다고 가정한다. 이때 상자 내 오염물질의 화학반응은 1차 반응만 취급한다.

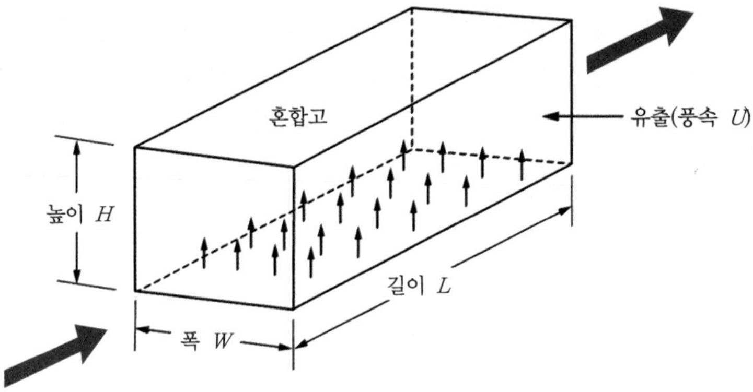

그림 6-3 상자 모델의 모식도[Ortolano, 1985]

그림 6-3과 같이 상자 모델은 가상의 상자 내에 연구 대상 지역이 위치하며, 혼합이 매우 활발하여 상자 내의 대기오염 농도(C)는 균일하고, x 방향의 일정한 풍속 U로 유입된다고 가정한다. 이때 상자 내의 오염 농도는 기본적으로 대기오염물질의 유입량, 유출량, 반응량으로 결정되며 산출 방정식은 다음과 같다.

$$\underbrace{LWH\frac{dC}{dt}}_{①} = \underbrace{QLW}_{②} + \underbrace{C_i UHW}_{③} + \underbrace{LW\frac{dH}{dt}(C_u - C_o)}_{④} - \underbrace{C_o UHW}_{⑤} - \underbrace{V_d C_o LW}_{⑥} \pm \underbrace{KC_o LWH}_{⑦} \quad (6\cdot6)$$

①	②	③	④	⑤	⑥	⑦
상자 내 농도 변화	바닥면 유입량	측면 유입량	상부 유입량	측면 유출량	바닥 침적량	화학 반응량

여기서 Q: 바닥면에서의 오염물질 배출량(g/m^2/s), L: 상자 길이(m), W: 상자 폭(m), H: 상자 높이(m), U: 상자 내부의 평균 풍속(m/s), V_d: 상자 바닥의 침적 속도(m/s), C_i: 유입 농도(g/m^3), C_o: 유출 농도(상자 내 농도; g/m^3), C_u: 상부 유출 농도(g/m^3), K: 상자 내 오염물질 반응상수(s^{-1})

만약 시간에 따른 배출량과 풍향, 풍속, 안정도 등 기상학적 조건의 변화가 없는 상태(정상상태)라고 가정하면 오염물질의 상자 내 유입량(②, ③, ④)과 유출 및 반응량(⑤, ⑥, ⑦)은 같다. 상자 내 물질의 화학반응이 없고 침적량을 무시하면 상자 내 오염물질의 배경농도(C_o)는 다음과 같이 표현할 수 있다.

$$QLW + C_i UHW = C_o UHW \quad (6\cdot7)$$

$$C_o = C_i + \frac{LQ}{HU} \quad (6\cdot8)$$

상자 모델은 비교적 간단하면서 특정 지역의 기상 조건과 배출량 정보만으로 대기오염 농도를 간단하게 모의할 수 있어 소규모 대류 현상이 활발한 지하 공간 및 면오염원에 적용하기 용이하다. 그러나 상자 내 대기오염의 공간 분포를 확인하기 어렵고, 대부분 정상상태를 가정하기 때문에 시간에 따른 변화를 파악하기 어려우며, 수평 및 수직 확산을 고려하지 않기 때문에 적용에 제한적이라는 단점이 있다.

6·2·3 가우시안 플룸 모델

1 정규분포

굴뚝과 같은 점오염원에서 방출된 연속적인 오염물질 또는 연기 등을 플룸(plume)이라고 한다. 가우시안 플룸 모델(Gaussian plume model)은 일반적으로 굴뚝에서 배출된 오염물질의 농도 분포가 정규분포(가우스분포)를 따른다고 가정한 정상상태 모델이다. 가우시안 플룸 모델은 대기오염물질의 이동 및 확산 연구에 가장 많이 사용되며, 모델을 구성하는 수식이 간단하고 대기오염 농도를 비교적 정확하게 산출할 수 있다.

시간에 따른 대기오염 농도의 변화를 설명하는 식 6·5의 경우 실제 정확한 수치해가 존재하지 않는다. 따라서 방정식을 간략화하기 위해 다음과 같은 조건이 필요하다.

1) 연기의 분산은 정상상태이다. 즉 시간에 따른 변화가 없기 때문에 시간에 대한 편미분항 ($\partial C/\partial t$)은 무시할 수 있다.
2) 바람의 방향을 x축으로 설정하면 바람 방향의 직각인 y 방향의 풍속 V는 0이 된다. 그리고 기상학적으로 수직 방향 z의 풍속 W는 x 방향의 풍속 U에 비해 매우 작아서 무시할 수 있다. 따라서 V, $W \simeq 0$으로 가정할 수 있으며, y, z 방향의 이류확산은 무시할 수 있다.
3) x 방향의 이류확산과 난류확산을 비교하면 이류확산이 난류확산보다 매우 크기 때문에 $K_x \simeq 0$이다.
4) 연기 내부의 반응은 무시한다.
5) x 방향의 풍속 U와 난류확산계수는 일정하다.

이상의 가정을 고려하여 식 6·5를 다음과 같이 간단히 나타낼 수 있다.

$$U\frac{\partial C}{\partial x} = K_y\frac{\partial^2 C}{\partial y^2} + K_z\frac{\partial^2 C}{\partial z^2} \quad \cdots\cdots (6\cdot9)$$

배출원 풍하 지역(x축)의 거리에 따른 연기의 농도는 y, z 방향의 난류확산으로 결정된다. 식 6·9는 다음과 같은 경계 조건을 적용하면 간단히 해를 구할 수 있다.

1) 배출원에서 무한히 멀어지면 오염물질의 농도는 0이다.
2) 배출원에서의 오염 농도는 무한하다.
3) 풍하측으로 이동하는 오염물질의 양은 일정하고 점오염원 배출량 Q와 같다.

$$Q = \int_0^\infty \int_{-\infty}^{+\infty} UC(x, y, z)\,dy\,dz \quad \cdots\cdots (6\cdot10)$$

4) 플룸의 직각 단면 오염물질의 분산은 정규분포를 따른다.

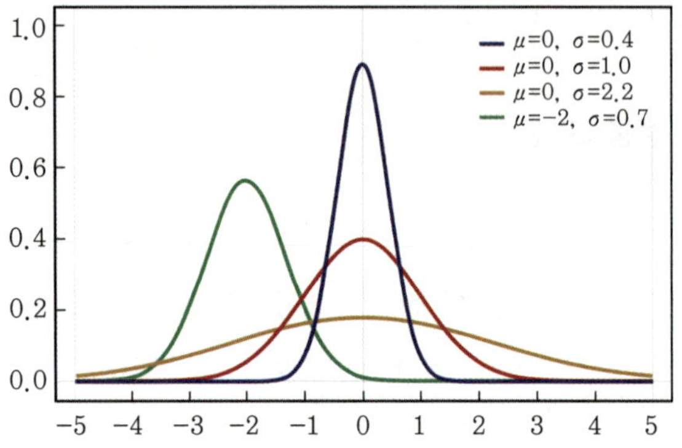

그림 6-4 평균 μ, 표준편차 σ인 정규분포곡선

이때 연기 분산의 기본이 되는 정규분포는 그림 6-4와 같다. 정규분포는 평균(μ)을 중심으로 좌우대칭을 이루며, 농도 분포는 다음 식과 같이 나타낸다.

$$f(x) = \frac{1}{\sigma(2\pi)^{1/2}} \exp\left\{-\frac{(x-\mu)^2}{2\sigma^2}\right\} \quad \cdots\cdots (6\cdot11)$$

여기서 μ: 평균, σ: 표준편차

따라서 가우시안 모델에서 연기의 확산은 정규분포를 따른다고 가정하고 농도를 산출한다. 그림 6-5는 굴뚝에서 방출된 연기가 풍하(x축) 방향으로 확산하는 정규분포를 모식적으로 나타낸다. 플룸의 중심선에 대한 y, z 방향의 분산은 정규분포를 한다고 간주한다.

그림 6-6은 오염물질이 풍하(x축) 방향으로 이동하면서 연기가 퍼지는 정규분포를 모식적으로 나타낸다. 오염물질은 이동함에 따라 농도가 감소하고 수평 방향과 수직 방향으로 퍼져나간다. 따라서 가우시안 모델은 수평(y축) 방향과 수직(z축) 방향의 2중 정규분포를 가정한다. 이런 환경에서 앞서 설명한 경계 조건을 대입하면 다음과 같이 이동 거리에 따른 농도를 구할 수 있다.

$$C(x, y, z) = \frac{Q}{4\pi x (K_y, K_z)^{1/2}} \exp\left\{-\frac{U}{4x}\left(\frac{y^2}{K_y} + \frac{z^2}{K_z}\right)\right\} \quad \cdots\cdots (6\cdot12)$$

여기서 Q: 단위시간당 오염물질 배출량(g/s), U: 배출원의 풍하측(x 방향) 풍속, K_y: y 방향 난류확산계수, K_z: z 방향 난류확산계수

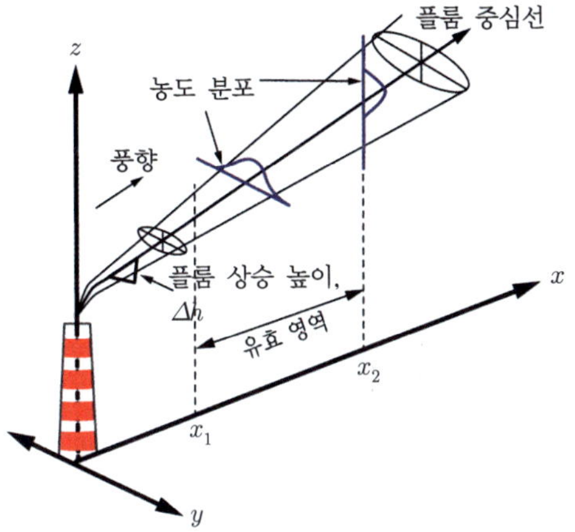

그림 6-5 풍하 방향으로 이동하는 오염물질의 정규분포[Eu & Yap, 2018]

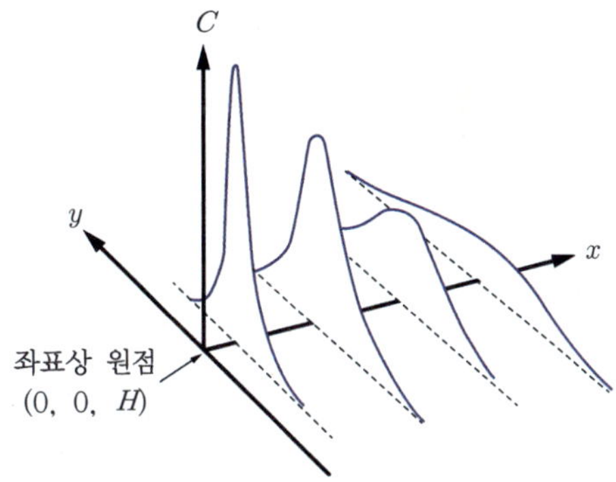

그림 6-6 풍하(x축) 방향으로 이동하는 오염물질의 농도 분포

플룸 중심선에 대한 수직 단면의 농도 분포는 y, z 방향의 확산계수 K_y, K_z에 의해서 결정된다. 가우시안 모델에서는 난류확산계수를 정규분포의 표준편차(확산 폭)로 치환하여 적용한다. 난류확산계수와 확산 폭의 관계는 다음과 같다.

$$\sigma_y^2 \equiv \frac{2K_y x}{U}, \quad \sigma_z^2 \equiv \frac{2K_z x}{U} \quad \cdots\cdots (6\cdot13)$$

이 관계를 정규분포의 해에 적용하면 최종적으로 다음과 같은 식을 구할 수 있다.

$$C(x, y, z) = \frac{Q}{2\pi\sigma_y\sigma_z U}\exp\left\{-\left(\frac{y^2}{2\sigma_y^2} + \frac{z^2}{2\sigma_z^2}\right)\right\} \quad \cdots\cdots (6\cdot14)$$

여기서 σ_y: y 방향의 확산 폭, σ_z: z 방향의 확산 폭

2 가우시안 플룸 모델의 농도 모의

가우시안 플룸 모델을 이용한 농도 모의 시 몇 가지 고려할 사항이 있다. 첫 번째는 연기의 확산 고도이다. 굴뚝에서 배출되는 연기의 온도는 일반적으로 외기보다 높기 때문에 열부력(thermal buoyancy)과 배출 관성력(momentum)으로 인해 실제 굴뚝의 높이보다 높은 고도까지 상승한다. 이때 고도를 유효굴뚝높이(effective stack height, H_e)라고 한다.

$$H_e = h_s + \Delta h \quad \cdots\cdots (6\cdot15)$$

$$\Delta h = h_t + h_m$$

여기서 h_s: 굴뚝의 실제 높이, Δh: 유효 상승 높이, h_t: 열부력에 의한 상승 높이, h_m: 배출 속도에 따른 상승 높이

따라서 가우시안 확산은 유효굴뚝높이에서 분산이 일어난다고 가정한다. 그림 6-7은 굴뚝에서 나온 연기의 상승을 고려한 유효굴뚝높이의 개념도이다. 이 가정을 고려하면 대기오염 농도의 공간 분포는 다음 식과 같다.

$$C(x, y, z, H_e) = \frac{Q}{2\pi\sigma_y\sigma_z U}\exp\left[-\frac{1}{2}\left\{\left(\frac{y}{\sigma_y}\right)^2 + \left(\frac{z-H_e}{\sigma_z}\right)^2\right\}\right] \quad \cdots\cdots (6\cdot16)$$

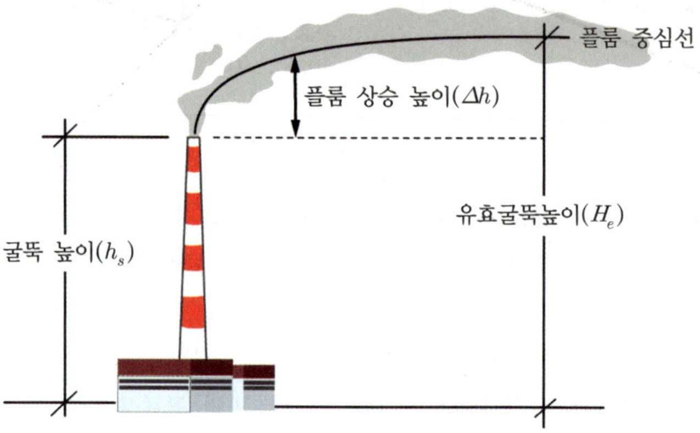

그림 6-7 연기의 유효굴뚝높이 개념도

두 번째는 연기의 지표면 반사이다. 배출된 연기가 대기 중에서 분산하다가 지표면에 도달한 경우 지표면에서 다시 대기 중으로 반사되어 되돌아온다고 가정할 수 있다. 이 경우 농도 모의는 그림 6-8과 같이 원래 배출원과 동일한 위치의 지하에 가상의 배출원을 두고 가상의 배출원에서 방출된 농도를 더하여 모의한다. 이 가정을 고려하면 식 6·16을 식 6·17과 같이 나타낼 수 있다.

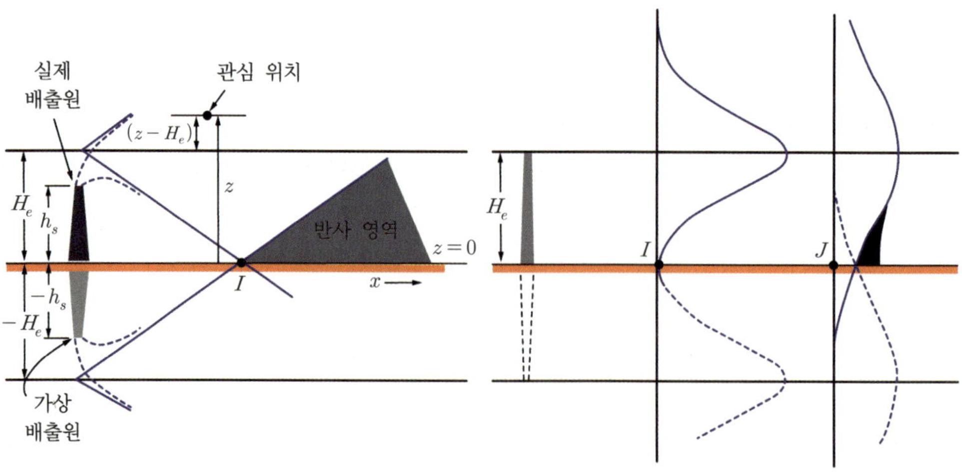

그림 6-8 지표면 반사 시 가상의 굴뚝 연기 분산 개념도[Wark *et al.*, 1997]

$$C(x, y, z, H_e) = \frac{Q}{2\pi\sigma_y\sigma_z U}\exp\left\{-\frac{1}{2}\left(\frac{y}{\sigma_y}\right)^2\right\}\times\left[\exp\left\{-\frac{1}{2}\left(\frac{z-H_e}{\sigma_z}\right)^2\right\}+\exp\left\{-\frac{1}{2}\left(\frac{z+H_e}{\sigma_z}\right)^2\right\}\right] \quad \cdots\cdots (6\cdot17)$$

따라서 가우시안 플룸 모델에서는 배출 고도, 즉 굴뚝의 높이와 오염물질의 지표면 반사 유무에 따라 식 6·16과 6·17을 적용하여 3차원 공간상(x, y, z)의 농도를 구할 수 있다. 그림 6-5에 제시한 바와 같이 점오염원에서 배출되는 대기오염물질은 일반적으로 굴뚝에서 나온다고 가정한다. 따라서 배출 지점을 지표면이 아니라 유효굴뚝높이로 가정하고 다음과 같이 다양한 오염 농도를 산출할 수 있다.

① 지표면 착지농도 계산

배출원에서 방출된 연기가 지표면에 도달할 때의 착지농도(ground level concentration)는 식 6·16에서 $z=0$으로 하면 산출할 수 있다.

$$C(x, y, 0, H_e) = \frac{Q}{2\pi\sigma_y\sigma_z U}\exp\left[-\frac{1}{2}\left\{\left(\frac{y}{\sigma_y}\right)^2+\left(\frac{H_e}{\sigma_z}\right)^2\right\}\right] \quad \cdots\cdots (6\cdot18)$$

② 풍하측 중심선상의 착지농도 계산

분산 과정에서 연기의 농도가 가장 높은 중심선상의 착지농도는 $z=0$, $y=0$을 대입하면 구할 수 있다.

$$C(x, 0, 0, H_e) = \frac{Q}{2\pi\sigma_y\sigma_z U}\exp\left\{-\frac{1}{2}\left(\frac{H_e}{\sigma_z}\right)^2\right\} \quad \cdots\cdots (6\cdot19)$$

③ 유효굴뚝높이가 지표면인 경우 중심선상의 착지농도 계산

악취 관련 모델링의 경우 배출원은 굴뚝이 아니고 지표면이 된다. 이 경우 $z=0$, $y=0$, $H_e=0$을 대입한다.

$$C(x, 0, 0, 0) = \frac{Q}{2\pi\sigma_y\sigma_z U} \quad \cdots\cdots (6\cdot20)$$

④ 최대 착지농도

대기오염에서 최대 관심사는 최대 농도가 얼마이며, 지표면 어느 지점에서 최대 농도가 발생하는지이다. 서턴(Sutton, 1947)은 안정도를 고려하여 식 6·17과 유사한 가우시안 농도식을 다음과 같이 제시하였다.

$$C(x, y, z, H_e) = \frac{Q}{\pi\sigma_y\sigma_z U x^{2-n}}\exp\left(-\frac{y^2}{\sigma_y^2 x^{2-n}}\right)\times\left[\exp\left\{-\frac{(z-H_e)^2}{\sigma_z^2 x^{2-n}}\right\}+\exp\left\{-\frac{(z+H_e)^2}{\sigma_z^2 x^{2-n}}\right\}\right] \quad \cdots\cdots (6\cdot21)$$

여기서 x: 굴뚝에서의 거리, n: 서턴의 안정도계수(강한 불안정일 때 0.2, 중립일 때 0.25, 약한 안정일 때 0.33, 강한 안정일 때 0.55)

굴뚝에서 배출된 오염물질이 지표면에 나타나는 최대 착지농도는 다음과 같이 구할 수 있다.

$$C(x_{\max}, 0, 0, H_e) = \frac{2Q}{\pi e U H_e^2}\left(\frac{\sigma_z}{\sigma_y}\right) \quad \cdots\cdots (6\cdot22)$$

또한 최대 착지농도가 발생하는 $x_{\max}$는 수직확산계수의 함수로 다음과 같이 표현할 수 있다.

$$x_{\max} = \left(\frac{H_e}{\sigma_z}\right)^{\frac{2}{2-n}} \quad \cdots\cdots (6\cdot23)$$

3 유효굴뚝높이 산정

앞서 설명한 바와 같이 유효굴뚝높이를 정확히 산정하는 일은 가우시안 모델을 통한 농도 추정에 중요한 요소로 작용한다. 연기의 상승은 연기의 배출 온도, 배출 속도, 대기안정도, 외부 풍속, 굴뚝의 직경 등에 의해 결정된다. 유효굴뚝높이를 산정하기 위한 다양한 형태의 경험식이 제시되었으며 대체로 연기의 배출 온도, 배출 속도에 비례하고 대기안정도와 외부 풍속에 반비례한다.

① 일반적인 식

굴뚝의 배출 속도가 굴뚝 밖 공기(외기)의 풍속에 비해 약할 경우 다음과 같은 간단한 경험식을 적용할 수 있다.

$$\Delta h = 1.5\left(\frac{V_s}{U}\right)d_s \quad \cdots\cdots (6\cdot24)$$

여기서 V_s: 연기의 배출 속도, d_s: 굴뚝 직경, U: 외기 풍속

② 홀랜드식

홀랜드(Holland, 1953)는 다음과 같이 유효높이를 산정하였다.

$$\Delta h = \frac{V_s d_s}{U}\left\{1.5 + 2.68\times10^{-3}P_a d_s\left(\frac{T_s - T_a}{T_s}\right)\right\} \quad \cdots\cdots (6\cdot25)$$

여기서 T_s: 배출 온도, T_a: 외기 온도, P_a: 외기 압력

③ 카슨앤모지스식

카슨앤모지스(Carson and Moses)식은 굴뚝 주변의 대기안정도를 고려하여 유효높이를 산정하며 다음과 같이 대기안정도에 따라 다르게 적용한다.

$$\begin{cases} \text{불안정 대기: } \Delta h = 3.47\dfrac{V_s d_s}{U} + 5.15\dfrac{{Q_h}^{1/2}}{U} \\ \text{중립 대기: } \Delta h = 0.35\dfrac{V_s d_s}{U} + 2.64\dfrac{{Q_h}^{1/2}}{U} \\ \text{안정 대기: } \Delta h = -1.04\dfrac{V_s d_s}{U} + 2.24\dfrac{{Q_h}^{1/2}}{U} \end{cases} \quad \cdots\cdots (6\cdot26)$$

여기서 Q_h: 배출열량(heat emission rate, KJ/s)

④ CONCAWE식

유럽 대기수질보전협회(CONservation of Clean Air and Water in Europe, CONCAWE)에서 제시한 유효높이 산정식은 다음과 같다.

$$\Delta h = 2.71\frac{{Q_h}^{1/2}}{U^{3/4}} \quad \cdots\cdots (6\cdot27)$$

⑤ 브리그스식

브리그스(Briggs, 1975)는 배출 연기의 특성을 고려하여 유효높이를 산정하고 배출 연기의 열부력과 관성력을 분리하였다. 이를 바탕으로 연기의 초기 상승에 대한 특성을 분석하였다. 유효높이 산정에 있어서 차가운 연기는 초기 관성을, 뜨거운 연기는 부력을 중요한 요소로 다룬다. 현재 가장 다양한 조건을 가정한 유효높이 산정 방법이다.

4 대기안정도 산정

실제 가우시안 모델을 활용한 오염 농도의 산출에서 중요한 요소 중 하나가 대기안정도이다. 대기안정도는 지표 부근 대기의 미기상학적인 특성을 나타내는 지표로 다양한 요인에 의해서 결정된다. 가우시안 모델링의 분산은 오염 농도의 수평과 수직 방향 표준편차(σ_y, σ_z)에 의해서 결정되고 이는 대기안정도에 따라 달라진다. 따라서 가우시안 모델의 분석 정확도는 기상 환경을 잘 반영한 분산 표준편차의 정확도와 직결된다.

파스퀼(Pasquill, 1974)과 기퍼드(Gifford, 1976)는 일사량, 운량, 풍속의 세 요소를 바탕으로 대기안정도를 A, B, C, D, E, F의 여섯 단계로 구분하였다(표 6-2 참조). 매우 불안정한 A 단계는 주간에 바람이 약하고 구름이 없고 일사량이 강한 조건에서 나타난다. 이 단계에서는 지표면 가열이 크고 대기가 불안정해져서 수직 난류확산이 강하게 일어난다. 반면 가장 안정한 F 단계는 야간에 구름이 없고 풍속이 약한 환경에서 잘 나타난다. 이 경우 야간의 지표면 복사냉각에 의해 지표 부근의 공기가 냉각되면서 안정한 상태가 된다. 이에 따라 대기의 난류확산 운동이 억제되고 연기의 분산도 줄어든다. 한편 바람이 강하게 불고 기계적인 난류가 증가할수록 중립에 가까운 D 등급의 안정도를 보인다.

파스퀼-기퍼드의 안정도 등급을 적용하면 가우시안 모델에서 연기 분산 형태를 결정하는 분산 표준편차(σ_y, σ_z)를 산출할 수 있다. 터너(Turner, 1970)는 파스퀼-기퍼드가 제시한 방

표 6-2 기상 자료를 바탕으로 구분한 파스퀼-기퍼드의 안정도 등급

지면 풍속 (m/s)	일 사			야간 조건	
	강함	중간	약함	흐림 또는 하층 구름 4/8 이상	≤ 하층 구름 3/8 이하
2	A	A · B	B	–	–
2~3	A · B	B	C	E	F
3~5	B	B~C	C	D	E
5~6	C	C~D	D	D	D
6	C	D	D	D	D

법으로 수평과 수직의 분산 표준편차를 도표로 제시하였다. 그림 6-9는 각각 안정도 등급별 풍하 거리(x)와 수평 및 수직 방향의 분산 표준편차를 나타낸다. 그림에서 알 수 있듯이 연기 분산은 불안정한 A 등급에서 안정한 F 등급보다 크게 나타난다. 이는 대기가 불안정할수록 연기가 잘 확산됨을 의미한다. 따라서 간단한 기상 요소로 안정도를 결정하고 안정도별 분산 표준편차 도표를 활용하여 정규분포 농도식의 σ_y, σ_z를 결정하면 농도를 구할 수 있다.

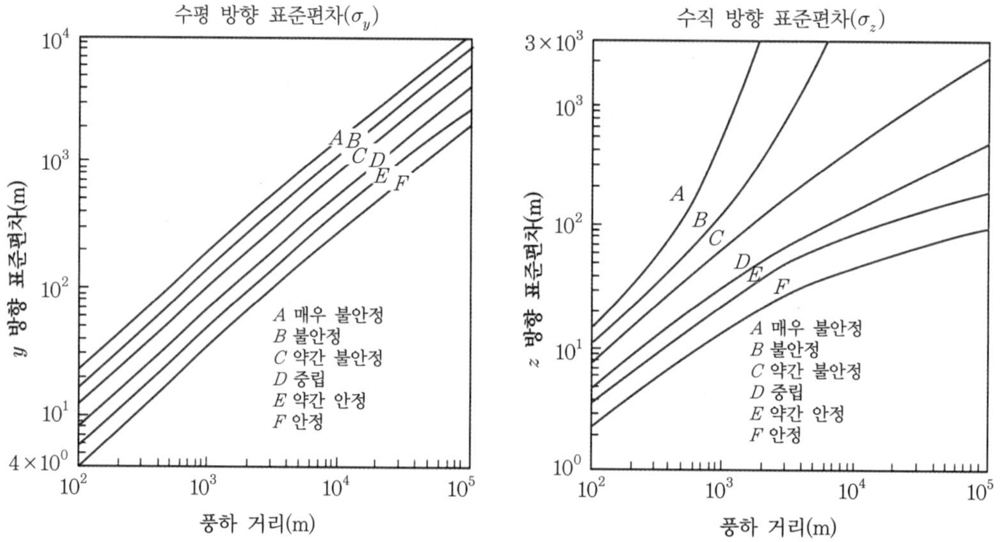

그림 6-9 풍하 거리와 안정도에 따른 분산 표준편차[Turner, 1970]

그러나 그림 6-9는 몇 가지 제약이 있다. 먼저, 터너가 제시한 파스퀼-기퍼드 도표는 10분간의 평균 농도를 기준으로 하였다. 현재 규제 목적의 대기분산 모델의 경우 대체적으로 1시간 평균 농도를 적용한다. 두 번째, 지표면 상태와 인공열 등의 차이로 인해 교외 지역보다 도시 지역의 분산이 항상 크다. 특히 대기가 불안정(A, B, C) 또는 중립(D) 단계일 경우 차이가 더 크게 난다. 세 번째는 지표 부근에서 매우 안정 또는 불안정한 경우에도 대기 상층에서는 중립적인 상태가 나타날 수 있다. 따라서 파스퀼-기퍼드가 제시한 분산은 지상 수

백 미터 고도 이내에만 적용할 수 있다. 이러한 단점을 고려하여 마틴(Martin, 1976)은 풍하 거리에 따른 대기분산계수를 다음과 같이 제시하였으며, 표 6-3은 풍하 거리와 안정도의 함수로 σ_y, σ_z를 결정하기 위해 제시한 상숫값이다.

$$\sigma_y = ax^b,\ \sigma_z = cx^d + f \qquad (6\cdot 28)$$

여기서 x: x 방향의 풍하 거리(km), $\sigma_y \cdot \sigma_z$: $y \cdot z$ 방향의 분산 표준편차(m)

표 6-3 마틴이 제시한 대기안정도 등급별 풍하 거리에 따른 σ_y, σ_z 산출에 필요한 상숫값

안정도	c	d	x < 1 km			x > 1 km		
			a	b	f	a	b	f
A	213	0.894	440.8	1.941	9.27	459.7	2.094	−9.6
B	156	0.894	106.6	1.149	3.3	108.2	1.098	2.0
C	104	0.894	61.0	0.911	0.0	61.0	0.911	0
D	68	0.894	33.2	0.725	−1.7	44.5	0.516	−13.0
E	50.5	0.894	22.8	0.678	−1.3	55.4	0.305	−34.0
F	34	0.894	14.35	0.740	−0.35	62.6	0.180	−48.6

브리그스는 도시와 교외 지역을 구분하여 안정도와 풍하 거리(x)에 따른 σ_y, σ_z를 제시하였다(표 6-4 · 6-5 참조). 지표면 거칠기가 도시 지역이 교외 지역보다 크고 인간 활동에

표 6-4 브리그스가 제시한 대기안정도 등급별 풍하 거리에 따른 도시 지역 σ_y, σ_z 산출에 필요한 상숫값

안정도	σ_y(m)	σ_z(m)
A · B	$0.32x(1+0.0004x)^{-0.5}$	$0.24x(1+0.001x)^{0.5}$
C	$0.22x(1+0.0004x)^{-0.5}$	$0.20x$
D	$0.16x(1+0.0004x)^{-0.5}$	$0.14x(1+0.0003x)^{-0.5}$
E · F	$0.11x(1+0.0004x)^{-0.5}$	$0.08x(1+0.0015x)^{-0.5}$

표 6-5 브리그스가 제시한 대기안정도 등급별 풍하 거리에 따른 교외 지역 σ_y, σ_z 산출에 필요한 상숫값

안정도	σ_y(m)	σ_z(m)
A	$0.22x(1+0.0001x)^{-0.5}$	$0.24x(1+0.001x)^{0.5}$
B	$0.16x(1+0.0001x)^{-0.5}$	
C	$0.11x(1+0.0001x)^{-0.5}$	$0.20x$
D	$0.08x(1+0.0001x)^{-0.5}$	$0.14x(1+0.0003x)^{-0.5}$
E	$0.06x(1+0.0001x)^{-0.5}$	
F	$0.04x(1+0.0001x)^{-0.5}$	$0.08x(1+0.0015x)^{-0.5}$

따른 인공열이 많기 때문에 도시 지역의 확산 폭이 교외 지역보다 넓게 나타난다.

5 세류현상과 역류현상

굴뚝 주변에 건물이 존재할 경우 건물로 인해 공기의 흐름이 매우 복잡해진다(Gnatowska, 2015). 그림 6-10과 같이 건물 주변에서 형성되는 와류는 대기오염물질의 분산에 영향을 미친다. 일반적으로 바람이 건물에 부딪히면 건물 뒤에 공동 구역(cavity zone)이 형성되고 이 부분으로 공기가 빨려 들어간다. 유효굴뚝높이가 낮으면 빨려 들어간 공기에 의해 오염 농도가 높아질 수 있으며, 이를 역류현상(down draft, down draught)이라고 한다. 이를 방지하기 위해서 유효굴뚝높이를 주변 건물의 2.5배 이상으로 높여 연기가 공동 구역으로 들어가지 못하도록 한다. 또한 배출가스의 온도를 높여 통풍력을 올리거나 배출 속도를 높이는 조치가 필요하다.

반면에 굴뚝 배출가스의 배출 속도보다 주변 풍속이 클 경우 가스가 배출구 부근 풍하측으로 이동하면서 지상으로 하강하여 농도가 높아지는데 이를 세류현상(down wash)이라고 한다. 배출 속도가 주변 풍속의 1.5배보다 작을 경우, 계산에 사용되는 굴뚝의 높이는 굴뚝의 직경 d를 이용하므로 실제 물리적인 굴뚝 높이보다 다소 낮아진다.

$$V_s \geq 1.5u \text{일 때 } h' = h$$
$$V_s < 1.5u \text{일 때 } h' = h + 2d[(V_s/u) - 1.5]$$

따라서 세류현상을 방지하기 위해서는 역류현상 방지 방법과 동일하게 굴뚝의 높이를 높이거나 연기의 방출 속도를 주변 풍속의 1.5배 이상으로 높여 준다. 일반적으로 건물에 의한 바람의 변화는 풍하 지역으로 건물 높이의 5~10배, 수직으로 2배 높이까지 영향을 미친다. 따라서 복잡한 도심 지역에서는 구조물에 의해 생성되는 기류 변화를 정확히 평가해야 한다.

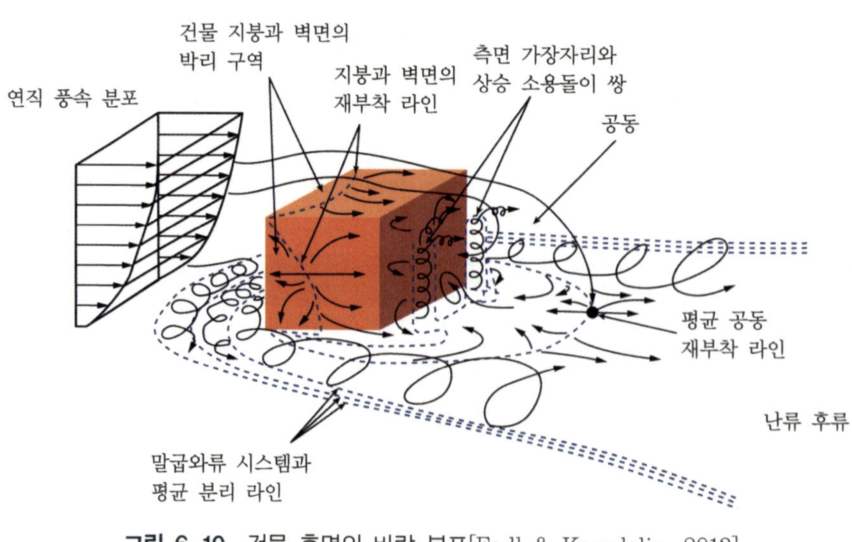

그림 6-10 건물 후면의 바람 분포[Fadl & Karadelis, 2013]

6·3 라그랑지안 모델

라그랑지안 모델(Lagrangian model)은 시간에 따라 변화하는 바람과 함께 이동하는 좌표계를 가정하고 좌표계의 중심과 오염물질의 중심을 일치시키면서 오염물질의 농도를 모의하는 모델이다(그림 6-11 참조).

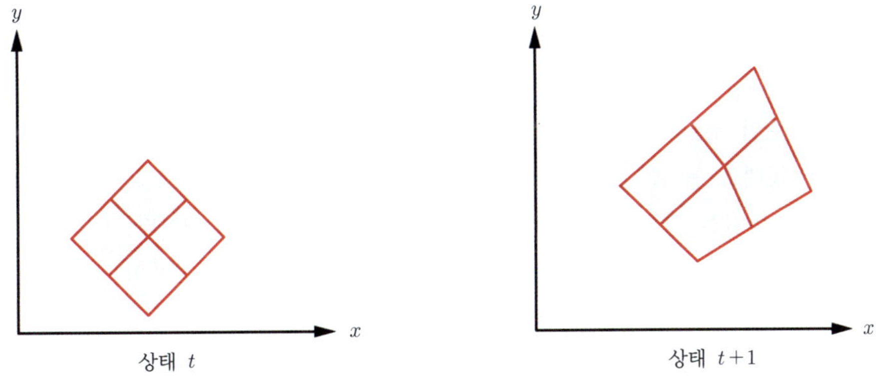

그림 6-11 라그랑지안 모델 개념도[Spicher *et al.*, 2012]

가상의 오염 입자 중심에 좌표계의 중심을 두고 이들의 이동을 분석하여 수용지의 오염 농도를 산출한다. 이들 궤적은 편미분 방정식(partial differential equation)이 아닌 전미분 방정식(ordinary differential equation)으로 표현되며, 공간적인 잔차 오류와 수치적인 발산을 피할 수 있는 장점이 있다. 보편적으로 대기오염 농도는 대기오염물질을 개별 입자로 판단하고 이들의 이동과 화학 변화를 고려하여 산출한다. 개별 입자의 궤적은 다음의 식으로 구할 수 있다.

$$\frac{d\vec{r}}{dt} = \vec{V} + \vec{V_t} \qquad (6\cdot 29)$$

여기서 $\vec{r}$: 개별 입자의 위치 벡터, $\vec{V}$: 입자의 평균적인 바람 벡터

평균적인 바람 벡터는 공기의 이류, 침적, 부력 등의 함수이다. $\overrightarrow{V_t}$는 대기 중의 난류와 관련한 바람 벡터로 난류에 의한 입자의 확산에 관한 항이며, 랑주뱅 방정식(Langevin equation)을 이용하여 다음과 같이 적용한다.

$$dW_t = -\frac{W_t}{T_L}dt + \sqrt{\frac{2\sigma_w^2}{T_L}}\,dW \qquad (6\cdot 30)$$

여기서 W_t: 수직 난류확산, T_L: 라그랑지안 이동의 적분 시간, σ_w: 수직 난류 속도 진동, dW_t: 평균 0이고 표준편차 d_t인 백색 난류

따라서 $\overrightarrow{V_t}$로 표현된 난류 성분은 dW_t의 함수로 나타내며 이를 무작위 행보(random walk) 방법이라고 부른다. 실제 오염물질의 농도 계산 시에는 계산기 환경에 따라 무작위 난수를 dW_t 값으로 이용하기도 한다.

라그랑지안 모델에는 오염물질을 연속적으로 배출되는 하나의 독립적인 덩어리로 가정하는 퍼프 모델과 입자 형태로 가정하는 라그랑지안 입자경로 모델이 있다.

6·3·1 퍼프 모델

퍼프 모델(puff model)은 배출원에서 연속적으로 배출되는 오염물질이 덩어리(puff) 단위로 쪼개져 방출된다는 가정에서 출발한다. 방출된 퍼프는 3차원 바람을 타고 이동 및 확산하면서 수용지의 오염 농도를 결정한다. 이 모델은 앞서 살펴본 가우시안 모델과 라그랑지안 모델을 결합한 형태로 볼 수 있다. 배출원에서 출발한 퍼프는 정규분포를 이루며 확산하고, 독립적인 퍼프는 바람을 따르는 라그랑지안 방법으로 이동한다고 해석한다(그림 6-12 참조). 오염물질의 확산 방법은 일반적으로 가우시안 플룸 모델에서의 정규분포형 난류확산을 적용하지만 식 6·30과 같은 무작위 행보 방식의 확산을 적용하기도 한다.

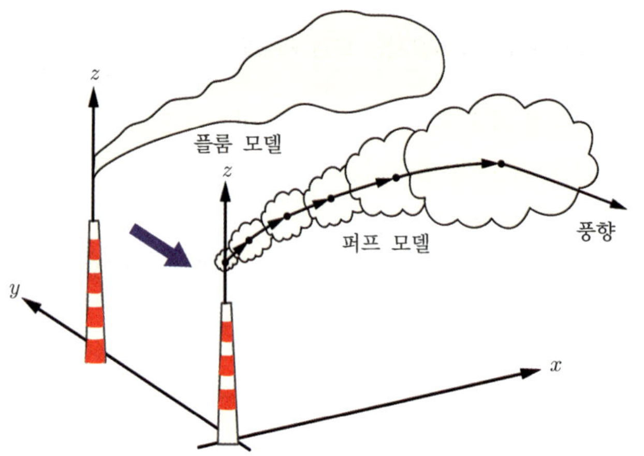

그림 6-12 플룸 모델과 퍼프 모델의 개념도[Yuan *et al.*, 2019]

배출원에서 배출된 퍼프는 바람의 영향을 크게 받으며, 배출 경과 시간에 따른 퍼프의 중심 위치는 다음과 같은 식으로 계산할 수 있다.

$$\begin{aligned} x(t+\delta t) &= x(t) + \delta t U(t) \\ y(t+\delta t) &= y(t) + \delta t V(t) \\ z(t+\delta t) &= z(t) + \delta t W(t) \end{aligned} \quad \cdots\cdots (6\cdot31)$$

여기서 $x \cdot y$: 서로 직각 관계인 수평 방향 좌표, z: 수직 방향 좌표, U: x 방향 평균 풍속, V: y 방향 평균 풍속, W: z 방향 평균 풍속, δt: 퍼프의 이동 시간 배출원에서 배출된 퍼프는 시간에 따라 바람을 타고 이동하면서 다음의 가우시안 확산식에 의해 퍼프의 크기가 성장한다(그림 6-13 참조).

$$C(x,\, y,\, z) = \frac{Q}{2\pi\sigma_y\sigma_z} g \exp\left(-\frac{y^2}{2\sigma_y^2}\right)\exp\left(-\frac{z^2}{2\sigma_z^2}\right) \quad \cdots\cdots (6\cdot32)$$

여기서 C: 배출원$(x,\, y,\, z)$으로부터 배출된 오염물질 농도(g/m^3), Q: 퍼프에서의 오염물질 질량(g/m^3), σ_y: 수평 방향 가우시안 확산의 표준편차(m), σ_z: 수직 방향 가우시안 확산의 표준편차(m), g: 퍼프가 지표 및 혼합층에서 반사되는 항

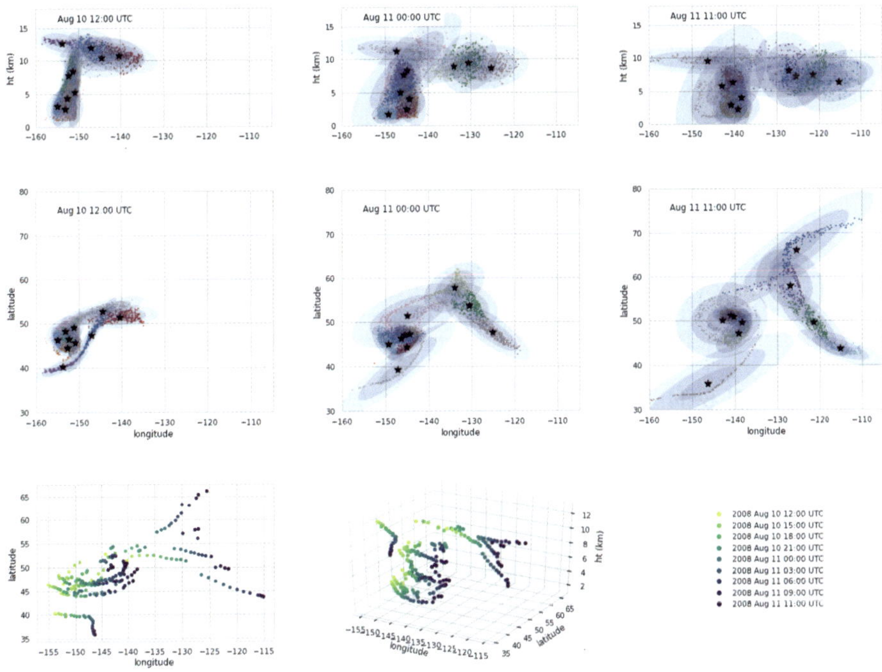

그림 6-13 시간에 따른 퍼프의 이동 및 성장 모델링 예시[Crawford, 2020]

퍼프 모델은 가우시안 플룸 모델에서 계산 시 적용하는 정상상태의 기상장이 아니라 시간에 따라 변하는 비정상상태(unsteady state)의 기상장을 적용하는 특징이 있다. 따라서 가우시안 플룸 모델에 비해 시간에 따른 풍속과 풍향 변화를 고려하여 정밀하게 대기오염물질의 분산을 모의할 수 있다. 가우시안 플룸 모델은 바람이 없거나 약할 때 결과에 오차가 발생하지만 퍼프 모델은 이론상 오차가 상당히 적다. 일반적으로 복잡한 지형이나 해안 지역에서 자주 발생하는 산곡풍과 해륙풍 등은 풍향과 풍속이 급격하게 변화한다. 이러한 상황에서는 퍼프 모델의 적용이 가능하기 때문에 우리나라와 같이 삼면이 바다로 둘러싸인 복잡한 지역에서 대기오염물질의 농도를 분석하기에 적합하다.

이러한 장점으로 인해 세계 각국은 대기오염 평가 모델로 퍼프 모델을 사용한다. 미국 환

경보호청(EPA)은 대기환경 평가 및 보건학 연구에 CALPUFF 모델 시스템을 제공하고 있다(그림 6-14 참조). CALPUFF 모델은 지형이 복잡한 우리나라뿐만 아니라 아시아와 유럽 등 세계적으로 광범위하게 사용되고 있다(Ha *et al.*, 2017). 또한 퍼프 모델은 기존의 가우시안 모델에서 고려하지 못하는 해안 지역에서의 훈증(fumigation) 현상 등을 고려할 수 있어 해안에 위치한 도시나 공업단지의 농도 예측에 적합하다(Levy *et al.*, 2002).

그림 6-14 CALPUFF 모델을 활용한 오염물질의 확산 모의 예시

6·3·2 입자경로 모델

입자경로 모델(trajectory model)은 가상적인 단일 오염 입자가 배출원에서 방출되어 수용지에 이르는 경로를 라그랑지안적으로 추적하는 모델이다. 가상의 공기 덩어리의 이류와 확산을 고려한 퍼프 모델과 달리 수많은 단일 오염 입자를 방출하여 수용지에 도달한 입자 수 농도 분포를 바탕으로 대기오염 농도를 계산한다. 오염원에서 방출된 수많은 오염 입자는 이류와 난류확산에 따라 이동하며, 확산은 식 6·32, 6·33의 난수를 활용한 방법을 적용하기도 한다. 또한 오염 입자가 지나는 격자 내에서는 즉각적인 수직 혼합이 이루어지며, 지표면에서 일정한 농도의 오염물질이 지속적으로 발생한다고 가정한다. 이러한 가정을 통해 단일 격자 내에서의 농도를 산출한다.

일반적인 입자경로 모델은 다른 대기오염 모델과 마찬가지로 사전에 3차원 바람 정보가 필요하기 때문에 단독으로 사용하기 어렵고 3차원 바람장을 생성하는 기상 모델과 같이 사용한다. 입자경로 모델로 대기오염 예측과 분산에 관한 분석뿐 아니라 오염 입자의 과거 이동 경로를 역으로 거슬러 올라가 배출원을 파악하는 역궤적 분석(backward trajectory)도 가능하다. 역궤적 분석은 수용체의 오염 정보를 바탕으로 배출원의 위치 정보를 제공하기 때문에 배출원-수용체 민감도 실험 연구에 많이 사용된다. 또한 입자경로 모델은 대부분 난류 혼합을 미분방정식으로 풀지 않고 계산하기 때문에 계산 시간 측면에서 효율적이다. 그러나 방출되는 입자의 수가 증가하면 계산량이 급격히 증가한다. 최근에는 전산 능력의 비약적 향상에 따라 지역 규모뿐 아니라 지구 규모의 다양한 대기 분산 연구에 적용하고 있다.

대표적인 입자경로 모델로 영국 기상청(Met Office)에서 개발한 NAME(Numerical Atmospheric-dispersion Modelling Environment)과 노르웨이 대기연구소(NILU)에서 개발한 FLEXPART(FLEXible PARTicle dispersion model)가 있다. FLEXPART 모델은 바람 및 다른 기상 데이터를 내삽하고 랑주뱅 방정식을 통해 입자의 시간별 위치를 계산한다(Stohl, 2005). 이 모델은 배출원으로부터의 입자 확산을 모의하기 위해 전방(forward) 추론을 사용하며, 반대로 주어진 수용체에 대해 잠재적인 배출 기여를 결정하기 위해 후방(backward) 추론을 사용하기도 한다. 이들 모델은 국지적인 오염물질의 이동뿐 아니라 후쿠시마 원자력발전소 사고, 에이야퍄들라이외퀴들 화산 폭발 등 지구 규모의 확산에도 적용되었다. 또한 가상적 재해인 미래 백두산 분화에 따른 화산재 확산 연구에 활용되는 등 다양한 시공간의 대기오염 사례 연구에 적용되고 있다(그림 6-15 참조).

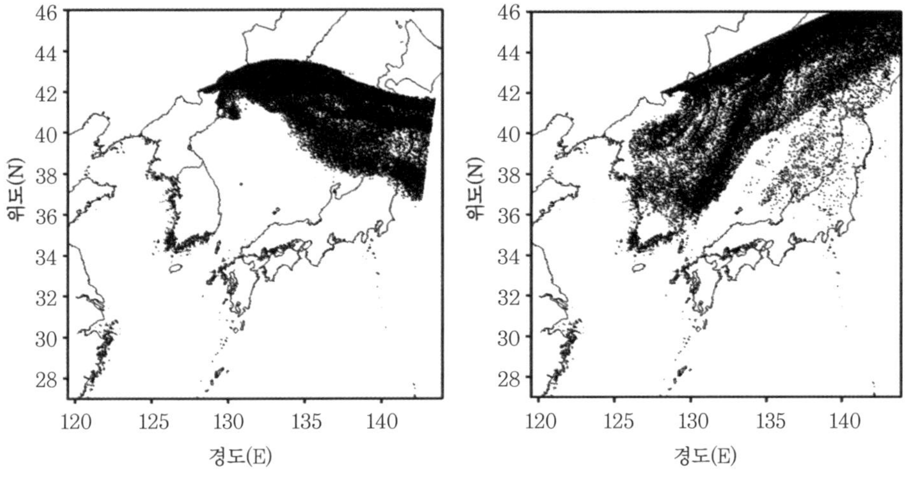

그림 6-15 FLEXPART 모델을 적용한 백두산 분화에 따른 화산재의 분산 모의 예시 [이순환 · 윤성효, 2011]

퍼프 모델로도 적용되는 HYSPLIT(HYbrid Single-Particle Lagrangian Integrated Trajectory) 모델도 단일 입자 확산 모드가 있어 오염물질의 이동 경로 추정에 활용이 가능하다. HYSPLIT 모델은 미국 해양대기청(National Oceanic and Atmospheric Administration, NOAA)의 대기자원연구소(Air Resources Laboratory, ARL)에서 제공하는 모델이다. 라그랑지안 방법에 기반하여 바람 변화에 따른 오염물질의 이동 및 확산을 계산하며, 퍼프 형태와 단일 입자 형태의 두 가지 방출 모드가 있다. 또한 오염물질의 농도 계산뿐만 아니라 오염물질의 전방과 후방으로의 궤적 추적이 가능하기 때문에 오염 발생원을 유추하는 연구에 많이 사용된다(그림 6-16 참조).

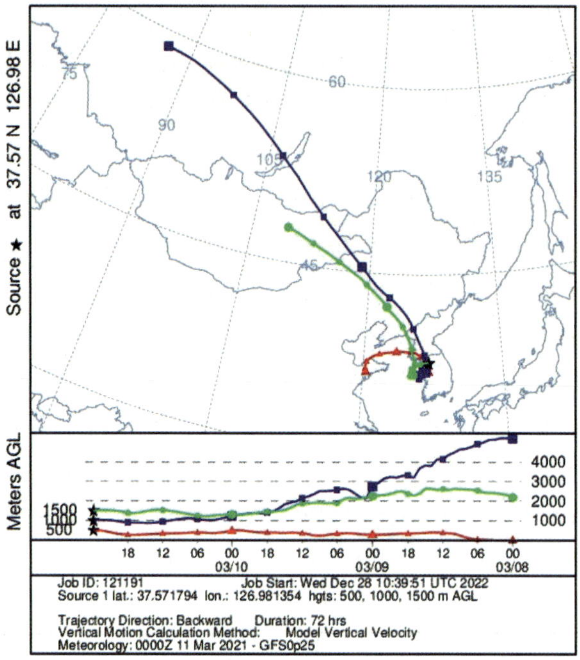

그림 6-16 HYSPLIT 모델을 활용한 후방궤적 분석 결과 예시[NOAA]

6·4 오일러리안 모델

오일러리안 모델(Eulerian model)은 기본적으로 대기를 수평과 수직 방향으로 여러 개의 격자로 나누고 오염물질의 격자 간 이동과 확산에 따른 유출입을 통해 오염물질의 농도를 산출하는 모델이다(그림 6-17 참조). 즉 모델링 대상 지역을 고정 좌표계의 격자로 구분하고 물질별 농도는 식 6·33의 미분방정식으로 계산한다. 이때 격자 내 오염물질의 농도는 질량 보존을 고려하여 격자 내 배출, 바람에 의한 이류 · 확산, 물질 간의 화학반응, 습성 및 건성

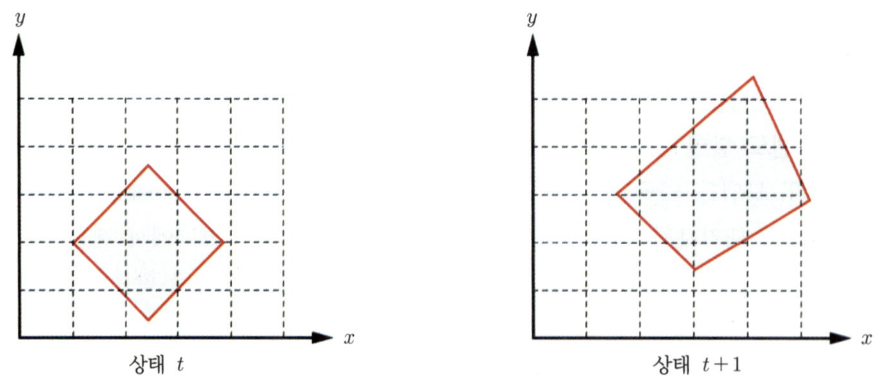

그림 6-17 오일러리안 모델 개념도[Spicher *et al.*, 2012]

침적 제거 과정을 거쳐 산출한다. 오염물질은 건성 · 습성 침적에 의해 대기 중에서 제거될 수 있으며, 건성침적은 침적 속도에 의해 결정되고 습성침적은 강수량으로써 계산할 수 있다.

$$\frac{\partial C}{\partial t}=-U\frac{\partial C}{\partial x}-V\frac{\partial C}{\partial y}-W\frac{\partial C}{\partial z}+\frac{\partial}{\partial x}\left(K_x\frac{\partial C}{\partial x}\right)+\frac{\partial}{\partial y}\left(K_y\frac{\partial C}{\partial y}\right)+\frac{\partial}{\partial z}\left(K_z\frac{\partial C}{\partial z}\right)+S+R-D \quad (6\cdot 33)$$

여기서 C: 오염물질 농도, $U \cdot V \cdot W$: 수평 및 수직 바람 성분, $K_x \cdot K_y \cdot K_z$: 수평 및 수직 난류확산계수, S: 오염물질 배출량, R: 화학반응에 의한 생성 항, D: 건성 또는 습성 침적에 의한 소멸 항

오일러리안 모델은 고정된 격자 각각에 대해 시공간 변화에 따른 오염물질의 농도를 계산할 수 있으며, 모델링 대상 영역에 대한 오염물질의 모든 배출원을 고려하여 오염물질의 측정값과 비교할 수 있다. 또한 라그랑지안 모델에 비해 상대적으로 오염물질의 화학반응 및 소멸 등 전반적인 대기 현상을 고려할 수 있는 장점이 있다. 그러나 오염물질의 확산 및 화학반응과 관련한 현상을 정확하게 고려하기 위해서는 전문적인 지식이 요구된다.

라그랑지안 입자경로 모델은 공기 덩어리가 궤적을 따라 이동하는 오염물질의 농도를 산출하기 때문에 계산 시간이 비교적 짧은 장점이 있다. 반면에 오일러리안 모델은 고정된 각각의 격자에 대한 농도를 시공간 변화에 따라 살펴볼 수 있는 장점이 있지만, 화학반응 계산을 위한 복잡한 물리 · 화학 과정을 고려하므로 계산 시간이 오래 걸리는 단점이 있다. 따라서 사용 목적에 적합한 오염 모델의 선정이 중요하다.

6·5 수용 모델

수용 모델(receptor model)은 점 · 선 · 면 오염원이 주변 지역에 미치는 영향 또는 기여도를 수용체의 관점에서 수리통계학적으로 추정하는 계량화학적 분석 기술이다. 수용 모델에서는 다양한 오염 배출원에서 배출된 기체상 또는 입자상 오염물질을 수용체에서 채취한 뒤 첨단 기자재로 물리 · 화학적 정보를 분석하여 대기질에 영향을 미치는 오염원을 확인하고 기여도를 정량적으로 평가한다. 여기서 수용체는 오염물질을 감지할 수 있는 장소를 의미하며, 구체적으로는 장소에 설치된 센서, 측정 장비, 오염물질의 영향을 받는 인간, 동식물이 될 수 있다.

수용 모델은 질량보존법칙과 질량수지(mass balance)에 이론적 기초를 두고 있다. 채취한 분진 입자는 수많은 유기 및 무기 화합물로 구성되어 있으므로 화학분석을 통해 구성하고 있는 화학종(chemical species)의 농도를 얻은 뒤 화학 정보를 입력 자료로 사용한다. 즉 수용체에서 채취한 시료(sample)는 질량보존법칙에 따라 해당 지역의 수용체에 영향을 주는 오염원에서 각각 배출된 분진의 화학 성분 농도의 합으로 표현할 수 있다. 이를 질량수지식으

로 표현하면 다음과 같다.

$$x_{ij} = \sum_{p=1}^{k} a_{ip} f_{pj} + e_{ij} \quad \cdots\cdots (6\cdot34)$$

여기서 i: n개의 화학원소 또는 화합물, j: m개의 분진 시료, p: k개의 배출원 수

그림 6-18을 참고하면 x_{ij}는 j번 시료 중 i번 화학종의 농도, a_{ip}는 p번 오염원의 i번 원소의 배출 농도, f_{pj}는 오염원 j번 시료 중 p에서 배출된 화학종의 농도, 그리고 e_{ij}는 모델의 오차를 의미한다. 이를 다음과 같은 행렬식(matrix)으로 표시할 수 있다.

$$X = AF + E \quad \cdots\cdots (6\cdot35)$$

여기에서 X는 분진 중 화학종별 질량분율(mass fraction)인 $n \times m$ 행렬로 n은 화학종의 수, m은 분진 시료의 수를 의미한다. A는 오염 배출원에 관한 정보를 지닌 $n \times p$ 행렬로 p는 오염 배출원의 수이다. 그리고 F는 $p \times m$ 행렬로 대기 중에 배출된 분진의 질량농도에 관한 정보, 즉 오염원이 수용체에 미치는 기여도를 의미한다.

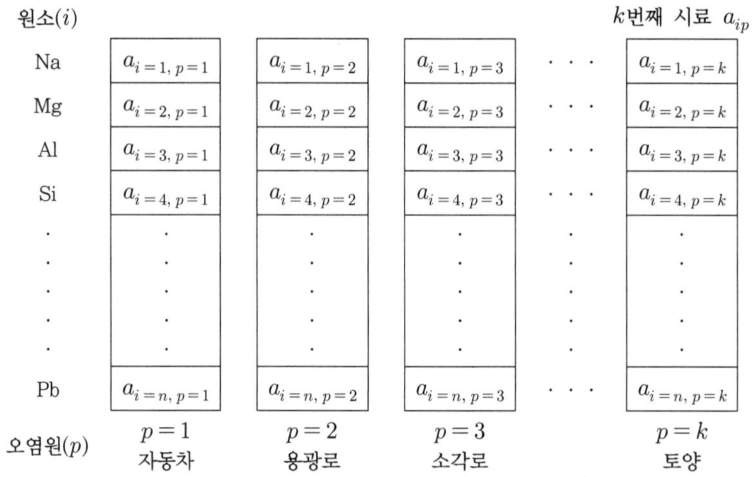

그림 6-18 오염원 분류표의 구성

수용 모델의 경우 물리적으로 타당한 오염원의 확인과 기여도 추정을 위해 다음의 가정을 만족해야 한다. 첫째, 측정 자료 X는 반드시 모델 식으로 재계산되어야 한다. 둘째, 모델에 의해 계산된 오염원 분류표는 항상 양의 값을 가져야 한다. 셋째, 계산된 오염원의 기여도 역시 항상 양의 값을 가져야 한다. 마지막으로 각 오염원의 기여도 합은 측정된 모든 화학종 농돗값의 합보다 작거나 같아야 한다.

식 6·35에서 X는 수용체에서 채취한 분진을 실험실에서 물리 · 화학적으로 조사하여 자료를 얻을 수 있고, 오염원 분류표 A는 오염원의 특성을 조사하거나 국가기관에서 제공하는

문헌을 통해 얻을 수 있다. 따라서 X와 A는 알고 있는 정보이기 때문에 미지의 정보 F만 수리통계학적으로 계산하면 구할 수 있다. 결론적으로 수용 모델은 F라는 오염원의 기여도를 추정하는 일이 핵심이다.

6·5·1 수용 모델과 분산 모델의 비교

오염원의 영향 평가를 수행하기 위한 접근 방법에 따라 분산 모델과 수용 모델로 나눌 수 있다. 분산 모델은 오염원 배출 자료를 중심으로 하고 기상 변수를 더하여 주변의 대기질을 예측할 수 있다. 분산 모델은 특정한 오염원의 영향을 평가할 수 있는 장점이 있으나 기상과 관련하여 대기의 무작위적인 특징을 적절하게 묘사할 수 없어 신뢰도의 문제가 제기된다.

반면에 수용 모델은 수용체의 입장에서 오염물질의 특성을 분석한 후 오염원의 기여도를 평가하는 방법이다. 측정 가능한 오염물질의 거의 모든 정보를 수용 모델에 이용할 수 있으며, 이 정보에는 오염물질의 크기, 모양, 색깔, 입경 분포와 같은 물리적인 성질부터 오염물질의 성분, 화학적 특성, 농도와 같은 화학적인 성질, 그리고 시간 및 공간과 같은 특성 변

표 6-6 분산 모델 및 수용 모델의 장단점과 특징

구 분	특 징
분산 모델	• 미래의 대기질을 추정할 수 있으며, 시나리오를 작성할 수 있다. • 대기오염 제어 및 규제와 관련한 정책 입안에 도움을 준다. • 오염원의 활동도(activity)와 방지장치의 설계 특성을 평가할 수 있다. • 점 · 선 · 면 오염원의 영향을 평가할 수 있다. • 2차 오염원의 확인이 가능하다. • 기상 환경의 불확실성의 문제가 있으며, 오염원이 확인되지 않으면 평가가 불가능하다. • 지형과 오염원의 발생 조건의 영향을 받는다. • 새로운 오염원이 지역 내에 신설 및 증설될 때마다 재평가해야 한다.
수용 모델	• 새로운 오염원, 불확실한 오염원, 불법 배출 오염원을 정량적으로 확인 · 평가할 수 있다. • 지형 · 기상학적 정보 없이도 사용할 수 있다. • 오염원의 조업과 가동에 관한 정보가 없어도 사용할 수 있다. • 2차 오염원과 자연적 오염원의 확인이 가능하다. • 수용체에서의 영향을 현실적으로 평가할 수 있어 건강 영향 등 수용체 영향을 평가할 때 유리하다. • 입자상 및 기체상 물질, 가시도 문제 등 환경과학 전반에 응용할 수 있다. • 현재나 과거에 일어났던 일을 추정하고 미래를 위한 제어 전략을 세울 수 있으나 미래의 오염원 경향을 예측할 수는 없다. • 측정 및 분석 자료를 입력 자료로 사용하므로 미래 시나리오 작성이 곤란하다. • 오염물질의 측정과 분석에 시간과 비용이 많이 든다. 최근에는 실시간 측정 분석의 활성화로 시간을 크게 단축할 수 있다.

수에 대한 정보 등이 포함된다.

자연현상을 예측하고 평가하는 수치 모델은 사용함에 있어 언제나 많은 제약과 불확실성을 동반한다. 수용 모델과 분산 모델 또한 마찬가지여서 표 6-6과 같이 여러 가지 장점과 단점을 가지고 있다. 기본적으로 수치 모델을 이용할 때는 사용자의 응용 목적에 맞는 모델을 신중하게 선택해야 한다.

6·5·2 수용 모델의 종류

수용 모델은 수용방법론(receptor methodology)이라고 부르기도 하며 오염물질을 분석하는 방법에 따라 물리화학분석과 통계분석으로 나눌 수 있다. 물리화학분석은 또한 현미경을 이용하여 분진 입자를 하나씩 분석하는 입자분석(particle analysis) 방법과 분진 전체를 화학적으로 분석하는 전량분석(bulk analysis) 방법으로 구분한다. 수용방법론은 목적에 따라 적절한 물리화학분석을 수행한 후 화학질량수지법, 농축계수법 등과 같은 각종 응용통계학을 이용하여 대기질을 해석하고 진단한다. 이때 통계분석 방법으로 응용이 가능한 모든 통계학을 동원하고 통계분석 방법을 통해 오염원을 확인 · 분리 · 정량화함으로써 환경과학적 원리에 기초하여 오염원의 기여도를 평가하고 현재와 과거의 대기질 해석과 원인 규명에 초점을 맞추는 일이 수용 모델의 근본적인 목적이다.

1 물리화학분석

물리화학분석 방법 중 현미경을 이용하는 입자분석은 분진의 물리적 분석을 통해 오염원을 확인하고 검증한다. 첫 번째로 광학현미경법(optical microscopy)은 가장 경제적으로 오염원을 확인할 수 있는 방법으로, 입경이 1 μm보다 큰 입자를 대상으로 형상, 모양, 색깔을 통해 오염원을 분류할 수 있으나 숙련된 전문가가 필요한 단점이 있다. 두 번째로 전자주사현미경법(scanning electron microscopy, SEM)은 광학현미경법보다 더 작은 입자를 대상으로 하지만 이 역시 정성적으로만 분진의 오염원을 확인할 수 있다. 세 번째 방법인 자동화 전자주사현미경법(computer controlled scanning electron microscopy, CCSEM)은 각 분진의 크기, 모양, 형상, 크기 분포와 같은 물리적 정보를 파악할 수 있고, 장비에 X선 분석기(energy dispersive X-ray analyzer, EDX)와 영상 분석기가 내장되어 있어 분진의 화학적 조성에 대한 정보도 쉽게 얻을 수 있다. 이러한 입자분석 방법은 물리적인 정보를 얻을 수 있어 오염원 파악에 도움이 되는 장점이 있다. 그러나 분석에 시간과 비용이 들고, 분진 대부분을 차지하는 무정형의 유기화학물질을 측정할 수 없으며, 오염물질에 대한 밀도와 체적에 대한 정보를 얻을 수 없어 정량적인 평가를 하기에는 부족하다.

전량분석법은 오염 배출원의 화학 조성에 관한 정보를 얻을 수 있는 가장 보편적인 방법이다. 전량분석을 위해서는 먼저 시료를 채취한 후 각종 분석 장비를 이용해 유기 및 무기 성분 분석에 중점을 둔 물리 · 화학적인 정보를 얻는다. 현재 이러한 분석 방법을 통해 다환방향족탄화수소(PAHs), 휘발성 유기화합물(VOCs) 등의 유기화합물과 탄소, 이온, 방사성물질 등을 분석하고 있다.

2 통계분석

① 질량수지 수용 모델

농축계수법(enrichment factor, EF)은 가장 원시적인 모델로 오염원의 수가 적고 농도가 시간에만 의존할 때 특정 원소를 특정 오염원과 1 : 1로 대응시켜 오염물질의 영향을 정성적으로 평가하는 방법이다. 화학질량수지법(chemical mass balance, CMB)은 유기화합물과 기체상 오염물질 모두를 다룬다. 다만 화학질량수지법은 수용 모델을 적용할 대상 지역의 오염 배출원에서 배출되는 화학종을 질량분율로 표시한 자료인 오염원 분류표가 필요하지만 미국을 제외한 대부분 국가에서는 오염원에 대한 자료가 충분하지 않은 한계가 있다.

화학질량수지법을 비롯한 대부분의 수용 모델은 시료의 전량분석 자료에 입각하여 개발되었다. 입자군수지법(particle class balance, PCB)은 시료의 전량분석이 아니라 입자별 분석 자료에 입각하여 오염원의 기여도를 추정한다. 인자분석(factor analysis, FA), 다중회귀분석(multiple linear regression, MLR) 등과 같은 다변량분석법도 많이 사용하며, 특히 인자분석 방법이 보편적으로 사용된다. 인자분석 방법은 복잡하고 방대한 환경 자료를 기반으로 대기환경에 영향을 주는 오염원을 분리하고 확인할 목적으로 개발되었다. 인자분석 방법은 오염원의 기여도를 정량적으로 추정할 수 없는 단점에도 불구하고, 오염원 분류표가 없을 때 오염원을 추정하기 위한 통계 기법으로 국내외에서 많이 사용하고 있다.

이후 수용 모델에서 인자분석 방법의 정량적 문제를 해결하기 위해 목표변환인자분석법(target transformation factor analysis, TTFA)이 개발되었다. 인자분석 방법과 회귀분석 방법을 결합한 목표변환인자분석법은 수용체 주변의 오염원을 확인할 수 있고 오염원의 기여도도 정량적으로 추정할 수 있다. 다만 오염원 분류표를 통계적으로 추정하기 때문에 많은 시료가 필요하고 전문적인 통계 지식이 필요하다.

인자분석에서 발생하는 음수의 인자부하량 발생, 불충분한 정보 제공 등의 문제를 개선하기 위해 수학적 알고리즘에 기반한 양행렬인자분석법(positive matrix fatorization, PMF)이 개발되었다. 양행렬인자분석법은 여러 대상의 오염원을 그룹화하여 변수 속에 들어 있는 대기오염물질 오염원의 인자를 찾아내는 방법이다. 측정 자료와 불확실성(uncertainty) 자료의 가중 최소자승법 수식을 활용하여 자료에 대한 오차를 평가하고 각각의 자료에 대해 가중치를 주는 알고리즘을 활용하면 인자부하량이 항상 양의 값을 갖게 되어 오염원 분류에 있어 인자분석법보다 정확한 결과를 제공한다.

② 형태인식 수용 모델

형태인식 수용 모델 중 군집분석법(cluster analysis, CA)은 자료에 대한 사전 정보가 없을 때 개체들 사이의 거리나 유사도(similarity)를 기준으로 몇 개의 군집으로 나누고 특성을 분석하여 군집 간의 관계를 파악하는 방법이다. 신경망분석법(neural network, NN)은 인간의 두뇌 신경세포가 정보를 처리하는 원리를 바탕으로 반복적으로 입력되는 자료에 가중치를 적용하여 학습 기능을 부여하기 위해 개발되었으며, 현재 급속히 발달하고 있는 기계학습 등 인공지능 기술이 적용되기도 한다.

시계열분석법(time series analysis)은 동일한 오염원에서 방출된 오염물질을 수용체에서 측정했을 때 오염물질의 농도가 시간에만 의존하므로 통계분석을 통해 화학종 사이의 상관성을 확인하는 방법이다. 이 방법은 화학종을 중심으로 기여도를 추정할 수 있으나 정량적 평가는 할 수 없다.

공간계열분석법(spatial series snalysis-GIS)은 동일한 시간에 여러 지역의 수용체에서 측정한 자료를 한 평면상에서 시각적으로 비교하는 방법이다. 오염원의 기여도는 오염물질의 화학적 조성과 공간적 농도 분포를 비교하여 얻을 수 있다. 이 방법은 오염 배출량과 기상 정보에 크게 의존하기 때문에 분산 모델과의 연관성이 매우 크다.

6·5·3 수용 모델의 활용

수용 모델의 개발 초기에는 농축계수법이나 시계열분석법 등이 사용되었으나 최근에는 화학질량수지법과 인자분석법 등의 다변량 통계분석 방법이 널리 사용되고 있다. 그러나 화학질량수지법은 지역 고유의 오염원 분류표가 있어야 적용이 가능한 한계가 있다. 따라서 우리나라를 비롯한 대부분의 국가에서는 양행렬인자분석법을 바탕으로 국지 규모의 잠재적 오염원의 위치를 파악하기 위해 조건부확률함수분석(CPF)을 결합하고, 장거리 이동과 관련한 오염원 위치를 파악하기 위해서는 잠재적오염원기여도함수(PSCF) 모델을 결합하여 분석한다.

6·6 화학반응 모델

대기 중의 오염물질은 이동 중 물리·화학 반응을 거치며 변화한다. 화학반응 모델(chemical reaction model)은 이러한 대기 중 물질 간의 화학반응식, 반응속도, 평형상수 등을 고려하여 시간에 따른 화학물질의 농도를 산출하는 화학 모델이다. 일반적으로 대기 화학반응은 기체상 반응과 액체상 반응으로 나눌 수 있으며, 기체상 반응의 대표적인 예로 스모그, 오존 등의 광화학반응이 있고 액체상 화학반응의 대표적인 예로는 산성비가 있다. 화학반응 모델은 매우 복잡하고 많은 계산 자원을 사용하기 때문에 분산 모델과 별도로 수행한다.

최근 미세먼지 등으로 인해 기체상 물질과 입자상 물질의 관련성이 주목받고 있다. 질소화합물이나 탄화수소 계열의 유기화합물은 대기 중에서 햇빛을 받으면 여러 복잡한 경로의 광화학반응을 거쳐서 2차 대기오염물질로 변형된다. 특히 도시 지역에서 오존과 같은 대기오염물질의 농도를 예측하기 위해서는 광화학반응을 고려하여 모델 계산을 수행하는 일이 중요하다. 이 경우 앞에서 기술한 가우시안 모델, 상자 모델을 이용할 수 없으므로 여러 오염물질의 복합적인 반응 기구를 고려하여 식 6·5의 분산 방정식을 유한차분법(finite difference method)으로 접근하여 수치 해를 구한다. 광화학 모델은 대기의 화학·물리적 과정을 방정식으로 계산하여 대기 중 오염물질의 농도를 모의하기 때문에 오염 저감을 위한 정책 효과를 파악하고 대기질을 평가하기 위해 널리 활용하고 있다.

현재 대기과학 분야에서 많이 사용하고 있는 광화학 모델에는 CAMx(Comprehensive Air quality Model with extensions), CMAQ(Community Multiscale Air Quality modeling system), WRF-Chem(WRF-Chemistry), GEOS-Chem(Goddard Earth Observing System-Chemistry) 등이 있다.

CAMx 모델은 인바이런(Environ) 사에서 개발한 오일러리안 광화학 분산 모델이다. 다양한 규모에서 기체상 · 입자상의 대기오염물질을 통합적으로 평가할 수 있어 미국과 유럽에서 대기질 평가에 활용하기도 한다(Nopmongcol *et al.*, 2012).

미국 EPA에서 1998년 처음 발표한 CMAQ 모델은 국지 규모부터 지구 규모까지 모두 모델링할 수 있는 3차원 오일러리안 대기질 모델이다. 대기오염 연구의 주요 대상 물질인 황화합물, 오존, 에어로졸까지 여러 대기오염물질을 복합적으로 고려할 수 있는 장점이 있다. 현재까지 대기 중 화학 과정에 대한 연구뿐 아니라 배출원 기여도 연구에도 많이 활용되고 있다(Binkowski & Roselle, 2005; Byun & Schere, 2006; Chowdhury *et al.*, 2019).

WRF-Chem 모델은 중규모의 기상 모의에 많이 활용하고 있는 WRF 모델과 결합한 화학 모델이다(Forkel *et al.*, 2012). 광화학 모델은 주로 기상 모델의 수치모의 결과를 입력 자료로 사용하여 기상 모의와 대기질 결과를 따로 계산하는 오프라인 형태로 수행하는 경우가 많지만 WRF-Chem 모델은 기상 모의와 대기오염물질의 상호작용을 계산할 수 있는 온라인 모델 형태이다. 다른 광화학 모델과 마찬가지로 기체상 · 입자상 오염물질의 대기 중 수송, 반응, 침적 등의 계산을 포함한다.

GEOS-Chem 모델은 지구 규모의 대기화학 수송 모델로 미국 항공우주국(NASA)의 전 지구 기상 관측을 바탕으로 수행하는 3차원 화학 수송 모델이다(Vohra *et al.*, 2021). GEOS-Chem 모델은 전 지구 규모이기 때문에 기상 · 기후 연구뿐 아니라 지역 규모 모델의 경계 조건 생성에도 활용된다.

6·7 배출량 모델

오염물질의 배출량은 대기오염 모델링 결과의 정확도를 결정짓는 요소로 가장 필수적이고 중요한 입력 자료이다. 오염물질 배출량 자료는 국가 또는 지역 규모의 연간 배출량으로 제공되고 있으나, 자료별로 공간 해상도나 오염물질 종류 등이 다르기 때문에 여러 배출량 자료를 광화학 모델의 입력 자료로 사용하기 위한 별도의 과정이 필요하다. 해상도가 일정한 각각의 격자에 대해 시간 해상도가 일정해야 하고 배출원별로 화학종별 배출량 자료가 제공되어야 한다. 이러한 과정은 크게 공간 할당(spatial allocation), 시간 할당(temporal allocation) 그리고 화학종 분배(chemical speciation) 과정으로 나뉜다.

공간 할당은 점 · 선 · 면 오염원에서 발생하는 배출량을 모델링 도메인의 어떤 격자로 할당할지를 결정하는 과정이다. 시간 할당은 배출량을 배출원 분류 코드에 따라 시간별 배출량 자료로 산출해 내는 과정을 의미한다. 배출량 자료는 배출원에 따라 시간별 · 월별 · 연별 배출량 등으로 다양하게 존재한다. 시간별 배출량을 필요로 하는 광화학 모델의 입력 자료로 이 자료들을 사용하기 위해 요일별 · 일별 배출량으로 변환해야 한다.

광화학 모델에서는 대기 중에서 발생하는 광화학반응을 고려하기 위해 화학종별 배출량 자료가 필요하다. 그러나 각 배출원에서 배출하는 수백 개의 화학종을 측정하여 배출량을 산정하는 일은 현실적으로 불가능하기 때문에 배출원 분류 코드에 따라 각 배출원에 대한 화학종별 비율을 정리해 놓은 배출 화학종별 프로파일을 활용하여 배출원별로 배출하는 화학종의 배출량을 산출한다.

6·8 기상 모델

6·8·1 진단 모델

여러 지점에서 측정한 기상 자료를 이용하여 보간법 · 외삽법을 통해 격자화한 3차원 바람 및 기온 등의 기상 자료를 산출하는 모델을 진단 모델(diagnostic model)이라고 한다. 진단 모델의 경우 실제 관측한 기상 자료를 사용하므로 산출된 모델의 기상 값이 실제 값과 비교할 때 오차가 크지 않고 빠르게 결과를 도출할 수 있으나 기상 자료가 부족할 경우에는 산출된 기상 자료의 정확성이 떨어지는 단점이 있다. 예를 들어 지상기상 자료는 전국 통틀어 600여 개가 설치되어 있는 방재기상관측소(Automatic Weather System, AWS) 및 종관기상관측소(Automated Synoptic Observing System, ASOS)에서 매 시간 관측하기 때문에 자료의 양이 충분하여 산출된 기상 자료의 신뢰성이 높다. 그러나 고층기상관측 자료와 같이 측정 지점이 몇 되지 않거나 해상 또는 산악 지역처럼 기상관측이 어려워 사용할 수 있는 자료의 수가 한정적일 경우에는 결괏값의 신뢰성이 떨어진다.

대표적인 진단 기상 모델인 CALMET은 미국 EPA에서 대기질 평가에 활용하고 있는 라그랑지안 퍼프 모델인 CALPUFF와 오일러리안 광화학반응 모델인 CALGRID의 기상 전처리 프로그램으로, 3차원 격자 모델링 영역에서 시간별 바람장 및 온도장을 생성하기 위한 기상 모델이다. 지상기상관측 자료와 고층기상관측 자료를 공간적으로 내삽하여 격자점에서 풍향 · 풍속을 구하는 진단적 방법을 사용한다. 또한 3차원 기상장 생성 시 중규모 예측 기상 자료를 초기 바람장으로 적용하고 선택적으로 관측 자료를 입력할 수 있어 모델 수행 능력을 향상할 수 있다.

6·8·2 예보 모델

날씨는 매 순간 변화하기 때문에 미분방정식 형태의 물리 방정식을 고안하여 시간에 따라 변화하는 대기를 표현하는 7개의 기본 요소(3차원 바람, 기압, 밀도, 온도, 수분)를 해석할 필요가 있다. 지구의 기상 시스템을 이루는 이러한 요소의 관측값을 대기 상태와 운동을 지배하는 역학 및 물리 방정식에 대입하여 기상학적으로 미래의 날씨를 예측하는 모델을 수치기상예보 모델(numerical weather prediction model)이라고 한다. 수치기상예보 모델은 대기역학 및 물리 과정을 수학적인 방법으로 해석하여 결정론적(deterministic) 예보 결과를 제시한다. 예보 결과는 비에르크네스(Bjerknes, 1904)가 제시한 기상장을 표현하는 7개의 기본 요소를 해석하기 위해 5개의 기본 물리 방정식(3차원 운동방정식, 열역학방정식, 수분수지방정식, 연속방정식, 상태방정식)을 풀어서 각 요소를 산출한다.

방정식에는 초기 조건과 경계 조건이 필요하며, 관측과 다양한 이론을 바탕으로 이들 조건을 생산한다. 또한 시공간적으로 연속체인 기상 시스템을 수학적으로 직접 계산할 수 없으므로 예보 모델에서는 지구를 바둑판 같은 수많은 격자(grid)로 나누어 격자점마다 대기의 상태와 운동에 대한 미분방정식을 차분화하여 계산하도록 구성되어 있다.

기상 모델에서 주목할 부분은 격자점에서만 정의되는 기상 요소를 활용하기 때문에 격자점 사이에서 일어나는 기상 현상에 대한 명시적인 산출은 불가능하다는 점이다. 격자 사이에서 발생하는 물리 과정을 아격자 과정(subgrid process)이라고 한다. 여기에는 단파 · 장파 복사 과정, 지표–대기 에너지 및 물질 교환 과정, 대기경계층 난류 혼합 과정, 적운 규모 구름 형성 과정 등이 포함된다(그림 6–19 참조). 이들 아격자 과정을 모델링하기 위해 다양한 경험식 및 이론적 접근이 이루어지고 있으며, 아격자 과정의 다양성으로 인해 서로 다른 기상 모델이 다수 존재한다. 대표적으로 사용되는 수치기상예보 모델에는 WRF, MPAS, KIM 등이 있다.

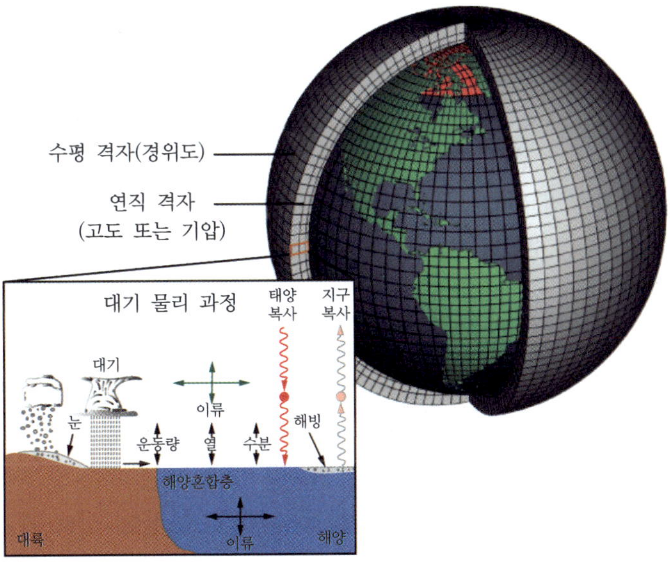

그림 6–19 기상예보 모델의 격자 구성 및 물리 과정[NOAA, 2022]

WRF(Weather Research and Forecasting) 모델은 미국 국립대기연구센터(National Center for Atmospheric Research, NCAR)에서 개발한 중규모 기상 모델로 대기 연구 및 운영 예측 요구 사항을 모두 충족하도록 설계된 수치기상예측 시스템이며, 수십 미터부터 수천 킬로미터에 이르는 광범위한 기상 응용 분야에 사용되고 있다(Skamarock *et al.*, 2019).

MPAS(Model for Prediction Across Scales)는 로스알라모스국립연구소(Los Alamos National Laboratory)와 NCAR가 공동 개발한 해양-대기-빙하 결합 모형으로, 기존 사각 격자가 아닌 다각형의 격자를 구성하여 기상 현상 규모에 상관없이 다양한 현상에 적용할 수 있다. 따라서 기존의 기후 연구뿐 아니라 고해상도 대기 현상 등을 해석할 수 있는 기상 수치 모델이다(Sandbach *et al.*, 2015).

우리나라 기상청은 한반도 지형과 기후 특성에 맞는 자체 수치예보 기술을 적용한 한국형 수치예보모델(Korean Integrated Model, KIM)을 개발하여 2020년부터 현업 운영을 시작하였다(Hong *et al.*, 2018).

6·9 현대적 대기오염 모델링의 적용

대기오염 모델링에서는 앞서 제시한 모델을 독립적으로 다루기보다는 여러 모델 결과를 상호 결합하여 수행한다. 컴퓨터 등을 활용하여 실제 일어나는 오염물질의 분산과 농도를 진단 및 예측하기 위해서는 먼저 분석 대상을 결정해야 한다. 또한 대기오염 분석 목적을 명확하게 설정하고, 대기오염 모델의 기존 연구들이 어느 정도의 정확도를 가지는지 파악한 후 모델을 적절히 선정해야 한다.

우선 모델 선정에서 상자 모델, 가우시안 모델과 퍼프 모델은 간단한 개념을 바탕으로 설계되어 국내 대기질 연구에 많이 활용되고 있으나 모의 결과의 정확도가 다른 모델에 비해 높지 않다. 도시 지역 또는 한반도와 같이 지형이 복잡한 경우 오일러리안 모델 또는 라그랑지안 모델과 같이 수치 방정식에 기반한 수치 모델이 유용하다. 그러나 이들 모델은 계산에 많은 자원과 시간이 드는 점을 감안해야 한다. 반면에 수치 모델 적용이 어렵거나 관측 자료가 많이 확보된 경우 통계 모델을 고려할 수 있다. 또한 오염물질의 대기 중 반응성 여부에 따라 화학반응 모델의 적용을 고려해야 한다.

두 번째는 분석에 필요한 자료의 수집이다. 대기오염 모델링에 필요한 지형, 토지이용도 자료, 그리고 오염물질의 분산 분석에 필요한 기상 자료와 배출량 자료를 수집해야 한다. 만약 관측 자료를 확보하기 어렵거나 광범위한 지역의 기상 자료가 필요할 경우 기상 모델에서 생산한 자료를 확보해야 한다. 그리고 모델에 필요한 경계 조건과 초기 조건을 결정해야 한다. 이때 주목해야 할 점은 입력 자료의 신뢰도이다. 신뢰도 높은 입력 자료는 좋은 결과물을 생산하는 기초가 된다.

세 번째는 모델링의 수행과 검증 과정이다. 선정한 모델과 입력 자료를 바탕으로 모델링을 수행하고, 만들어진 최종 모의 결과물을 검증하는 과정이 필요하다. 일반적으로 환경부 또는 기상청에서 제공하는 기상 및 대기오염 측정망 자료를 비교하여 모델의 신뢰도를 검증한다.

그림 6-20은 실제 대기오염 모델링의 과정이다. 현재 대기오염 모델링은 주제에 따라 다양한 분야에서 사용되고 있으며, 주 분야는 대기질 예보와 분석이다. 우리나라 환경부에서는 대기오염 모델링을 통해 미세먼지(PM_{10})와 초미세먼지($PM_{2.5}$), 오존(O_3) 농도를 하루 네 번 예보하고 있다. 환경부의 대기오염 예보를 위한 모델링 시스템은 크게 기상과 배출량, 광화학의 세 가지 모델로 구성된다.

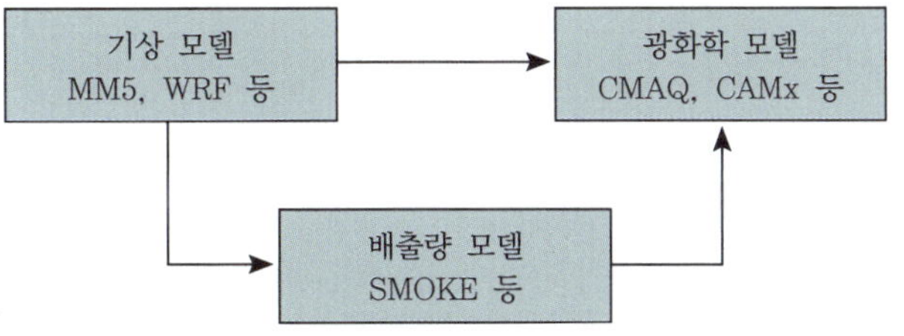

그림 6-20 대기오염 모델링 시스템 개요

6·9·1 기상 모델의 적용

기상 모델의 계산 결과는 대기오염물질의 화학 모델에서 입력 자료로 사용되며, 대기 확산과 2차 생성, 침적 등에 중요한 요소이다. 따라서 보다 정확한 대기오염 농도를 예측하기 위해서는 기상 모델 결과의 정확도가 매우 중요하다. 기상 모델은 원하는 공간의 크기에 따라 등지격자(nested grid) 기법을 사용하여 큰 도메인부터 작은 도메인까지 다양한 해상도의 도메인을 설정할 수 있다. 그림 6-21 A는 기상 모델 WRF의 도메인 설정에 대한 예시로 동아시아 영역의 도메인은 격자 크기가 27 km×27 km이고, 한반도 영역의 도메인은 격자 크기가 9 km×9 km이다. 최종 연구에 사용하는 영역은 1 km×1 km 격자의 고해상도 도메인이다.

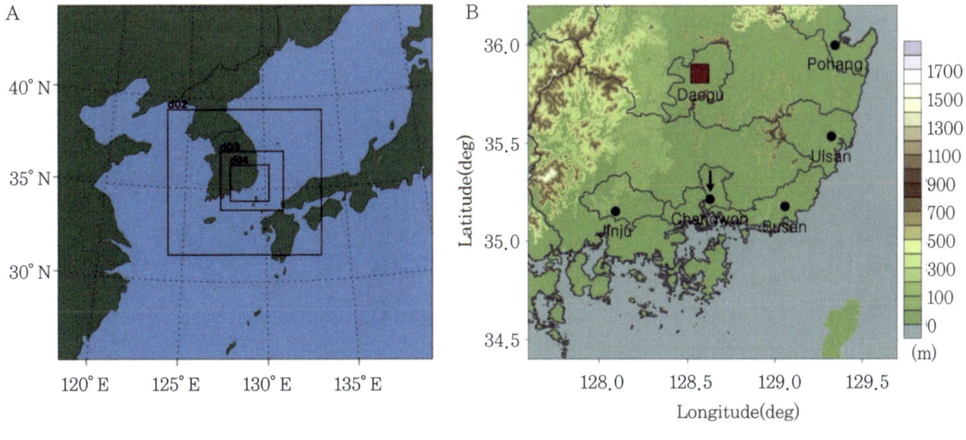

그림 6-21 기상 모델의 계산 도메인(A) 및 지형 고도에 관한 입력 자료(B) 예시

기상 모델의 초기 입력 자료로는 지형 고도와 토지이용도, 초기 및 경계 자료 등이 있다. 그림 6-21 B는 기상 모델의 최종 도메인인 한반도 동남 영역에 대한 지형 고도 자료의 입력 예시이다. 토지이용도의 경우 정부 기관의 공인 자료인 국토지리정보원 자료를 주로 이용하며, 최근에는 위성 자료를 바탕으로 제공되는 지형 고도 자료를 활용하기도 한다.

이러한 입력 자료를 바탕으로 한 기상 모델에서 정밀한 3차원 격자에 대한 기온, 기압, 풍속, 풍향, 일사량 등의 기상 요소가 산출된다. 이후 기상 모델의 결과를 검증하기 위해 다양한 관측 자료와의 비교가 이루어진다. 현재 대기오염 예보는 기상청의 종관기상관측소와 방재기상관측소에서 매 시간 측정되는 지상기상관측 자료와 비교하여 기상 모델 결과의 정확도를 평가한다.

6·9·2 배출량 모델의 적용

대기오염 모델링을 위해서는 격자 형태의 배출량 자료가 필요하다. 배출량 모델의 입력 자료는 크게 인위적 배출과 자연적 배출로 구분하며, 인위적 배출은 국내 배출량과 국외 배출량으로 다시 나눈다. 인위적 배출 자료는 시 · 군 · 구 단위의 국내외 배출량 자료를 격자 크기에 맞추어 시간별 · 공간별 할당하여 화학종별로 분류한다. 자연적 배출량은 다양한 국제 관측 캠페인 및 각국 정부의 자료를 이용하여 격자 크기에 맞추어 산정한다. 보통 국내 배출량 자료의 경우 환경부에서 측정한 자료를 기초로 배출량 통계 정보를 산정하는 대기정책지원시스템(Clean Air Policy Support System, CAPSS)을 활용한다. CAPSS에서는 대기오염물질별 배출 목록을 바탕으로 국내에서 발생하는 점 · 선 · 면 오염원의 오염물질 배출 정보를 제공한다. 그림 6-22는 지표 배출 대기오염물질 중 배출량 모델링을 통해 산출한 질소산화물과 VOCs의 공간 배출 분포를 나타낸 결과이다.

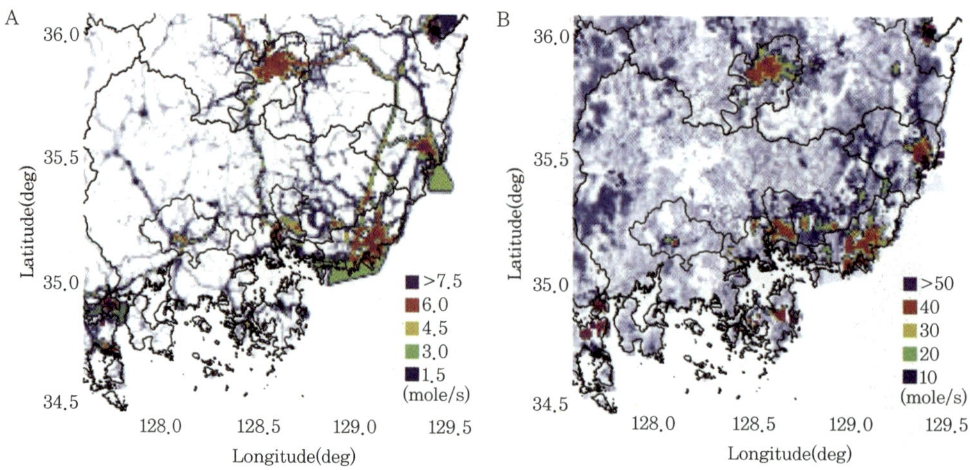

그림 6-22 배출량 모델링의 결과 예시[Park *et al.*, 2018]
A: 질소산화물 B: 휘발성 유기화합물

6·9·3 광화학 모델의 적용

과거에는 간단한 상자 모델이나 가우시안 모델을 이용하였으나 이들 모델은 정상상태의 기상 조건을 가정한다는 한계가 있다. 최근 들어서는 기상 조건과 초기 및 경계 조건, 배출량 변화, 시간에 따라 변하는 대기오염물질의 농도를 예측하고 상대적으로 자세한 화학반응을 고려할 수 있는 오일러리안 모델을 많이 사용한다. 현재 환경부와 국립환경과학원에서는 미국 EPA에서 개발한 CMAQ 광화학 모델을 활용하여 미세먼지 등 대기오염 예보를 수행하고 있다. 광화학 모델의 입력 자료로는 기온과 기압, 풍속, 풍향, 복사량, 강수량 등과 같은 기상 모델의 결과와, 배출량 모델에서 산출한 인위적 및 자연적 배출량 자료가 있다. 그림 6-23은 기상 모델에서 모의한 기상 요소를 적용한 CMAQ 광화학 모델링의 결과 중 오존 농도 분포에 대한 예시이다. 시간에 따른 해풍의 발달과 그로 인한 오존의 내륙 이동이 나타나 있다. 이와 같이 기상 모델과 광화학 모델을 상호 결합하여 대기오염물질의 발생과 이동을 확인할 수 있다. 또한 국립환경과학원의 도시대기측정망(Air Quality Monitoring Station, AQMS)에서 매 시간 측정하는 지상 측정 농도 자료와 비교하여 광화학 모델링 결과의 정확도를 평가한다.

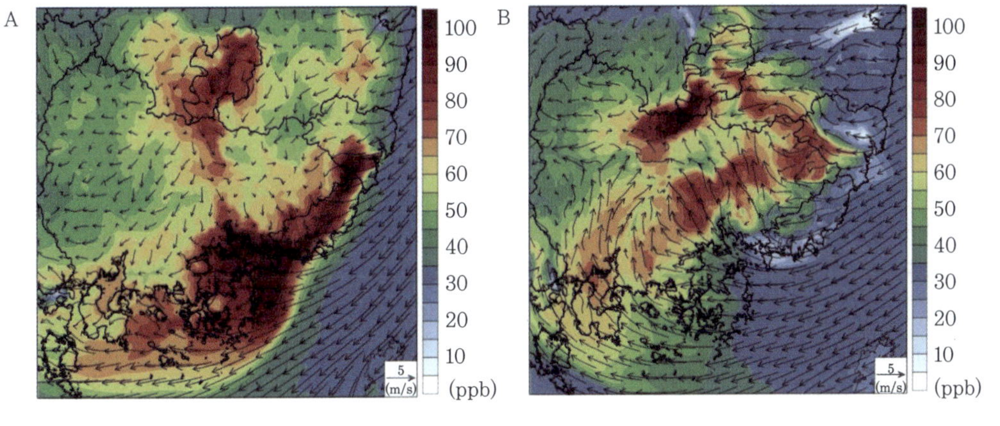

그림 6-23 광화학 모델을 이용한 한반도 대기질 예측 예시
A: 12시 바람 벡터 및 오존 농도 B: 18시 바람 벡터 및 오존 농도

6·10 주요 대기오염 모델

현재 각국에서 사용하고 있는 대표적인 대기오염 모델을 소개한다. 표 6-7에는 미국 EPA에서 제시한 대기오염 모델의 특징을 간략히 정리하였다.

1) **ADMS**(Atmospheric Dispersion Modeling System): 영국에서 개발하였으며, 점 · 선 · 면 오염원에서 연속적으로 배출되거나 점오염원에서 간헐적으로 배출되는 대기오염물질의 농도를 구하기 위한 대기 확산 모델로, 빌딩 영향 및 복잡 지형에서의 난류를 고려하여 농도를 모의할 수 있다.
2) **AERMOD**(AMS/EPA Regulatory MODel): 주로 고정된 산업 지역에서 대기오염물질 배출의 단거리(최대 50 km) 분산을 위해 설계된 정상상태 분산 모델로, 단순 지형과 복잡 지형을 모사하는 모형들의 복잡성을 보완하기 위해 미국에서 개발한 모델이다. 실제 대기에서 고도에 따라 연기의 수평확산계수와 수직확산계수가 크게 변하는 특성을 대기경계층 상사이론을 이용하여 모의할 수 있다.
3) **ATSTEP**: 원자력발전소 사고나 운송 중 사고, 방사능물질 살포장치에 의한 대기 분산, 침적, 감마선 및 방출된 방사능 선량의 진단 및 예후를 위해 독일에서 개발한 가우시안 퍼프 모델이다.
4) **CALPUFF**(California Puff model): 시간 및 공간에 따른 바람장의 변화를 연기 퍼프 이동에 고려할 수 있는 라그랑지안 비정상상태 모델로, 점 · 면 오염원에 대한 시간적인 농도 변화 분석, 오염원으로부터 수백 킬로미터 범위의 모델링, 시간 · 일 · 연 단위의 농도 예측이 가능하며, 복잡한 지형에서 산곡풍이나 해륙풍 순환과 같은 급격한 바람장 변화가 나타나는 지역에 유용하다.
5) **CAMx**(Comprehensive Air quality Model with extensions): 기체상 · 입자상 대기오염물질을 통합하여 평가할 수 있는 오일러리안 광화학 수송 모델로, 대기 중 오염물질의 화학반응과 이동 및 확산을 모의할 수 있으며, 도시 규모에서 지역 규모까지의 대기오염 현상을 평가할 수 있다.
6) **CMAQ**(Community Multiscale Air Quality): 국지적 규모에서 반구 규모에 이르는 대기오염을 연구하기 위해 미국 EPA에서 개발한 정교한 3차원 광화학 오일러리안 수송 모델이며, 대기 중 오염 농도, 건성침적 · 습성침적 등 여러 가지 물리적 과정과 대기 중에서 발생하는 광화학반응 등 상세한 물리 · 화학 반응 모듈을 포함하고 있다.
7) **DISPERSION21**(=DISPERSION 2.1): 점 · 면 오염원에서 연속적 또는 간헐적으로 배출되는 대기오염물질 농도를 모의하기 위해 스웨덴 기상수문연구소(Swedish Meteorological and Hydrological Institute, SMHI)에서 개발한 지역 규모의 대기오염 확산 모델이다. 가우시안 모델을 적용하고 있으며, 빌딩 영향을 고려할 수 있고 경사도가 10° 보다 낮은 단순 지형에서 적용 가능하다.
8) **FLACS**(FLame ACceleration Simulator): 산업 안전 및 위험 평가 분야에서 화재 및 폭발 모델링 및 대기 분산 모델링에 광범위하게 사용하는 전산유체역학(computational fluid dynamics, CFD) 소프트웨어로, 실제와 유사한 결과를 얻기 위해 사용한다. 수치모의 시간이 오래 걸려 결과를 실시간으로 제공할 수 없으나 얻은 결과는 분포도 또는 애니메이션을 통해 확인이 가능하기 때문에 피해를 예측하는 데 유용하다.
9) **FLEXPART**(FLEXible PARTicle dispersion model): 점 · 선 · 면 · 부피 오염원으로부터 배출된 오염물질의 장거리 · 중규모 수송 및 확산, 방사성물질의 붕괴, 습성침적, 건성침적 그리고 미립자의 중력침전을 모의하는 데에 이용되는 라그랑지안 입자 확산 모델이다. 전방궤적 분석은 배출원으로부터 추적자(tracer)의 확산을 모의하기 위해 사용하고, 후방궤적 분석을

통해 주어진 수용체에 대한 잠재적 배출 기여를 결정할 수 있다.

10) **HYSPLIT**(Hybrid Single-Particle Lagrangian Integrated Trajectory): 공기 입자 궤적을 모의하여 공기 입자와 이후 대기오염물질이 이동할 거리와 방향을 결정하는 데 사용되는 모델로, 대기오염물질 확산, 화학반응 및 침전을 모의할 수 있다.

11) **ISC3**(Industrial Source Complex): 산업 단지에서 배출된 오염물질 농도를 평가하는 데 사용할 수 있는 정상상태 가우시안 플룸 모델로, 장기모델(ISCLT)과 단기모델(ISCST)이 있다. 또한 점 · 선 · 면 오염원이 공존할 경우 피해 지점의 농도를 예측할 수 있으며 입자상 오염, 건물 주변의 세류현상 등을 고려할 수 있다.

12) **OSPM**(Operational Street Pollution Model): 도시 지역에서 건물에 의해 형성되는 거리

표 6-7 주요 대기오염 모델의 특징

모델명	적용 모델식	적용 배출원 형태	특 징	개발국
ADMS	가우시안 모델	점, 선, 면	도시 지역에서의 오염물질 이동 계산	영국
AERMOD	가우시안 모델	점, 면	주로 고정된 산업 지역에서 배출되는 오염물질 이동 계산	미국
ATSTEP	가우시안 모델	점, 면	방출된 방사능 진단 및 예후 계산	독일
CALPUFF	퍼프 모델	점, 면	오염물질의 시간적 농도 변화 분석 가능	미국
CAMx	광화학 모델	점, 면	도시 지역에서 광화학반응 고려하여 오염물질 이동 계산	미국
CMAQ	광화학 모델	점, 면	지역 간 이동성을 고려하여 광화학 오염의 이동 계산	미국
DISPERSION21	가우시안 모델	점, 면	단순 지형에서 배출되는 오염물질 계산	스웨덴
FLACS	전산유체역학 모델	점, 면	산업 안전 및 위험 평가 분야에서 사용	노르웨이
FLEXPART	라그랑지안 모델	점	오염물질의 장거리 · 중규모 수송 및 확산 계산	노르웨이
HYSPLIT	라그랑지안 모델	점	오염물질의 이동 궤적 계산	미국, 호주
ISC3	가우시안 모델	점, 선, 면	오염물질의 농도 예측(장기 농도 ISCLT, 단기 농도 ISCST)	미국
OSPM	가우시안 모델	선	거리 협곡 내에서의 오염물질 농도 계산	덴마크
SCIPUFF	라그랑지안 모델	점, 면	시간에 따른 3차원 오염물질 농도 예측	미국
SLAB	가우시안 모델	점, 면	공기보다 무거운 기체상 물질의 대기 중 확산 모사	미국
OCD	가우시안 모델	점, 선, 면	주로 해안 지역에서 배출되는 오염물질의 이동 계산	미국

협곡(street canyon) 내에서의 대기오염물질 확산을 살펴보기 위해 개발된 모델로, 자동차 배출가스에 의한 오염 농도는 플룸 모델로 계산하는 직접적인 영향과 상자 모델로 계산하는 거리 협곡 내 재순환에 의한 영향을 모두 고려하여 산출한다.

13) **SCIPUFF**(Second-order Closure Integrated PUFF model): 시간에 따른 3차원 오염물질 농도를 예측하기 위해 가우시안 퍼프를 사용하는 라그랑지안 퍼프 확산 모델로, 평균 농돗값 외에도 바람장의 영향을 받는 농도장의 통계적 분산을 예측한 값을 제공한다.

14) **SLAB**: 1차원 운동방정식, 질량 및 에너지 보존, 그리고 상태방정식을 풀어 공기보다 무거운 물질의 대기 확산 모사에 적합하도록 미국에서 개발한 Slab/Box 모델 개념을 활용한 모델이다.

15) **OCD**(Offshore and Coastal Dispersion model Version 5): 해안 지역에서 배출되는 점 · 선 · 면 오염원의 영향을 결정하기 위해 개발된 직선 가우시안 모델로, 연기가 해안선을 가로지를 때 발생하는 변화뿐만 아니라 수면 위를 가로지르는 플룸 수송 및 확산을 고려할 수 있다. 해변부의 예측점 높이가 오염원 배출 높이보다 낮을 때 사용할 수 있다.

연습문제 ▎

1. 분산 모델의 종류와 각각의 특징을 제시하시오.
2. 가우시안 플룸 모델의 적용에 대한 한계점을 제시하시오.
3. 분산 모델과 수용 모델의 장단점을 논하시오.
4. 상자 모델에서 10 km 규모의 도시에서 평균 혼합고가 1,000 m, 평균 풍속이 5 m/s, 오염물질의 평균 배출량이 2×10^{-5} g/m^2/s일 때 이 도시의 평균 오염 농도를 계산하시오.
5. 가우시안 플룸 모델에서 지면 오염원으로부터 오염물질이 10 g/s씩 배출되고 풍속은 5 m/s일 때 풍하측 500 m 떨어진 곳의 중심선상 오염 농도(g/m^3)를 계산하시오(단, $\sigma_y=35$ m, $\sigma_z=18$ m).
6. 도시에 위치한 굴뚝의 높이가 50 m이고 직경은 2 m이다. 오염물질의 배출 속도는 20 m/s이고 배출량은 20 g/s이다. 그리고 대기 풍속은 3 m/s이고 파스퀼-기퍼드의 안정도 등급은 중립이다. 브리그스의 표를 이용하여 200 m 떨어진 지점의 σ_y, σ_z를 구하고, 최대 착지농도를 구하시오.
7. 기상 수치예보에 사용되는 다섯 개의 지배방정식에 대해 설명하시오
8. 대기오염 모델링의 과정을 제시하시오.
9. 도시 지역의 대기오염 모델링을 수행할 때 한계점에 대해 논하시오.
10. 대기오염 모델링의 활용 방안에 대해 논하시오.

참고문헌 ▎

1. 김기현 외. 2014. 신고 대기환경학. 향문사.

2. 대기환경연구회. 1996. 대기오염개론. 동화기술.
3. 이상권 외 (역). 2004. 대기오염제어. 동화기술교역.
4. 이순환, 윤성효. 2011. 백두산 화산 분출물 확산 예측에 대기흐름장 평균화가 미치는 영향. 한국지구과학회 32(4): 360-372.
5. 이화운 외. 2010. 라그랑지안 입자확산모델을 이용한 광양만 권역에서의 공기괴 재순환현상 수치모의. 한국환경과학회지 19(2): 157-170.
6. 하민진 외. 2017. CALPUFF 모델을 이용한 기후변화에 따른 일산화탄소의 대기오염 영향 분석. 한국기후변화학회지 8(2): 81-89.
7. 한국기상학회. 2022. 알기 쉬운 대기과학. 시스마프레스.
8. Binkowski FS, Roselle SJ. 2003. Models-3 Community Multiscale Air Quality (CMAQ) model aerosol component 1. Model description. Journal of Geophysical Research: Atmospheres 108(D6).
9. Bjerknes V. 1904. Das Problem der wettervorhersage, betrachtet vom Standpunkte der Mechanik und der Physik. Meteorologische Zeitschrift 21: 1-7.
10. Briggs GA. 1975. Plume rise from multiple sources (ATDL—75/17). U.S.
11. Byun D, Schere KL. 2006. Review of the Governing Equations, Computational Algorithms, and Other Components of the Models-3 Community Multiscale Air Quality (CMAQ) Modeling System. Applied Mechanics Reviews 59(2): 51-77.
12. Chowdhury S *et al*. 2019. Indian annual ambient air quality standard is achievable by completely mitigating emissions from household sources. Proceedings of the National Academy of Sciences 116(22): 10711-10716.
13. Crawford A. 2020. The Use of Gaussian Mixture Models with Atmospheric Lagrangian Particle Dispersion Models for Density Estimation and Feature Identification. Atmosphere 11(12): 1369.
14. Doursat R *et al*. (ed). 2012. Morphogenetic Engineering: Toward Programmable Complex Systems. Springer.
15. Eu KS, Yap KM. 2018. Chemical plume tracing: A three-dimensional technique for quadrotors by considering the altitude control of the robot in the casting stage. International Journal of Advanced Robotic Systems 15(1).
16. Fadl MS, Karadelis J. 2013. CFD Simulation for Wind Comfort and Safety in Urban Area: A Case Study of Coventry University Central Campus. International Journal of Architecture Engineering and Construction 2(2): 131-143.
17. Forkel R *et al*. 2012. Effect of aerosol-radiation feedback on regional air quality—A case study with WRF/Chem. Atmospheric Environment 53: 202-211.
18. Gifford FA. 1976. Turbulent diffusion-typing schemes: a review. Nuclear Safety 17(1): 68-86.
19. Gnatowska R. 2015. A Study of Downwash Effects on Flow and Dispersion Processes around Buildings in Tandem Arrangement. Polish Journal of Environmental Studies 24(4): 1571-1577.

20. Holland JZ. 1953. A Meteorological Survey of the Oak Ridge Area. Rapport Technique ORO-99. US AEC. Oak Ridge. Tennessee.
21. Hong SY *et al.* 2018. The Korean Integrated Model (KIM) System for Global Weather Forecasting. Asia-Pacific Journal of Atmospheric Sciences 54: 267-292.
22. Lee SH, Kimura F. 2001. Comparative Studies In The Local Circulations Induced By Land-Use And By Topography. Boundary-Layer Meteorology 101: 157-182.
23. Levy JI *et al.* 2002. Using CALPUFF to evaluate the impacts of power plant emissions in Illinois: model sensitivity and implications. Amospheric Environment 36(6): 1063-1075.
24. Martin DO. 1976. Comment On "The Change of Concentration Standard Deviations with Distance". Journal of the Air Pollution Control Association 26(2): 145-147.
25. NOAA. 2022. The First Climate Model. celebrating200years.noaa.gov.
26. NOAA. HYSPLIT. ready.noaa.gov/HYSPLIT.php.
27. Nopmongcol U *et al.* 2012. Modeling Europe with CAMx for the Air Quality Model Evaluation International Initiative (AQMEII). Atmospheric Environment 53: 177-185.
28. Ortolano L. 1985. Estimating air quality impacts. Environmental Impact Assessment Review 5(1): 9-35.
29. Park SY *et al.* 2018. Adjoint sensitivity of inland ozone to its precursors and meteorological and chemical influences. Atmospheric Environment 192: 104-115.
30. Pasquill F. 1974. Armospheric Diffusion. Wiley, New York.
31. Sandbach S *et al.* 2015. Semi-Implicit Version of the MPAS-Atmosphere Dynamical Core. Monthly Weather Review 143: 3838-3855.
32. Skamarock WC *et al.* 2019. A Description of the Advanced Research WRF Model Version 4. NCAR Technical Note, National Center of Atmospheric Research, Colorado.
33. Stohl A *et al.* 2005. Technical note: The Lagrangian particle dispersion model FLEXPART version 6.2. Atmospheric Chemistry and Physics 5(9): 2461-2474.
34. Sutton OG. 1947. The theoretical distribution of airborne pollution from factory chimneys. Quarterly Journal of the Royal Meteorological Society 73(317-318): 426-436.
35. Turner DB. 1970. Workbook of Atmospheric Dispersion Estimates. U.S. Public Health Service, Division of Air Pollution.
36. Vallero DA. 2008. Fundamentals of Air Pollution (4th Ed). Academic Press.
37. Vohra K *et al.* 2021. Global mortality from outdoor fine particle pollution generated by fossil fuel combustion: Results from GEOS-Chem. Environmental Research 195: 110754.
38. Wark K, Warner CF, Davis WT. 1997. Air Pollution: Its Origin and Control (3rd Ed). Pearson.
39. Yuan J *et al.* 2019. Environmental-Economic Power Dispatch with Diffusion Control

of Air Pollutants Using a Pareto Optimization. Advances in Computer Science Research 89: 117–121.

40. Zhang C *et al*. 2020. An investigation on the attenuation effect of air pollution on regional solar radiation. Renewable Energy 161: 570–578.
41. Zhong J, Cai XM, Bloss WJ. 2016. Coupling dynamics and chemistry in the air pollution modelling of street canyons: A review. Environmental Pollution 214: 690–704.

제7장

광역대기오염

오늘날 기후변화(climate change), 오존층 파괴, 산성비 등의 광역대기오염 문제는 어느 한 나라만의 환경문제가 아니라 세계 모든 나라가 힘을 모아 극복해야 할 과제이다. 성층권의 오존층 파괴와 지구온난화는 인간에 의한 기후변화를 초래하고 있을 뿐만 아니라 생태계에도 큰 영향을 주고 있다. 따라서 오존층을 보호하고 지구온난화의 진행을 완화하기 위한 국제 협약 비준 등 다양한 규제 조치가 범세계적으로 진행되고 있다. 또한 산성비는 자연생태계와 생활환경에 유해한 영향을 주고 있으며, 원인물질이 장거리 이동을 함으로써 배출원 지역뿐만 아니라 다른 주변 국가에까지 심각한 피해를 초래하고 있다. 이와 같은 이유로 광역대기오염 현상은 국제적인 관심과 노력을 통해서만 근원적인 해결책을 모색할 수 있다.

7·1 기후변화

7·1·1 지구온난화

1 지구의 열수지

지구로 들어오는 모든 열(에너지)은 본질적으로 태양이 방출하는 복사에너지에서 비롯된다. 지구는 태양으로부터 매초 1.7×10^{17} W 이상의 에너지를 받고 이 에너지는 인간을 포함한 동식물이 살 수 있는 지구 환경을 만든다. 하지만 지구에 도달한 태양복사에너지 중 일부만 대기에 흡수되어 지구를 덥히는 데 사용된다. 약 70%는 대기와 지구 표면에서 흡수되고 나머지 30%는 구름, 얼음, 사막과 같은 다양한 표면에 의해 다시 우주로 반사된다(그림 7-1 참조). 흡수된 23%의 에너지는 대기 중의 수증기, 구름, 먼지에 의해 흡수되어 열로 전환된다. 육지와 해양이 흡수한 47%의 열 또한 전도, 복사, 잠열(상변화)을 통해 대기와 교환된다. 대기에 흡수된 열은 결국 우주로 다시 방출된다. 태양으로부터의 복사는 파장에 따라 자외선(UV), 가시광선, 적외선(IR) 등으로 나뉘며 대기 가스에 의해 흡수, 산란, 반사되는 비율이 각기 다르다(그림 7-2 참조).

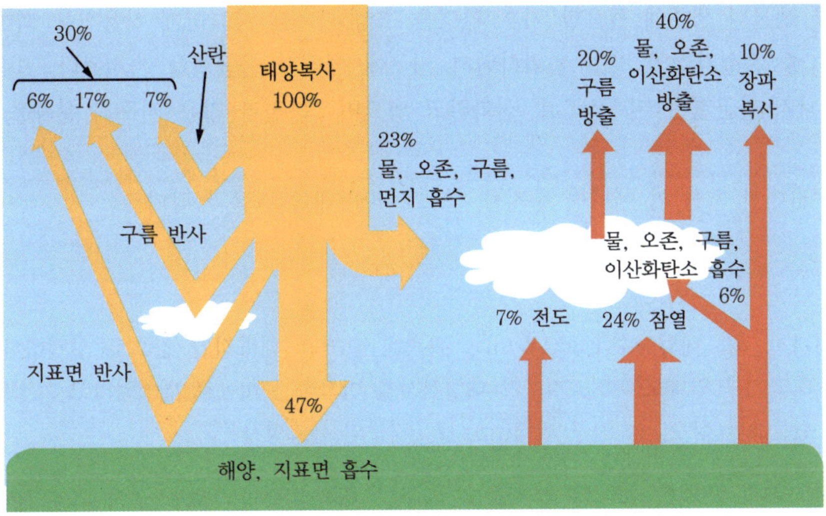

그림 7-1 지구의 열수지

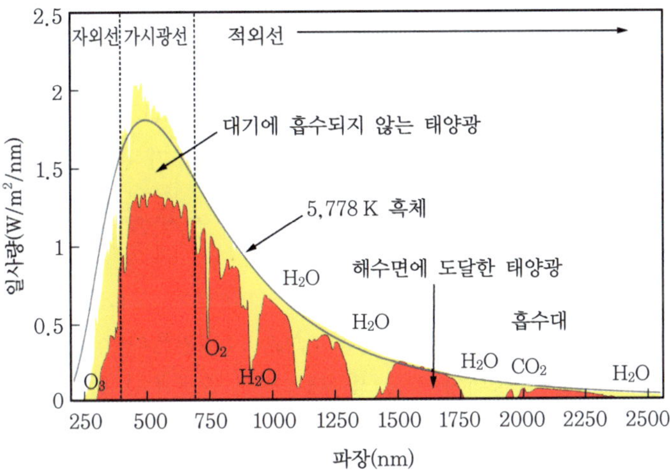

그림 7-2 대기 가스에 의해 흡수, 산란 및 반사되는 태양의 입사광

이처럼 지구로 들어오는 열과 지구에서 나가는 열의 균형을 열수지(熱收支) 또는 에너지 수지(energy balance)라고 한다. 지구의 온도를 일정하게 유지하려면 들어오는 열과 나가는 열이 동일하도록 열수지가 균형을 이루어야 한다. 그러나 지구의 대기 구성이 변화하면 대기에 의해 흡수되고 반사되는 에너지의 양이 달라짐으로써 균형을 이루고 있는 지구 온도에 영향을 미칠 수 있다.

자연 상태의 대기에서는 지구 표면의 복사에너지를 흡수하는 온실가스가 지구의 기온을 일정 수준으로 유지하므로 인간과 동식물의 생존에 적절한 환경을 제공한다. 이러한 자연적인 온실효과로 인해 지구 표면의 평균온도는 약 15℃를 유지한다. 만약 온실가스가 없다면 지표면에서 반사된 열이 모두 외계로 방출되어 기온은 −18℃까지 내려간다. 이는 적정한 양의 온실가스가 생물의 생존에 필요한 기후 환경을 조성하는 데 중요하게 작용함을 의미한다. 하지만 대기 중 온실가스의 양이 변화하면서 지구에 에너지 불균형을 가져왔다. 인간 활동의 결과인 에너지 불균형은 지속적으로 심화하고 있으며 그 결과 많은 지구적 문제를 초래하고 있다.

지구 전체(대기 포함)의 에너지 수지를 식으로 나타내면 다음과 같다.

$$\pi r^2 \times (1-\alpha_p) \times S_0 = 4\pi r^2 \times \sigma T^4$$

여기서 S_0: 태양상수(1,360 W/m^2, 관측에 근거한 대략적인 값으로 일정하다고 가정), α_p: 지구 알베도(0.31, 지구가 태양복사를 반사하는 비율로 일정하다고 가정), σ: 슈테판볼츠만 상수, r: 지구 반경(m), T: 지구의 유효방사온도

이때 공간 분포에 따른 차이를 무시하고 지구가 내는 방사를 온도 T의 흑체 방사라고 정하여 '단위시간당 에너지 유입=단위시간당 에너지 유출', 즉 '흡수하는 태양복사=사출하는 지구복사'의 개념으로 성립하는 식이다. 여기서 흑체(black body)란 방사율이 1, 반사율이 0인 물체, 즉 받은 빛을 모두 흡수하는 물체를 말하며 결국 우리 눈에는 검은색으로 보인다. 지구의 유효방사온도는 이론적으로 약 254 K(−19℃)이며 대체로 대류권 중층의 기온에 상응한다. 하지만 실제 측정된 지상 기온은 전 지구 평균 약 288 K(15℃)로 유효방사온도보다 높다. 이는 지구 대기 중에 지구복사를 흡수·방출하는 온실가스가 존재함을 방증한다.

2 온실가스와 지구온난화

대기 중 온실효과를 일으키는 기체를 온실가스(greenhouse gas, GHG)라고 하며 수증기(H_2O), 이산화탄소(CO_2), 메탄(CH_4), 아산화질소(N_2O), 염화불화탄소(CFCs), 수소불화탄소(HFCs), 과불화탄소(PFCs), 육불화황(SF_6) 및 대류권의 오존(O_3) 등이 대표적이다. 이러한 온실가스가 지구 대기 중에 일정한 양 이상으로 증가하면 지구 표면에서 방출한 장파복사에너지를 과다 흡수하여 지구의 열수지에 변동을 초래한다. 즉 자연적 온실효과에 의한 온도 이상으로 지구의 기온을 더 높인다. 이를 강화된 온실효과(enhanced greenhouse effect)라고 하며 이로 인해 지구가 지나치게 더워지는 현상을 지구온난화(global warming)라고 한다. 좁은 의미의 지구온난화란 산업혁명 이후 인간 활동에 의해 대기 중으로 배출된 온실가스가 적정한 양 이상으로 증가하여 발생하는 과도한 온실효과를 말한다.

지구온난화 규제 및 방지를 위한 국제 협약인 교토의정서는 CO_2, CH_4, N_2O, HFCs, PFCs 및 SF_6를 6대 온실가스로 규정하였다. 수증기도 대기 중에 존재하면서 온실효과에 크게 기여하지만 자연계의 순환 시스템에 의해 대기 중 농도가 달라지므로 관리 대상에서 제외하고 있다. 대류권에 존재하는 O_3는 6대 온실가스에 포함되지 않지만 광화학 스모그의 원인 물질일 뿐만 아니라 장파복사에너지를 흡수하는 온실가스로 작용한다. 그러나 대기 중에 체류하는 시간이 단지 수 시간~수일에 불과하다.

대기 중에 장시간 체류하는 온실가스는 CO_2, CH_4, N_2O, 할로겐화합물, SF_6 등으로 각각의 대기 중 농도, 체류시간, 지구온난화지수, 복사강제력에 관한 세부적인 내용은 표 7-1과 같다. 복사강제력(radiative forcing)이란 어떤 인자가 지구-대기 시스템에 영향을 주어 에너지 평형을 유지 또는 변화시키는 영향력의 척도이다. 복사강제력은 잠재적인 기후 변동 메커니즘의 중요한 지표이다. 양(+)의 복사강제력은 지표면 온도를 올리는 경향이, 음(-)의 복사강제력은 지표면 온도를 낮추는 경향이 있다. 즉 복사강제력이 양수이면 지표 온난화가 진행되고, 음수이면 지표 냉각화가 진행된다.

온실가스가 지구온난화에 기여하는 정도는 기후변화에 관한 정부간 협의체(Intergovernmental Panel on Climate Change, IPCC)가 제시한 지구온난화지수(global warming potential, GWP)를 통해 알 수 있다. GWP는 100년을 기준으로 CO_2 1 kg이 적외선을 흡수하는 능력, 즉 CO_2의 온실효과를 1로 보았을 때 1 kg의 온실가스가 흡수하는 능력의 비율로 산출한다. GWP는 CH_4 28, N_2O 265, CFC-11 4,660, SF_6 23,500이다. 즉 동일한 농도로 존재할 경우 온실효과를 일으킬 잠재 능력이 CH_4는 CO_2보다 28배 크고 SF_6는 무려 23,500배나 크다는 뜻이다.

온실가스의 배출원을 살펴보면 CO_2는 석탄, 석유 및 천연가스 등 화석연료의 연소 및 추출 · 처리 · 수송 과정에서 주로 발생하지만 산림에 흡수 · 저장되었다가 산림벌채 및 가공공정

표 7-1 장기간 체류하는 온실가스의 대기 중 농도와 특징

온실가스	1750년 이전 농도	2011년 농도	체류시간 (년)	지구온난화 지수	복사강제력 (W/m^2)
CO_2	280 ppm	391 ppm	50~200	1	1.82
CH_4	730 ppb	1,803 ppb	12	28	0.48
N_2O	270 ppb	324 ppb	114	265	0.17
CFCs	0				
CFC-11		238 ppt	45	4,660	0.062
CFC-12		528 ppt	100	10,200	0.17
CFC-113		74 ppt	85	5,820	0.022
CCl_4		86 ppt	26	1,730	0.015
CH_3CCl_3		6 ppt	5	160	0.0004
HFCs					
HCFC-22		213 ppt	12	1,760	0.045
HFC-23		24 ppt	270	12,400	0.0043
PFCs					
C_2F_6		4.2 ppt	10,000	11,100	0.001
SF_6		7.3 ppt	3,200	23,500	0.004

[IPCC, 2014]

에서 대기 중으로 방출되기도 한다. 인위적 배출량의 대부분이 화석연료의 사용에 기인하고 나머지는 산림 훼손 및 용도 변경 등 토지이용의 변화가 차지한다. CH_4는 주로 농업, 축산, 생물체의 분해, 폐기물 매립 및 처리, 석탄 채굴 및 석유 시추, 가스 파이프의 누출 등에서 발생한다. N_2O는 농업에서의 비료 사용 및 산업 활동에서 기인한다. CFCs는 산업화 이전의 대기 중 배경농도가 거의 0이었으나 이후 인간 활동으로 인해 증가하였다. HFCs와 PFCs는 냉매, 소화기 및 폭발 방지물, 분무액, 솔벤트용제, 발포제 등에 사용하고 있다. 또한 SF_6는 가스 차단기, 소화기 및 폭발 방지물 등에 사용하며 사용량이 세계적으로 증가하고 있다. 특히 이들 할로겐화합물의 지구온난화지수가 다른 온실가스에 비해 매우 크므로 기후변화 측면에서 궁극적인 감축 대상으로 여겨지고 있다.

대기 중 CO_2 농도에 따른 기온의 변화는 그림 7-3을 통해 알 수 있다. 여기에서 CO_2 농도는 남극의 보스토크(Vostok)와 EPICA(European Project for Ice Coring in Antarctica)의 빙하 코어 시료를 분석한 결과로부터 산정하였다. 즉 80만 년이라는 오랜 세월 동안 대기권의 기체 성분을 그대로 간직한 남극의 얼음 시료를 깊이에 따라 채취 · 분석한 결과이다. 그림에서 얼음 기포 중 CO_2 농도와 기온이 거의 비슷한 증감을 보인다. 이는 대기 중 CO_2 농도가 기온 변화와 밀접한 관련성이 있음을 가리킨다. 따라서 대기 중의 CO_2 농도 변화는 향후 지구의 기온 변화를 예측하는 중요한 지표로 볼 수 있다.

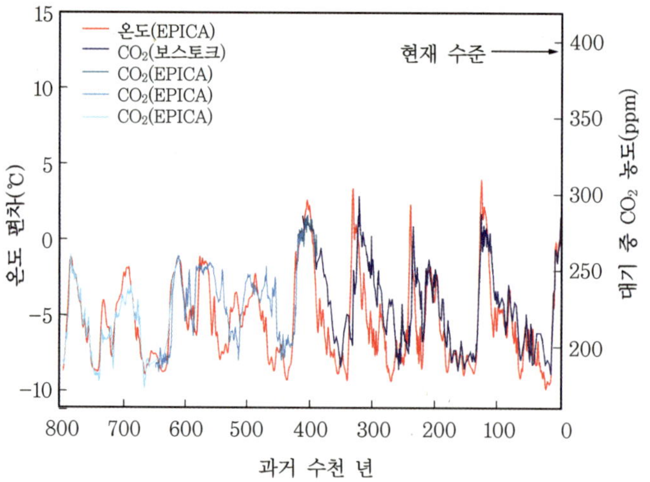

그림 7-3 남극 빙하의 얼음 기포에서 측정한 대기 중 CO_2 농도와 기온의 변화 [Mioshevich, 2012; Wikipedia, 2012]

20세기 후반의 전 지구적 CO_2 농도를 살펴보면 그림 7-4에서와 같이 매우 빠르게 증가하고 있다. 이는 하와이 마우나로아와 남극에서 측정한 월평균 농도의 변화를 나타낸다. 마우나로아 지역에서는 1970년 325.7 ppm에서 2000년 369.5 ppm으로 13.5% 증가하였으며 2011년에는 391.6 ppm에 이르렀다. 또한 이 지역에서는 농도가 일정한 주기로 증감을 반복하고 있다. 1년을 주기로 여름~가을에는 감소하고 겨울~봄에는 증가한 데 따른 계절별 특성

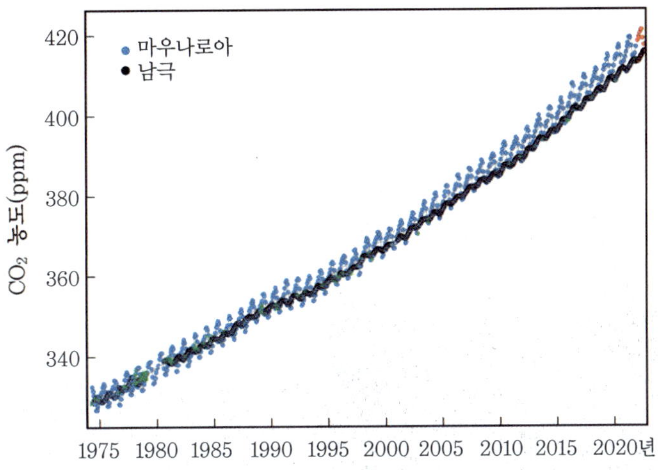

그림 7-4 하와이 마우나로아와 남극에서 측정한 대기 중 CO_2 농도의 변화 [NOAA, 2023]

을 반영한다. 즉 여름~가을에는 대륙과 해양 식물의 광합성 활동이 활발하여 식물의 CO_2 소비량이 동식물의 호흡작용이나 유기물의 미생물 분해 등에 의한 CO_2 생성량보다 크므로 대기 중의 CO_2 농도가 감소한다. 반면에 남극에서는 생물 활동을 포함한 계절별 특성이 나타나지 않기 때문에 1년을 주기로 한 농도 증감이 뚜렷하지 않다.

대기 중 CO_2 농도의 증감은 전 지구적인 탄소의 순환으로 설명할 수 있다. 즉 CO_2의 인위적 배출이 미미할 경우 대기 중의 탄소는 생물학적 또는 물리적 과정 등을 통해 바다에 용해되거나 식물의 생장 과정에서 흡수된다. 따라서 자연계의 소멸원과 균형을 맞추는 방식으로 적정 수준의 농도가 유지된다.

최근 전 지구적인 탄소의 순환은 그림 7-5에서 보는 바와 같다. 지구상의 탄소는 크게 대기 · 지각 · 해양에 축적되어 상호 물질순환이 일어나며, 화석연료의 연소는 대기 중 탄소의 또 다른 공급원으로 작용한다. 탄소의 저장량을 살펴보면 대기 중에 8,000억 톤이 존재하며 식생, 토양, 화석에 각각 5,500억, 2조 3,000억, 10조 톤이 저장되어 있다. 해양의 경우 표층과 심해에 각각 1조 톤과 37조 톤이 있으며 6조 톤이 반응성 침전물로 존재한다. 대기 중의 탄소는 식물의 탄소 고정과 호흡, 미생물의 호흡과 분해 작용을 통해 순환하며 해양과 대기 간에도 교환이 일어난다. 그러나 화석연료의 연소 등 인간 활동에 의해 연간 90억 톤의 탄소가 대기 중에 배출되며 이 중에서 식물의 광합성에 의한 30억 톤과 해양 유입을 통한 20억 톤의 제거량을 고려하더라도 연간 40억 톤의 탄소가 대기 중에 남는다. 이로써 지구의 자연적인 탄소순환이 영향을 받게 되고, 결과적으로 대기 중 CO_2 농도가 꾸준히 증가하여 지구온난화의 주요한 원인으로 작용한다.

그림 7-6은 기후변화의 원인 요소별 전 지구 평균 복사강제력이다(IPCC, 2014). 앞서 언급하였듯이 복사강제력이 음의 값일 경우 지구 대기의 온도를 떨어뜨리는 데 기여하지만 양의 값일 경우 지구온난화에 기여한다. 온실가스(CO_2, CH_4, N_2O, 할로겐화합물)와 대류권의

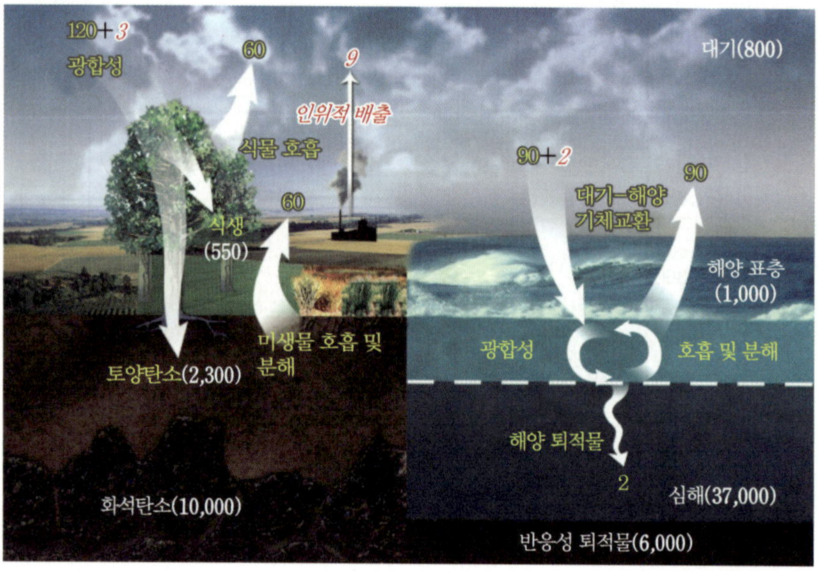

그림 7-5 지구의 탄소순환[US DOE, 2008; NASA, 2011]
노란색: 자연적 배출량(Gt C/yr), 빨간색: 인위적 배출량(Gt C/yr), 흰색: 탄소 저장량(Gt)

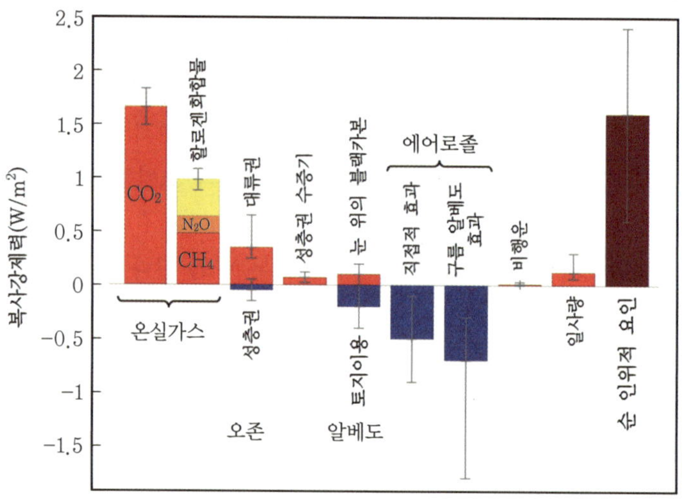

그림 7-6 기후변화 원인 요소별 1750년 대비 2014년의 지구 복사강제력[IPCC, 2014]

오존, 검댕은 양의 복사강제력인 반면에 성층권의 오존, 에어로졸 및 지표면의 알베도는 음의 복사강제력을 보이고 있다. 전체 인위적 요인에 의한 순복사강제력은 1.6 W/m^2인 양의 값으로 나타나 인위적인 활동에 따른 지구온난화를 잘 설명한다.

3 온실가스의 배출량 추이

그림 7-7은 1990년에서 2019년까지 순수하게 인위적으로 발생한 전 세계 온실가스의 배

출량을 나타낸다. 배출량에는 화석연료 연소 및 산업 과정에서 발생한 CO_2, 토지이용 · 토지이용변화 및 임업(Land Use, Land-Use Change and Forestry, LULUCF) 유래의 CO_2, CH_4, N_2O, F가 포함된다. 이는 IPCC 「6차 평가보고서」(Working Group Ⅰ)에서 지구온난화 잠재력을 기반으로 CO_2로 환산한 1990년부터 2019년까지의 연간 전 세계 순수 인위적 온실가스 배출량 산정치이다(온실가스마다 복사 특성과 대기 내 체류시간이 다르기 때문에 CO_2 복사강제력을 기준으로 환산한 온실가스 배출량으로 나타냄). 2019년 각 온실가스별 배출량을 보면 화석연료 연소 및 산업 과정에서의 CO_2가 38±3 Gt CO_2-eq/yr, 토지이용 · 토지이용변화 및 임업 유래의 CO_2가 6.6±4.6 Gt CO_2-eq/yr, CH_4가 11±3.2 Gt CO_2-eq/yr, N_2O가 2.7±1.6 Gt CO_2-eq/yr, F가 1.4±0.41 Gt CO_2-eq/yr로 산출되었으며, 전체 온실가스 배출량 합계는 59±6.6 Gt CO_2-eq/yr에 이른다. 2019년 각각의 온실가스 배출량은 1990년 대비 167%, 133%, 129%, 133%, 354%를 나타냈다. 전체 온실가스는 1990년에 비해 154% 증가하였다.

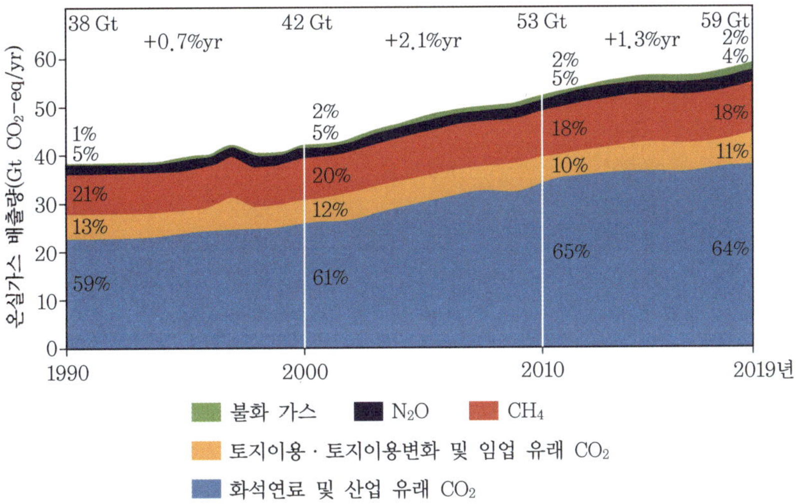

그림 7-7 지구 규모의 인위적 온실가스 배출량[IPCC, 2020]

CO_2의 인위적 배출원 중 화석연료의 연소가 가장 중요하지만 최근에는 탄소순환의 평형을 조절하는 자연계 흡수원인 산림이나 해양에 대한 인간의 영향도 증가하고 있다. CO_2 배출을 줄이기 위해서는 화석연료의 사용량 저감과 함께 천연가스와 같은 청정연료로의 에너지 전환이 필요하다. 이는 화석연료마다 CO_2 배출계수가 다르기 때문이다(표 7-2 참조). 일반적으로 석탄은 천연가스의 약 2배, 태양열의 6배, 풍력의 40배, 수력의 200배나 되는 CO_2를 배출한다. 또한 전기 자동차와 하이브리드 자동차(전기+가솔린 엔진 또는 전기+디젤 엔진)는 연료 소모량을 줄여 탄소 배출량 감소에 기여할 수 있다. 이 외에 해양 및 산림 등 자연생태계의 보전뿐만 아니라 신규조림, 수종갱신 등 자연계의 소멸원에 대한 관리에도 보다 적극적인 관심을 가져야 한다.

표 7-2 화석연료의 CO_2 배출계수(단위: ton C/TOE)

연료 종류	석탄 (무연탄)	석유				천연가스
		원유	가솔린	등유	경유	
CO_2 배출계수	1.122	0.837	0.791	0.821	0.846	0.641

[IEA, 2021]

표 7-3은 1990년과 2020년에 각각 가장 많은 탄소를 배출한 전 세계 상위 25개 국가별 탄소 배출량 현황이다. 1990년에는 미국 6.6억 톤, 영국 4.2억 톤, 독일 3.3억 톤, 프랑스 1.3억 톤의 순이었으나 2020년에는 급속한 경제발전을 이룩한 중국이 106.7억 톤으로 1위를 차지하였고 다음은 미국 47.1억 톤, 인도 24.4억 톤, 러시아 15.8억 톤으로 순위 변동이 있

표 7-3 1990년과 2020년의 탄소 배출 상위 25개국 현황(단위: 억 톤)

순위	1990년		2020년	
	국가명	탄소 배출량	국가명	탄소 배출량
1	미국	6.6	중국	106.7
2	영국	4.2	미국	47.1
3	독일	3.3	인도	24.4
4	프랑스	1.3	러시아	15.8
5	폴란드	0.6	일본	10.3
6	벨기에	0.5	이란	7.5
7	러시아	0.5	독일	6.4
8	체코	0.3	사우디아라비아	6.3
9	오스트리아	0.3	대한민국	6.0
10	캐나다	0.2	인도네시아	5.9
11	일본	0.2	캐나다	5.4
12	네덜란드	0.1	브라질	4.7
13	우크라이나	0.1	남아프리카공화국	4.5
14	이탈리아	0.1	튀르키예	3.9
15	인도	0.1	오스트레일리아	3.9
16	스페인	0.1	멕시코	3.6
17	슬로바키아	0.1	영국	3.3
18	오스트레일리아	0.1	이탈리아	3.0
19	헝가리	0.1	폴란드	3.0
20	스웨덴	0.1	카자흐스탄	2.9
21	스위스	0.1	프랑스	2.8
22	덴마크	0.1	대만	2.7
23	카자흐스탄	0	말레이시아	2.7
24	노르웨이	0	태국	2.6
25	포르투갈	0	베트남	2.5

[IEA, 2021]

었다. 1990년에는 미국, 영국 등의 선진국이 최대 탄소 배출국이었으나 2020년에는 인도, 브라질, 인도네시아와 같은 개발도상국이 상위권으로 올라섰다. 한편 우리나라의 탄소 배출량도 1990년에는 25위 안에 포함되지 않았으나 2020년에는 약 6억 톤으로 전 세계 9위를 기록하였다.

4 지구온난화의 영향

그림 7-8은 기후변화의 원인과 영향에 대한 복합적인 관계를 보여 준다. 기온 상승에 따른 지구온난화는 해빙 및 해류순환과 밀접한 관련이 있다. 해수면 상승으로 연안 습지가 사라지고 있으며, 극심한 가뭄과 홍수를 유발하는 엘니뇨 현상도 크기, 발생 빈도 및 지속성이 1970년대 중반 이후 증가하였다. 강수의 유형도 변화하여 대표적으로 집중호우가 잦아졌다. 이와 같이 지구온난화의 영향은 대형 태풍, 홍수, 가뭄과 같은 자연재해 발생 빈도의 증가, 질병의 확산, 전통적인 생활방식의 변화, 경제적 손실 등과 복합적으로 연결되어 있다.

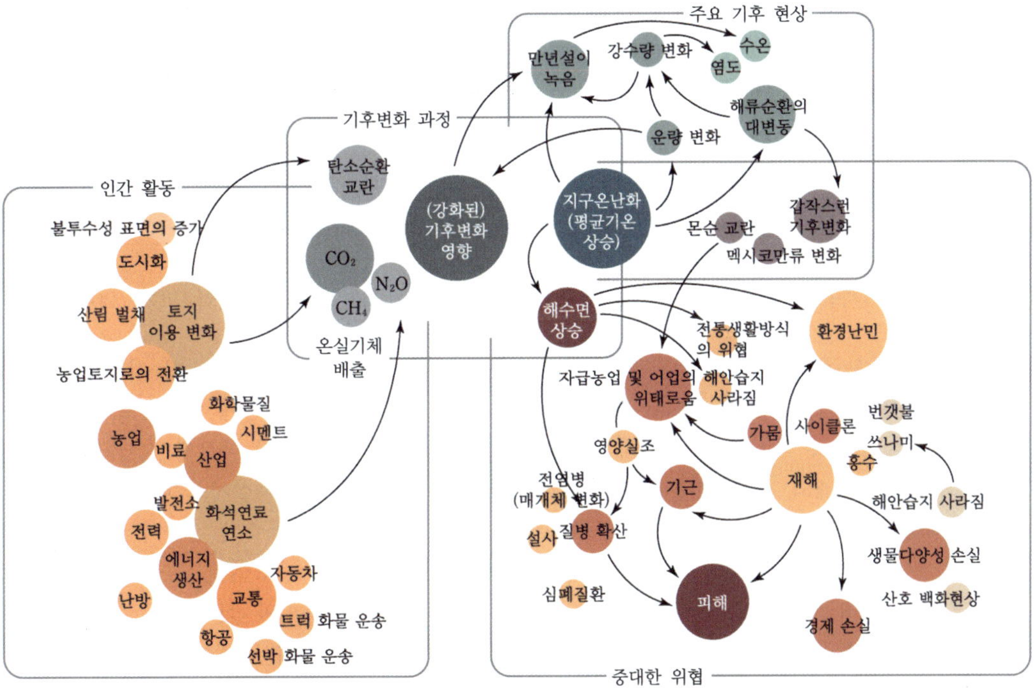

그림 7-8 기후변화의 복합적인 원인과 영향[UNEP/GRID-ARENDAL, 2008]

① 기온 및 해수면 상승

그림 7-9에서 지구온난화의 영향으로 인한 평균기온과 해수면 높이, 북반구 적설면적의 변화를 볼 수 있다(IPCC, 2007). 이들 값의 변화는 모두 1961~1990년의 평균에 대한 상대적인 수치이며 완만한 곡선은 10년 평균, 작은 원은 연도별 값을 나타낸다. 또한 음영 부분은 자료의 불확실 구간을 의미한다. 지구 표면의 평균온도는 지난 100년(1906~2005년) 동안 0.74℃ 상승하였는데 이

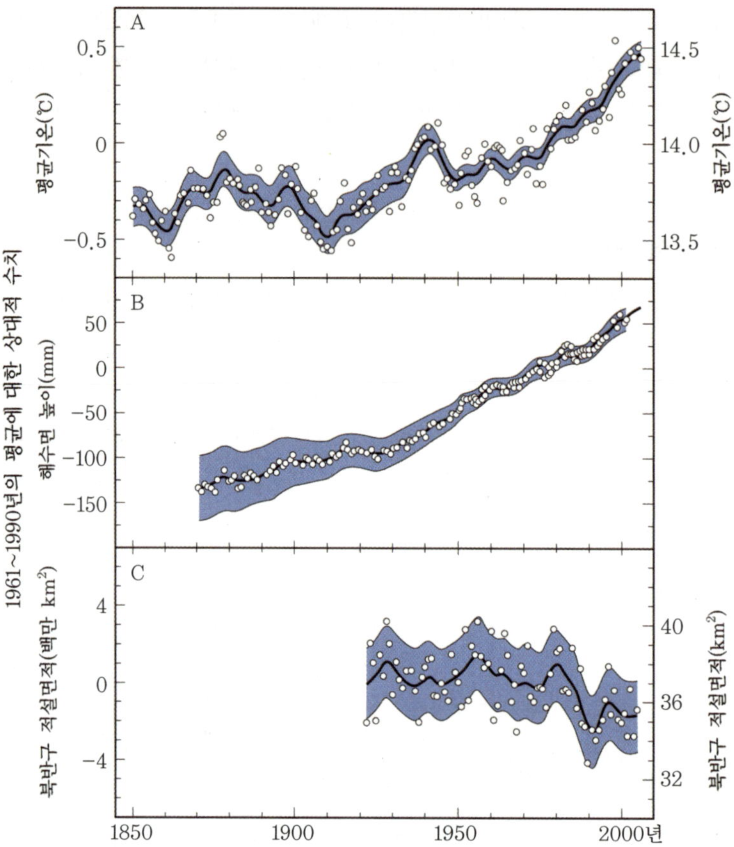

그림 7-9 지구의 평균기온(A)과 해수면 높이(B) 및 북반구 적설면적(C)의 변화[IPCC, 2007]

는 1901~2000년 동안의 0.6℃보다 높은 결과이다. 기온은 19세기 말부터 상승이 시작되었고 특히 1980년대 이후 상승 폭이 커졌다. 기온 상승은 지구 전체에서 광범위하게 일어나고 있으며 북반구 고위도로 갈수록 더 크게 나타난다. 또한 해안보다 대륙 내부에서 더 빠르게 진행되고 있다.

그림 7-10은 미래의 기후변화를 전망하기 위해 IPCC의 전 지구적 온실가스 배출량 시나리오(Special Report on Emission Senario, SRES)에 따른 기온 변화를 예측한 결과이다. A에서 색상을 띤 실선은 IPCC의 온실가스 배출량 시나리오(SRES, 2000)를 나타낸다. 점선과 회색 음영은 SRES 이후 최근 시나리오에 따른 배출량으로 점선의 경우 최대치와 최소치를, 그리고 회색 음영은 시나리오의 80% 범위를 의미한다. 기존 배출량의 경우 최근 시나리오에서와 거의 비슷한 수준임을 알 수 있다. 시나리오에 따른 기온 변화(B)는 기후 모델을 이용하여 산출한 결과로 1980~1999년 대비 기온 상승을 나타낸다. 여기에서 우측의 막대는 각 시나리오에 대한 1980~1999년 대비 2090~2099년의 최적 기온 변화 추정치(짙은 색)와 가능 범위(옅은 색)이다.

이들 시나리오에 따르면 21세기 말(2090~2099년) 지구의 평균기온은 1980~1999년 대비 최대 6.4℃ 상승할 것으로 전망하고 있다(표 7-4 참조). 지구의 평균기온이 1.5~2℃ 이상 상승하면 세계 동식물의 20~30%가 멸종 위기에 처할 수 있다. 인간 활동으로 인해 현재까지 멸종한 생물종은 전체의 1~2% 수준이지만 향후 500년 동안 지구 생물종의 20~50%가 사라진다는 보고도 있다.

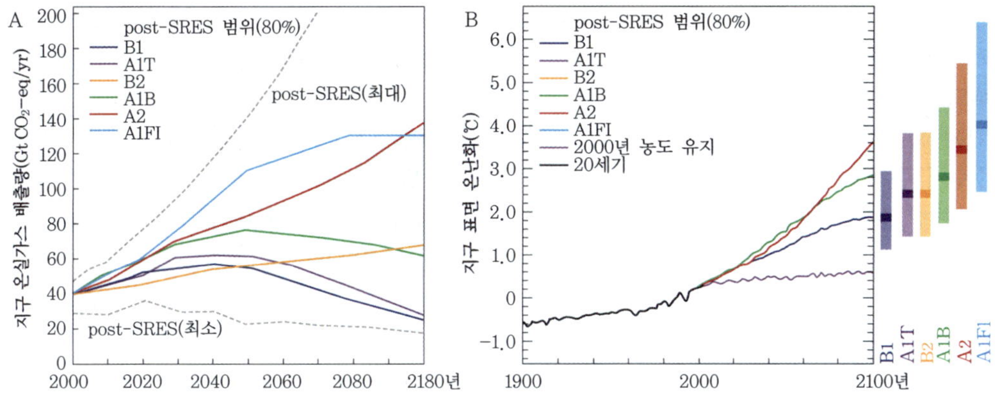

그림 7-10 온실가스 배출량 시나리오(A)와 각 시나리오에 따른 기온 변화(B)[IPCC, 2007]

지구의 온도가 상승하면 바닷물의 부피가 팽창하고 극지방의 빙하가 녹아 해수면 높이가 상승한다. IPCC 보고서에 따르면 지구 평균 해수면은 1961~2003년에 매년 1.8 mm씩 상승하였고 1993~2003년에는 매년 3.1 mm씩 상승하였다. 현재와 같은 수준으로 온난화가 진행된다면 21세기 말(2090~2099년)에는 1980~1999년 대비 18~59 cm 상승할 것으로 전망하고 있다.

해수면 상승에 따른 피해 정도는 지역에 따라 차이가 크다. 네덜란드의 경우 해수면이 1 m 상승하면 해발 5 m 이하의 전 지역이 해수 범람의 영향권에 들어간다. 또한 태평양의 조그만 산호섬들은 바다에 잠겨 사라진다. 해일 등의 영향을 고려하면 전 세계 경작지의 약 1/3이 피해를 입어 인류의 식량 공급이 위기에 처한다. 또한 많은 사람들이 밀집한 항만 등의 해안 지역이나 저지대도 침수된다. 한편 대기 중 CO_2 농도가 증가하면 바닷물의 pH가 낮아지고 이러한 산성화는 해양생태계에 잠재적인 위험 요인으로 작용한다.

표 7-4 온실가스 배출량 시나리오에 따른 1980~1999년 대비 2090~2099년 기온 및 해수면의 변화

시나리오	2100년 CO_2 농도 (ppm)	기온 상승 (℃)	해수면 상승 (cm)
2000년 농도 유지	370	0.6	NA
B1	550	1.8(1.1~2.9)	18~38
A1T	540	2.4(1.4~3.8)	20~45
B2	600	2.4(1.4~3.8)	20~43
A1B	720	2.8(1.7~4.4)	21~48
A2	830	3.4(2.0~5.4)	23~51
A1FI	970	4.0(2.4~6.4)	26~59

[IPCC, 2007]

② 대기질 및 기상 변화

기온 상승으로 기상 조건이 변화하면 대기 중 오염물질의 분포에도 영향을 미쳐 대기질의 변화를 초래한다. 예를 들면 주로 여름철에 발생하는 광화학 스모그의 경우 기온 상승으로 오염물질의

반응속도가 빨라지면 광화학 대기오염의 피해를 더욱 심화한다. 또한 무더운 날씨로 전력 수요가 늘어나 화석연료 소비량이 증가하면 CO_2와 함께 다량의 대기오염물질이 배출되어 산성비에 의한 피해도 커질 수 있다.

기온 상승은 강우를 포함한 기상 전체에 큰 변화를 가져온다. 기온이 상승하면 증발량이 늘어나 강수량이 증가하지만 대륙의 내륙 지역은 토양수분의 증발량이 늘어나 더욱 건조해짐으로써 광대한 지역에 걸쳐 사막화 현상이 확대된다. 또한 세계 도처에서 극단적인 더위나 추위, 태풍이나 폭풍우를 동반하는 열대성 저기압 등의 발생 빈도가 더욱 증가한다.

③ 수자원 부족

물은 인간에게 필수불가결한 자원이지만 이용할 수 있는 양은 강수량과 지표의 증발산량으로부터 결정된다. 대순환모델(General Circulation Model, GCM)에 의하면 CO_2가 2배로 증가할 경우 연강수량이 5~10% 늘어날 것으로 예측되었다. 그러나 증발산량의 증가가 상대적으로 더 커서 지역에 따라 심각한 수자원 부족 현상이 나타날 수 있다. 내륙 고산지대에서는 주민의 식수 공급원인 산악 빙하가 지구온난화로 급속히 녹아내려 수자원 부족 위기가 커지고 있다.

④ 동식물과 농작물 피해

지구 온도가 향후 46년 동안 지속적으로 증가할 경우 18~35%의 동식물이 멸종할 것으로 보인다. 이는 지구온난화가 동식물의 생존에도 중대한 영향을 끼치고 있음을 시사한다. 또한 대기 중 CO_2 증가와 기온 상승은 지역에 따라 산림과 농작물의 생육에 큰 영향을 끼치기도 한다. 이러한 환경조건에서 식물은 일반적으로 광합성량이 증가하여 생육이 향상하지만, 기온 상승으로 수반되는 기상 변동에 의한 영향도 피할 수 없다. 또한 기온 상승과 토양 건조화로 산림의 식생대와 농작물의 재배 지역이 달라지고, 몇몇 지역은 곡물의 생산량이 감소하여 심각한 식량문제에 직면할 것이다. 우리나라의 경우 연평균기온이 4℃ 상승하면 제주도 서귀포는 기온 분포가 대만과 비슷해져 열대작물의 재배도 가능해진다. 그렇지만 기후변화는 농업생태계에 복잡한 변화를 가져오기 때문에 부정적인 영향이 더 클 전망이다.

⑤ 보건 및 산업 피해

지구온난화는 말라리아와 같이 기온에 민감한 열대성 질병을 고위도 지방으로 전염시키므로 유행성 질병이 만연할 수 있다. 따라서 인간의 보건에 큰 위협이 되며 세계적으로 이와 관련한 사례들이 보고되고 있다. 또한 자연생태계를 교란하여 세계 각국의 레저 산업 외에도 농업 · 임업 · 수산업 등의 산업 전반에 영향을 미치고 있다. 열대 및 아열대 지역에서는 폭염으로 일상적인 활동이 불가능해져 생활 전반에 큰 변화가 일어날 수 있다.

5 지구온난화 방지기술

지구온난화를 방지하기 위해서는 대기 중 CO_2 농도를 낮춰야 한다. 현재 다양한 분야에서 이와 관련한 연구를 진행하고 있다. CO_2 농도를 낮추기 위한 기술들을 살펴보자.

우선 에너지 사용량을 줄이는 에너지 절약을 생각해 볼 수 있다. 가급적 에너지를 사용하지 않도록 함과 동시에 에너지 효율을 높이는 방안이 필요하다. 한 예로 열병합발전 시스템은 전기를 생산함과 아울러 여기서 발생한 열을 지역이나 시설의 급탕 및 난방에 이용함으로써 발전만 할 때에 비해 에너지의 이용 효율이 비약적으로 높아진다. 대규모 공장, 사무용 빌딩, 대형 상업시설, 아파트 단지 등에서 이를 활용하고 있다. 또 수소 혹은 수소를 포함한 메탄올이나 휘발유, 천연가스를 연료로 하는 연료전지도 에너지 효율이 높고 배출가스가 깨끗해 주목을 받고 있다. 그 외 쓰레기 소각시설에서는 소각 과정에서 발생한 폐열을 이용하여 발전을 실시하고 있다.

산업 및 운수 분야에서의 에너지 절약도 진행되고 있다. 가전제품의 경우 에너지 효율이 획기적으로 높아져 에어컨은 10년 전 제품과 비교하면 전기 사용량이 절반 정도에 불과하다. 또한 수송에 있어, 예를 들어 물품을 멀리 운반하는 경우에는 트럭보다 철도나 선박을 사용하는 편이 에너지 효율이 좋은 경우가 있어 수송 방법을 재검토하고 있다.

다음으로 탈탄소 연료로의 전환도 유효하다. 같은 양의 에너지를 얻기 위해 배출하는 CO_2의 양을 비교하면 석탄보다 석유, 석유보다 천연가스의 CO_2 배출량이 적다. 화력발전도 온난화 방지를 위해 석탄보다 천연가스를 연료로 이용하는 추세이다. 그러나 천연가스보다 더 바람직한 방향은 태양광, 풍력, 수력, 지열 등의 자연에너지이다. 자연에너지는 발전 시 CO_2를 배출하지 않으며, 재생 가능하므로 자원이 소진될 일도 없다. 현재 연구가 진척되면서 발전 비용이 낮아지고 있고 그에 따라 보급도 늘어날 것이다. 또한 화석연료를 태울 때 배출가스에서 CO_2를 제거하는 기술과 함께 이렇게 제거한 CO_2를 땅속이나 바닷속에 격리하는 방법도 연구되고 있다.

지구온난화를 막기 위해 현재 다양한 분야에서 지혜를 모아 연구를 진행하고 있으며, 앞으로 새로운 기술이 계속해서 등장할 것이다. 이에 맞추어 국가나 지방자치단체는 기술 개발과 이용을 촉진할 수 있도록 법률, 정책 등을 정비하고 사회 구조를 바꿔 나가야 한다. 개개인의 의식이나 소비 행동의 전환도 향후 사회를 움직여 가는 큰 힘이 된다.

7·1·2 기후변화 대응과 탄소중립

1 기후변화 대응의 필요성

최근 국내외에서 폭염, 폭설, 태풍, 산불 등의 기상재해가 빈번히 발생하고 있다. 개별 기상재해와 지구온난화의 관계를 밝히기는 쉽지 않지만 지구온난화에 따라 향후 호우 및 폭염 위험이 더욱 높아질 것으로 예상된다. 이러한 기후변화는 더 이상 기후만의 문제가 아니라 인류와 모든 생물의 생존 기반을 뒤흔드는 최대의 위기라고 할 수 있다. 기후변화의 위기를 극복하기 위해서는 전 지구적인 노력이 필요하다. 세계 평균기온은 2020년 시점에서 산업화 이전(1850~1900년)에 비해 이미 약 1.1℃ 상승한 것으로 나타났다. 상황이 이대로 계속되면 기온은 한층 더 가파르게 상승하고 그에 따른 전 지구적 위기 또한 극대화할 것이다. 높은 화석연료 비중과 제조업 중심의 산업구조를 가진 우리나라도 최근 30년 사이에 평균온도가 1.4℃ 상승하며 온난화 경향이 더욱 심해졌다.

그림 7-11은 1850~1900년을 기준으로 한 세계 평균기온의 변화이다. 즉 1950~2100년의 과거 평균기온 및 미래 예상 기온이 1850~1900년의 평균기온보다 얼마나 높을지를 각 시나리오별로 나타냈다. 시나리오는 온실가스 배출이 매우 적은 시나리오부터 매우 많은 시나리오까지 다섯 가지로 제시하였다.

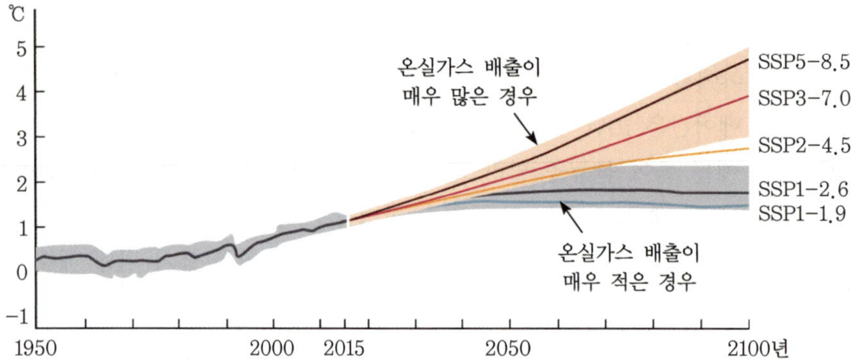

그림 7-11 1850~1900년 대비 세계 평균기온의 변화 시나리오[IPCC, 2021]

기후변화의 원인인 온실가스는 경제활동 및 일상생활로부터 배출된다. 우리나라의 경우 국민 한 사람 한 사람의 의식주와 생활양식에 기인한 온실가스가 국가 전체 배출량의 약 60%를 차지한다는 분석도 있다. 배출량 저감 노력은 더 이상 국가나 지자체, 사업자만의 몫이 아니다. 지구의 평균온도가 계속해서 상승하면 어떤 일이 벌어질까? 기후변화는 이미 지구의 모든 부분에 영향을 미치고 있다. 2021년 로이터통신에 따르면 스위스 취리히연방공과대학교의 기후과학자 소니아 세네비라트네(Sonia Seneviratne)는 "지구온난화가 증가할 때마다 극단적인 변화가 더 커진다."고 말했다. 폭염은 인도 전역에서 이미 목격되고 있는 것처럼 더욱 심해지고 있으며 이전에는 볼 수 없었던 지역으로 확산하고 있다. 바나라스힌두대학교 마하마나기후변화연구센터의 과학자들이 발표한 연구에 따르면 인도 북서부, 중앙부, 남중부 지역의 폭염이 크게 증가하는 등 폭염 패턴이 변화한 것으로 나타났다. 우리나라 또한 2022년에 지난 122년 동안 가장 더운 3월을 기록하였다.

대기가 더워지면 더 많은 수분을 보유하고 이는 홍수의 위험이 높은 극단적인 강우를 초래한다. 또한 증발을 가속화하여 극심한 가뭄도 초래한다. 2021년에는 중국과 서유럽에 집중호우가 쏟아져 수백 명이 사망하였다. 태평양 북서부의 기온이 최고치를 기록했을 때 수백 명이 또 사망하였다. 그린란드에서는 대규모의 빙하가 녹는 사건이 발생하였고, 산불이 지중해와 시베리아를 휩쓸었으며, 브라질에는 기록적인 가뭄이 덮치기도 하였다.

2 국제사회의 기후변화 대응

① 온실가스 감축의 첫발

1997년 일본 교토에서 세계 각국의 정부 대표들이 참석한 제3차 유엔기후변화협약(United

Nations Framework Convention on Climate Change, UNFCCC) 당사국총회(Conference of the Parties), 약칭 COP3가 개최되었다. 이 회의에서 지구온난화 규제 및 방지를 위한 이행 방안을 규정한 교토의정서(Kyoto Protocol)가 채택되었다.

교토의정서는 참가한 선진국 전체에 대해 2008년부터 2012년 사이에 1990년 대비 온실가스를 약 5% 감축하고 또한 국가별로도 온실가스 배출량의 감축목표를 정하도록 요구하였다. 이에 따라 유럽연합(EU)은 8%, 미국은 7%, 일본은 6% 감축을 약속하였다. 미국이 2001년 교토의정서 체제를 탈퇴하면서 이 약속을 파기해 버렸지만, 이 감축목표는 최초의 국제적 합의라는 점에서 의의가 있으며 국제사회가 협력해 지구온난화에 대처하는 중요한 발걸음이 되었다. 한편 교토의정서는 개발도상국에 감축 의무를 요구하지 않았다. 이는 '공통이지만 차이가 있는 책임' 원칙에 따라 교토의정서의 첫 약속에 대해서는 우선 역사적으로 배출해 온 책임이 있는 선진국이 솔선수범해 대책을 마련해야 한다는 주장이 반영되었기 때문이다.

교토의정서에 참가한 국가는 자국 내에서의 저감 대책에 더해 교토 메커니즘(Kyoto mechanisms)을 이용하거나 흡수원인 산림이나 농지에서 흡수되는 탄소를 포함하도록 인정하고 있다. 그리고 감축목표를 달성하지 못한 국가는 불이익을 감수하기로 하였다.

② 교토의정서 합의와 후속 협상

1992년 브라질의 리우 데 자네이루에서 열린 유엔환경개발회의(United Nations Conference on Environment and Development, UNCED)에서 유엔기후변화협약을 채택함으로써 시작된 지구온난화 문제에 대한 국제적 대처는 1997년 교토의정서가 채택되면서 큰 발걸음을 내딛었다. 원래 유엔기후변화협약은 이름 그대로 지구온난화 문제에 대한 국제적 틀을 정하기 위한 것이며, 원인이 되는 온실가스 감축에 대한 불구속적인 약속일 뿐이어서 각국에 구체적인 대처를 요구하지는 못하였다. 그러나 교토의정서에서는 선진국의 온실가스 배출량에 대한 각국의 감축목표가 정해졌다. 각국의 구체적인 감축 행동을 의무화한 점에서 국제적인 지구온난화 대책으로서는 지극히 큰 진전이었다.

교토의정서의 채택 후 이행과 관련한 세부 사항을 정하기 위한 교섭이 진행되었다. 합의할 예정이었던 2000년 COP6에서는 한 차례 협상이 결렬되었고, 곧이어 2001년 3월 미국이 교토의정서 체제로부터의 이탈을 선언함으로써 교토의정서에 대한 우려가 제기되었다. 그러나 결과적으로 다른 나라들의 합의 의지를 강화하는 계기가 되어 2001년 COP7에서 마라케시 합의문(Marrakech Accords)이라는 교토의정서 이행규칙이 채택되었다.

③ 교토의정서 발효와 포스트 2012

2004년 가을 러시아가 교토의정서를 마지막으로 비준함으로써 2005년 2월 교토의정서가 발효되었다. 이는 교토의정서의 약속이 드디어 확실하게 달성해야 할 국제 공약이 되었다는 점 외에 또 하나의 중요한 의미가 있었다. 교토의정서에서의 온실가스 배출량 감축목표는 제1공약기간이라고 불리는 2008~2012년의 기간을 대상으로 한다. 하지만 2013년 이후의 대처에 대해서는 아무것도 결정되지 않아 백지 상태였다. 교토의정서에는 2005년이 되면 '2013년 이후'에 대해 당사국들이 논의를 시작해야 한다고만 적혀 있었다.

교토의정서 채택 이후 세계 판도도 크게 바뀌어 온실가스 배출량을 보더라도 현재는 중국이나 인도와 같은 개발도상국의 배출량이 선진국 수준으로 증가하였다(표 7-3 참조). 이에 2013년부터는 개발도상국에도 감축 의무를 요구해야 한다는 목소리가 높아져 갔다. 그러나 교토의정서 안에서 목표를 정한 선진국들의 대처도 결코 순조롭지 않은 데다 당시 세계 1위 배출국인 미국이 빠져나간 상태에서 개발도상국에게 대처를 요구하기 어려워지면서 포스트 2012(Post-2012)를 향한 협상이 테이블에 오르는 단계부터 문제가 산적해 있었다. 교토의정서에서 정하지 않은 지구온난화 방지를 위한 포스트 2012는 각국이 논의하여 2009년 덴마크 코펜하겐에서 개최될 COP15에서 결정하기로 합의하였다. 그러나 국제사회는 협상에 실패하면서 COP15에서 새로운 합의를 만들지 못하였다.

④ 파리협정 채택

2009년 COP15에서 포스트 2012의 새로운 합의에 도달하지 못한 국제사회는 그 후 2010년 멕시코에서 개최된 COP16의 칸쿤합의와, 남아프리카공화국에서 개최된 COP17의 더반합의에 따라 새로운 교섭 프로세스를 시작하였다. 1997년 선진국에 의무를 부여한 교토의정서 채택 이래 여러 차례의 협상을 거친 끝에 2015년 프랑스에서 개최된 COP21에서 선진국과 개발도상국이 모두 참여한 파리협정(Paris Agreement)이 채택되었고 국제사회의 적극적인 노력으로 2016년 11월 4일 발효되었다. 우리나라는 2016년 11월 3일 파리협정을 비준하였다.

파리협정의 목표는 산업화 이전 대비 지구 평균온도 상승을 2℃보다 훨씬 아래(well below)로 유지하고 나아가 1.5℃로 억제하기 위해 노력해야 한다는 것이다. 지구의 온도가 2℃ 이상 상승할 경우 폭염과 한파 등 보통의 인간이 감당할 수 없는 자연재해가 발생한다. 기온 상승을 1.5℃로 제한할 경우 생물다양성, 건강, 생계, 식량안보 및 경제성장에 대한 위험이 2℃보다 대폭 감소한다.

2018년 10월 IPCC는 인천 송도에서 개최된 제48차 IPCC 총회에서 치열한 논의 끝에 「지구온난화 1.5℃」 특별 보고서를 승인하였다. 이 보고서는 유엔기후변화협약 당사국총회가 IPCC에 공식적으로 요청하여 작성되었으며, 이로써 2015년 파리협정 채택 시 합의된 1.5℃ 목표의 과학적 근거가 마련되었다.

IPCC는, 2100년까지 지구 평균온도 상승 폭을 1.5℃ 이내로 제한하기 위해서는 2030년까지 전 지구적으로 CO_2 배출량을 2010년 대비 최소 45% 이상 감축해야 하고 2050년경에는 탄소중립을 달성해야 한다는 경로를 제시하였다. 한편 2℃ 목표 달성 경로의 경우 2030년까지 CO_2 배출량을 2010년 대비 약 25% 감축해야 하며 2070년경에는 탄소중립을 달성해야 한다고 제시하였다.

3 탄소중립

① 탄소중립의 의미

우리나라의 토지이용·토지이용변화 및 임업 부문을 제외한 2018년 온실가스 총배출량은 1990년도에 비해 149.0% 증가하였고 2017년도보다는 2.5% 증가하였다. 1990년대는 경제성장에 따라 온실가스 배출량도 크게 늘었고, 1998년 외환 위기의 영향으로 온실가스 총배출량이 14.1% 감소하였다가 2000년대 경기가 회복되면서 배출량이 꾸준히 증가하였다. 비단 우리나라뿐만 아니라 전 세계에서 지속적이고 점진적으로 온실가스가 배출되고 있고 이로 인해 국지적 또는 전 지구적 기후 문제가 발생하고 있다.

이러한 지구 규모의 기후변화에 대응하기 위해 국제사회는 탄소중립을 목표로 하는 파리협정을 체결한 바 있다. 탄소중립(carbon neutral)이란 온실가스 배출량이 전 지구적 CO_2 흡수량과 균형을 이루어 대기 중 CO_2의 농도가 더 이상 높아지지 않음을 의미한다. 즉 개인, 회사, 단체 등에서 배출한 CO_2를 다시 흡수해 실질적인 배출량을 0(zero)으로 만드는 일을 말하며, 최종적으로 배출되는 탄소와 흡수되는 탄소의 양이 같아져 탄소 순배출 0이 되도록 한다는 의미에서 넷제로(net zero)라고도 부른다. 온실가스를 흡수하기 위해서는 배출한 탄소의 양을 계산한 뒤 같은 양만큼 나무를 심거나 풍력·태양력 발전과 같은 청정에너지 분야에 투자해 오염을 상쇄한다(그림 7-12 참조). 감축하지 못한 CO_2 배출량은 다양한 수단으로 상쇄하여 실질적인 배출량을 제로로 만들어야 한다. 탄소중립은, 삭감이 어려운 부문의 배출량에 대해 다른 장소에서 실현한 온실가스의 배출 삭감·흡수량 등을 구입하거나 다른 장소에서 배출 삭감·흡수를 실현하는 프로젝트나 활동을 실시함으로써 배출량의 전부를 보충한 상태라고 정리할 수 있다.

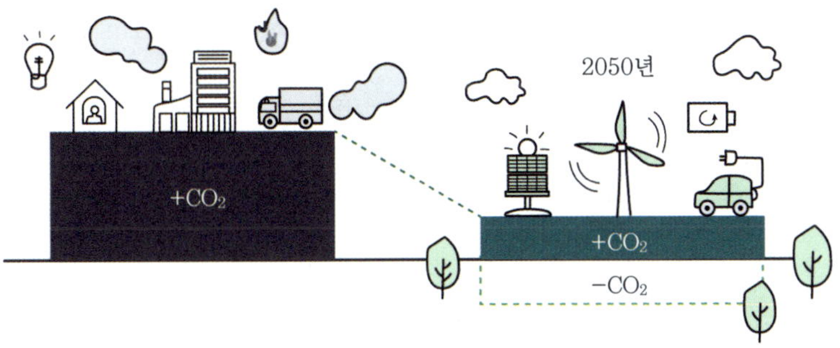

그림 7-12 탄소중립의 개념도

한편 탄소중립과 함께 쓰이는 말로 탄소 네거티브(carbon negative)가 있다. 탄소 네거티브란 CO_2 흡수량이 배출량을 웃도는 것을 의미한다. 일부 기업에서는 탄소 포지티브(carbon positive)라는 용어를 사용하고 있다. 포지티브와 네거티브는 반대말이므로 의미 또한 정반대라고 생각하기 쉬우나 탄소 포지티브도 탄소 네거티브처럼 CO_2의 흡수량이 배출량보다 많음을 나타낸다.

탄소중립과 비슷한 개념으로 탄소상쇄(carbon offset)가 있다. 탄소중립이 흡수량과 배출량이 동등한 '상태'를 가리키는 데 반해 탄소상쇄는 탄소중립이나 탄소 네거티브를 달성하기 위한 '수단'을 의미한다. 탄소상쇄는 CO_2 흡수량이라는 눈에 보이지 않는 대상을 거래가 가능하도록 증서화함으로써 흡수량을 사고팔 수 있게 한다는 개념이다. 즉 에너지 절약이나 산림 조성 등을 통해 CO_2를 많이 흡수할 수 있었던 사업자가 이를 실현하지 못한 사업자에게 증서를 판매함으로써 사회 전체의 CO_2 배출량을 줄이려는 의도가 있다.

② 탄소중립 목표 기후동맹

2016년 발효된 파리협정 이후 121개 국가가 2050 탄소중립 달성을 위한 기후목표상향동맹(Climate Ambition Alliance)에 가입하는 등 전 세계의 기후변화에 대한 대응이 표면화하였다. 여기에 2020년 코로나19 사태로 기후변화의 심각성에 대한 인식 확대와 더불어 제출 시한이 2020년 말이었던 유엔의 '2050 장기 저탄소 발전전략(Long-term low greenhouse gas Emission Development Strategies, LEDS)'을 계기로 주요국의 탄소중립 선언이 가속화하였다. 실제로 2019년 12월 유럽연합을 시작으로 중국(2020년 9월 22일), 일본(2020년 10월 26일), 한국(2020년 10월 28일) 등의 탄소중립 선언이 이어진 바 있다.

2021년 1월 20일 기준으로 우리나라를 포함한 124개국과 1개 지역이 2050년까지의 탄소중립 실현을 표명하였다(그림 7-13 참조). 세계 전체 CO_2 배출량에서 이들 국가가 차지하는 비중은 37.7%이다(단, 2017년 기준 에너지 기원 CO_2만으로 계산함). 2060년까지의 탄소중립 실현을 선언한 중국을 포함하면 전 세계의 약 2/3를 차지하고 있어 많은 나라가 탄소중립 목표에 참여하고 있음을 알 수 있다.

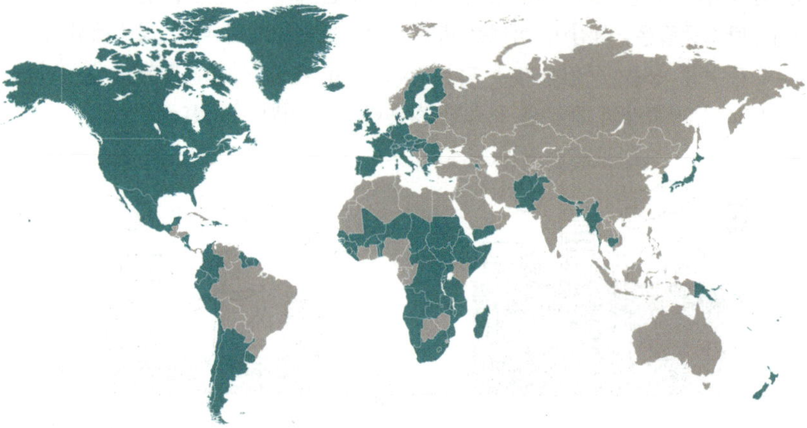

그림 7-13 COP25에서 탄소중립 실현을 표명한 124개국+1지역(2021년 1월 20일 기준) [일본 경제산업성, 2021]

③ 2050년까지 1.5℃

지구온난화를 1.5℃로 제한할 필요성은 기후 보고서와 정상회담에서 항상 강조된다. 기후변화에 대한 법적 구속력이 있는 파리협정에서 참여국은 지구 평균기온 상승을 산업화 이전 대비 2℃보다 훨씬 낮게 유지하고 더 나아가 1.5℃를 목표로 할 것을 약속하였다. 국제적 지도자들과 기후학자들은 1.5℃를 넘길 경우 사람, 야생동물, 그리고 생태계에 훨씬 더 심각한 기후변화 영향을 일으킬 위험이 있다고 경고하였다.

2015년 파리협정에서 2℃보다 훨씬 아래로 유지해야 한다는 목표가 설정된 이유는 2℃가 기후티핑포인트이기 때문이다. 기후티핑포인트(climate tipping point)란 기후 시스템이 외부 강제력에 점진적으로 반응하다가 어느 순간 작은 강제력에도 급격하게 변화하는 지점을 의미한다. 그렇다면 1.5℃와 2℃는 고작 0.5℃ 차이임에도 지구에 미치는 영향이 달라질까? 표 7-5를 보면 기후변화는 생태계와 사회 시스템 전반에 영향을 미친다. 우선 바다에서의 영향을 보면 온도 상승폭이 1.5℃일 경우 70~90%의 산호가 소멸하지만 2℃일 경우에는 99%의 산호가 멸종할 것으로 예상된다. 해수면 상승 범위의 최대치를 비교하면 1.5℃ 상승했을 때(0.77 m)보다 2℃ 상승했을 때(0.93 m) 16 cm 더 상승할 것으로 예상된다. 이러한 높이 차이가 크지 않아 보이겠지만, 현재 많은 도시가 해안에 위치한 까닭에 1.5℃를 넘지 않는다면 약 1천만 명이 해수면 상승의 위험에서 벗어날 수 있다.

④ 탄소중립의 실천

탄소중립을 진행하는 장점은 CO_2 배출량 감축에 기여할 수 있다는 점이다. 그러나 유감스럽게도 탄소중립을 목표로 하는 기업이 아직은 많지 않다. 그런 가운데 지구온난화에 대한 실천으로서

표 7-5 전 지구 기온 상승 1.5℃와 2℃의 주요 영향 비교

구 분	1.5℃ 상승 시	2℃ 상승 시
생태계 및 인간계	높은 위험	매우 높은 위험
중위도 폭염일 온도	3℃ 상승	4℃ 상승
고위도 한파일 온도	4.5℃ 상승	6℃ 상승
산호 소멸	70~90%	99% 이상
기후영향 · 빈곤 취약 인구		최대 수억 명 증가
물부족 인구		최대 50% 증가
대규모 기상이변 위험	중간 위험	중간~높은 위험
해수면 상승	0.26~0.77 m	0.3~0.93 m
북극 해빙 완전소멸 빈도	100년에 한 번	10년에 한 번

[대한민국정부, 2020]

탄소중립을 목표로 할 경우 국내외로부터 높게 평가를 받는다. 탄소중립의 확산은 재생에너지로의 전환이나 에너지 절약 등 CO_2 배출량의 감축이 진행된다는 의미이기도 하다. 탄소중립을 달성하기 위해서는 이러한 대처를 빠뜨릴 수 없기 때문이다. 탄소중립에는 지속 가능한 세계를 향해 사회를 움직이게 하는 힘이 숨어 있다.

기업이 탄소중립에 임하려면 소비자의 의사 표시가 필수적이다. 소비자가 탄소중립을 추구하는 기업의 제품과 서비스를 선택하면 더 많은 기업이 탄소중립을 지향할 것이다. '쇼핑은 투표다.'라는 말이 있듯이 소비자 행동에는 기업의 방향을 결정하는 힘이 있다. 미래 세대도 안심하고 살 수 있는 지속 가능한 경제사회를 만들기 위해서는 지금부터 소비자와 기업 모두 탄소중립, 탈탄소 사회의 실현을 향해 노력할 필요가 있다.

그렇다면 탄소중립의 목표를 달성하기 위해 무엇을 해야 하는가? 1.5℃ 목표를 달성하기 위해서 세계는 2030년까지 연간 CO_2 배출량을 48% 줄이고 2050년에는 넷제로에 도달하는 한편, 2030년에는 메탄 배출량을 1/3로 줄이고 2050년에는 거의 절반으로 줄여야 한다. 전 세계가 산업화 이전 시기 대비 온도 상승을 1.5℃ 이내로 제한하려면 늦어도 2025년까지 전 세계 온실가스 배출량이 정점에 달해야 한다.

7·1·3 탄소중립 대응 현황

1 IPCC 평가보고서

2023년 3월 발표한 IPCC 「6차 평가보고서」는, 66개국 234명의 과학자가 발표한 14,000편의 논문을 정밀하게 조사한 결과 인간 활동이 전대미문의 속도로 기후를 바꾸고 있다며 범지구적 대응을 촉구하는 '최후통첩'을 내렸다. 환경을 고려하지 않는 인간의 탐욕적 경제활동은 지구의 대기 · 해양 · 육지의 온난화에 악영향을 미쳐 앞으로 10년 안에 예상을 뛰어넘는 폭염 · 가뭄 · 홍수 같은 대재앙이 늘어날 것이라고 경고하였다.

주목해야 할 점은 2019년 대기 중 CO_2 농도가 200만 년 만에 최댓값을 기록했다는 사실이다. 보고서에서는 1850년 이후 인간이 2조 4,000억 톤의 CO_2를 배출하였고, 기온 상승을

1.5℃ 이내로 억제하기 위한 CO_2 배출허용량은 이제 4,000억 톤밖에 남지 않았다고 지적하였다. 이는 지구의 온도 변화를 억제할 수 있는 CO_2 양의 86%를 이미 배출했다는 의미이다. 최근에는 기온 상승 추세가 더욱 빨라져 10년마다 0.2℃씩 오르고 있다. 현재 속도로 CO_2를 배출한다면 기온 상승의 마지노선인 1.5℃를 초과하는 일은 시간문제라고 보고 있다.

특히 실무보고서에서는 기후변화에 대한 과학적 근거를 제시함으로써 기업이 탄소 배출에서 도덕적이지 않으면 존경받지 못하고 나아가 국가와 기업의 지속 성장도 담보하기 어려운 시대로 접어들었음을 알려 준다. 열병을 앓고 있는 심각한 지구 상황을 전 세계에 알리고, 인류의 지속 가능성을 위해 ESG 경영에 최선을 다해야 한다는 마지막 경고를 보내고 있다. 여기에서 ESG란 기업의 비재무적 요소인 환경(environment), 사회(social), 지배구조(governance)를 뜻하며, ESG 경영이란 장기적인 관점에서 친환경 및 사회적 책임경영과 투명경영을 통해 지속 가능한 발전을 추구하는 기업 활동을 말한다.

2 국제사회의 대응 현황

2019년 9월 뉴욕에서 개최된 기후정상회의 정식 명칭은 '2019 유엔 기후행동 정상회의(UN Climate Action Summit 2019)'였으며, 2019년 12월 제25차 유엔기후변화협약 당사국총회(COP25)의 핵심의제 또한 '행동해야 할 시간(Time for Action)'이었다. 지금 당장 온실가스 감축을 위한 행동에 국제사회의 모든 역량을 집중해야 기후변화 문제를 해결할 수 있다는 위기의식을 반영하고 있다.

세계 각국은 2016년부터 자발적으로 온실가스 감축목표를 제출하였으며, 모든 당사국은 2020년까지 파리협정 제4조 제19항에 근거해 지구 평균기온 상승을 2℃ 이하로 유지하고 나아가 1.5℃를 달성하기 위한 LEDS와 국가 온실가스 감축목표(Nationally Determined Contribution, NDC)를 제출(5년 주기)하기로 합의하였다. 스웨덴(2017), 영국, 프랑스, 덴마크, 뉴질랜드(2019), 헝가리(2020) 등 6개국이 탄소중립을 이미 법제화하였으며 유럽연합, 중국, 일본 등 주요국은 탄소중립 목표를 선언하였다. 조 바이든 미국 대통령도 취임 직후 파리협정에 재가입하고 2050년까지 탄소중립을 이루겠다고 약속한 바 있다.

1) **유럽연합**: 그린딜(Green Deal)을 통한 2050년 탄소중립 목표 발표(2019년 12월)
2) **중국**: 2060년 이전까지 탄소중립 달성 선언(2020년 9월 22일 유엔총회)
3) **일본**: 2050 탄소중립 목표 선언(2020년 10월 26일 의회 연설)

3 우리나라의 대응 현황

우리나라는 2020년 12월 7일 '2050 탄소중립 추진전략'을 확정·발표하였고, 같은 달 15일 국무회의에서 '2050 LEDS'와 '2030 NDC' 정부안을 확정하였다.

① 준비 과정과 추진 현황

- 2019년 3~12월: 학계, 산업계, 시민사회단체 등 전문가가 참여하는 저탄소사회 비전 포럼

- 2020년 2월: 15개 부처 범정부협의체 사회적 논의, 전략 마련
- 2020년 7월: 탄소중립의 첫 걸음, 한국판 뉴딜(그린뉴딜) 발표, 80여 개 광역 · 기초 지자체 2050 탄소중립 선언
- 2020년 9월: 국회 '기후위기 대응 비상결의안' 의결, 서울 · 광주 · 충남 · 제주 등 지자체 자체 탄소중립 목표 선언
- 2020년 10월: 문재인 대통령 2050년 탄소중립 목표 선언(국회 시정연설)

② 탄소중립 추진전략

탄소중립이라는 대전환 시대에 능동적으로 대응하기 위해 정부는 관계 부처 합동으로 '2050 탄소중립 추진전략'을 마련하고 2020년 12월 7일 제22차 비상경제 중앙대책본부 회의에서 내용을 발표하였다. 여기에서는 탄소중립, 경제성장, 삶의 질 향상을 동시에 달성한다는 목표로 경제구조 저탄소화, 저탄소 산업 생태계 조성, 탄소중립 사회로의 공정 전환의 3대 정책 방향과 탄소중립 제도적 기반 강화라는 3+1 전략이 마련되었다.

1) **경제구조의 저탄소화**
   - 에너지 전환 가속화: 에너지 주공급원을 화석연료에서 신 · 재생에너지로 적극 전환, 송배전망 확충, 지역생산 · 지역소비의 분산형 에너지 시스템 확산
   - 고탄소 산업구조 혁신: 철강 · 석유화학 등 탄소 다배출 업종 기술 개발 지원, 고탄소 중소기업 대상 맞춤형 공정 개선 지원 등
   - 미래 모빌리티로의 전환: 친환경차 가격 · 충전 · 수요 혁신을 통해 수소 · 전기차 생산 · 보급 확대, 전국 2천만 세대 전기차 충전기 보급, 도시 · 거점별 수소 충전소 구축
   - 도시 · 국토 저탄소화: 신규 건축물의 제로에너지 건축 의무화, 국토계획 수립 시 생태 자원 활용한 탄소 흡수 기능 강화
2) **신유망 저탄소 산업 생태계 조성**
   - 신유망 산업 육성: 차세대 전지 관련 핵심기술 확보, 그린 수소를 적극 활성화하여 2050년 수소에너지 전체의 80% 이상을 그린 수소로 전환, 탄소 포집 · 활용 · 저장(carbon capture utilization and storage, CCUS) 기술 등 혁신기술 개발
   - 혁신 생태계 저변 구축: 친환경 · 저탄소 · 에너지산업 분야 유망 기술 보유 기업 발굴 · 지원, 그린 예비 유니콘으로 적극 육성, 탄소중립 규제 자유특구 확대
   - 순환경제 활성화: 지속 가능한 생산 · 소비 체계 구축, 산업별 재생자원 이용 목표율 강화, 친환경 제품 정보 제공 확대
3) **탄소중립 사회로의 공정 전환**
   - 취약 산업 · 계층 보호: 내연기관 완성차 및 부품업체 등 축소 산업에 대한 R&D, M&A 등을 통해 대체 · 유망 분야로의 사업 전환 적극 지원, 맞춤형 재취업 지원
   - 지역 중심의 탄소중립 실현: 지역 중심 탄소중립 실행 지원, 지역별 맞춤형 전략 이행을 위한 제도적 기반 정비
   - 탄소중립 사회에 대한 국민 인식 제고
4) **탄소중립 제도적 기반 강화**
   - 재정: 기후대응기금(가칭) 신규 조성, 세제 · 부담금 · 배출권거래제 등 탄소 가격 체계 재

구축, 탄소인지예산제도 도입 검토

- 녹색금융: 정책금융기관의 녹색 분야 자금 지원 비중 확대, 저탄소 산업구조로의 전환을 위한 기업 지원, 기업의 환경 관련 공시의무 단계적 확대 등 금융시장 인프라 정비
- R&D: CCUS, 에너지 효율 극대화, 태양전지 등 탄소중립을 위한 핵심기술 개발 집중 지원

③ 장기 저탄소 발전전략

우리나라의 장기 저탄소 발전전략(LEDS)인 '지속가능한 녹색사회 실현을 위한 대한민국 2050 탄소중립 전략'에서 탄소중립 5대 기본 방향을 다음과 같이 제시하였다.

1) 깨끗하게 생산된 전기 · 수소의 활용 확대

- 산업: 화석연료→전기 · 수소, 수송: 내연기관→친환경차, 건물: 도시가스→전기

2) 에너지 효율의 혁신적인 향상

- 산업: 고효율 기기 보급 확대, 공장 에너지관리시스템 보급, 스마트 그린산단 조성
- 수송: 지능형 교통시스템(C-ITS), 자율주행차(교통사고↓, 효율↑)
- 건물: 기존 건물의 그린 리모델링, 신규 건물의 제로에너지 빌딩, 발광다이오드(LED) 조명, 고효율 가전기기

3) 탄소 제거 등 미래 기술의 상용화

- 철강 수소환원제철, 석유화학 혁신소재 · 바이오플라스틱, 전력 CCUS

4) 순환경제 확대로 산업의 지속 가능성 제고

- 원료의 재활용 · 재사용 극대화(철스크랩, 폐플라스틱, 폐콘크리트), 에너지 투입 최소화

5) 탄소 흡수 수단 강화

- 유휴 토지(갯벌, 습지, 도시숲) 신규조림 확대, 산림경영 촉진(산림 연령↓, 목재 이용↑)

④ 국가 온실가스 감축목표

세계 각국은 2015년 12월 파리협정 채택 이전에 국가 온실가스 감축목표(Intended Nationally Determined Contribution, INDC; 각 당사국이 파리협정 채택 전 제출한 잠정 감축목표로 2016년 파리협정 발효에 따라 제1차 NDC로 변경됨)를 유엔에 제출하였으며, 2021년 파리협정의 본격적 이행을 앞두고 2020년까지 이를 갱신하기로 합의한 바 있다. 우리나라는 2030년 배출전망치(BAU) 대비 37%를 감축목표로 제출하였다(2015년 6월). 이후 '2030 국가 온실가스 감축목표 달

표 7-6 온실가스 감축목표 설정 방식 비교

구 분	절대량 방식	배출전망치(BAU) 방식
2030 목표	2017년 배출량 대비 24.4% 감축	2030년 BAU 대비 37% 감축
채택 국가	유럽, 미국, 일본 등 100여 개국	멕시코, 튀르키예, 에티오피아 등 80여 개국
특징	• 명확한 감축 의지 표명 • 이행 과정의 투명한 관리 및 공개 • 국제사회의 높은 신뢰	• 경제성장 변동에 따른 BAU 가변성 • 국제사회의 낮은 신뢰

[정책브리핑, 2021]

성을 위한 기본로드맵 수정안'을 마련하고(2018년 7월) 「저탄소 녹색성장 기본법」 시행령을 개정하는(2019년 12월) 등 감축목표 이행을 위해 노력해 왔으며, 국가 온실가스 감축목표 갱신안을 마련하여 유엔기후변화협약 사무국에 제출하였다.

- 2015년 6월: 파리협정 채택 전(2015년 12월) 기후 의욕 고취를 위해 자발적인 2030 목표 제출을 요구한바 2030년 BAU 대비 37% 감축목표(INDC)를 제출함
- 2018년 7월: 2030년 BAU 대비 37% 감축목표는 유지하되 국내 감축 책임을 강화하고 국외 감축 활용을 축소하는 '2030 온실가스 로드맵' 수정

한편 2050 탄소중립을 목표로 나아가는 장기 저탄소 발전전략 비전을 고려하여 2025년 이전까지 2030년 온실가스 감축목표를 상향할 수 있도록 적극 검토할 계획임을 명시하였다. 표 7-7은 부문별 감축목표를 정리하였다.

⑤ 탄소중립 시나리오

탄소중립 시나리오는 탄소중립이 실현되었을 때의 미래상과 부문별 전환 내용을 전망한 것으로, 부문별 정책 방향과 전환 속도 등을 가늠하는 역할을 한다. 탄소중립을 위한 기술 혁신 및 상용화, 국민 인식과 생활양식 변화를 전제로 하여 경제적 부담과 편익, 식량 · 에너지 안보, 국제사회에서의 역사적 책임 등을 종합적으로 고려해야 한다. 우리나라는 2020년 10월 국가 비전으로 '2050 탄소중립'을 선언하고 후속 대응으로 '2050 탄소중립 시나리오' 수립을 추진하였다. 탄소중립 시나리오 초안에서는 2050년에도 석탄발전소 7기가 운영되는 제1안, 석탄발전이 중단되고 LNG 발전만 일부 이루어지는 제2안, 화력발전이 전면 중단되고 그린 수소 생산 비중을 높이는 등 획기적인 감축 노력을 가정한 제3안 등 총 3개 시나리오를 제시하였다.

2021년 10월 18일에 열린 탄소중립위원회 제2차 전체회의에서 화력발전 전면 중단 등 배출 자체를 최대한 줄이는 A안, 화력발전이 잔존하는 대신 이산화탄소 포집 · 활용 · 저장(CCUS) 등 제거기술을 적극 활용하는 B안 등 2개의 시나리오를 확정하여 심의 · 의결하였다. 시나리오는 '기후위기로부터 안전하고 지속 가능한 탄소중립 사회'를 만든다는 비전을 바탕으로 책임성, 포용성, 공정성, 합리성, 혁신성의 원칙 등 다섯 가지 원칙을 설정하였다. 2050 탄소중립 시나리오의 부문별 주요 감축 방안은 다음과 같다.

1) 전환

- A안: 화력발전 전면 중단으로 배출량을 제로화, 재생에너지 비중 70.8%로 확대
- B안: 석탄발전은 중단하나 LNG 발전은 일부 유지하여 국내 배출량이 일부 잔존, 재생에너지 비중 60.9%로 확대

2) 산업

- A · B안: 철강공정의 수소환원제철 방식을 도입하고, 시멘트 · 석유 · 화학 · 정유 과정에 투입되는 화석 연 · 원료를 재생 연 · 원료로 전환하여 2018년 대비 80.4% 감축

3) 건물

- A · B안: 제로에너지 건축물 건립, 그린 리모델링을 통한 건축물의 에너지 효율 향상과 함께 에너지 고효율 기기 보급으로 2018년 대비 배출량을 88.1% 감축

표 7-7 부문별 온실가스 감축목표(단위: 백만 톤 CO_2-eq)

구분	부문	기준연도 (2018년)	기존 NDC (2018년 대비 감축률)	NDC 상향안 (2018년 대비 감축률)	주요 감축 방안
배출량[1]		727.6	536.1 (Δ26.3%)	436.6 (Δ40.0%)	
배출	전환	269.6	192.7 (Δ28.5%)	149.9 (Δ44.4%)	석탄발전 축소, 신·재생에너지 확대 등
	산업	260.5	243.8 (Δ6.4%)	222.6 (Δ14.5%)	철강 공정 전환, 석유화학 원료 전환, 시멘트 연·원료 전환 등
	건물	52.1	41.9 (Δ19.5%)	35 (Δ32.8%)	제로에너지 건축 활성화 유도, 에너지 고효율 기기 보급, 스마트 에너지 관리
	수송	98.1	70.6 (Δ28.1%)	61 (Δ37.8%)	친환경차 보급 확대, 바이오디젤 혼합률 상향 등
	농축수산	24.7	19.4 (Δ21.6%)	18 (Δ27.1%)	논물 관리방식 개선, 비료 사용 저감, 저메탄 사료 공급 확대, 가축분뇨 질소 저감 등
	폐기물	17.1	11 (Δ35.6%)	9.1 (Δ46.8%)	폐기물 감량 및 재활용, 바이오플라스틱 확대 등
	수소	-	-	7.6	수전해 수소 기술 개발 및 상용화 지원, 부생·해외수입 수소 공급 확대
	기타(탈루 등)	5.6	5.2	3.9	
흡수 및 제거	흡수원	-41.3	-22.1	-26.7	지속 가능한 산림경영, 바다숲·도시녹지 조성
	CCUS	-	-10.3	-10.3	
	국외 감축[2]	-	-16.2	-33.5	

㈜ 1) 기준연도(2018) 배출량은 총배출량, 2030년 배출량은 순배출량(총배출량 - 흡수 및 제거량)
2) 국내 추가 감축 수단을 발굴하기 위해 최대한 노력하되 목표 달성을 위해 보충적인 수단으로 국외 감축 활용[국무조정실, 2021]

4) 수송

- A안: 전기·수소차 등 무공해차 보급을 97% 이상으로 확대
- B안: 무공해차 보급을 85% 이상으로 하면서 혁신적인 기술 개발로 탄소 배출을 중립화한 내연기관차를 일부 잔존

5) 농축산

- 영농법 개선, 저탄소 어선 보급 등을 통해 농경지와 수산업 현장에서의 온실가스 발생을

최소화하고, 저탄소 가축 관리와 식생활 전환, 저탄소 단백질 식품 개발 등을 통해 2018년 대비 배출량을 37.7% 감축

이번 시나리오안은 모든 국가가 2050년 탄소중립을 추진한다는 전제하에서 작성되었기 때문에 국외 감축분 없이 국내에서 배출되는 모든 온실가스는 국내에서 흡수 및 제거하도록 하였다.

7·2 오존층 파괴

7·2·1 대기권과 오존층

1 오존층의 정의

오존은 대기 중에 미량으로 존재하는 기체 성분으로 지상에서 60 km 영역의 대기 중에 상이한 농도로 폭넓게 분포한다. 그러나 이 중 90% 이상이 고도 10~50 km 범위의 성층권에 존재한다. 특히 성층권의 중 · 하층부인 고도 15~35 km 범위에 대부분의 오존이 존재하는 대기층이 있는데, 이를 오존층(ozone layer)이라고 한다(그림 7-14 참조). 대류권에 나머지 10%의 오존이 존재하며 인간 활동으로 인해 대기 중에 배출된 질소산화물과 탄화수소화합물의 광화학반응으로 생성된다. 성층권의 오존과 달리 대류권의 오존은 인체에 직접 노출 시 유해하다. 고농도로 존재할 경우 눈이나 코 등의 점막 부위를 자극하고 심할 경우 폐 기능 저하를 초래한다.

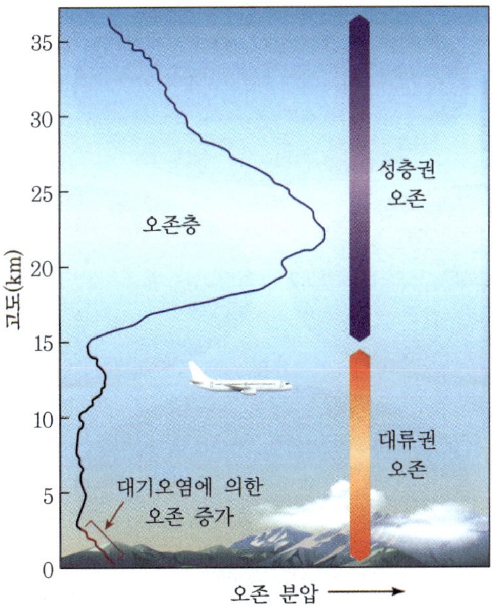

그림 7-14 고도에 따른 오존 분포[WMO/UNEP, 2022]

오존의 양은 고도에 따라 분포가 다르기 때문에 지상으로부터 대기 상단까지 존재하는 오존전량(total overhead amount)으로 정량화할 수 있다. 오존전량은 대기 중의 오존을 처음 조사한 과학자인 돕슨(G.M.B. Dobson)의 이름에서 유래한 돕슨 단위(Dobson unit, DU)를 사용한다. 1 DU는 지구 대기 중 오존의 총량을 0℃, 1기압의 표준상태에서 두께로 환산하였을 때 0.01 mm에 상당하는 양이다. 지구를 둘러싸고 있는 대기는 지표로부터 거의 500~1,000 km 상공까지 퍼져 있지만 상층으로 올라갈수록 매우 희박해진다. 대기의 전체 두께를 0℃, 1기압의 등밀도로 환산하면 약 8 km에 지나지 않는다.

지구 전체의 평균 오존전량은 약 300 DU이지만 지리적 또는 계절적으로 변화한다. 그림 7-15는 2021년 위도와 계절에 따른 평균 오존전량을 나타낸 것으로 고위도 지역에서 높은 반면에 저위도에서는 약 200 DU 수준으로 낮은 특징을 보이고 있다. 또한 적도 부근의 열대 지방(20° N~20° S)에서는 계절에 따른 차이가 거의 보이지 않지만 이를 벗어난 지역은 계절에 따른 분포가 크게 달라진다. 남극 상공의 경우 이른 봄철에 큰 폭으로 감소하여 계절에 따른 농도 차이가 가장 심하게 일어난다.

「2021 지구대기감시 보고서」에 따르면 최근 수년 동안 측정한 평균 오존전량은 안면도(2013~2020년) 323±29 DU, 고산(2011~2020년) 303±24 DU, 포항(2011~2020년) 308±36 DU로 유사한 위도(30~40° N) 지역보다 높은 수준으로 나타났다(국립기상과학원, 2022).

2 오존층의 생성과 역할

태양복사에너지는 전자기파의 일종으로 파장에 따라 구분하며 이 중 400 nm 이하를 자외

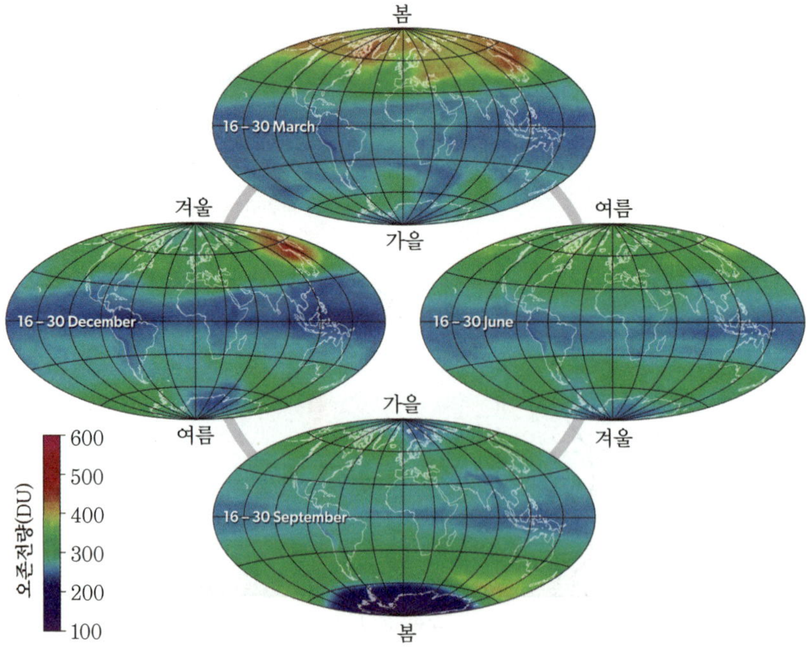

그림 7-15 위도와 계절에 따른 오존 분포(2021년 기준)[WMO/UNEP, 2022]

선(ultraviolet rays, UV)이라고 한다. 자외선은 높은 에너지를 갖기 때문에 대기 중 기체 분자의 광화학반응을 일으키며, 파장에 따라 다시 315~400 nm를 장파장 자외선(UV-A), 280~315 nm를 중파장 자외선(UV-B), 100~280 nm를 단파장 자외선(UV-C)으로 구분한다.

성층권 영역의 산소 분자(O_2)는 UV-C를 흡수하여 식 7·1과 같이 산소 원자(O)로 광해리(光解離, photodissociation)되고, 해리된 O는 주위의 O_2와 결합하여 오존 분자(O_3)를 생성한다. 이 반응은 발열반응이어서 성층권의 열원(熱源)으로 작용한다. 식 7·2에서 M은 N_2와 같은 반응 제3인자(또는 에너지 흡수체)를 나타낸다(제3장 참조).

$$O_2 + \text{UV-C} \rightarrow 2O \quad \cdots\cdots (7\cdot1)$$

$$O + O_2 + M \rightarrow O_3 + M + \text{열} \quad \cdots\cdots (7\cdot2)$$

이렇게 생성된 O_3는 UV-B를 흡수하여 식 7·3과 같이 O_2와 O로 해리되지만, 이 O는 다시 식 7·2와 같이 O_2와 반응하여 O_3를 생성한다. 그러나 O는 부분적으로 O_3와도 반응하여 식 7·4와 같이 O_2를 생성하는 O_3의 분해반응이 동시에 일어난다.

$$O_3 + \text{UV-B} \rightarrow O_2 + O \quad \cdots\cdots (7\cdot3)$$

$$O + O_3 \rightarrow 2O_2 \quad \cdots\cdots (7\cdot4)$$

자연 상태의 성층권 영역에서는 자외선에 의한 오존의 생성 및 분해 반응으로 다른 대기권 영역에 비해 오존의 농도가 높은 오존층을 형성한다. 이로 인해 성층권의 오존층에서는 발열 반응과 함께 자외선 흡수가 일어난다.

일반적으로 자외선은 파장이 짧을수록 생물에 대한 유해작용이 커진다. 단파장인 UV-C는 성층권의 오존층에서 완전히 흡수되기 때문에 지표면에 도달하지 않는다. 그러나 중파장인 UV-B의 경우 오존 분자에 의해 부분적으로 흡수되고 나머지는 지표면에 도달한다. 이로 인해 지표면에서 UV-B의 조사량(照射量)은 성층권의 오존양에 따라 강한 영향을 받으며 오존층 파괴 시 지표면에 도달하는 양이 증가한다. UV-B에 대한 과도한 노출이 일어나면 피부암, 백내장 및 면역체계 억제 등의 위험이 증가하고 육상식물, 단세포 유기체 및 수중 생태계에 심각한 손상을 초래한다. 장파장의 UV-A는 성층권 내에서 거의 흡수되지 않아 대부분 지표면에 도달하며 피부의 조기 노화나 일부 피부암과 관련이 있다고 알려져 있다.

결국 성층권의 오존층은 유해한 자외선(UV-B)을 지표면에 도달하기 전에 차단하는 자연적인 햇빛 가리개(earth's natural sunscreen) 역할을 한다. 이를 통해 지구상의 생물을 보호하고 온도를 적절하게 조절해 주는 중요한 기능을 한다. 태양광선 중 자외선의 조사량은 지리적 · 기상학적 · 환경적 조건에 따라 다르게 나타난다. 위도에 따라서는 적도 지방이 많고 극지방이 적다. 계절별로는 여름철이 가장 많아 겨울철의 2~3배 수준이다. 하루 중에는 정오를 중심으로 전후 1시간이 가장 많다.

3 오존층 파괴와 자외선 복사

성층권에서 자외선을 흡수하는 오존의 양이 감소하면 지구 표면에 도달하는 자외선 복사량이 증가한다. 그림 7-16을 보면 지구 오존전량이 감소한 1979~2008년 사이 일광화상(sunburn)을 일으킬 수 있는 홍반 자외선 복사량(erythemal UV radiation)의 변화를 알 수 있다. 지표면에서의 복사량은 오존전량의 변화, 구름과 에어로졸의 변화에 따라 달라진다. 적도 부근의 열대 지역에서는 복사량이 거의 변화하지 않은 반면에 남반구와 북반구 모두 중위도 지역에서 특히 증가한 것으로 나타났다. 남반구의 경우 구름과 에어로졸에 의한 상쇄효과가 일어나지 않았다면 지표면에서의 자외선 복사량은 더 커졌을 것이다. 적도 부근에서는 복사량의 변화가 가장 적으며, 이는 같은 기간 동안 이곳에서의 오존전량 변화가 가장 적게 관측된 것과 관련이 있다.

그림 7-17은 지표면에 도달하는 홍반 자외선 복사량의 척도인 자외선지수(UV index)의 계절 변화를 보여 준다. 자외선지수는 전반적으로 미국 캘리포니아주 샌디에이고에서 봄에서 여름 사이에 높게 나타났다. 이는 이 지역이 성층권의 오존양이 적은 저위도 부근에 위치한데다 계절적으로 일사량이 강한 시기이기 때문이다. 반면에 고위도 지역인 남극대륙의 팔머

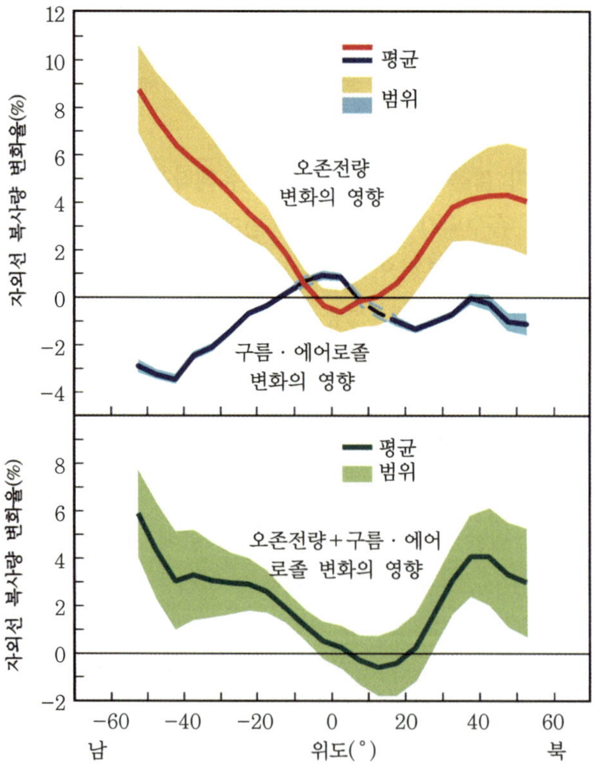

그림 7-16 1979~2008년 사이 지표면에서의 홍반 자외선 복사량 변화
[WMO/UNEP, 2018]

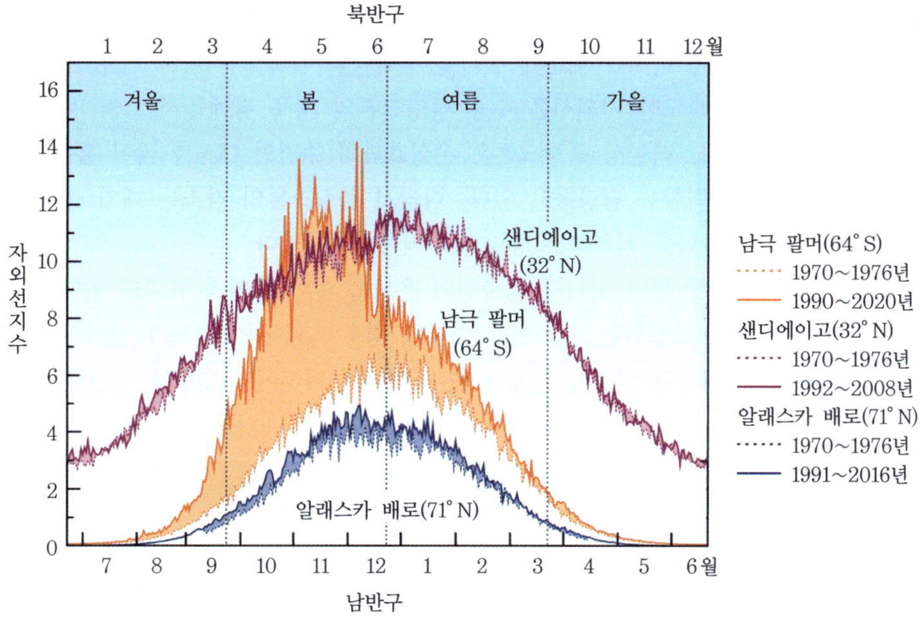

그림 7-17 자외선지수의 계절 변화[WMO/UNEP, 2022]

(Palmer)와 알래스카 배로(Barrow)의 경우 저위도에 위치한 샌디에이고보다 낮은 추이를 보이지만 계절적으로는 모두 일사량이 강한 봄과 여름에 증가하는 경향을 나타낸다. 그러나 어둠이 지속되는 겨울철 고위도 지역의 경우 자외선지수가 0에 가깝다. 팔머에서는 1990~2020년 동안의 자외선지수가 오존홀 발생 이전(1970~1976년)보다 큰 폭으로 특히 봄에 증가하여 샌디에이고의 자외선지수를 초과하였다. 이는 남극의 오존층 파괴에 기인한 결과이다.

4 오존층 파괴의 영향

자외선은 인체에서 합성되지 않는 비타민 D의 생성이나 살균작용을 통해 인간에게 유익하게 작용하기도 한다. 그러나 오존층 파괴로 성층권의 오존 농도가 감소하면 지표면에는 보다 많은 양의 UV-B가 도달하여 피부 홍반, 일광화상, 부종, 발진, 피부 노화를 촉진하고 피부암의 발생률을 높인다. UV-B는 피부를 태우고 피부조직을 뚫고 들어가 동식물 세포의 단백질과 DNA에 직접적인 영향을 끼쳐 피부암이나 돌연변이를 유발하고 면역 기능도 떨어뜨린다. 또한 눈에 백내장, 자외선 각막염, 결막염, 망막 장애 등을 일으킨다. 이 밖에 피부가 적색으로 변하고 심할 경우에는 염증, 수포, 붉은 반점이 생긴다.

일반적으로 성층권의 오존 농도가 1% 감소하면 UV-B의 양은 2% 증가하고 피부암의 발생률은 약 4% 증가한다. 오존층이 얇은 적도 인근 지역일수록 자외선의 조사량이 늘어나 피부암의 발생률이 높아진다. 또한 자외선의 과량 조사로 인한 백내장으로 시력을 잃는 사람이 매년 증가하고 있다.

자외선의 조사량이 증가하면 플라스틱 등 고분자화합물의 수명이 줄고 광화학 스모그의 발생 빈도가 증가하는 등 간접적인 피해도 늘어난다. 자외선은 식물의 생장을 둔화시키고 식물 호르몬과 엽록소에도 영향을 미치기 때문에 농작물 수확량의 감소로 이어져 인류의 식량부족 문제를 초래한다. 더욱이 과도한 자외선은 수중 플랑크톤의 생육 장애를 일으켜 자연생태계의 질서를 파괴하기도 한다. 식물성 플랑크톤은 온실효과의 주범인 CO_2를 많이 흡수하기 때문에 지구 기후에 중대한 역할을 담당하고 있다. 따라서 플랑크톤의 감소는 대기 중 CO_2 양의 증가를 가져와 지구온난화를 심화하는 방향으로 작용할 수 있다.

오존층은 자외선을 차단할 뿐만 아니라 성층권의 온도를 높이는 열적 효과도 띤다. 성층권 오존층의 파괴로 지표면에 도달하는 자외선이 증가할 경우 성층권의 온도가 낮아진다. 성층권의 온도 변화는 대기대순환과 밀접한 관계가 있기 때문에 기후에도 영향을 끼친다.

7·2·2 오존층 파괴와 CFCs

1 오존층 파괴 메커니즘

자연 상태의 성층권에서는 단파장 자외선에 의해 오존의 생성 및 분해 반응이 일어난다. 이는 대기 중에 다른 미량기체 성분이 존재하지 않는다고 가정했을 때의 상황이다. 그러나 실제로 대기 중에는 ppb 수준의 여러 가지 기체 성분이 존재하며 이들 성분 중 일부가 오존의 분해반응에 관여한다는 사실이 밝혀졌다. 미량기체 성분 X는 다음 식과 같이 O_3와 반응하여 XO로 산화한다. XO는 다시 O와 반응하여 X가 된다.

$$X + O_3 \rightarrow XO + O_2 \quad \cdots\cdots (7 \cdot 5)$$

$$XO + O \rightarrow X + O_2 \quad \cdots\cdots (7 \cdot 6)$$

두 반응식을 정리하면 식 7·4와 같다. 여기서 X는 소모되지 않고 계속해서 오존을 파괴하는 촉매(catalyst)로 작용한다. 이와 같은 반응 과정을 촉매반응사이클(catalytic reaction cycle)이라고 한다. 반응사이클에 관여하는 촉매물질로는 OH, NO, 염소(Cl), 브롬(Br) 자유라디칼(free radical, 활성종)이 유력하다.

오존을 파괴하는 자유라디칼의 촉매반응사이클은 표 7-8과 같다. 이 때문에 ppb 범위의 기체 성분이 그보다 1,000배 이상인 오존 농도에 영향을 끼칠 수 있다. OH와 NO의 경우 대부분 성층권에 자연적으로 존재하지만, Cl과 Br의 경우 인간 활동으로 지상에서 배출된 화합물에 기인하며, 대류권에서 쉽게 분해되지 않고 일부는 성층권으로 이동한다. 이 물질은 궁극적으로 성층권에서 분해되어 오존을 파괴하는 반응성 촉매물질로 작용한다.

성층권에서 오존을 분해하는 라디칼의 주요 원인물질과 생성반응은 표 7-9와 같다. 성층권에 존재하는 NO 라디칼은 지표면에서 미생물 활동에 의해 생성된 대류권의 N_2O로부터 발생한다. OH 라디칼은 메탄과 수증기로부터 발생한다. Cl, ClO, Br 라디칼의 경우 대기 중에 배출된 Cl이나 Br 화합물이 분해되지 않고 성층권으로 이동했을 때 발생한다.

표 7-8 오존을 분해하는 촉매반응사이클

자유라디칼	촉매반응사이클	자유라디칼	촉매반응사이클
$OH\cdot$	$OH\cdot + O_3 \rightarrow HOO\cdot + O_2$ $HOO\cdot + O \rightarrow OH\cdot + O_2$	$Cl\cdot$	$Cl\cdot + O_3 \rightarrow ClO\cdot + O_2$ $ClO\cdot + O \rightarrow Cl\cdot + O_2$
$NO\cdot$	$NO\cdot + O_3 \rightarrow NO_2\cdot + O_2$ $NO_2\cdot + O \rightarrow NO\cdot + O_2$	$Br\cdot$	$Br\cdot + O_3 \rightarrow BrO\cdot + O_2$ $BrO\cdot + O \rightarrow Br\cdot + O_2$

[Seinfeld & Pandis, 1998; WMO/UNEP, 2002]

표 7-9 오존을 분해하는 자유라디칼의 주요 원인물질과 생성반응

원인물질	자유라디칼 생성반응	원인물질	자유라디칼 생성반응
N_2O	$N_2O + O^* \rightarrow 2NO\cdot$ $NO\cdot + O_3 \rightarrow NO_2\cdot + O_2$ $NO_2\cdot + O^* \rightarrow NO + O_2$	CH_4	$CH_4 + O^* \rightarrow OH\cdot + CH_3\cdot$ $CH_4 + OH\cdot \rightarrow CH_3\cdot + H_2O$ $H_2O + O^* \rightarrow 2OH\cdot$
Cl 화합물	CFCs + UV → $Cl\cdot$ + ?	Br 화합물	할론 + UV → $Br\cdot$ + ?

㈜ O^*: 여기(excited)된 산소 원자[Seinfeld & Pandis, 1998; FEA, 1989]

2 오존층 파괴물질

할로겐 원소인 Cl과 Br을 함유하고 있는 기체상 물질은 오존층 파괴물질(ozone depleting substance, ODS)로서 중요한 역할을 한다. 이들 물질은 그림 7-18과 같이 성층권에서 자외선에 의한 화학반응을 통해 반응성 할로겐가스로 전환되는 화학적 변환이 일어난다.

오존층을 파괴하는 기체 중에서 C, Cl 및 F만 함유하고 있는 물질을 염화불화탄소(chlorofluorocarbons), 보통 줄여서 CFCs라고 한다. CFCs는 듀폰(DuPont) 사에서 프레온(Freon)

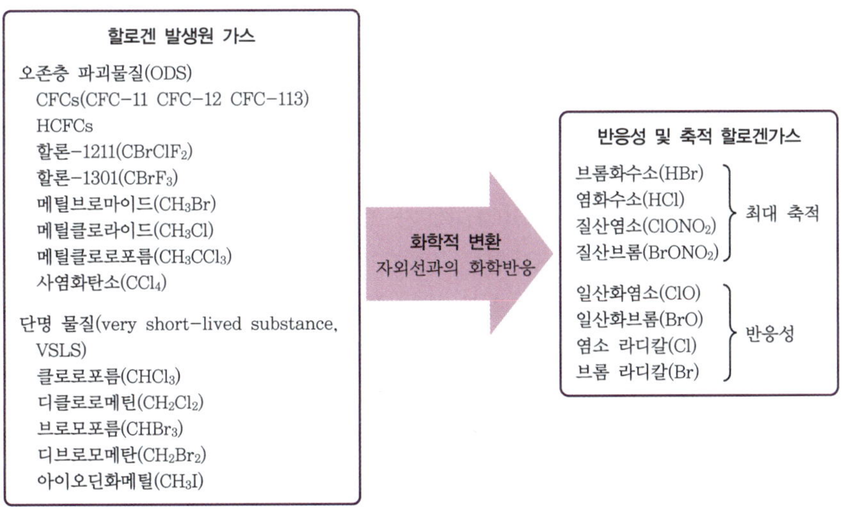

그림 7-18 대류권에서 배출된 할로겐 발생원 가스와 성층권에서 반응성 할로겐 가스로의 화학적 변환[WMO/UNEP, 2022]

이라는 상품명으로 제조 · 판매하여 프레온가스로도 알려져 있다. 1928년 미국 제너럴모터스(General Motors) 사의 미즐리(T. Midgely)가 냉장고의 냉매(冷媒)로 사용하는 암모니아의 대체물질로 CFCs를 개발하였다. 암모니아는 인체 유해성이 강하기 때문에 대체물질로 CCl_2F_2(CFC-12)를 합성하였다. 그 후 여러 CFCs 가스를 추가로 개발하였으며 냉장고나 에어컨 등의 냉매, 스티로폼 제조에 사용하는 발포제, 반도체나 정밀기계 부품의 세정제, 드라이클리닝 용제, 스프레이 제품의 분사제 등 다양한 용도로 사용되었다. 이들 물질은 제조사에 따라 각각의 상품명이 사용되고 있으나, 국제회의 등에서는 CFC나 HCFC 등의 이름 뒤에 코드번호를 붙이는 방식으로 명명하고 있다. 코드번호 중 끝자리는 '플루오린(F) 수', 그 앞의 숫자는 '수소(H) 수+1', 맨 앞의 숫자는 '탄소(C) 수-1'을 의미한다.

CFCs는 열과 화학약품에 매우 안정하고 무색 · 무취 · 불연성인 비활성물질로 인체에 대한 독성이 없다. 또한 표면장력이 작아 좁은 틈새에 침투할 수 있는 성질이 있다. 또한 같은 수준의 분자량을 갖는 유기화합물에 비해 비등점이 극히 낮고 산이나 알칼리에 대해서도 안정적이다. 이 때문에 개발된 이후 1970년대까지 사용량이 전 세계적으로 급증하였다. 그러나 대기 중에 배출된 CFCs는 매우 안정한 화학적 성질로 인해 거의 분해되지 않고 전 지구상에 고르게 축적되고 있다. 일부는 성층권으로 서서히 이동해 가지만 그 양은 대기 중에 존재하는 양의 극히 일부분에 해당한다. 결국 CFCs가 수백 년까지 잔존할 수도 있다.

CFCs와 마찬가지로 사염화탄소(CCl_4)와 메틸클로로포름(CH_3CCl_3) 등도 성층권의 오존을 파괴한다. CCl_4는 프레온가스와 합성고무 생산의 원료로, CH_3CCl_3는 각종 산업용 세정제로 사용하고 있다. 메틸클로라이드(CH_3Cl)도 Cl을 함유한 할로겐화합물로 대부분 자연적으로 발생하며 현재 성층권에 존재하는 전체 Cl 양의 약 17%를 점유한다. 수소염화불화탄소(hydrochlorofluorocarbons, HCFCs)는 CFCs의 대체물질로 개발되었으며, CFCs에 비해 대기 중 체류시간이 짧고 오존분해능도 낮지만 양이 점차 늘고 있어 규제대상으로 분류하고 있다. 수소불화탄소(hydrofluorocarbons, HFCs)도 대체물질로 개발되었으며, Cl을 포함하지 않아 성층권에서의 오존 손실을 막을 수 있다. 그러나 지구온난화에 미치는 영향이 CO_2보다 수백~수천 배 크다고 알려짐에 따라 규제 필요성이 대두되고 있다.

할로겐화합물 중 또 다른 형태인 Br을 함유한 물질도 중요한 의미를 갖는다. 대표적인 물질로는 할론(halon)과 메틸브로마이드(CH_3Br)가 있다. 할론가스는 CFCs와 비슷한 물질로 Cl 대신에 Br을 함유하며 대표적으로 할론-1301, 할론-1211 등이 있다. 불연성이어서 소화기의 소화제로 널리 사용하고 있으며 소화 과정에서 대기 중으로 직접 배출된다. CH_3Br의 경우 주로 농업용 살충제로 사용하며 대기 중에 다량의 Br을 배출한다. 그러나 CH_3Cl과 같이 대부분 주로 해양과 지각 생태계의 자연적 발생원에 기인하며, 성층권 전체 Br 양의 약 30%에 해당한다.

오존층 파괴물질의 종류에 따른 오존파괴지수(ozone depletion potential, ODP)를 살펴보면 Br을 함유한 할론가스가 Cl을 함유한 CFCs보다 10배 이상 크다. 여기서 ODP는 오존층 파괴에 미치는 영향을 비교 · 평가하기 위해 CFC-11을 기준으로 하여 같은 중량의 해당

물질이 오존층을 파괴하는 정도를 나타낸 수치이다. HFCs의 경우 Cl이 포함되지 않아 ODP가 0이다. 표 7-10에 할로겐화합물과 대체물질인 HFCs의 대기 중 체류시간, 전 지구적인 배출량, 오존파괴지수, 지구온난화지수를 정리하였다.

표 7-10 할로겐화합물의 대기 중 체류시간, 배출량, 오존파괴지수 및 지구온난화지수

할로겐화합물	대기 중 체류시간 (년)	전 지구적 배출량[1] (천 톤/년)	오존파괴 지수[2]	지구온난화 지수[3]
염소 함유 가스				
CFC-11(CCl_3F)	52	61~84	1	5,160
CFC-12(CCl_2F_2)	102	13~57	0.73	10,300
CFC-113($C_2Cl_3F_3$)	93	2~13	0.81	6,080
사염화탄소(CCl_4)	32	23~50	0.87	2,110
메틸클로로포름(CH_3CCl_3)	5	0~4	0.14	153
메틸클로라이드(CH_3Cl)	0.9	4,526~6,873	0.015	4.3
HCFC-141b	9.4	52~68	0.102	800
HCFC-142b	18	20~29	0.057	2,070
HCFC-22	12	321~424	0.034	1,780
브롬 함유 가스				
할론-1301($CBrF_3$)	65	1~2	15.2	6,670
할론-1211($CBrClF_2$)	16	1~5	6.9	1,750
메틸브로마이드(CH_3Br)	0.8	121~182	0.57	2
HFCs				
HFC-134a(CH_2FCF_3)	14	202~245	0	1,360
HFC-23(CHF_3)	228	12~13	0	12,690
HFC-143a(CH_3CF_3)	51	26~30	0	5,080
HFC-125(CHF_2CF_3)	30	58~67	0	3,450
HFC-152a(CH_3CHF_2)	1.6	45~62	0	148
HFC-32(CH_2F_2)	5.4	31~39	0	705
HFO-1234yf($CF_3CF=CH_2$)	0.03	자료 이용 불가	0	≤1

㈜ 1) 2016년 기준 인위적 활동과 자연적 발생원에 의한 배출량
2) CFC-11을 기준으로 이에 상당하는 중량
3) 100년 기준 동일한 질량의 배출량으로부터 산정[WMO/UNEP, 2018]

3 CFCs와 할론의 오존층 파괴

오존층 파괴가 문제시되기 시작한 때는 1970년대이다. 1974년 미국 캘리포니아대학교의 롤런드(F.S. Rowland)와 몰리나(M.J. Molina)가 CFCs에 의한 오존층 파괴 가능성을 경고하였다(Molina & Rowland, 1974). 대기 중에 배출된 CFCs는 화학적 안정성 때문에 거의 분해되지 않고 대류권 내에 축적된다. 축적된 CFCs는 대기 흐름이나 확산에 의해 성층권으로

서서히 이동한다. CFCs가 성층권에 도달하면 자외선에 의해 분해되고 Cl 라디칼을 방출한다.

CFCs 가운데 CFC-11과 CFC-12의 분해반응은 다음과 같으며 이 반응은 UV-C에 의해 일어난다. 따라서 CFCs로부터 생성된 Cl에 의한 오존층 파괴는 35~45 km 부근의 높은 고도에서 주로 일어난다.

$$CCl_3F + UV\text{-}C \rightarrow CCl_2F\cdot + Cl\cdot \quad \cdots\cdots (7\cdot7)$$

$$CCl_2F_2 + UV\text{-}C \rightarrow CClF_2\cdot + Cl\cdot \quad \cdots\cdots (7\cdot8)$$

여기서 Cl 라디칼은 표 7-8에서 보았듯이 촉매반응사이클에 작용하여 성층권의 오존층을 파괴한다. 이 반응에서 생성된 ClO 라디칼은 O와 반응하여 O_2를 생성하고 스스로는 Cl 원자로 되돌아간다. 이와 같은 과정을 반복하며 1개의 Cl 원자가 수많은 O_3를 연쇄적으로 분해한다.

또한 성층권에 도달한 할론가스도 자외선에 의해 분해되어 Br 원자를 생성하고 촉매반응사이클을 거쳐 성층권의 오존층을 파괴한다. 예를 들면 할론-1301의 경우 분해가 다음과 같이 진행된다.

$$CBrF_3 + UV \rightarrow CF_3\cdot + Br\cdot \quad \cdots\cdots (7\cdot9)$$

이 반응은 비교적 장파장의 자외선에 의해서도 일어나기 때문에 Br 라디칼에 의한 오존층 파괴는 고도가 낮은 영역에서도 가능하다. Br 라디칼의 촉매반응사이클은 오존 파괴 효과가 Cl과 비슷하다. 그렇지만 성층권에서의 Br 라디칼 공급원인 브롬화수소(HBr)의 경우 비활성 상태의 HCl에 비해 화학적인 안정도가 훨씬 떨어진다. 따라서 Br을 함유한 할론가스의 오존 파괴지수가 Cl을 함유한 할로겐화합물에 비해 10배 이상 크다.

$$Br\cdot + CH_4 \rightarrow HBr + CH_3\cdot \quad \cdots\cdots (7\cdot10)$$

이 밖에도 Cl을 함유한 CCl_4, CH_3CCl_3 등의 기체상 물질도 성층권에서 Cl을 방출하기 때문에 연쇄적으로 오존을 분해한다. 오존의 연쇄적 분해반응은 오존분해라디칼이 비활성화될 때까지 일어난다. 라디칼이 일시적으로 활성을 잃는 반응은 식 7·11~7·14와 같다.

$$NO_2\cdot + OH\cdot + M \rightarrow HNO_3 + M \quad \cdots\cdots (7\cdot11)$$

$$Cl\cdot + CH_4 \rightarrow HCl + CH_3\cdot \quad \cdots\cdots (7\cdot12)$$

$$ClO\cdot + NO_2\cdot + M \rightarrow ClONO_2 + M \quad \cdots\cdots (7\cdot13)$$

$$BrO\cdot + NO_2\cdot + M \rightarrow BrONO_2 + M \quad \cdots\cdots (7\cdot14)$$

이들 반응에서 생성되는 질산(HNO_3), 염화수소(HCl), 질산염소($ClONO_2$), 질산브롬($BrONO_2$) 등은 O_3나 O에 대해 불활성이어서 반응하지 않는다. 현재 성층권 내에 존재하는 Cl 총량의 90% 이상이 오존층 파괴에 관여하고 있지 않다. 이들 물질이 하층으로 확산하여 대류권으로 이동하면 비나 눈에 의해 제거되므로 대부분 자유라디칼로 되돌아가지 않는다. 그러나 성층권에 머무르면 열이나 자외선에 의해 다시 오존을 분해하는 자유라디칼을 방출할 수 있다. 따라서 어떠한 작용에 의해 Cl 원자가 불활성 Cl 화합물로부터 쉽게 떨어져 나온다면 오존층 파괴는 더욱 심화할 것이다.

이상과 같이 CFCs와 할론가스는 Cl 원자나 Br 원자를 제공함으로써 성층권에서 일정 농도를 유지하고 있던 자연적 평형상태의 오존을 분해하고 있다. 이와 같은 작용은 중 · 저위도 지역에서의 오존층 파괴를 설명한다.

4 오존층 파괴의 실태

그림 7-19는 지구 전체의 오존 변화를 나타낸 것으로 오존의 농도 변화가 거의 발생하지 않은 1964~1980년 평균 오존전량 대비 이후 연평균 시계열 변화(60° S~60° N 범위)와 위도별 평균 오존전량(2012~2016년)의 공간 분포를 보여 준다. 여기에서 1980년대부터 1990년 사이에는 매년 감소하였는데, 1991년 피나투보(Pinatubo) 화산 폭발로 인한 에어로졸의 영향으로 몇 년간 더 심화되었다. 2010년 이후 지구 오존전량은 1964~1980년 대비 2~3% 감소하였다. 감소 폭은 위도에 따라 차이를 보인다. 극지방을 포함한 고위도에서는 북반구와 남반구 모두 감소하였으나, 남반구의 경우 오존홀로 인해 북반구보다 훨씬 더 심각한 수준으로 감소하였다. 적도 지역의 경우 반응성 할로겐가스가 고위도보다 많지 않고 강한 햇빛으로 인해 오존 생성 속도가 빠르기 때문에 장기적인 변화는 거의 일어나지 않았다.

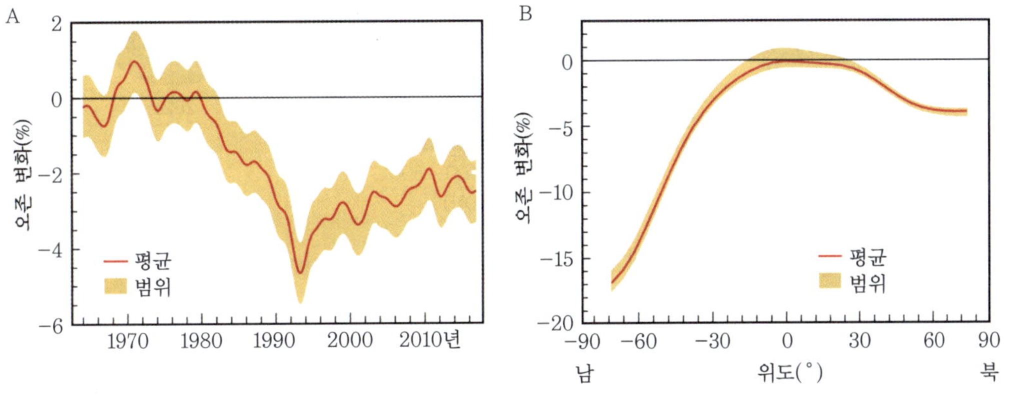

그림 7-19 지구 전체의 오존전량 변화[WMO/UNEP, 2018]
A: 1964~1980년 평균 대비 연도별 변화율
B: 1964~1980년 평균 대비 2012~2016년 평균의 위도별 변화율

오존층 파괴의 대표적인 현상으로 남극의 오존홀(ozone hole)이 있다. 1957년부터 남극 오존층을 정기적으로 관측하던 영국의 남극 조사팀이 남극의 오존층 파괴 현상을 처음 보고하였다. 1983년 미국 NASA는 인공위성 님버스 7호의 TOMS(Total Ozone Mapping Spectrometer) 측정 자료로부터 9~11월 사이 남극 상공에서 오존전량이 현저히 낮은 오존

홀의 존재를 확인하였다. 그림 7-20에서 남극대륙 상공에서 오존이 최저로 관측되는 10월 평균 농도의 공간 분포와 남극 오존홀의 장기적인 변화를 볼 수 있다. 오존전량 220 DU 이하로 정의하고 있는 오존홀의 경우 1970년대에는 관찰되지 않았다. 오존홀은 1980년대 초 처음 나타났고 1990년대 초반까지 크기가 증가하여 이후 매우 넓은 오존홀이 관찰되었다.

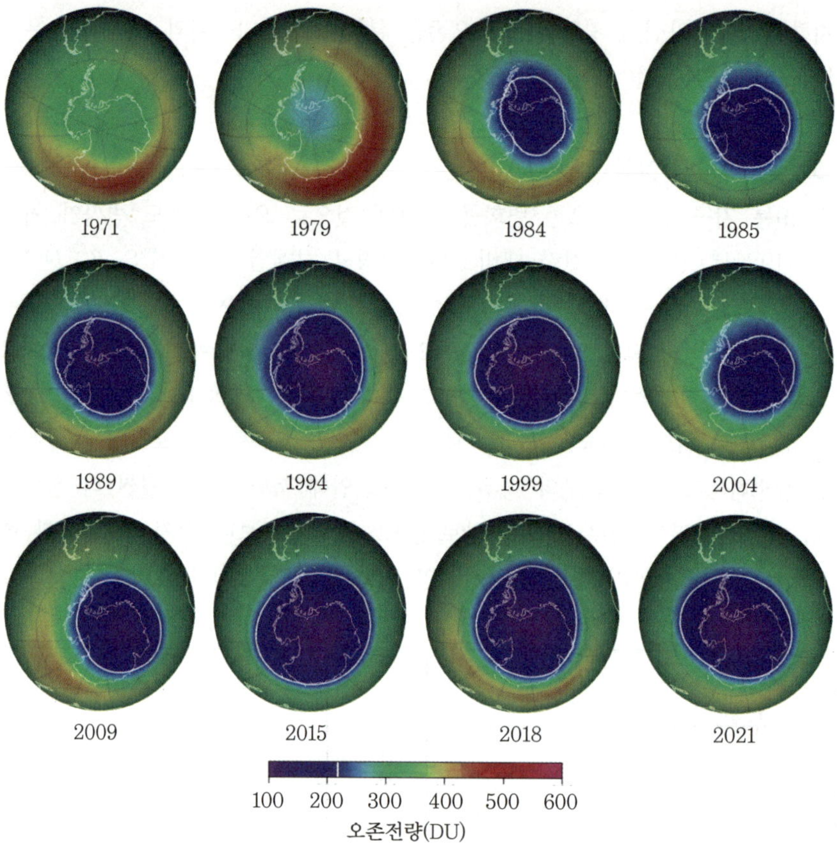

그림 7-20 남극대륙 상공의 10월 평균 오존 분포와 오존홀[WMO/UNEP, 2022]

그림 7-21은 남극대륙 상공 오존홀의 크기 변화를 보여 준다. 오존홀은 남극의 봄에 해당하는 9~10월 사이에 나타난다. 매년 지속적으로 오존홀이 넓은 범위에 걸쳐 발생하고 있으며, 최근 3년의 경우 오존홀이 더 오래 지속하는 것으로 관측되었다.

그림 7-22는 봄철 극지방 상공에서의 고도에 따른 오존 분포이다. A는 남극에서 1967~1971년과 1990~2021년 매년 10월에 측정한 고도별 오존분압을 나타낸 것이다. 1967~1971년 기간은 정상적이었지만 1990~2021년의 경우 남극 15~18 km 상공을 중심으로 오존의 양이 현저하게 감소하였다. 특히 2020년 10월 10일에는 14~20 km 고도에 오존층이 거의 존재하지 않았다. B는 북극권인 노르웨이 뉘올레순(Ny-Ålesund) 상공의 오존 분포이다. 1990~2021년의 경우 13~21 km에서 고농도 오존층이 존재하였으나 2011년 4월 4

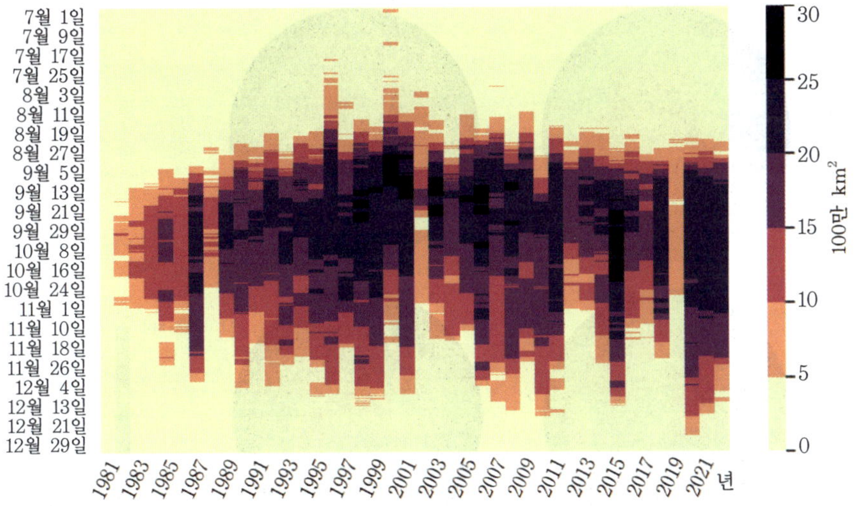

그림 7-21 남극대륙 상공의 오존홀 크기 변화[CAMS, 2022]

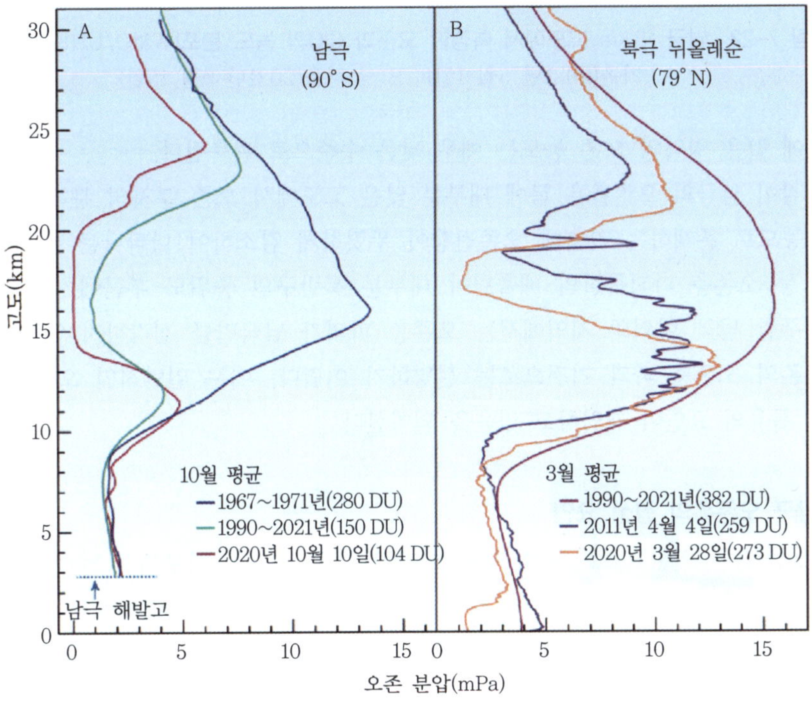

그림 7-22 남극(A)과 북극(B) 상공에서의 고도에 따른 오존 분포[WMO/UNEP, 2022]

일과 2020년 3월 28일에는 13 km 상공에서부터 오존분압이 일상적인 수준보다 감소하였다.

그림 7-23은 위성에서 관측한 남극 18 km 고도의 오존층 내 ClO 라디칼과 오존의 농도 분포이다. 가을에는 ClO의 농도가 낮은 가운데 오존의 양이 정상 수준으로 나타난다. 그러나 늦겨울부터 고농도의 ClO가 성층권 하층부에서 1~2개월 동안 지속하면서 남극대륙보다 커

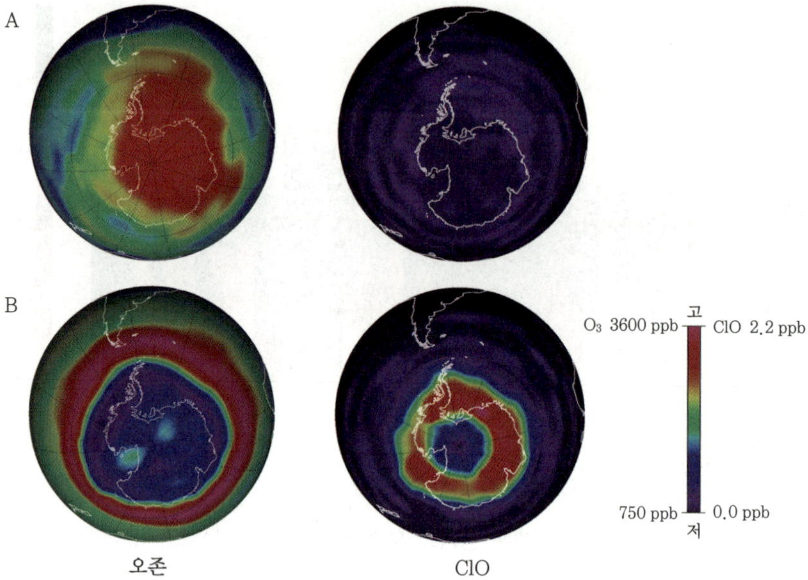

그림 7-23 남극 18 km 고도에서 측정한 오존과 ClO의 농도 분포[WMO/UNEP, 2022]
A: 가을(2021년 5월 1일) B: 늦겨울(2021년 9월 15일)

지는 반면에 같은 영역의 오존 농도는 매우 낮은 수준으로 관측된다.

이상과 같이 남극의 오존홀은 봄에 대부분 낮은 고도에서 오존 분자의 분해산물인 ClO 라디칼이 고농도로 존재하는 가운데 오존전량이 뚜렷하게 감소하여 나타나는 특징이 있다. 또한 CFCs 등 오존층 파괴물질의 배출원이 대부분 북반구의 중위도 부근에 위치하지만 이들 지역을 비롯한 남극 이외의 지역에서는 오존층 파괴가 남극만큼 심각하지 않다. 이와 같은 사실을 기존의 오존층 파괴 기전으로는 설명하기 어렵다. 이는 일반적인 오존층 파괴 조건 외에 남극 특유의 요인이 개입하고 있음을 의미한다.

5 남극 오존홀의 형성 요인

남극의 오존홀은 일반적으로 오존 농도가 가장 높은 성층권 하부에서 남극 특유의 겨울철 기상 조건 때문에 발생한다. 성층권의 대기 중에는 CFCs 등으로부터 생성된 Cl 원자와 같은 오존분해라디칼이 식 7·11~7·14에 의해 HCl, HNO_3, $ClONO_2$ 등과 같이 안정한 형태로 존재한다. 이들 비활성종 기체 성분은 남극의 겨울철 기상 조건으로 인해 Cl_2, HOCl, $ClNO_2$ 등 기체상 물질의 형태로 성층권 하층부에 축적된다. 봄이 되면 이들 물질은 오존을 분해하는 Cl과 ClO 라디칼을 생성하여 오존의 분해에 관여한다. Cl을 함유하는 비활성물질이 Cl_2, HOCl, $ClNO_2$의 기체상 물질로 전환하는 현상은 H_2O와 HNO_3 등으로 만들어진 결빙입자(crystal)의 표면에서 일어난다. 여기서 HNO_3는 식 7·11과 같은 OH와 NO_2 라디칼의 반응에 의해 만들어진다.

일반적으로 성층권에는 수증기가 극소량만 존재하기 때문에 이 영역의 기체 성분은 액적

(liquid droplet)이나 고체상의 결빙입자로 응축하지 않는다. 그러나 햇빛이 없는 겨울 동안 남극 상공의 온도가 영하 80℃ 정도로 떨어지면 성층권 하층부에서 약간의 응축이 일어난다. 즉 남극의 겨울은 햇빛이 없어 매우 어둡기 때문에 O_2로부터 O 원자가 생성되지 않는다. 따라서 성층권에서 열 공급원의 역할을 하는 식 7·2와 같은 반응이 일어나지 않는다.

남극의 성층권은 겨울 내내 추운 상태를 유지하므로 그 결과 대기압이 낮아진다. 이러한 감압 현상은 지구의 자전과 함께 극점을 중심으로 한 소용돌이 형태의 대기 흐름을 형성한다. 이때 소용돌이 내부의 대기는 주위 대기로부터 고립된 채로 몇 개월 동안 극저온 상태를 지속한다. 이 대기 흐름은 남극의 봄이 시작되는 10월까지 그대로 이어진다. 소용돌이 내에서 기체 성분이 응축하면 결빙입자를 생성하는데 이를 극성층권운(極成層圈雲, polar stratospheric clouds, PSCs)이라고 한다. 대기 온도가 떨어지면 먼저 질산삼수화물(HNO_3·$3H_2O$)의 결빙입자를 생성한다. 온도가 영하 80℃ 이하로 더 떨어지면 응축수가 더욱 증가하여 보다 큰 결빙입자를 생성한다. 결빙입자의 표면에는 기체상의 HCl 분자가 부착한다. 이때 기체상의 $ClONO_2$가 결빙입자의 HCl 분자와 반응하면 식 7·15와 같이 염소 가스(Cl_2)를 생성한다. 또한 기체상의 $ClONO_2$가 보다 큰 결빙입자 상태의 H_2O와 반응하면 식 7·16과 같이 차아염소산(HClO)을 생성한다.

$$ClONO_2 + HCl(s) \rightarrow Cl_2 + HNO_3(s) \quad \cdots\cdots (7{\cdot}15)$$
$$ClONO_2 + H_2O(s) \rightarrow HClO + HNO_3(s) \quad \cdots\cdots (7{\cdot}16)$$

식에서 s는 고체 상태를 의미한다. 생성된 기체상의 Cl_2와 HOCl 등은 햇빛이 들어오기 시작하는 봄이 되면 자외선에 의해 다음과 같이 광해리되면서 Cl 원자를 생성한다.

$$Cl_2 + UV \rightarrow 2Cl\cdot \quad \cdots\cdots (7{\cdot}17)$$
$$HOCl + UV \rightarrow Cl\cdot + OH\cdot \quad \cdots\cdots (7{\cdot}18)$$

또한 햇볕이 없는 겨울에 NO_2 라디칼은 식 7·19와 7·20에 의해 오산화이질소(N_2O_5)를 생성한다. 이는 식 7·21과 같이 다시 고체상의 결빙입자 표면에서 얼음과 반응하여 고체상의 HNO_3를 형성한다. 앞에서 설명한 바와 같이 극성층권운의 고체상 미립자로 존재하므로 기체상의 NO_2 라디칼은 감소한다. 결과적으로 식 7·13에 의한 Cl 라디칼의 비활성화 반응이 억제되기 때문에 오존층 파괴를 가속화한다.

$$NO_2\cdot + O_3 \rightarrow NO_3\cdot + O_2 \quad \cdots\cdots (7{\cdot}19)$$
$$NO_3\cdot + NO_2\cdot \rightarrow N_2O_5 \quad \cdots\cdots (7{\cdot}20)$$
$$N_2O_5 + H_2O(s) \rightarrow 2HNO_3(s) \quad \cdots\cdots (7{\cdot}21)$$

이와 같이 남극에서는 극성층권운의 영향으로 봄이 되면 Cl 라디칼이 대량으로 생성되는 가운데 기체상의 NO_2 라디칼이 감소하여 비활성화가 억제됨으로써 오존층 파괴가 일어난다. 그러나 Cl에 의한 오존층 파괴가 성층권 하층부에서 일어나기 위해서는 식 7·5와 7·6으로 설명하기 어려운 부분도 있다. 즉 남극의 성층권 하층부에서는 산소 원자의 농도가 낮기 때문에 촉매반응사이클에 필요한 Cl 라디칼을 재생하는 식 7·6의 반응이 거의 일어나지 않는다. 이는 다음의 식 7·22~7·24로 설명할 수 있다. 즉 식 7·5와 같이 생성된 ClO는 식 7·6의 반응 대신에 식 7·22와 같은 반응을 한다. 여기서 ClOOCl을 생성하고 식 7·23과 7·24에 의해 다시 Cl 원자를 생성한다. Cl 원자는 식 7·5에 의한 오존 분해반응에 연쇄적으로 기여한다.

$$ClO\cdot + ClO\cdot + M \rightarrow ClOOCl + M \quad \cdots\cdots (7\cdot22)$$

$$ClOOCl + UV \rightarrow ClOO\cdot + Cl\cdot \quad \cdots\cdots (7\cdot23)$$

$$ClOO\cdot + M \rightarrow Cl\cdot + O_2 + M \quad \cdots\cdots (7\cdot24)$$

남극의 오존층 파괴 현상은 이상과 같은 반응 메커니즘으로 어느 정도 설명이 가능하다. 즉 극성층권운을 형성할 정도로 매우 낮은 온도를 유지하면서 다른 성층권 영역으로부터 공기를 고립시키는 남극 특유의 기상 조건이 오존홀 형성에 결정적인 역할을 한다고 볼 수 있다. 이와 같은 기상 조건에 더해 반응성이 강한 할로겐화합물이 다량 존재하고 태양광이 유입하기 시작하는 이른 봄이 되면 오존홀이 형성된다. 한편 1988년에는 남극에서 오존전량이 거의 감소하지 않았다. 이는 그해 겨울철에 성층권 대기층의 온도가 매우 높게 상승한 영향이 반영된 결과로 보인다. 즉 상대적으로 고온의 기상 조건이 지금까지 언급한 오존의 반응 메커니즘에 영향을 미쳤기 때문이다.

남극에서 봄에 발생한 오존홀은 여름이 되면 태양에너지 흡수에 따른 성층권의 온도 상승으로 오존홀 내의 공기와 주변 공기의 교환이 활발해지며 사라진다. 북극의 경우도 남극의 겨울철과 마찬가지로 결빙입자에 의한 극성층권운이 생성되는 것으로 나타났다. 더욱이 북극에서도 다른 지역의 수십 배에 달하는 고농도의 ClO 라디칼이 검출되었으며 오존층 파괴의 원인 역시 CFCs에 의한 영향으로 보고 있다.

7·2·3 CFCs의 대체물질

대체물질의 조건으로는 여러 응용 분야에 있어서 각각의 목적에 알맞은 충분한 물성을 지니고 독성이 없으며 가격이 적절해야 한다. 지금까지 CFCs의 대표적인 대체물질로 HCFCs와 HFCs 등이 개발되었으며 이를 제2세대 대체물질이라고 한다(표 7-11 참조).

HCFCs는 CFCs에 최소한 하나 이상의 수소 원자를 치환하여 갖고 있으며, 대기 중에서 자외선에 의해 탄소와 수소의 결합이 쉽게 분해되므로 오존파괴지수가 규제대상인 CFCs의 1/10 이하이다. HFCs의 경우에는 Cl을 함유하지 않아 오존층을 파괴하지 않는다. 그러나 전지구적인 배출량이 증가하고 있는 가운데 지구온난화지수가 높아 현재 교토의정서의 규제대상물질에 포함되어 있다. HFC-23의 경우 HFC 18종 중 지구온난화지수가 가장 높은 물질로 알려져 있다. 또한 화학적으로 안정하지 않아 대류권에서 분해되면 생물에 대한 독성 피해를 일으킬 우려가 있다. 이와 같이 제2세대 대체물질도 오존층 파괴 효과는 낮아졌으나 지구온난화의 주요 원인물질로 분류되고 있어 이들을 대체할 수 있는 보다 친환경적인 소위 제3세대 대체물질의 개발이 필요한 실정이다.

표 7-11 CFCs와 대체물질의 종류

구 분	물 질	특 징
제1세대 CFCs	CFC-11, CFC-12, CFC-113, CFC-114, CFC-115	C, F, Cl 등으로 이루어진 Cl 함유 화합물로 매우 안정하여 분해하기 어려우며 성층권의 오존을 심하게 파괴함
제2세대 대체물질	HCFC-22, HCFC-123, HCFC-141b, HCFC-142b, HCFC-225ca, HCFC-225cb, HFC-134a, HFC-142a, HFC-143a, HFC-125, HFC-32	제1세대 CFCs에서 Cl을 일부 H로 대체함으로써 오존층 파괴 효과는 감소하였으나 지구온난화에 영향을 줌
제3세대 대체물질 (후보)	불화에테르, 에테르, 알코올, 고리화합물, 방향족화합물, 프로판, 부탄	Cl을 함유해 오존층을 파괴하는 제1세대 물질인 CFC의 단점과 대기 중에서 쉽게 분해되지 않아 온실효과를 유발하는 제2세대 물질인 HFCs의 결점을 보완함

7·2·4 오존층 보호를 위한 국제 협약

유엔환경계획(United Nations Environment Programme, UNEP)은 1977년부터 세계기상기구(World Meteorological Organization, WMO) 등과 협조하여 오존층의 변화 동향 및 파급 효과를 측정하였다. 한편 1981년부터는 오존층 보호를 위한 국제 협상을 시작하였다. 그 결과 1985년 3월 비엔나협약(Vienna Convention)을 채택하여 국제적 차원의 오존층 보호를 위한 기본 골격을 마련하였다. 1987년 9월에는 오존층 파괴물질의 생산 및 소비 삭감을 주요 내용으로 하는 몬트리올의정서(Montreal Protocol)를 채택하였다. 오존층 보호와 관련한 국제 협약과 우리나라의 가입 현황은 표 7-12와 같다.

비엔나협약의 중요한 의미는 오존층 파괴로 인한 영향으로부터 인류의 건강과 환경을 보호하기 위한 국제적인 협력 체제 구축의 필요성을 제기한 부분에 있다. 몬트리올의정서는 비엔나협약을 보완하여 오존층 파괴물질의 감축과 대체물질의 개발을 추구한다는 점에서 중요하다. 당초 몬트리올의정서는 CFCs 생산 및 소비량을 1989년부터 1986년 수준으로 동결한 후 단계적으로 감축하여 2000년 이후부터는 생산 및 사용을 금지하였다. 그 뒤로 오존층 보호를 위한 몬트리올의정서는 다섯 차례에 걸쳐 개정이 이루어졌다. 이들 개정된 의정서를 모두 합하여 몬트리올의정서 체제라고 하며 오존층 파괴물질의 규제 조치와 함께 비당사국에 대한 무역 규제 조치, 개발도상국에 대한 재정적 · 기술적 지원 제도로 이루어져 있다.

표 7-12 오존층 보호와 관련한 국제 협약 및 우리나라 가입 현황

협약문	채택연도 (발효연도)	주요 내용	가입일 (발효일)
오존층 보호를 위한 비엔나협약	1985년 (1988년)	오존층 파괴 방지를 위한 과학기술 협력, 오존층 파괴물질 지정	1992년 2월 27일 (1992년 5월 27일)
오존층 파괴물질에 관한 몬트리올의정서	1987년 (1989년)	1986년을 기준으로 CFCs 등 오존층 파괴물질 소비량의 단계적 감축 일정 규정(규제물질 CFCs 4종과 할론 3종 등 8종), 비가입국에 대한 무역 규제	1992년 2월 27일 (1992년 5월 27일)
몬트리올의정서의 런던개정서	1990년 (1992년)	규제물질 20종으로 확대(CFCs 10종, CCl_4, CH_3CCl_3 추가 지정)	1992년 12월 10일 (1993년 3월 10일)
몬트리올의정서의 코펜하겐개정서	1992년 (1994년)	규제물질 95종으로 확대(HCFCs 40종, HBFCs 34종, CH_3Br 추가 지정)	1994년 12월 2일 (1995년 3월 2일)
몬트리올의정서의 몬트리올개정서	1997년 (1999년)	2000년부터 규제물질에 대한 수출입허가제도 시행, CH_3Br 비당사국과의 교역 금지	1998년 8월 19일 (1999년 11월 10일)
몬트리올의정서의 베이징개정서	1999년 (2002년)	CH_2BrCl 규제 일정에 포함, HCFCs 생산에 대한 규제 조치를 소비에 대한 규제 조치까지 수정 · 확대	2004년 1월 9일 (2004년 4월 8일)
몬트리올의정서의 키갈리개정서	2016년 (2019년)	HCFCs 대체물질로 사용된 HFCs 규제대상 포함 및 단계적 감축	2024년 시행 예정

우리나라는 1992년 몬트리올의정서 체제에 가입하였으며, 개발도상국 특례조항 적용국가로 분류되어 CFCs의 감축의무가 10년간 유예되었다(CFCs는 2005년 12월 31일까지, 할론은 2003년 12월 31일까지 전폐). 1991년에는 「오존층 보호를 위한 특정물질의 제조규제 등에 관한 법률」을 제정하여 규제물질의 제조 · 수입 · 판매 등을 억제하고 대체물질 개발을 위한 기금을 조성하였다. 기금은 오존층 파괴물질의 사용량 감축 및 전폐를 위한 대체물질 개발, 이용기술 개발, 배출억제 · 사용합리화 사업 등의 출연 · 융자 재원 및 각종 교육홍보 사업에 활용하고 있다.

2016년에는 HCFCs 대체물질로 냉매 등에 사용되고 있으면서 지구온난화지수가 높은 HFCs의 생산 · 소비량의 단계적 감축 및 규제를 위한 키갈리개정서가 채택되어 2019년 발효되었다. 정부에서는 HFCs 감축이행을 위해 기존의 법에 대해 「오존층 보호 등을 위한 특정물질의 관리에 관한 법률」로 일부 개정을 진행하였다. 우리나라는 2024년 HFCs 생산량 · 소비량을 동결한 후 단계적으로 감축하여 2045년까지 기준 수량 대비 80%를 감축해야 한다.

7·2·5 오존층 파괴물질의 농도 추이

그림 7-24는 몬트리올의정서 체제에 따른 성층권 등가유효염소(equivalent effective

stratospheric chlorine, EESC)의 농도를 나타낸다. 등가유효염소는 성층권에서 오존층을 파괴할 수 있는 할로겐의 정량적인 수준을 나타낸다. 국제 협약에 따른 등가유효염소의 추이 변화를 살펴보면 아무런 협약도 마련되지 않았다면 21세기에 농도가 크게 증가하여 전 세계적으로 대규모의 오존층 파괴를 초래하였을 것이다. 그러나 1987년 몬트리올의정서가 채택된 이후 오존층 보호를 위한 국제적인 협력이 지속적으로 이루어지면서 2000년 들어 성층권에서의 등가유효염소 농도는 감소 추세로 돌아섰다. 특히 1992년 코펜하겐개정서에 의한 감소 경향이 현저하다.

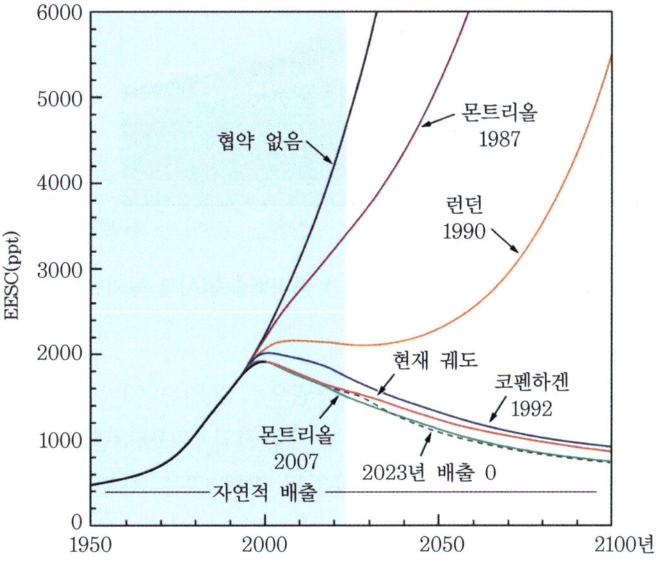

그림 7-24 국제 협약에 따른 성층권 등가유효염소 농도의 변화[WMO/UNEP, 2022]

그림 7-25는 오존층 파괴물질의 CFC-11 등가배출량과 전 지구 표면에서의 등가유효염소(EECl, equivalent effective chlorine) 농도에 대한 연간 변화를 나타낸다. CFC-11 등가배출량은 오존층 파괴물질의 배출량에 각각의 오존파괴지수를 곱해 산정한다. 또한 등가유효염소는 Cl 및 Br을 함유한 오존층 파괴물질의 배출량과 체류시간을 고려하여 산정한다.

오존층 파괴물질에 대한 규제 조치가 강화되면서 CFCs, CCl_4, CH_3CCl_3 등의 할로겐화합물 성분은 2000년에 이르러 점차 감소 추세를 보이고 있다. 그러나 CFCs의 대체물질로 개발된 HCFCs의 경우 여전히 지속적으로 증가하고 있으며 대략 2025년 이후에나 감소할 것으로 전망하고 있다. CH_3Br와 CH_3Cl은 상당량이 자연적 발생원에서 기인하여 일정한 농도 수준을 유지하고 있으므로 몬트리올의정서 체제의 영향을 받지 않고 있다. 결론적으로 성층권의 유효염소 농도는 1970년대 이후 빠르게 증가하다가 2000년에 이르러 점차 감소 추세를 보인다. 이들 화학물질은 대기 중에서 빠르게 감소하였지만(특히 CH_3CCl_3, CCl_4, CFC-11), 성층권 유효염소의 농도는 느리게 감소하는 추세이며 이는 상당량이 대기권에 축적되고 있음을 의미한다.

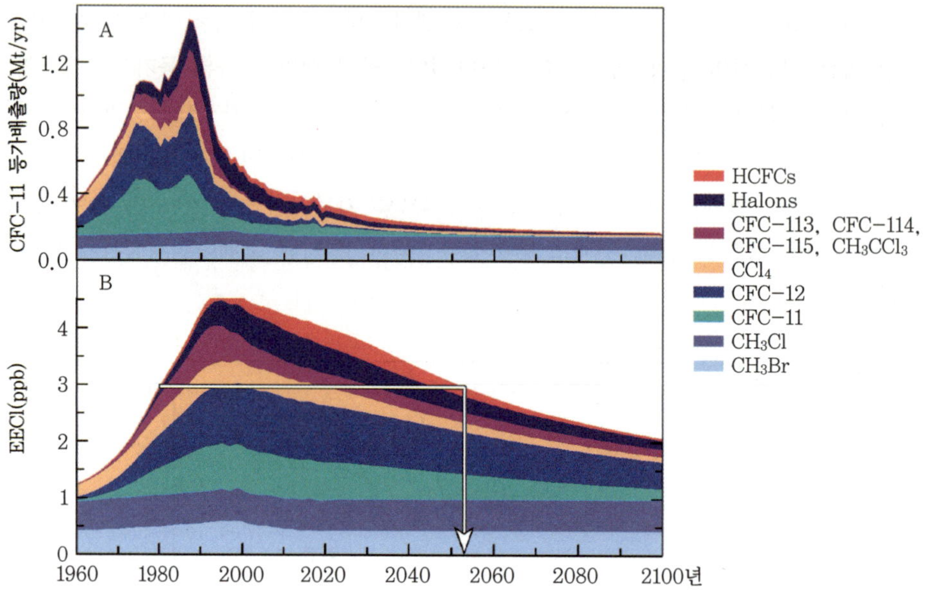

그림 7-25 대기 중 할로겐화합물의 CFC-11 등가배출량(A)과 등가유효염소 농도(B)의 변화 [WMO/UNEP, 2022]

그림 7-26은 기준연도 대비 2020년에 성층권으로 유입된 Cl 및 Br 함유 기체 성분의 정량적인 변화를 나타낸다. 여기에서 기준연도는 대류권의 Cl(1993년)과 Br(1999년)이 각각 최대치를 기록한 해를 의미한다. 성층권으로 유입된 전체 Cl은 1993년 3,660 ppt로 가장 높은 농도를 기록한 후 2020년 3,240 ppt로 11% 정도 감소하였다. 성층권에 유입된 Cl과 Br 총량의 경우 전반적으로 감소하였으며, 할로겐화합물 성분의 경우에도 변화가 일어났다. 성층권에 유입된 전체 Cl의 양이 전체 Br의 양에 비해 150배 이상 많지만 Br의 경우 오존층 파괴

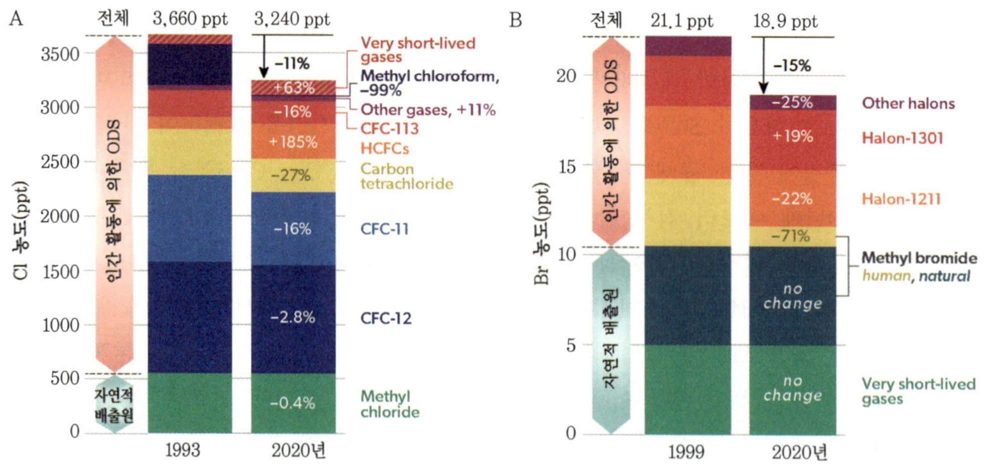

그림 7-26 성층권에 유입된 염소(A) 및 브롬(B)을 함유한 할로겐화합물의 변화 [WMO/UNEP, 2022]

에 있어 원자당 기준으로 Cl보다 60배 이상 효과적이기 때문에 둘 다 중요한 의미를 갖는다.

인간 활동은 성층권에 도달하는 Cl의 가장 중요한 발생원이며, CFCs의 경우 가장 많은 Cl을 함유한 기체 성분에 해당한다. CH_3Cl은 Cl의 주된 자연적 발생원으로 작용한다. 1993~2020년 사이에 상대적으로 크게 감소한 물질은 CH_3CCl_3, CCl_4, CFC-11이었다. CFCs의 대체물질이면서 몬트리올의정서에 따라 규제가 이루어지고 있는 HCFCs의 경우 1993년 이후 큰 폭으로 증가한 후 현재 최대치에 이르고 있다. 성층권에 유입된 단기 체류시간의 Cl 함유 기체 성분은 1993년 이후 큰 폭으로 증가하였다. 이러한 화합물은 주로 인간 활동에 의해 발생하지만 대류권 내에서 화학적 손실을 거치므로 몬트리올의정서에 의한 규제대상에는 포함시키지 않고 있다.

성층권으로 유입되는 Br의 경우 할론가스와 CH_3Br가 가장 중요한 공급원으로 작용한다. 1999년과 2020년 사이에 인간 활동에 의한 CH_3Br의 경우 몬트리올의정서의 규제로 인해 큰 폭으로 감소한 반면에 할론-1301은 1999년에 비해 증가하였다. CH_3Br는 자연적 발생원과 인위적 발생원에 기인하지만 2020년에는 인위적 발생원의 경우 사전 감축이 이루어지면서 감소하였으나 자연적 발생원의 경우 그대로 유지되었다. 성층권에 유입되는 Br의 경우 Cl에 비해 자연적 발생원에 의한 기여가 크게 일어나고 있으며 지속적으로 일정한 수준을 유지하고 있다.

7·3 산성비

7·3·1 산성비의 생성

1 산성비와 산성강하물

대기오염물질이 일단 배출되면 확산, 간섭, 충돌, 중력낙하 등에 의해 지표면의 식물, 토양, 지표수, 건축물 등에 건성침적이 일어난다. 이와 동시에 대기오염물질은 기상 조건에 따라 수 킬로미터에서 수천 킬로미터까지 장거리 이동을 한다. 이때 대기 중의 물리 · 화학적 반응에 따라 1차 대기오염물질이 2차 대기오염물질로 변환하고 건성침적 또는 습성침적을 통해 제거된다. 이와 같이 대기오염물질의 침적 경로는 크게 두 가지로 나눌 수 있다. 특히 습성침적은 대기 중의 오염물질을 지표면으로 제거하는 중요한 경로이다. 습성침적의 형태는 비(rain)나 눈(snow), 안개(fog), 구름(cloud) 등이 있으며, 이 중에서 가장 대표적인 경우는 비이다. 빗물의 pH가 정상보다 낮을 때 산성비(acid rain)라고 하며, 비에 더해 모든 습성침적물을 총칭하여 산성강하물(acid precipitation)이라고 한다.

습성침적 메커니즘은 레인아웃(rainout)과 워시아웃(washout)으로 구분할 수 있다. 전자는 오염물질이 운적과 빙정의 응축핵으로 작용하여 빗방울에 의해 제거되는 현상을 말하며, 구름 내에서의 세정작용(in-cloud scavenging)이라고도 한다. 후자는 대기 중의 오염물질이 떨어지는 빗방울과 충돌하여 흡수 및 흡착을 통해 제거되는 현상을 의미한다. 이 현상은 대부분 구름의 아래쪽에서 일어나기 때문에 구름 아래에서의 세정작용(below-cloud scavenging)이라고도 한다.

산성비는 주로 대기오염물질의 장거리 이동(long-range transport of atmospheric pollutants, LRTAP)으로 발생하기 때문에 특정 지역만의 문제가 아니라 전 지구적인 환경 문제이다. 산성비의 원인물질은 지역적 또는 대규모의 순환 기류를 타고 국경을 넘어 주변 국가에까지 산성비나 시정 악화를 일으킨다. 또한 자연생태계와 생활환경에도 심각한 피해를 입히고 있어 국가 간의 주요 관심사가 되고 있다.

2 산성비의 정의

산성비란 빗물의 pH가 5.6 이하인 경우를 뜻한다. 이는 자연 상태의 대기 중에 존재하는 CO_2를 빗방울이 흡수하여 평형상태를 이룰 때의 pH를 기준으로 한 값이다. 여기서 pH는 수소전위량(potential hydrogen)의 약자로 수소이온 몰농도의 역수에 대한 상용로그값(pH = $-\log[H^+]$)으로 정의하며, 빗물의 산성도(rain acidity)를 판단하는 중요한 지표가 된다.

그림 7-27은 여러 가지 용액의 pH를 나타낸 것이다. 순수한 물의 pH인 7.0을 중성으로 하여 이보다 크면 알칼리성, 작으면 산성이라고 한다. 자연 상태의 빗물은 순수한 물보다 pH 값이 낮다. 이는 대기 중에 존재하는 CO_2가 빗방울에 녹아 빗물의 산도를 약산성으로 만들기 때문이다. 이러한 현상을 화학반응식으로 설명할 수 있다. 먼저 자연 상태에서 대기 중의 CO_2가 빗방울에 흡수되면 해리반응이 다음과 같이 단계적으로 일어난다.

$$CO_2(g) + H_2O \rightarrow CO_2 \cdot H_2O \quad \cdots\cdots (7 \cdot 25)$$

$$CO_2 \cdot H_2O \rightarrow H^+ + HCO_3^- \quad \cdots\cdots (7 \cdot 26)$$

$$HCO_3^- \rightarrow H^+ + CO_3^{2-} \quad \cdots\cdots (7 \cdot 27)$$

이 반응식에 대한 평형상수는 식 7·28~7·30으로 표시할 수 있으며, 이들을 다시 각 성분의 농도식으로 정리하면 식 7·31~7·33과 같다. 여기서 k_{hc}는 CO_2의 가수분해에 대한 평형상수로 헨리상수(Henry's law coefficient, H_{CO_2})와 같다. k_{c_1}과 k_{c_2}는 용존 CO_2의 1단계 반응과 2단계 반응의 전리평형상수(dissociation equilibrium constant)에 해당한다.

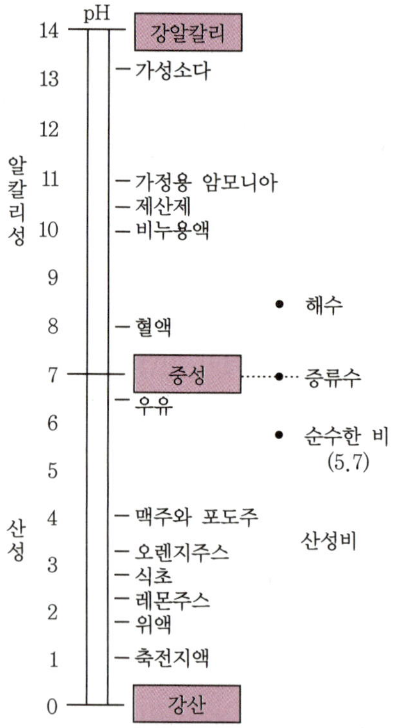

그림 7-27 여러 가지 용액의 pH 범위[Park, 1987]

$$k_{hc} = \frac{[CO_2 \cdot H_2O]}{p_{CO_2}} = H_{CO_2} \quad (7 \cdot 28)$$

$$k_{c_1} = \frac{[H^+][HCO_3^-]}{[CO_2 \cdot H_2O]} \quad (7 \cdot 29)$$

$$k_{c_2} = \frac{[H^+][CO_3^{2-}]}{[HCO_3^-]} \quad (7 \cdot 30)$$

$$[CO_2 \cdot H_2O] = H_{CO_2} p_{CO_2} \quad (7 \cdot 31)$$

$$[HCO_3^-] = \frac{k_{c_1}[CO_2 \cdot H_2O]}{[H^+]} = \frac{H_{CO_2} k_{c_1} p_{CO_2}}{[H^+]} \quad (7 \cdot 32)$$

$$[CO_3^{2-}] = \frac{k_{c_2}[HCO_3^-]}{[H^+]} = \frac{H_{CO_2} k_{c_1} k_{c_2} p_{CO_2}}{[H^+]^2} \quad (7 \cdot 33)$$

빗방울 속에서 이들 이온 성분의 농도는 전기적으로 중성(electroneutrality)이므로 식 7·34가 성립한다. 이 식에 각 이온 성분의 농도를 대입하여 정리하면 식 7·36으로 나타낼 수 있다. 여기에 k_w, H_{CO_2}, k_{c_1}, k_{c_2}와 CO_2 기체의 분압(p_{CO_2})을 대입하면 빗방울 속의 H^+ 농도를 구할 수 있다.

$$[H^+] = [OH^-] + [HCO_3^-] + 2[CO_3^{2-}] \quad (7 \cdot 34)$$

$$[H^+] = \frac{k_w}{[H^+]} + \frac{H_{CO_2} k_{c_1} p_{CO_2}}{[H^+]} + \frac{2H_{CO_2} k_{c_1} k_{c_2} p_{CO_2}}{[H^+]^2} \quad (7 \cdot 35)$$

$$[H^+]^3 - (k_w + H_{CO_2} k_{c_1} p_{CO_2})[H^+] - 2H_{CO_2} k_{c_1} k_{c_2} p_{CO_2} = 0 \quad (7 \cdot 36)$$

빗방울이 대기 중의 기체상 물질을 흡수할 때 각 성분의 헨리상수는 표 7–13과 같으며, 이 값이 클수록 빗방울의 흡수가 용이하다. 또한 25℃에서 대기 중 기체상 물질의 액상 평형상수는 표 7–14와 같다. 일반적으로 온도가 높아지면 반응속도가 빨라지므로 평형상숫값도 커진다.

표 7–13 액적에 용해되는 대기 중 기체상 물질의 헨리상수

구분	*H*(M/atm, 298 K)	구분	*H*(M/atm, 298 K)
O_2	1.3×10^{-3}	SO_2	1.23
NO	1.9×10^{-3}	HNO_2	49
C_2H_4	4.8×10^{-3}	NH_3	62
NO_2	1×10^{-2}	HCl	727
O_3	1.13×10^{-2}	HCHO	6.3×10^{3}
N_2O	2.5×10^{-2}	H_2O_2	7.45×10^{4}
CO_2	3.4×10^{-2}	HNO_3	2.1×10^{5}

[Seinfeld & Pandis, 1998]

표 7-14 기체상 물질의 액상 평형상수

평형반응식	ΔH_{298}(kcal/mol)	k(mol, 298 K)
$H_2O \rightleftarrows H^+ + OH^-$	13.35	1.0×10^{-14}
$CO_2 \cdot H_2O \rightleftarrows H^+ + HCO_3^-$	1.83	4.3×10^{-7}
$HCO_3^- \rightleftarrows H^+ + CO_3^{2-}$	3.55	4.7×10^{-11}
$NH_3 \cdot H_2O \rightleftarrows NH_4^+ + OH^-$	8.65	1.7×10^{-5}
$SO_2 \cdot H_2O \rightleftarrows H^+ + HSO_3^-$	−4.16	1.3×10^{-2}
$HSO_3^- \rightleftarrows H^+ + SO_3^{2-}$	−2.23	6.6×10^{-8}

[Seinfeld & Pandis, 1998]

온도에 따른 평형상수는 다음의 반트호프 방정식(van't Hoff equation)으로부터 구할 수 있다.

$$d(\ln k) = \frac{\Delta H}{RT^2} \quad \cdots\cdots (7\cdot37)$$

여기서 ΔH: 활성화에너지, R: 기체상수, T: 절대온도

자연 상태의 대기 중에 존재하는 CO_2가 빗방울에 흡수될 때 헨리상수, 액상 평형상수, CO_2 분압은 표 7-13과 7-14로부터 각각 $H_{CO_2}=3.4\times10^{-2}$ M/atm, $k_w=1.008\times10^{-14}$ M, $k_{c_1}=4.283\times10^{-7}$ M, $k_{c_2}=4.687\times10^{-11}$ M, $p_{CO_2}=330\times10^{-6}$ atm이다. 이 값을 식 7·36에 대입하면 다음과 같다.

$$[H^+]^3 - 4.8156\times10^{-12}[H^+] - 4.505\times10^{-22} = 0 \quad \cdots\cdots (7\cdot38)$$

이 식으로부터 수소이온의 몰농도 $[H^+]$를 계산한 값은 2.194×10^{-6} M이다. 이를 pH 정의식에 대입하여 빗방울의 pH를 구하면 5.6 전후에 이른다. 이렇게 산출한 pH 5.6을 빗물의 기준 산성도로 사용하고 있다. 산성비뿐만 아니라 눈이나 안개 등에도 같은 기준치를 적용하므로 pH가 5.6 이하인 경우를 산성눈(acid snow) 또는 산성안개(acid fog)라고 한다.

그러나 오염되지 않은 빗물의 pH 기준치를 5.6으로 삼는 데 대한 이견이 있다. 즉 오염되지 않은 자연 상태의 빗물이라고 하더라도 대기 중에 존재하는 자연적 발생원의 산성 가스나 알칼리성의 토양입자 또는 NH_3 가스로 인해 pH가 5.6보다 낮거나 높을 수 있기 때문이다. 또한 화석연료 소비량의 증가로 대기 중의 CO_2가 최근 급속도로 증가한 점도 하나의 변수로 지적되고 있다. 미국의 경우 동부 산림 지역에서 빗물의 pH를 측정한 결과 연평균 약 5.0으로 나타남에 따라 이를 산성비의 기준 pH로 보고 미국과 캐나다 지역의 빗물 산성도를 평가한다.

pH는 빗물의 산성도를 평가할 때 유용한 지표이다. 그러나 로그값으로 표현하기 때문에 빗물의 산성도 차이를 선형적으로 나타낼 수 없는 문제가 있다. 이 때문에 빗물의 산성도 차

이를 보다 직관적으로 표현하기 위해 수소이온(H^+)의 농도를 사용하기도 한다. 즉 빗물의 산성도를 pH로 표현할 경우에는 차이가 미세해 보이는 반면에 H^+ 농도로 표현하면 산성도의 변화 정도가 선형적으로 드러나 상대적 차이가 뚜렷이 부각된다. 예를 들면 pH 6.0의 빗물과 pH 5.0의 빗물을 비교하면 pH로는 차이가 1이지만 H^+ 농도로 산성도를 표현할 경우 수치가 10배 차이로 벌어진다.

3 산성비 생성 메커니즘

대기 중에는 아황산가스(SO_2), 질소산화물(NO_x), 염화수소(HCl), 탄화수소(HC) 등의 유기화합물이 존재한다. 이들 물질은 대기 중의 빗방울과 반응하여 황산(H_2SO_4), 질산(HNO_3), 염산(HCl), 유기산(organic acid) 등의 산성 물질을 생성하고 빗물을 산성화(acidification)한다.

산성비의 주요 원인물질은 H_2SO_4와 HNO_3로 밝혀졌다. 여기에서는 이들의 전구물질인 SO_2와 NO_x가 빗방울에 흡수될 때 액상 및 기체상 평형반응(equilibrium reaction)에 의해 H_2SO_4와 HNO_3가 생성되는 과정을 살펴보기로 한다.

① H_2SO_4의 생성 과정

㉠ 기체상 반응(균일 반응)

기체상 반응에 의한 SO_2의 산화는 대부분 OH 라디칼과의 반응으로 일어난다. 다음 식에서 보듯이 SO_2와 OH는 1 : 1로 반응한다. 여기서 OH 라디칼은 재생되어 연쇄적으로 SO_2 산화를 일으킬 수 있다.

$$SO_2 + OH + M \rightarrow HOSO_2 \quad (7\cdot39)$$

$$HOSO_2 + O_2 \rightarrow SO_3 + HO_2 \quad (7\cdot40)$$

$$SO_3 + H_2O + M \rightarrow H_2SO_4 \quad (7\cdot41)$$

$$HO_2 + NO \rightarrow OH + NO_2 \quad (7\cdot42)$$

㉡ 액상 반응(비균일 반응)

대기 중의 SO_2가 빗방울에 흡수될 때의 평형반응은 다음과 같은 전리 반응을 일으킨다. 이때 빗방울이 흡수한 4가 황($SO_2 \cdot H_2O$, HSO_3^-, SO_3^{2-})의 총농도를 [S(Ⅳ)]라고 하면 식 7·46과 같이 나타낼 수 있다.

$$SO_2(g) + H_2O \rightarrow SO_2 \cdot H_2O \quad (7\cdot43)$$

$$SO_2 \cdot H_2O \rightarrow H^+ + HSO_3^- \quad (7\cdot44)$$

$$HSO_3^- \rightarrow H^+ + SO_3^{2-} \quad (7\cdot45)$$

$$[S(IV)] = [SO_2 \cdot H_2O] + [HSO_3^-] + [SO_3^{2-}] \quad (7\cdot46)$$

그림 7-28은 대기 중의 SO_2 농도가 0.2 ppb와 200 ppb일 때 각각 0℃와 25℃에서 pH에 따른 S(Ⅳ)의 몰농도를 나타낸 것이다. 여기서 S(Ⅳ)의 몰농도는 빗방울의 pH와 기체상 SO_2 분압이 높을수록, 온도가 낮을수록 증가하는 것으로 나타났다. 이것은 SO_2 기체의 분압(p_{SO_2})과 빗방울의 pH가 높을수록, 그리고 온도가 낮을수록 기체의 흡수량이 증가함을 의미한다.

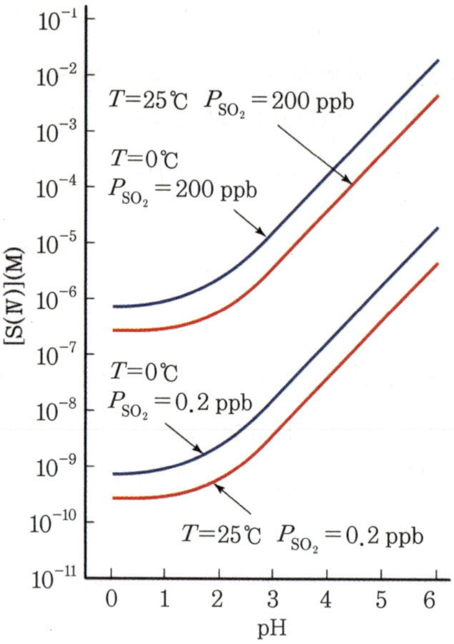

그림 7-28 대기 중 SO_2 농도가 0.2 ppb, 200 ppb일 때 각각 0℃와 25℃에서 pH에 따른 S(Ⅳ)의 몰농도[Seinfeld & Pandis, 1998]

그림 7-29는 25℃, $p_{SO_2}=10^{-9}$ atm(1 ppb)일 때 빗방울이 흡수한 [S(Ⅳ)]의 몰분율을 pH의 함수로 나타낸 것이다. 여기서 pH가 높은 경우 S(Ⅳ)는 모두 SO_3^{2-} 형태인 반면에 pH 2~6의 빗방울에서는 모두 HSO_3^-로 존재한다. 더 낮은 pH에서는 단지 $SO_2 \cdot H_2O$ 형태만 띠고 있다.

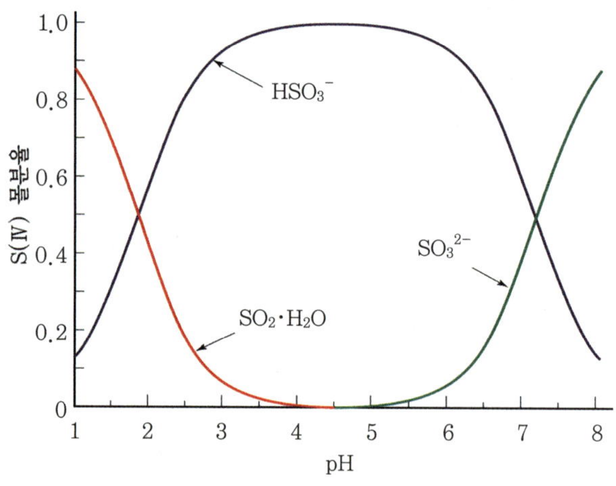

그림 7-29 25℃에서 pH에 따른 S(Ⅳ)의 몰분율[Seinfeld & Pandis, 1998]

일정한 온도 조건에서 $[SO_2 \cdot H_2O]$는 기체상의 SO_2 분압에 따라 변한다. 그러나 pH가 높을수록 HSO_3^-와 SO_3^{2-}의 농도는 증가한다. 따라서 이러한 조건에서는 [S(Ⅳ)]도 급격히 증가한다. 이처럼 빗방울에 SO_2가 흡수되면 세 가지의 S(Ⅳ), 즉 $SO_2 \cdot H_2O$, HSO_3^-, SO_3^{2-}가 발생한다. S(Ⅳ)는 여러 산화제에 의해 6가의 황산염(sulfate), 즉 SO_4^{2-}로 산화하며 이를 S(Ⅵ)라고 한다. 빗방울 속에서 S(Ⅳ)의 산화는 산화제의 종류, 온도 및 pH에 따라 복잡한 반응속도식을 따른다. 지금까지 SO_2의 반응동력학에 대한 연구가 수많은 문헌에서 보고되고 있다.

그림 7-30은 여러 가지 산화제에 의한 S(Ⅳ)의 반응속도를 pH의 함수로 나타낸 것이다. 여기에서 H_2O_2에 의한 산화 속도는 pH에 관계없이 일정한 데 비해 다른 산화제는 pH에 따라 큰 차이를 보이고 있다. 산화제 중에서 H_2O_2와 O_3가 일반적으로 S(Ⅳ)의 산화반응에 가장 크게 기여한다. 대략 pH 4~5 이하의 빗방울 속에서는 H_2O_2에 의한 산화반응이 S(Ⅳ) 생성의 가장 중요한 반응 경로이다(식 7·47, 7·48). pH가 5보다 커지면 O_3에 의한 산화가 H_2O_2의 경우보다 약 10배 증가한다(식 7·49). pH가 높을 경우 Fe(Ⅲ), Mn(Ⅱ) 등의 금속촉매가 존재하면 용존산소에 의한 산화도 증가한다.

$$SO_2(g) \rightleftarrows HSO_3^- + H^+ \rightleftarrows SO_3^{2-} + 2H^+ \quad (7 \cdot 47)$$

$$HSO_3^- + H_2O_2 \rightarrow SO_4^{2-} + H^+ + H_2O \quad (7 \cdot 48)$$

$$SO_3^{2-} + O_3 \rightarrow SO_4^{2-} + O_2 \quad (7 \cdot 49)$$

청정한 지역에서는 대기 중에 존재하는 H_2O_2 양만으로 대기 중의 SO_2를 모두 산화할 수 있다. 그러나 오염이 심한 지역에서는 SO_2 양이 산화제인 H_2O_2와 O_3 양보다 많기 때문에 SO_2는 여전히 대기 중에 잔류한다.

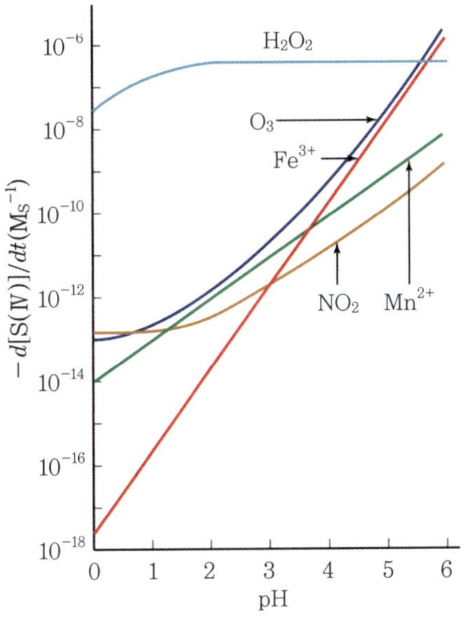

그림 7-30 산화제와 pH에 따른 S(Ⅳ)에서 S(Ⅵ)로의 산화 속도(단, 반응조건은 25℃에서 $SO_2(g) = 5$ ppb, $NO_2(g) = 1$ ppb, $H_2O_2(g) = 1$ ppb, $Fe^{3+}(aq) = 0.3\ \mu M$, $Mn^{2+}(aq) = 0.03\ \mu M$) [Seinfeld & Pandis, 1998]

② HNO_3의 생성 과정

㉠ 기체상 반응

NO_2는 SO_2와 마찬가지로 OH 라디칼과 1 : 1로 반응하여 질산염을 생성한다. 이는 HNO_3 생성의 가장 중요한 반응 경로이며 주로 주간에 일어난다. 반응속도는 동일 조건에서의 OH와 SO_2 반응보다 약 10배나 빠르다. 즉 NO_2에 의한 질산염의 생성은 SO_2에 의한 황산염의 생성보다 빠르게 진행되므로 발생원 근처에서 반응이 이루어진다.

$$NO_2 + OH + M \rightarrow HNO_3 \quad (7 \cdot 50)$$

야간에는 OH 라디칼의 생성이 어렵기 때문에 NO_2가 O_3에 의해 NO_3로 산화한다(식 7·51). NO_3는 기체상의 반응성 유기화합물(reactive hydrocarbons, RH)과 반응하여 질산염을 생성하며(식 7·52) 야간의 HNO_3 생성에 중요한 역할을 한다. NO_3는 또한 NO_2와 반응하여 N_2O_5를 생성하고(식 7·53) N_2O_5는 다시 수증기와 반응하여 질산염을 생성한다(식 7·54).

$$NO_2 + O_3 \rightarrow NO_3 + O_2 \quad \cdots\cdots (7\cdot51)$$

$$NO_3 + RH \rightarrow HNO_3 + R \quad \cdots\cdots (7\cdot52)$$

$$NO_3 + NO_2 \rightleftarrows N_2O_5 \quad \cdots\cdots (7\cdot53)$$

$$N_2O_5 + H_2O \rightarrow 2HNO_3 \quad \cdots\cdots (7\cdot54)$$

㉡ 액상 반응

NO_x의 산화에 의한 질산염의 생성도 기체상과 액상 반응이 있지만 일반적으로 액상 반응의 기여는 무시할 수 있다. NO_2는 철, 망간 등 금속이온의 촉매산화나 산화제인 $H_2O_2(aq)$, $O_3(aq)$에 의해 NO_3^-로 산화하지만 촉매금속의 대기 중 농도가 낮고 NO_2 자체가 쉽게 빗방울에 흡수되지 않기 때문이다. 여기서 A(aq)는 A·H_2O를 의미한다.

$$NO_2(aq) + Fe^{2+}(aq) \rightarrow NO_2^- + Fe^{3+} \quad \cdots\cdots (7\cdot55)$$

$$NO_2^- + O_3(aq) \rightarrow NO_3^- + O_2(aq) \quad \cdots\cdots (7\cdot56)$$

$$NO_2^- + H_2O_2(aq) \rightarrow NO_3^- + H_2O \quad \cdots\cdots (7\cdot57)$$

7·3·2 황산화물과 질소산화물 배출량

전 지구적인 규모에서 SO_2의 약 70%를 북반구에서 배출하고 있으며, 이 중 90% 이상은 인위적인 활동에 기인한다. NO_x의 경우도 비슷한 경향을 보인다. 대부분 연소 과정에서 발생하며 90~95%가 NO의 형태를 띤다.

그림 7-31은 전 지구 규모의 SO_2와 NO_x 배출량에 대한 EANET 측정망 참여국의 배출량 비율이다. 러시아 배출량의 경우 대부분 동아시아 지역에 포함되지 않아 EANET 참여국 배출량에서는 제외하였다. 여기에서 EANET은 동아시아 산성강하물 모니터링 네트워크(Acid Deposition Monitoring Network in East Asia)를 의미하며, 우리나라를 비롯하여 캄보디아, 중국, 인도네시아, 일본, 라오스, 말레이시아, 몽골, 미얀마, 필리핀, 러시아, 태국, 베트남 등 13개국이 참여하고 있다.

전 지구 규모의 SO_2 배출량은 1980년까지 증가한 후 점차 감소하고 있으나, EANET 측정망 참여국의 경우 2005년까지도 빠르게 증가하다가 점차 감소하는 경향을 나타낸다. 전 지구 규모의 NO_x 배출량의 경우 2010년 무렵까지 지속적으로 증가하다가 감소 추세로 돌아섰다. EANET 측정망 참여국의 배출량도 2010년까지 빠르게 증가하였으나 이후 감소하는 경향을 보인다.

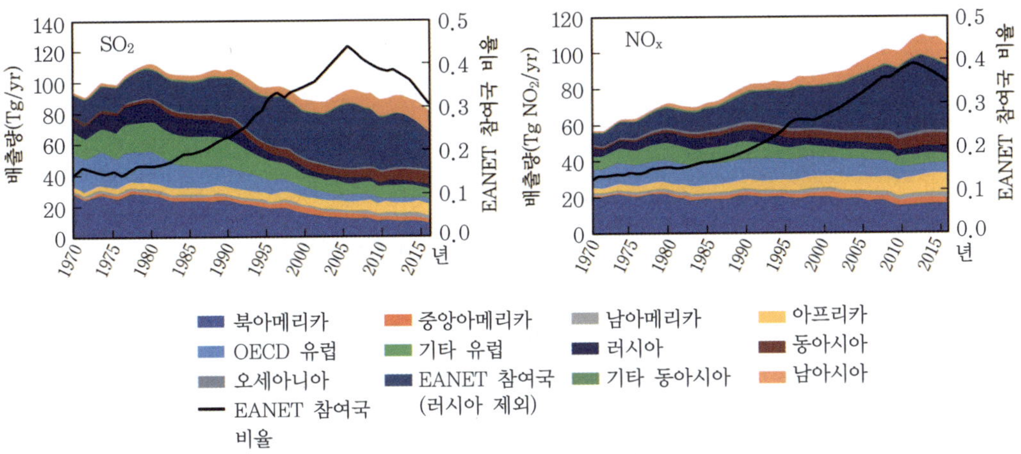

그림 7-31 전 지구 규모의 SO_2와 NO_x 배출량 및 EANET 측정망 참여국의 배출량 비율 변화(러시아 제외)[EANET, 2021a]

그림 7-32는 동아시아 지역에서 1995~2015년 동안 러시아를 제외한 EANET 참여국의 연간 총배출량에 대한 추이를 나타낸 것이다. 동아시아 지역에서 배출되는 SO_2의 경우 주로 산업과 발전이 큰 비중을 차지한다. 2005년까지는 배출량이 증가하였고 이후 점차 감소하는 경향을 보이고 있으며, 발전 분야가 이를 주도하고 있다. NO_x의 경우 도로 운송, 산업과 발전의 비중이 높으며, 연간 배출량은 산업과 발전에서 지속적으로 증가하다가 2011년에 이르러 감소 추세를 보이고 있다.

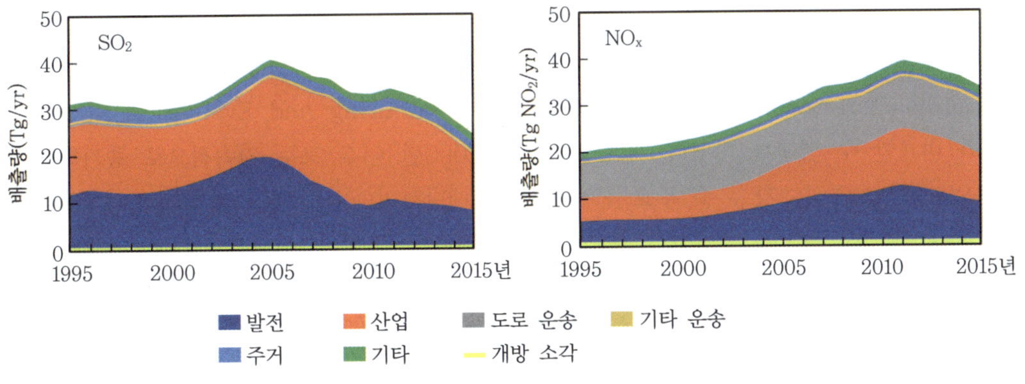

그림 7-32 동아시아 지역의 주요 부문별 SO_2와 NO_x 배출량 변화(러시아 제외한 EANET 참여국 합계)[EANET, 2021b]

7·3·3 산성비의 실태

1 아시아

그림 7-33은 동아시아 13개국이 참여한 EANET의 66개 조사 지점(2019년 기준)의 위치

를 나타낸 것이다. 우리나라의 경우 강화, 임실, 제주 3개 지점이 포함되어 있다.

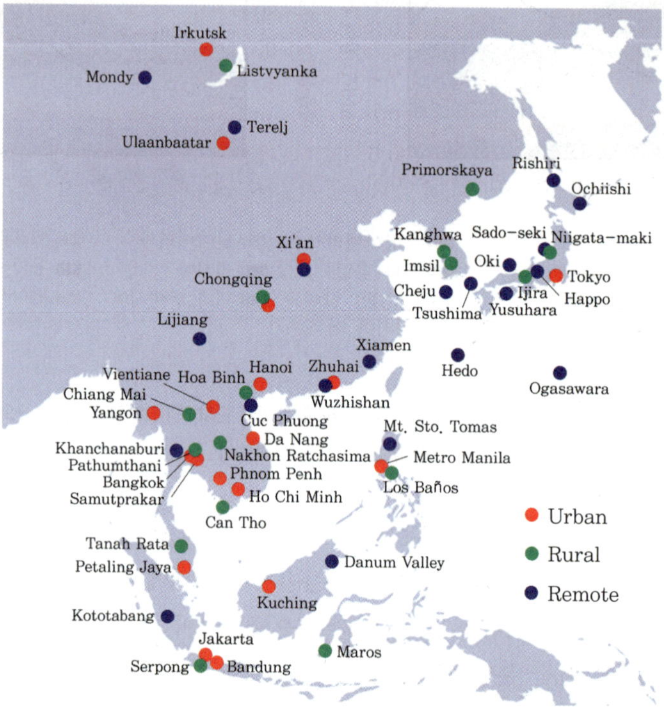

그림 7-33 EANET 측정망 조사 지점의 위치(2019년 기준)[EANET, 2021a]

그림 7-34는 EANET 측정망 강수 중 pH와 nss-SO_4^{2-}, NO_3^-, NH_4^+ 및 nss-Ca^{2+} 연평균 농도의 변화(2000~2019년)를 나타낸 것으로 미국의 NADP(National Atmospheric Deposition Program), 유럽의 EMEP(European Monitoring and Evaluation Program) 자료와 비교할 수 있도록 하였다. 강수의 pH는 2000년 이후 모두 지속적으로 증가하였다. nss-SO_4^{2-}와 NO_3^-는 강수 중 주요 산성 물질에 해당하며, NH_4^+와 nss-Ca^{2+}는 이에 대응하는 주요 염기성 물질에 해당한다. 측정 항목 중 nss-SO_4^{2-}와 nss-Ca^{2+}의 경우 강수에서 측정한 이들 이온 성분의 농도에서 자연적 발생원인 해염에서 유래한 양을 제외한 비해염(non-sea salt) 기원의 농도를 의미한다. 이들 물질의 농도에 대한 추이를 살펴보면 pH와는 반대로 2000년 이후 모두 감소하는 경향을 나타낸다. NADP, EMEP 자료와 비교해 보면 nss-SO_4^{2-}, NH_4^+, nss-Ca^{2+} 농도의 경우 모두 EANET 자료가 상대적으로 높은 농도를 보인 반면에 NO_3^- 농도의 경우 EMEP 자료가 약간 높은 수준으로 나타났다.

그림 7-35는 NADP, EMEP, EANET 측정망 강수 중 nss-SO_4^{2-} 농도와 침적량 그리고 SO_2 배출량의 연간 변화를, 그림 7-36은 강수 중 NO_3^- 농도와 침적량 그리고 NO_x 배출량의 연간 변화를 나타낸 것이다. 여기에서 NADP는 북아메리카 지역이 대상이며, EMEP는 OECD 유럽과 나머지 유럽 및 러시아 지역을 포함한다. EANET는 동아시아 지역을 대상으

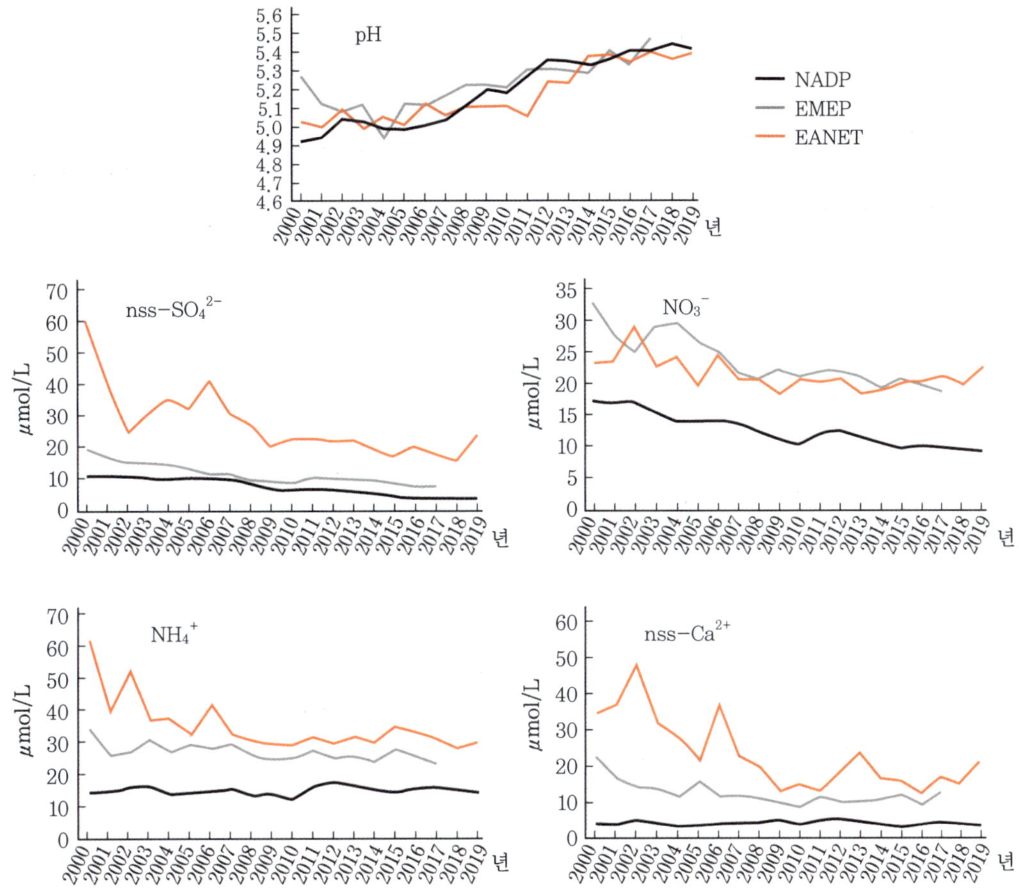

그림 7-34 EANET, EMEP 및 NADP 측정망 강수 중 pH, nss-SO_4^{2-}, NO_3^-, NH_4^+ 및 nss-Ca^{2+}의 연평균 농도 변화(2000~2019년)[EANET, 2021a]

로 하며, 이는 다시 동북아시아(NEA; 중국, 한국, 일본, 몽골)와 동남아시아(SEA; 나머지 국가)로 나뉜다.

EANET 측정망에서의 nss−SO_4^{2-}와 NO_3^- 습성침적량은 NADP와 EMEP보다 높았다. 동북아시아(NEA)에서는 2006년까지 SO_2 배출량이 증가했음에도 불구하고 nss−SO_4^{2-} 습성침적량은 20년 동안 1/4로 감소했다. 반면에 동남아시아(SEA)의 nss−SO_4^{2-} 습성침적량은 SO_2 배출량 증가에 따라 2000년대 후반 이후 증가하였으며, 2013년 이후 동북아시아보다 높아졌다. 동남아시아의 증가세와 동북아시아의 감소세가 교차한 시기는 2012년경이다. NO_3^-의 경우 2011년 이후 NO_x 배출량이 감소함에 따라 동북아시아의 습성침적량이 소폭 감소하였다. 동남아시아에서 NO_3^-의 습성침적량은 2001년 이후 다른 지역보다 높았으며, NO_x 배출량이 증가하면서 2000년대 후반 이후 증가하였다.

강수 중 nss−SO_4^{2-}와 NO_3^- 농도의 추이는 2000년대 중반 이후 동남아시아뿐만 아니라 동북아시아에서도 습성침적량의 추이와 유사하다. 그러나 측정망 지역에 따라 농도와 침적량

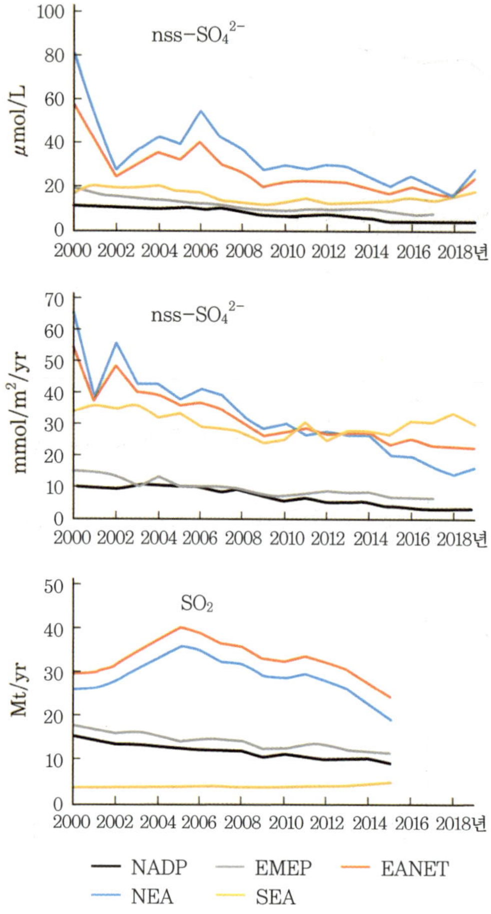

그림 7-35 NADP, EMEP, EANET 측정망 강수 중 nss-SO_4^{2-} 농도와 침적량, 그리고 SO_2 배출량의 연간 변화[EANET, 2021a]

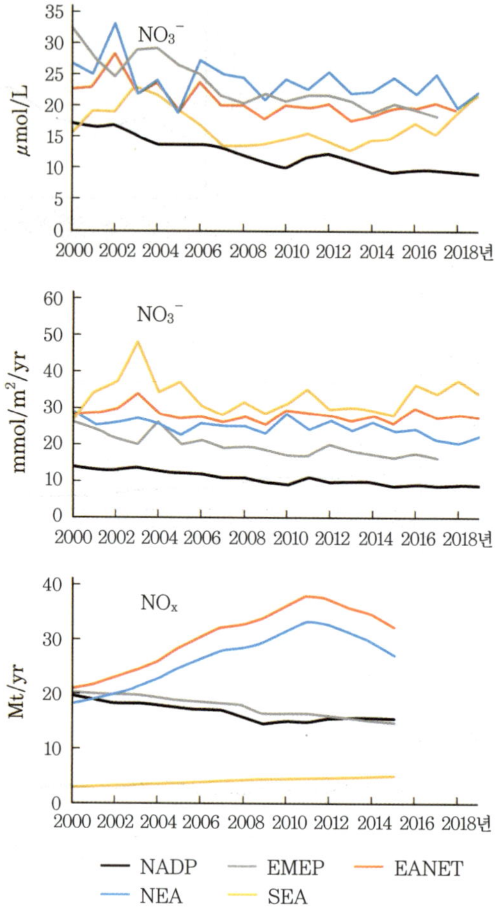

그림 7-36 NADP, EMEP, EANET 측정망 강수 중 NO_3^- 농도와 침적량, 그리고 NO_x 배출량의 연간 변화[EANET, 2021a]

의 추이가 달라지는 경우도 있는데 침적량의 경우 강수량에 의한 영향이 반영되기 때문이다. 즉 nss-SO_4^{2-} 농도는 동북아시아가 동남아시아에 비해 상대적으로 높으나 침적량의 경우 차이가 크지 않고 심지어 2012년 이후에는 동북아시아보다 동남아시아에서 침적량이 높게 나타나고 있다. 이는 동남아시아가 동북아시아에 비해 강수량이 많은 데서 기인한다.

동남아시아에서는 SO_2와 NO_x 배출량이 2000년 이후 증가한 반면에 동북아시아의 경우 각각 2005년과 2011년부터 감소하였다. EANET 지역에서의 SO_2와 NO_x의 총배출량은, 2000년 이후 점차 감소하고 있는 NADP와 EMEP 지역의 약 2배 수준에 이르렀다.

그림 7-37은 EANET 측정망 지점별 2009~2019년 강수 pH의 변화에 대한 공간 분포를 보여 준다. 대부분의 지점에서 강수의 pH가 증가하는 경향을 보이고 있다. 이는 산성 물질인 nss-SO_4^{2-} 및 NO_3^- 농도와 염기성 물질인 NH_4^+ 및 nss-Ca^{2+} 농도의 증감과 관련지어 설명할 수 있다. 동북아시아의 경우 nss-SO_4^{2-} 농도의 감소 추세가 강수의 pH 증가로 이어

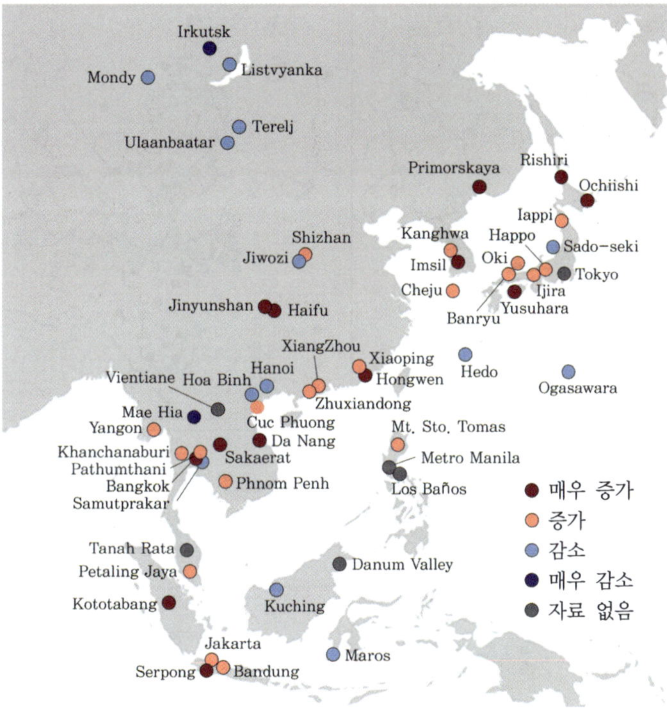

그림 7-37 EANET 측정망 지점별 강수 pH의 추이(2009~2019년)에 대한 공간 분포 [EMEP, 2021a]

지고 있다. 동남아시아의 경우 nss-SO_4^{2-} 농도가 유의미한 수준의 변화를 보이지 않는 가운데 강수의 pH가 증가한 것은 강수 중 NH_4^+ 및 nss-Ca^{2+} 농도 증가에 기인한다고 보고 있다.

일부 지역에서는 pH가 감소하는 경향을 나타내었다. 이는 산업 활동 등을 통해 배출된 nss-SO_4^{2-} 및 NO_3^- 등의 산성 물질이 황사, 지표면의 토양입자, 축산시설이나 질소비료 등에서 유래한 염기성 물질(nss-Ca^{2+}, NH_4^+)에 의해 중화되기 때문이다.

2 유럽과 북아메리카

그림 7-38은 2010년과 2015년 그리고 최근 유럽대륙 강수의 pH에 대한 공간 분포를 나타낸 것이다. 최근 들어 산성비 문제가 개선되었으나 여전히 일부 지역에서 산성비가 내리는 것으로 나타났다.

그림 7-39는 미국에서의 강수 pH에 대한 공간 분포이다. 오염되지 않은 청정한 곳의 빗물 pH가 대략 5.0으로 측정되면서(Galloway *et al.*, 1982) NADP 측정망에서는 pH 5.1 이하를 산성비로 간주한다. 미국의 강수 pH 분포를 살펴보면 2010년에는 동부와 남동부 지역을 중심으로 pH 5.1 이하의 산성비가 내린 것으로 나타났으나, 2020년의 경우 대부분 지역이 pH 5.1 이상이어서 2010년에 비해 산성비 문제가 해소되고 있음을 알 수 있다.

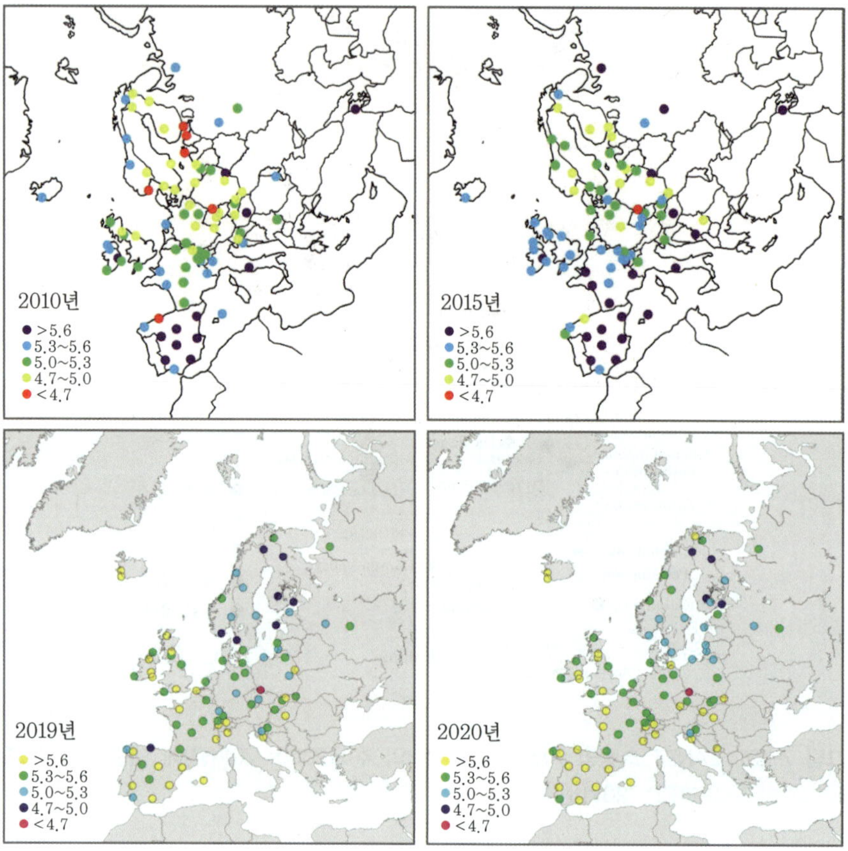

그림 7-38 유럽대륙의 강수 pH 분포[EMEP, 2012 · 2017 · 2021 · 2022]

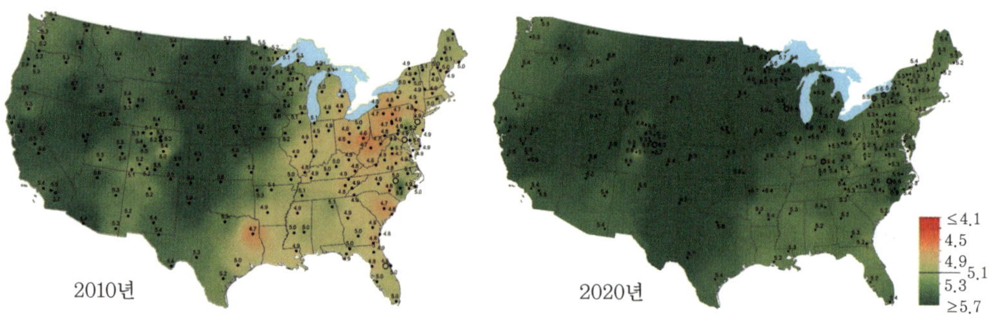

그림 7-39 미국의 강수 pH 분포[NADP, 2010 · 2020]

3 우리나라

우리나라에서 산성비에 관한 연구는 1978년 서울과 울산에서 빗물의 pH를 측정하면서 시작되었다. 그 후 1980년 발족한 환경청(현 환경부)에서는 서울의 20개 지점에 산성비채취기를 설치하여 강수의 산성도를 본격적으로 측정하였다. 1983년부터는 전국 49개 지점에 산성비 측정망을 설치 · 운영함으로써 산성비 연구의 체계를 갖추었다.

그림 7-40은 우리나라 주요 대도시 강수의 연평균 pH 변화를 나타낸 것으로 2011년 이후 pH 4.4~6.0 범위에서 전반적으로 증가하는 추세이다. 여기서 pH는 식 7·58과 같이 강수량을 고려한 가중평균(volume-weighted arithmetic mean, VWM)으로 산출한 값이다.

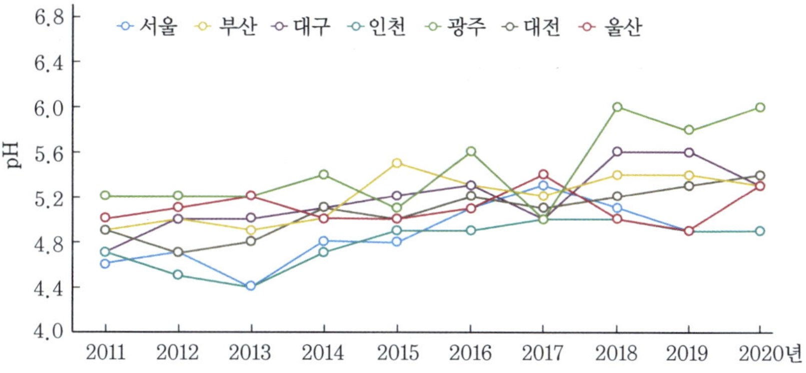

그림 7-40 우리나라 주요 대도시의 강수 pH 변화[국립환경과학원, 2020]

$$\text{강수량가중평균 pH} = -\log\left\{\frac{\sum_{i=1}^{n}(H_i^+ P_i)}{\sum_{i=1}^{n} P_i}\right\} \qquad (7\cdot58)$$

빗물의 pH와 이온 성분에 대한 연평균 자료는 단순산술평균이 강수량가중평균보다 높은 경향을 보인다. 이는 강수량으로 가중하여 산출한 평균치의 경우 측정값 자체의 대소 외에 강수량의 영향이 반영되기 때문이다. 즉 강수량이 증가할수록 대기 중에 존재하는 토양 기원의 알칼리성 물질이 산성 물질에 비해 빠르게 제거됨으로써 상대적으로 강수의 pH가 낮아지고, 이는 강수량이 적은 시료의 pH보다 가중치에 상대적으로 크게 영향을 주기 때문이다. 일반적으로 이온 성분의 농도 또한 강수량가중평균이 낮다. 이는 농도가 낮은 시료의 경우 대부분 많은 양의 비가 내릴 때 발생하고 강수량의 크기가 자료의 평균치에 상대적으로 큰 영향을 주기 때문이다.

「2021 지구대기감시 보고서」에 따르면 안면도, 제주도 고산, 울릉도에서 측정한 최근 10년간(2011~2020년) 강수의 평균 pH는 각각 4.78, 4.93, 4.81로 모두 5 이하이다(국립기상과학원, 2022). 그림 7-41을 보면 세 지역에서 강수의 연평균 pH는 2011년 이후 모두 증가하고 있으며, 계절별로는 세 지역 모두 겨울에 상대적으로 낮은 분포를 보인다. 이는 겨울철 난방 등으로 인해 강수 중 산성 물질이 증가한 가운데 염기성 물질은 충분하지 않기 때문으로 볼 수 있다.

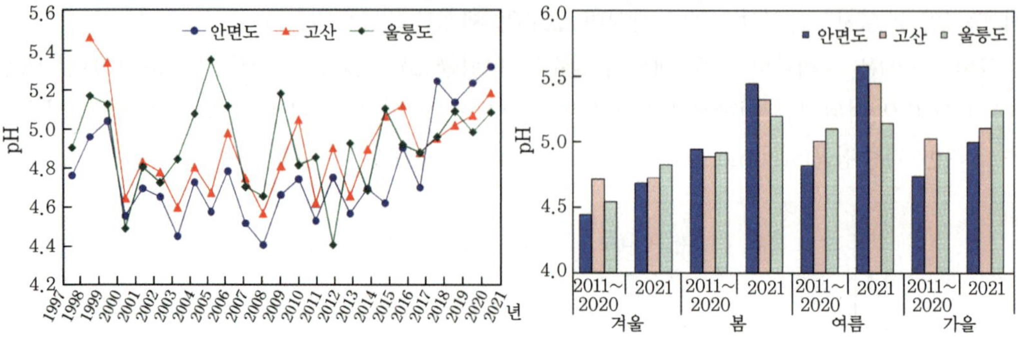

그림 7-41 안면도, 제주도 고산, 울릉도의 강수 pH 변화[국립기상과학원, 2022]

7·3·4 산성 원인물질의 장거리 이동

중국은 동북아시아에서 SO_2와 NO_x 배출량의 거의 대부분을 차지하고 있을 뿐만 아니라 2000년 들어서 산성비의 전구물질로 알려진 SO_2와 NO_x의 배출량이 매년 6~10%와 6~12%씩 증가하고 있다(Zhang *et al.*, 2009). 또한 이들 물질의 배출원이 지리적으로 중국의 서남부와 북동 해안 지역에 집중되어 있다. 이러한 여건을 감안할 때 우리나라는 중국대륙으로부터 편서풍을 타고 장거리 이동한 이들 오염물질의 영향을 강하게 받을 수밖에 없다.

산성 물질의 배출량과 침적량의 연관성을 분석하기 위해 RAINS-ASIA 프로젝트에서는 장거리 이동 모델(ATMOS)을 개발하였다. 이 모델의 산출 결과에 따르면 서울과 인천에서는 산성비 피해의 13%가 중국 동북부에서 기인하고, 일본 규슈와 오키나와의 경우에는 29%가 한국으로부터 기인하였다. 또한 중국의 SO_2 배출은 한국보다 일본에 더 큰 피해를 주고 있으며, 일본이 한국에 미치는 피해는 거의 없는 반면에 한국의 대기오염은 일본에 어느 정도 영향을 주는 것으로 나타났다.

동북아시아 지역의 산성비 분석을 위한 모형 간의 비교연구에 따르면 산성강하물의 총침적량에 대해서는 큰 이견이 나타나지 않았다. 그러나 오염원-피해지역 간의 관계에 있어서는 상당한 차이를 보이고 있다. 예를 들어 RAINS-ASIA의 ATMOS 모델에서는 일본에서 내린 산성비의 약 10%가 중국으로부터 기인한 것으로 나타났다. 중국의 연구에서는 중국이 일본 산성비에 미치는 영향을 단지 3.5% 정도로 추정하고 있다(Huang *et al.*, 1995). 그러나 일본에서는 일본 내 황산화물의 침적량 중 아시아대륙에서 이동한 양이 40%, 자국 내 인위적 발생원에 의한 양이 40%, 나머지 20%가 화산분출의 결과라고 평가하였다(Ichikawa *et al.*, 1998). 한편 2004년 10월 중국 샤먼에서 열린 제7차 한중일 장거리 이동 대기오염물질에 관한 전문가회의에서는 1년 동안 한국에 침적된 황산화물 46.5만 톤 중 약 20%가 중국에서 이동했다고 추정하였다.

동아시아 지역의 황 침적에 관한 연구에 따르면 그림 7-42와 같이 중국에서 배출된 황의 일본 유입량이 증가하는 경향을 보인다. 점유율을 보면 1981년 43%에서 2005년 76%로 증가하였다. 또한 전체 황의 침적 속도에 대한 중국에서의 배출량 기여율은 같은 기간 동안 65%에서 77%로 증가하였다.

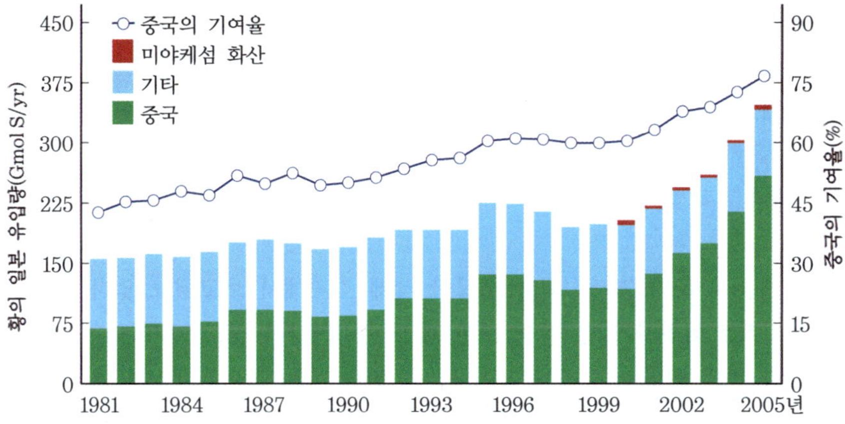

그림 7-42 중국으로부터 장거리 이동한 황의 일본 내 유입량[Kuribayashi *et al.*, 2012]

7·3·5 산성비의 영향

1 수중 생태계에 미치는 영향

산성비의 영향을 가장 크게 받는 곳은 지표수로 호수나 강이 산성화하면 많은 동식물이 피해를 입는다. 산성비는 어류의 먹이인 플랑크톤의 폐사를 일으켜 먹이사슬에 이상을 초래하고 물고기 알의 부화에도 장해를 준다. 어린 물고기는 산에 약하여 생장이 불량해지고 심하면 기형이 되며, 어패류 또한 직접적인 피해를 입는다. 결국 저항력이 약한 수중생물에게는 치명적이다.

어류가 피해를 입는 원인은 물속 알루미늄 농도의 상승에 있다. pH가 낮은 호수일수록 용존성 알루미늄의 농도가 높아져 피해가 늘어난다. 산성비 중의 황산이나 질산으로 인해 호소, 하천 및 토양 속의 물이 산성화하면 토양이나 암석에 들어 있는 알루미늄도 녹아내린다. 토양이나 암석에 칼슘과 마그네슘 등이 다량으로 함유되어 있는 석회암 지역에서는 칼슘이나 마그네슘의 용출(溶出)이 우선적으로 일어난다. 이러한 곳에서는 산성화의 진행이나 알루미늄의 용출이 어렵다. 그러나 비석회질의 화강암 지역에서는 산성화가 잘 진행되어 알루미늄 성분이 물에 녹는다. 미국이나 캐나다, 북유럽의 호수에서 보고된 산성비 피해는 비석회질 지역에서 주로 일어나고 있다. 이와 같이 산성화로 인해 물속의 용존성 알루미늄이나 중금속이 증가하면 미생물이나 무척추동물, 어류 등이 입은 피해가 먹이사슬을 통해 조류나 포유류에게도 나타난다. 달걀의 석회화 불량, 병아리나 어린이의 발육 부진 등도 산성비에서 출발한 일례로 볼 수 있다.

2 식물에 미치는 영향

식물은 산성비로 인해 지상부 조직의 손상, 식물체로부터 칼슘과 마그네슘 등 영양분의 용탈(溶脫), 생리 대사 변화 등의 직접적인 피해를 입는다. 산성비나 산성안개에 의한 가시적 피해는 물방울이 머무르기 쉬운 잎이나 꽃에 주로 발생한다. 잎에 백색 또는 황갈색의 반점이 생기고, 꽃에는 탈색한 백색 반점이 나타난다. 엽록소를 파괴하여 광합성을 저해함으로써 생장 장해를 일으키기도 한다. 또한 잎눈 · 꽃눈이 자극을 받아 발아 · 개화가 지연되고 잎이나 꽃이 작아진다. 그 밖에 병해충 등의 불리한 생육 환경에 대한 내성이 떨어져 피해가 발생하기도 한다.

산림을 구성하는 수목의 고사 · 쇠퇴 현상이 세계 각지에서 보고되고 있다. 산성비에 의한 산림의 피해는 주로 아황산가스, 황산 또는 질산 등의 산성 물질, 수목의 생장에 불가결한 칼슘과 마그네슘 등의 영양소 공급 불균형에 기인한다. 일반적으로 산성비에 대한 내성은 침엽수가 활엽수보다 강하다. 침엽수 중에서도 소나무, 잣나무, 주목 등이 내성이 강하고 미국측백은 산성비에 민감하다. 활엽수 중에서는 일본목련, 쥐똥나무가 산성비에 대한 내성이 강하고 중국단풍, 신나무 등은 산성비에 대한 내성이 약하다. 그러나 장기적인 측면에서 보면 상록수인 침엽수는 활엽수보다 오랫동안 계속해서 산성비에 노출되므로 피해가 더욱 클 수 있다. 잎의 피해는 농작물의 경우 대부분 pH 3.0~3.5에서 나타나고, 수목의 경우 감수성이 높은 수종은 pH 4.0 정도에서도 발생한다.

3 토양에 미치는 영향

산성비가 내리면 토양 내 염기 이온인 Ca^{2+}, Mg^{2+}, Na^{+}, K^{+} 등이 빗물의 수소이온과 치환, 용탈되어 토양의 산성화가 일어난다. 또한 토양의 H^{+}가 증가하면 토양(점토)에 함유된 알루미늄화합물이 분해되어 Al^{3+}가 발생한다. Al^{3+}는 산성토양에만 존재하는 물질로 H^{+}와 함께 토양 산성화의 주요한 원인이다. 대부분의 산성토양에서 고농도의 Al^{3+}는 식물의 생육 불량을 초래하고 뿌리의 세포분열뿐만 아니라 칼슘 또는 인의 흡수나 흐름까지 저해한다.

토양이 산성화하면 식물의 영양 공급원인 낙엽의 부식화에 관여하는 세균류의 활동이 억제되어 부식이 더디게 진행된다. 이로 인해 영양 공급이 제대로 이루어지지 않으면 식물의 생육을 저해할 수 있다. 또한 토양의 pH가 낮아지면 지렁이, 땅강아지 등의 토양생물이 살기 어렵고 자연적인 토양개량도 쉽지 않다. 결과적으로 농작물의 생산량 저하를 가져와 식량문제가 심각해질 수 있다.

4 건축물 · 문화유산에 미치는 영향

산성비는 건물, 교량, 구조물 등을 부식시키고, 지표수와 지하수를 산성화하여 지하 구조물까지 부식시킨다. 대리석이나 석회암으로 지은 건물에 대해서는 자연적인 풍화와 부식을 가속화함으로써 피해를 키울 수 있다. 사암이나 화강암으로 지은 건물은 표면이 검게 변하기도 한다. 특히 산성비로 인한 부식이나 변색으로 문화유산이 훼손되는 사례가 계속해서 발생하고 있다. 산성비가 건축물이나 문화유산에 입히는 피해는 경제적 손실일 뿐만 아니라 역사적 · 문화적 자산의 손실이라는 점에서 문제의 심각성이 크다.

5 인체에 미치는 영향

산성비는 눈 점막의 손상이나 머리카락 탈색을 일으킨다. 간접적으로는 대기 중에 있는 황산 또는 질산 입자를 흡입함으로써 호흡기 계통에 질병이 발생할 수 있다. 1950년대 런던스모그 사건 때 많은 사망자가 발생한 원인에 대해 안개비와 같은 기상 상태에서 산성도가 높은 액적이 쉽게 생겨 목이나 눈의 점막조직에 직접적인 자극을 주었기 때문으로 보고 있다. 또한 인체에 극히 해로운 중금속 물질이 먹는 물에 용출되거나 먹이사슬을 따라 체내에 축적되면 중금속 중독과 같은 치명적인 피해를 입을 수 있다.

7·3·6 산성비 방지를 위한 국제 협력

산성비가 전 지구적 환경문제로 대두되면서 이를 해결하기 위한 국제적 논의가 유럽과 북아메리카를 중심으로 시작되었다. 1972년 6월 스톡홀름에서 개최된 유엔인간환경회의(United Nations Conference on the Human Environment)에서 스웨덴 정부는 '대기 및 강수 중의 황이 환경에 미치는 영향'을 보고하면서 환경의 산성화 문제에 대한 국제적 대처의 필요성을 호소하였다.

1977년 노르웨이는 산성비 방지를 위한 국제조약을 제안하였으며, 1979년 1월에는 유엔유럽경제위원회(United Nations Economic Commission for Europe, UNECE)의 환경장관회의가 오스트리아 빈에서 개최되었다. 여기서 '국가 간 장거리 이동 대기오염물질에 관한 협약(Convention on Long-Range Transboundary Air Pollution, CLRTAP)'을 최초로 채택하였고 1983년 3월 발효되었다. CLRTAP에서는 가맹국에게 국경을 통과하는 대기오염물질에 대해 최선의 방지 대책을 취하도록 요구하였다. 동시에 오염물질 제거기술의 개발, 산성비의 영향 연구, 실태 조사와 정보 교환, 국제 협력 등의 추진을 주창하였다.

CLRTAP에 따라 산성비의 주요 원인물질인 황산화물과 질소산화물의 감축을 위한 의정서가 차례로 체결되었다. 먼저 황산화물 배출량 또는 국가 간 이동량의 최소 30% 감축을 목표로 CLRTAP에 대한 헬싱키의정서(Helsinki Protocol)를 1985년 체결하였다. 이어서 1988년에는 질소산화물 배출량 또는 국가 간 이동량의 최소 30% 감축을 위해 CLRTAP에 대한 소피아의정서(Sofia Protocol)을 체결하였다. 이후 SO_2, NO_x 등 산성비의 원인물질을 포함한 대기오염물질을 감시하기 위해 CLRTAP에 기초한 유럽감시평가프로그램(European Monitoring and Evaluation Program, EMEP)을 실시하고 있다.

북아메리카에서는 1980년 미국과 캐나다 사이에 '국가 간 대기오염에 관한 의향각서'를 교환하고, 협약 체결을 교섭하기 위한 미국 · 캐나다 조정위원회의 설치에 합의하였다. 그러나 미국이 소극적인 자세를 취하면서 지지부진하였다. 1989년 2월 양국 정상회담에서 캐나다의 멀로니 총리가 미국의 부시 대통령에게 5대호 주변 공업지대에서의 배출가스 문제의 개선을 요구하였고, 미국은 1990년 「대기청정법(Clean Air Act)」 개정으로 대책을 강구하였다. 1991년에 이르러 양국은 '미국–캐나다 대기질 협정(U.S.–Canada Air Quality Agreement, AQA)'을 채택하였다.

동북아시아에서도 산성비에 대처하기 위해 공동으로 연구 사업을 진행 중에 있으며 산성비 원인물질에 대한 관리 및 저감 정책을 실시하고 있다. 그러나 동북아시아에서의 산성비 피해를 최소화하기 위해서는 국가 간 장거리 이동 대기오염물질의 발생을 억제할 수 있는 보다 강도 높은 방지 대책의 수립과 함께 한층 더 긴밀한 협조가 필요한 실정이다.

연습문제 ▌

1. 지구 대기의 온실효과 원리를 설명하시오.
2. 지구 전체(대기 포함)의 에너지 수지를 식으로 나타내고 설명하시오.
3. 지구의 유효방사온도는 이론적으로 약 254 K(−19℃)이며 대체로 대류권 중층의 기온에 대응한다. 하지만 실제 측정된 지상 기온은 전 지구 평균 약 288 K(15℃)로 유효방사온도보다 높다. 이 사실이 무엇을 의미하는지 서술하시오.
4. 지구의 온난화에 기여하는 온실가스의 광학적 특성을 설명하고, 주요 발생원을 나열하시오.
5. 전 지구적인 탄소순환을 설명하시오.
6. 인류가 대량으로 이산화탄소를 방출하지 않으면 대기 중 이산화탄소 농도가 어떻게 변할지 서술하시오.
7. 대기 중 온실가스 배출량을 줄일 수 있는 방법을 제시하시오.
8. 대기 중 수증기가 온실가스로서 중요하게 다루어지지 않는 이유를 설명하시오.
9. 지구온난화가 자연환경과 인간에 미치는 영향에 대해 설명하시오.
10. 유엔기후변화협약과 교토의정서에 대해 설명하시오.
11. 탄소중립(carbon neutral)과 탄소상쇄(carbon offset)는 어떤 의미이며, 둘의 차이점은 무엇인지 설명하시오.
12. 돕슨 단위(DU)로 지구의 평균 오존전량은 얼마이며, 오존전량이 500 DU이라고 가정할 때 이를 순수한 오존 가스층 두께로 환산하면 얼마인지 제시하시오.
13. 고도 약 25 km에서 오존의 농도가 가장 높은 이유를 설명하시오.
14. 오존층 파괴에서 중파장의 자외선(UV–B)이 문제가 되는 이유를 설명하시오.
15. 자외선 UV–B와 UV–A의 차이점과 인체 영향을 설명하시오.
16. CFCs의 용어를 정의하고, 이 중 가장 보편적으로 사용되고 있는 종류 두 가지와 그 용도를 제시하시오.
17. 남극의 오존홀 발생 시 염소가 활성화되는 반응식을 제시하시오.
18. 봄철 남극 상공에서 염소에 의해 오존이 파괴되는 주요 반응 메커니즘을 제시하시오.
19. 몬트리올의정서에 따라 단계적으로 사라지게 될 기체상 물질은 무엇인지 제시하시오.

20. 대기 중 CO_2 농도가 360 ppm이고 기온이 25℃일 때 빗방울의 pH는 얼마인지 구하시오.
21. 지름이 0.1 cm인 순수한 빗방울이 0.1 μg의 SO_2를 흡수할 경우 빗물의 pH는 대략 얼마인지 구하시오(단, 흡수한 SO_2는 전부 HSO_3^-의 형태로 존재하고 빗물의 밀도는 1 g/cm^3).
22. 빗물의 pH가 산성도 판단에 있어 유용한 지표로 쓰이고 있지만 변화 정도를 나타내기에는 적합하지 않은 단점이 있다. 그 이유와 대안을 설명하시오.
23. 어떤 지역에서 빗물의 pH를 측정한 결과 5.0이었다면 수소이온의 몰농도는 산성비 기준치에 비해 어떠한지 설명하시오.
24. 대기 중의 SO_2가 빗방울에 흡수될 때 S(Ⅳ)의 몰농도는 SO_2 분압, 온도, pH에 따라 어떻게 변하는지 설명하시오.
25. 산성비의 주요 원인물질 중 하나인 질산의 생성에 관한 주요 반응식을 제시하고, 과정을 설명하시오.
26. 전 지구적인 규모에서 볼 때 산성비 문제가 심각한 곳은 어디인지 제시하시오.
27. 동북아시아에서 중국의 경우 pH 발생 빈도 분포의 폭이 다른 지역에 비해 넓게 나타나는 이유를 설명하시오.
28. 어떤 지역에서 측정한 빗물 시료의 pH와 강수량이 다음과 같다. 이들 시료를 하나로 합했을 때 예상되는 빗물의 pH는 얼마인지 구하시오.

구 분	시료 1	시료 2	시료 3	시료 4	시료 5
pH	5.0	3.5	4.0	5.0	6.0
강수량(mL)	50	20	30	10	90

참고문헌

1. 국가법령정보센터. law.go.kr.
2. 국립기상과학원. 2022. 2021 지구대기감시 보고서.
3. 국립환경과학원. 2020. 대기환경연보 2019.
4. 국무조정실. 2021. 2030 국가 온실가스 감축목표(NDC) 상향안.
5. 국무조정실. 2021. 2050 탄소중립위원회 제2차 회의. 정책브리핑, korea/kr.
6. 기획재정부. 2020. "2050 탄소중립 추진전략" 발표. 정책브리핑, korea/kr.
7. 기획재정부. 2020. 2050 탄소중립 추진전략.
8. 기후변화협약대책위원회. 2002. 기후변화협약 대응 제2차 종합대책.
9. 김경연. 2005. 교토의정서 발효와 기업의 대응. LG경영연구원.
10. 김기현 외. 2014. 신고 대기환경학. 향문사.
11. 김승우. 1997. 동북아 국가의 에너지 소비와 월경성 오염문제 연구. 한국환경정책 · 평가연구원.
12. 대한민국정부. 2020. 지속가능한 녹색사회 실현을 위한 대한민국 2050 탄소중립 전략.
13. 에너지경제연구원. 2002. 기후변화협약 및 교토의정서 대응전략 연구.
14. 에너지경제연구원. 2003. 신질서를 예고한다. 기후변화협약과 교토의정서.
15. 에너지관리공단 기후변화협약대책반. 2003. 기후변화협약과 우리의 대응.

16. 에너지관리공단. IPCC(기후변화에 대한 정부간 협의회; Intergovernmental Panel on Climate Change) 3차 보고서 평가 자료.
17. 외교부 기후환경과학외교국 녹색환경외교과. 2020. 2021 기후환경외교편람.
18. 이승득, 김홍곤, 공경택. 2005. HCFC의 사용 및 규제현황과 기술개발 방향. 공업화학 전망 8(2): 1-10.
19. 정책브리핑. 2020. '2050 탄소중립'…담대한 도전에 나서야 하는 이유. korea/kr.
20. 정책브리핑. 2020. 거스를 수 없는 '2050 탄소중립'…내년 주요 추진 사업은. korea.kr.
21. 정책브리핑. 2021. 2050 탄소중립. korea.kr.
22. 청와대. 2020. 2050 탄소중립 범부처 전략회의. 정책브리핑, korea/kr.
23. 청와대. 2021. 문 대통령 "한국, 2030 NDC 상향해 40% 이상 온실가스 감축…매우 도전적 과제". 정책브리핑, korea/kr.
24. 탄소중립위원회. 2021. 2050 탄소중립 시나리오 초안…온실가스 순배출 최대 '0' 제시. 정책브리핑, korea.kr.
25. 탄소중립위원회. 2021. 정부 탄소중립 목표 최종안…2030년 40% 감축 · 2050년 순배출량 0. 정책브리핑, korea/kr.
26. 환경부. 2016. 교토의정서 이후 신 기후체제 - 파리협정 길라잡이.
27. 환경부. 2020. "탄소중립, 세계가 함께 나아가야 할 방향입니다". 정책브리핑, korea/kr.
28. 환경부. 2020. 국제사회에 약속하는 기후목표 '2050 탄소중립' 비전 확정. 정책브리핑, korea.kr.
29. 환경부. 2020. 기후위기 대응을 위한 미래 청사진, 2050 탄소중립 비전 확정. 보도자료.
30. 환경부. 2022. 2021 환경백서.
31. 経済産業省. 2021. 「カーボンニュートラル」って何ですか？(前編)～いつ、誰が実現するの？ enecho.meti.go.jp, 資源エネルギー庁.
32. 國立環境研究所. 2021. 地域における「脱炭素社会ビジョン」策定の手順.
33. 環境省. 2021. 脱炭素に向けた地方自治体の取組について.
34. 環境省. 2022. 環境統計. env.go.jp.
35. Baird C. 1995. Environmental Chemistry. W.H. Freeman and Company.
36. British Antarctic Survey. 2005. Antarctic Ozone. bas.ac.uk, Natural Environment Research Council.
37. CAMS. 2022. Three peculiar Antarctic ozone hole seasons in a row: what we know. atmosphere.copernicus.eu.
38. CDIAC. 2012. A Compendium of data on global change. cdiac.esd.ornl.gov.
39. CDIAC. 2012. Global and Hemispheric Temperature Anomalies - Land and Marine Instrumental Records. cdiac.esd.ornl.gov.
40. Centre for Atmospheric Science. 1998. Part Ⅱ: Recent Ozone Loss over Antarctica. ch.cam.ac.uk/group/atm.
41. EANET. 2021a. Fourth Periodic Report on the State of Acid Deposition in East Asia - PART Ⅰ: Regional Assessment.
42. EANET. 2021b. Fourth Periodic Report on the State of Acid Deposition in East

Asia – PART Ⅲ: Executive Summary.
43. EMEP. 2012. EMEP/CCC Reports. projects.nilu.no.
44. Environment Canada. 2012. World Ozone Monitoring and Mapping. exp-studies.tor.ec.gc.ca.
45. European Space Agency. 2008. 2008 ozone hole larger than last year. esa.int.
46. Fahey DW *et al.* 2010. Twenty Questions and Answers About the Ozone Layer: 2010 Update. Scientific Assessment of Ozone Depletion: 2010. WMO.
47. Federal Environment Agency. 1989. Responsibility means doing without: how to rescue the ozone-layer. Umweltbundesamt.
48. Galloway JN *et al.* 1982. The composition of precipitation in remote areas of the world. Journal of Geophysical Research 87(11): 8771–8786.
49. Galloway JN *et al.* 1989. Processes controlling the concentrations of SO_4^-, NO_3^-, NH_4^+, H^+, HCOOT and CH_3COOT in precipitation on Bermuda. Tellus 41B: 427–443.
50. Galloway JN, Gaudry A. 1984. The composition of precipitation on Amsterdam Island, Indian Ocean. Atmospheric Environment 18(12): 2649–2656.
51. Howells GP. 1990. Acid Rain and Acid Waters. Ellis Horwood.
52. Ichikawa Y, Hayami H, Fujita S. 1998. A Long-Range Transport Model for East Asia to Estimate Sulfur Deposition in Japan. Journal of Applied Meteorology 37(10): 1364–1374.
53. IEA. 2004. CO_2 Emissions from fuel combustion 1971–2002. www.iea.org.
54. IEA. 2021. iea.org.
55. IPCC. 2007. Forth Assessment Report.
56. IPCC. 2014. Fifth Assessment Report.
57. IPCC. 2021. AR6 Climate Change 2021: The Physical Science Basis.
58. IPCC. 2023. Sixth Assessment Report.
59. Jones PD *et al.* 2004. Global and Hemispheric Temperature Anomalies: Land and Marine Instrumental Records (1850–2015). Carbon Dioxide Information Analysis Center, ESS-DVE repository.
60. Kuribayashi M *et al.* 2012. Long-term trends of sulfur deposition in East Asia during 1981–2005. Atmospheric Environment 59: 461–475.
61. Miloshevich L. 2012. Carbon Dioxide (CO_2) and Temperature Measurements. milo-scientific.com.
62. Ministry of Environmental Protection of the People's Republic of China. 2010. Report on the State of the Environment in China 2009.
63. Ministry of the Environment Government of Japan. 2009. Report of the Long Term National Acid Deposition Monitoring in Japan.
64. NADP. 2012. NTN Maps. nadp.sws.uiuc.edu.
65. NADP. 2022. National Atmospheric Deposition Program 2021 Annual Summary.

66. NASA. 2011. The Carbon Cycle. earthobservatory.nasa.gov, NASA Earth Observatory.
67. NASA. 2012. Total Ozone Mapping Spectrometer. ozoneaq.gsfc.nasa.gov, Ozone & Air Quality.
68. NOAA. 2023. Trends in Atmospheric Carbon Dioxide. gml.noaa.gov.
69. NOAA. Data Visualization– Mauna Loa, Hawaii, United States. 2022. gml.noaa.gov, Global Monitoring Laboratory.
70. OECD. Statistics. oecd–ilibrary.org, OECD iLibrary.
71. Olivier J, Janssens–Maenhout G, Peters J. 2012. Trends in global CO_2 Emissions: 2012. PBL Netherlands Environmental Assessment Agency, Publications Office of the European Union.
72. Park CC. 1987. Acid rain: Rhetoric and Reality. Methuen & Co.
73. Seinfeld JH. 1986. Atmospheric Chemistry and Physics of Air Pollution. John Wiley & Sons.
74. Seinfeld JH, Pandis SN. 1998. Atmospheric Chemistry and Physics: From Air Pollution to Climate Change. John Wiley & Sons.
75. Streets DG *et al.* 2000. Sulfur dioxide emissions in Asia in the period 1985–1997. Atmospheric Environment 34(26): 4413–4424.
76. Stumm W, Morgan JJ. 1990. Aquatic Chemistry: An Introduction Emphasizing Chemical Equilibria in Natural Waters (2nd Ed). John Wiley & Sons.
77. UNEP/GRID–Arendal. 2008. Graphics. grida.no.
78. UNFCCC. 2022. unfccc.int.
79. US DOE. 2008. Carbon Cycling and Biosequestration: Report from the March 2008 Workshop. U.S. Department of Energy Office of Science.
80. Wikipedia. 2012. Temperature and CO_2 Records. en.wikipedia.org.
81. WMO/UNEP. 2010. Scientific Assessment of Ozone Depletion: 2010. csl.noaa.gov.
82. WMO/UNEP. 2018. Scientific Assessment of Ozone Depletion: 2018. csl.noaa.gov.
83. WMO/UNEP. 2022. Scientific Assessment of Ozone Depletion: 2022. csl.noaa.gov.
84. Zhang Q *et al.* 2009. Asian emissions in 2006 for the NASA INTEX–B mission. Atmospheric Chemistry and Physics 9(14): 4081–4139.

제 8 장

실내공기오염

우리는 숨을 쉴 때 공기 중의 다양한 물질에 노출된다. 특히 대부분의 시간을 건물 안에서 보내기 때문에 실내공기는 인체 건강에 큰 영향을 미친다. 실내의 공기질에 영향을 주는 주요 요인은 건축자재, 실내 가구와 벽지, 그리고 실내 활동이다. 건축자재, 가구와 벽지에서는 종류와 사용 시간에 따라 다양한 휘발성 유해 화학물질이 발생할 수 있다. 이들 화학물질이, 새로 지은 집에 입주하면 발생하는 인체 이상 증상, 즉 새집증후군(sick building syndrome, SBS)을 일으킨다고 알려져 있다. 요리, 냉난방, 걷기, 뛰기 등의 실내 활동은 마모로 인한 입자상 오염물질 발생, 바닥 먼지 재비산, 그리고 조리 과정에서의 휘발성 유기화합물(VOCs) 발생을 유발한다.

최근에는 실내공기질의 중요성이 부각되면서 실내 환기 시스템을 도입하는 등의 노력이 확산하고 있지만, 실내공기오염 원인에 대한 명확한 메커니즘을 규명하는 연구는 아직 미흡한 상황이다. 이 장에서는 실내공기오염의 원인과 인체에 미치는 영향, 그리고 관리 대책에 대해 알아보고자 한다.

8·1 실내공기오염의 대두

8·1·1 실내공기질 관리의 필요성

건축자재, 실내 가구 및 가전제품이 다양해지고 사람들이 실내에서 보내는 시간이 늘어나면서 실내공기질 관리의 중요성이 점차 부각되고 있다. 실내 환경오염에 대한 연구는 실외 공기질의 영향 평가에서 출발하여 실내공기 오염물질의 발생원, 발생량, 예측 및 제어 관련 연구로 발전해 왔다. 우리나라에서는 대형 공공시설에 해당하는 지하철, 지하상가, 터널 등을 중심으로 공기질 현황을 파악한 일이 실내공기질 연구의 시작이다. 2004년 다중이용시설에 대한 「실내공기질 관리법」을 시행하면서 실내공기질 관리 및 개선 대책을 마련하였고, 이후 2021년까지 여러 차례 개정하여 신축 공동주택, 대중교통 차량, 건축자재 및 라돈 관리에 집중하고 있다.

실내공기오염은 실외 대기오염물질의 이동 및 실내 확산으로부터 영향을 받는다. 그러나 실내공기 오염물질과 복합적으로 작용하기 때문에 실내공기오염에 의한 건강상의 악영향 평가는 작업이 매우 복잡하다. 실내공기 오염물질의 배출원 관련 연구는 활발하게 진행되고 있지만 실내공기질 복합 노출에 관한 연구는 아직 부족한 실정이다. 또한 실내 가구 및 벽지 등의 자재와 실내 활동의 종류가 다양해짐에 따라 실내공기 오염물질의 발생 패턴을 평가하기 어려워졌고 이로 인해 실내공기 오염물질을 일괄적으로 관리하기 곤란한 상황이다.

미국의 국립산업안전보건연구소(National Institute for Occupational Safety and Health, NIOSH)는 실내공기질(indoor air quality, IAQ) 조사를 수행하고 데이터베이스화하는 작업을 진행해 왔으며 실내공기질로 인한 질병에 관한 연구로 조사 목적을 확장하였다. NIOSH의 연구 결과를 바탕으로 실내공기오염과 관련한 공중보건의 중요성을 인식하기에 이르렀다. 선진국 대부분은 환경부 산하에 실내공기질 관리를 전담하는 제도적 · 행정적 · 학문적 관리 체계를 갖추고 있다.

새롭게 등장한 건축자재들은 추가적인 화학물질 방출 및 인체 노출과 같은 문제를 야기하고 있다. 또한 최근 탄소중립을 위한 에너지 관리가 강조됨에 따라 건물의 에너지 효율성과 기밀성이 중요해졌다. 이러한 변화로 공기조화 설비의 설계 및 설치를 촉진하는 등 실내공기 관리의 필요성이 더욱 증대하였다. 실내공기 관리 기술은 현재 고부가가치의 기술로 각광받고 있다. 또한 상업적 목적의 사무실이 가정 사무실이나 가정 내 근무로 전환되면서 실내에서의 활동 영역이 확장되었다. 이에 따라 실내공기질을 관리하기 위한 실내 환기 시스템의 필요성이 한층 높아졌다. 이상의 고려 사항을 토대로 학술 연구와 기술 개발을 지속적으로 진행하면서 건물 내 에너지 효율과 공기질 개선을 동시에 이루는 해법을 찾아내는 데 주력하고 있다.

실내공기 오염물질에 의한 인체 건강 피해를 규명하는 연구는 의학 분야의 역학 연구로부터 시작되었다. 호흡기 질환 환자들을 대상으로 실내공기 오염물질의 노출 농도 및 시간과의 상관분석 연구를 수행하여 과학적 증명을 시도하였다. 이를 통해 허용 가능한 실내공기 오염물질 수준을 결정하였다. 최근에는 역학 연구에서 확인된 결과를 바탕으로 동물실험을 활용하여 실내공기 오염물질의 유해성 평가를 실험적 자료로 제공하고 있다. 이렇게 실내공기오염의 원인을 밝혀내고 인체 위해성을 평가하기 위한 연구가 진행됨에 따라 실내공기질이 인체 건강에 큰 영향을 미친다는 국민적 공감대가 형성되고 다양한 연구를 위한 과학적 근거가 마련되었다.

과거에는 현장에서 화학물질을 취급하는 근로자에 비해 사무실 근로자에게는 유해 화합물로 인한 건강상 영향이 적다고 알려져 있었다. 초기에 미국 산업안전보건청(Occupational Safety and Health Administration, OSHA)은 현장 근로자의 직업상 노출에 따른 건강 영향을 바탕으로 허용기준을 설정하여 운영하였다. 이 자료를 기초로 미국산업위생전문가협의회(American Conference of Governmental Industrial Hygienists, ACGIH)에서는 허용농도(threshold limit value, TLV)와 생물학적 노출지수(Biological Exposure Indice, BEI)를 제정하였고 매년 발표하는 권고 기준을 생산 현장에서 활용해 왔다. 그러나 실내공기질의 복잡성이 커지면서 현장 근로자뿐만 아니라 사무실 근로자와 가정의 실내 생활자에게도 적용해야 한다는 인식이 확산하였다. 다만 실내공기질에 대해서는 TLV 기준보다 훨씬 낮은 수치를 적용해야 한다.

우리나라에서 일반 실내 및 다중이용시설 내 환경은 환경부가 「실내공기질 관리법」에 따라 관리한다. 반면에 사업장의 작업환경은 고용노동부가 「산업안전보건법」에 따라 구분하여 관리한다. 이러한 방식을 통해 각각의 환경에 적합한 관리 방안 및 규제를 적용하고 있다.

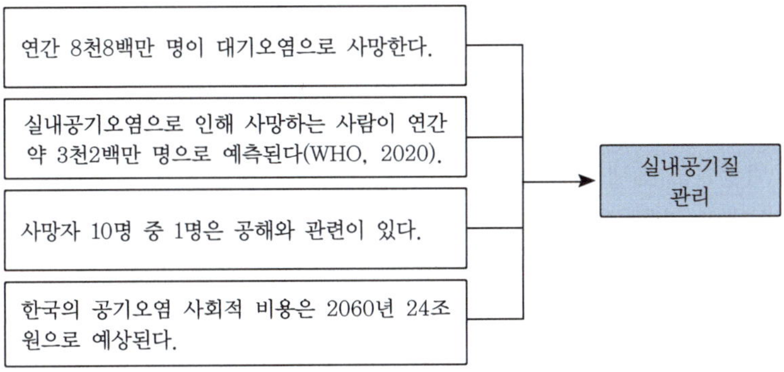

그림 8-1 실내공기질 관리의 필요성[González-Martin *et al.*, 2021]

8·1·2 실내공기질 관리 목표

실내공기질 관리의 목적은 실내공기에 노출되는 국민의 건강을 보호하고 환경상의 위해를 예방하는 데 있다. 이러한 목적을 달성하기 위한 과학적인 목표는 세 가지 인자의 영향으로부터 안전하도록 노력하는 일이다. 즉 ①실내에 머무는 재실자의 열 환경 수용도(thermal acceptability)를 고려하고, ②호흡기계 기체상 물질의 정상 농도를 유지하며, ③오염 상태의 공기가 건강상 문제 및 불쾌한 냄새를 유발하지 않도록 오염물질을 제거하고 환기하는 과정을 포함해야 한다.

현재 1,000가지 이상의 오염물질이 실내공기 중에서 분석되었다. 실내공기 오염물질은 연소상 생성 물질, 화학물질, 호흡성 먼지 등의 미세먼지, 호흡 대사물질, 생물성 물질, 라돈, 기타 냄새 물질로 구분한다. 이러한 오염물질은 불쾌감을 유발함과 동시에 다양한 이상 증상을 야기할 수 있다. 예를 들어 새집증후군의 증상으로는 두통, 현기증, 메스꺼움, 졸음, 눈 자극, 기침 등이 나타난다. 이러한 증상은 재실자가 해당 환경을 떠나면 증세가 사라지는 특징이 있다. 즉 환경 노출이 없으면 쾌유하거나 발생하지 않는다. 그러나 새집증후군은 장기적으로 재실자의 건강을 크게 위협하고 생산성과 능률을 떨어뜨린다고 알려져 있다.

우리나라는 「실내공기질 관리법」을 통해 다중이용시설, 공동주택, 대중교통 차량 및 관련

시설의 실내공기질을 상시 측정하여 실내공기질의 유지 및 권고 기준을 초과하는지 여부를 확인하며 관리하고 있다. 추가적으로 실내공기질에 큰 영향을 주는 건축자재와, 폐암 등 폐질환을 일으키는 유독물질인 라돈을 집중 관리하고 있다.

8·2 실내공기 오염물질의 발생원

실내공기 오염물질은 물리 · 화학 및 생물학적 형태로 존재한다. 현재까지 조사된 실내공기 오염물질은 1,000여 종에 이르며 새로운 소재 개발 등 실내 환경의 변화에 따라 실내공기 오염물질의 종류도 증가할 것으로 예상된다. 실내의 물리적 특성인 온도, 습도, 조도, 환기 상태 등이 실내공기 오염물질의 생성과 농도에 영향을 미친다. 궁극적으로는 실내공기 오염물질의 종류와 농도를 결정하는 다양한 실내 환경조건에 따라 실내공기질이 달라진다.

실내공기 오염물질은 실내에서 생성되거나 오염물질을 포함한 외부 공기가 실내로 유입되어 발생한다. 실내의 경우 건축자재 및 각종 가구와 기기로부터 실내공기 오염물질이 발생할 수 있다. 또한 조리와 이동 및 기기 사용 등 다양한 실내 활동 과정에서 실내공기 오염물질이 발생한다. 최근에는 조리 과정에서 발생하는 고농도 유해물질인 조리흄(cooking fume)이 심각한 사회 문제로 대두되었다. 실외에서 발생한 오염물질은 환기 및 통풍 등을 통해 실내로 유입되어 실내공기질에 영향을 준다. 실외에서는 산업 활동에 따른 화학물질, 자동차 배기가스, 농업 활동 등에서 오염물질이 생성된다. 그림 8-2는 실내 환경에서의 오염물질 발생 및 예상 이동 경로이다.

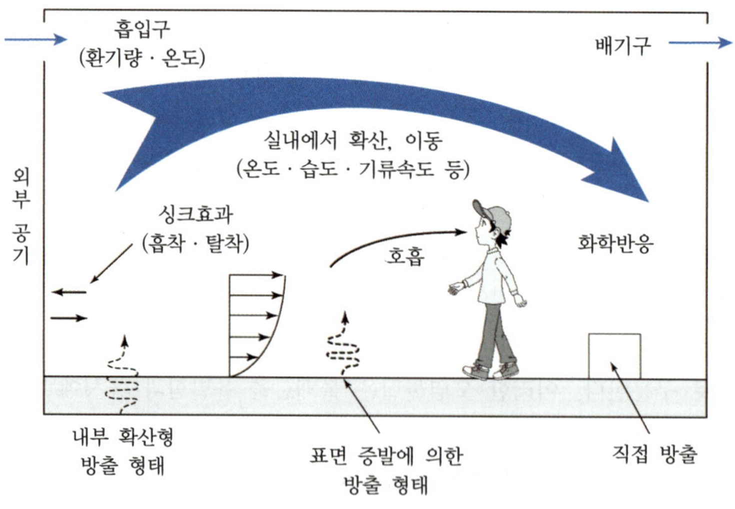

그림 8-2 실내 환경에서의 오염물질 발생 및 이동

8·2·1 일반 실내의 공기오염

실내에서 생활하는 시간이 늘어남에 따라 실내공기질 관리의 중요성이 강조되고 있다. 실내공기질에 관한 연구는 외기 오염물질이 실내공기질에 영향을 줄 수 있다는 문제를 인식하면서 본격적으로 시작되었다. 외기 오염물질의 발생원, 발생량, 예측과 제어에 관한 연구를 통해 실내공기질을 결정하고자 하였다. 이후 실외 대기오염물질 외에 실내에서 자체적으로 대기오염물질이 만들어질 수 있다는 개념이 생겨났다. 실내에 놓인 다양한 가구와 기기 및 자재에 의한 오염물질의 발생과, 조리 등의 실내 활동으로 인한 오염물질의 발생이 실내공기질을 결정하는 주요한 요소로 등장하였다. 종합적으로 보면 실내공기질을 결정하는 요인은 ① 실내 물건 및 활동으로 인해 발생하는 실내공기 오염물질의 종류와 농도, ②실내 및 실외 대기오염물질의 이동(예 희석)을 결정하는 환기 방법 및 양, ③실내 환경의 물리적인 조건(예 온도, 습도)으로 구분할 수 있다.

우리나라에서는 지하철, 지하상가, 터널 등을 중심으로 실내공기질 현황을 파악하기 위한 실내공기 오염물질 측정을 시작하였다. 2004년 다중이용시설에 대한 「실내공기질 관리법」이 시행되었으며, 실내공기질에 관한 효과적 관리 대책을 세우고 시행하기 위한 연구를 수행해 오고 있다. 일반 실내공기 오염물질의 종류와 주요 발생원은 그림 8-3과 같다.

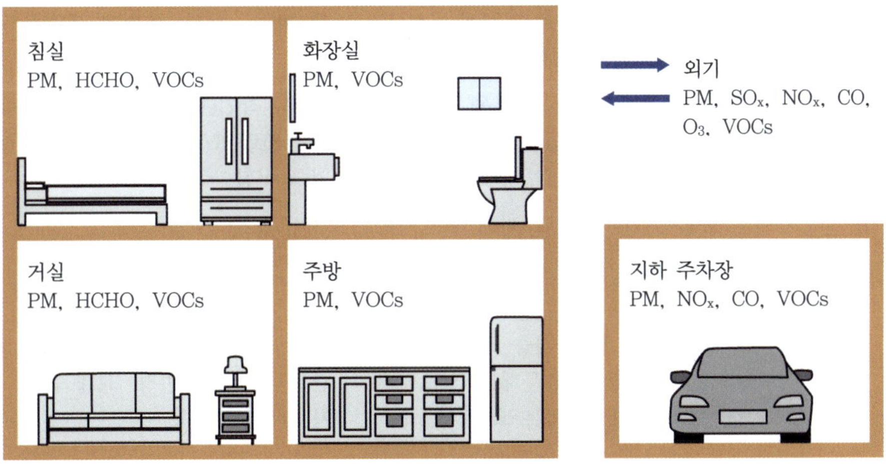

그림 8-3 일반 실내공기 오염물질과 주요 발생원

8·2·2 작업환경의 공기오염

오늘날 직종의 전문화 및 분업화, 기술의 첨단화 및 과학화로 인해 노동자의 작업 능력과 건강을 저해하는 유해 요인이 증가하고 있다. 이러한 작업환경에서 발생하는 먼지, VOCs,

각종 유해가스, 고열, 고압, 저온, 소음, 진동, 조명, 전리방사선 등을 체계적이고 과학적이며 전문적으로 관리할 필요성이 대두되었다. 노동력과 건강 간의 관계를 보다 심도 있게 연구하여 작업자의 직무에 적합한 환경을 제공할 수 있는 기초 학문의 중요성이 본격적으로 강조되었다. 이같은 문제를 해결하기 위한 학문 분야로 산업보건이 등장하였다. 산업보건의 목적은 근로자의 육체적 · 정신적 · 사회적 건강을 고도로 유지 및 증진하여 작업 조건으로 인한 질병을 예방하고 근로자가 생리적으로나 심리적으로 적합한 환경에서 일하도록 하는 데 있다. 이를 통해 근로자의 건강을 보호 · 증진하고 나아가 노동생산성을 향상할 수 있다.

작업환경은 오염물질의 종류, 발생원 및 발생량 측면에서 일반 실내 환경과 구별된다. 작업환경에서 근로자에게 직업성 질환, 즉 직업병을 일으키는 유해 인자는 표 8-1과 같이 물리적, 화학적, 생물학적, 기타 요인으로 구별할 수 있다.

표 8-1 작업환경에서의 유해 요인

구 분	특 징	유해 요인
생물학적 · 감염성 위험 요인	감염 환자의 피부나 체액 접촉을 통해 다른 사람에게 전염될 수 있는 감염 요인	혈액 매개 병원체(HepB, HepC, HIV), 백일해, 홍역, 볼거리, 풍진, 감기, 인플루엔자, 황색포도상구균, A군과 B군 연쇄상구균, 결핵, 거대세포 바이러스, 헤르페스 바이러스
화학 위험 요인	약물, 용액, 기체, 증기, 에어로졸 및 입자상 물질로 인체에 독성 또는 자극을 일으킬 수 있는 요인	항균제, 항생제, 항암제, 방부제, 살균제, 비누, 세제, 표백제, VOCs
환경-기계적 위험 요인	사고, 부상, 과중, 불편을 유발하거나 악화할 수 있는 작업장 요인	물리적 작업(들기, 구부리기, 회전하기), 찔림(뾰족한 물건), 미끄러짐, 걸려 넘어짐, 추락
물리적 위험 요인	작업장 내 요소로 인해 에너지가 전달되어 조직 손상을 일으킬 수 있는 요인	방사선 노출, 소음
심리 · 사회적 위험 요인	스트레스, 업무 과중 또는 근로자 간의 인간관계 문제를 일으키거나 악화할 수 있는 요인	언어적 폭력, 스트레스(연장 근무, 장시간 근무, 일정 변경, 교대 근무, 관리자 지원 부족 등)

[Walton & Rogers, 2017]

8·3 주요 오염물질의 유해성

실내공기 오염물질의 인체 영향은 오염물질의 유해성과 노출 정도에 따라 결정된다. 즉 실내공기 오염물질의 종류 및 농도, 인체 노출 기간이 인체 유해성의 중요한 인자가 된다. 일반적으로 실내공기 오염물질의 유해성은 세포 및 동물 실험을 거쳐 결정한다. 오염물질의 노출 농도와 기간은 다양한 노출 시나리오를 이용하여 결정한다.

실내공기 오염물질의 노출 경로는 호흡기를 통한 흡입노출과 피부 접촉을 통한 경피노출로 나뉜다. 특히 흡입노출에 의한 인체 유해성이 경피노출에 비해 크기 때문에 실내공기 오염물질의 흡입 독성 및 인체 노출 정도를 파악하는 일이 중요하다. 성인 기준으로 하루 호흡량은 10,000~20,000 L/day이다. 호흡에 의한 공기 흡입량은 신체 활동에 따라 다르지만 일정 수준을 유지한다. 따라서 실내공기 오염물질은 호흡기계에 급성 또는 만성적으로 영향을 줄 수 있다. 흡입된 실내공기 오염물질은 호흡기계에서 여러 반응(화학적, 용해성, 지용성)을 통해 혈액에 흡수되고 이후 다른 장기로 이동한다. 결국 실내공기 오염물질이 호흡을 통해 체내로 유입되면 인체 모든 기관에 영향을 줄 수 있다. 호흡을 통해 인체로 유입된 실내공기 오염물질이 유발하는 대표적인 인체 건강상 영향은 다음과 같다.

1) **호흡기 증상**: 미립자 물질, VOCs, NO_2 등의 실내공기 오염물질에 노출되면 눈, 코, 목, 폐를 자극하여 기침과 쌕쌕거림, 숨가쁨과 같은 호흡기 증상을 유발한다.
2) **심혈관 질환**: 일산화탄소, 미세먼지와 같은 실내공기 오염물질은 심장에 영향을 미쳐 심장마비, 뇌졸중 및 기타 심혈관 질환의 위험을 높일 수 있다.
3) **신경 독성**: 납, 수은 및 특정 VOCs와 같은 실내공기 오염물질에 노출되면 신경계에 영향을 미치고 두통, 현기증 및 기억력 감퇴를 유발한다.
4) **암**: 라돈, 간접흡연과 같은 실내공기 오염물질에 장기간 노출되면 특정 유형의 암 발병 위험이 높아질 수 잇다.
5) **면역체계 영향**: 실내공기 오염물질에 노출되면 면역체계가 약해져 감염과 질병에 더욱 취약할 수 있다.

이와 같이 실내공기 오염물질이 인체에 미치는 영향은 전반적으로 심각하고 오래 지속될 수 있으므로 실내공기 오염물질의 발생을 막고 노출을 줄이기 위한 조치를 취해야 한다. 주요 실내공기 오염물질의 특징과 인체 유해성은 다음과 같다.

8·3·1 담배 연기

흡연은 크게 직접흡연(능동흡연, active smoking)과 간접흡연(수동흡연, passive smoking)으로 구분한다. 이 중 실내 환경에서는 간접흡연에 주목해야 한다. 간접흡연이란 비흡연자가 실내에서 담배의 연소 화합물에 노출되는 일을 말하며 환경흡연(environmental tobacco smoke, ETS)이라고도 한다. 담배 연기는 주류연과 부류연으로 구분한다. 주류연(main stream smoke)은 흡연 시 직접 입안으로 빨려 들어오는 연기를, 부류연(side stream smoke)은 담배 연소 시 흡연자의 체내를 거치지 않고 환경에 직접 배출되는 연기를 의미한다. 담배가 연소할 때 먼지, 일산화탄소, 이산화탄소를 비롯한 4,000여 종의 오염물질이 발생하므로 실내 오염물질의 중요한 발생원 중 하나로 볼 수 있다. 영 · 유아나 태아에게는 간접흡연이 치명적인 결과를 초래한다는 보고가 있으므로 특히 주의해야 한다. 공공이용시설의 경우 대부분 금연구역으로 지정·운영하고 있어 실내 흡연이 가능한 장소를 찾기 어려워졌다.

일반 담배의 대체재로 다양한 형태의 전자담배(액상형 전자담배, 궐련형 전자담배, 하이브리드 전자담배 등)가 등장한 이래로 전자담배의 시장 규모가 매년 증가하는 추세이다. 예를 들어 액상형 전자담배의 경우 2018년 기준으로 우리나라에서 8억 7,430만 달러의 매출을 기록하였다. 전자담배는 일반 담배에 비해 오염물질의 발생이 적다는 연구 결과가 발표된 바 있지만, 여전히 안전성에 대한 문제가 제기되는 실정이다. 전자담배가 일반 담배에 비해 상대적으로 불쾌도가 낮기 때문에 실내 흡연 시 취약하다고 알려져 있다. 이에 간접흡연으로 인한 피해 사례가 적지 않게 발생하고 있다.

입자상 물질(대부분 호흡에 의해 폐로 침투할 수 있는 크기인 1 μm 이하)과 기체상 물질을 포함한 주류연 또는 능동흡연이 건강에 해롭다는 사실은 이미 잘 알려져 있다. 그런데 담배 연기가 건강에 미치는 영향에 관한 실험적 또는 의학적 증거를 보면 부류연과 관련한 건강상의 폐해도 쉽게 확인할 수 있다. 예를 들면 부모가 담배를 피우는 가정에 살고 있는 아이들은 부모가 담배를 피우지 않는 가정의 아이들과 비교해 볼 때 폐 질환을 더 많이 앓는 것으로 확인되었다. 또한 부모가 담배를 피우면 생후 1년 이하의 아이들에게 심각한 호흡기 질환이 유발되는 것으로 나타났다. 담배를 피우는 어머니를 둔 다섯 살 이하의 아이들은 어머니가 담배를 피우지 않는 아이들보다 더 높은 질병 발생률을 보였다. 이 어린이들은 주로 호흡기 질환 때문에 병원 방문 횟수가 많고 입원 기간이 긴 것으로 조사되었다.

관상동맥질환을 앓는 환자가 흡연자 옆에 있을 경우 운동 후 협심증 또는 후두염이 일어날 가능성이 높아지는 것으로 나타났다. 금연자일지라도 작업환경에서 담배 연기에 계속해서 노출되면 소기관지의 기능이 심각하게 떨어진다는 사실도 밝혀졌다. 노동자가 흡연자와 같이 있는 환경의 문제점은, 작업환경에 있는 발암물질(예 석면, 우라늄)과 담배 연기가 일으키는 상승효과로 인해 보다 더 심각하다. 담배 연기는 다음과 같이 다양한 질환을 유발한다.

1) **심혈관 질환**: 심장 발작, 뇌졸중과 말초동맥질환을 포함한 심혈관 질환의 위험을 높인다.
2) **암**: 폐암, 후두암, 구강암 및 방광암을 포함한 여러 암의 원인이 된다.
3) **호흡기 질환**: 호흡기를 자극하여 기침과 쌕쌕거림을 유발하고 만성폐쇄성폐질환(COPD)의 위험을 높인다고 알려져 있다.
4) **생식 독성**: 여성의 불임과 저체중아 출산 및 조산을 유발하는 등 생식 건강에 해를 끼칠 수 있다.
5) **면역체계 질환**: 면역체계가 약해져 감염과 질병에 더욱 취약해진다.
6) **인지기능 저하**: 인지기능을 떨어뜨리고 나아가 치매 위험을 높인다.

담배 연기는 직접흡연에 의한 질환뿐만 아니라 간접흡연으로 인한 피해로도 이어질 수 있기 때문에 담배 연기에 대한 관리가 필요하다. 실질적으로 간접흡연에 따른 담배 연기의 독성을 직접흡연과 비교했을 때 정도의 차이가 있지만 발생 가능한 질환은 유사하다고 알려져 있다.

8·3·2 석면과 섬유상 입자

석면(asbestos)은 섬유 형태의 규산광물을 총칭하는 용어이다. 석면은 규소, 수소, 마그네슘, 철, 산소, 칼슘, 나트륨 등의 원소를 함유하며 기본 구조는 산화규소(SiO_4)이다. 석면 입자는 직경이 1μm 이하이고 길이가 최대 수 밀리미터인 길고 가는 바늘 모양이며 끝이 뾰족하여 조직에 쉽게 침투하는 특성이 있다. 석면이 인체로 흡입되면 폐에 깊숙이 박혀서 폐 손상을 일으키며 자연적으로 제거되기 어렵다. 또 석면은 강하고 내구성이 있어 파손과 화학적 분해에 매우 강하다. 따라서 석면이 인체에 유입되면 장기간 머물면서 건강상 문제를 지속적으로 일으킨다.

강한 내구성으로 인해 석면을 제품 원료로 사용할 시 강도와 안정성이 증가하고 열저항성, 내풍화성 등이 강화된다. 따라서 강도 및 내마모성을 필요로 하는 건축자재인 슬레이트, 비닐타일, 각종 시멘트 등에 사용되며 자동차의 브레이크 라이닝, 클러치 페이싱, 디스크 패드, 윤활제 · 접착제 · 페인트 등의 첨가제, 피복 전선, 기계 기구의 단열재, 방화 절연 등에도 사용된다. 가정 내에서는 온수 파이프, 전선 코드, 석유난로의 심지, 페인트 등과 같이 일상생활에서 쉽게 접하는 부분에 많이 사용된다. 석면은 자연적으로 발생하는 실리케이트 광물인 백석면, 악어석, 아모사이트, 트레몰라이트, 액티놀라이트 및 안토필라이트와 같은 광물로 만든다. 석면의 화학적 구성은 독성에 영향을 미치며 형태에 따라 위험성이 더 클 수 있다.

미국에서 발견된 석면의 약 68%는 마루타일, 시멘트, 지붕의 펠트와 널판지 시공 등과 같이 건설산업과 연관이 깊다. 또한 6%는 절연체와 음향기기 생산, 그리고 시멘트 가루로 부서지기 쉽거나 가루 형태이다. 영국과 미국의 사무실, 공공건물, 주택에서 80,000개/m^3(길이 0.5μm 이상)까지 발견된 일이 있다. 작업환경에서는 10^8~10^9개/m^3 범위까지 발견되었다. 과거에도 흡입이 빈번했을 것으로 추정된다.

섬유상 입자의 독성은 섬유상의 유형과 화학적 조성에 따라 다르다. 유리섬유와 같은 일부 섬유상 입자는 석면보다 독성이 적은 것으로 간주하지만 다량 흡입할 경우 여전히 건강에 위험을 초래할 수 있다. 석면과 섬유상 입자가 폐로 흡입되면 다음과 같은 심각한 건강상 문제를 일으킬 수 있다.

1) **염증**: 폐에 자극과 염증을 일으켜 흉터와 산화 스트레스를 유발한다.
2) **발암성**: 폐암 및 중피종을 포함한 암을 유발한다. 중피종은 폐와 복부의 내벽에 영향을 미치는 드문 유형의 암으로 대부분 석면의 흡입 노출로 인해 발생한다.
3) **폐섬유화**: 폐 조직이 뻣뻣해지고 섬유화된 상태인 폐섬유화를 유발한다. 폐섬유화는 호흡곤란과 폐 기능 저하로 이어지는 치명적인 질환이다.
4) **변이원성**: 변이원성, 즉 암 및 기타 질병의 위험을 높일 수 있는 유전적 돌연변이를 일으킬 수 있다.

8·3·3 포름알데히드

포름알데히드(formaldehyde, HCHO)는 반응성이 크고 물에 잘 녹으며, 합성요소 수지나 페놀-포름알데히드 수지 생산에 사용되는 중요한 공업화학약품이다. 이러한 수지는 칩보드, 건축용 섬유판, 합판, 합판제조품 등을 만들 때 주로 접착제로 활용된다. 또한 요소-포름알데히드의 농축물은 피복 가공공정, 종이 생산, 열 절연제 등에도 쓰인다. 섬유산업에서는 주름지지 않고 부서지지 않으며 불에 내성이 있고 빨아도 수축하지 않는 직물을 생산하는 데 포름알데히드를 사용한다. 포름알데히드는 대기 중에서 일어나는 광화학반응 과정에서도 생성된다. 또한 담배 연기, 연소 과정에서의 배출가스, 가구에서의 방출물, 건축자재, 포름알데히드 수지를 포함한 직물 등으로부터 배출되기도 한다.

이와 같이 포름알데히드가 다양한 소재로 활용되므로 실내 환경에 포름알데히드의 발생원이 다수 존재한다. 따라서 실외보다 실내에서 포름알데히드 농도가 일반적으로 높게 측정된다. 건물 내 포름알데히드의 농도는 신축 건물에서 가장 높고 시간이 지날수록 줄어들며, 온도 및 습도가 높을수록 농도가 높아진다. 일반적으로 포름알데히드에 노출되면 다음과 같은 질환이 발생할 수 있다.

1) **호흡기 질환**: 흡입하면 기침과 쌕쌕거림 및 가슴 답답함과 같은 호흡기 문제가 발생한다. 또한 천식 환자의 증상을 악화하며 기관지염과 폐렴을 유발할 수 있다.
2) **알레르기 반응**: 반복적으로 노출될 경우 피부염과 천식 등의 알레르기 반응을 일으킨다.
3) **비강암**: 수 ppm 이상의 고농도에 장기간 노출될 경우 비강과 인후 상부에 영향을 미쳐 비강암, 비인두암의 위험성을 높인다. 특히 흡연자에게 많이 나타나는 질환 중 하나이다.
4) **백혈병**: 노출 정도와 백혈병 발병 위험도는 관련성이 높다.
5) **생식 질환**: 자연유산, 조산, 저체중아 출산 등의 위험성을 높인다.
6) **눈과 피부 자극**: 피부를 자극하여 발진과 가려움증을 유발하고 눈, 코와 목 등에도 자극을 준다.

포름알데히드 농도가 0.1~0.5 ppm일 때 눈의 작열감, 눈물 흘림, 상부기도 자극 등의 증상이 나타난다. 포름알데히드의 냄새는 일반적으로 1 ppm 정도에서 느낄 수 있으나 0.05 ppm 수준에서도 느끼는 사람이 있다. 0.25~5 ppm에 노출되었을 때 급성천식과 같은 증상이 나타난다. 10~20 ppm의 농도에서 기침, 가슴 압박감, 두통, 심계항진 등이 나타나지만 허약한 사람의 경우 5 ppm 이하에서도 증상이 일어날 수 있다. 25~30 ppm의 농도에서는 폐부종 및 폐렴으로 이어질 수 있는 심각한 호흡기 손상을 유발한다고 알려져 있다. 수백~1,000 ppm에 노출되면 심각한 손상을 입어 폐기종이나 폐렴, 심지어는 사망에 이르기도 한다. 낮은 농도에서 계속 노출되었을 때 알레르기 반응이 유발된다는 보고도 있다. NIOSH나 OSHA에서는 작업장에서의 노출 시 포름알데히드가 발암물질로 기능할 가능성이 있다고 경고하였다.

참고로 포름알데히드의 농도 2, 6, 15 ppm 수준에서 동물에 장기간 노출시켰더니 희귀한 형태의 비암(nasal cancer)이 발병하였다는 동물실험 결과가 보고된 바 있다.

8·3·4 유기용제

유기용제로 통칭하는 VOCs는 물질을 녹일 때 주로 사용되며 용해 시 대상 물질의 성질을 바꾸지 않는 장점이 있다. 유기용제는 일반적으로 유지류를 잘 용해시키는 동시에 잘 스며들기 때문에 피부를 통해 쉽게 흡수된다. 체내에 흡수된 유기용제는 중추신경계 등 주요 기관까지 쉽게 침범할 수 있다. 유기용제는 휘발성이 커서 공기 중에 기체로도 존재하므로 유기용제가 피부에 직접 닿지 않아도 호흡기로 흡입되어 중독을 일으킬 수 있다. 유기용제는 용도에 따라 다양한 종류가 활용되며 탄화수소계, 할로겐 탄화수소, 알코올류, 에스테르류, 알데히드류, 케톤류, 글리콘류, 에테르류 등으로 분류한다.

유기용제의 일반적인 발생원으로는 건축자재, 세탁용제, 가구 설비, 살충제, 카펫 접착제, 페인트 등이 있다. 특히 톨루엔은 페인트, 래커, 코팅제, 염료, 페인트 제거제, 살충제, 약품 등의 제조 공장에서 용제로 쓰이며 화학물질, 인조고무, 직물, 그라비아 사진 잉크 등의 원료로도 사용된다. 주요 VOCs 물질 및 포름알데히드의 발생원과 인체에 미치는 영향을 표 8-2에 요약하였다.

인테리어 장식물과 건축자재도 VOCs를 포함하고 있으며 VOCs 발생은 신축 또는 재건축 건물에서 높게 나타난다. 유기용제는 내부 장식 용도의 코팅제, 섬유 물질에 들어 있기 때문에 실내공기오염의 주요 발생원으로 작용한다. 이러한 물질은 도료, 접착제, 카펫, 비닐타일류와 바닥재, 발광 화합물과 절연물질에 포함되어 스펀지(sponge)와 같은 형태로 발생원의 역할을 한다. 스펀지는 오염물질을 흡착하여 보유하고 있으면서 물질의 재방출과 흡수의 관계에서 평형을 유지한 상태를 의미한다. 스펀지로부터 VOCs가 방출되는 현상은 점발생원과 환기 효율, 화학반응, 인간 활동, 표면 흡수의 상호작용으로부터 영향을 받는다. 온도가 VOCs와 섬유상 물질의 발산에 직접적인 영향을 미치기 때문에 스펀지 효과는 실내공기오염에서 중요하다. 유기용제인 VOCs에 노출될 경우 다음과 같은 질환이 발생할 수 있다.

1) **호흡기 질환**: 눈, 코, 목에 염증이 생기거나 기침, 쌕쌕거림, 가슴 답답함과 같은 호흡기 문제가 발생한다. 또한 천식 증상을 악화하고 기관지염과 폐렴을 유발한다.
2) **신경학적 장애**: 두통과 현기증, 착란 및 기억상실을 포함한 신경학적 문제가 발생한다.
3) **암**: 벤젠 및 염화비닐과 같은 일부 VOCs는 발암성이 있으며 백혈병, 림프종 및 간암을 비롯한 여러 유형의 암 위험을 높인다.
4) **생식 문제**: 불임, 유산 및 선천적 결함을 포함한 생식 문제를 일으킨다.
5) **피부 및 눈 자극**: 눈 자극뿐만 아니라 발진 및 가려움증과 같은 피부 자극을 유발한다.
6) **간 및 신장 질환**: 트리클로로에틸렌과 같은 일부 VOCs에 노출되면 간이나 신장에 손상을 입혀 질환을 야기한다.

표 8-2 주요 VOCs 및 포름알데히드의 실내 발생원과 인체에 미치는 영향

물 질	단기 영향	장기 영향	발생원
벤젠	졸음, 현기증, 불규칙적 심장 박동, 두통, 떨림, 혼란	빈혈, 의식 상실, 사망(매우 높은 확률), 면역체계 약화	실외: 산불, 화산, 가솔린 실내: 세정제, 살충제, 담배 연기
톨루엔	두통, 현기증, 의식 상실	임신 관련(출산 지연, 조산, 선천적 기형, 출생 후 발달 지연, 인지 장애), 시력 및 청력 손실	실외: 바이오디젤 실내: 페인트, 페인트 세척제
m-자일렌	눈 · 피부 · 코 · 목의 과민증상, 현기증, 흥분, 졸음, 협응력 저하, 비틀거림, 각막 액포화, 식욕 부진, 구토, 복통, 피부염	위장 출혈, 간 손상, 신장 손상	실외: 자동차 배기가스, 용매 사용 시, 위험 폐기물 처리 장소
o-자일렌	현기증, 졸음, 두통, 구토, 피부 건조, 홍조, 통증, 작열감(화상감), 복통	신경계 손상, 청력 손실, 생식 발달에 악영향(동물실험 결과)	
에틸벤젠	눈 · 피부 · 점막의 경련, 두통, 피부염	혼수상태	실외: 자동차 배기가스 실내: 청소용품, 페인트, 살충제, 용매, 접착제, 바니시
포름 알데히드	눈 · 코 · 목의 자극	발암, 호흡기 질환(천식 등), 생식계 악영향	실외: 발전소, 배기가스, 제조 공장 실내: 건축자재, 담배 연기

[Soni *et al.*, 2018]

1 벤젠

벤젠(benzene, C_6H_6)은 특유한 냄새가 있는 무색의 휘발성 액체이다. 끓는점이 80.1℃이고 인화성이 강하며 증기는 폭발성이 있다. 벤젠은 석탄 또는 원유를 증류하여 생산한다. 벤젠은 스티렌(styrene), 페놀(phenol), 사이클로헥산(cyclohexane) 및 니트로벤젠(nitrobenzene)과 같은 여러 방향족화합물과 약품, 살충제, 세척제 등의 생산 원료로 사용된다. 벤젠을 추출용제로 일부 사용하기도 하지만 벤젠의 독성 때문에 일반적 목적의 용제 사용은 제한하고 있다. 벤젠은 가솔린, 톨루엔, 자일렌에도 불순물로 섞여 있다. 벤젠을 사용하는 석유화학 근로자, 벤젠을 사용하는 화학공업과 실험실 종사자, 합성 접착제 제조업자, 염료 생산자, 인쇄공, 신발 · 가죽 또는 고무제품 및 가구 공장에서 합성 접착제를 사용하는 근로자, 그리고 페인트 도장공 등은 벤젠에 노출될 가능성이 크다.

벤젠은 달콤한 냄새가 나며 1.5~5 ppm의 농도부터 냄새를 맡을 수 있다. 벤젠은 모든 경로(흡입, 경피, 경구)로 흡수되며 그중 흡입과 경구를 통해 노출되었을 때 흡수가 잘된다고 알려져 있다. 700~3,000 ppm의 벤젠에 노출되면 졸음이나 현기증, 두통, 떨림, 무의식을 유발하고 심박수가 비정상적으로 빨라지며 호흡기의 점막을 자극한다. 일반적으로 중추신경계 독성 증상은 고농도(3,000 ppm/5 min)의 벤젠을 흡입한 후 30~60분 지나면 명백하게 나타난다. 가벼운 영향으로는 두통과 현기증, 착란, 메스꺼움, 보행장애가 있고 시야가 흐려질 수 있다. 더 심각한 영향으로는 떨림과 호흡곤란, 무의식, 혼수상태, 사망 등이 있다. 벤젠은 호흡기에도 영향을 미쳐 20,000 ppm/5 min에 노출되면 폐부종과 무호흡을 유발할 수 있다(ATSDR, 2015; NIOSH, 2011).

실험용 쥐인 랫드(rat)에 벤젠을 흡입시키는 급성독성시험에서 LC_{50}(leathal concentration 50%)이 44.5 mg/L/4 hr로 나타났으며, 주요 병리학적 증상으로 폐와 간의 울혈 증상이 발생하고 중추신경계가 억제되면서 사망에 이를 수 있음이 확인되었다(ECHA, 2008). 고농도(200 ppm)의 벤젠에 반복적으로 노출되면 중추신경계 장애와 혈액학적 장애(예 혈소판감소증, 재생불량성빈혈, 범혈구감소증, 급성골수성백혈병)가 발생할 수 있다(ATSDR, 2015). 또한 벤젠은 10 ppm의 낮은 농도에도 만성적으로 노출될 경우 혈액학적 종양이 발생하는 발암물질이다.

2 톨루엔

톨루엔(toluene, $C_6H_5CH_3$)은 휘발성이 강하고 특유한 냄새를 유발하는 무색 액체이다. 톨루엔은 주로 원유에서 생성된다. 끓는점이 110.6℃이며 연소성이 있고 증기는 폭발성이 있다. 사카린(saccharin), 클로로아민-T(chloroamin-T), 트리니트로톨루엔(trinitrotoluene, TNT), 톨루엔디이소시아네이트(toluene diisocyanate), 염료 등 각종 화학물질을 합성하는 원료로 사용된다. 이 밖에 고무, 타르, 아스팔트 및 셀룰로오스, 페인트, 바니시의 용제로 쓰이기도 한다. 톨루엔에 노출될 위험성이 큰 업종은 톨루엔을 생산하는 정유화학, 톨루엔을 원료 또는 용제로 사용하는 화학 공장, 실험실, 염료 및 도료 생산업 등을 들 수 있다.

대부분의 톨루엔 노출은 흡입을 통해 발생하며 폐에서 쉽게 흡수된다. 톨루엔 냄새는 OSHA PEL(permissible exposure limit, 허용노출한계) 200 ppm의 1/25인 8 ppm에서도 식별할 수 있으며 달콤하고 향기로운 냄새가 난다(ATSDR, 2014). 톨루엔을 흡입하면 두통이나 현기증, 혼란, 메스꺼움, 판단력 장애, 보행장애 등 중추신경계 장애를 일으킨다. 고농도의 톨루엔을 흡입하면 의식을 잃고 심할 경우 사망에 이를 수 있다. 또한 톨루엔의 증기는 호흡기의 점막을 자극하며 대량 노출 시 폐부종이 발생하고 호흡이 정지할 수 있다. 랫드를 이용한 급성흡입독성시험에서 LC_{50}이 28.1 mg/L/4 hr로 나타났다(Hansen *et al.*, 2003). 톨루엔의 NOAEL은 20~48 ppm으로 알려져 있다. 200 ppm 이하의 톨루엔에 반복적으로 노출되면 두통, 피로, 메스꺼움이 발생할 수 있으며, 200~500 ppm에 지속적으로 노출되면 조정력 상실, 기억상실, 식욕 부진을 초래할 수 있다.

3 자일렌

자일렌[xylene, $C_6H_4(CH_3)_2$]은 전형적으로 방향을 풍기는 무색의 휘발성 액체이다. 자이렌은 유기합성의 기질, 또는 페인트와 래커의 희석제로 널리 사용되며 항공기 연료의 구성 성분이기도 하다. 자일렌을 생산하는 석유화학 근로자, 자일렌을 원료 혹은 용제로 사용하는 화학공업 또는 실험실 근무자, 페인트 작업자와 인쇄공(특히 윤전 그라비아공)은 자일렌에 노출될 위험성이 크다.

자일렌은 달콤하고 향기로운 냄새가 난다. 대부분의 자일렌 노출은 흡입에 의해 발생하며 폐에서 쉽게 흡수된다. 자일렌은 1 ppm에서도 감지할 수 있으며 이는 OSHA PEL인 100 ppm의 1/100 정도로 낮은 수치이다(ATSDR, 2014). 자일렌을 흡입하면 호흡기 자극, 졸음과 어지러움을 유발할 수 있다. 또한 고농도의 자일렌을 흡입하면 두통, 현기증, 반사작용 저하, 피로, 혼수상태 등 중추신경계에 영향을 미치며 기침과 메스꺼움을 동반한 폐 자극을 유발하여 화학적 폐렴과 폐부종이 발생할 수 있다. 자일렌은 랫드를 대상으로 한 급성흡입독성시험에서 LC_{50}이 6,350 ppm/4 hr으로 나타났으며(IUCLID 6), 랫드를 대상으로 한 발달독성연구에서 870 mg/m^3(200 ppm) 용량에 노출되었을 때 가장 큰 영향이 나타났다.

8·3·5 라돈 및 라돈 낭핵종

라돈(Rn−222)은 지구상에서 발견된 70여 가지 자연 방사성물질 중 하나이다. 무색 · 무취의 기체이고 액체 상태일 때도 색을 띠지 않는다. 라돈은 라듐(Ra)의 핵 분열 시 생성되며 반감기는 3.8일이다. 바위나 토양에 흔히 들어 있는 라듐의 감쇄 과정에서 라돈이 생성된다. 라돈이 발생할 수 있는 금속으로는 ^{218}Po, ^{214}Pb, ^{214}Bi, ^{214}Po, ^{210}Po 등이 있다.

라돈은 공기보다 9배 무겁기 때문에 지표 근처에 존재한다. 건물 지하실은 라돈의 발생원이자 축적 장소이다. 라돈이 건물 내부로 유입되는 과정은 굴뚝효과(stack effect)로 설명할 수 있다. 건물 내부에 있는 공기가 따뜻해지면 부력이 커져 상승하고 건물 외부의 공기가 창문, 벽 등의 각종 틈새로 유입된다. 이때 외부 공기에 포함된 라돈이 실내로 들어온다. 이러한 현상은 토양의 투과성, 기상, 구조물 특성 등의 영향을 받는다.

라듐이 1898년 먼저 발견되었고 1900년대 초반 라듐으로부터 라돈이 발견되었다. 의학 분야에서 라돈을 치료제로 사용한 일이 있지만 라돈을 인체에 노출하는 방식은 잘못된 치료법이다. 1930년대 이후 라돈의 위험성이 드러나면서 치료 목적의 라돈 사용을 금지하였다. 또한 라돈을 추적가스, 즉 화학반응에 대한 방사능의 효과를 연구하는 재료로도 사용하였지만 현재는 환경오염 조사 등에 제한적으로 사용하고 있다.

라돈의 농도는 Bq/m^3, pCi/L, WL(working level) 등의 단위로 표시한다. 1 Ci(퀴리, curie)는 방사선 붕괴 단위로 1초당 원자핵 3.7×10^{10}개의 붕괴를 의미한다. 따라서 1 pCi(10^{-12} Ci)는 1초당 핵 0.037개의 붕괴를 나타낸다. 1 Bq(베크렐, becquerel)은 SI 단위

(International System Units)로 핵이 1초당 1개 붕괴하는 방사능을 의미하므로 1 pCi는 0.037 Bq가 된다. 따라서 1 pCi/L는 37 Bq/m^3에 해당한다.

실내의 라돈 농도는 지역, 기상 조건, 외기의 라돈 농도, 건물의 건축자재, 토양·음용수 등의 라돈 함유량, 건축구조, 실내 환기 조건 등에 따라 결정된다. 라돈은 일반적으로 건축자재(예 흙, 시멘트, 콘크리트, 대리석, 모래, 진흙, 벽돌), 우물, 동굴, 천연가스 등으로부터 공기 중으로 방출된다. 주택의 경우 우라늄을 함유한 암석질 지반, 토양에 노출되기 쉬운 지하실을 갖춘 주택, 암석을 축열재로 사용하는 태양열주택 등에서 라돈 오염의 문제가 발생한다. 특히 환기시설이 불량한 지하실에서 라돈 농도가 높게 나타난다. 이와 같이 라돈은 자연계에 널리 존재하며 주로 건축자재를 통해 인체에 영향을 미치고 있다.

라돈은 장기간 노출 시 폐암 발병률을 급격하게 높여 흡연 다음으로 폐암을 많이 일으키는 주요 원인물질에 해당한다. 라돈이 폐암을 유발하는 물리·화학적 기작이 명확하게 증명되지는 않았지만 일반적으로 라돈을 흡입하면 방사성 붕괴 생성물이 폐 조직의 DNA를 손상시켜 암을 유발한다고 알려져 있다. 라돈 노출로 인한 폐암의 증상은 흡연으로 인한 폐암 증상과 유사하여 지속적인 기침, 숨가쁨, 흉통, 쌕쌕거림, 객혈 등이 나타난다. 라돈의 노출은 폐암 외에 백혈병 등의 발병률을 높인다는 연구 결과도 있다. 그러나 아직까지 라돈 노출과 다른 유형의 암 발병 사이의 연관성에 관한 연구는 부족한 실정이다. 라돈에 노출된 모든 사람이 폐암에 걸리지는 않지만 라돈의 노출 수준과 기간, 흡연 이력, 유전적 감수성과 같은 여러 요인에 따라 폐암 발병률이 달라진다. 결론적으로 라돈은 발암물질이며 폐암 발생 가능성을 없애기 위해 라돈의 노출을 최소화하는 일이 중요하다.

8·3·6 미세먼지

미세먼지(PM)는 대기 중에 부유하는 고체와 액체 입자의 혼합물로 정의하며 크기와 구성 성분, 발생 기원에 따라 특성이 달라진다. 실내 미세먼지의 발생 원인은 실외 대기의 유입과 실내의 자체적인 발생으로 구분할 수 있다. 실내 바닥에서 비산한 먼지, 흡연, 난방 및 취사용 연료의 연소, 사무기기의 사용 등이 실내에서 미세먼지가 발생하는 원인으로 확인되었다. 추가적으로 사람의 신체에서도 시간당 10 mg 정도의 먼지가 발생한다. 또한 대도시나 산업단지 지역에서는 산업 활동이나 연료 연소의 과정에서 배출된 기체 상태의 오염물질이 대기 중에서 반응하여 2차적으로 생성되기도 하며 실내에 유입되면 실내 미세먼지 농도에 영향을 미친다.

실내 미세먼지에 대한 규제는 국가 및 지역마다 다양하다. 대다수의 국가에서는 공중 보건을 위한 실내공기질 기준 및 지침을 이미 제정하였으며, 일부 지역에서는 건물에 특정 환기 및 여과 시스템을 설치하도록 한 건축법을 시행하고 있다. 우리나라에서는 정부가 미세먼지 및 기타 오염물질의 농도를 제한하는 실내공기질 유지기준을 제정해 실내 미세먼지 발생을 규제하고 있다. 미세먼지에 노출되면 다음과 같은 건강상 악영향을 초래할 수 있다.

1) **호흡기 질환**: 호흡기에 자극과 염증을 일으켜 기침, 쌕쌕거림, 숨가쁨, 천식 악화 등을 유발한다. 장기간 노출되면 만성폐쇄성폐질환의 위험도 증가한다.
2) **심혈관 질환**: 혈류로 유입되어 혈관을 손상시키고 심장마비, 뇌졸중 및 기타 심혈관 질환의 위험을 높인다.
3) **암**: 폐암을 포함한 다양한 암의 발병률을 높일 수 있는 발암물질[다환방향족탄화수소(PAHs), 중금속 등]이 함유되어 있다.
4) **신경학적 질환**: 중추신경계에도 영향을 미쳐 인지 장애, 기억력 저하, 심지어 치매까지 유발할 수 있다.
5) **생식 및 발달 장애**: 생식력 감소, 유산 및 선천적 결함 위험 증가 등 생식 건강에 해를 끼칠 수 있다. 미세먼지의 흡입노출에 의한 생식 및 발달 장애 유발의 명확한 메커니즘은 현재도 연구 중에 있다.

8·3·7 일반 대기오염물질

1 이산화황

이산화황은 화산가스와 광천에서 자연적으로 발생하며 인위적으로는 산업시설, 화력발전소, 가정 난방 등에서 사용하는 석탄과 석유의 연소 과정에서 발생한다. 무색이고 자극성 냄새가 나며 비가연성 폭발성 기체로 환원성이 있다. 이산화황은 대기 중에서 수분과의 반응을 통해 강산으로 변하여 호흡기를 비롯한 인체에 유해한 영향을 줄 수 있다. 눈, 코, 목, 폐 등의 호흡기계를 자극하여 호흡곤란과 기침, 인후통 등을 유발한다.

2 질소산화물

대기 중의 질소산화물은 생물학적 반응에 의해 자연적으로 상당량 생성되며 환경오염에 큰 문제가 되지 않는다. 그러나 화석연료의 연소에 의해 인공적으로 발생한 질소산화물은 인체에 유해한 영향을 끼친다. 실내에서는 취사용 프로판가스 기구의 사용, 흡연, 실내 건축자재, 난방연료(예 나무, 석탄, 가스, 석유) 연소로 질소산화물이 발생하고 외부에서 실내로 유입되기도 한다. 지하상가의 경우 각 점포에서 사용하는 가스 및 석유 난로 등이 발생원이며, 지하철역이나 지하도에서는 점포의 주방 연료인 프로판가스 등이 발생원으로 지목된다. 또한 지하 주차장과 터널의 경우에는 자동차 배기가스가 이산화질소의 발생원이다. 질소산화물은 호흡기계에 영향을 주어 기관지염, 폐렴 및 천식 등의 질환을 유발할 수 있다.

3 일산화탄소

일산화탄소는 무색 · 무미 · 무취의 기체로 무연탄, 각종 유류 등의 연료가 불완전연소할 때 발생한다. 온돌이라는 주거 양식을 사용해 온 우리나라는 1950년대 이후 연탄 보일러가 보급되면서 연탄을 취사 · 난방용 연료로 사용하기 시작하였다. 그 결과 30여 년간 연탄의 불완전연소로 인한 일산화탄소 중독 사건이 자주 발생하였다. 실내에서 일산화탄소는 취사 · 난방을 위한 연소 과정 외에 흡연에 의해서도 상당량 발생한다. 일산화탄소를 흡입하면 산소 공급의 부족으로 인한 뇌 손상, 심장마비, 심근경색 등의 심각한 질환을 유발할 수 있다. 장시간 노출될 경우에는 만성중독으로 이어져 생명을 위협하는 위험한 물질이다.

8·3·8 중금속

중금속은 비중이 보통 물의 5배 이상인 금속으로 현재 60여 종이 분류되어 있다. 이 중에서 40여 종은 산업위생 분야에서 문제시되고 있으며 특히 인체에 피해를 주는 중금속으로는 카드뮴, 크롬, 납, 수은, 비소, 아연, 니켈 등이 있다. 이러한 중금속은 산업 현장에서 호흡기를 통해, 또는 자연계의 먹이사슬을 따라 인체로 들어와 오랜 기간 동안 장기나 세포 조직에 축적되어 만성중독 증상을 일으킬 수 있다.

1 카드뮴

카드뮴은 주로 아연, 연-아연, 연-동-아연 광산에서 채취한다. 다른 금속의 도금, 플라스틱 제조업에서 안정제, 안료 등으로 사용한다. 또한 니켈-카드뮴 전지의 원료 또는 저온합금과 은땜에도 사용된다. 카드뮴이 인체에 노출되면 호흡기계와 신장 및 심혈관계 등에 영향을 미치며 심각할 경우 암이 발생할 수 있다. 카드뮴에 장기간 노출되면 중독 증상을 나타낼 수 있으며, 생물의 생장과 발육 및 번식에도 악영향을 미친다. 주로 공기와 물, 식품 등을 통해 카드뮴이 인체로 유입되며 특히 산업 현장에서 근무하는 경우 카드뮴 노출에 취약하다.

2 크롬

크롬은 전기도금, 안료, 가죽, 염색 등의 공장에서 사용된다. 또한 강철의 합금 또는 스테인레스, 시멘트, 내화벽돌의 제조에도 사용된다. 크롬의 한 형태인 6가 크롬(Ⅵ)의 독성이 강하다. 크롬(Ⅵ)이 호흡기나 경피 흡입 등을 통해 체내로 흡수되면 여러 유해한 생리작용을 일으킨다. 예를 들어 기관지 및 폐의 염증, 천식, 심장 및 신장 손상, 암 등 다양한 질병의 원인이 된다. 또한 크롬(Ⅵ)은 환경 중에도 오랜 기간 동안 안정적인 상태로 존재하므로 지하수나 토양 오염의 주요 원인 중 하나이다. 공공시설 및 가정 환경보다는 산업 현장에서 노출되는 경우가 일반적이다.

3 납

납은 바위, 흙, 식물 등 어디에나 소량으로 존재한다. 주요한 납 광석은 방연광(galena)이며 은, 구리, 비소, 안티모니, 비스무트, 주석 등의 황화물과 함께 존재한다. 또 다른 흔한 납 광석으로 백납광(cerussite)과 황산납광(anglesite)이 있다. 납은 채광, 제련, 정련, 2차제련을 거쳐 상업적으로 생산된다. 무기납은 축전지 제조의 주원료로 사용되고 크리스탈유리

제조 시 원료의 20~30%를 차지한다. 또한 도기의 광택을 내는 유약, 녹을 방지하는 방청 도료의 원료, 전선 피막, PVC 안정제 등으로도 사용된다. 이 외에 전자제품 공장 등에서 납땜 원료로 사용하는 등 사용처가 무척 다양하다. 유기납은 과거에 자동차의 노킹을 방지하는 노킹방지제로 사용되었다. 납은 공기를 통해 호흡기로 노출될 수 있으며 폐에 축적되어 호흡 장애나 중독 증세 등을 유발한다. 또한 인체에 흡수된 납이 골수에 축적되면 빈혈이 나타날 수 있다.

4 수은

수은을 발생하거나 사용하는 업종은 수은 광산과 수은의 제련 및 정련, 온도계 · 기압계 · 전기계기 등을 제조하는 곳이다. 그 밖에도 실험실에서의 금속수은 취급, 수은의 증류 작업, 유기수은의 제조, 화학공장에서의 뇌홍 제조와 사용, 수은 전극을 사용하는 전기 물체 등과 관련한 직종에서 발생한다. 수은에 노출되면 인체의 신경계, 혈액, 신장 등에 피해을 주어 중독 증세를 유발할 수 있다. 특히 임신 중인 여성이 수은에 노출되면 태아의 건강이 위협을 받는다.

8·3·9 생물성 먼지

생물성 먼지(bioaerosol)란 바이러스, 박테리아, 균류(fungi)를 비롯한 미생물(microorganism) 외에 아메바, 조류(algae), 진드기, 원생동물, 꽃가루 등 생물학적 오염물질을 통칭하는 용어이다. 19세기 루이 파스퇴르(Louis Pasteur)에 의해 생물성 물질이 처음 알려졌다. 생물성 먼지는 실내와 실외 모두 존재하며, 실내에 유입되면 습한 카펫, 벽, 부엌, 침실 등에서 번식한다. 또한 가습기, 냉방기, 냉각탑, 기계환기 시스템, 덕트(duct) 등은 미생물이 서식하기에 적합한 곳이다. 이러한 미생물은 자연환기나 기계환기 시스템의 입구 또는 급수 시설을 통해 유입될 수 있다.

생물성 먼지는 주로 주거 공간과 상업용 건물에서 호흡기계통을 통해 노출된다. 우리는 보이지 않는 실내외의 미생물, 독소와 휘발성 대사 산물에 늘 노출된다. 유기물의 노출도 외부 공기, 물, 인간, 음식물, 식물, 반려동물 등의 영향을 받을 수 있다. 환경 미생물은 습도, 온도, 물리적 · 영양적 기질에 따라 성장 속도가 변한다. 박테리아, 바이러스, 균류 등은 일상 생활환경에서 흔히 발생하며 실험실이나 병원에서 노출되기도 한다.

8·4 실내공기질의 관리

최근 들어 우리나라에서도 실내공기질 관리에 대한 관심이 높아졌다. 지하철, 체육관, 지하쇼핑센터, 백화점 등 다중이용시설의 공기질 관리가 이슈로 떠올랐다. 또한 가정 및 사무실과 같은 소규모 시설의 실내공기질에 대해서도 주목하고 있다(그림 8-4 참조). 가정 및 사무실의 소규모 공간에서는 여과 집진, 흡착 제거, UV 산화 등의 기술을 조합하여 활용하거나 환기 시스템을 통해 실내공기 오염물질을 제어한다(그림 8-5 참조). 최근에는 환기 시스템에 필터를 장착하여 사용하는 경우가 많다. 다중이용시설에서는 주로 대규모 환기시설을 이용하여 실내공기 오염물질을 제어한다. 일반적으로 환기시설은 흡입 후드, 이송 덕트, 오염물질 제어를 위한 공기정화기, 흡입 및 이송 에너지원인 송풍기, 굴뚝 등으로 구성된다. 이 절에서는 작업환경의 실내공기질 관리를 위한 환기의 기본 이론과, 건물의 실내공기 환경에 관한 공중보건적인 대책을 다루고자 한다.

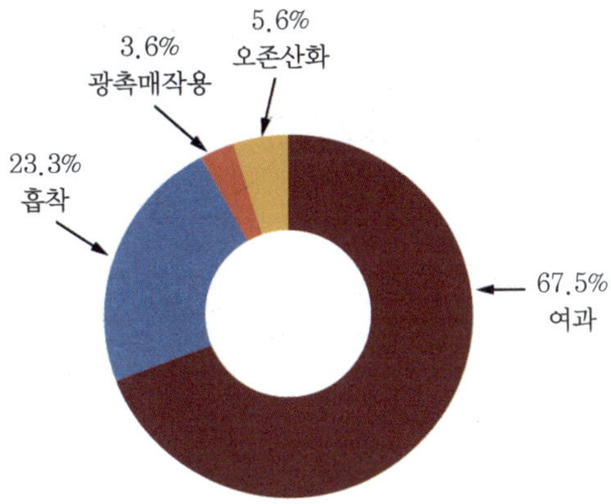

그림 8-4 실내공기 오염물질 제어기술의 시장점유율[Luengas *et al.*, 2015]

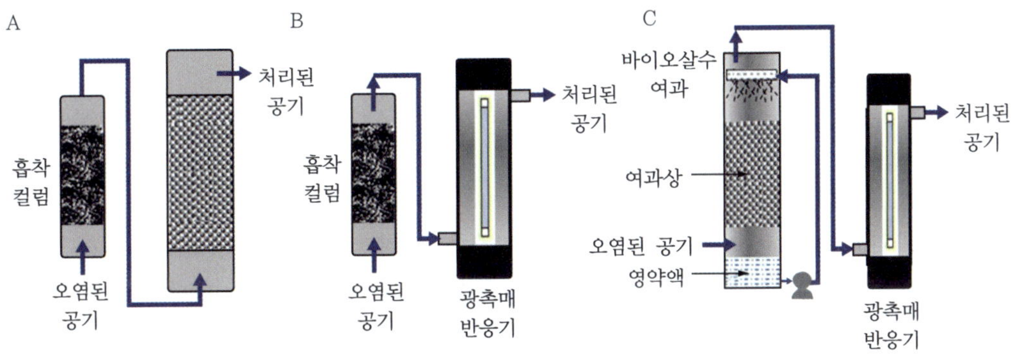

그림 8-5 실내공기 오염물질 제어기술의 조합[Luengas *et al.*, 2015]
A: 흡착+바이오필터 B: 흡착+광촉매 C: 바이오필터+광촉매

8·4·1 환기의 기본 원리

1 연속방정식

산업환기 시스템의 설계에 있어 가장 기본적으로 사용되는 유체의 연속방정식을 질량보존 법칙에 기초하여 나타내면 다음과 같으며, 이는 그림 8-6으로 설명할 수 있다.

$$Q = A \cdot V \qquad (8\cdot1)$$

여기서 Q: 유량(m^3/s), A: 단면적(m^2), V: 유속(m/s)

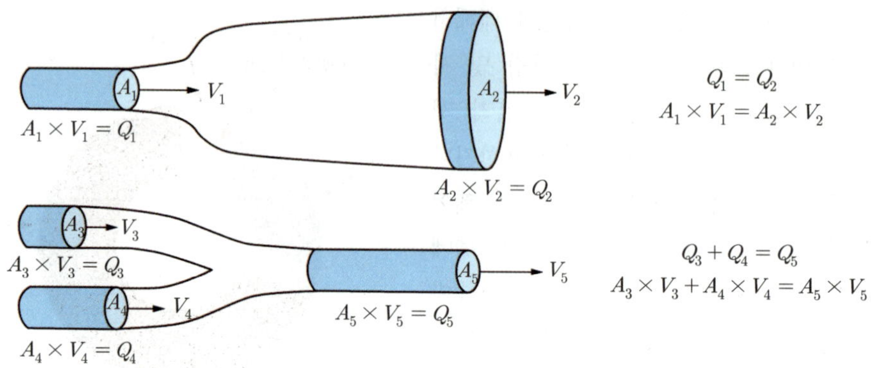

그림 8-6 유체의 연속성

2 압력

두 지점 사이에 압력 차가 존재할 때 공기가 이동한다. 따라서 환기 시스템을 설계하려면 압력에 대한 명확한 개념 파악이 필요하다.

① 압력 단위

압력은 단위면적당 작용하는 힘이며 다음과 같이 나타낼 수 있다.

$$\text{압력} = \frac{\text{힘}}{\text{면적}} = \frac{\text{에너지}}{\text{체적}} \quad \cdots\cdots (8\cdot2)$$

압력의 단위로는 kg/m^2, lb/in^2(psi) 등을 사용한다. 압력은 절대압(absolute pressure) 또는 게이지압(gauge pressure)으로 표기할 수 있다. 절대압은 어떤 지점에서의 압력을 완전 진공 상태와 비교했을 때의 압력을 의미한다. 해수면에서의 표준대기압을 절대압력으로 나타내면 14.7 psi에 해당한다. 따라서 절대압은 항상 0보다 크거나 같다. 게이지압은 어떤 지점에서의 압력을 표준대기압과 비교하여 나타낸 값이며, 해당 지점의 압력이 표준대기압보다 높으면 양수(+), 낮으면 음수(−)를 취한다.

② 수두

$$E_v(\text{단위체적당 작용 에너지}) = P + \frac{1}{2}\rho V^2 \quad \cdots\cdots (8\cdot3)$$

여기서 P: 정압, ρ: 유체 밀도, V: 평균 유속

이 식에서 E_v는 전압(total pressure, TP), P는 정압(static pressure, SP), $\frac{1}{2}\rho V^2$은 속도압 또는 동압(velocity pressure, VP)에 해당한다. 정압은 환기시설 내의 잠재 에너지로, 정지한 공기에 초기 속도를 부여하고 공기가 덕트 내를 이동할 때 마찰과 난류 때문에 발생하는 유체 저항을 극복하여 공기 흐름을 지속하는 데 필요하다. 한편 동압은 환기시설 내의 운동에너지로 공기가 이동하는 방향으로 작용하는 압력을 말한다. 전압은 정압과 동압의 합을 의미하므로 다음 식과 같

이 다시 표현할 수 있다.

$$\mathrm{TP}=\mathrm{SP}+\mathrm{VP} \quad \cdots\cdots (8\cdot4)$$

국소배기시설 내의 압력은 상대적으로 낮기 때문에 압력 대신 수두 개념을 사용한다. 수두(head)란 어떤 크기의 압력이 밀어 올릴 수 있는 물기둥의 높이를 말하며 단위는 mmH_2O (mmAq) 또는 inH_2O(inAq)를 사용한다.

$$E_w(\text{단위중량당 작용 에너지})=\frac{P}{\rho g}+\frac{V^2}{2g} \quad \cdots\cdots (8\cdot5)$$

이 식에서 $\frac{P}{\rho g}$는 압력수두(pressure head, 정압수두), $\frac{V^2}{2g}$은 속도수두(velocity head)라고 한다. 각 항의 단위는 길이로 간주한다.

앞에서 살펴보았듯이 압력과 수두는 개념적으로 완전히 다르다. 그러나 실제 산업환기 시스템을 설계할 때는 혼동해서 사용하기도 한다. TP, SP, VP를 mmAq 또는 inAq로 나타내는 경우가 대부분이며 이때의 TP, SP, VP는 수두 개념으로 나타낸 압력에 해당한다. 예를 들어 '전압이 20 mmAq이다'라는 문장은 '전압을 수두로 환산하면 20 mmAq이다'로 해석한다.

일반적으로 수두는 마노미터(manometer)를 이용하여 측정하며 기본 원리는 그림 8-7에서 확인할 수 있다. 덕트의 중간에 송풍기가 있고 송풍기의 왼쪽은 흡인 부분(suction side), 오른쪽은 배출 부분(pressure side)에 해당한다. 흡인 부분의 압력은 대기압보다 낮기 때문에 음의 전압이고, 배출 부분은 대기압보다 높기 때문에 양의 전압이다. 흡인과 배출 부분의 유속이 같다면 양쪽의 동압은 동일하다. 즉 흡인과 배출 부분의 유속을 14 m/s로 가정하면 각 부분의 동압은 11.85 mmH_2O로 동일하다(25℃, 1기압 기준).

$$\mathrm{VP}=\frac{\rho V^2}{2}=\frac{1.185(\mathrm{kg/m^3})\times 14^2(\mathrm{m/s})^2}{2}\times\frac{0.102(\mathrm{mmH_2O})}{1(\mathrm{Pa})}=11.85\ \mathrm{mmH_2O} \quad (8\cdot6)$$

그러나 실질적으로는 동압을 직접 측정하기 어렵기 때문에 마노미터 등으로 전압과 정압을 측정한 후 식 8·4의 VP = TP − SP를 계산하여 동압을 산출하는 게 일반적이다. 동압은 덕트 내 유속을 결정하는 데 주로 사용한다. 즉 흡인과 배출 부분의 전압 및 정압을 각각 측정하여 양쪽의 동압을 산출한 뒤 식 8·8을 이용하여 덕트 내 유속을 알아내는 방식이다.

전압의 측정은 그림 8-7에서와 같이 측정 파이프를 덕트 내 유체의 이동 방향과 반대 방향으로 평행하게 삽입하여 대기압과의 차이로부터 측정한다. 정압은 측정 파이프의 방향에 관계없이 덕트의 동일 단면 내에서 일정하다. 즉 정압은 유체 흐름과 무관한 압력이기 때문에 덕트 내부로 측정 파이프를 삽입하지 않고 덕트 벽에 파이프를 연결시켜 대기압과의 차이로부터 구한다. 그러나 동압은 측정 파이프의 방향, 유체 흐름과의 기울기로부터 영향을 많이 받으므로 동압을 측정하기 위해서는 측정 파이프를 유체의 이동 방향과 반대 방향으로 정확히 평행하게 위치시켜야 한다. 이로 인해 동압을 직접 측정하는 일이 불가능하다. 그림 8-7은 동압을 구하기 위해 전압과 정압 측정용 파이프를 같이 연결한 것으로 볼 수 있다.

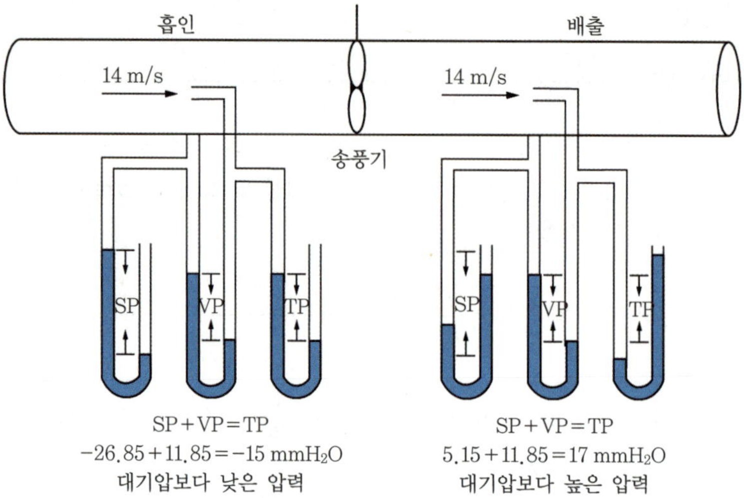

그림 8-7 덕트 내부의 압력 측정

③ 동압과 유속

일반적으로 동압은 주로 덕트 내의 유속을 산출하기 위해서 측정한다. 표준상태에서의 동압과 유속 간의 관계식은 다음과 같다.

$$\mathrm{VP} = \frac{V^2}{2g} \quad \cdots\cdots (8\cdot7)$$

$$V = 4.043\sqrt{\mathrm{VP}} \quad \cdots\cdots (8\cdot8)$$

여기서 VP: 동압(mmH_2O), V: 유속(m/s)

3 압력손실

유체가 어떤 지점에서 다른 한 지점으로 이동할 때 압력손실(pressure loss)이 발생한다. 이를 식으로 표시하면 다음과 같다. 이 식을 베르누이 방정식(Bernoulli's equation)이라고 하며 에너지보존법칙을 따른다.

$$\frac{p_1}{\rho g} + \frac{V_1^2}{2g} = \frac{p_2}{\rho g} + \frac{V_2^2}{2g} + loss_{1-2} \quad \cdots\cdots (8\cdot9)$$

$$\mathrm{SP_1} + \mathrm{VP_1} = \mathrm{SP_2} + \mathrm{VP_2} + \text{손실수두} \quad \cdots\cdots (8\cdot10)$$

여기서 $p_1 \cdot p_2$: 점 1과 2에서의 정압, $V_1 \cdot V_2$: 점 1과 2에서의 유속, $loss_{1-2}$: 마찰과 난류에 의한 점 1과 2 사이의 수두손실

유체에 의한 압력손실은 마찰손실과 충격손실로 구분할 수 있다. 유체가 관 내에서 이동할 때 유체와 관 내벽, 유체와 유체끼리의 마찰이 발생하여 유체의 잠재 에너지, 즉 정압이 열로 전환된다. 이 과정에서 야기되는 손실을 마찰손실(friction loss)이라고 한다. 마찰손실은

다음의 다르시-바이스바흐 방정식(Darcy-Weisbach equation)을 이용하여 구할 수 있다.

$$\Delta P_f = f\frac{L}{D}\text{VP} \quad \cdots\cdots (8{\cdot}11)$$

여기서 ΔP_f: 마찰손실, f: 마찰계수, L: 관의 길이, D: 관의 직경

이 식에서 마찰계수(f)는 실험에 의해 구한 실험 상수이므로 도표로 제시된다. 따라서 마찰손실을 구할 때 도표를 이용하여 찾기도 하고 계산식을 이용하기도 한다.

8·4·2 환기 방식의 구분

전체환기(general ventilation)는 일반환기 또는 희석환기(dilution ventilation)라고도 불리며 국소배기와 상반되는 개념으로 쓰인다. 국소배기(local exhaust ventilation)는 오염원 근처의 공기를 후드(hood)로 흡인함으로써 유해물질 자체가 작업장 내부로 확산하는 일을 방지하는 데 목적을 둔다. 반면에 전체환기는 오염원에서 방출된 유해물질을 비교적 깨끗한 외부 공기로 희석함으로써 작업장 내 유해물질 농도의 감소를 유도한다. 화재 및 폭발 방지와 온도 및 습도의 조절을 위해서도 전체환기가 자주 사용된다. 여기서는 일반적인 전체환기만 간단히 소개하기로 한다.

1 전체환기의 방식

전체환기의 방식은 급기(replacement) 및 배기(exhaust)를 위해 기계적인 힘을 사용하는지 여부에 따라 자연환기와 기계환기로 구분할 수 있다. 자연환기(natural ventilation)는 공장 건물의 출입문, 창문, 벽 틈새 또는 환기구 등의 개구부를 통해, 바람의 힘이나 공장 내외부의 온도 차로 인한 대류 작용에 의해 공장 내부의 오염된 공기가 외부의 신선한 공기와 섞임으로써 자연적으로 이루어지는 환기 방식이다. 설치비 및 운영비가 적게 들고 소음 발생이 적을 뿐만 아니라 동력이 필요하지 않은 장점이 있다. 그러나 자연적인 힘에 의존하기 때문에 풍향, 풍속, 기온의 변화에 따라 환기량이 일정하지 않다. 따라서 작업환경 개선용으로 이용하기에는 제약이 따른다.

기계환기(mechanical ventilation)는 송풍기를 이용하여 강제적으로 공기를 급배기하는 방법이다. 환기량을 원하는 수준으로 일정하게 유지할 수 있어 작업장의 환경 개선용으로 적합하다. 그러나 설치비 및 운영비가 많이 들고 소음 문제를 야기하기도 한다. 기계환기는 급기법, 배기법 및 급배기법으로 나뉜다. 급기법은 동력으로 급기만 하고 개구부로 자연 배출하는 방법이며 고온 작업장에서 많이 사용한다. 반면에 배기법은 배기만 기계력으로 하고 외부의 청정 공기가 개구부를 통해 들어오게 하는 방법이다. 급기법과 배기법 모두 급기 및 배기가 균형을 이루지 못할 경우 환기 효율의 급격한 저하를 초래하기 때문에 주의가 필요하다. 특히 산업 현장에서는 배기법을 많이 이용하고 있으나, 배기량에 상당하는 급기가 충분

히 이루어지지 않아 환기 효율이 급격히 저하한 예를 종종 볼 수 있다. 급배기법은 이러한 단점을 보완하기 위해 급기와 배기를 기계력으로 관리하여 균형을 이루도록 하는 방법이다. 이때 실내압을 필요에 따라 양압 또는 음압으로 조절할 수 있으며, 공기조화 설비를 갖추는 경우가 많다.

2 전체환기 적용의 한계

일반적으로 작업환경을 관리하는 데 있어 전체환기 방식은 국소배기 방식보다 효과적이지 않다. 이는 오염원과 가능한 한 최소 거리에 후드를 설치함으로써 최소 유량으로 최대의 유해물질 제거 효율을 얻고자 국소배기를 설계하기 때문이다. 그러나 작업 방법 및 공정상의 특수한 환경 조건에서는 전체환기법을 사용하는 편이 더 적절할 때도 종종 있다. 다음과 같은 제한적인 조건하에서 전체환기 방식을 사용할 수 있다.

1) 유해물질의 독성이 낮을 경우
2) 유해물질의 발생량이 대체로 균일할 경우
3) 동일 작업장에 다수의 오염원이 분산되어 있을 경우
4) 오염원이 이동성일 경우

이상의 조건을 한 가지만 충족한다고 해서 무조건 전체환기 방식을 채택해도 된다는 의미는 아니다. 예를 들어 독성이 강한 오염물질의 발생원이 '이동'한다고 하여 '오염원이 이동성일 경우'에 맞추어 전체환기 방식을 채택해서는 곤란하다. 환기 방식의 현장 적용에 있어 전체환기 방식이 국소배기 방식보다 설계가 간편하고 작업에 방해를 덜 주며 운용이 용이하다는 등의 단순한 장점 때문에 오용하는 경우가 많다. 또한 분진이 발생하는 작업장에서는 전체환기 방식의 사용을 자제해야 한다. 왜냐하면 전체환기 시스템에서 배출 공기의 유속은 국소배기 방식에 비해 아주 느려서 무게가 나가는 분진을 포집하여 배출하기에는 한계가 있기 때문이다. 일반적으로 전체환기 방식은 TLV가 100 ppm 이상인 유기용제 취급 공정에 자주 적용한다. 이를 성공적으로 적용하기 위해서는 유기용제 사용량, 증발률 등에 관한 정확하고 실제적인 자료를 먼저 확보해야 한다.

8·4·3 일반 실내의 환기

주택이나 공공건물, 사무실과 같이 유해물질을 사용하지 않더라도 많은 근로자가 모여 작업하는 사업장도 있다. 이 경우 근로자 자신이 내쉬는 CO_2로 실내 환경이 오염될 수 있다. CO_2의 실내 허용농도는 0.1% 이하이며 「산업안전보건기준에 관한 규칙」에서는 다음과 같은 공기의 부피와 환기에 관한 규정을 두고 있다.

1) 높이 4 m 이상의 공간을 제외한 나머지 공간의 공기 부피는 근로자 1명당 10 m^3 이상이 되

도록 한다.

2) 직접 외부로 개방할 수 있는 창을 설치하고 창 면적은 바닥면적의 1/20 이상이 되게 하거나 환기 설비를 설치한다.

3) 기온이 10℃ 이하인 상태에서 환기를 할 때에는 근로자가 1 m/s 이상의 기류에 닿지 않도록 한다.

실내의 CO_2 발생량을 알면 CO_2의 농도가 허용농도 이하가 되도록 하는 필요환기량을 다음 식으로 계산할 수 있다.

$$\text{필요환기량}(m^3/hr) = \frac{\text{실내}\, CO_2\, \text{발생량}(m^3/hr)}{\{CO_2\, \text{허용농도}(\%) - \text{외기의}\, CO_2\, \text{농도}(\%)\}} \times 100 \quad \cdots (8 \cdot 12)$$

식에서 CO_2 허용농도는 0.1%이고 외기의 CO_2 농도는 일반적으로 0.03%이다.

8·4·4 실내공기질 개선 대책

1 건축자재의 개선

과거에는 재실자가 방출하는 물질이 실내공기오염의 주원인으로 취급되었다. 그러나 최근 들어 실내공기오염의 원인이 재실자보다 실내의 가구나 내장 재료, 카펫, 환기 설비 등을 포함한 건축물 자체에서 기인한다고 평가하고 있다. 환경친화적 건축에 대한 인식이 높아짐에 따라 건축자재 생산업체는 건축자재의 재활용, 유독가스 배출 현황, VOCs, 실내공기질, 폐기물, 건물의 각종 설비와 에너지 절약 등을 포함한 건축자재의 오염물질 배출 강도 등에 대한 종합 대책을 마련하기 위해 끊임없이 노력하고 있다. 또한 건축자재의 환경 성능에 대한 인식이 빠르게 변화하면서 구매자는 가격, 성능, 미적 감각뿐만 아니라 환경 영향까지 우수한 제품을 추구하게 되었다. 이에 따라 생산자는 제품의 생산 과정과 제품 자체에 환경과 관련한 그린(green) 개념을 도입하고 있다.

선진국에서는 저농도 VOCs 방출 페인트, 수용성 접착제, 낮은 포름알데히드 방출 건자재 등을 개발하여 보급하고 있다. 또한 건축자재가 오염물질을 방출하는 강도와 특성을 고려하여 실내 환경, 마감재에 대한 분류 규정을 제정하고 실내 환경 설계를 위한 지침으로 활용하고 있다. 향후 오염물질의 방출과 관련한 특성이 매우 중요한 요건으로 대두되어 무공해(non-toxic) 건축자재의 이용이 확대되고 건축 계획 및 시공 과정에서 건축자재 선정의 기준이 될 것으로 예측된다. 표 8-3~8-5는 실내의 주요 오염물질에 대한 환기 조건과 환기 시스템의 장단점을 정리하였다.

2 필요환기량의 확보

필요환기량은 주요 오염물질의 농도를 적정 수준으로 유지하기 위해 실내공기를 희석하는데 요구되는 환기량을 의미한다. 건물의 필요환기량은 실내 오염물질의 종류와 농도에 따라

표 8-3 주요 실내공기 오염물질의 환기 조건

오염물질	환기 요구 사항에 영향을 미치는 실외 요인	인체 노출에 대한 영향 요인	환기 결정 요인으로의 적용 가능성	환기 요구량을 결정하는 잠재적 방법
생물성 배출물(CO_2, 수증기, 화학물질, 미생물 등)	무시할 수 있는 수준	공간 점유 밀도	냄새는 적용되지 않음 CO_2는 환기 결정 요인으로 적용할 수 있음	CO_2 농도
미세먼지	교통, 산업 또는 산림 및 농업 화재 등으로 인한 실외 입자	행동(창문 여는 습관 등)	결정적인 요인은 아니지만 다른 오염물질의 농도를 고려하여 결정	주거용 환기에 포함되지 않은 경우에도 주방 환기 요구 사항은 미세먼지 농도에 기반할 수 있음
포름알데히드 및 VOCs	교통, 산업 활동 등으로 인한 실외 VOCs	실내 환경에서 화학적 분해 시기(오존 농도와 밀접함)	환기 결정 요인으로 적용할 수 있음	농도 및 공간을 고려하여 실내에서 방출되는 VOCs를 희석할 수 있음
SVOCs	미세먼지 필터링 여과지에 의해 감소될 수 있는지 여부	미세먼지와의 상호작용	결정 요인은 아니지만 미세먼지로 전환되는 것을 줄여 줄 수 있음	미세먼지 흡입을 통한 SVOCs 노출은 실내 미세먼지 농도 임곗값을 결정하는 데 사용할 수 있음
습기 · 곰팡이	실외 공기의 습기	행동(창문 여는 습관 등)	습도는 제어하기 어렵지만 환기 결정 요인으로 사용할 수 있음	목표로 하는 상대습도 범위를 기준으로 외기가 습할 경우에는 제습을 실시해야 함
라돈	실외 공기의 라돈 농도	행동(창문 여는 습관 등)	결정 요인이 될 수 있음	라돈 농도의 상한치에 따름

[Ye *et al.*, 2017]

표 8-4 자연환기(창호환기)와 공기청정기 시스템의 장단점

오염물질	장 점	단 점
생물성 배출물(CO_2, 수증기, 화학물질, 미생물 등)	생물학적 배출물을 희석하는 데 필요한 환기는 자연환기를 통해 관리할 수 있음	자연환기는 특히 기후 및 기타 여러 요인 측면에서 항상 신뢰할 수 있지는 않으므로 의도적으로 CO_2 농도를 관리할 수 없음
미세먼지	청정공기공급률(CADR)이 높은 공기청정기로 미세먼지 오염이 심하지 않고 자연환기가 충분하지 않은 작은 방에 적용할 수 있음 실내에서 생성되거나 침투된 미세먼지를 필터링하는 데 사용할 수 있음	미세먼지 노출과 입자 필터링이 동시에 진행됨 청정공기공급률이 낮은 공기청정기가 있는 큰 방에는 적용 불가함. 특히 미세먼지 오염이 심각한 경우 적용 불가함
포름알데히드 및 VOCs	실내 및 실외 공기 내 특정 VOCs는 처리할 수 있음	VOCs의 노출과 동시에 클리닝됨 지역적 요소에 따라 2차 오염물질이 생성됨
SVOCs	생성되거나 침투된 입자에 의해 운반되는 SVOCs를 줄일 수 있음	실외 미세먼지에 의해 운반되는 SVOCs는 차단할 수 없음
습기 · 곰팡이	실외 공기가 습할 경우 임시 폐쇄 과부가 적용될 수 있음 실내 습도가 낮을 때 상대습도에 대한 환기 요구 사항이 필요하지 않음	실외 공기가 지속적으로 습한 지역에서는 제습이 필요함
라돈	실내 라돈 농도가 낮을 때 환기가 필요하지 않거나 라돈 감소가 필요하지 않음	공기 변화율이 라돈 농도를 희석하기에 적합하지 않을 수 있음
추가 의견	공기청정기는 부분적인 공간에 대해 거주자가 부분적인 시간으로 쉽게 제어할 수 있으며 전체 처리된 체적 공기를 줄일 수 있음 미세 양압 조절이 어려우므로 건물 외피를 통한 오염물질의 실내 침투를 줄이기 어려움 초기 비용과 전체 에너지 소비를 줄이는 데 용이함	

[Ye *et al.*, 2017]

표 8-5 공기여과 방식 환기 시스템의 장단점

오염물질	장 점	단 점
생물성 배출물(CO_2, 수증기, 화학물질, 미생물 등)	일정하거나 가변적인 공기 흐름 속도는 CO_2 농도에 따라 제어할 수 있음	CO_2 농도에 기반한 기류는 VOCs를 희석하기에 적합하지 않을 수 있음
미세먼지	미세먼지가 실내에 유입되기 전에 필터링할 수 있음 미세한 양압 조정으로 실내 침투되는 미세먼지를 줄일 수 있음	실내에서 생성되거나 침투된 입자를 필터링하는 데 사용할 수 없음
포름알데히드 및 VOCs	실외 공기의 특정 VOCs는 실내로 공급되기 전에 처리할 수 있음 일반적인 VOCs 배출을 기준으로 일정하거나 가변적인 공기 흐름 속도를 제어할 수 있음	2차 대기오염물질이 생성되어 실내로 유입될 수 있음 실내에서 배출되는 VOCs는 희석만 가능함
SVOCs	실외 입자에 의해 운반되는 SVOCs는 실내로 공급되기 전에 차단할 수 있음	실내에서 생성되거나 여과된 입자를 통해 SVOCs 노출을 줄이는 데 사용할 수 없음
습기 · 곰팡이	제습과 열 회수를 통합하여 에너지를 절약하면서 실내 습도를 줄일 수 있음	1년 내내 실외 공기가 습한 특정 지역에서는 제습이 필요할 수 있음
라돈	공기 변화율은 라돈 농도를 희석하기에 적합할 수 있음	공급 공기의 라돈 농도가 실내 공기보다 높으면 실내 라돈 농도를 높일 수 있음
추가 의견	실외에서 실내로 정화된 공기를 공급하기 위해 기계환기 시스템을 전체 공간에 전체 시간 동안 가동해야 함 초기 및 운영 비용이 더 크지만 열 회수 기술을 통해 에너지 소비를 줄일 수 있음	

[Ye *et al.*, 2017]

달라진다. 환기량은 모든 오염원으로부터 발생하는 전체 발생량을 기준으로 하며, 필요환기량을 결정하기 위해 제어 대상인 오염물질을 파악해야 한다. 주된 오염물질을 기초로 충분한 환기량을 결정하면 기타 부수적인 오염물질도 허용농도 이하로 유지할 수 있다. 일반적으로 필요환기량을 확보하여 오염 농도를 기준 이하로 유지하고 오염원의 발생을 최소화하면 건강과 쾌적감을 동시에 지킬 수 있다. 이를 위해서는 실내에서 발생하는 오염물질을 충분히 제거 또는 희석할 수 있도록 적절한 환기 방식을 고려하되 에너지 절약과 실내공기질 향상이라는 상충된 입장을 모두 만족시킬 수 있는 방안을 면밀히 검토해야 한다.

연습문제

1. 실내공기오염이 문제로 대두된 배경을 설명하시오.
2. 실내공기질의 관리 목표와 이를 달성하기 위한 인자에 대해 설명하시오.
3. 일반 실내 환경 내 오염물질의 발생원과 종류에 대해 설명하시오.
4. 작업환경에서의 실내 오염물질 발생 요인과 주요 항목을 정리하시오.
5. 담배 연기의 주류연과 부류연에 대해 설명하시오.
6. 석면과 섬유상 입자의 인체 노출 시 발생 가능한 질환에 대해 설명하시오.
7. 미세먼지의 인체 노출 시 발생 가능한 질환에 대해 설명하시오.
8. 이산화탄소의 허용농도는 0.1%이다. 외기의 이산화탄소 농도가 0.06%이고 실내 이산화탄소 발생량이 1 L/min일 때 필요환기량을 계산하시오.

참고문헌

1. 국가법령정보센터. law.go.kr.
2. 김기현 외. 2014. 신고 대기환경학. 향문사.
3. 김윤신. 1996. 실내환경학. 대우기술총서.
4. 박종안 외. 2003. 작업환경관리. 동화기술.
5. 손부순, 양원호 (역). 2003. 실내공기오염. 신광문화사.
6. 윤동원. 2004. 주거용 건물의 실내공기환경과 대응방안. 환경기술정보 22: 14-21.
7. 한국대기환경학회. 2004. 대도시 대기질 관리방안 조사 연구: 미세먼지 생성과정 규명과 저감대책 수립. 국립환경연구원.
8. ACGIH. 1995. Industrial Ventilation (23th Ed). American Conference of Governmental Industrial Hygienists.
9. ATSDR. 2014. Medical Management Guidelines for Formaldehyde. atsdr.cdc.gov.
10. ATSDR. 2014. Medical Management Guidelines for Toluene. atsdr.cdc.gov.
11. ATSDR. 2014. Medical Management Guidelines for Xylene. atsdr.cdc.gov.
12. ATSDR. 2015. Medical Management Guidelines for Benzene. atsdr.cdc.gov.

13. ECHA. 2008. European Union Risk Assessment Report Benzene.
14. González-Martín J *et al.* 2021. A state-of-the-art review on indoor air pollution and strategies for indoor air pollution control. Chemosphere 262: 128376.
15. Hansen BG *et al.* 2003. European Union Risk Assessment Report Toluene. European Commission.
16. IUCLID 6. iuclid6.echa.europa.eu, ECHA.
17. Luengas A *et al.* 2015. A review of indoor air treatment technologies. Reviews in Environmental Science and Bio/Technology 14: 499-522.
18. NIOSH. 2011. Benzene: Systemic Agent. cdc.gov.
19. Sharma N *et al.* (Ed). 2018. Air Pollution and Control. Springer.
20. Walton AL, Rogers B. 2017. Workplace Hazards Faced by Nursing Assistants in the United States: A Focused Literature Review. International Journal of Environmental Research and Public Health 14(5): 544.
21. Ye W *et al.* 2017. Indoor air pollutants, ventilation rate determinants and potential control strategies in Chinese dwellings: A literature review. Science of The Total Environment 586: 696-729.

제9장

자동차와 대기오염

대기오염물질을 배출하는 자동차, 항공기, 철도, 선박 등의 교통 또는 이동 수단을 대기오염 이동오염원(mobile source)이라고 한다. 대기오염 이동오염원은 승용차, 트럭, 오토바이와 같이 도로를 따라 움직이는 교통수단의 운행 과정에서 오염물질을 배출하는 도로이동오염원(on–road mobile source), 그리고 철도, 항공기, 선박, 잔디 · 정원용, 산업장비, 레저용 탈것 등 도로가 아닌 곳에서 오염물질을 배출하는 비도로이동오염원(non–road mobile source)으로 다시 나뉜다(그림 9–1 참조). 이동오염원에 의한 대기오염물질은 전체 대기오염물질의 약 50%를 차지한다(Buell & Girard, 1994). 항구나 항만이 위치한 도시 등을 제외하면 이동오염원의 90% 이상을 자동차 배출가스가 차지하고 있다.

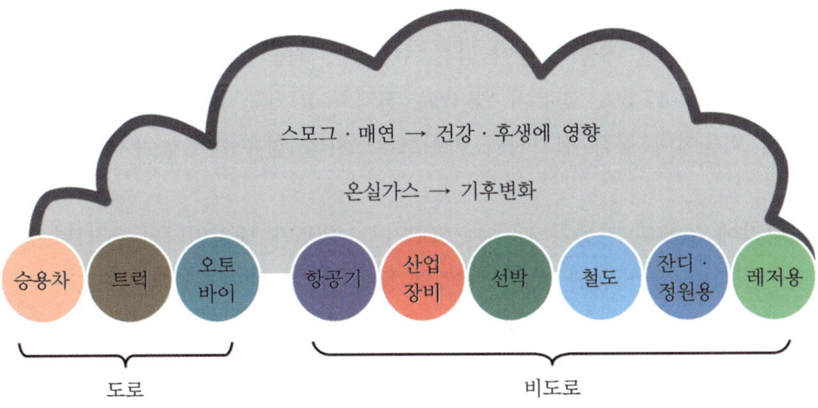

그림 9–1 이동오염원의 분류[US EPA, 2022]

9·1 자동차 배출가스의 발생

9·1·1 자동차 배출가스와 대기오염

미국 환경보호청(EPA)의 보고서에 따르면 1991년 기준으로 미국에서 배출된 대기오염물질 중 일산화탄소(CO)의 70%, 질소산화물(NO_x)의 39%, 휘발성 유기화합물(VOCs)의 30%, 입자상 오염물질의 21%, 납화합물의 33% 이상이 자동차 배출가스 또는 배출오염물에 기인한다(US EPA, 1992). 또한 2012년 미국 EPA 및 환경방위기금(Environmental Defense Fund) 보고에 의하면 일산화탄소 배출량의 75%와 이산화탄소 배출량의 27%는 차량에서 배출되었다고 한다(Brinson & Guzman, 2021). 최근 보고된 미국의 대기오염 배출원 할당기법(Motor Vehicle Emission Simulator, MOVES2014)에 따른 2011년과 2025년 도로차량 배출량의 대기오염 배출총량에 대한 기여율은 표 9-1과 같다(Davidson *et al.*, 2020). 2011년도에 비해 2025년도 도로차량 배출에 의한 대기오염물질의 배출총량이 많이 줄어듦을 볼 수 있다. 이는 차량 엔진의 배출 저감기술이 향상함에 따른 배출량 감소와 함께 오염물질의 직접적인 배출이 거의 없거나 적은 전기 및 하이브리드 차량의 보급이 늘어날 것으로 기대되기 때문이다.

현재 지구상에서 운행되고 있는 전체 자동차의 약 65%는 휘발유를 주 연료로 사용하는 승용차이고, 약 20%는 경유를 사용하는 트럭이나 버스가 차지한다. 나머지 약 15%는 휘발유가 주 연료인 오토바이와 같은 이륜 및 삼륜 차량이다. 경제적으로 다소 부유하거나 경제 선진국이라고 할 수 있는 경제협력개발기구(Organization for Economic Cooperation and Development, OECD) 회원국의 경우 승용차 점유율이 약 71%로 높고 이륜 및 삼륜 차량의 점유율은 약 10%로 낮다. 이에 비해 OECD 비(非)회원국의 승용차 점유율은 약 50%로 낮고 이륜 및 삼륜 차량의 점유율은 약 27%로 상대적으로 높은 편이다(US EPA, 1991). 이처럼 차종별 점유율이 나라별 또는 경제 수준별로 다소 상이하므로 나라 또는 도시마다 여건에 따라 자동차의 대기오염물질 배출 상황이 다를 수 있다. 최근 유럽연합의 승용차 판매 분석 자료에 의하면 휘발유차 47.5%, 경유차 28.0%, 전기차 10.5%, 하이브리드차 11.9%, 대체연료 자동차 2.1%의 비율이며 점점 전기차나 하이브리드차의 점유율이 높아지는 추세이다(ACEA, 2021).

한편 우리나라에 등록된 자동차 대수는 2002년 1,395만 대이었다가 2011년 1,844만 대에 이르러 2002~2011년 동안 매년 평균 3.6%씩 등록대수가 증가하였다. 2023년 1월까지 등록된 총 차량 대수는 2,555만 대(승용차 2,100만 대, 승합차 72만 대, 화물차 370만 대, 특수차 13만 대)를 초과하였고 국민 2.0명당 1대꼴로 차량을 소유하고 있다. 좁은 국토 면적에 비해 많은 차량이 운행되고 있어서 차량 운행으로 인한 대기오염이 다른 나라보다 심각한 실정이다.

표 9-2는 2000년대 우리나라의 자동차 등록대수 증가에 따른 자동차에 의한 대기오염 비중의 변화를 나타내고 있다. 2009년 기준으로 자동차에 의한 대기오염의 비중이 6대 도시(부산, 인천, 대구, 광주, 대전, 울산)의 경우 30% 정도인 데 비해 서울은 62%가 넘는다. 서울은 여름철에 오존 경보나 주의보가 자주 발령될 정도로 대류권의 오존 농도가 높다. 이는 자동차 배출가스에서 나오는 질소산화물과 VOCs가 햇빛과 상호작용하여 오존이나 광화학 산화제를 만들기 때문이다. 다시 말해 서울 상공의 대류권에서 오존 농도가 높은 원인은

표 9-1 미국 대기오염물질 배출총량에 대한 차량 배출의 기여율 예측

구 분	$VOCs$		NO_x		CO		SO_2		$PM_{2.5}$		NH_3	
연 도	2011	2025	2011	2025	2011	2025	2011	2025	2011	2025	2011	2025
도로차량 배출량 (천 톤)	2,709	939	5,720	17,07	26,314	10,447	30	13	195	80	121	85
총배출량 (천 톤)	57,687	59,991	16,184	8,741	77,016	58,161	6,667	3,341	4,637	4,311	4,188	4,237
도로차량 기여율 (%)	4.7	1.6	35.3	19.5	34.2	18.0	0.4	0.4	4.2	4.6	2.9	2.0
1991년 도로차량 기여율(%)	30		39		70		–		21(PM_{10})		–	

[Davidson *et al.*, 2020]

표 9-2 우리나라 자동차 등록대수와 대기오염 비중의 변화

연 도		2006	2008	2009	2019	2021	2023.1
자동차 등록대수		15,895,234	16,794,219	17,325,210	23,677,366	24,911,101	25,556,066
전국	오염물질 배출총량	3,676천 톤	3,404천 톤	3,581천 톤	4,248천 톤	–	–
	자동차 배출량	1,199천 톤	1,030천 톤	1,123천 톤	609천 톤	–	–
서울	오염물질 배출총량	332천 톤	280천 톤	308천 톤	223천 톤	–	–
	자동차 배출량	226천 톤	163천 톤	191천 톤	64천 톤	–	–
	자동차 배출 비중	68%	58%	62%	29%	–	–
6대 도시	오염물질 배출총량	–	795천 톤	839천 톤	767천 톤	–	–
	자동차 배출량	–	227천 톤	248천 톤	122천 톤	–	–
	자동차 배출 비중	–	29%	30%	16%	–	–

[환경부, 2009 · 2010 · 2011; 교통량정보제공시스템; 국토교통 통계누리]

자동차에 의한 대기오염 때문이다. 그러나 2019년도 전국 자료를 보면 2009년에 비해 전체적인 대기오염물질 배출총량은 약 18.6% 늘어났지만 차량(도로교통) 배출에 의한 대기오염물질 배출총량은 45.8%나 감소하였다(국가미세먼지정보센터, 2022). 또한 서울과 6대 도시에서도 대기오염물질 배출총량에 대한 차량(도로교통) 배출량의 비율이 각각 29%와 16%로 크게 감소하였다. 이는 대기 및 미세먼지 환경 규제의 강화, 노후 경유차 폐차, CNG(압축천연가스) 버스 확충, 차량용 엔진의 배출 감소 및 제작차 기술 향상 등으로 설명할 수 있다. 2005년 서울에서 운행 중인 280만 대의 차량 중 경유 차량은 약 83만 대로 약 29%이었지만(김운수, 2007) 2011년 및 2015년 경유 차량의 비율은 36.5% 및 41%로 지속적으로 증가하였다(강평규 등, 2016). 2022년 기준으로 서울시에 등록된 318만 대의 차량 가운데 연료 종류별로 보면 휘발유 차량(51.8%)이 가장 많고 이어 경유 차량(34.2%), LPG(액화석유가스) 차량(7.7%), 하이브리드 차량(4.5%), 수소 및 전기 차량(1.4%), 그리고 CNG 차량(0.3%)의 순이다(서울특별시, 2022)

우리나라에서 경유차가 배출하는 대기오염물질은 전체 차량이 배출하는 대기오염물질의 약 51%를 차지하고 있다(김상배, 2004). 특히 2002년에는 자동차 배출 미세먼지의 거의 100%가 경유차에서 배출되었으며 질소산화물의 경우 79.7%가 경유차에서 배출되었다(표 9-3 참조). 경유 차량 중에서도 특히 버스나 트럭과 같은 대형 경유 차량은 전체 자동차 대수의 5%에 불과하지만 대기오염 배출량은 전체 차량에 의한 대기오염 배출량의 50% 이상을 차지하고 있으며, 전체 대기오염물질 배출량 중 미세먼지의 43%, 질소산화물의 34%, 일산화탄소의 20% 정도가 경유 차량에서 배출되고 있다. 2017년 국가배기오염물질 배출량 통계에 따르면 경유를 사용하는 화물차는 우리나라 전체의 차량 배출 대기오염물질 중 미세먼지(PM_{10}) 및 초미세먼지($PM_{2.5}$) 배출량의 68% 이상을 차지하고 서울의 경우에도 42% 이상을 차지한다(장수은, 2021). 이처럼 우리나라는 다른 OECD 회원국과 달리 경유 차량에 의한 대기오염의 비중이 상당히 큰 편이다. 또한 승용차와 같은 소형 차량에서도 미국 등에 비해 경유차 비율이 상대적으로 높아서(표 9-4 참조) 실제로 경유 차량(화물차, 특수차, 승용·승합차 포함)에서 대기오염물질의 배출을 어떻게 줄이느냐가 질소산화물 및 미세먼지의 저감에 중요한 관건이 된다.

표 9-3 연료별 차량 대기오염물질 배출량 및 비중*(2002년 기준, 단위: 톤/년)

구 분	CO	HC(VOCs)	NO_x	PM_{10}
계	683,588(79.4%)	120,525(16.7%)	468,529(42.4%)	29,915(43.4%)
휘발유차	376,081(43.7%)	66,421(9.2%)	69,602(6.3%)	
경유차	173,146(20.1%)	39,186(5.4%)	373,370(33.8%)	29,915(43.4%)
LPG차	133,087(15.5%)	13,711(1.9%)	24,091(2.2%)	
CNG차	1,275(0.1%)	1,206(0.2%)	1,466(0.1%)	

㈜ * 전체 대기오염물질 배출량에 대한 차량 배출량의 비중[김상배, 2004]

표 9-4 연료별 승용차 등록대수(2021년 기준)

구 분	경유차	휘발유차	하이브리드차	전기차	계
등록대수	223,671	842,045	239,921	71,482	1,377,119
등록대수 비율	16.2%	61.1%	17.4%	5.2%	100%
국내제조 비율	82.9%	83.9%	61.2%	64.5%	

9·1·2 자동차 연료의 특성

1 휘발유

휘발유(gasoline)는 석유정제 과정의 초기 단계에서 얻어지는 탄소 수 C5~C12 사이 수천 종의 탄화수소(HC) 혼합물로 구성된다. 화학적 구조에 따라 휘발유를 다음과 같이 네 부류로 구분할 수 있다.

1) 파라핀(paraffins) 또는 포화(saturated) 탄화수소
2) 올레핀(olefins) 또는 불포화(unsaturated) 탄화수소
3) 고리 구조를 포함하는 파라핀이나 올레핀으로 구성된 나프텐계(naphthenes)
4) 주로 벤젠과 알킬벤젠으로 구성된 방향족(aromatics)

현재 미국에서 유동촉매크래킹(fluidized catalytic cracking, FCC) 방법을 이용하여 상업적으로 생산하는 보통의 휘발유는 부피비로 평균 약 30%의 올레핀과 약 29%의 방향족을 포함하고 있다(Rajagopalan & Pereira, 1995). 실제로 국내에서 생산하는 휘발유는 C4, C5, LSR(light straight run), LCN(light catalytic naphtha), 개질휘발유(reformate), 알킬레이트(alkylate), MTBE(methyl tert-butyl ether) 등의 여러 가지 화합물을 혼합(blending)하여 제조한다(정훈, 1998). 표 9-5는 현재 FCC법에 의해 국내에서 생산되는 전형적인 겨울철용 휘발유의 생산 규격과 평균치를 나타낸다(여름철의 경우 대부분의 항목이 유사하고 리드 증기압에 대한 규정만 바뀜). 휘발유의 증류점은 대기압하에서 대체로 30~200℃이고 비중은 0.72~0.76이다. 휘발유는 내연기관의 연료로 사용되지만 자동차에서 피스톤링과 실린더 사이의 윤활 기능도 한다.

원유의 산유지 또는 정제 과정에 따라 황화합물(mercaptans 또는 thiophenes)의 함유량에 다소 차이가 나타난다. 대개 0.02~0.1 wt%의 황화합물이 포함된 연료가 연소되면 황산화물(SO_2나 SO_3, 수분 존재 시 H_2SO_4)이 생성되어 자동차 배기가스에 포함된 상태로 대기 중으로 배출되기도 한다.

대기오염의 측면에서 무엇보다도 유연휘발유에 포함된 납화합물이 문제시되어 왔다. 납화합물, 특히 테트라에틸납(tetra ethyl lead, TEL)은 휘발유에 노킹방지제(antiknock agent)로 첨가되었다. 실린더 내에서 정상적인 점화가 되기 전에 아직 연소하지 않은 혼합가스의

표 9-5 FCC법에 의해 국내에서 생산 중인 휘발유의 겨울철 생산 규격과 평균치

실험 항목	생산 규격	생산 평균	표준편차
외관	합격	합격	0.0000
증기압(리드법, kg/cm^2)	0.77~0.98	0.90	0.0335
옥탄가(리서치법)	92.0~93.9	93.0	0.1035
비중(15/4℃)	보고	0.7206	0.0039
증류 실험			
초류점(℃)	보고	32.6	1.9457
10% 증류점(℃)	70 이하	47.9	4.6136
50% 증류점(℃)	125 이하	83.9	6.4337
90% 증류점(℃)	190 이하	147.4	7.9343
종류점(℃)	225 이하	182.1	6.8400
잔류율(vol%)	2.0 이하	1.0	0.0000
닥터 시험	음성	음성	0.0000
아로마틱 함량(vol%)	50.0 이하	19.57	2.6353
벤젠 함량(vol%)	5.0 이하	0.64	0.1943
산소 함량(wt%)	0.75 이상	1.14	0.0960
인 함량(g/L)	0.0013 이하	0.0001	0.0000
납 함량(g/L)	0.013 이하	0.001	0.0000
유황분(wt%)	0.1 이하	0.004	0.0010
동판 부식도(50℃, 3시간)	1 이하	1-a	0.0000
현존검(mg/100 ml)	3.0 이하	0.7	0.1095
산화안정도(분)	480 이상	720+	0.0000
수분 및 침전물(vol%)	0.01 이하	0.005	0.0000

[정훈, 1998]

온도가 착화 온도 이상으로 올라가 혼합가스가 완전히 압축되지 않은 상태에서 자기착화를 일으키는 현상을 노킹(knocking)이라고 한다. 노킹이 일어나 압축 온도가 급격히 상승하면 진동과 소음이 발생하고 출력이 떨어지며 이상 폭발을 일으키기도 한다.

이러한 이상 연소 현상인 노킹은 연료의 성질에 따라 크게 영향을 받는다. 연료가 노킹을 일으키기 어려운 성질을 앤티노크성(antiknock)이라고 하며 휘발유의 앤티노크성을 나타내는 척도로 옥탄가(octane value 또는 octane number)를 이용한다. 상대적으로 노킹을 적게 일으키는, 다시 말해 앤티노크성이 우수하여 좋은 연소 특성을 나타내는 이소옥탄(iso-octane; highly branched)의 앤티노크성을 100으로 하고, 상대적으로 쉽게 노킹하는 n-헵탄(n-heptane; straight chain)의 앤티노크성을 0으로 한 뒤 두 연료를 혼합한 부피의 비로 나타낸 수치가 옥탄가이다(그림 9-2 참조). 따라서 옥탄가가 클수록 앤티노크성이 좋은 휘발유라고 할 수 있다.

휘발유의 옥탄가를 높여 실린더에서의 이상 연소를 막기 위해 노킹방지제로 첨가한 납화합물(TEL)이 휘발유와 함께 연소되어 대기 중으로 배출되는 현상이 심각한 문제로 대두되었다.

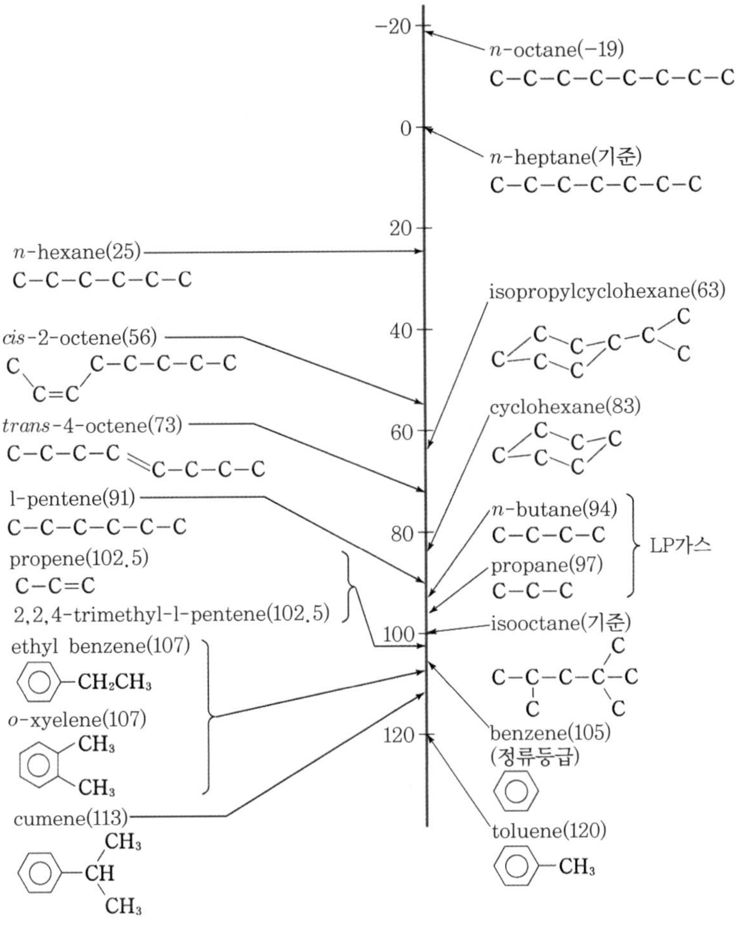

그림 9-2 각종 화합물의 옥탄가[임제빈 등, 1997]

1980년대까지 대기 중에 배출된 납의 대부분은 자동차 연료의 연소에서 유래하였다. 그러나 납은 자동차 촉매의 기능을 떨어뜨리고 인체나 동물에 유해하다는 사실이 밝혀져 자동차 노킹방지제로의 사용이 금지되었다.

옥탄가를 높이기 위해 납화합물 대신에 톨루엔, 자일렌, 망간화합물 등을 휘발유에 첨가하기도 한다. 1990년대 이후 대부분의 국가에서 노킹방지제로 납을 첨가하지 않은 무연휘발유(unleaded gasoline)를 사용하면서 대기 중의 납 농도는 급격히 감소하고 있다. 그러나 중국이나 태국과 같은 국가에서는 아직도 유연휘발유를 많이 사용하고 있기 때문에 자동차 연료의 연소로 배출된 납이 대기오염을 가중하고 있다. 휘발유에는 노킹방지제 외에도 조연제, 산화방지제, 금속활성저하제, 부식방지제, 빙결방지제 등과 같은 첨가제를 사용하여 휘발유의 기능을 보강하거나 연소 관련 장치를 보호하기도 한다.

미국에서는 휘발유에 대해 2000년부터 연방 RGF Phase Ⅱ가 실시되고 있다. 이로 인해 휘발유 중의 황분을 기존의 350 ppm에서 150 ppm까지, 그리고 2005년부터는 50 ppm 이하로 저감하도록 하고 있다. 특히 캘리포니아주에서는 2003년부터 Phase Ⅲ 휘발유 규격으로 인해 황분(평균한계)이 15 ppm 이하로 더 낮추어진 상태이다. 캘리포니아주에서 2012년 발표한 CaRFG3(California Reformulated Gasoline Phase 3)에서는 옥탄가를 높이기 위해 무연휘발유에 첨가하던 MTBE로 인한 악취와 각종 유해성 때문에 휘발유에 첨가하지 못하게 규제하고 있다.

2 경유

경유(light oil)는 석유의 정제 과정에서 휘발유를 얻은 후 나오는 등유(lamp oil 또는 kerosene)와 중유(diesel oil)의 중간에 분리되는 유분이다. 정제하면 무색에 가깝지만 정제하지 않은 상태에서는 칠황색이나 담갈색을 띤다(임제빈 등, 1997). 국내에서는 HCN(heavy catalytic naphtha), LCO(light catalytic oil), LGO(light gasoline oil), HGO(heavy gasoline oil) 등의 화합물을 혼합하여 경유를 제조하고 있다(정훈, 1988). 실제로 국내에서 생산되는 고유황 경유의 유황 성분은 평균 0.67%이고 인화점은 68.4℃이며, 50%의 증류가 일어나는 증류점은 평균 288℃이고 90%의 증류가 일어나는 증류점은 평균 347℃이다. 또한 회분은 0.001 wt%이고 수분 및 침전물의 함량은 0.01 vol% 정도이다. 미국에서 FCC법으로부터 얻은 경유(light cycle oil)는 탄소 수 C12~C20에 해당하는 탄화수소 혼합물로 비중이 0.80~0.90이고 끓는점은 대개 215~338℃이다. 경유는 휘발유에 비해 주로 고분자량의 올레핀(주로 방향족), 파라핀 및 나프텐계 탄화수소를 포함하고 있다.

경유는 디젤기관(diesel engine)의 동력을 얻기 위한 연료 또는 가정용 연료로 많이 사용한다. 경유의 품질은 디젤 연료로서의 성능, 즉 세탄가(cetane number)로 나타내며 세탄가가 클수록 더 좋은 성능을 나타낸다. 현재 국내에서 생산되는 고유황 경유의 세탄가는 평균 52 정도이다.

경유에 때로는 1.6 wt% 이상의 황화합물이 포함되기도 하며, 경유에 들어 있는 황화합물은 FCC를 통한 정제 과정에서 황화수소(H_2S)로 전환되거나 연소 과정에서 황산화물(SO_x)로 전환되어 대기 중으로 배출된다. 이처럼 경유는 황 함유량이 높고 분자량이 큰 탄화수소를 포함하기 때문에 경유를 사용하는 디젤기관 차량의 배출가스가 휘발유 차량의 배출가스보다 더 많은 황산화물과 매연을 포함한다. 미국 EPA는 2007년형 차량부터 경유에 대해 입자상 오염물질(PM)을 현행비로 90%, 질소산화물을 95% 저감하는 연방 규격안을 발표하였다. 이에 따라 경유 중의 황분은 2006년 7월부터 15 ppm 이하로 제한하고 있다.

3 연료의 연소 반응

① 공연비

연소에 사용할 연료를 일반적인 탄화수소 화합물로 가정하고 공기를 이용한 연소, 즉 산소에 의한 연료의 연소 반응을 살펴보자. 우선 대표적 자동차 연료인 휘발유의 연소 과정이다. 여러 탄화수소의 혼합물인 휘발유의 대표적인 화학적 구조를 탄소 8개인 옥텐(octene)이라고 가정했을 때 옥텐의 완전연소 반응은 식 9·1과 같이 나타낼 수 있다. 실제로 공기 중 산소에 의한 연소에는 항상 질소가 동반된다. 공기의 조성을 부피비로 질소 79%와 산소 21%로 가정하고, 또한 질소는 연소 반응에 관여하지 않는다고 가정하여 식 9·1의 화학방정식을 완결하였다. 식 9·2에는 옥텐의 분자식이 C_8H_{16}일 때 공기와 연료의 접촉이 완전하고 연소 반응이 순간적으로 진행되어 완전연소에 이르렀을 때의 연료 소모량과 공기 소모량 및 생성물의 양을 나타내었다. 즉 연료(fuel) 112.0 g당 연소 시 소모되는 공기(air)의 양은 $12O_2+45.12N_2=384+1263.36=1647.36$ g이고, 생성물의 양은 $8CO_2+8H_2O+45.12N_2=352+144+1263.36=1,759.36$ g이다. 이때의 연소는 완전연소로 가정하며, 완전연소 시 연료 단위무게당 소모되는 이론적인 공기 무게의 비를 이론공연비(stoichiometric air-fuel ratio, AFRs)라고 한다(식 9·3). C_nH_{2n}의 화학식을 갖는 옥텐의 이론공연비는 14.7 g/g이 된다(식 9·4).

$$\text{반응식: } C_8H_{16}+aO_2+3.76aN_2 \rightarrow 8CO_2+8H_2O+3.76aN_2 \quad (9\cdot1)$$

$$\text{질량: } 112\text{ g}+384\text{ g}+1263.4\text{ g}=352\text{ g}+144\text{ g}+1263.4\text{ g} \quad (9\cdot2)$$

$$\text{AFRs}=\frac{\text{공기의 무게}}{\text{연료의 무게}}=\frac{a(1+3.76)(\text{공기 1 mol의 질량})}{\text{연료 1 mol의 질량}} \quad (9\cdot3)$$

$$\text{AFRs}(C_8H_{16})=\frac{12(1\text{ g}+3.76\text{ g})\times 28.84}{112.0\text{ g}}=14.7\text{ g/g} \quad (9\cdot4)$$

이론적인 공기 소모량보다 소모된 공기의 양이 적은 경우를 연료농후연소(fuel-rich burn) 또는 과농연소(rich burn)라고 한다. 반대로 이론적인 공기 소모량보다 소모된 공기의 양이 많은 경우를 연료희박연소(fuel-lean burn) 또는 희박연소(lean burn)라고 한다. 옥텐의 경우 공연비가 14.7보다 작을 경우 과농연소, 클 경우 희박연소라고 할 수 있다. 공연비의 역수(연료의 무게 / 공기의 무게)를 연공비(fuel-air ratio, FAR)라고 부르기도 한다.

② 당량비

연료가 연소할 때 이론적으로 소모되는 일정량의 공기(AFRs)에 대해 실제로 소모되거나 사용된 공기량(AFRa)을 나타내기 위해 다음과 같이 당량비(equivalence ratio, Φ)를 정의한다.

$$\text{당량비}(\Phi)=\frac{\text{AFR}_s}{\text{AFR}_a}=\frac{\text{FAR}_a}{\text{FAR}_s} \quad (9\cdot5)$$

Φ가 1보다 작을 경우 연료를 100% 연소하기 위해 필요한 이론적 공기량보다 많은 양의 공기가 공급되고 있으므로 희박연소가 된다. Φ가 1보다 클 경우 연료를 100% 연소하기 위해 필요한 이론적 공기량보다 적은 양의 공기가 공급되어 과농연소가 된다. Φ가 1일 경우 이론당량비가 된다. 당량비는 실제 연소 시스템의 효율성을 평가하거나 결정할 때 중요한 인자로 쓰인다.

한편 일정량의 연료에 대해서 이론적인 공기량 대비 몇 배의 공기가 공급되는가를 공기비(combustion air ratio, λ 또는 α)라고 하며 당량비의 역수에 해당한다(식 9·6). λ가 1보다 클 때는 희박혼합기가 되고 1보다 작을 때는 과농혼합기가 되며 1일 경우 이론혼합기가 된다.

$$공기비(\lambda)=\frac{1}{\Phi}=\frac{AFR_a}{AFR_s} \quad \cdots\cdots (9\cdot6)$$

내연기관에서는 공기비를 공기과잉률이라고도 한다. 과잉으로 공급된 공기는 공기와 연료 간의 비효율적인 접촉에 의한 실제적인 산소 부족을 충당하고 연소 반응을 완전연소로 유도한다. 그렇지만 배출 공기와 배기가스 양의 증가로 인한 열손실이 증대한다.

이 외에 이론적인(또는 정량적인) 공기비를 정의하기 위해 백분율 단위의 이론공기율(stoichiometric air ratio)과 과잉공기율(excess air ratio)을 다음과 같이 정의하기도 한다.

$$이론공기율(\%)=\frac{100\%}{\Phi} \quad \cdots\cdots (9\cdot7)$$

$$과잉공기율(\%)=\frac{(1-\Phi)100\%}{\Phi} \quad \cdots\cdots (9\cdot8)$$

③ 희박연소 · 과농연소와 오염물질 배출

자동차 연료로 휘발유를 사용할 때 휘발유의 대표적 화학식을 옥텐이라고 가정하고 세 가지 조건, 즉 ①공연비가 14.7보다 작거나 당량비가 1보다 클 경우인 과농연소, ②그 반대의 경우인 희박연소, ③당량비가 1(공연비 14.7)인 이론당량비에서 자동차가 배출하는 대기오염물질의 농도 변화를 살펴보자(그림 9-3 참조).

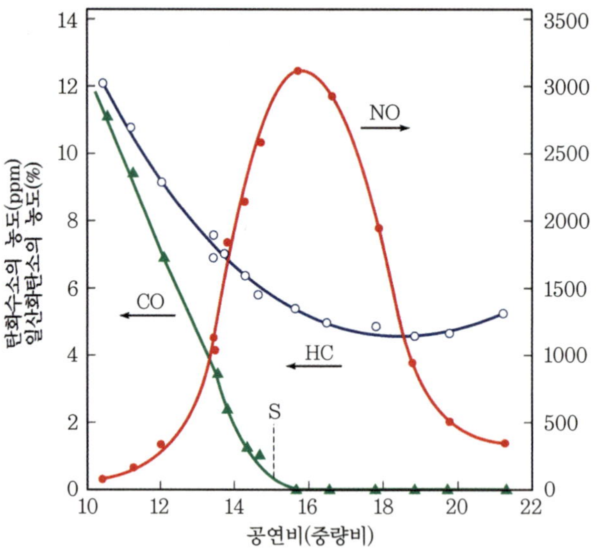

그림 9-3 자동차의 공연비 변화에 따른 대기 오염물질의 농도 변화

과농연소의 경우 연료의 연소에 충분한 공기, 즉 완전연소에 필요한 산소 공급량이 부족하여 불완전연소 조건이 된다. 따라서 연료 내의 C와 H가 CO_2와 H_2O로 완전히 산화하기에 불충분한 산소 조건이므로 일산화탄소와 탄화수소의 농도가 높게 나온다. 그러나 공기의 공급이 점차 늘어남

에 따라 일산화탄소와 탄화수소의 농도는 감소하고 질소산화물의 농도가 점점 증가한다.

이론당량비(S; 공연비 14.7)를 다소 지난 지점이나 영역에서 일산화탄소의 배출 농도가 최저에 이르고 반대로 질소산화물의 배출 농도는 최고에 이른다. 즉 이론당량비 근처의 당량비 조건에서는 거의 완전연소 조건과 유사하게 일산화탄소와 미연소된 탄화수소의 농도가 급격히 줄어든다. 그러나 이 영역에서 효과적인 연소가 계속되어 연소실 내부의 온도가 최고 영역에 달하면 엔진에 공급된 공기 중의 질소와 산소가 반응하여 고온 질소산화물의 생성이 급격히 늘어난다. 실제로 연소실에서 발생하는 질소산화물의 농도는 반응물의 양과 반응 시간, 압력, 그리고 반응 온도 등 여러 가지 인자의 영향을 받는다.

이론당량비를 넘어 공기의 공급이 많아지면 연료의 연소에 필요한 수준 이상의 과잉 공기가 공급되므로 희박연소 조건이 된다. 공기 공급이 계속 늘어나 희박연소 조건이 더욱 더 진행되면 질소산화물의 농도는 급격히 감소한다. 이는 필요한 공기량보다 너무 많은 공기가 공급되어 효과적인 연소가 진행되지 못하기 때문에 일어나는 현상으로 연소실 내부의 온도가 낮아져 온도에 의존하는 질소산화물의 생성이 크게 줄어든다. 그러나 이러한 희박연소 영역에서는 오히려 미연소 탄화수소의 농도가 다소 증가한다. 이는 연소실 안으로 일정하게 공급된 연료가 이미 과다 공급된 공기에 의해 희석되므로 상대적으로 연료 농도가 낮아져 효과적인 연소가 일어나지 못하기 때문이다. 따라서 단순히 연료와 공기의 비만 조절하여 일산화탄소와 탄화수소, 질소산화물의 농도를 동시에 최저로 저감하기는 어렵다는 결론에 이른다.

9·1·3 엔진 작동과 배출가스

이동오염원은 연료, 엔진, 차량(vehicle)에 따라 다른 오염물질을 배출한다. 이 중에서 자동차 엔진의 작동과 관련한 대기오염물질의 배출에 대해 알아보고자 한다. 자동차의 내연기관을 가솔린엔진(오토엔진)과 디젤엔진으로 크게 나눌 수 있다. 각각의 연료인 가솔린(휘발유)과 디젤유(경유)는 주로 석유정제 과정에서 분리되는 점은 동일하지만 분리가 일어나는 온도가 서로 다르며 화학적 조성도 아주 다르다. 가솔린엔진은 연료를 점화할 때 흔히 공기를 10 : 1이나 11 : 1의 낮은 압축비 조건에서 점화플러그(spark plug)를 이용하여 점화한다. 그러나 디젤엔진의 경우 25 : 1의 높은 압축비 조건을 만들면 공기 압축에 따라 온도가 상승하여 점화플러그의 도움 없이도 자동으로 점화가 가능하다.

이러한 차이점을 기초로 오토엔진과 디젤엔진의 작동 과정을 자세히 비교해 보자. 우선 오토엔진은 1876년 니콜라우스 오토(Nicolaus Otto)에 의해 개발된 엔진으로 휘발유를 연료로 사용한다. 흡입행정(intake stroke), 압축행정(compression stroke), 폭발행정(power stroke), 배기행정(exhaust stroke)의 4행정 사이클(four-stroke cycle 또는 Otto cycle)을 거치는 과정에서 동력이 발생하는 내연기관이다. 흡입행정은 피스톤이 상사점(top dead center, TDC)에서 흡입밸브를 열어 연료와 공기를 흡입하고 이를 통해 만들어진 혼합가스가 실린더 안으로 흡입되는 과정에 해당한다. 피스톤의 하사점(bottom dead center, BDC)에서 혼합가스가 압축되기 시작하며, 점화플러그의 불꽃에 의해 점화(ignition)되기 전까지 대기압보다 훨씬 높은 압력으로 압축된다. 점화되는 순간 연료에 갑자기 불이 붙으면서(실제로는 폭발하면서) 단시간에 많은 양의 열을 내놓는다. 이때 발생한 열에 의해 가스가 팽창하면서 피스톤을 밀어내리는 과정이 폭발행정이다. 이후에 피스톤이 다시 위로 올라가면서 크랭크축에 회전력을 주면서 배기밸브를 열고 실린더 안의 배기가스를 내보내는 과정이 배기행정이다. 운전 중 각 실린더에서 이러한 과정이 분당 수백 번 반복되면서 자동차의 동력이 발생한다.

디젤엔진은 1892년 루돌프 디젤(Rudolf Diesel)에 의해 개발된 가장 기본적인 내연기관 모델이다. 압축행정 동안 공기만 미리 고압과 고온으로 크게 단열압축한 다음에 상사점 전 연료인 경유를 실린더 안으로 분사(injection)한다. 연료의 증기와 공기의 혼합물이 단열고압축된 조건에서는 실린더 내의 온도가 상승하여 점화 온도에 이르면 점화플러그의 도움 없이 연료에 자동 점화가 일어난다. 분사되는 연료의 양은 짐(load)과 속도에 따라 조절된다. 공연비는 대개 15 : 1 내지 100 : 1이다. 따라서 디젤엔진의 공기와 연료의 혼합비는 오토엔진에 비해 희박연소의 조건에 상당히 가깝다. 오토엔진과 디젤엔진의 성능 및 배출가스를 표 9-6에서 비교하였다.

미국을 비롯한 북아메리카에서는 가솔린엔진을 많이 사용하고, 유럽에서는 신차로 팔리는 자동차의 50% 이상이 디젤엔진일 정도로 디젤엔진의 점유율이 높다. 경유는 휘발유에 비해 장점이 많다. 휘발유보다 정제를 덜 요구하며, 밀도가 높고 무거워서 휘발성이 약하므로 같

표 9-6 오토엔진과 디젤엔진의 성능 및 배출가스 비교

구 분	오토엔진	디젤엔진
연료	휘발유	경유
점화 방식	스파크 점화	자동 점화
점화 기관	고속압축 점화 기관	저속압축 점화 기관
사이클	정적 사이클	정압 사이클
흡입	휘발유 및 공기의 혼합가스	기체(공기)
압축		
작동 압축비	5~8(7)	15~18(17)
압축 온도(℃)	280	506
압축 압력(kg/cm^2)	12	42
폭발		
폭발 압력(kg/cm^2)	40	60
피스톤 지름(cm)	8	10
피스톤 면적(cm^2)	50.3	78.5
폭발력(kg)	2,000	4,700
배기	동일	동일
열효율	압축비에 의해 결정되고, 같은 압축비에서 열효율이 적음(21)	압축비와 팽창비에 따라 다르고, 같은 압축비에서 열효율이 큼(32)
연료 소비량(kg/ps·hr)	0.30	0.20
주요 용도	소형 적재(승용차)	대형 적재 운반(트럭, 버스)
주요 배출 오염물질	HC, CO, CO_2, NO_x	NO_x, SO_x, 미세먼지, CO_2

은 부피의 휘발유보다 더 많은 에너지(출력)을 낼 수 있다. 즉 같은 급의 엔진을 서로 비교했을 때 단위부피의 연료에 대해 가솔린엔진의 열량(에너지)이 디젤엔진에서 얻을 수 있는 열량의 약 85~87%로 낮다. 또한 디젤엔진은 고압축비를 요구하기 때문에 엔진이 더 무겁고 튼튼해야 하므로 엔진 제작 비용이 다소 비싸지만 수명은 더 길다. 그러나 디젤엔진은 가솔린엔진에 비해 시끄럽고 매연과 같은 입자상 오염물질의 발생이 많아 엔진이 더러워지기 쉽다. 최근에는 대형 트럭에서 사용하는 디젤엔진에 디젤입자필터(diesel particulate filter, DPF)와 같은 매연저감장치를 부착하여 입자상 오염물질의 배출을 획기적으로 줄이는 기술을 개발 · 적용함으로써 입자성 오염물질의 과다 배출과 같은 문제점을 극복하고 있다.

오토엔진과 디젤엔진 외에도 휘발유를 주 연료로 사용하면서 흡입행정과 배기행정을 분리하지 않고 압축행정과 폭발행정을 결합하는 방식으로 구성한 2행정(two-stroke) 방식의 내연기관도 있다. 즉 피스톤이 실린더의 상사점에 도달할 때마다 점화플러그가 점화를 일으켜 동력을 발생한다. 4행정 기관과의 또 다른 주요 차이점은 연료탱크에서 연료와 윤활유(motor oil)를 혼합한 뒤 함께 연소하는 점이다. 2행정 기관은 4행정 기관에 비해 작고 가볍고 값이 싸며 조작 및 운전이 용이하고 경제적으로도 이점이 많다. 그러나 실제로 대기오염 측면에서는 문제가 많다. 2행정 기관은 같은 양의 연료를 연소할 때 4행정 기관에 비해 일산화탄소와 VOCs가 75~750% 많이 배출된다. 또 4행정 기관보다 질소산화물의 배출은 다소 적지만 먼지는 약 1,000% 많이 배출된다. 아시아나 동유럽권의 여러 나라에서 초기 투자비용이 적은 점, 도로가 좁고 교통이 밀집한 점 등을 감안하여 이륜 또는 삼륜 차량을 2행정 기관으로 제작하고 있다. 이들 차량에서 나오는 오염물질의 농도가 급격히 증가하여 대기오염이 심각한 실정이다.

그림 9-4는 자동차에서 오염물질의 배출을 제어하기 전 자동차의 각 부분에서 발생한 대기오염물질의 상대적 농도를 보여주고 있다. 일산화탄소, 질소산화물 및 납은 자동차의 배기관(exhaust pipe)을 통해 주로 배출된다. VOCs는 배기관(60%)뿐만 아니라 연료탱크에서의 연료 증발(20%)과 크랭크케이스(crankcase) 또는 기화기(20%)를 통해서도 배출된다. 실제로 자동차에서 배출되는 대기오염물질의 농도는 주행속도, 대기 온도, 연료의 성질, 촉매의 성

그림 9-4 자동차 배출가스의 배출 경로[임제빈 등, 1997; Freeman *et al.*, 1998]

능 및 상태, 차량의 정비 상태, 탑재한 짐의 무게, 도로 여건, 그리고 운전 습관 등 여러 요인에 따라 달라질 수 있다. 그림 9-5는 주행속도와 기온 변화에 따른 대기오염물질의 배출 농도 변화 양상을 나타내고 있다.

1 일산화탄소의 발생

일산화탄소는 자동차에서 휘발유나 경유가 불완전연소할 때 발생한다. 불완전연소는 주로 연료의 이론공연비보다 낮은 영역에서 연료와 공기가 혼합할 때 발생한다. 즉 과농연소 영역

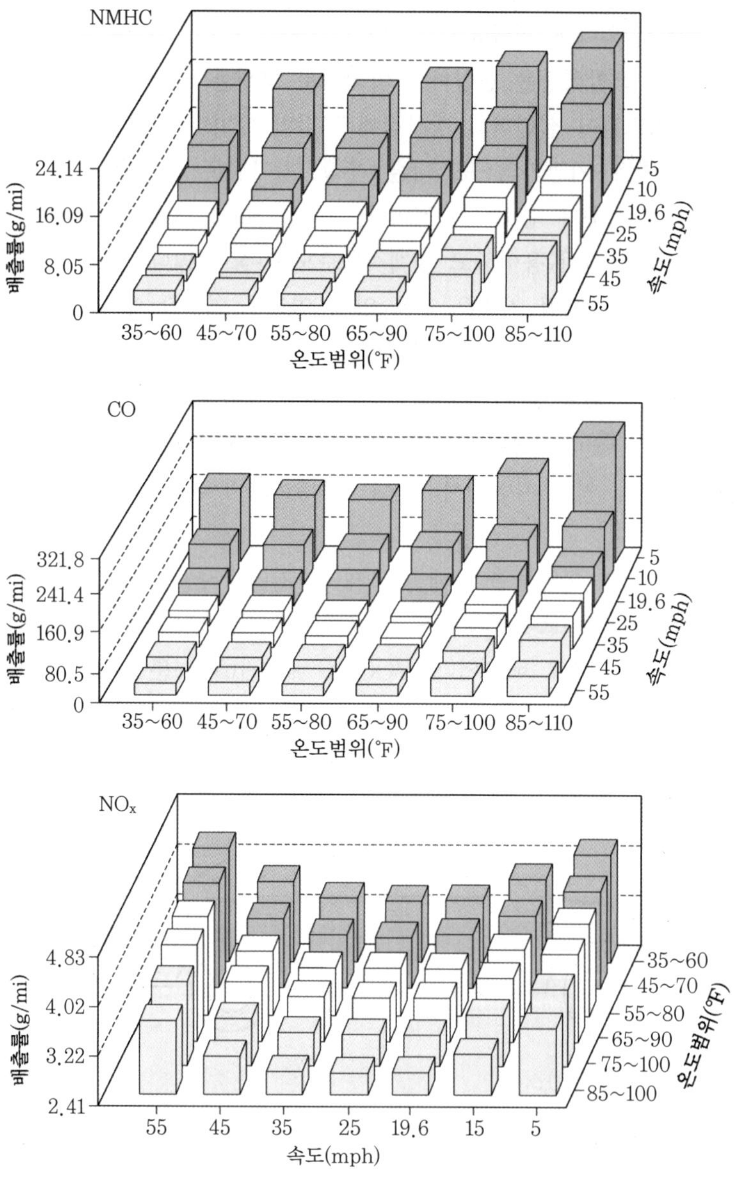

그림 9-5 기온 및 주행속도에 따른 자동차 배출가스의 농도 변화[US EPA, 1991]

에서 연료의 완전연소에 필요한 공기가 충분히 공급되지 않을 때 주로 발생한다. 실제 운행 중인 휘발유 자동차의 기관에는 최대 출력을 얻기 위해 공연비를 12~13의 다소 과농연소 영역으로 설정한다. 이로 인해 자동차 운행과 관련한 일산화탄소의 발생률이 높다.

또한 기화기에서 공급되는 연료는 연소실 내의 부분적인 냉각으로 인해, 또는 과농연소 조건인 관계로 증기 상태의 연료가 액화하여 실린더 안으로 흘러 들어가거나 연소실 내벽에 붙는다. 따라서 연소 온도의 상대적인 저하 및 연료의 불완전연소가 일어나며 이로 인해 일산화탄소가 증가하기도 한다.

공회전(idling) 상태에서는 일산화탄소의 발생량이 주행 시보다 훨씬 많지만 주행속도가 높아지면 일산화탄소 농도는 점차 감소한다. 그러나 대도시나 병목 지역에서는 교통체증이 심하므로 주행속도가 떨어지고, 또 정차하는 횟수가 늘어난다. 이로 인해 공회전 상태가 빈번해지고 일산화탄소의 발생을 가중한다.

연료로 LPG 또는 천연가스를 사용하면 기화 및 혼합이 매우 양호하므로 공연비가 커지고 일산화탄소의 발생도 줄일 수 있다. 특히 경유를 사용하는 디젤엔진 차량은 압축비와 공연비가 매우 커서 연료의 희박연소 조건에서 주로 동력을 얻기 때문에 일산화탄소의 발생이 현저히 적다.

2 질소산화물의 발생

질소산화물은 일산화탄소나 VOCs와 달리 이론공연비에 가까운 연소 영역에서 주로 발생한다. 연료 속에 포함된 질소화합물의 연소로 인한 연료 질소산화물도 부분적으로 있지만 자동차에서 발생하는 질소산화물 대부분은 엔진 내에서 연료가 연소하는 고온 및 고압 상태에서 주로 발생한다. 연료를 연소하기 위해 사용된 공기 중의 질소와 산소가 반응하여 NO를 형성하고(식 9·9), NO가 다시 산화하여 NO_2를 형성한다(식 9·10).

$$NO_2 + O_2 \rightarrow 2NO \quad \cdots\cdots (9\cdot9)$$

$$2NO + O_2 \rightarrow 2NO_2 \quad \cdots\cdots (9\cdot10)$$

자동차에서 발생하는 NO의 양은 연료의 종류와 상관없지만 점화 시기와 압축비 변화에 따른 연소 온도의 변화로부터는 영향을 크게 받는다. 같은 압축비에서 상사점 및 상사점에 이르기 전(before top dead center, BTDC)까지 점화 시 피스톤의 위치 변화에 따른 질소산화물의 농도 변화를 보면 점화 시기가 늦을수록 질소산화물의 농도가 감소함을 알 수 있다(Wark *et al.*, 1998). 또한 그림 9–6을 보면 공연비 16 부근에서 압축비가 증가함에 따라 질소산화물의 배출 농도가 증가함을 알 수 있다.

실제로 운행 중인 휘발유 차량의 경우 공회전 상태에서는 질소산화물 농도가 상대적으로 미미하다. 그러나 주행속도가 높아지면 연료의 연소 온도가 대체로 상승하므로 질소산화물의 배출 농도도 점점 증가한다(그림 9–5 참조). 감속 시에는 일산화탄소나 VOCs의 경우와 반대로 연소 온도가 낮아지므로 생성되는 질소산화물의 농도가 급격히 감소한다.

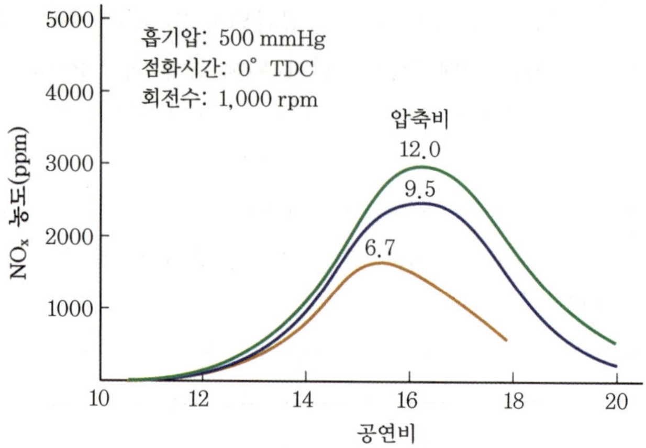

그림 9-6 압축비 변화에 따른 질소산화물의 농도 변화
[임제빈 등, 1997]

3 휘발성 유기화합물의 발생

자동차 운행으로 발생하는 VOCs에는 미연소된 탄화수소, 연소 시 이들 화합물과 산소의 반응으로 생긴 산화물까지 다양한 종류의 화합물이 있다. 그림 9-4에서 볼 수 있듯이 자동차에서 탄화수소 화합물은 다른 대기오염물질과 달리 배기구뿐만 아니라 연료탱크의 환기공, 기화기 및 연료펌프 등의 연료계에서 일어나는 연료 증발에 의해서, 그리고 크랭크케이스 등에서도 발생한다. 휘발유를 사용하는 자동차의 탄화수소 배출 경로는 다음과 같이 구분할 수 있다.

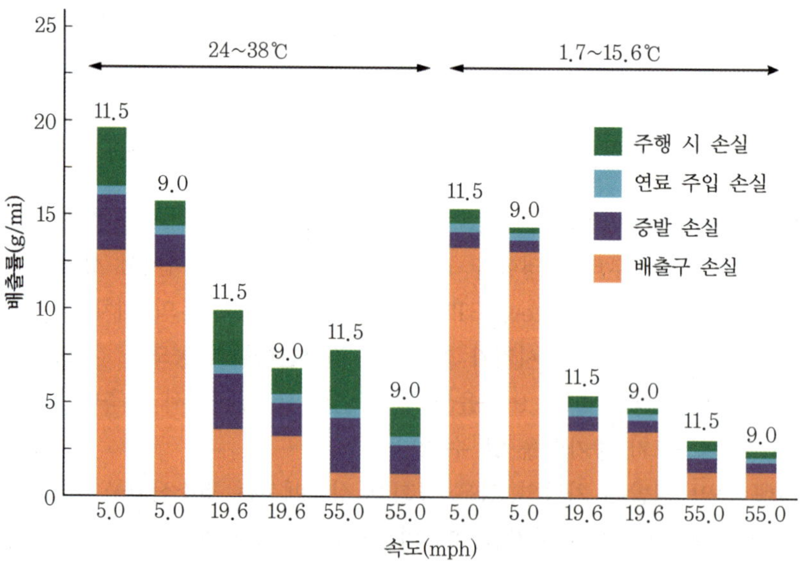

그림 9-7 주행속도에 따른 비메탄계 탄화수소의 배출 경로별 상대적 배출량

표 9-7 배기구, 증발 및 주유에 의해 배출되는 탄화수소의 조성 변화(단위: %)

탄화수소의 종류	배기구 배출량	증발 배출량	주유 시 배출량
파라핀	55	72	85
특수 파라핀			
n-부탄	5	23	32
이소펜탄	4	15	19
불포화 탄화수소계	18	10	11
방향족	25	18	4
아세틸렌계	2	0	0

1) 배기구를 통한 배출(tail pipe loss)
2) 주행 중 증발에 의한 배출(evaporative emission - running loss)
3) 주차 중 증발에 의한 배출(evaporative emission - diurnal and hot soak loss)
4) 주유 중 연료탱크에서의 배출(refueling loss)

그림 9-7은 리드 증기압이 11.5일 때와 9.0일 때 휘발유를 사용하는 차량의 속도와 기온에 따른 비메탄계 탄화수소(NMHC)의 배출 경로별 상대적 배출량을 나타내고 있다. 온도나 리드 증기압이 높을수록 증발에 의한 배출이 많음을 알 수 있다. 따라서 기온이 높은 여름철에는 연료탱크 및 크랭크케이스 등에서의 탄화수소 배출이 상대적으로 증가한다. 차량 속도의 변화와 증발을 통한 탄화수소의 배출은 별로 상관이 없으며, 또한 주유 시의 배출은 휘발유의 증기압 및 차량 속도의 변화로부터 영향을 크게 받지 않음을 알 수 있다. 표 9-7은 배기구, 증발 및 주유 등에서 배출되는 탄화수소의 조성 변화를 나타내고 있다.

배기구에서 미연소 탄화수소가 배출되는 원인에는 몇 가지가 있다. ①실린더의 연소실 내벽 근처의 가스 온도가 다소 낮기 때문에 완전연소하지 않아 발생한다. ②감속 시 탄화수소의 완전연소에 필요한 공기가 부족하여 연소되지 않은 상태로 배출된다. ③가솔린엔진에서 점화된 불꽃이 피스톤과 실린더 헤드(cylinder head)에 가까워지면서 연소실 내벽 부근의 냉각(quenching)으로 인해 효과적인 연소가 어려워서 미연소된 상태로 배출되기도 한다. 그림 9-8은 연소실 내벽 온도와 탄화수소 배출 농도 사이의 관계를 나타낸다.

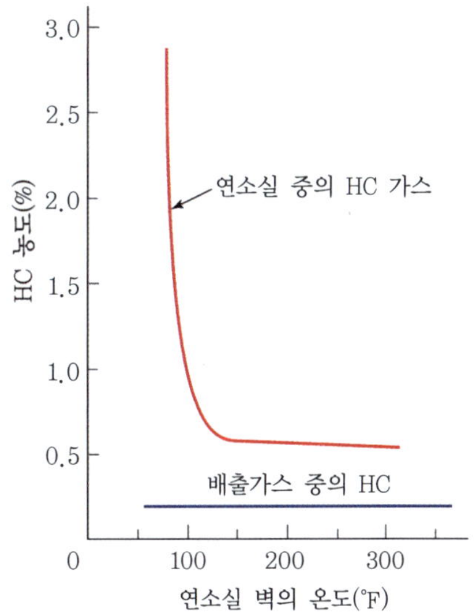

그림 9-8 연소실 내벽 온도 변화에 따른 탄화수소의 배출 농도 변화 [임제빈 등, 1997]

휘발유 차량의 경우 탄화수소의 배출 농도는 공회전 상태가 주행 시보다 훨씬 높으며 주행속도가 증가하면 다소 감소하기도 한다. 그러나 감속 시에는 공회전이나 주행 시보다 훨씬 높은 농도의 탄화수소가 배출된다. LPG를 사용하는 차량에서는 기화 및 혼합이 양호하여 공연비를 크게 할 수 있으므로 탄화수소의 배출 농도를 휘발유 차량의 거의 절반으로 줄일 수 있다. 그러나 감속 시에는 휘발유 차량보다도 높은 농도의 탄화수소가 배출된다. 경유를 사용하는 디젤엔진의 탄화수소 배출 농도는 상대적으로 낮다. 특히 감속 시 배출 농도는 휘발유 차량의 1/10~1/4이다.

4 블로바이 가스의 배출

압축행정과 폭발행정 시 크랭크케이스 쪽으로 새어 나가는 탄화수소 및 일산화탄소 등의 기체를 블로바이 가스(blow-by gas)라고 한다. 블로바이 가스는 미연소 탄화수소가 80~85%를 차지하고 15~20%는 연소 가스로 구성되어 있다. 일산화탄소는 자동차 배기구의 농도와 비교했을 때 크게 문제시되지 않는다. 그렇지만 탄화수소의 경우 배기구 농도의 거의 30~40% 수준으로 차량에서 배출되는 전체 VOCs의 약 20%나 된다. 블로바이 가스의 대기 방출로 인해 소모되는 휘발유의 양은 전체 휘발유 소비량의 2~3%에 이른다.

5 오존의 발생

자동차 운전에서 바로 오존이 발생하지는 않는다. 그러나 여름철에 서울, 로스앤젤레스 등의 대도시에서 오존 경보나 주의보가 빈번하게 발령되는 이유는 일사량에 더해 대부분 자동차 배출가스로부터 대류권의 고농도 오존 현상이 발생하기 때문이다. 대류권에서 오존의 생성은 다음의 식과 같이 일사량, 질소산화물 농도 및 VOCs 농도 등의 영향을 받는다.

$$[\text{오존}] \propto [\text{일사량}] \times [NO_x] \times [VOCs] \quad \cdots\cdots (9 \cdot 11)$$

특히 현재 운행 중인 많은 자동차가 무연휘발유를 연료로 사용하고 있다. 무연휘발유의 옥탄가 향상을 위해 납화합물(TEL)을 대신할 방향족 및 올레핀계 탄화수소의 첨가가 늘어났다. 이에 따라 방향족 및 올레핀계 VOCs의 대기 중 배출도 증가하고 있다. 이러한 화합물은 오존 생성 과정에서 전구체로서 작용한다. 표 9-8은 자동차 배기구에서 흔히 발생하는 배기가스 성분별 오존 형성의 전구체인 탄화수소 또는 관련 화합물의 라디칼 형성을 위한 반응속도 ($RH + OH\cdot \rightarrow R\cdot + H_2O$)와 실제로 대류권에서 각 화합물에 의해 형성된 라디칼 농도(오존 형성 기여도)를 보여 주고 있다. 여기서 대류권의 오존 형성에 대한 기여도는 반응속도뿐만 아니라 농도도 중요함을 알 수 있다. 실제로 자동차로부터 배출되는 VOCs의 농도는 표의 수치보다 훨씬 높으므로 오존 농도에의 기여도는 이 표보다 훨씬 큼을 짐작할 수 있다.

석유정제 과정, 휘발유나 경유와 같은 연료의 저장 · 이송 · 주유 등의 활동에서도 많은 VOCs가 배출된다. 표 9-9는 석유정제 과정에서 배출된 탄화수소의 종류별 예상 최대 오존 생성량을 나타내고 있다. 알켄류 탄화수소의 배출 농도는 상대적으로 낮다(3.93%). 그렇지만 높은 라디칼 반응성 때문에 실제 오존 생성 기여율은 아주 높다(30.9~34.7%). 따라서 대류권 오존 농도의 획기적인 감소를 위해서는 알켄류 또는 올레핀류 탄화수소의 배출 감소에 노력을 기울여야 한다.

표 9-8 휘발성 유기화합물의 오존 형성을 위한 라디칼 반응속도 및 오존 형성 기여도

구 분	농도 (ppm)	반응속도 ($ppm^{-1}min^{-1}$)	오존 생성 상대적 기여율(농도×속도)
파라핀(포화)	1.3	1.2×10^3	1.56×10^3
올레핀(불포화)	0.026	4.2×10^4	1.09×10^3
에텐	0.043	1.2×10^4	5.16×10^2
톨루엔	0.03	9.1×10^3	2.73×10^2
자일렌	0.02	3.6×10^4	7.2×10^2
포름알데히드	0.003	1.5×10^4	4.5×10
아세트알데히드	0.003	2.4×10^4	7.2×10
이소프렌	0.035	4.2×10^4	1.47×10^3

표 9-9 석유정제 시설에서 배출된 탄화수소의 종류별 최대 오존 생성 기여도

구 분	총배출량 비율 (%)	오존 생성 예측량 및 상대 비율(ppb, %)	
		Derwent & Jenkin	Andersson *et al.*
알케인류	87.76	17.53(42.8)	16.27(45.7)
알켄류	3.93	14.22(34.7)	11.02(30.9)
방향족	8.20	9.21(22.5)	8.31(23.3)
알킨류	0.11	0.01(0.0)	0.03(0.1)
계	100.00	40.97(100.0)	35.63(100.0)

6 미세먼지의 발생

차량의 운전 과정에서 가스 또는 증기로 배출된 VOCs는 응축된 후 사슬 집합체(chain-aggregate), 핵성장 및 응고 과정을 거쳐 입자상의 초미세먼지가 되기도 한다. 또한 공기로 배출된 VOCs가 햇빛이나 오존에 노출되면 산화반응이 진행되고 미세먼지 성분과 결합하여 유기성 2차 미세먼지를 형성한다. 차량에서 배출된 질소산화물, 황산화물은 공기 중의 수분에 노출된 후 공기 중의 암모니아 성분이나 금속 양이온 성분과 결합하여 이온성 2차 미세먼지를 형성하기도 한다. 따라서 도로이동오염원에서 발생한 미세먼지는 다른 기원의 미세먼지에 비해 인체 위해성이 더 크다는 주장이 제기되고 있다(이동규 등, 2017). 특히 화물자동차의 경우 우리나라의 2019년 등록대수 비중은 15.7%에 불과하나 전체 자동차에서 배출된 미세먼지(PM_{10}) 배출량의 68.4%나 차지하였다(신승진 등, 2021; 그림 9-9 참조). 특히 화물자동차 중 1톤 미만의 소형 택배차량은 1대당 PM_{10}의 평균 배출량이 1,329 g/년이지만 12톤 이상 대형 화물자동차의 배출량은 22,710 g/년으로 소형 차량의 17배나 된다(표

9-10 참조). 따라서 미세먼지의 배출량을 획기적으로 줄이기 위해서는 대형 화물차량의 매연저감장치(DPF) 부착, 노후 경유 차량의 조기 폐차 등이 요구되고 있다.

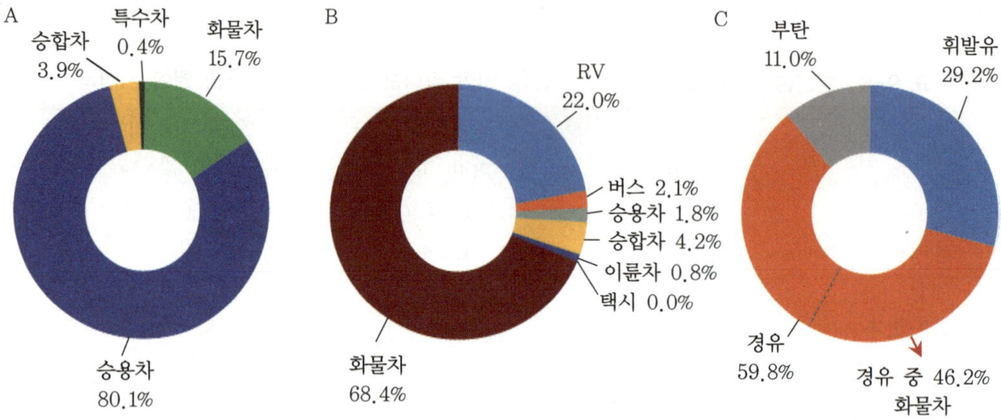

그림 9-9 화물자동차의 미세먼지 및 온실가스 배출 비중[신승진 등, 2021]
A: 등록대수 B: 미세먼지 배출 C: 온실가스 배출

표 9-10 화물차동차 1대당 대기오염물질 및 이산화탄소 평균 배출량(단위: g/년, t CO_2/년)

차종 구분		CO	VOCs	NO_x	PM_{10}	CO_2
소형	1톤 이하 택배	8,293	1,723	75,772	1,329	7.78
	1톤 이하 용달	6,111	1,360	102,896	2,218	18.09
중형	3톤 미만	57,448	13,676	191,980	2,883	22.57
	5톤 미만	74,785	17,850	248,964	3,722	18.09
대형	8톤 미만	138,659	28,900	680,977	18,653	57.57
	12톤 미만	153,625	32,592	768,458	21,163	75.07
	12톤 이상	171,276	35,179	826,788	22,710	95.99

[신승진 등, 2022]

7 경유 차량의 배출가스

휘발유 차량에서 배출하는 황산화물 및 미세먼지 등의 농도는 경유를 사용하는 경유 차량에 비하면 아주 낮다. 디젤엔진은 가솔린엔진에 비해 압축비 · 공연비가 크고 연료인 경유의 휘발성이 휘발유보다 작기 때문에 디젤 배출가스는 일산화탄소나 VOCs의 배출 농도가 상대적으로 낮다. 대신에 경유 차량에서는 ①고온의 불꽃에서 탄화수소 연료가 열분해 또는 탈수소반응으로 중합하여 탄소입자단을 형성한 뒤 팽창 · 응집한 흑연(black smoke; 미연소 탄화수소, 검댕, 미세먼지를 포함), ②고압 및 고온의 연소 조건에서 산소와 질소가 반응하여 형성된 질소산화물, ③그 외 첨가물 및 함유물의 연소에서 발생한 여러 가지 자극성 냄새(포름알데히드나 벤조피렌과 같은 유해 및 악취 성분 포함) 등의 배출이 휘발유 차량에 비해 훨씬 많다. 특히 공연비가 낮거나 고부하에서 매연 농도가 높고 반대의 조건에서는 매연 발생량이 낮다. 또한 공기와 연료의 혼합 상태가 좋지 않거나 연소실 내벽의 영향으로 인해 연소가 중단된 경우에도 매연 발생량이 늘어난다.

9·2 자동차 배출가스의 저감기술

자동차 엔진 관련 부품이나 엔진 계통에서 다음과 같은 제어기술 및 시스템의 도입, 관련 기술의 향상 등을 통해 배출가스를 저감할 수 있다.

1) 통계 열역학적으로 조절된 공기청정기 도입
2) 점화 시기의 조절
3) 변속기 조절이나 속도 조절된 점화 체계
4) 촉매 전환 체계
5) 기화기와 초크의 변형
6) 컴퓨터에 기초한 엔진 조절
7) 공기 주입 체계의 변화
8) 온도 제어기술의 향상
9) 배출가스 순환 시스템
10) 엔진 순환 시스템
11) 연료 주입 체계

9·2·1 엔진에서의 저감

엔진과 관련한 배출가스 저감기술로는 공연비의 조절을 들 수 있다. 실제로 자동차 배출가스 중 일산화탄소, 질소산화물, VOCs를 동시에 줄이는 최상의 방법은 공연비를 정확히 조절하는 일이다. 현재 운행 중인 자동차는 약간 과농연소 조건으로 엔진을 가동하고 있다. 따라서 배출가스 저감기술을 적용한 촉매변환기(catalytic converter)를 부착하여 오염물질의 배출을 줄이고 있다. 또한 산소 센서, 기타 여러 센서나 부품을 이용한 전자제어모듈(electronic control module, ECM) 방식으로 연료 및 공기의 주입 속도를 조절함으로써 배출가스를 줄일 수 있다. 그 외에도 들어오는 공기와 연료의 혼합을 좋게 만드는 연소실의 적절한 설계를 통해 연소 반응물의 미세혼합(micromixing)을 향상하고 일산화탄소와 VOCs의 형성을 최소화할 수 있다.

질소산화물의 배출을 줄이기 위해 배기가스 재순환(exhaust gas recirculation, EGR) 장치를 종종 사용한다. 연소 영역에서 질소산화물의 형성은 피크 온도에 매우 민감하다. 공기

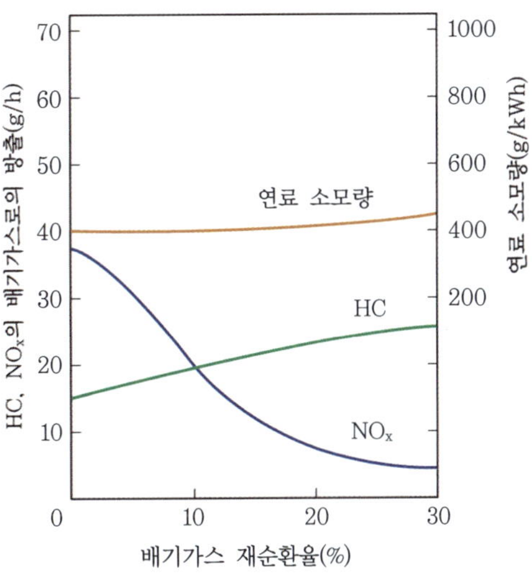

그림 9-10 배출가스 재순환에 따른 연료 소모량, 질소산화물 및 탄화수소 배출량 변화[SAE, 1988]

와 연료의 혼합물에 시기를 적절히 조절하여 배기가스를 재순환함으로써 피크 온도를 낮추고 이를 통해 질소산화물의 농도 감소를 유도할 수 있다(그림 9-10 참조).

또한 일찍이 개발된 다단점화엔진(stratified charge engine, SCE)은 각 실린더에 연소실이 2개씩 있다. 첫 번째의 작은 연소실에서는 과농연소 조건에서 스파크에 의한 점화가 이루어지고, 두 번째의 큰 연소실에서는 희박연소 조건으로 연소가 이루어진다. 그림 9-11에 배출가스의 농도 저감을 위한 공연비 조절 방법을 제시하였다. 처음에는 공연비를 과농연소 조건으로 조절하여 질소산화물의 생성을 억제하면서 일산화탄소와 VOCs를 처리한다. 그 다음 이를 희박연소 조건으로 만들어 완전연소시키면서 질소산화물의 생성을 억제한 상태에서 일산화탄소와 VOCs를 처리한다. 이렇게 두 연소실에서 과농 및 희박 연소를 단계적으로 수행함으로써 고온의 이론연소를 피하고 질소산화물의 형성을 줄인다. 그 다음 완전연소를 유도함으로써 일산화탄소와 VOCs의 생성을 줄일 수 있다.

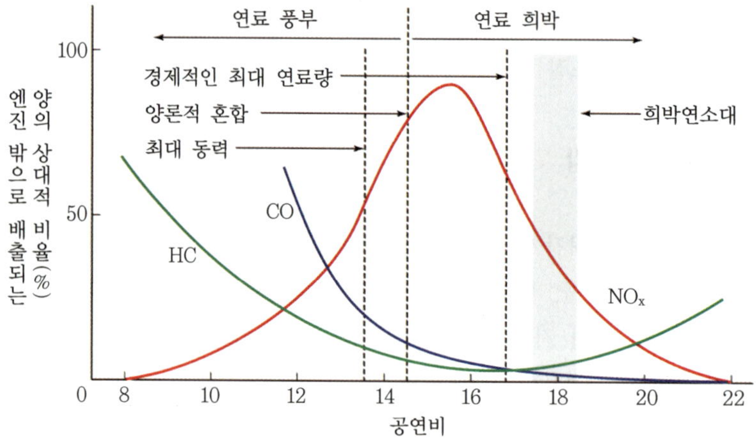

그림 9-11 공연비 조절에 의한 배출가스 농도의 감소[Black, 1995]

한편 희박연소를 통해 펌프손실과 열손실을 줄여 결과적으로 연비를 향상하고 연소 온도를 일반 엔진보다 낮출 수 있다. 이런 방식으로 질소산화물의 생성량을 대폭 줄여 주는 희박연소 자동차도 개발되고 있다. 최근에는 과잉희박연소엔진(extra-lean-burn engine, ELBE)을 이용하여 플러그에서는 과농연소 조건을 만들고 실린더의 나머지 부분에서는 극도의 희박연소 조건(공연비 25 정도)을 만들어 줌으로써 일산화탄소와 VOCs의 배출을 줄일 수 있다.

9·2·2 연료분사 기술

VOCs가 생성되는 주요한 원인은 연료 공급계의 불균일 혼합, 흡기 포트와 연소실 벽에 부착하는 벽류량의 증가 등으로 인해 불완전연소의 발생 빈도가 높아지기 때문이다. 따라서 분무 각도가 협소한 인젝터(injector)와 미립화 인젝터를 사용하여 벽류의 생성을 최소화함으로써 효과적인 연료분사를 유도하여 불완전연소의 발생 빈도를 줄여야 한다.

최근에는 연소실 내에 연료를 직접 분사함으로써 연소실 내 연료 분포를 층상화하여 국소적인 가연층을 형성한다. 따라서 전체적으로 희박연소를 실시할 때 희박가연한계 부근에 연소 기간이 아주 짧은 수소를 첨가하여 연소 기간의 단축을 유도할 수 있다. 연소의 성능 개선은 물론이고 탄화수소의 배출량도 줄이는 기술이 개발되고 있다.

9·2·3 연료 조성의 변화

자동차로 인한 대기오염 문제가 심각해짐에 따라 자동차 연료인 휘발유와 경유의 생산 규격이나 조성 등에 관한 각종 규제가 엄격해지고 있다. 지금까지는 대기오염과 관련하여 휘발유와 경유에 함유된 황과 납이 주로 문제시되어 왔다. 황은 황산화물을 형성하여 대기 중으로 방출되거나 수분과 반응한 황산이 산성비의 원인이 되기도 한다. 또한 촉매변환기가 황에 피독(poisoning)되면 촉매의 기능이 저하하므로 결과적으로 일산화탄소나 VOCs의 배출이 늘어난다. 이에 휘발유나 경유를 정제할 때 수소화탈황(hydrodesulfurization) 장치와 같은 시설을 이용하여 황의 함유량을 엄격히 조절하고 있다. 유황 함량을 낮춘 개질휘발유를 사용할 경우 촉매변환기의 효율이 향상함으로써 NO_x, CO, NMHC 및 부타디엔(butadiene)과 같은 VOCs의 배출을 줄일 수 있다.

옥탄가를 높이기 위해 첨가한 톨루엔이나 자일렌 등의 방향족화합물은 연소 과정에서 열분해되어 벤젠과 같은 발암성 또는 유해대기오염물질(HAPs)을 생성한다. 결국 대기 중 벤젠과 같은 유해물질의 농도를 높일 수 있다. 또한 휘발유 제조 공정에서 발암성이 높은 방향족탄화수소, 연료의 휘발성을 높이는 부탄과 같은 지방족탄화수소, 오존 및 스모그 형성의 전구체로 알려진 올레핀계 탄화수소와 같은 VOCs의 배출이 급격히 높아졌다. 따라서 대기오염 저감을 위해서는 자동차 연료의 조성 및 제조 공정에 대한 최적화가 이루어져야 한다.

겨울철에는 자동차의 빠른 시동(quick start)을 유도하기 위해서 여름철보다 휘발유에 부탄을 더 첨가하여 리드 증기압을 높이기도 한다. 그러나 리드 증기압이 높은 연료는 휘발성이 크므로 차량의 주유나 운행 과정에서 VOCs를 더 높은 농도로 배출할 수 있다. 이에 미국 EPA는 연료의 리드 증기압을 낮출 것을 요구하기도 한다. 특히 여름철 기온이 높아지면 연료 증발이 대기 중 오존 농도의 상승을 가중할 수 있어 오존 농도가 가장 높은 여름에는 휘발유의 리드 증기압을 겨울철보다 낮추도록 하고 있다.

그 외에도 연료의 조성 변화를 통한 배출 저감 방법으로 함산소제(oxygenates)를 첨가한 함산소연료(oxygenated fuel)가 있다. 특히 일산화탄소 농도가 문제인 지역은 함산소연료를 사용하고, 오존 문제가 심각한 지역은 개질휘발유를 사용함으로써 대기오염 문제를 줄일 수 있다. 함산소제로는 주로 알코올과 에테르류가 많이 사용되고 있다. 함산소연료 중에서 휘발유에 약 10%의 에탄올을 혼합한 가스홀(gashol)은 휘발유의 옥탄가 향상에 도움을 줄 수 있다. 또한 최근에는 과산화물(peroxide)과 같은 보조물질을 이용하여 에탄올과 경유를 혼합하

표 9-11 자동차 연료의 화학적 및 물리적 특성

구 분	CNG	LNG	LPG	휘발유	경유	메탄올	에탄올	수소
분자식	CH_4	CH_4	C_3H_8	C_8H_{16}	$C_{12}H_{26}$	CH_3OH	C_2H_5OH	H_2
옥탄가(연구 결과)	130	130	112	91~98	−25	112	111	NA
옥탄가(자동차)	130	130	97	83~90	NA	91	92	NA
세탄가	−10	−10	5~10	8~14	40~65	3	8	NA
액상연료 밀도(kg/L)	0.4225	0.421	0.509	0.746	0.808	0.79	0.783	0.0708
가스 밀도(kg/m^3)	0.6512		0.508	4.4				
평균 끓는점(℃)	−161.6	−161.6	−42.2	37~205	140~360	65	79	−252.7
저위발열량(kJ/kg)	7,950	22,175	46,238	42,661	43,419	19,859	26,855	119,444
고위발열량(kJ/kg)	49,371	49,371	50,208	43,932	43,095	20,083		119,537
에너지 함량(V)(kJ/l)	7,875*	21,013	23,535	31,825	35,802	15,668	21,027	1,930*
휘발유와 비교한 에너지(%)	25	66	74	100	110	49	66	6.06
경유와 비교한 에너지(%)	22	60	67	91	100	45	60	5.50
이론공연비(질량)	17.3	17.3	15.7	14.7	15	6.5	9	34.3
증발열(kJ/kg)	507	507	423	355	286	1,186	842	NA
자동점화 온도(℃)	540	450	450	220	225			585
최고 화염 온도(℃)	1,790	1,790	1,990	1,977	2,054			2,045
스파크 점화 에너지(MJ)	0.29	0.29	0.305	0.24	0.24			0.02

주 * CNG: 200기압, 압축수소: 150기압[한화진, 1996]

는 방식으로 배출가스를 줄이기도 한다. 주로 사용되는 함산소제로는 메탄올, 에탄올, TBA(tertiary butyl alcohol), MTBE(methyl tertiary butyl ether), TAME(tertiary amyl methyl ether), ETBE(ethyl tertiary butyl ether) 등이 있다. 함산소제를 휘발유에 혼합하여 사용하면 휘발유의 옥탄가를 높이거나 증기압을 낮추어 일산화탄소 및 VOCs의 배출을 줄일 수 있다. 그러나 함산화제인 메탄올의 사용 증가로 인해 발암성 물질인 포름알데히드의 대기 중 배출이 늘어날 수 있다. 따라서 인체에 유해한 산화성 물질의 배출을 방지할 수 있는 적절한 기술이 포함되어야 한다.

표 9-11은 자동차에 사용되고 있거나 앞으로 사용될 여지가 큰 각종 연료의 화학적 및 물리적 특성을 요약하였다. 단위무게당 에너지는 천연가스가 가장 높고 LPG, 경유, 휘발유 순이며 알코올은 천연가스의 절반 정도로 낮다. 그러나 연료로 이용하기 위한 단위부피당 열량(에너지 함량)은 경유가 가장 높고 휘발유, LPG, 천연가스의 순이다.

표 9-12는 자동차 연료의 조성에 따른 유해대기오염물질 배출을 요약하였다. 휘발유는 다른 연료에 비해 특히 벤젠, 톨루엔, 자일렌과 같은 방향족 유해 화합물의 배출이 많고, 개질휘발유는 기존 휘발유에 비해 이러한 방향족화합물의 배출이 훨씬 적음을 알 수 있다. 1,3-부타디엔은 M100에서, 포름알데히드는 메탄올 연료(M100, M85)에서, 아세트알데히드는 E85에서 많이 배출되고 있다. 또 전체적으로 CNG와 LPG 등의 가스 연료는 다른 연료에 비해 유해물질의 배출이 적음을 알 수 있다. 따라서 CNG 자동차가 저공해 연료 자동차로 우선 고려되고 있다.

연료의 조성 변화를 통한 VOCs 및 오존 농도의 저감을 위한 주요 대책으로는 함산화연료의 사용, 리드 증기압의 감소, 유황 성분의 감소, 90% 증류점 감소, 청정연료의 개발 등으로 정리할 수 있다.

표 9-12 자동차 연료의 조성에 따른 유해대기오염물질 배출

유해대기 오염물질	휘발유	RFG[1]	M85[1]	M100[1]	E85[1]	CNG	LPG
벤젠	7.95	4.88	4.38	0.32	1.21	0.242	0.242
톨루엔	33.66	3.45	8.66	2.11	0.75	0.695	0.695
m, *p*-자일렌	4.57	4.77	1.54	0.30	1.30	0.705	0.033
o-자일렌	1.95	1.58	0.46	0.16	0.39	0.399	0.101
1,3-부타디엔	0.19~0.5	0.24	0.44	2.05[2]	0.12	0.093~0.404	-
포름알데히드	4.78	0.60	13.87	21.76	3.15	2.712	4.870
아세트알데히드	0.94	0.50	10.02	0.27	13.32	0.529	0.641
아크롤레인	1.12	-	4.44	0.09	-	0.330	0.118

㈜ 1) RFG: 개질휘발유, M85: 휘발유에 85% 메탄올 혼합, M100: 순수 메탄올, E85: 휘발유에 85% 에탄올 혼합

2) US EPA 등에서는 M100으로부터의 1,3-부타디엔 배출이 실질적으로 없을 수 있다고 보고함

[한화진, 1996]

9·2·4 배출가스 처리 장치 및 기술

공연비 조절만으로 자동차 배출가스에서 일산화탄소, VOCs, 질소산화물을 동시에 줄이기는 어렵다. 그러나 촉매변환기를 이용하면 배출가스의 농도 감소를 유도할 수 있으며, 흔히 삼원촉매장치(three-way catalytic converter)를 이용하여 배출가스를 정화하고 있다. 그림 9-12는 금속 촉매를 이용한 산화환원반응을 통해 배출가스를 무해한 물질로 처리하는 삼원촉매장치의 개략도이다. 장치 전반부인 환원부에서는 로듐(Rh) 촉매를 이용하여 배출가스 중의 질소산화물을 환원하여 N_2(때로는 암모니아)와 H_2O로 만든다. 장치 후반부인 산화부에서는 백금(Pt)과 팔라듐(Pd) 촉매를 이용하여 CO를 CO_2로 산화하고 또 탄화수소를 CO_2와 H_2O로 산화해 배출가스를 처리한다. 자동차 배출가스에 대한 삼원촉매장치의 처리 효율은 대체로 80~90%를 보인다. 그렇지만 황화합물과 같은 불순물에 의해 촉매가 피독되면 효율이 다소 떨어질 수 있다.

삼원촉매장치가 최대한 많은 배출가스를 동시에 높은 효율로 처리하기 위해서는 좁은 영역의 범위(window) 내에서 공연비를 조절해야 한다. 촉매를 이용한 처리기술은 오염물질이 발생한 뒤에 배출량을 줄이는 후처리 기술이고 오염물질을 대폭 저감하기 위해서는 촉매의 양을 늘려야 한다. 이로 인한 가격 상승과 차량 중량 증가에 따른 연비 악화를 가져올 수 있는 단점도 있다. 따라서 값싼 촉매의 개발, 내구도 및 통기저항의 향상을 위한 담체의 개발, 새로운 연소 메커니즘 개발에 따른 촉매의 개발 등이 필요하다.

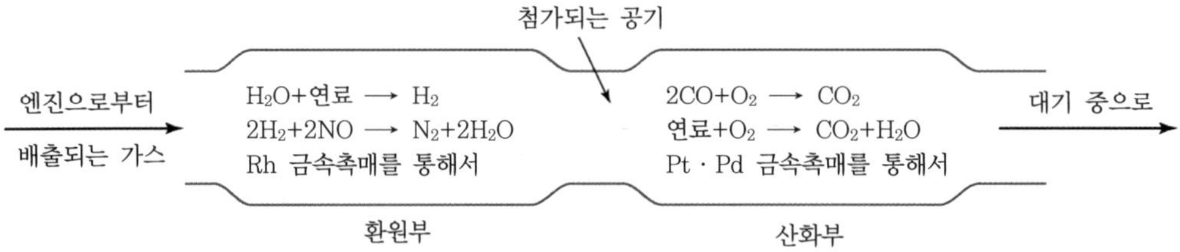

그림 9-12 삼원촉매장치를 이용한 배출가스 동시 저감 기작[Baird, 1995]

그 밖에 휘발유 차량의 배출가스 저감을 위한 또 다른 장치로 탄소 캐니스터(carbon canister)와 PCV(positive crankcase ventilation) 밸브를 이용하는 방법도 있다. 전자는 일종의 흡착장치로 차량의 엔진을 끈 후에 뜨거운 엔진으로부터 배출되는 VOCs를 활성화한 캐니스터에 흡착했다가 다시 엔진이 가동될 때 탈착하고 실린더로 보내서 연소시키는 방식이며 VOCs의 대기 중 배출을 줄일 수 있다. 또한 PCV 밸브는 크랭크케이스의 블로바이 가스를 실린더로 돌려보냄으로써 증발 가스가 크랭크케이스로부터 대기 중으로 배출되지 않도록 막는 역할을 한다. 디젤 차량에는 촉매변환기와 먼지여과기를 결합한 트랩-산화기(trap-oxidizer)를 부착하여 디젤엔진에서 나온 배출가스와 매연을 포집 · 산화함으로써 오염물질의 배출을 줄이기도 한다.

9·2·5 온실가스 저감기술

자동차 배출가스 중 지구온난화 또는 기후변화에 영향을 주는 주요 물질로는 온실효과가 큰 이산화탄소, 메탄, 질소산화물 등이 있다. 표 9-13은 각 연료별 차량 운행 전 과정의 온실가스 배출 비율을 나타내고 있다. 대부분의 연료에서 이산화탄소 배출량이 가장 많다. LPG와 천연가스 차량의 경우 전 과정에서 휘발유 차량보다 각각 20% 및 19% 정도 적게 온실가스를 배출한다(한화진, 1996). 또한 연료의 생산과 공급, 자동차 운행의 관점에서 볼 때 기존의 휘발유 및 경유 자동차의 연료 연소 과정에서 배출되는 이산화탄소가 지구온난화에 기여하는 효과는 각각 77%와 91% 정도이다(Unnasch *et al.*, 1989). 따라서 화력발전소에서 출발한 탄소 포집 기술과 같이 이동오염원으로부터 이산화탄소를 포집 · 처리하는 기술을 시급히 개발해야 한다.

한편 천연가스 자동차의 도입, LPG의 사용 증가 등으로 인해 자동차 운행에 따른 메탄의 배출이 계속 늘어나고 있다. 특히 메탄은 NMHC와 달리 촉매변환기를 통과해도 NMHC만큼 효과적으로 감소하지 않으므로 자동차에서 배출되는 메탄가스를 처리할 기술의 개발도 서둘러야 한다. 그뿐만 아니라 N_2O도 온실효과를 나타내므로 저감기술의 개발이 절실하다.

표 9-13 연료별 차량 운행 전 과정의 온실가스 배출 비율(단위: %)

구 분	개질 휘발유	경유	LPG	천연 가스	메탄올 (천연가스 추출)	메탄올 (목재 추출)	에탄올 (옥수수 추출)
차량 운행(배기구 배출)	72	74	77	67	60	18	6
연료 공급	18	13	10	21	30	52	84
차량 제조	10	13	13	12	10	30	10
온실가스 중 CO_2 배출 비중	90	91	89	79	90	67.4	68
CO_2 외 최대 발생 온실가스	N_2O	N_2O	N_2O	N_2O	CH_4	N_2O	N_2O

[OECD, 1993; 한화진, 1996]

9·3 배출가스 규제 및 관리

자동차 운행과 관련한 배출가스 저감 방법에는 여러 가지가 있지만 규제를 통한 저감, 배출 저감기술의 개발, 저공해차 및 무공해차의 개발, 휘발유를 대체할 대체연료 자동차의 개발, 청정연료의 사용 등이 핵심이다.

9·3·1 저공해차 및 무공해차

우리나라의 경우 1994년 기준으로 자동차 운행과 관련하여 배출된 VOCs의 양은 전체 VOCs 배출량 중 약 45%로 가장 큰 비중을 차지한다. 미국은 대기 중 오존 농도의 감소를 위해 질소산화물 및 VOCs의 배출 저감을 대기질 관리의 주요 정책 수단으로 삼고 있다. 미국의 VOCs에 대한 배출 저감 정책은 자동차 배출가스 저감에 중점을 두고 있다. 대기오염을 민감하게 다루고 있는 캘리포니아주의 경우 연방정부에서 1990년 제정한 「개정 대기청정법(Clean Air Act Amendments)」보다 훨씬 더 강한 규제를 시행하고 있다. 예를 들어 NMHC 또는 비메탄 유기가스(non-methane organic gases, NMOG)의 배출량을 점차 줄일 방법으로 배기가스 규제에 의한 저공해차(LEV)의 기준을 다음에 제시한 순서와 같이 설정하였다. 이를 통해 단계적으로 공해 배출이 보다 미미한 차량으로의 전환을 목표로 한 이른바 저공해차 프로그램을 확정하여 시행하고 있다.

1) 기존 차, NMOG = 0.242~0.155 g/km
2) 잠정저공해차(transient low emission vehicle, TLEV), NMOG = 0.078 g/km
3) 저공해차(low emission vehicle, LEV), NMOG = 0.047 g/km
4) 초저공해차(ultra-low emission vehicle, ULEV), NMOG = 0.025 g/km
5) 수퍼초저공해차(super ultra-low emission vehicle, SULEV), NMOG = 0.016 g/km
6) 무공해차(zero emission vehicle, ZEV), NMOG = 0.000 g/km

이 중 ULEV급 저공해차는 기술적으로 대응 가능한 대책이 나올 것으로 예상되고 있다. ZEV로 불리는 자동차에는 전기 자동차와 수소 자동차(연료전지 차량) 등이 있다. 이들 자동차의 단기간 내 급속한 보급 가능성은 다소 낮지만 시장의 요구도와 점유율은 최근 빠르게 올라가고 있다.

캘리포니아주는 신규 자동차의 배출량을 90% 이상 줄이는 SULEV 개념을 도입하기도 하였다. 캘리포니아주에서는 자동차 배기가스 중 탄화수소 화합물을 현행 규제의 약 1/6로 저감하는 법률을 제정한 바 있다. 2003년 이후 미국 EPA에서 시행하고 있던 배출가스 규제 제도인 Tier(티어) 1과 TLEV 개념은 없어졌다. 이에 따라 차량 배기구에서의 오염물질 배출 기준인 SULEV 기준을 만족하면서 증발 배출(불완전연소 탄화수소)이 없는 경우를 부분적 무공해차(partial zero emission vehicle, PZEV)라고 한다. 또한 PZEV 기준을 만족하는 CNG 자동차과 하이브리드 자동차를 첨단기술 부분적 무공해차(advanced technology partial zero emission vehicle, AT-PZEV)로 부르기도 한다.

미국에서는 새로운 승용차에 대해 2004년부터 2009년까지 보다 엄격한 자동차 배출 대기오염물질 규제인 Tier 2를 적용하였다. Tier 2하에서는 무게에 기초한 모든 차량(승용차, 미니밴, 소형트럭, SUV)이 똑같은 배출 규정을 지켜야 한다. 그러다 차량(승용차, 트럭) 배출 유해대기오염물질의 저감을 위해 2014년 자동차 회사와 부품 제조사가 지켜야 할 훨씬 강화된 내연기관 차량의 연료 배출 기준인 Tier 3(가솔린엔진) 기준을 공표하여 2017년부터 시행하고 있다(US EPA). 또 디젤엔진 자동차의 경우 차량용 엔진 배출 미세먼지와 질소산화물의 90% 배출 저감을 요구하는 Tier 4 기준이 2004년에 공표되어 2008년부터 2015년까지 적용하고 있다(표 9-14 참조). 2021년 11월 캘리포니아주 대기환경위원회(California Air Resources Board, CARB)는 처음으로 공공 차량 작업장에서 미세먼지와 질소산화물의 50~90%(엔진 종류에 따라 다름) 배출 저감을 요구하는 Tier 5 배출 기준을 개발하여 2028~2030년경 적용을 준비하고 있다.

표 9-14 미국 Tier 4 배출 기준(엔진 크기 560 kW까지, 단위: g/kWh, g/bhp·hr)

엔진 출력	적용 연도	CO	NMHC	NMHC+NO_x	NO_x	PM
kW<8 (hp<11)	2008	8.0(6.0)	–	7.5(5.6)	–	0.4[1)](0.3)
8≤kW<19 (11≤hp<25)	2008	6.6(4.9)	–	7.5(5.6)	–	0.4(0.3)
19≤kW<37 (25≤hp<50)	2008 2013	5.5(4.1) 5.5(4.1)	– –	7.5(5.6) 4.7(3.5)	– –	0.3(0.22) 0.03(0.022)
37≤kW<56 (50≤hp<75)	2008 2013	5.0(3.7) 5.0(3.7)	– –	4.7(3.5) 4.7(3.5)	– –	0.3[2)](0.22) 0.03(0.022)
56≤kW<130 (75≤hp<175)	2012~ 2014[3)]	5.0(3.7)	0.19(0.14)	–	0.40(0.30)	0.02(0.015)
130≤kW≤560 (175≤hp≤750)	2011~ 2014[4)]	3.5(2.6)	0.19(0.14)	–	0.40(0.30)	0.02(0.015)

㈜ 1) 수동시작 가능 공랭식 DI 엔진은 2009년까지 Tier 2 적용 가능, 2010년부터는 0.6 g/kWh PM 기준 선택 가능
2) 차량 제조자가 2012년 제작차 기준(0.03 g/kWh) 만족 시 0.4 g/kWh(Tier 2) 적용
3) PM · CO: 2012년부터 완전 적용, NO_x · HC: 엔진별 선택하지만 2014년부터는 완전 적용
4) PM · CO: 2011년부터 완전 적용, NO_x · HC: 2011~2013년 50%의 엔진이 충족해야 함
[DieselNet]

9·3·2 대체연료 자동차

이미 악화한 대기오염을 줄이기 위해서는 VOCs를 적게 배출하거나 전혀 배출하지 않는 자동차의 개발과 운행이 필수적이다. 또한 미세먼지와 SO_x의 배출을 줄이기 위해 경유나 휘발유 중의 황분을 극도로 낮추어야 한다. 미국과 같은 선진국은 이미 연도별 연료 개선 목표를 정해 놓았으며 초저황분을 포함한 연료의 사용을 의무화하고 있다. 현재 활발히 연구 중

이거나 이미 부분적으로 상업적 운행을 실시한 대체연료 자동차의 개발과 문제점을 살펴보고자 한다.

1 천연가스 자동차

천연가스는 산지에 따라 조성의 차이가 다소 있지만 일반적으로 70~90%의 메탄, 10~20%의 에탄, 2~8%의 프로판으로 구성되어 메탄이 주성분을 이룬다. 천연가스는 대개 옥탄가가 높고(리서치법에 의한 옥탄가: 메탄 120, 프로판 112, 이소옥탄 100, 무연휘발유 92~98) 희박연소도 가능하기 때문에 휘발유의 대체연료로 사용할 수 있다. 천연가스를 자동차 연료로 사용하면 배기가스 중의 황산화물은 거의 없고 질소산화물이나 탄화수소의 발생량도 상당히 줄어든다.

그러나 천연가스 자동차(natural gas vehicle, NGV)는 성능 면에서 기존 휘발유 차량에 비해 10% 정도 떨어진다. 게다가 200 bar 정도의 고압 가스용기에 연료를 넣어 차량에 탑재하기 때문에 용기 자체의 중량으로 인해 차량 중량이 늘어나는 단점도 있다. 따라서 NGV는 1회 충전당 항속거리가 휘발유 자동차의 1/5~1/4에 불과하므로 종래와 유사한 항속거리를 유지하기 위해서는 경량화한 용기의 개발이 필수적이다. 또한 가스 충전소의 보급과 확충도 시급하다. NGV의 또 다른 단점으로는 연료가 가스 상태이므로 휘발유에 비해 윤활 특성이 떨어지는 점이다. 따라서 밸브 및 시트링(seat ring)의 마모를 줄일 수 있는 기술의 개발이 필요하다. CNG 외에도 주로 프로판과 소량의 부탄으로 구성된 LPG를 자동차의 연료로 사용하기도 한다. CNG나 LPG는 휘발유에 비해 약 50%의 VOCs 및 일산화탄소 배출 감소와 질소산화물이나 황산화물의 배출 감소를 기대할 수 있다.

2 메탄올 자동차

액체연료인 메탄올 자동차는 대체연료 자동차 중에서 실용화에 가장 가까운 차량이라고 할 수 있다. 메탄올을 사용하면 옥탄가(리서치법에 의한 옥탄가: 메탄올 · 에탄올 106~107, 무연휘발유 92~98)와 압축비가 높아져 출력 및 연료 소비율을 향상할 수 있다. 발열량도 휘발유의 절반이므로 연료탱크의 크기를 2배로 하면 1회 충전당 얻을 수 있는 항속거리가 휘발유 자동차와 유사하다. 그러나 메탄올은 휘발유에 비해 윤활 기능이 매우 약하므로 금속이나 플라스틱 재료를 모두 침식한다. 따라서 메탄올에 접하는 부품의 부식 및 마모 대책이 필요하다. 메탄올 자동차의 또 다른 문제점으로 연소 시 발암성 포름알데히드와 개미산이 생성되므로 엔진 부품의 부식 및 마모를 촉진할 수 있다. 따라서 연료탱크에서 머플러까지 일체의 부품을 위한 메탄올 대책이 필요하다.

3 전기 자동차

전기 자동차(electric vehicle, EV)는 겉보기로 배기가스의 배출이 0인 궁극적 무공해 차량(ZEV)으로 간주할 수 있다. 과거 개발 초기의 전기 자동차는 1회 충전당 항속거리가 휘발유 차량의 1/10 정도밖에 되지 않아서 대부분 짧은 거리의 한정된 용도로만 사용되었다. 그러나 고에너지 밀도를 갖는 차량용 배터리 기술 개발 등에 대한 투자, 충전 용량의 향상에 관한 연구와 노력 덕분에 국산 전기 자동차의 1회 충전(완충 기준) 항속거리는 현재 500 km 수준에 이르렀다. 이는 서울에서 부산까지 중간에 재충전하지 않고 주행할 수 있는 수준이다. 조만간 1회 충전으로 서울–부산을 왕복 운행하기에 충분한 800 km까지 향상할 수 있는 다양한 배터리 기술(예 하이니켈 양극재 기술, 실리콘 음극 기술, 고체전해질 전지 기술)을 확보할 것으로 기대된다. 현재 판매 중인 일부 외국산 전기 자동차는 1회 충전으로 이미 837 km 이상 주행할 수 있다고 한다. 따라서 항속거리 측면에서도 전기 자동차가 기존의 휘발유 차량을 능가하고 있다.

또 하나 주목해야 할 점은 전기 자동차의 에너지원인 전기에너지를 만들 때 화석연료를 사용한다는 사실이다. 전기 자동차의 보급이 늘어날수록 발전용 화석연료의 사용이 증가하고 이로 인한 이산화탄소의 배출이 늘어나 다시 지구온난화 문제를 야기할 수 있다. 즉 오염물질의 총부하량 측면에서 보면 휘발유 자동차보다 낮지 않으며 단지 오염물질 배출원이 다른 형태로 전환된 것에 불과하다. 아직까지 전기 자동차는 ZEV라기보다 대체연료 자동차로서의 실용화 가능성이 결여된 차량이라고도 볼 수 있다. 결국 화력발전의 비중이 높은 우리나라에서는 전기에너지를 어떻게 생산할 것인가도 해결해야 할 과제이다. 2050년까지 탄소중립을 달성하기 위해 전 세계가 노력하고 있는 가운데 기존 화석연료의 연소 방식보다는 태양광이나 풍력 등의 신·재생에너지를 사용하는 비율이 급속히 늘어날 것으로 예측된다. 원자력발전, 친환경 연료나 고효율 태양광, 그린 수소, 해상 풍력 등을 이용하는 신·재생에너지의 개발 및 발전은 화석연료 연소에 의한 온실가스, 미세먼지, 질소산화물 및 황산화물을 비롯한 대기오염물질의 배출을 획기적으로 줄일 수 있으므로 이들 기술을 개발하고 상용화하기 위한 투자와 연구가 절실한 실정이다.

2015년 채택된 파리협약에서는 기후변화 완화와 지구 생태계의 유지를 위해 산업혁명 이전 대비 지구의 평균온도 상승을 2℃ 이내(목표 1.5℃)로 억제한다는 목표 아래 당사국 모두가 온실가스 배출 저감의 의무를 부담하기로 하였다. 전 세계가 2050년까지(중국은 2060년까지) 탄소배출 저감을 위해 지속적 투자와 기술 개발 등을 통한 탄소중립이나 넷제로의 목표를 세우고 있다. 또한 최근 차량에 사용되는 연료전지 관련 기술이 급속히 발전함에 따라 주요 자동차 제조사(메이커)에서는 2035년 이후로는 화석연료를 사용하는 내연기관 자동차를 생산하지 않겠다는 목표를 세우고 있다. 이에 따라 전기 자동차나 수소 자동차의 제조와 보급이 급속히 늘어나고 있다.

표 9–15에서는 휘발유 자동차와 전기 자동차의 이산화탄소 배출 특성을 비교하였다. 휘발유 자동차(승용차) 대신에 전기 자동차 1대를 1년간 운행할 시 평균적으로 소나무 303그루에 의한 이산화탄소 흡수와 비슷한 효과가 있다는 분석이다. 서울연구원 도시정보센터의 연구에 따르면 2015년 서울의 대기오염물질 총배출량 193,863톤/년 중 교통 부문의 배출량은 75,685톤/년으로 도로이동오염원에서의 배출 비중이 39% 정도라고 분석하였다. 2050년까지

서울에서 운행 중인 승용차, 택시, 버스의 98%를 전기차로 대체하면 2016년 서울 대기오염물질 배출량 대비 98.5%가 감소할 것이라는 분석도 있다(표 9-16 참조).

표 9-15 휘발유 자동차와 전기 자동차의 이산화탄소 배출 저감 효과

비교 항목	휘발유차	전기차	전기차 배출 저감 효과
연평균 CO_2 배출량(g/km)	192.2	94.1	연간 CO_2 2톤/대 저감 (소나무 303그루에 상당)
100 km 주행 시 비용(원)*	21,250	5,283	휘발유차의 20~25%

㈜ * 휘발유차 연비 8 km/L 및 1,700원/L, 전기차 전비 5.3 km/kWh 및 280원/kWh 가정함
[김봉철, 2021]

표 9-16 서울시의 2050년 전기차 누적 보급대수에 따른 대기오염 영향 예측

시나리오	전기차 보급대수(대)	전기차 보급률[1](%)	전기차 전력 소비 비중[2](%)	대기오염물질 감축률[3](%)	탄소 배출량 감축률[3](%)
시나리오 1[4]	138만	54.0	4.3	77.0	63.2
시나리오 2	177만	69.0	5.0	82.2	75.2
시나리오 3	251만	98.2	6.4	98.5	98.4

㈜ 1) 전기차 전환 대상 차량 총 2,556,794대
2) 서울시 총 전력 수요 중 전기차의 전력 소비 비중
3) 2016년 배출량 대비 2050년 예측치 비율
4) 서울시의 2017년 기본계획과 가장 근접한 계획은 시나리오 1
[고준호 등, 2017]

4 하이브리드 자동차

두 가지 이상의 동력을 조합하여 사용하는 하이브리드 자동차(hybrid vehicle)에 대한 기술 개발에도 많은 진전이 이루어졌다. 하이브리드 자동차의 한 예로 전기 자동차와 디젤엔진을 조합한 자동차를 들 수 있다. 전기 자동차의 장점과, 가솔린엔진에 비해 VOCs를 적게 발생하는 디젤엔진의 장점을 조합한 하이브리드차로서 실용 가능성이 높다. 특히 축전지만으로 주행해 항속거리가 짧은 전기 자동차의 단점을 보완하기 위해 개발되었다.

미국과 유럽에서는 하이브리드 자동차를 친환경 자동차의 범주에 포함시키지 않지만, 온실가스를 거의 배출하지 않거나 매우 소량 배출한다는 측면에서 환경친화적 차량으로 보기도 한다. 발전소에서 전기에너지를 생산할 때 459.4 g CO_2/kWh(2017년 기준)이 배출되므로 전기 자동차로 서울-부산을 왕복(약 800 km 거리)할 때 약 72 kg의 CO_2를 배출하는 셈이다. 현재 개발된 하이브리드 차량으로 같은 거리를 이동할 시 73~86 kg의 CO_2를 배출하므로 전기 차량에 버금가는 수준으로 볼 수 있다. 반면에 휘발유 차량으로 같은 거리를 이동하면 153 kg의 CO_2를 배출한다. 전기 차량의 현 기술 수준과 여전히 화석연료 발전 비중이 높은

지금의 상황을 감안하면 하이브리드 차량도 친환경 차량으로 분류할 만하다. 또한 전기 차량이나 하이브리드 차량은 휘발유 차량에 비해 VOCs, 질소산화물, 미세먼지의 배출·생성 저감에도 크게 기여할 수 있다.

5 수소 자동차

수소는 탄소를 포함하지 않는 무공해 에너지원이며 연료전지(fuel cell)에서 산소와 결합하여 전기를 생산한다. 이때 공기 중에 포함된 질소 일부가 산화하며 질소산화물이 생성될 수 있다. 하지만 수소의 연소 과정은 오로지 수증기만 요구하므로 오염물질이 거의 배출되지 않는 청정연료라고 할 수 있다. 다른 에너지원에 비해 밀도가 낮으므로 생산된 단위에너지당 연료의 무게가 덜 나가고 연소에 의해 배출되는 기체상 오염물질의 양이 아주 적은 장점이 있다. 그러나 수소의 대량 제조 기술과 저장·수송 기술과 같은 연료 공급 측면의 문제를 우선적으로 해결해야 한다. 즉 천연가스의 주성분인 메탄에 비해 같은 양의 에너지를 생산하기 위해 4배의 부피가 요구되므로 고압에 견딜 수 있는 큰 압축용기와 수소를 액화하는 장치가 필요하다. 자동차용 수소를 실질적으로 안전하게 사용하기 위해 TiH_2와 같은 메탈 하이드라이드(metal hydride) 형태로 저장하면 밀도는 다소 증가하지만 부피와 폭발성을 함께 줄일 수 있다.

현재 수소는 생산하는 방식, 탄소 배출 정도 및 에너지원에 따라 블랙/브라운 수소, 그레이 수소, 블루 수소, 옐로우/오렌지 수소, 핑크 수소, 그린 수소로 구분한다(표 9-17 참조). 현재 수소 시장은 화석연료(주로 천연가스의 메탄)를 연소하여 수소 생산에 필요한 에너지를 얻고 고온 촉매와 증기를 이용한 증기메탄개질(steam methane reforming, SMR) 방식으로 수소를 생산하는 기술이 지배적이다. 특히 신·재생에너지를 사용하지 않으면서 수소 생

표 9-17 생산 방식 및 에너지원에 따른 수소의 분류

구 분	블랙/브라운 수소	그레이 수소	블루 수소	옐로/오렌지 수소	핑크 수소	그린 수소
생성공정 (수소원)	석탄가스화 (석탄)	증기메탄개질 (천연가스-메탄)	증기메탄개질 (천연가스-메탄)	전기분해 (물)	전기분해 (물)	전기분해 (물)
탄소 포집·발생	탄소 포집 없음	탄소 포집 없음	85~95% 탄소 포집·저장 (비재생에너지)	탄소 발생 없음	탄소 발생 없음	탄소 발생 없음
에너지원	석탄발전	화석연료 (천연가스)	화석연료 (천연가스)	재생에너지 (옐로: 태양광, 오렌지: 풍력) 또는 화석연료	원자력 발전	재생 에너지 (풍력 또는 태양광)
탄소 배출	매우 높음	높음	낮음~적절	없음	없음	없음

산 과정에서 발생한 이산화탄소의 85~95%에 탄소 포집·저장(carbon capture and storage, CCS) 또는 탄소 포집·활용·저장(carbon capture, utilization and storage, CCUS) 기술을 적용하는 블루 수소가 시장의 약 60%를 점유하고 있다. 그러나 블루 수소는 생산 과정에서 여전히 탄소를 배출하고 있으므로 종국에는 신·재생에너지를 이용하여 전기를 생산하고 물의 전기분해를 통해 수소를 생산함으로써 탄소 배출이 없는 그린 수소로 바꾸야 한다. 아직까지 그린 수소의 생산 기술과 여건이 성숙하지 못한 관계로 원자력발전으로 전기를 생산한 뒤 물을 전기분해하여 생산한 핑크 수소가 현실적인 대안으로 고려되기도 한다.

우리나라는 2020년 세계 최초로 「수소경제 육성 및 수소 안전관리에 관한 법률」(약칭 수소법)을 제정하였으며, 수소 자동차와 관련한 연구 개발과 투자를 확대하고 있다.

표 9-18에는 지금까지 언급한 대체연료 또는 저공해 자동차의 환경 특성을 비교 요약하였다. 저공해 개념의 측면에서는 전기 자동차의 특성이 상대적으로 가장 우수해 보인다. 그렇지만 설명한 바와 같이 실제로는 전기를 생산하는 과정에서의 오염물질 배출과 장거리 운행 및 고부하 상황의 문제는 여전히 남아 있다. 세계적으로 기후변화, 친환경 등에 대한 인식과 정책이 변화하면서 전기 자동차와 같은 저공해 차량의 시장 규모가 계속 커질 전망이며 현재 우리나라도 전기 자동차와 수소 자동차가 내연기관 차량을 빠르게 대체해 가고 있다.

표 9-18 대체연료 또는 저공해 자동차의 환경 특성 비교

자동차 종류	배기 청정성	석유 대체성	저 CO_2성	저연비성	저소음성
전기 자동차	◎	○	◎	◎	◎
하이브리드 자동차	○	–	○	○	○
천연가스 자동차	○	◎	○	□	□
메탄올 자동차	○	◎	□	□	□
수소 자동차	◎	△	△	□	□

㈜ 매우 우수: ◎, 우수: ○, 보통: □, 열악: △

9·3·3 배출가스 관리 및 저감 대책

1 제작 단계에서의 저감

대기오염 규제 기준을 점차 강화하고 있지만 현재 운행 중인 차량에 대한 규제만으로는 효과적인 대기오염 감축을 달성하기 어렵다. 따라서 자동차 제작 단계에서부터 대기오염물질에 대한 배출허용기준을 만족할 수 있도록 엄격한 생산 규격을 적용하거나 대기오염 방지 또는 처리 시설의 부착을 의무화하는 방향으로 규제 기준을 마련하고 있다.

휘발유를 사용하는 승용차의 제작차 배출허용기준은 미국과 캐나다에서 가장 엄격하다. 대기오염이 심한 우리나라도 제작차에 대해 선진국에서처럼 합리적인 배출허용기준을 준수하도록 해야 한다. 예를 들어 승용차의 제작 단계에서부터 배출 방지시설의 부착과 효율을 적절

히 규제하고 관리해야 한다. 제작차에 부착하는 대표적인 배출 방지 또는 저감 방법 및 기술로는 경승용차 공해 저감장치의 부착, 질소산화물 배출허용기준 강화, NMHC 또는 VOCs 배출 저감기술의 도입 또는 장치의 부착, 촉매변환기의 수명 연장 등을 들 수 있다.

경유 차량의 경우 경유차 제작 선진국인 독일 등의 유럽 국가 수준으로 배출허용기준을 강화하여 미세먼지나 질소산화물의 배출 농도를 저감해야 한다. 또한 대형 경유차나 시내버스에는 공해 저감장치를 부착하고, 저출력으로 인한 대기오염물질의 과다 배출을 줄이기 위해 고출력 버스의 보급을 늘려야 한다. 또한 화물차의 매연 과다 배출 및 운행 시 먼지 흩날림을 최소화할 수 있는 밀폐형 화물차의 생산도 유도해야 한다.

그 밖에 제작차의 사후관리검사 내실화와 자동차 리콜 제도의 활성화도 필요하다. 궁극적으로 청정연료 또는 대체연료 자동차와 저공해 또는 무공해 자동차 등에 대한 꾸준한 기술 연구와 보급이 이루어질 수 있도록 자동차 제작사를 위한 정책적 유도와 재정적 지원이 필요하다.

2 운행차 정기점검과 수리

현재 운행 중인 차량을 대상으로 안전검사 또는 정기검사를 수행하고 있다. 앞으로는 대기오염물질에 대한 수치적인 배출량 기준치 검사를 추가하는 방식으로 운행차에 대한 정기검사 기준을 단계적으로 강화해 나가야 한다. 운행차에 대한 배출허용기준과 위반 시의 행정처분 기준도 강화해야 한다. 아울러 공해 저감장치를 미부착한 차량이나 고장 차량에 대기오염 방지 설비나 적절한 배출 저감장치를 부착할 시 세금 인하, 면세 등의 혜택을 부여하는 경제적 지원책도 고려할 필요가 있다.

무엇보다 운행차에 대한 전문적인 배출가스 검사기관 및 자동차 정비기관의 육성이 시급하다. 특히 운행차가 배출허용기준을 초과했을 때 원인 규명이나 관련 부품의 교체 · 수리가 용이하도록 배출가스 부품전문 정비기관의 조직적인 육성과 필요 부품의 적절한 공급이 마련되어야 한다. 이러한 관리가 체계적으로 진행될 수 있는 사회 전반의 인프라 구축도 절실하다. 그 밖에 저유황 경유나 휘발유에서 오존 저감에 효과가 큰 올레핀류 함량 규제, 자동차용 미래 연료의 개발을 위한 지원 등과 같은 연료의 품질 개선도 함께 이루어져야 한다.

3 대체연료 자동차의 개발

배출가스의 감소 및 생성 억제를 위한 기술 연구와 개선 노력이 계속되어야 한다. 또한 석유정제 기술의 향상, LPG나 천연가스의 자동차 연료화 기술 및 청정 엔진의 개발에 많은 투자가 이루어져야 한다. 끝으로 천연가스 자동차, 태양광 자동차, 수소 자동차, 하이브리드 자동차, 전기 자동차와 같은 초저공해 및 무공해 자동차에 대한 꾸준한 연구와 적극적인 투자가 필요하다.

연습문제 Ⅰ

1. 이동오염원에서 배출하는 미세먼지 전구물질에는 어떤 종류가 있는지 나열하시오.
2. 차량의 점유율 변화에 따른 주요 대기오염물질 배출량의 상호 관계를 설명하시오.
3. 휘발유에 포함된 물질을 화학적 구조별로 구분하여 설명하시오.
4. 옥탄가란 무엇이며, '옥탄가가 높다'는 무슨 의미인지 설명하시오.
5. 1980년대 이전과 1990년대에 관측한 대기 중 납 성분의 농도를 비교 설명하시오.
6. 세탄가란 무엇을 나타내는지 설명하시오.
7. 탄화수소 화합물의 예를 들어 완전연소에서의 이론공연비를 구하시오.
8. 희박연소와 과농연소를 당량비로 정의하고, 각각의 대기오염물질 배출에 대해 설명하시오.
9. 오토엔진과 디젤엔진의 차이점을 비교 설명하시오.
10. 자동차에서 대기오염물질을 배출하는 주요 배출원을 설명하시오.
11. 자동차 연료의 연소 시 질소산화물의 생성 원리 및 상태를 설명하시오.
12. 자동차 및 자동차 운행과 관련한 휘발성 유기화합물의 주요 배출원에 대한 예를 들어 보시오.
13. 블로바이 가스란 무엇인지 설명하시오.
14. 대류권의 오존 농도와 자동차 배출가스의 상관성을 설명하시오.
15. 경유 차량과 휘발유 차량에 있어 배출물의 차이점을 설명하시오.
16. 엔진 부분에서 자동차 배출가스의 저감기술에는 어떤 것이 있는지 설명하시오.
17. 연료의 조성 변화를 통한 자동차 배출가스의 감소 방법에는 어떤 것이 있는지 설명하시오.
18. 촉매변환기란 무엇이며, 대표적인 예를 화학식과 그림으로 설명하시오.
19. 저공해 및 무공해차의 종류를 비메탄 유기가스(NMOG)의 배출량으로 구분하시오.
20. 대체연료 자동차에는 어떤 것이 있으며, 이들의 문제점은 무엇인지 설명하시오.
21. 하이브리드 자동차란 무엇인지 설명하시오.
22. 전기 자동차 보급이 늘어날 때 예상되는 대기오염물질의 농도 변화에 대해 설명하시오.
23. 블루 수소와 그린 수소 간의 수소 생성 방법 및 탄소 배출 특성을 비교하시오.
24. 대기질 향상을 위한 수송 대책에 대해 논의하시오.

참고문헌 Ⅰ

1. 강평규 외. 2016. 실도로에서 경유차의 대기오염물질 초과배출에 따른 사회적 비용연구. 한국환경정책평가연구원.
2. 고준호 외. 2017. 친환경차 보급 동향과 서울시 정책방향. 서울연구원.
3. 교통량정보제공시스템. road.re.kr.
4. 국가미세먼지정보센터. 2022. 2019 국가 대기오염물질 배출량.
5. 국토교통 통계누리. 자동차등록현황보고. stat.molit.go.kr.
6. 김기현 외. 2014. 신고 대기환경학. 향문사.
7. 김봉철. 2021. (전기차 라이프) 친환경 전기자동차, 어떤점이 좋을까? electimes.com, 전기신문.

8. 김상배. 2004. 정부의 자동차 공해 대책. LPG 자동차 세미나. 환경부 교통기획과.
9. 김운수. 2007. 대기환경개선을 위한 환경지역의 지정 및 운영방안. 서울정책 포커스 제32호.
10. 서울연구원. 2018. 전기차 늘면 대기오염 얼마나 줄어들까? si.re.kr.
11. 서울특별시. 2022. 서울시 자동차수 등록대수 317만대…친환경차 31.7%↑ "자동차 수요 변화". 보도자료.
12. 신승진, 허성호, 박지영. 2021. 화물자동차 개별 특성을 고려한 무공해 차량 전환의 환경성 분석. 교통연구 28(2): 1-17.
13. 이동규, 김용래, 김종헌. 2017. 자동차 배출 미세먼지 영향에 대한 기초연구. 한국조세재정연구원.
14. 이석재, 윤금종. 1996. 대체연료 자동차의 개발동향. 대한기계학회 추계강연회. 현대자동차(주) 중앙연구소.
15. 이재현. 1997. 자동차 공해를 획기적으로 저감. 나라경제 9월호: 74-78.
16. 임제빈 외. 1997. 대기오염과 방지기술. 동화기술.
17. 장수은. 2021. 미세먼지 주범은 경유차? 문제는 비연소성 미세먼지. pressian.com, 프레시안.
18. 정훈. 1998. SK Corporation.
19. 한화진. 1996. 저공해연료자동차 보급 활성화 방안 연구. 한국환경기술개발원.
20. 환경부. 1997. 자동차 1,000만대 시대를 대비하는 자동차공해관리 종합대책. 자동차 배출가스 저감정책에 관한 전문가 토론회. 녹색교통운동.
21. 환경부. 2004. 2003 환경백서.
22. 환경부. 2009. 환경통계연감.
23. 환경부. 2010. 환경통계연감.
24. 환경부. 2011. 환경통계연감.
25. ACEA. 2021. Fuel types of new cars: electric 10.5%, hybrid 11.9%, petrol 47.5% market share full-year 2020. acea.auto.
26. Anderson-Sköld Y, Greenfelt P, Pleijel K. 1992. Photochemical Ozone Creation Potentials: A Study of Different Concepts. Journal of Air & Waste Management Association 42(9): 1152-1158.
27. Bisio A, Boots S (Ed). 1995. Encyclopedia of Energy Technology and the Environment, Vol 3. John Wiley & Sons.
28. Brinson LC, Guzman F. 2021. How Much Air Pollution Comes From Cars? auto.howstuffworks.com.
29. Buell P, Girard J. 1994. Chemistry: An Environmental Perspective. Prentice-Hall, Englewood Cliffs, NJ.
30. Davidson K *et al.* 2020. The recent and future health burden of the U.S. mobile sector apportioned by source. Environmental Research Letters 15(7): 075009.
31. Derwent RG, Jenkins ME. 1991. Hydrocarbons and the long-range transport of ozone and pan across Europe. Atmospheric Environment. Part A. General Topics 25(8): 1661-1678.
32. DieselNet. Emission Standards: United States: Nonroad Diesel Engines. dieselnet.

com.
33. OECD. 1993. Cars and Climate Change.
34. SAE. 1988. sae.org, SAE International.
35. Unnasch S. 1989. Comparing the Impacts of Different Transportation Fuels on the Greenhouse Effect. Califonia Energy Commission, Sacramento, CA.
36. US EPA. 1991. National Air Pollutant Emission Estimates, 1940–1990. Research Triangle Park, NC.
37. US EPA. 1991. User's Guide to MOBILE4.1 (Mobile Source Emission Factor Model). Ann Arbor, MI.
38. US EPA. 1992. National Air Pollutant Emission Estimates, 1900–1991. Research Triangle Park, NC.
39. US EPA. Final Rule for Control of Air Pollution from Motor Vehicles: Tier 3 Motor Vehicle Emission and Fuel Standards. epa.gov.
40. US EPA. Overview of Air Pollution from Transportation. epa.gov.
41. Wark K, Warner CF, Davis WT. 1998. Air Pollution: Its Origin and Control (3rd Ed). Addison Wesley Longman.

제 10 장

대기오염물질 제어

대기오염물질의 제어기술은 오염물질의 특성에 따라 다르게 적용하며, 일반적으로 입자상 오염물질의 처리기술과 기체상 오염물질의 처리기술로 구분한다. 이 장에서는 입자상 오염물질을 처리하는 집진기술과 기체상 오염물질을 처리하는 흡수 · 흡착 · 산화 기술을 소개한다.

10·1 입자상 오염물질 제어

10·1·1 에어로졸의 동역학

대기 중에 부유하고 있는 고체상 및 액체상 물질인 에어로졸을 제거하는 방법을 이해하기 위해서는 먼저 에어로졸의 거동에 대한 이해가 필요하다. 그중에서도 가장 기본이 되는 개념이 항력(drag force)이다. A4 크기의 종이 한 장을 뭉쳐서 구체를 만들어 떨어뜨린 경우와

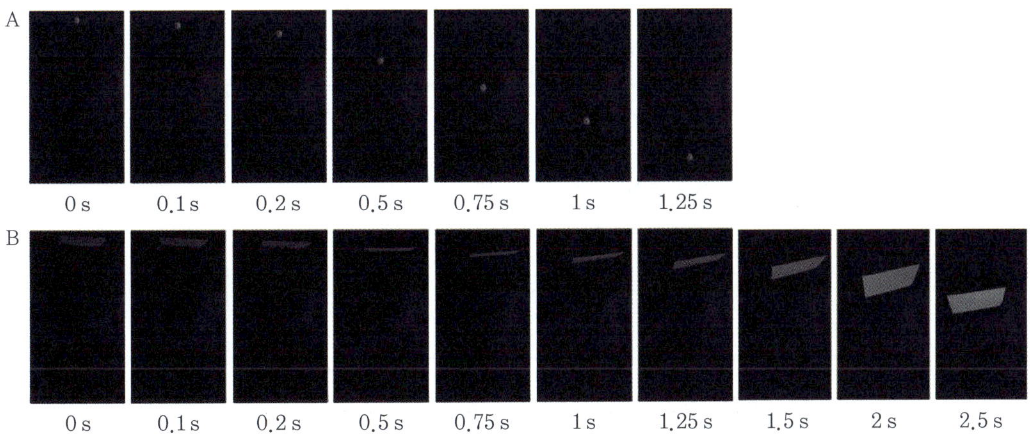

그림 10-1 A4 종이의 낙하 시간에 따른 위치 변화
A: 구체의 수직 낙하 B: 평판의 수직 낙하

종이 한 장을 그대로 바닥면에 수평으로 떨어뜨린 경우를 생각해 보자. 동일한 A4 용지를 사용했기 때문에 질량이 동일함에도 불구하고 그림 10-1과 같이 동일한 낙하 시점에서 종이가 위치한 높이가 다르다. 즉 구체는 빨리 떨어지고 평판은 천천히 떨어진다. 이 현상의 원인이 되는 힘이 항력이다. 항력은 어떤 물체가 이동함에 있어서 그 물체가 밀어내는 유체의 시간에 따른 운동량의 변화로 정의할 수 있다.

직경 d인 구형의 에어로졸이 기체에 대한 상대속도 V로 이동할 때 에어로졸이 밀어내는 단위시간당 기체의 질량 $\dot{m}$은 식 10·1과 같으며, 시간당 운동량의 변화는 식 10·2로 나타낸다.

$$\dot{m} = \rho_g A_p V = \rho_g \frac{\pi}{4} d^2 V \quad \cdots\cdots (10\cdot1)$$

$$\dot{m} V = \rho_g \frac{\pi}{4} d^2 V^2 \quad \cdots\cdots (10\cdot2)$$

이 단위시간당 운동량의 변화를 항력이라고 하며 F_D로 표시한다.

$$F_D = K\frac{\pi}{4}\rho_g d^2 V^2 \quad \cdots\cdots (10\cdot3)$$

여기에서 K는 비례상수이나 K의 값이 레이놀즈수(R_e)에 따라 달라짐을 발견한 뒤 보다 일반화하여 다음의 항력식을 사용하고 있다.

$$F_D = C_D\frac{\pi}{8}\rho_g d^2 V^2 \quad \cdots\cdots (10\cdot4)$$

여기에서 C_D를 항력계수(drag coefficient)라고 하며 C_D는 그림 10-2에서와 같이 R_e의 함수로 표현된다. 즉 R_e가 2보다 작으면 $C_D = \frac{24}{R_e}$, R_e가 2보다 크고 500보다 작으면 $C_D = 18.5R_e^{-0.6}$, 500보다 크고 2×10^5보다 작으면 $C_D = 0.44$의 값을 갖는다.

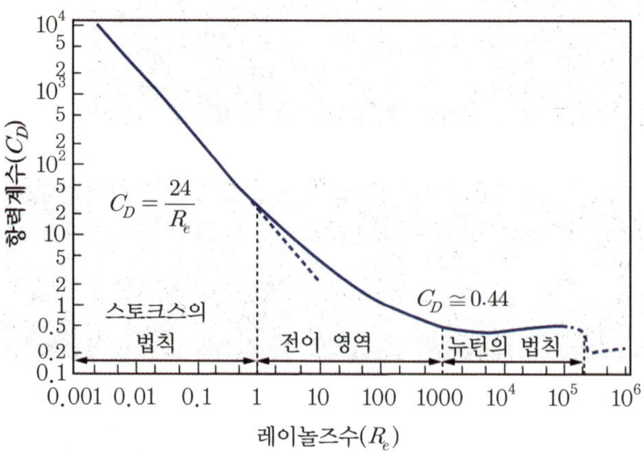

그림 10-2 레이놀즈수(R_e)와 항력계수(C_D)의 상관관계

집진장치의 종류에 따라서 작용하는 외력이 달라지지만 항력은 먼지의 이동 방향과 반대 방향으로 항상 작용한다. 따라서 중력집진장치에서는 중력과 항력이 균형을 이루는 속도(종말침강속도)로 먼지가 침강하고, 원심력집진장치에서는 원심력과 항력이 균형을 이루는 속도로 먼지가 원심력집진장치의 벽면으로 이동하며, 전기집진장치에서는 정전기력과 항력이 균형을 이루는 속도로 대전된 먼지가 집진판으로 이동한다. 그러나 집진장치에서 추가적인 외력이 작용한다면 이 부분도 고려해야 한다.

10·1·2 집진장치

먼지를 제거하는 장치는 제거 원리에 따라 중력을 이용하는 중력집진장치, 원심력을 이용하는 원심력집진장치, 정전기력을 이용하는 전기집진장치, 확산 · 직접차단 · 관성력을 이용하는 세정 및 여과 집진장치 등으로 구분할 수 있다. 따라서 처리할 먼지의 특성에 따라 장치를 선정하는 일이 중요하다.

1 중력 및 관성력 집진장치

중력 및 관성력에 의한 침강 혹은 충돌로 먼지를 제거하는 장치이다. 비교적 구조가 간단하고 설치 및 운전 비용이 저렴하여 가장 널리 사용하고 있다. 그러나 미세먼지의 처리 효율이 매우 낮아 주처리 장치의 효율을 높이기 위한 전처리 장치로 사용된다. 대략 50 μm 이상의 커다란 먼지의 처리, 불안정한 가스의 안정화와 처리가스 냉각 등의 목적으로 많이 응용된다.

① 원리 및 특성

가스 중에 포함된 먼지의 크기와 밀도가 클수록 중력이 크게 작용하며, 중력이 커지면 수평으로 이동하는 배출가스 중에서 먼지는 쉽게 분리 · 제거된다. 또한 가스 흐름의 방향이나 유속의 변화가 심하면 먼지에 작용하는 관성력이 커져서 가스의 흐름에서 먼지를 제거할 수 있다.

② 종류

중력집진장치와 관성력집진장치의 종류는 각각 그림 10-3, 10-4와 같다. 집진장치 내에 장애물을 설치하여 기류의 방향이 급격하게 변하도록 함으로써 관성력에 의해 먼지가 장애물과 충돌하여 집진되는 장치이다. 이들 장치는 처리가스의 유속이 빠를 때 적합하다. 관성력집진장치는 중력집진장치보다 좀 더 작은 먼지까지 처리할 수 있는 장점이 있다.

2 원심력집진장치

원심력집진장치는 처리가스에 선회류를 발생시켜 원심력으로 먼지를 제거하는 장치이며 사이클론(cyclone)이라고도 한다. 구조가 간단하고 적은 비용으로 효과적인 집진이 가능하며, 중력집진장치보다는 더 작은 먼지까지 처리할 수 있다. 그러나 일반적인 사이클론에서는 미

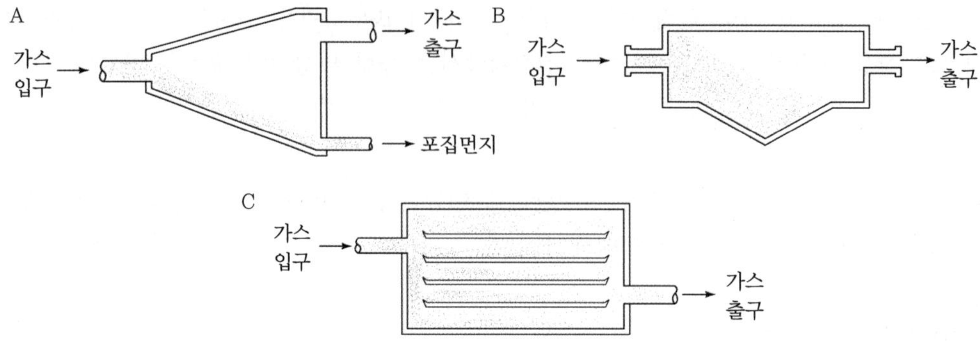

그림 10-3 중력집진장치의 종류
A: 중력농축기 B: 단순침강실 C: 다단침강실

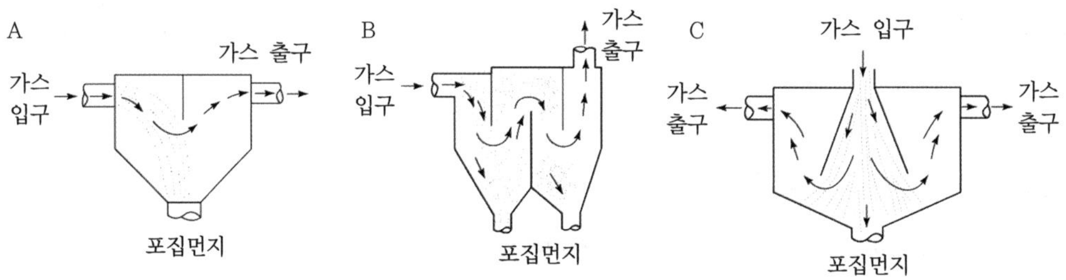

그림 10-4 관성력집진장치의 종류
A: 충돌식 B: 다단충돌식 C: 세정기형

세먼지를 처리하기 어려우므로 전처리 장치로 많이 사용한다. 최근에는 유동상 쓰레기 소각로 등의 높은 처리가스 압력을 미세먼지의 처리에 적용하는 경우도 있다.

① 원리 및 특성

처리가스를 회전시킴으로써 먼지에 원심력을 부여하여 가스 중에 있는 먼지를 제거한다. 먼지는 원심력집진장치 내에서 그림 10-5와 같이 회전한다. 이때 방향은 θ, 속도는 v_θ이다. v_θ는 회전 반지름 R과 각속도 ω의 곱으로, 원심력 F는 질량 m과 원심가속도 a_c의 곱으로 표현할 수 있다. 이를 정리하면 다음의 식과 같으며, 이 식으로부터 가스의 회전속도가 빠를수록 원심력이 크게 작용함을 알 수 있다.

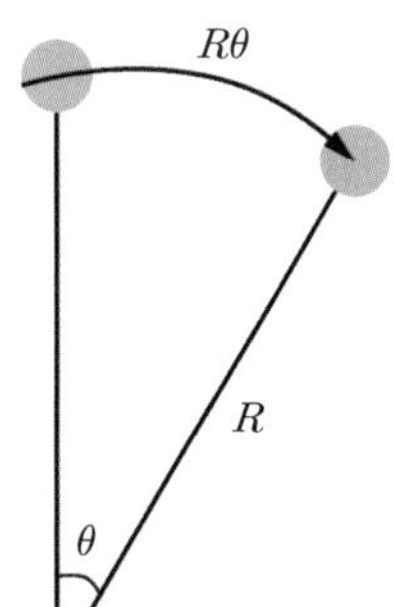

그림 10-5 회전하는 물체의 이동

$$\omega = \frac{d\theta}{dt} \quad \cdots\cdots (10\cdot5)$$

$$v_\theta = \frac{dR\theta}{dt} = R\frac{d\theta}{dt} = R\omega \quad \cdots\cdots (10\cdot6)$$

$$F = ma_c = m\frac{dv_\theta}{dt} = mR\frac{d^2\theta}{dt^2} = mRw^2 = m\frac{v_\theta^2}{R} \quad \cdots\cdots (10\cdot7)$$

사이클론은 구조가 단순하여 설비비 및 운전비가 경제적이며 고온에서도 사용이 가능하다. 처리가스 중의 먼지가 조대먼지일 경우 단독으로, 미세먼지일 경우에는 여러 개의 고효율 사이클론을 병렬로 구성한 멀티사이클론(multi−cyclone) 방식으로 사용하고 있다.

② 종류

사이클론의 종류는 처리가스의 유입 방식에 따라 크게 접선유입식과 축류식으로 나눌 수 있다. 접선유입식 사이클론은 그림 10−6 A와 같이 처리가스를 원통부의 측면에 접선으로 유입시키는 방식이다. 일반적으로 가스의 유입 속도는 7~15 m/s이다. 그림 10−6 B · C의 축류식 사이클론은 처리가스를 축 방향으로 유입시키는 방식이다. 반전형과 직진형이 있으나 반전형이 많이 사용되고 있다. 반전형은 같은 압력손실에서 접선유입식보다 3배 정도 많은 가스를 처리할 수 있다. 또 처리가스를 단위 사이클론에 균등히 배분하는 일이 용이하기 때문에 주로 멀티사이클론에 적용한다. 멀티사이클론은 그림 10−6 D에서처럼 여러 개의 사이클론을 병렬로 연결해서 사용한다. 1개만 사용하면 비효율적이므로 처리가스의 양이 많을 때 사용한다.

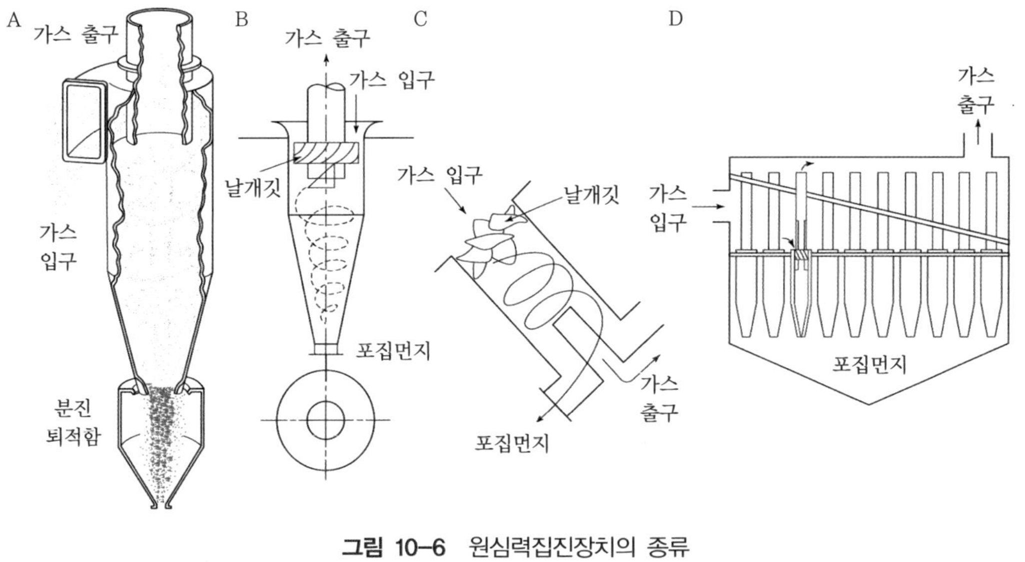

그림 10−6 원심력집진장치의 종류
A: 접선유입식 B: 축류식 반전형 C: 축류식 직진형 D: 멀티사이클론

3 세정집진장치

세정집진장치는 물을 이용하여 처리가스를 세정하는 장치이며 물에 용해되는 기체상 물질도 처리할 수 있다. 일반적으로 고온의 가스를 처리할 수 있으며 먼지가 재비산할 염려가 없고 화재 및 폭발 가능성이 있는 먼지도 처리할 수 있는 장점이 있다. 그러나 집진기가 부식될 수 있으며, 폐수가 발생하므로 별도의 처리장치가 필요하다. 처리 후 수증기가 포함된 흰 연기(백연) 등의 가시적인 문제가 발생하는 단점도 유의해야 한다.

① 원리

처리가스에 세정액을 분사하거나 세정액에 처리가스를 분산함으로써 생성되는 액적, 액막, 기포 등을 이용하여 먼지를 처리한다. 먼지의 제거 원리는 그림 10-7과 같다.

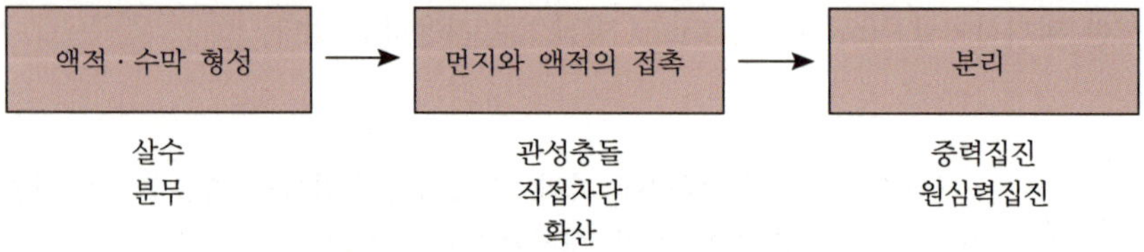

그림 10-7 세정집진장치의 먼지 제거 원리

먼지는 관성력, 직접차단, 확산력 등에 의해 제거된다. 그중에서도 0.1μm 이하의 미세먼지는 브라운운동이 활발해지고 이로 인해 가스 중의 먼지가 액적 등에 부착해서 분리 · 제거된다. 확산에 의한 먼지의 부착 속도는 먼지의 확산계수에 비례한다.

② 종류 및 특성

세정집진장치의 종류는 여러 가지가 있으나 충전탑, 분무탑, 사이클론형 세정집진기, 벤투리형 세정집진기 등이 가장 대표적이다(그림 10-8 참조).

㉠ 충전탑

충전탑(packed tower)은 표면적이 큰 충전물을 내부에 채워 넣고 위에서 물을 흐르게 한 뒤 가스를 아래로부터 위로 저속으로 흐르도록 설계한 장치이다. 충전물의 표면에 흡수액의 얇은 층을 형성한 후 가스와 흡수액을 접촉시킨다. 충전탑의 성능은 충전물에 의해 정해진다. 충전물은 기계적으로 견고하고 가벼우며 마찰저항이 작고 가급적이면 표면적이 넓은 구조이어야 효율이 좋다. 충전탑은 구조가 간단하고 가스의 압력손실이 적은 장점이 있으며 모든 조건이 동일할 경우 경제적이다. 그렇지만 흡수액 내에 부유물이 존재하면 충전층의 공극이 막히기 쉽다. 또한 온도 변화가 클 경우에는 적용하기 어렵고 충전물이 비싼 단점도 있다.

㉡ 분무탑

분무탑(spray tower)은 탑 내에서 물을 미세한 방울로 분무하여 가스 중의 먼지를 관성력, 직접차단, 확산에 의해 제거하는 방법이다. 분무탑은 구조가 간단하고 압력손실이 적으며, 침전물이 생기는 경우에 적합하고 충전탑에 비해 설치비나 유지비가 싼 장점이 있다. 그러나 단점으로 분무 노즐이 막히기 쉽고, 물방울을 미세하게 만들려면 많은 동력이 필요하며, 물방울이 작아지면 분무탑 밖으로 비산해 나갈 우려가 있다.

㉢ 사이클론형 세정집진기

사이클론형 세정집진기(cyclone scrubber)는 원통상의 탑 내를 소용돌이치며 상승하는 가스와, 탑 중심에 있는 수직의 분무봉으로부터 벽 쪽으로 분무되는 물방울이 접촉하여 기체상 오염물질과 먼지를 제거하는 방법이다. 사이클론형 세정집진기의 장점으로 많은 양의 가스를 처리할 수 있고 미스트의 발생이 적으며 구조가 비교적 간단하다. 그러나 분무 노즐이 막히기 쉽고 높은 수압이 필요하며, 사이클론의 지름이 커지면 효율이 떨어지는 단점이 있다.

㉣ 벤투리형 세정집진기

벤투리형 세정집진기(venturi scrubber)는 주로 먼지를 제거할 때 이용되지만 경우에 따라서는 가스 처리에도 이용된다. 목 부분에서 가스를 고속으로 흐르게 하고 소량의 물과 혼합하여 물속에 가스가 흡수되도록 하는 방법이다. 벤투리형 세정집진기의 장점으로 많은 양의 가스를 처리할 수 있고 효율이 높은 점을 들 수 있다. 단점으로는 가스의 압력손실이 크고 미스트의 발생이 많으며 동력비가 많이 들고, 흡수액과 가스의 혼합이 잘 이루어지지만 접촉 시간이 짧다.

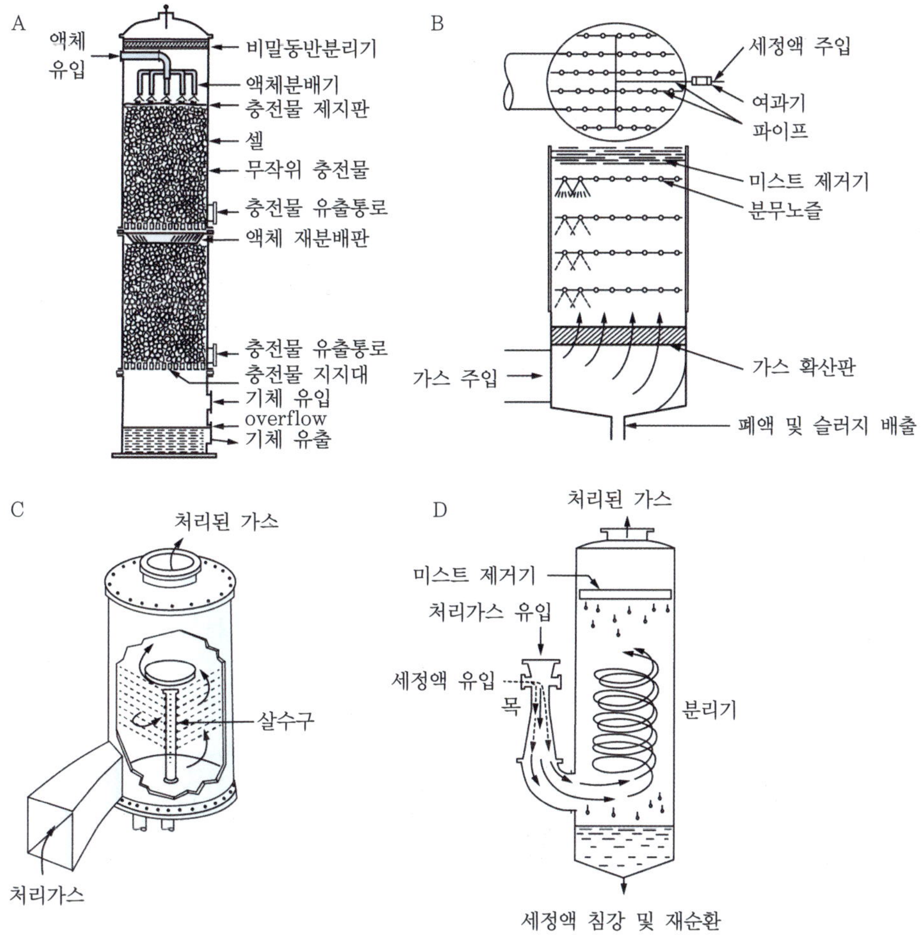

그림 10-8 세정집진장치의 종류

A: 충전탑 B: 분무탑 C: 사이클론형 세정집진기 D: 벤투리형 세정집진기

4 여과집진장치

여과집진장치는 여과재에 처리가스를 통과시킴으로써 먼지를 분리 · 포집하는 장치이다. 일반적으로 여과재를 자루의 형태로 만들어서 사용한다고 하여 백필터(bag filter)라고도 한다.

① 원리

여과집진장치는 처리가스가 여과재 섬유의 올을 통과하면서 확산, 직접차단, 관성충돌 등에 의해 먼지가 제거되는 장치이다(그림 10-9 참조). 확산은 유입된 먼지가 가스 분자와 충돌하면서 지그재그로 이동하다가 섬유에 집진되는 과정이다. 직접차단은 먼지가 유체의 흐름을 따라 이동하지만 먼지의 반경이 유선과 섬유 표면 사이의 거리보다 커서 집진되는 과정이다. 관성충돌은 섬유 주위에서 유체의 흐름이 급격하게 바뀌지만 먼지가 이를 따라가지 못하고 관성력에 의해 섬유에 집진되는 과정을 말한다. 따라서 먼지의 크기가 비교적 클 경우 직접차단과 충돌에 의한 처리 효율이 높은 반면에 작은 먼지는 확산에 의한 제거 효율이 높다.

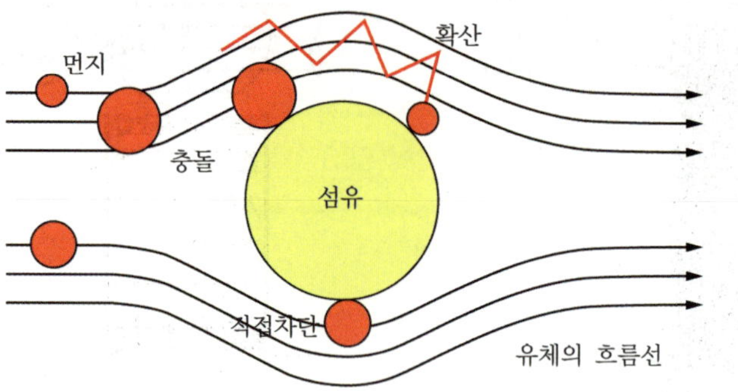

그림 10-9 여과집진의 원리

그림 10-10은, 여과 초기에는 여과재가 먼지를 제거하지만 시간이 경과함에 따라 여과재에 쌓인 먼지가 층을 이루고 이 먼지층이 또 다른 먼지를 제거하는 기작을 나타내고 있다. 그러나 여과가 지속되어 여과재에 먼지가 과도하게 쌓이면 가스의 흐름을 방해하고 압력손실 증가에 따른 동력비가 증가하므로 쌓인 먼지를 떨어내야 한다. 먼지층을 떨어낸 직후에는 집진효율이 낮지만 여과 시간이 경과함에 따라 효율이 다시 높아진다.

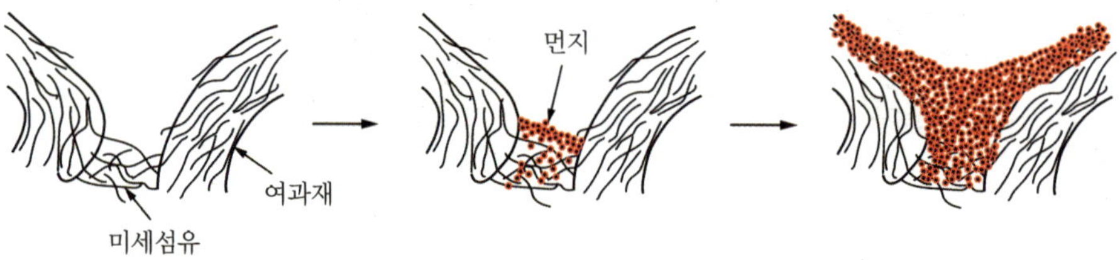

그림 10-10 여과재에 먼지가 쌓이는 과정

② 종류 및 특성

여과집진장치의 종류를 몇 가지 방식으로 분류할 수 있으나 일반적으로 여과재의 종류에 따라 여과재에 쌓인 먼지를 떨어내는 방법을 기준으로 분류한다. 여과재로는 천연섬유, 합성섬유, 유리섬유 등을 부직포 형태로 만든 종류와 직포 형태로 만든 종류가 있다. 폴리에스테르계 섬유는 처리가스 온도가 150℃ 이하인 경우에 사용하며, 유리섬유는 250℃ 정도까지 사용할 수 있다. 산·알칼리성 가스를 처리하기 위해서는 화학섬유계의 여과재를 사용한다. 또한 화염 방지를 위한 경우, 폭발성이 있는 먼지를 처리하는 경우에는 합성섬유에 스테인레스망을 짜 넣거나 흑연 처리를 한 직포를 사용하기도 한다. 일반적으로 여과재는 자루 형태로 만들어서 사용하며, 때로는 여과재를 봉투처럼 넓고 길게 만들어 이 여과봉투를 직접 여과장치 벽에 걸어서 사용하는 경우도 있다.

여과재의 집진효율은 식 10·8에서와 같이 여과재의 물리적 특성인 여과재의 충진율(α), 두께

(L), 섬유경(d_f), 단일섬유집진효율(η)에 의해 결정된다. 즉 충진율, 두께, 단일섬유집진효율이 클수록, 섬유경이 작을수록 집진효율이 높음을 알 수 있다.

$$E = 1 - \exp\left(-\frac{4}{\pi}\frac{\alpha}{1-\alpha}\frac{L}{d_f}\eta\right) \quad \cdots\cdots (10 \cdot 8)$$

여과재에 쌓인 먼지를 떨어내는 방식에는 간헐식과 연속식이 있다. 간헐식은 집진실을 3~4개 실로 나누어 압력손실이 일정한 값에 도달한 집진실에 대해서 가스 흐름을 차단하고 포집된 먼지를 떨어내는 방식이다. 주로 진동형(shaking), 역기류형(reverse air) 등으로 구분하여 사용하고 있다. 연속식은 처리가스를 차단하지 않고 집진을 하면서 동시에 여과재에 부착된 먼지를 떨어내는 방식이며 충격기류형(pulse jet)이 이에 해당한다. 충격기류로 여과재에 쌓인 먼지를 떨어낼 때에는 여과재가 충격기류에 견뎌야 하므로 부직포 여과재가 적합하다. 이에 반해 진동형 · 역기류형은 직포 여과재가 적합하다.

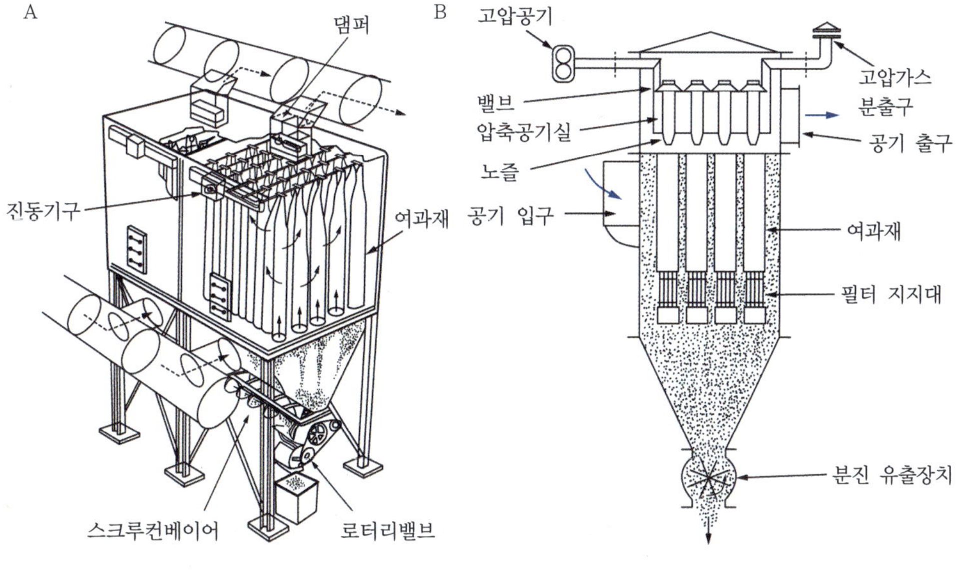

그림 10-11 여과집진장치의 종류(A: 진동형 B: 충격기류형)

5 전기집진장치

전기집진장치는 정전기력을 이용하여 먼지를 집진하는 장치다. 일반적으로 운전이 쉽고 온도 및 먼지의 성상 변화에 따른 집진효율의 차이가 다른 집진장치보다 적기 때문에 유가물의 회수 등 공업 생산 분야와 연소 배기가스의 집진, 공기조화기의 청정 장치 등에 광범위하게 이용되고 있다.

① 원리 및 특성

전기집진장치는, 2개의 전극(방전극, 집진극)이 설치된 장치를 처리가스가 통과할 때 코로나 방전을 이용하여 먼지를 하전시킨 뒤 하전된 먼지가 전기장에 의해 집진극(집진판)으로 이동하여 달라붙으면 이 먼지를 집진극에서 떨어뜨려 제거하는 방식이다(그림 10-12 참조). 코로나(corona) 방전이란 방전극과 집진극 사이의 전압을 서서히 높이면 일정 전압 이상에서 전극 사이의 공간에 전류가 흐르기 시작하고, 그러면 이온이 방전극 주위에 밀집하면서 공기 분자가 전기적으로 분해되어 파란빛을 발하는 상태를 말한다. 파란빛의 영역에서 발생한 많은 양의 전자가 가스 분자와 충돌하고 이로 인해 가스 분자가 이온화된다. 이들 이온이 먼지에 달라붙어 먼지가 극성을 띠게 되는 과정을 먼지의 하전이라고 한다.

먼지의 하전 과정은 두 가지 기작으로 나누어 설명할 수 있다. 이온이 전기장에 의해 에너지를 받아 먼지와 충돌하여 하전되는 전기장하전과, 이온의 불규칙적인 확산운동에 의해 하전되는 확산하전이다. 전자는 크기가 1 μm 이상의 먼지에 지배적이고, 후자는 0.1 μm 이하의 먼지에 지배적이다. 0.1~1 μm의 범위는 전기장하전과 확산하전이 교차하는 전이 영역으로 두 가지 하전이 모두 일어나지만 먼지를 이동시키기에는 하전량이 부족하기 때문에 비교적 집진효율이 낮은 영역에 해당한다.

전기집진의 효율에 영향을 미치는 중요한 요소로 먼지가 갖고 있는 전기적 특성을 들 수 있다. 먼지의 전기적 특성은 전기의 흐름에 저항하는 값인 전기비저항으로 나타내며 보통 10^4~10^{14} Ω·cm 범위에 해당한다. 같은 먼지라고 하더라도 온도와 습도에 따라 전기비저항이 크게 변화한다. 전기집진장치에서 집진판에 달라붙어 집진된 먼지는 전하를 잃는다. 이러한 전하의 전달 현상은 전기회로를 구성하여 전류를 생성하고 방전극과 집진판 사이의 전압강하를 일정하게 유지해 준다. 만약 먼지의 전기비저항이 낮으면 이는 전기가 잘 흐르는 상태에 해당하므로 먼지가 정전기 전하를 빠르게 잃어 먼지와 집진판 사이의 결합력이 떨어지고 먼지는 재비산한다. 반면에 먼지의 전기비저항이 높으면, 즉 전기가 잘 통하지 않으면 전하가 집진판으로 쉽게 전달되지 않는다. 따라서 역코로나 현상이 발생하여 먼지의 하전과 이동을 방해함으로써 먼지가 집진판에 강하게 부착하여 떨어내기가 어려워진다.

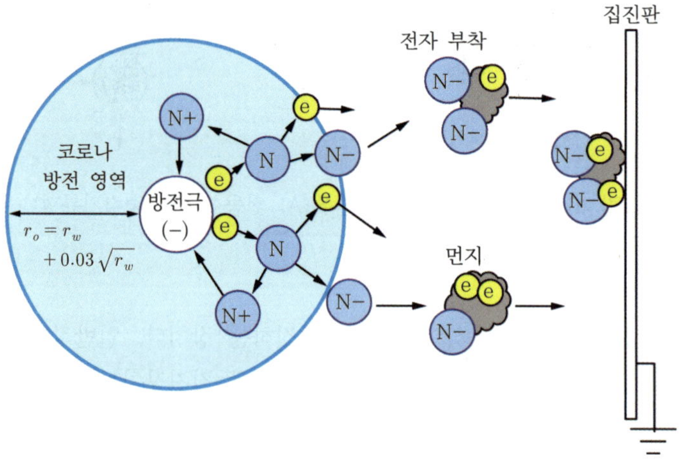

그림 10-12 전기집진의 원리(음극 코로나)

② 구조와 종류

전기집진장치를 구성하는 요소로는 방전극, 집진극, 탈진 장치, 고전압 인가 장치, 애자, 호퍼 등이 있다. 방전극은 코로나 방전을 일으켜 먼지를 하전시키고 집진극과 함께 전기장을 형성하는 역할을 한다. 이에 반해 집진극은 하전된 먼지를 쿨롱력(Coulomb force)으로 부착 · 포집하는 역할을 한다.

전기집진장치에서 집진극에 부착 · 퇴적된 먼지를 호퍼로 제거하는 과정을 탈진이라고 한다. 이 과정에서는 먼지가 다시 비산할 수 있다. 탈진 방법에는 기계적 충격, 진동, 세정액 등이 있다. 특히 기계적 충격이나 진동 방식은 먼지가 재비산할 가능성이 충분히 높다. 세정액을 분무하거나 흘려보내는 습식 방법은 수막을 형성하기 때문에 부착 먼지의 재비산이 없고 먼지의 전기비저항에 의한 영향을 피할 수 있는 장점이 있다. 그러나 폐수를 처리할 장치가 필요하고 집진장치에 부식이 발생하는 등의 단점도 동시에 감안해야 한다.

전기집진장치의 종류는 집진 특성에 따라 몇 가지 방식으로 구분할 수 있다. 먼저 하전 방식에 따라 1단식과 2단식으로 구분한다. 1단식은 산업용 배기가스의 처리에 광범위하게 이용되며 먼지의 하전과 집진이 동일한 공간에서 이루어진다. 2단식은 하전부와 집진부가 나뉘어 있으며 먼지 농도가 낮은 공기청정기에 주로 이용한다. 또한 사용하는 전기의 극성에 따라 음극 코로나, 양극 코로나 방식으로 구분하기도 한다. 이 중에서 음극 코로나 방식이 안정한 전류를 유지하기 때문에 더 많이 사용되는 편이다. 그러나 오존을 많이 발생하므로 공기조화용 전기집진장치의 경우에는 양극 코로나 방식이 주로 사용된다. 집진판에 부착한 먼지를 떨어내는 방식에 따라서 건식과 습식으로 분류하기도 한다. 최근에는 사이클론이나 여과집진장치와 상호 보완한 전기집진장치도 개발되어 활용되고 있다(Jeon & Park, 2020; Duan *et al.*, 2023).

10·2 기체상 오염물질 제어

10·2·1 유해가스 처리 방법

[1] 흡수

흡수(absorption)는 처리 대상인 가스를 흡수액과 접촉시켜 유해물질을 흡수액 속으로 이동시킨 뒤 깨끗해진 가스를 배출하는 공정이다.

① 흡수의 원리

흡수액으로는 특별한 경우를 제외하고 물 또는 수용액을 사용하므로 물에 대한 기체의 용해도가 중요하다. 일정 온도에서 기체 중 특정 성분의 분압과 액체 중 특정 성분의 농도 사이에는 비례관계가 성립한다. 이를 헨리의 법칙(Henry's law)이라고 한다.

$$P = HC \qquad (10\cdot 9)$$

여기서 P: 기체 중 특정 성분의 분압(atm), H: 헨리상수(atm·m^3/kmol), C: 액체 중 특정 성분의 농도(kmol/m^3)

이 식에서 헨리상수는 용해도가 작을수록, 온도가 높을수록 커진다. 염소, 염화수소, 불화수소, 불화규소는 물에 대한 용해도가 크지만 질소, 산소, 일산화탄소, 일산화질소는 물에 잘 녹지 않는다. 이처럼 용해도가 낮은 기체의 경우 헨리의 법칙이 성립한다. 기체상 오염물질의 물에 대한 용해도는 대부분 헨리의 법칙을 따른다.

흡수는 기체와 액체의 이중 경계면에서 물질이 이동하는 현상이며 세 단계로 구분하여 생각할 수 있다. 먼저 배출가스 중에 포함된 기체가 난류확산을 통해 기체-흡수액의 경계면으로 이동한다. 다음 단계에서는 경계면의 기체가 농도 차이에 의해 흡수액의 계면으로 이동한다. 마지막으로 흡수액으로 이동한 기체가 흡수액 전체로 퍼지면 흡수가 완료된다. 경계면에서의 저항이 작을수록 흡수 속도가 빠르다. 경계면 내에서 확산 현상의 추진력은 기체 내와 경계 사이의 대상 물질의 농도 차 및 경계와 액체 내 사이의 대상 물질의 농도 차로 결정된다. 즉 흡수 능력은 기체-흡수액 접촉면에서 유해가스의 농도 차에 좌우된다. 흡수 이론에 따르면 유해가스가 쉽게 경계면을 통과하여 흡수되려면 경계면에서의 농도 기울기를 크게 하고 접촉이 활발하도록 경계면 내에 난류를 형성해야 한다.

흡수는 접촉 방법의 영향도 크게 받는다. 즉 ①흡수액이 탑의 상부에서 하부로 흐르고 처리가스는 탑의 하부에서 상부로 흐르게 함으로써 서로 반대 방향으로 이동하여 접촉시키는 향류(counter current), ②흡수액과 처리가스가 탑의 상부로 유입하여 하부로 이동하면서 접촉하는 동향류(cocurrent), ③흡수액과 처리가스가 서로 수직으로 접촉하도록 하는 교차류(cross current) 등으로 분류할 수 있다. 향류, 동향류, 교차류 중 가장 효과적인 방식은 향류 방식이다.

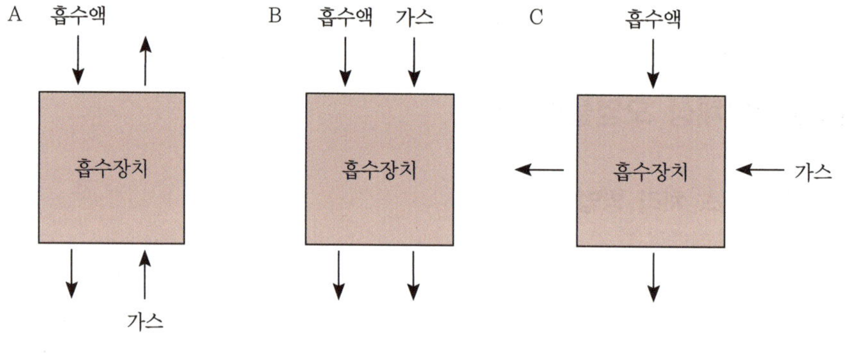

그림 10-13 처리가스와 흡수액의 접촉 방법(A: 향류 B: 동향류 C: 교차류)

② 흡수장치

흡수장치에서는 처리가스와 흡수액의 접촉이 매우 중요하다. 흡수장치의 효율을 높이기 위해서는 기체와 액체의 접촉 면적을 넓히고 가스의 압력손실을 최소화해야 한다. 흡수장치는 기체상 오염물질뿐만 아니라 입자상 물질도 처리가 가능하며 세정집진장치와 유사하다. 흡수장치의 종류에는 충전탑, 분무탑, 사이클론형 세정기, 벤투리형 세정기, 제트형 세정기, 원판회전식 세정기 등이 있다.

2 흡착

흡착(adsorption)은 유체(기체 또는 액체)가 고체상 물질의 표면에 부착하는 현상이다. 흡착제의 비표면적과 흡착 물질에 대한 친화력이 높을수록 흡착 효과가 커진다.

① 흡착의 원리

흡착 반응은 크게 물리적 흡착과 화학적 흡착으로 분류할 수 있다. 물리적 흡착은 주로 판데르발스힘(van der Waals force)이 작용하며 가스 내 분자 간의 상호 인력보다 고체 표면과의 인력이 클 때 일어난다. 화학적 흡착은 화학적 결합에 의해 일어나며 결합력이 물리적 흡착보다 크고 비가역적이다. 물리적 흡착은 탈착이 가능하고 가온 등을 통해 흡착제를 재생할 수 있다. 반면에 화학적 흡착은 피흡착물과의 화학반응을 통해 일어나고 분자 간의 결합력이 강하여 흡착 과정에서 발열량이 크다. 또한 화학결합을 수반하므로 피흡착물이 화학적으로 흡착한 후에는 흡착제를 회수하여 재생할 수 없다.

흡착 초기에는 흡착제 층의 첫 부분에서 흡착이 매우 빠르고 효과적으로 일어난다. 그 뒤 나머지 유해가스가 흡착제의 다음 층으로 이동하며 천천히 흡착된다. 마지막 부분에서는 더 이상 흡착할 물질이 없을 경우 흡착제가 그대로 남는다. 그러나 점차 마지막 부분까지 흡착이 진행되면서 최종적으로 흡착제 층 전체가 포화되면 일부 유해가스가 처리되지 않은 채 배출되기 시작한다. 이 때를 흡착이 파과점(breakthrough point)에 이르렀다고 하며, 이후부터는 배출가스 중 유해가스의 농도가 급격히 상승한다.

이를 설명하는 이론으로 랭뮤어(Langmuir) 흡착등온식과 프로인들리히(Freundlich) 흡착등온식이 있다. 랭뮤어 흡착등온식은 가스 분자가 단일층으로 흡착된다는 가정을 기반으로 도출하였고, 프로인들리히 흡착등온식은 피흡착물의 농도가 중간 정도일 때를 기반으로 도출하였다. 랭뮤어 흡착등온식은 다음의 식으로 나타낸다.

$$X = \frac{abC}{1+aC} \quad \cdots\cdots (10\cdot10)$$

여기서 X: 흡착제 단위질량당 흡착되는 가스 분자의 양, $a\cdot b$: 상수, C: 가스 분자의 평형 농도

프로인들리히 흡착등온식은 다음의 식과 같다.

$$X = KC^{\frac{1}{n}} \quad \cdots\cdots (10\cdot11)$$

여기서 $K\cdot n$: 상수

흡착등온선의 형태는 흡착탑에 따라서 다양하지만 비교적 기울기가 클수록 바람직하다. 기울기가 작다면 흡착층의 상당한 부분에서 포화되기 이전에 파과가 일어남을 의미한다. 따라서 흡착제의 75~80%가 포화될 때까지는 파과 현상이 일어나지 않아야 한다. 완전히 포화된 흡착제는 재생공정을 거쳐 다시 사용하며 주로 고온의 수증기를 이용하여 탈착한다.

흡착제의 선택 시 몇 가지 사항을 고려할 필요가 있다. 기체의 흐름에 대한 압력손실이 작고 강도와 경도가 어느 정도 있어야 하며, 흡착률이 우수하고 흡착제의 재생이 용이해야 하며, 흡착물질의 회수가 쉬워야 한다. 흡착제로는 흡착 성능이 좋은 활성탄(그림 10-14 참조), 활성알루미나, 분자체(molecular sieve), 실리카겔 등을 많이 이용하고 있다.

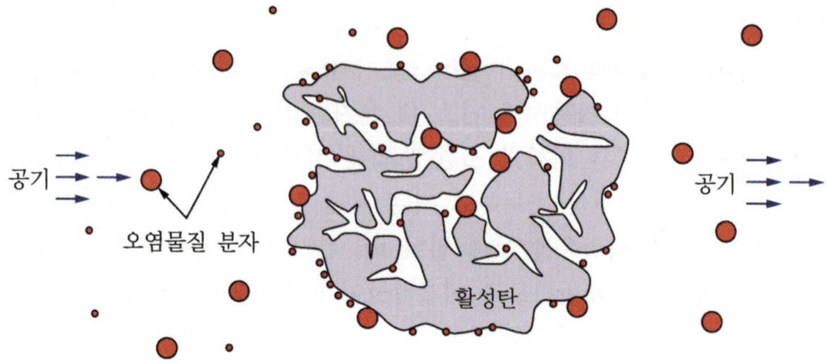

그림 10-14 활성탄의 모식도

② 흡착장치

흡착은 탑 내에 흡착제를 넣고 오염된 가스를 통과시키는 장치 내에서 이루어진다. 흡착탑의 설계 및 선택 시에는 압력손실, 장치에서 체류하는 시간, 사용 시간, 재생 가능 여부, 불순물 함유 여부 및 처리 방법 등을 고려해야 한다. 흡착탑은 일반적으로 2개 이상 병렬로 설치하며, 한 흡착탑에서 흡착이 진행될 때 다른 흡착탑은 탈착을 실시하여 흡착탑의 재사용을 위한 준비를 해야 한다. 흡착층의 이동에 따라 고정층, 이동층, 유동층으로 구분하기도 한다.

㉠ 고정층 흡착장치

입자상의 흡착제를 충전한 층에 가스를 통과하여 흡착을 진행하는 방식이다. 통상적으로 원통형의 용기를 수직 또는 수평으로 설치하여 사용한다. 주로 활성탄으로 배기가스 중의 황산화물을 제거할 때 사용하는 방법이다.

㉡ 이동층 흡착장치

흡착제의 충전층을 위로부터 아래로 이동시키고 가스를 아래에서부터 위로 보내 서로 접촉시키는 방식이다(그림 10-15 참조). 위에서 아래로 움직이는 흡착제는 흡착부에서 탈착부로 연속적으로 이동하면서 탈착이 일어나 재생된다. 항상 포화된 흡착제를 탈착부로 이동시켜 흡착제가 단시간에 회전하므로 사용량이 적게 들고 탈착에 필요한 열을 절약할 수 있다. 그러나 흡착제가 이동하므로 파손이 일어날 수 있다.

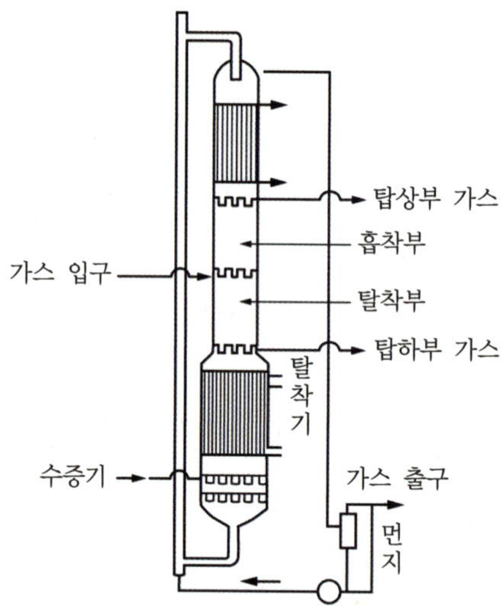

그림 10-15 이동층 흡착장치

㉢ 유동층 흡착장치

고정층 흡착장치와 이동층 흡착장치의 장점을 결합한 복합형으로 가스 유속을 높게 유지할 수 있고 고체와 기체의 접촉을 늘릴 수 있다. 다단의 유동층을 이용하여 가스와 흡착제를 반대 방향 흐름으로 접촉시킬 수 있는 장점이 있으나 흡착제 유동에 의한 마모가 일어나는 단점도 있다.

3 연소 및 산화

연소 및 산화 방법은 가연성 유해가스를 제거하기 위한 목적으로 활용된다. 주로 공정으로부터 배출되는 가스 유량이 많으나 유해가스의 농도는 낮을 경우에 사용한다. 주요 용도는 악취 물질이나 매연의 제거이며 탄화수소나 일산화탄소의 제거에도 응용된다.

① 직접연소법

직접연소법은 천연가스 같은 연료를 첨가하거나 또는 첨가하지 않은 상태로 배출가스를 연소로 내에서 직접 태우는 방법이다. 이 방법은 산화에 의해 이산화탄소와 물로 바뀌는 탄화수소의 제어에 효과적이다. 연소에 의한 제어의 장점은 높은 제거 효율을 들 수 있다. 연소 조건이 갖추어진다면 유해가스를 완전하게 산화할 수 있다. 단점은 연료 사용 시 비용이 발생하고 연소 과정에서 다른 오염물질을 배출할 수 있는 점이다. 즉 공기가 충분하고 고온 상태가 지속되면 질소산화물이 생성될 수 있다.

② 가열연소법

배출가스 내의 가스를 예열한 다음에 보조 연료를 공급하면서 연소시키는 방법이다. 주로 가연성 물질의 농도가 매우 낮아 직접연소가 어려울 경우에 유용하다. 배출가스의 열량이 10~15 $kcal/m^3$의 범위일 때 주로 이용한다.

③ 촉매산화법

촉매를 사용하면 연소법에 비해 아주 낮은 온도에서도 반응이 일어나게 할 수 있는 장점이 있다. 촉매란 자신은 화학적 변화를 일으키지 않으면서 화학반응에 필요한 에너지를 낮추는 물질을 말한다. 따라서 촉매를 사용할 경우 배출가스가 체류하는 시간이 연소장치에서 요구하는 시간보다 훨씬 짧아진다. 활성이 가장 큰 백금, 팔라듐 등의 귀금속이 촉매로 널리 사용된다. 촉매산화법의 단점으로 촉매 사용 시 특정 오염물질에 의해 촉매 층이 피독되는 현상을 들 수 있다. 촉매의 수명을 단축하는 물질에는 철, 납, 실리콘 등이 있다.

10·2·2 유해가스별 처리기술

1 황산화물 처리

황산화물을 제어하는 방법에는 발생원에서 조절하는 방법과 배출가스를 탈황하는 방법이 있다. 전자의 경우 무엇보다도 연료의 저유황화가 중요하다. 황 함량이 가장 많은 중유의 탈황이 황산화물 감소 대책의 중심이 되고 있다. 배출가스의 탈황 방법은 흡수법, 흡착법, 산화법 등으로 구분할 수 있다. 습식법으로는 수산화나트륨 또는 아황산나트륨을 이용한 알칼리흡수법, 암모니아를 이용한 암모니아흡수법, 석회의 슬러리를 이용한 석회수법이 있으며 건식법으로는 금속산화물을 이용한 흡수법, 흡착법, 촉매에 의한 접촉산화법이 있다.

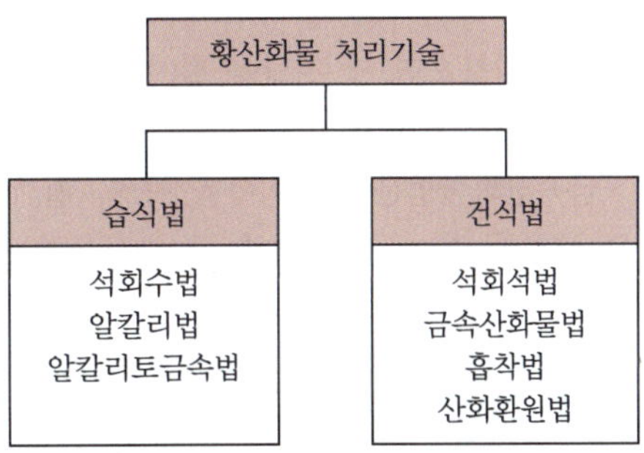

그림 10-16 황산화물 처리기술

황산화물의 처리 방법은 처리 성능이 높아야 하며, 장시간의 안전 운전이 가능하고 운전 조작 및 보수 점검이 용이해야 한다. 또한 폐수, 미스트, 먼지 등 2차 오염물질의 발생이 없고 건설비 및 운전비가 저렴한 기본적 조건을 갖추어야 한다. 황산화물의 발생을 억제하기 위해서는 화석연료의 사용을 줄이고 태양열, 수력, 조력, 풍력, 생물에너지 등의 대체에너지를 개발하는 일도 중요하다.

① 습식법

㉠ 석회수법

석회수법은, 이산화황의 제거나 흡수제의 활용에 비효과적인 석회석법을 보완하기 위한 방법이다. 이 방법은 난류를 발생시켜 액상 흡수제의 반응 면적을 넓힐 수 있으며, 흡수제를 순환시켜 사용할 수 있고, 수용액을 사용하기 때문에 흡수 효율이 좋다. 반면에 단점으로는 부식, 흡수탑 내 압력손실의 증가, 장치 내 결정의 퇴적, 배출가스의 냉각 등을 들 수 있으며 또한 폐수 처리시설도 필요하다.

㉡ 알칼리법

알칼리법은 반응물의 거의 전부가 용액 상태로 존재하기 때문에 찌꺼기나 퇴적물이 생길 일이 없다. 또한 이산화황과 비교적 잘 반응하는 특성이 있다.

㉢ 알칼리토금속법

알칼리토금속법은 알칼리 토금속인 바륨, 마그네슘, 칼슘의 화합물과 이산화황을 반응시키는 방법이다.

② 건식법

㉠ 석회석법

석회석법은 초기 투자비가 적게 들어 소규모 시설에 많이 사용하는 방법이다. 구체적으로 석회석을 가루로 만들어 연소로에 직접 주입하는 방식이다. 석회석은 연소로 내에서 발생하는 황산화물과 반응하여 석고 분말상이 된 후 배출가스와 함께 처리된다. 이와 같은 연소 반응은 소성, 흡수 및 산화 반응도 거의 동시에 진행된다.

석회석법의 장점은 석회석이 저렴하고 재생할 필요가 없으며 분쇄와 주입에 필요한 장비만을 요구한다는 점과, 건식이기 때문에 배출가스의 온도가 떨어지지 않는 점을 들 수 있다. 반면에 단점으로는 아주 짧은 시간에 이산화황과 반응해야 하는데 이산화황이 석회석 분말 속으로 침투하여 반응해야 하기 때문에 효율이 낮은 편이다. 또한 석회석과 배출가스 중의 재가 반응하여 연소로 내에 달라붙으면 열 전달을 떨어뜨린다.

㉡ 금속산화물법

금속산화물법은 이산화황을 아연, 철, 망간, 구리 등의 금속산화물과 반응시켜 금속의 황산화물을 생성한 후 이를 재생해 다시 사용하는 방법이다. 금속산화물법의 장점은 재생 시 발생한 황산화물을 이용하여 고농도의 황산을 회수할 수 있는 점이다. 대부분 높은 배출가스 온도에서 반응이 가능하고 부산물을 생성하지 않으며 흡수제의 기능과 효율이 장기간 지속되는 특징이 있다.

㉢ 흡착법

흡착법은 활성탄이나 실리카겔 등을 이용하여 이산화황을 흡착한 후 흡착제를 재생하는 과정에서 발생한 이산화황을 회수하는 방법이다.

③ 촉매산화법

오산화바나듐(V_2O_5), 황산칼륨(K_2SO_4)과 같은 촉매를 사용하여 이산화황을 산화함으로써 황산을 회수하는 방법이다.

2 질소산화물 처리

질소산화물의 배출을 줄이는 방법에는 생성 과정에서 줄이는 방법과 배출가스로부터 제거하는 방법이 있다. 연소 과정에서 생성되는 질소산화물은 대부분 일산화질소(NO)로 약 90%를 차지한다. 나머지는 이산화질소(NO_2)로 자동차 연료의 연소 시에 주로 발생하고 각종 공장, 발전소 등에서도 발생한다.

질소산화물의 발생을 억제하기 위해서는 유기 질소화합물을 함유하지 않은 연료를 사용하는 것이 중요하다. 또한 연소 영역에서의 산소 농도를 낮추고 고온 영역에서 연소 가스가 체류하는 시간을 줄이며 연소 온도를 낮추어야 한다. 특히 부분적인 고온 영역이 발생하지 않도록 해야 한다. 질소산화물의 처리에는 알칼리나 산을 이용하는 흡수법, 촉매를 이용하는 환원법, 전자선조사법 등이 있다.

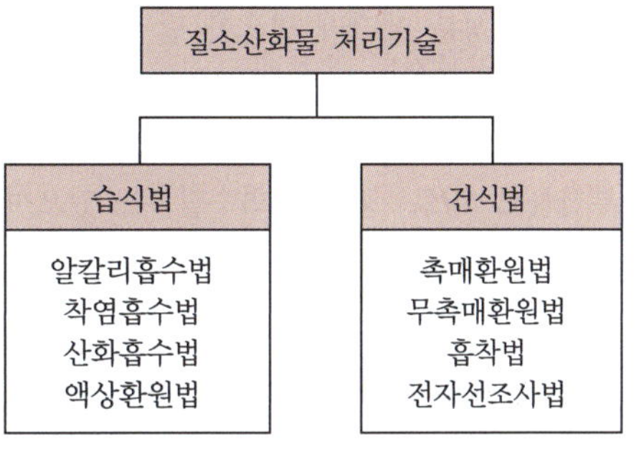

그림 10-17 질소산화물 처리기술

① 습식법

㉠ 알칼리흡수법

알칼리흡수법은 금속의 표면 처리 시 배출되는 가스와 같이 소규모일 경우를 대상으로 한다. 알칼리흡수법에서 생성되는 아질산염 및 질산염은 중화한 뒤 방류해야 한다.

㉡ 착염흡수법

착염흡수법은 일산화질소가 황산철(Ⅱ) 용액에 흡수되어 착염이 생성되는 원리를 이용한다. 그러나 황산철(Ⅱ)이 황산철(Ⅲ)로 산화하면 일산화질소의 흡수 능력이 없어지는 단점이 있다. 이 단점을 보완하기 위해 아황산나트륨, 초산나트륨 등으로부터 만든 흡수액을 사용하는 방법이 연구되고 있다.

㉢ 산화흡수법

산화흡수법으로는 강한 산화제를 이용하여 일산화질소를 기체 상태로 산화하여 알칼리 등에 흡수하는 방법과 액체 상태에서 산화하여 흡수하는 방법이 있다.

㉣ 액상환원법

액상환원법은 아황산나트륨, 티오황산나트륨, 요소, 황화나트륨 등의 환원제를 사용하여 액상의 이산화질소를 질소로 환원하는 방법이다. 일산화질소를 오존으로 산화하고 물에 흡수시켜 아질산과 질산으로 만든 뒤 아황산으로 아질산을 질소와 물로 환원하는 방법도 있다.

② 건식법

㉠ 촉매환원법

촉매환원법은 암모니아, 탄화수소, 수소, 일산화탄소 등의 환원제를 촉매와 함께 배출가스에 첨가해서 질소산화물을 환원하는 방법이다. 암모니아는 산소가 공존해도 질소산화물과 선택적으로 반응하며 탄화수소, 수소, 일산화탄소는 산소와 우선적으로 반응한다.

㉡ 무촉매환원법

무촉매환원법은 촉매를 사용하지 않고 일산화질소를 암모니아로 환원하는 방법이다. 이 방법은 촉매를 사용하지 않기 때문에 반응기 등의 설비가 필요하지 않아서 설비비가 적게 드는 장점이 있다. 그러나 질소산화물의 제거율이 50~60%로 비교적 낮은 단점이 있다.

㉢ 흡착법

흡착법에 사용되는 흡착제로는 활성탄, 알루미나, 실리카겔, 분자체 등이 있다. 이 방법을 적용할 경우 이산화질소는 흡착되나 일산화질소는 거의 흡착되지 않는다. 배출가스의 냉각, 수증기 등의 방해 성분 제거가 필요한 단점 때문에 많이 사용되지는 않는다.

㉣ 전자선조사법

전자선조사법은 빠르게 가속한 전자빔을 배출가스에 조사하여 유해가스를 제거하는 방법이다. 부산물로 비료 성분을 회수할 수 있으며 2차 오염물질의 배출이 없고 황산화물과 질소산화물을 동시에 처리할 수 있는 장점이 있다.

3 휘발성 유기화합물 처리

축열식열산화(regenerative thermal oxidizer, RTO) 방식은 휘발성 유기화합물(VOCs)을 제거하는 대표적인 기술이다. 오염물질인 VOCs를 시스템 내로 유입시켜 미리 예열된 1차 축열실을 통과시킴으로써 가스의 온도를 높인 다음 연소로에서 가스를 연소시키고 다시 2차 축열실에서 열을 회수한 후 배기한다(그림 10-18 A 참조). 일정한 시간이 지난 후에는 유입된 배기가스의 흐름을 바꾸어 폐열로 온도가 충분히 올라간 2차 축열실을 먼저 통과하고 연소 후 1차 축열실을 통과하도록 한다(그림 10-18 B 참조). 즉 에너지를 효율적으로 활용하기 위해 이러한 과정이 반복적으로 이루어지도록 RTO 시스템을 설계하고 있다. 연소 과정에서는 다음과 같은 반응을 통해 VOCs가 최종 산물인 CO_2와 H_2O로 전환된다.

$$\mathrm{VOCs} + O_2 \rightarrow CO_2 + H_2O$$

RTO 시스템은 완전산화를 유도하므로 2차 오염물질을 생성하지 않으며, 연소로의 운전 온도가 627~827℃이기 때문에 고온 질소산화물의 생성이 적은 장점이 있다. 또한 벌집(honeycomb) 형상의 열교환기를 사용하기 때문에 압력손실이 낮은 추가적인 장점이 있다.

VOCs를 처리하기 위해 다양한 방법을 적용하고 있지만 흡착제를 이용한 물리·화학적 흡착법은 저농도의 VOCs 처리에 적합한 반면에 RTO는 중·고농도의 VOCs 처리에 적합하다. RTO의 VOCs 제거 효율은 96% 이상이고 에너지 절감 효율 또한 70% 이상으로 보고되었다(Xiao, 2011; Nakayama *et al.*, 2008). RTO를 산업시설에 적용하는 데 있어서 유속과 온도 분포를 균일하게 유지해야 한다는 점은 밝혀졌으나 유속과 온도에 영향을 미치는 공기의 양, VOCs 농도, 밸브 교환 시간을 어떻게 설정해야 하는지에 대해서는 지속적인 연구가 필요하다.

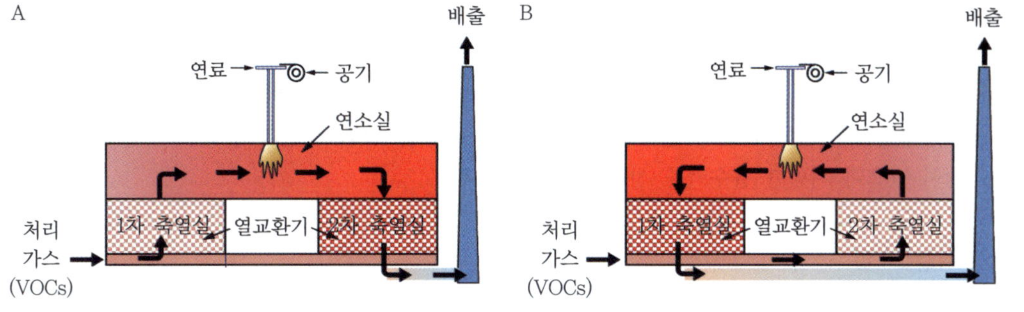

그림 10-18 RTO의 작동 원리
A: 1차 축열실 열산화, 2차 축열실 열회수
B: 1차 축열실 열회수, 2차 축열실 열산화

RTO법이 연소법에 비해서 에너지를 적게 소요하지만 투입 에너지를 더 줄인 축열식촉매산화(renerative catalytic oxidizer, RCO) 방식도 있다. 이 방법은 그림 10-18의 축열실 상단에 촉매 층을 놓음으로써 산화에 필요한 에너지를 더욱 낮추어 VOCs를 제거한다.

4 악취 처리

악취는 불쾌한 냄새를 의미하며, 인간에게 불쾌감을 주고 정신과 신경계를 자극해 정서생활 및 건강에 해를 끼친다. 악취는 사람의 후각에 의해 감지되므로 개인마다 반응 정도가 다르게 나타날 수 있다. 악취성 물질의 주요 발생원으로는 분뇨 처리장, 하수 처리장, 폐기물 처리장, 양돈장, 양계장, 도축장, 비료 및 사료 제조업, 식품 제조업, 피혁 처리시설 등이 있다.

악취의 측정은 관능법과 식염수법으로 나눈다. 관능법은 악취가 발생하는 현장에서 취기강도가 가장 높은 지점을 선정한 뒤 건강한 사람의 후각으로 취기 강도를 측정하는 방법이다. 식염수법은 먼저 악취 가스가 식염수를 통과하여 포화 평형에 도달하게 한다. 이때 식염수에 흡수된 가스의 양이 대기 중에 존재하는 가스의 농도와 같은 원리를 이용하여 악취를 측정하는 방법이다. 악취를 처리하는 방법은 악취성 물질의 조성, 발생량 등에 따라 단독으로 사용하거나 두 가지 이상을 조합하여 사용한다.

① 흡수법

㉠ 물흡수법

물흡수법은 수용성의 악취 성분을 세정하여 제거함으로써 탈취하는 방법이다. 물흡수법으로 제거할 수 있는 성분에는 암모니아, 저급 아민류, 케톤류, 알데히드류, 저급 유기산류, 페놀 등이 있다. 물흡수법은 조작이 간단한 장점이 있지만 대량의 물이 필요하고 수온이 변화하면 탈취 효과도 변할 수 있는 단점이 있다. 또한 처리 용량이 커지면 건설비가 크게 증가한다.

㉡ 산 · 알칼리 · 약액흡수법

산 · 알칼리 · 약액흡수법은, 물에 잘 용해되지 않으나 산 · 알칼리의 수용액과 반응하는 악취 성분 또는 특정의 약액과 반응하는 악취 성분을 산 · 알칼리 · 약액으로 흡수하는 방법이다. 암모니아, 아민류 등의 염기성 성분은 저농도 무기산(염산, 황산) 용액을 이용하여 제거할 수 있다. 산 · 알칼리 · 약액흡수법은 흡수액과 반응하여 제거되는 방법 외에 흡수액에 용해되는 방법도 포함한다. 악취 성분의 조성에 따라서 흡수액의 선택이 가능하나, 악취 성분의 용해도와 반응속도가 높고 독성이 없으며 저렴한 흡수액을 선택할 필요가 있다.

② 직접연소법

직접연소법은 악취 성분을 함유한 가스를 600~800℃의 고온에서 산화분해하여 이산화탄소와 물(수증기)로 변환하는 방법이다. 악취 성분의 조성과 함유량에 따라 연소로 내의 설정 온도와 체류하는 시간이 달라지지만 700~800℃에서 0.5초가 일반적이다. 불완전연소할 경우 다른 화합물이 형성되어 또 다른 악취 발생의 원인이 되기 때문에 설계 및 관리상 매우 주의해야 한다.

③ 촉매연소법

촉매연소법은 촉매산화법이라고도 하며, 촉매를 이용하여 비교적 저온인 300~400℃에서 악취 성분을 산화분해하여 이산화탄소와 물(수증기)로 변환하는 방법이다. 자원과 에너지를 절약할 수 있는 점에서 우수한 탈취법이다. 촉매로는 고가이고 성능이 우수한 백금계를 많이 사용하며 코발트, 니켈 등도 사용한다. 촉매연소법으로 제거 가능한 악취 성분으로는 가연성 악취 성분, 황화수소, 암모니아 등이 있다.

촉매연소법은 연료 소비량이 직접연소법보다 적기 때문에 운전비가 절감되는 장점이 있다. 그러나 촉매의 수명이 문제가 된다. 또한 활성도가 높은 촉매를 사용하는 것이 바람직하지만 내열성과 촉매 독의 문제도 고려할 필요가 있다. 촉매로서 바람직하지 않은 원소로는 염소 등의 할로겐 원소, 납, 아연, 비소, 수소, 황 등을 들 수 있다.

④ 흡착법

흡착법은 크게 물리적 흡착법과 화학적 흡착법으로 구분할 수 있다. 물리적 흡착법은 활성탄과 같은 흡착제를 이용하여 악취 성분을 선택적으로 제거하는 방법이고, 화학적 흡착법은 이온교환수지, 촉매 등에 악취 성분을 접촉시켜 화학적으로 제거하는 방법이다. 흡착제로는 활성탄이 가장 많이 쓰이고 있으며 제올라이트, 합성제올라이트, 분자체, 실리카겔 등도 이용된다. 흡착법은 설비비가 비교적 저렴하고, 운전비도 송풍용의 전기료와 활성탄 등 흡착제의 재생 비용뿐이므로 비교적 적게 드는 장점이 있다.

⑤ 플라스마처리법

플라스마(plasma) 처리는 코로나 방전을 이용하는 기술이다. 코로나 방전 현상을 이용한 기술은 악취 처리 외에 전기집진기, 오존 발생기, 전자복사기, 황산화물 · 질소산화물 처리 등에도 사용된다. 플라스마는 일반적으로 기체가 고온에서 이온화한 상태를 말하며 전자와 양이온, 즉 하전

입자로 구성된다. 전기적으로는 중성인 하전 기체의 물질 상태를 정의하는 물리학 용어이다.

⑥ 은폐법

은폐법(masking)은 악취를 다른 냄새로 감추는 기법을 의미한다. 대개 두 가지의 냄새가 혼합되면 약한 냄새가 강한 냄새에 덮인다. 즉 어떤 악취에 대해 다른 향기를 섞어 줌으로써 서로 간의 상쇄효과를 유도하여 악취를 은폐하는 방법이다.

⑦ 오존산화법

오존산화법은 오존의 산화 작용을 이용하여 악취 성분을 분해하지만 오존 자체에 의한 마스킹 효과도 병용하는 탈취법이다. 황화물 계통의 취기에 효과가 있으며 암모니아나 저급 아민류의 처리는 비교적 어렵다.

⑧ 토양탈취법

토양탈취법(soil filter)은 토양층에 악취 물질을 주입하여 토양수분에 의한 용해, 토양입자에 의한 흡착, 토양미생물에 의한 분해, 토양 성분에 의한 중화 등의 복합적인 작용을 통해 악취 성분을 감소하거나 제거하는 방법이다.

연습문제 ▌

1. 먼지의 제거 메커니즘 중 중력과 관성력에 대해서 설명하고, 중력침강속도를 도출하는 식을 유도하시오.
2. 사이클론의 원리를 설명하고, 집진효율을 높이는 방법을 제시하시오.
3. 세정집진장치의 먼지 제거 과정을 설명하시오.
4. 여과집진장치에 적용되는 세 가지 집진 기작을 서술하시오.
5. 전기집진장치에서 전기비저항이 중요한 이유를 설명하시오.
6. 집진장치의 선정 시 고려해야 할 요소를 나열하시오.
7. 헨리의 법칙에 대해 설명하시오.
8. 유해가스 처리 시 흡착제가 구비해야 할 조건을 서술하시오.
9. 흡착 원리에서 물리적 흡착과 화학적 흡착을 정의하시오.
10. 황산화물 처리 방법의 개요를 설명하시오.
11. 질소산화물 처리 방법의 개요를 설명하시오.
12. 악취 처리 방법의 종류를 열거하시오.

참고문헌 ▌

1. 김기현 외. 2014. 신고 대기환경학. 향문사.
2. 김동술 (역). 1995. 대기오염 방지공학. 신광문화사.

3. 김태식, 김종호, 김신도 (역). 1995. 에어로졸. 동화기술.
4. 김희강 (역). 1996. 에어로졸공학. 신광문화사.
5. 서광석, 이성호. 1994. 대기오염방지기술. 동화기술.
6. 조병환, 김종석. 1985. 대기오염방지기술. 동화기술.
7. 日本機械学会. 1989. 機械工学便覧－環境システム. 三美印刷.
8. 井伊谷鋼一. 1988. 集塵装置. 大光書林.
9. Duan L *et al.* 2023. Experimental investigation on the performance of hybrid electrostatic-fabric precipitators with different structures. Powder Technology 421: 118404.
10. Jeon H, Park S. 2020. Separation of fine particles with electrostatically enhanced cyclone. Separation Science and Technology 55: 575-582.
11. Nakayama K *et al.* 2008. Combustion and decomposition of VOCs from shell moulds by regenerative thermal oxidizer. International Journal of Cast Metals Research 21: 265-268.
12. Xiao Q. 2011. Improvement and application of regenerative thermal oxidizer. Chinese Journal of Environmental Engineering 5: 1347-1350.

찾아보기

:: A

:: B

:: C

:: **T**

:: **U**

:: **V**

:: **W**

:: **X**

:: **Z**

저자약력

김기현(金奇炫, Ki-Hyun Kim)
미국 사우스플로리다대학교(USF) 해양대기환경학 박사
한양대학교 건설환경공학과 석학교수

강공언(姜公言, Gong-Unn Kang)
건국대학교 대학원 환경공학과 공학박사
원광대학교 대학원 보건학과 보건학박사
원광보건대학교 보건의료학부 전임교수

김성렬(金聖烈, Sungroul Kim)
미국 존스홉킨스보건대학원(JHSPH) 환경보건공학 박사
순천향대학교 환경보건학과 교수

김용현(金龍現, Yong-Hyun Kim)
한양대학교 건설환경공학과 공학박사
전북대학교 환경공학과 조교수

김조천(金朝天, Jo-Chun Kim)
미국 플로리다대학교(UF) 대학원 환경공학과 공학박사
건국대학교 사회환경공학부 교수

김종호(金鍾浩, Jong-Ho Kim)
서울시립대학교 대학원 환경공학과 공학박사
한서대학교 대학원 환경공학과 교수

마창진(馬昌珍, Chang-Jin Ma)
일본 교토대학교 에너지환경학 박사
일본 공립후쿠오카여자대학교 환경과학과 교수

배민석(裵敃錫, Min-Suk Bae)
미국 위스콘신주립대학교(UW-Madison) 대학원 환경공학과 공학박사
국립목포대학교 환경공학과 교수

손윤석(孫允錫, Youn-Suk Son)
건국대학교 신기술융합학과(i-ET 전공) 공학박사
국립부경대학교 환경공학전공 부교수

송상근(宋尙根, Sang-Keun Song)
부산대학교 대학원 대기과학과 이학박사
제주대학교 지구해양과학과 교수

이명화(李明和, Myong-Hwa Lee)
일본 가나자와대학교 지구환경과학 공학박사
강원대학교 건축토목환경공학부 환경공학전공 부교수

이병규(李秉奎, Byeong-Kyu Lee)
미국 매사추세츠대학교 환경공학(대기환경 전공) 박사
울산대학교 건설환경공학부 교수

이순환(李淳煥, Soon-Hwan Lee)
일본 쓰쿠바대학교 대학원 지구과학연구과(대기과학) 이학박사
부산대학교 지구과학교육과 교수

대기오염관리

초판 1쇄 발행 2024년 1월 3일

저자 김기현, 강공언, 김성렬, 김용현, 김조천, 김종호, 마창진
배민석, 손윤석, 송상근, 이명화, 이병규, 이순환
발행인 나규성
발행처 향문사
주소 서울특별시 강서구 공항대로 227, 1004호
전화 02-584-5671~2
팩스 02-584-5673
등록 1957년 11월 25일 제2020-000135호
인쇄 ㈜청아디앤피
제본 민성바인텍
ISBN 978-89-7187-275-8 93530

정가 39,000원